U0323052

含铌钢板(带)
国内外标准使用指南

侯豁然　主编
马克斯·斯图尔特　副主编

北　京
冶金工业出版社
2012

内 容 简 介

本指南选取了与含铌钢有关的132项国内外常用钢板和钢带最新版本标准，摘录并翻译了标准的主要技术要求，按产品的用途不同划分章节，汇编成本使用指南。

本指南共分为十一章和一个附录。第一章介绍了各国标准中对正火轧制和热机械轧制的权威定义、常用国家标准简介及常用符号说明；第二章至第十一章，按低合金结构用、船体结构用、管线用、汽车用、涂镀用、建筑结构用、压力容器用、桥梁用、耐候用、搪瓷等用途摘录了各国标准的主要技术指标并进行说明；附录选取并摘录了7项主要的基础标准。

在使用过程中，如有疑义，均应以原版本标准为准。

本指南可作为含铌钢板生产、加工企业及设计单位的工具书，并可供钢铁企业技术人员在生产、科研、设计及国内外贸易中参考。

图书在版编目(CIP)数据

含铌钢板（带）国内外标准使用指南/侯豁然主编．—北京：冶金工业出版社，2012. 5

ISBN 978-7-5024-5904-8

Ⅰ．①含…　Ⅱ．①侯…　Ⅲ．①铌合金—合金钢—钢板—标准—世界—指南　Ⅳ．①TG146. 4 –65

中国版本图书馆 CIP 数据核字(2012) 第 085829 号

出 版 人　曹胜利
地　　址　北京北河沿大街嵩祝院北巷39号，邮编100009
电　　话　(010)64027926　电子信箱　yjcbs@ cnmip. com. cn
责任编辑　李　梅　李　臻　美术编辑　彭子赫　版式设计　孙跃红
责任校对　王永欣　责任印制　牛晓波
ISBN 978-7-5024-5904-8
三河市双峰印刷装订有限公司印刷；冶金工业出版社出版发行；各地新华书店经销
2012年5月第1版，2012年5月第1次印刷
787mm×1092mm　1/16；37印张；894千字；577页
138. 00 元

冶金工业出版社投稿电话：(010)64027932　投稿信箱：tougao@cnmip. com. cn
冶金工业出版社发行部　电话：(010)64044283　传真：(010)64027893
冶金书店　地址：北京东四西大街46号(100010)　电话：(010)65289081(兼传真)

编译委员会

主　编： 侯豁然

副主编： 马克斯·斯图尔特（Marcos Stuart）

编　委： 付俊岩　王伟哲　王厚昕　张永青　张　伟

（中信微合金化技术中心）

朴志民　刘徐源　管吉春　陈　玥　（鞍钢股份有限公司）

王丽敏　王晓虎　（冶金工业信息标准研究院）

姜尚清　（中国钢铁工业协会）

师　莉　（首钢总公司）

前　言

近年来铌钢在中国发展迅猛，其产量已从1990年的3万多吨，发展到2011年的4000万吨以上，钢板用铌量占总钢材用铌量的78%。含铌钢板的广泛应用、铌微合金化技术的推广普及，为中国提供了大量高性能的钢板，铌已经在中国钢铁生产中占有不可或缺的重要位置。为使铌钢的科研成果商品化、标准化，进一步被设计、生产、使用单位所采用，本书将国内外含铌钢板现行标准归纳成使用指南，利于形成中国科学合理的含铌钢板标准体系，对含铌钢板进一步推广、应用及其标准的发展完善起到积极的促进作用。

本使用指南收录了各国和国际标准化组织、协会的最新标准及各个专业用钢的材料牌号、化学成分、尺寸规格、力学性能和相关性能等。按产品用途不同可分为：结构钢板、汽车用钢板、船舶用钢板、桥梁用钢板、压力容器用钢板、管线用钢板及其他专用钢板。本使用指南收集了中国标准（GB、YB）、欧洲标准（EN）、欧洲不同国家标准（DIN、BS）、美国标准（ASTM、API）、日本工业标准（JIS）、国际标准化组织标准（ISO）等国家和地区标准132个。

本使用指南可作为含铌钢板生产、加工企业及设计单位的工具书，可满足钢铁企业在生产、使用、科研、设计及国内外贸易等工作中的需要，可使读者系统地了解含铌钢板国内外标准的要求及发展状况，方便相关技术人员查阅，同时也为含铌钢板标准的制定和修订及完善提供方向，以期对中国含铌钢板发展起到积极的促进作用。

由于引用的标准数量较多，加之编者学识和精力有限，书中若有不妥之处，敬请读者批评指正，以便今后改之。

编　者

2012年1月

第一章　概　　论

第一章 概 论

第一节 术语及定义

根据作者多年来应用标准的经验，把易于混淆争论较多的术语进行汇总比较。

一、正火轧制

1. GB/T 1591 定义的正火轧制

最终变形是在某一温度范围内进行，使材料获得与正火后性能相当的轧制工艺。

2. EN 10025-3 定义的正火轧制

在一定的温度范围内进行最后变形的轧制工艺，可导致材料的状态等于正火后得到的状态，即使在正火后也可保持力学性能的特定值。

注：在国际出版物中，对于正火轧制和热机械轧制两种情况，可能用“控制轧制”表示。然而，从产品不同适用性的观点来看，对这两种术语加以区别是必要的。

3. EN 10149-1 定义的正火轧制（N）

在一定温度下进行最终变形，材料状态等同于正火后的状态，与正火后的力学性能保持相当。交货状态简写为 N。

注：在国际出版物中，用控制轧制来定义正火轧制、热机械轧制，然而，从不同产品用途的观点来看，需要加以区分。

4. EN 10028-1 定义的正火轧制（N）

在一定的温度下进行的最终变形，等同于正火后等到的材料状态，即使正火后仍可保持规定的力学性能值。

5. ABS 规范定义的正火轧制

控制轧制 CR（也称为正火轧制 NR）

控制轧制是一种将过程最终的轧制温度控制在正火热处理常用的温度范围内的方法，这样奥氏体可以完全再结晶。即控制轧制导致材料的状态通常与正火热处理后的状态相同。

6. BV 规范定义的正火轧制

控制轧制 CR（也称为正火轧制 NR）

控制轧制是在正火温度区间内进行最终轧制成型，材料的状态通常相当于正火所得到的状态。

7. DNV 规范定义的正火轧制

正火轧制 NR

终轧温度在高于 A_{r3} 的某一温度范围内，奥氏体发生完全再结晶。终轧后，空冷产生细晶铁素体-珠光体显微组织，该显微组织与正火热处理后的显微组织相当。

8. GL 规范定义的正火轧制

正火轧制 NW（也称控制轧制）是一种轧制工艺，要求在规定的温度范围内进行最后轧制成型，可使钢材的状态与正火处理后的状态相同，即使再次进行正火处理，也能保持要求的力学性能值。

9. LR 规范定义的正火轧制

正火轧制 NR，也称控制轧制，最终变形在正火温度范围内进行，因此材料的状态等于正火。

10. RINA 规范定义的正火轧制

控制轧制 CR 或正火轧制 NR：最终变形在正火温度区间内，奥氏体发生完全再结晶，使材料的状态通常相当于正火所得到的状态。

11. ISO 9328-1 定义的正火轧制

最终变形过程被控制在特定的温度范围之内，以使材料达到相当于正火处理之后获得的状态，给定的力学性能规定值即使在正火之后也能保持，见图 1。

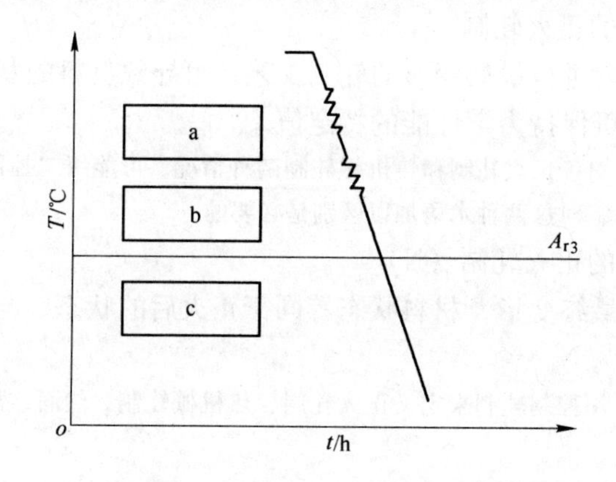

图 1　正火轧制时间-温度曲线

A_{r3}—冷却过程中铁素体开始形成的温度；

a—奥氏体再结晶区域；b—奥氏体非再结晶区域；c—奥氏体加铁素体区域

注：这种交货状态和正火状态的符号为“N”。

二、热机械轧制

1. GB/T 1591 定义的热机械轧制

最终变形是在某一温度范围内进行，使材料获得仅仅依靠热处理不能获得的特定性能的轧制工艺。

注 1：轧制后如果加热到 580℃ 可能导致强度值的降低。如果确实需要加热到 580℃ 以上，则应由供方进行。

注 2：热机械轧制交货状态可以包括加速冷却、或加速冷却并回火（包括自回火），但不包括淬火或淬火加回火。

2. EN 10025-4 定义的热机械轧制

在一定的温度范围内进行最后变形的轧制工艺，导致材料的性能和状态不能仅由热处理来获得或重现。

注1：后续的580℃以上的加热可能会降低强度值。如果温度在580℃以上需要供应商提供参考。

注2：交货状态热机械轧制（M）应包括提高冷却速率后，有或没有回火（包括自回火）工艺，但不包括直接淬火或调质处理。

注3：在一些出版物中TMCP（热机械控制工艺）也同样被使用。

3. EN 10149-1 定义的热机械轧制

在一定的温度范围内进行最终变形，导致材料的性能只通过热处理不能获得或重现。交货状态简写为M。

注1：连续加热到580℃以上会降低强度值。如果需要高于580℃的温度，应向供货商提供参考。

注2：导致交货状态为M的控制轧制可包括提高冷却速率后，有或没有回火（包括自回火）工艺，但不包括直接淬火或调质处理。

4. ISO 9328-1 定义的热机械轧制

在一定的温度范围内进行最后变形的轧制工艺，导致材料的性能和状态不能仅由热处理来获得或重现（见ISO4885）。

热机械轧制（M）可以包括提高冷却速率、回火或没有回火处理（可以含自回火），但绝不包括直接淬火和回火。

注：在国际出版物中可用控制轧制来描述正火轧制和热机械轧制。但是，对于产品不同的应用，仍需要加以区分。

5. ABS 规范定义的热机械轧制

热机械轧制TM（热机械控制工艺TMCP）

热机械控制工艺需要严格控制钢的温度和轧制变形量。通常，高轧制变形量发生在靠近或低于A_{r3}转变温度，也可以涉及在临界两相区这种更低的温度范围内，因此允许极少量奥氏体发生再结晶。与控制轧制（CR）不同，TM（TMCP）工艺得到的性能是不能用后续的正火处理或其他热处理方法重现的。

经船级社同意，允许使用轧制完成后的加速冷却工艺。

6. BV 规范定义的热机械轧制

热机械轧制TM（热机械控制轧制TMCP）

该工艺严格控制钢的温度和轧制压下量。通常，轧制大压下量是在接近A_{r3}转变温度时进行，并可包括在两相区内轧制。不同于控制轧制（正火轧制），TM（TMCP）工艺得到的性能不能由随后的正火处理或其他热处理方法重现。

经船级社同意，可以在TM轧制后进行加速冷却。在TM轧制完成后可以进行回火。

7. DNV 规范定义的热机械轧制

热机械轧制（TM）：需要控制轧制温度、压下量和加速冷却条件。通常，在接近A_{r3}温度时完成大部分轧制压下量，并在奥氏体-铁素体两相区轧制。轧制后，进行空冷或加速冷却，但不进行淬火。热机械轧制（TM）可以认为是终轧温度与正火轧制（NR）在相同的范围但随后进行加速冷却。TM产生的性能不能被随后的正火热处理方法重现。

8. GL 规范定义的热机械轧制

热机械轧制（TM）是一种轧制工艺，要求认真地监视轧制温度和每个道次的压下量。当可以在两相区进行轧制时，轧制大压下量都是在接近相变温度A_{r3}上限时完成的。与正火轧制不同，热机械轧制得到的性能不能通过以后的正火处理或其他的热处理方法重现。

经船级社同意，在热机械轧制后可以实施加速冷却和进行回火处理。

9. LR 规范定义的热机械轧制

热机械控制轧制（TM）是严格控制温度及压下量。通常在接近 A_{r3} 温度或在两相区进行大压下量轧制。与正火轧制不同，TM（TMCP）轧制工艺得到的性能不能通过随后的正火处理或其他热处理方法重现。

经船级社同意，在热机械轧制后可以进行加速冷却。

10. RINA 规范定义的热机械轧制

热机械轧制 TM（热机械轧制工艺 TMCP），对钢的温度和压下量两者进行严格控制。通常，大轧制压下量是在接近 A_{r3} 转变温度时进行，并可涉及双相区（奥氏体 + 铁素体）内轧制。与控制轧制（正火轧制）不同，热机械轧制（TM，TMCP）得到的性能不能由随后的正火处理或其他热处理方法再现。

第二节　各国家和地区常用标准代号说明

一、中国标准

按标准的层次不同可分为国家标准和行业标准，按强制性程度不同可分为强制性标准和推荐性标准。

标准的代号由大写汉语拼音字母构成。强制性国家标准的代号为“GB”，推荐性国家标准的代号为“GB/T”；强制性冶金行业标准的代号为“YB”，推荐性冶金行业标准的代号为“YB/T”。

标准的编号由标准的代号、标准发布的顺序号和标准发布的年号构成。如：

GB 713—2008（锅炉和压力容器用钢板）

GB/T 1591—2008（低合金高强度结构钢）

YB 3301—2005（焊接 H 型钢）

YB/T 4137—2005（低焊接裂纹敏感性高强度钢板）

二、美国标准

1. ASTM——美国材料试验协会标准

美国材料试验协会 ASTM（American Society for Testing and Material）是美国最老、最大的学术团体之一。ASTM 在美国国家标准 ANSI 中占有重要位置，现行 ANSI 中约有半数来自 ASTM 标准，钢铁产品方面全部采用 ASTM 标准。ASTM 标准一般采用英制单位与 SI 单位（国际单位制）双重单位，标准文本中所有出现单位处均同时用两种单位制表示数值。采用 SI 单位时在其标准编号后加字母 M 以与英制单位区别，但两种单位制数值并非将英制准确地转换为 SI 单位值，而是经过一定修整的，因此两者均有自身独立性而没有互换性。

标准的编号由标准的代号、标准分类号、发布的顺序号和标准发布的年号（后两位数字）构成。如：

ASTM　A36/A36M-08（A 表示钢铁标准分类号）（碳素结构钢标准规范）

ASTM　E8/E8M-09（E 表示试验方法标准分类号）（金属材料拉伸试验方法）

2. API 标准

API 为美国石油学会（American Petroleum Institute）标准

3. SAE 标准

SAE 是美国汽车工程师协会（Society of Automotive Engineers）标准，研究对象是轿车、载重车及工程车、飞机、发动机、材料及制造等。

三、欧洲标准

欧洲标准（EN）是为了适应欧洲共同市场采用统一标准的需求而制定的，目的是在欧洲市场起协调作用，消除欧共体各成员国之间的贸易技术壁垒，要求其成员国必须一字不漏地采纳 EN 作为其国家标准。标准的编号由标准的代号、标准发布的顺序号和标准发布的年号构成。如：

EN 10029：2010（厚度大于等于 3mm 的热轧钢板—尺寸及形状公差）

四、SEW 标准

SEW 是德国钢铁工程师协会材料标准。

五、日本标准

1. JIS 标准

JIS（Japanese Industrial Standards）是日本工业标准的代号。标准的编号由标准的代号、标准分类号（钢铁类为 G，化学类为 K，试验方法类为 Z）、发布的顺序号和标准发布的年号构成。如：

JIS G 3101：2010（普通结构用轧制钢材）

JIS Z 2241：2011（金属材料　拉伸试验方法）

2. JFS 标准

JFS 是日本钢铁联盟标准。标准的编号由标准的代号、标准分类号（A）、发布的顺序号和标准发布的年号构成。如：

JFS A2201—1998（汽车用冷轧钢板及钢带）

六、国际标准

ISO（International Organization for Standardization）是国际标准化组织的简称，也是该组织所制订的国际标准的标准代号。国际标准的编号由标准的代号、发布的顺序号和标准发布的年号构成。如：

ISO 4995：2008（结构级热轧薄钢板）

七、加拿大标准

加拿大标准编号由标准代号（CAN）、标准分类号（钢铁类为 G）、发布的顺序号和标准发布的年号（后两位数字）构成。如：

CAN G40.21—04（结构钢一般要求）

八、澳大利亚标准

澳大利亚标准编号由标准代号（AS）、发布的顺序号和标准发布的年号构成。如：AS 1081-1：2002（铁路用材 第一部分：钢轨）

九、船级社规范

世界主要九个国家船级社规范的代号为：
中国船级社（CCS）
美国船级社（ABS）
法国船级社（BV）
挪威船级社（DNV）
德国船级社（GL）
韩国船级社（KR）
英国船级社（LR）
日本船级社（NK）
意大利船级社（RINA）

第三节 符号及说明

本书使用的符号和相应的说明见表1。

表1 符号和说明

符 号	单 位	说 明
b_o	mm	矩形横截面拉伸试样平行长度的原始宽度
d_o	mm	圆形横截面拉伸试样平行长度的原始直径
L_O	mm	拉伸试样原始标距
Z	%	断面收缩率
A	%	断后伸长率
R_{eH}	MPa	上屈服强度
R_{eL}	MPa	下屈服强度
R_m	MPa	抗拉强度
R_p	MPa	规定塑性延伸强度
$R_{p0.2}$	MPa	规定塑性伸长率为0.2%时的应力
R_t	MPa	规定总延伸强度
$R_{t0.5}$	MPa	规定总伸长率为0.5%时的应力
a	mm	弯曲试样厚度
b	mm	弯曲试样宽度
D	mm	弯曲压头直径

续表 1

符　号	单　位	说　　明
KV_2	J	V 型缺口试样在 2mm 摆锤刀刃下的冲击吸收能量
Ceq、CE、CEV、CE_{IIW}	%	碳当量 采用国际焊接协会的计算公式为：C + Mn/6 + (Cr + Mo + V)/5 + (Ni + Cu)/15 日本标准采用的计算公式为：C + Mn/6 + Si/24 + Ni/40 + Cr/5 + Mo/4 + V/14
CET	%	GB/T 16270—2009《高强度结构用调质钢板》中规定的碳当量，其计算公式为：C + (Mn + Mo)/10 + (Cr + Cu)/20 + Ni/40
Pcm、CE_{Pcm}	%	焊接裂纹敏感性指数，计算公式为：C + Si/30 + Mn/20 + Cu/20 + Cr/20 + Ni/60 + Mo/15 + V/10 + 5B

第二章　低合金结构钢

第二章　低合金结构钢

第一节　中国标准

GB/T 1591—2008 低合金高强度结构钢（概要）

1　范围

该标准适用于一般结构和工程用低合金高强度结构钢钢板、钢带、型钢、钢棒等。

2　尺寸、外形及允许偏差

钢板和钢带的尺寸、外形及允许偏差见 GB/T 709《热轧钢板和钢带的尺寸、外形、重量及允许偏差》。

3　牌号及化学成分（见表 1）

表 1　牌号及化学成分

牌号	质量等级	化学成分(熔炼分析)/%														
		C	Si	Mn	P	S	Nb	V	Ti	Cr	Ni	Cu	N	Mo	B	Als
					不大于											不小于
Q345	A	≤0. 20	≤0. 50	≤1. 70	0. 035	0. 035	0. 07	0. 15	0. 05	0. 30	0. 50	0. 30	0. 012	0. 10	—	—
	B				0. 035	0. 035										
	C				0. 030	0. 030										0. 015
	D	≤0. 18			0. 030	0. 025										
	E				0. 025	0. 020										
Q390	A	≤0. 20	≤0. 50	≤1. 70	0. 035	0. 035	0. 07	0. 20	0. 05	0. 30	0. 50	0. 30	0. 015	0. 10	—	—
	B				0. 035	0. 035										
	C				0. 030	0. 030										0. 015
	D				0. 030	0. 025										
	E				0. 025	0. 020										
Q420	A	≤0. 20	≤0. 50	≤1. 70	0. 035	0. 035	0. 07	0. 20	0. 05	0. 30	0. 80	0. 30	0. 015	0. 20	—	—
	B				0. 035	0. 035										
	C				0. 030	0. 030										0. 015
	D				0. 030	0. 025										
	E				0. 025	0. 020										

续表 1

牌号	质量等级	化学成分(熔炼分析)/%														
		C	Si	Mn	P	S	Nb	V	Ti	Cr	Ni	Cu	N	Mo	B	Als
					不大于											不小于
	C				0.030	0.030										
Q460	D	≤0.20	≤0.60	≤1.80	0.030	0.025	0.11	0.20	0.05	0.30	0.80	0.55	0.015	0.20	0.004	0.015
	E				0.025	0.020										
	C				0.030	0.030										
Q500	D	≤0.18	≤0.60	≤1.80	0.030	0.025	0.11	0.12	0.05	0.60	0.80	0.55	0.015	0.20	0.004	0.015
	E				0.025	0.020										
	C				0.030	0.030										
Q550	D	≤0.18	≤0.60	≤2.00	0.030	0.025	0.11	0.12	0.05	0.80	0.80	0.80	0.015	0.30	0.004	0.015
	E				0.025	0.020										
	C				0.030	0.030										
Q620	D	≤0.18	≤0.60	≤2.00	0.030	0.025	0.11	0.12	0.05	1.00	0.80	0.80	0.015	0.30	0.004	0.015
	E				0.025	0.020										
	C				0.030	0.030										
Q690	D	≤0.18	≤0.60	≤2.00	0.030	0.025	0.11	0.12	0.05	1.00	0.80	0.80	0.015	0.30	0.004	0.015
	E				0.025	0.020										

注：1. 当细化晶粒元素组合加入时，$w(Nb+V+Ti) \leqslant 0.22\%$。

2. $w(Mo+Cr) \leqslant 0.30\%$。

3. 当需要加入细化晶粒元素时，钢中应至少含有 Al、Nb、V、Ti 中的一种。加入的细化晶粒元素应在质量证明书中注明含量。

4. 当采用全铝（Alt）含量表示时，Alt 应不小于 0.020%。

5. 钢中氮元素含量见表中的规定，如供方保证，可不进行氮元素含量分析。如果钢中加入 Al、Nb、V、Ti 等具有固氮作用的合金元素，氮元素含量不作限制，固氮元素含量应在质量证明书中注明。

6. 各牌号的 Cr、Ni、Cu 作为残余元素时，其含量均不大于 0.30%，如供方保证，可不作分析；当需要加入时，其含量见表中的规定或由供需双方协议规定。

7. 为改善钢的性能，可加入 RE 元素，其加入量按钢水重量的 0.02% ~0.20% 计算。

8. 在保证钢材力学性能符合该标准规定的情况下，各牌号 A 级钢的 C、Si、Mn 化学成分可不作交货条件。

4　交货状态

钢材以热轧、控轧、正火/正火轧制、正火加回火、热机械轧制（TMCP）或热机械轧制加回火（TMCP+T）状态交货。

5　碳当量（CEV）及焊接裂纹敏感性指数（Pcm）

5.1　碳当量（CEV）应由熔炼分析成分并采用 $CEV = C + Mn/6 + (Cr + Mo + V)/5 + (Ni + Cu)/15$ 公式计算。

5.2　各牌号除 A 级钢以外的钢材，当以热轧、控轧状态交货时，其碳当量见表 2。

表2 热轧、控轧状态的碳当量

牌 号	碳当量 CEV/%		
	公称厚度或直径≤63mm	63mm<公称厚度或直径≤250mm	公称厚度>250mm
Q345	≤0.44	≤0.47	≤0.47
Q390	≤0.45	≤0.48	≤0.48
Q420	≤0.45	≤0.48	≤0.48
Q460	≤0.46	≤0.49	—

5.3 当以正火/正火轧制、正火加回火状态交货时，其碳当量见表3。

表3 正火/正火轧制、正火加回火状态的碳当量

牌 号	碳当量 CEV/%		
	公称厚度或直径≤63mm	63mm<公称厚度或直径≤120mm	120mm<公称厚度≤250mm
Q345	≤0.45	≤0.48	≤0.48
Q390	≤0.46	≤0.48	≤0.49
Q420	≤0.48	≤0.50	≤0.52
Q460	≤0.53	≤0.54	≤0.55

5.4 当以热机械轧制（TMCP）或热机械轧制加回火状态交货时，其碳当量见表4。

表4 热机械轧制（TMCP）或热机械轧制加回火状态的碳当量

牌 号	碳当量 CEV/%		
	公称厚度≤63mm	63mm<公称厚度≤120mm	120mm<公称厚度≤150mm
Q345	≤0.44	≤0.45	≤0.45
Q390	≤0.46	≤0.47	≤0.47
Q420	≤0.46	≤0.47	≤0.47
Q460	≤0.47	≤0.48	≤0.48
Q500	≤0.47	≤0.48	≤0.48
Q550	≤0.47	≤0.48	≤0.48
Q620	≤0.48	≤0.49	≤0.49
Q690	≤0.49	≤0.49	≤0.49

注：热机械轧制（TMCP）或热机械轧制加回火状态交货钢材的碳含量不大于0.12%时，可采用焊接裂纹敏感性指数（Pcm）代替碳当量评估钢材的可焊性。Pcm应由熔炼分析成分并采用 $Pcm = C + Si/30 + Mn/20 + Cu/20 + Ni/60 + Cr/20 + Mo/15 + V/10 + 5B$ 公式计算，其值按表5的规定。

经供需双方协商，可指定采用碳当量或焊接裂纹敏感性指数作为衡量可焊性的指标，当未指定时，供方可任选其一。

表5 代替碳当量的Pcm值

牌 号	Pcm/%
Q345	≤0.20
Q390	≤0.20
Q420	≤0.20
Q460	≤0.20
Q500	≤0.25
Q550	≤0.25
Q620	≤0.25
Q690	≤0.25

6 力学性能及工艺性能（见表6、表7）

表6　拉伸性能

<table>
<tr><th rowspan="3">牌号</th><th rowspan="3">质量等级</th><th colspan="22">拉　伸　试　验</th></tr>
<tr><th colspan="9">以下公称厚度或直径(mm)的最小屈服强度 R_{eL}/MPa</th><th colspan="7">以下公称厚度或直径(mm)的抗拉强度 R_m/MPa</th><th colspan="6">以下公称厚度或直径(mm)的断后伸长率 A/%</th></tr>
<tr><th>≤16</th><th>>16～40</th><th>>40～63</th><th>>63～80</th><th>>80～100</th><th>>100～150</th><th>>150～200</th><th>>200～250</th><th>>250～400</th><th>≤40</th><th>>40～63</th><th>>63～80</th><th>>80～100</th><th>>100～150</th><th>>150～250</th><th>>250～400</th><th>≤40</th><th>>40～63</th><th>>63～100</th><th>>100～150</th><th>>150～250</th><th>>250～400</th></tr>
<tr><td rowspan="5">Q345</td><td>A</td><td rowspan="5">≥345</td><td rowspan="5">≥335</td><td rowspan="5">≥325</td><td rowspan="5">≥315</td><td rowspan="5">≥305</td><td rowspan="5">≥285</td><td rowspan="5">≥275</td><td rowspan="5">≥265</td><td rowspan="3">—</td><td rowspan="5">470～630</td><td rowspan="5">470～630</td><td rowspan="5">470～630</td><td rowspan="5">470～630</td><td rowspan="5">450～600</td><td rowspan="5">450～600</td><td rowspan="3">—</td><td rowspan="2">≥20</td><td rowspan="2">≥19</td><td rowspan="2">≥19</td><td rowspan="2">≥18</td><td rowspan="2">≥17</td><td rowspan="3">—</td></tr>
<tr><td>B</td></tr>
<tr><td>C</td><td rowspan="3">≥21</td><td rowspan="3">≥20</td><td rowspan="3">≥20</td><td rowspan="3">≥19</td><td rowspan="3">≥18</td></tr>
<tr><td>D</td><td rowspan="2">≥265</td><td rowspan="2">450～600</td><td rowspan="2">≥17</td></tr>
<tr><td>E</td></tr>
<tr><td rowspan="5">Q390</td><td>A</td><td rowspan="5">≥390</td><td rowspan="5">≥370</td><td rowspan="5">≥350</td><td rowspan="5">≥330</td><td rowspan="5">≥330</td><td rowspan="5">≥310</td><td rowspan="5">—</td><td rowspan="5">—</td><td rowspan="5">—</td><td rowspan="5">490～650</td><td rowspan="5">490～650</td><td rowspan="5">490～650</td><td rowspan="5">490～650</td><td rowspan="5">470～620</td><td rowspan="5">—</td><td rowspan="5">—</td><td rowspan="5">≥20</td><td rowspan="5">≥19</td><td rowspan="5">≥19</td><td rowspan="5">≥18</td><td rowspan="5">—</td><td rowspan="5">—</td></tr>
<tr><td>B</td></tr>
<tr><td>C</td></tr>
<tr><td>D</td></tr>
<tr><td>E</td></tr>
<tr><td rowspan="5">Q420</td><td>A</td><td rowspan="5">≥420</td><td rowspan="5">≥400</td><td rowspan="5">≥380</td><td rowspan="5">≥360</td><td rowspan="5">≥360</td><td rowspan="5">≥340</td><td rowspan="5">—</td><td rowspan="5">—</td><td rowspan="5">—</td><td rowspan="5">520～680</td><td rowspan="5">520～680</td><td rowspan="5">520～680</td><td rowspan="5">520～680</td><td rowspan="5">500～650</td><td rowspan="5">—</td><td rowspan="5">—</td><td rowspan="5">≥19</td><td rowspan="5">≥18</td><td rowspan="5">≥18</td><td rowspan="5">≥18</td><td rowspan="5">—</td><td rowspan="5">—</td></tr>
<tr><td>B</td></tr>
<tr><td>C</td></tr>
<tr><td>D</td></tr>
<tr><td>E</td></tr>
</table>

续表 6

牌号	质量等级	拉伸试验																					
		以下公称厚度或直径（mm）的最小屈服强度 R_{eL}/MPa									以下公称厚度或直径（mm）的抗拉强度 R_m/MPa							以下公称厚度或直径（mm）的断后伸长率 A/%					
		≤16	>16～40	>40～63	>63～80	>80～100	>100～150	>150～200	>200～250	>250～400	≤40	>40～63	>63～80	>80～100	>100～150	>150～250	>250～400	≤40	>40～63	>63～100	>100～150	>150～250	>250～400
Q460	C D E	≥460	≥440	≥420	≥400	≥400	≥380	—	—	—	550～720	550～720	550～720	550～720	530～700	—	—	≥17	≥16	≥16	≥16	—	—
Q500	C D E	≥500	≥480	≥470	≥450	≥440	—	—	—	—	610～770	600～760	590～750	540～730	—	—	—	≥17	≥17	≥17	—	—	—
Q550	C D E	≥550	≥530	≥520	≥500	≥490	—	—	—	—	670～830	620～810	600～790	590～780	—	—	—	≥16	≥16	≥16	—	—	—
Q620	C D E	≥620	≥600	≥590	≥570	—	—	—	—	—	710～880	690～880	670～860	—	—	—	—	≥15	≥15	≥15	—	—	—
Q690	C D E	≥690	≥670	≥660	≥640	—	—	—	—	—	770～940	750～920	730～900	—	—	—	—	≥14	≥14	≥14	—	—	—

注：1. 当屈服不明显时，可测量 $R_{p0.2}$ 代替下屈服强度。
2. 宽度不小于 600mm 的扁平材，拉伸试验取横向试样。宽度小于 600mm 的扁平材取纵向试样，断后伸长率最小值相应提高 1%（绝对值）。
3. 厚度为 250（不含）～400mm 的数值适用于扁平材。

表7　冲击性能

牌　号	质量等级	试验温度/℃	以下公称厚度或直径（mm）下的冲击吸收能量 KV_2/J		
			12～150	>150～250	>250～400
Q345	B	20	≥34	≥27	—
	C	0			
	D	-20			27
	E	-40			
Q390	B	20	≥34	—	—
	C	0			
	D	-20			
	E	-40			
Q420	B	20	≥34	—	—
	C	0			
	D	-20			
	E	-40			
Q460	C	0	≥34	—	—
	D	-20		—	—
	E	-40		—	—
Q500、Q550、Q620、Q690	C	0	≥55	—	—
	D	-20	≥47	—	—
	E	-40	≥31	—	—

注：1. 冲击试验取纵向试样。

2. 厚度不小于6mm的钢板应做冲击试验，冲击试样尺寸取10mm×10mm×55mm的标准试样；当钢材不足以制取标准试样时，应采用10mm×7.5mm×55mm、10mm×5mm×55mm小尺寸试样，冲击吸收能量应分别为不小于表中规定值的75%或50%，优先采用较大尺寸试样。

3. 钢材的冲击试验结果按一组3个试样的算术平均值进行计算，允许其中有1个试验值低于规定值，但不应低于规定值的70%，否则，应从同一抽样产品上再取3个试样进行试验，先后6个试样试验结果的算术平均值不得低于规定值，允许有2个试样的试验结果低于规定值，但其中低于规定值70%的试样只允许有一个。

当需方要求做弯曲试验时，弯曲试验见表8，弯曲试验后试样弯曲外表面无肉眼可见的裂纹。当供方保证弯曲合格时，可不做弯曲试验。

表8　弯曲试验

牌　号	试样方向	180°弯曲试验 d—弯曲压头直径，a—试样厚度	
		钢板厚度/mm	
		≤16	>16～100
Q345 Q390 Q420 Q460	宽度不小于600mm的扁平材、型材及棒材，取横向试样 宽度小于600mm的扁平材取纵向试样	$d=2a$	$d=3a$

7　组批

钢材应成批验收。每批应由同一牌号、同一炉号、同一规格、同一轧制制度或同一热处理制度的钢材组成，每批重量不大于60t。钢带的组批重量按相应产品标准的规定。

各牌号的A级钢或B级钢允许同一牌号、同一重量等级、同一冶炼和浇注方法、不同炉罐号组成混合批。但每批不得多于6个炉罐号，且各炉罐号C含量之差不得大于0.02%，Mn含量之差不得大于0.15%。

对于Z向钢的组批，见GB/T 5313的规定。

GB/T 16270—2009 高强度结构用调质钢板（概要）

1　范围

该标准适用于厚度不大于150mm，以调质（淬火加回火）状态交货的规定最小屈服强度不小于460MPa的高强度结构用钢板。

2　尺寸、外形及允许偏差

钢板和钢带的尺寸、外形及允许偏差见GB/T 709《热轧钢板和钢带的尺寸、外形、重量及允许偏差》。

3　牌号和化学成分

钢的牌号和化学成分见表1。根据需方要求，经供需双方协商并在合同中注明，可以提供CET，CET = C + (Mn + Mo)/10 + (Cr + Cu)/20 + Ni/40。

4　交货状态

钢板按调质（淬火 + 回火）状态交货。

5　力学性能

5.1　钢板的力学性能见表2。

5.2　夏比（V型缺口）冲击吸收能量，按一组三个试样算术平均值计算，允许其中一个试样单个值低于表2规定值，但不得低于规定值的70%。

5.3　钢板厚度小于12mm的夏比（V型缺口）冲击试验应采用辅助试样。厚度大于8mm小于12mm钢板的辅助试样尺寸为10mm × 7.5mm × 55mm，其试验结果不小于规定值的75%；6 ~ 8mm钢板辅助试样尺寸为10mm × 5mm × 55mm，其试验结果不小于规定值的50%。厚度小于6mm的钢板不做冲击试验。

6　其他要求

钢板应成批验收。每批由同炉号、同牌号、同屈服强度规定值且厚度差不超过5mm的钢板组成。每批钢板重量不得大于40t。

表1　钢的牌号和化学成分

牌号	化学成分（熔炼分析）/%															
	C	Si	Mn	P	S	Cu	Cr	Ni	Mo	B	V	Nb	Ti	CEV/% 产品厚度/mm		
														≤50	>50 ~ 100	>100 ~ 150
	不大于															
Q460QC Q460QD Q460QE Q460QF	0.20	0.80	1.70	0.025	0.015	0.50	1.50	2.00	0.70	0.005	0.12	0.06	0.05	0.47	0.48	0.50
Q500QC Q500QD Q500QE Q500QF	0.20	0.80	1.70	0.025	0.015	0.50	1.50	2.00	0.70	0.005	0.12	0.06	0.05	0.47	0.70	0.70

续表 1

牌号	化学成分（熔炼分析）/%														
	C	Si	Mn	P	S	Cu	Cr	Ni	Mo	B	V	Nb	Ti	CEV/%		
														产品厚度/mm		
														≤50	>50 ~ 100	>100 ~ 150
	不大于															
Q550QC Q550QD Q550QE Q550QF	0.20	0.80	1.70	0.025	0.015	0.50	1.50	2.00	0.70	0.005	0.12	0.06	0.05	0.65	0.77	0.83
Q620QC Q620QD Q620QE Q620QF	0.20	0.80	1.70	0.025	0.015	0.50	1.50	2.00	0.70	0.005	0.12	0.06	0.05	0.65	0.77	0.83
Q690QC Q690QD Q690QE Q690QF	0.20	0.80	1.70	0.025	0.015	0.50	1.50	2.00	0.70	0.005	0.12	0.06	0.05	0.65	0.77	0.83
Q800QC Q800QD Q800QE Q800QF	0.20	0.80	1.70	0.025	0.015	0.50	1.50	2.00	0.70	0.005	0.12	0.06	0.05	0.72	0.82	—
Q890QC Q890QD Q890QE Q890QF	0.20	0.80	1.70	0.025	0.015	0.50	1.50	2.00	0.70	0.005	0.12	0.06	0.05	0.72	0.82	—
Q960QC Q960QD Q960QE Q960QF	0.20	0.80	1.70	0.025	0.015	0.50	1.50	2.00	0.70	0.005	0.12	0.06	0.05	0.82	—	—

注：1. 根据需要，生产厂可添加其中一种或几种合金元素，最大值见表中规定，其含量应在质量证明书中报告。

2. 钢中至少应添加 Nb、Ti、V、Al 等细化晶粒元素中的一种，其中至少一种元素的最小量为 0.015%（对于 Al 为 Als）。也可用 Alt 替代 Als，此时最小量为 0.018%。

3. $CEV = C + Mn/6 + (Cr + Mo + V)/5 + (Ni + Cu)/15$。

表2 力学性能

牌号	拉伸试验							冲击试验			
	上屈服强度 R_{eH}/MPa			抗拉强度 R_m/MPa			断后伸长率 A/%	最小冲击吸收能量 KV_2/J			
	厚度/mm							试验温度/℃			
	≤50	>50~100	>100~150	≤50	>50~100	>100~150		0	-20	-40	-60
Q460QC	≥460	≥440	≥400	550~720		500~670	≥17	27			
Q460QD									27		
Q460QE										27	
Q460QF											27
Q500QC	≥500	≥480	≥440	590~770		560~720	≥17	27			
Q500QD									27		
Q500QE										27	
Q500QF											27
Q550QC	≥550	≥530	≥490	640~820		620~780	≥16	27			
Q550QD									27		
Q550QE										27	
Q550QF											27
Q620QC	≥620	≥580	≥560	700~890		690~840	≥15	27			
Q620QD									27		
Q620QE										27	
Q620QF											27
Q690QC	≥690	≥650	≥630	770~940	760~930	710~900	≥14	27			
Q690QD									27		
Q690QE										27	
Q690QF											27
Q800QC	≥800	≥740	—	840~1000	800~1000	—	≥13	27			
Q800QD									27		
Q800QE										27	
Q800QF											27
Q890QC	≥890	≥830	—	940~1100	880~1100	—	≥11	27			
Q890QD									27		
Q890QE										27	
Q890QF											27
Q960QC	≥960	—	—	980~1150	—	—	≥10	27			
Q960QD									27		
Q960QE										27	
Q960QF											27

注：1. 拉伸试验适用于横向试样；冲击试验适用于纵向试样。

2. 当屈服现象不明显时，采用 $R_{p0.2}$。

第二节 美国标准

ASTM A242/A242M-04(09)高强度低合金结构钢(概要)

1 范围

该标准适用于作结构件焊接、铆接和螺纹连接的结构用高强度低合金结构钢，该结构主要是为了节省钢材重量和提高寿命。在大多数环境中，高强度低合金钢的耐大气腐蚀性能显著地优于含铜或不含铜的碳素结构钢。当适当地暴露在大气中时，可以在很多种情况下裸露地（没有涂层）使用。该标准适用于厚度不大于100mm的钢材。

2 尺寸、外形及允许偏差

钢板的尺寸、外形及允许偏差见ASTM A6/A6M《结构用轧制钢板、型钢、钢板桩和棒材的一般要求》。

3 化学成分

钢的熔炼分析见表1，成品分析见ASTM A6/A 6M的成品分析偏差要求（为了满足力学性能要求并提供其耐大气腐蚀性，由供方负责并应在熔炼分析中报告使用的合金元素，以便确定钢的类型。一般添加的合金元素包括Cr、Ni、Si、V、Ti和Zr）。

表1 化学成分

元 素	化学成分(熔炼分析)/%
	类型1
C	≤0.15
Mn	≤1.00
P	≤0.15
S	≤0.05
Cu	≥0.20

按G 101（以Larabee和Coburn数据为基础的预测性方法）所规定的方法，以钢材熔炼分析为基础计算的耐大气腐蚀系数应不小于6。

注：使用者要注意用于计算耐大气腐蚀性系数的G 101预测方程式（以Larabee和Coburn数据为基础的预测性方法），只在指南声明的化学成分范围内被证实。

如果有要求，生产者应提供使购买者满意的耐腐蚀性证明。

4 力学性能（见表2）

表2 力学性能

指 标	公称厚度/mm		
	≤20	>20~40	>40~100
抗拉强度 R_m/MPa	≥480	≥460	≥435
屈服强度 $R_{p0.2}$或$R_{t0.5}$/MPa	≥345	≥315	≥290
断后伸长率(标距长度为200mm)/%	≥18	≥18	≥18
断后伸长率(标距长度为50mm)/%	≥21	≥21	≥21

注：1. 当钢板厚度大于600mm时拉伸试样取横向，否则取纵向。试样在钢板的角部切取。

2. 楼面板不要求测定断后伸长率。

3. 钢板宽度大于600mm，断后伸长率可减少2%（绝对值）。

ASTM A283/A283M-03(09)低中抗拉强度碳素钢板(概要)

1 范围

该标准包括一般用途的结构用碳素钢板四个钢级（A、B、C 和 D）。

2 尺寸、外形及允许偏差

钢板的尺寸、外形及允许偏差见 ASTM A6/A6M《结构用轧制钢板、型钢、钢板桩和棒材的一般要求》。

3 牌号及化学成分（见表1）

表1 化学成分

元素		化学成分(熔炼分析及成品分析)/%			
		钢级 A	钢级 B	钢级 C	钢级 D
C		≤0.14	≤0.17	≤0.24	≤0.27
Mn		≤0.90	≤0.90	≤0.90	≤0.90
P		≤0.035	≤0.035	≤0.035	≤0.035
S		≤0.04	≤0.04	≤0.04	≤0.04
Si	≤40mm	≤0.40	≤0.40	≤0.40	0.40
	>40mm	0.15~0.40	0.15~0.40	0.15~0.40	0.15~0.40
Cu（当要求 Cu 含量时）		≥0.20	≥0.20	≥0.20	≥0.20

4 力学性能（见表2）

表2 力学性能

指标	钢级 A	钢级 B	钢级 C	钢级 D
抗拉强度 R_m/MPa	310~415	345~450	380~515	415~550
屈服强度 $R_{p0.2}$ 或 $R_{t0.5}$/MPa	≥165	≥185	≥205	≥230
断后伸长率(标距长度为200mm)/%	≥27	≥25	≥22	≥20
断后伸长率(标距长度为50mm)/%	≥30	≥28	≥25	≥23

注：1. 当钢板厚度大于600mm 时拉伸试样取横向，否则取纵向。试样在钢板的角部切取。

2. 钢板宽度大于600mm，断后伸长率可减少2%（绝对值）。

ASTM A514/A514M-05(09)可焊接淬火和回火高屈服强度合金钢板(概要)

1　范围

该标准包括调质的、厚度不大于150mm的结构质量的合金钢钢板，主要用于焊接桥梁及其他建筑结构。

2　尺寸、外形及允许偏差

钢板的尺寸、外形及允许偏差见ASTM A6/A6M《结构用轧制钢板、型钢、钢板桩和棒材的一般要求》。

3　牌号及化学成分

化学成分见表1。成品分析见表1及ASTM A6/A6M标准的成品分析偏差要求。

表1　化学成分

元素	化学成分(熔炼分析及成品分析)/%							
	A级	B级	E级	F级	H级	P级	Q级	S级
	最大厚度/mm							
	32	32	150	65	50	150	50	65
C	0.15~0.21	0.12~0.21	0.12~0.20	0.10~0.20	0.12~0.21	0.12~0.21	0.14~0.21	0.11~0.21
Mn	0.80~1.10	0.70~1.00	0.40~0.70	0.60~1.00	0.95~1.30	0.45~0.70	0.95~1.30	1.10~1.50
P	≤0.035	≤0.035	≤0.035	≤0.035	≤0.035	≤0.035	≤0.035	≤0.035
S	≤0.035	≤0.035	≤0.035	≤0.035	≤0.035	≤0.035	≤0.035	≤0.020
Si	0.40~0.80	0.20~0.35	0.20~0.40	0.15~0.35	0.20~0.35	0.20~0.35	0.15~0.35	0.15~0.45
Ni	—	—	—	0.70~1.00	0.30~0.70	1.20~1.50	1.20~1.50	—
Cr	0.50~0.80	0.40~0.65	1.40~2.00	0.40~0.65	0.40~0.65	0.85~1.20	1.00~1.50	—
Mo	0.18~0.28	0.15~0.25	0.40~0.60	0.40~0.60	0.20~0.30	0.45~0.60	0.40~0.60	0.10~0.60
V	—	0.03~0.08	①	0.03~0.08	0.03~0.08	—	0.03~0.08	0.06
Ti	—	0.01~0.04	0.01~0.10	—	—	—	—	②
Zr	0.05~0.15③	—	—	—	—	—	—	—
Cu	—	—	—	0.15~0.50	—	—	—	—
B	≤0.0025	0.0005~0.005	0.001~0.005	0.0005~0.006	0.0005~0.005	0.001~0.005	—	0.001~0.005
Nb	—	—	—	—	—	—	—	≤0.06

①在一对一情况下，可以部分或全部用Ti元素替代。

② $w(\mathrm{Ti})\leq 0.06\%$，以保证B的添加量。

③Zr可以用铈来替代。添加铈时，铈/硫之比（熔炼分析）应约在1.5~1的范围。

4　力学性能（见表2）

表2　力学性能

厚度/mm	抗拉强度 R_m/MPa	屈服强度/MPa	断后伸长率 A_{50mm}/%	面缩率 Z/%	布氏硬度 HBW
≤20	760~895	≥690	≥18	≥40	235~293
20~65	760~895	≥690	≥18	≥40①或≥50②	—
65~150	790~895	≥620	≥16	≥50	—

注：1. 屈服强度为 $R_{p0.2}$ 或者 $R_{t0.5}$。

2. 花纹钢板不要求断后伸长率和面缩率。

3. 对于横向试样，断后伸长率可减少2%（绝对值），面缩率可减少5%（绝对值）。

① 适用于按 ASTM A370 图3中40mm宽度的矩形试样。

② 适用于按 ASTM A370 图4中直径为12.5mm的圆形试样。

ASTM A529/A529M-05(09)结构级高强度碳锰钢(概要)

1　范围

该标准适用于铆接、栓接、焊接建筑构件及一般结构用途的碳锰结构钢型钢、钢板和钢棒。

适用于该标准的钢包括两个级别，见表1。

表1　钢级及规格

钢　级	屈服强度 $R_{p0.2}$或 $R_{t0.5}$/MPa	厚　度
50［345］	345	厚度≤25mm，宽度≤380mm 的钢板
55［380］	380	厚度≤25mm，宽度≤380mm 的钢板

2　尺寸、外形及允许偏差

钢板的尺寸、外形及允许偏差见 ASTM A6/A6M《结构用轧制钢板、型钢、钢板桩和棒材的一般要求》。

3　牌号和化学成分

钢的熔炼分析见表2的规定。

表2　化学成分

牌　号	化学成分(熔炼分析)/%，不大于					
	C	Mn	P	S	Si	Cu（当对 Cu 有要求时）
钢级50[345]和55[380]	0.27	1.35	0.04	0.05	0.40	0.20

注：1. 除表中规定的元素外，检验报告内容还应包括 Cu、Nb、Cr、Ni、Mo、V 的化学成分分析。当 Cu、Cr、Ni、Mo 或 Si 含量小于0.02%时，分析报告可注明“<0.02%”；当 Nb、V 的含量小于0.008%时，分析报告可注明“<0.008%”。

2. 钢的成品分析见 ASTM A6/A6M 中的成品分析允许偏差的规定。

3. 最大 C 含量每减少0.01%，Mn 含量可相应增加0.05%，Mn 的最大允许含量为1.50%。

4　力学性能（见表3）

表3　力学性能

牌　号	抗拉强度 R_m/MPa	屈服强度 $R_{p0.2}$或 $R_{t0.5}$/MPa	200mm 标距的断后伸长率/%	50mm 标距的断后伸长率/%
50［345］	485～690	≥345	≥18	≥21
55［380］	485～690	≥380	≥17	≥20

注：当钢板厚度大于600mm 时拉伸试样取横向，否则取纵向。试样在钢板的角部切取。

ASTM A572/A572M-07 高强度低合金铌-钒结构钢（概要）

1　范围

该标准包括五个级别的高强度低合金结构钢板。钢级 42[290]、50[345] 和 55[380] 是用于铆接、栓接和焊接结构件；钢级 60[415] 和 65[450] 是用于桥梁的铆接、栓接结构或用于其他的铆接、栓接或焊接结构。

对于用于焊接的桥梁结构件，其缺口韧性是重要的，缺口韧性的要求应在供需双方之间进行协商。

该标准规定的钢级和产品的最大厚度见表 1。

当钢材焊接使用时，应使用适合于该钢级和预期用途或服务的焊接方法。关于焊接性的信息见 A6/A6M 标准的附件 X3。

表 1　产品最大厚度

钢　级	最小屈服点 R_{eH}/MPa	最大厚度/mm
42[290]	290	150
50[345]	345	100
55[380]	380	50
60[415]	415	32
65[450]	450	32

2　尺寸、外形及允许偏差

钢板的尺寸、外形及允许偏差见 ASTM A6/A6M《结构用轧制钢板、型钢、钢板桩和棒材的一般要求》。

3　交货状态

钢板应以热轧或热处理状态交货。

4　牌号和化学成分

钢的熔炼分析见表 2。成品分析偏差见 ASTM A6/A6M。

按给出的极限值采用 Nb、V、Ti、N 或其组合。除非买方有其他的规定，否则由供方负责选择化学成分的类型（类型 1、类型 2、类型 3 或类型 5），合金元素的含量见表 3。

合金含量见类型 1、2、3 和 5 的规定，并在试验报告中列出应用的合金含量。

表 2　化学成分（熔炼分析）

钢板厚度/mm	钢　级	化学成分（熔炼分析）/%					
		C	Mn	P	S	Si	
		不大于				厚度≤40mm	厚度>40mm
≤150	42[290]	0.21	1.35	0.04	0.05	≤0.40	0.15~0.40
≤100	50[345]	0.23	1.35	0.04	0.05	≤0.40	0.15~0.40
≤50	55[380]	0.25	1.35	0.04	0.05	≤0.40	0.15~0.40
≤32	60[415]	0.26	1.35	0.04	0.05	≤0.40	不适用
>13~32	65[450]	0.23	1.65	0.04	0.05	≤0.40	不适用
≤13	65[450]	0.26	1.35	0.04	0.05	≤0.40	不适用

表3　合金元素含量

类　型	元　素	熔炼分析/%
1	Nb	0.005~0.05
2	V	0.01~0.15
3	Nb、V、Nb+V	0.005~0.05、0.01~0.15、0.02~0.15
5	Ti、N、V	0.006~0.04、0.003~0.015、≤0.06

注：1. 当要求Cu含量时，Cu的熔炼分析最小值是0.20%（成品分析最小值为0.18%）。
2. 厚度大于10mm的所有板材，Mn的熔炼分析最小值应为0.80%（成品分析为0.75%）；厚度小于等于10mm的所有板材，Mn的熔炼分析最小值应为0.50%（成品分析为0.45%）。锰碳比应不小于2∶1。
3. 钢级42[290]~60[415]，规定的最大C含量值每减少0.01%，允许Mn含量在规定最大值上增加0.06%，最多增加到1.60%。
4. 钢级65［450］，钢板的厚度小于等于13mm，允许采用另一种替代的化学成分：$w(C)\leqslant 0.21\%$、$w(Mn)\leqslant 1.65\%$，其他元素见表。
5. 类型1和类型3中Nb元素的成品分析值应为0.004%~0.06%。
6. 类型3中Nb、V、Nb+V元素的成品分析值应为0.01%~0.16%。

除非供货的是镇静钢，否则Nb应限制在表4的厚度中使用。镇静钢应在试验报告中说明，或报告钢中有足够的脱氧元素，如$w(Si)\geqslant 0.10\%$，$w(Al)\geqslant 0.015\%$。

表4　铌使用的限制

钢　级	钢板厚度/mm
42［290］、50［345］、55［380］	20
60［415］、65［450］	13

5　力学性能（见表5）

表5　力学性能

钢　级	上屈服点 R_{eH}/MPa	抗拉强度 R_m/MPa	断后伸长率/%	
			标距为200mm	标距为50mm
42[290]	≥290	≥415	≥20	≥24
50[345]	≥345	≥450	≥18	≥21
55[380]	≥380	≥485	≥17	≥20
60[415]	≥415	≥520	≥16	≥18
65[450]	≥450	≥550	≥15	≥17

注：1. 试样方向见ASTM A6/A6M拉伸试验部分。屈服点取上屈服点R_{eH}，当无明显屈服时，取屈服强度$R_{p0.2}$或$R_{t0.5}$。
2. 对楼面板不要求断后伸长率。
3. 钢板宽度大于600mm，钢级42、50、55([290]、[345]、[380])的断后伸长率可减少2%（绝对值）；钢级60、65([415]、[450])的断后伸长率可减少3%（绝对值）。见ASTM A6/A6M拉伸试验部分的伸长率调整。

ASTM A573/A573M-05(09)高韧性碳素结构钢板(概要)

1　范围

该标准适用于3个抗拉强度范围内，要求改善常温冲击韧性的优质碳素-锰-硅结构钢板。

该标准所包含的钢板仅限于最大厚度为40mm。

如果这类钢要进行焊接，必须按照该钢板的牌号和用途制定合适的焊接工序。

2　尺寸、外形及允许偏差

钢板的尺寸、外形及允许偏差见ASTM A6/A6M《结构用轧制钢板、型钢、钢板桩和棒材的一般要求》。

3　牌号和化学成分

熔炼分析见表1的规定。成品分析偏差见ASTM A6/A6M的规定。

表1　化学成分

牌　号	化学成分(熔炼分析)/%					
	C		Mn	P	S	Si
	厚度≤13mm	13mm<厚度≤40mm				
58[400]	≤0.23	≤0.23	0.60~0.90	≤0.035	≤0.04	0.10~0.35
65[450]	≤0.24	≤0.26	0.85~1.20	≤0.035	≤0.04	0.15~0.40
70[485]	≤0.27	≤0.28	0.85~1.20	≤0.035	≤0.04	0.15~0.40

注：对于58号和65号钢，其C元素的规定最大值每降低0.04%，允许其Mn元素的规定最大值增加0.06%，但最大为1.50%；对于70号钢，最大则为1.60%。

4　力学性能（见表2)

表2　力学性能

牌　号	抗拉强度 R_m/MPa	屈服强度 $R_{p0.2}$或$R_{t0.5}$/MPa	200mm标距的断后伸长率/%	50mm标距的断后伸长率/%
58[400]	400~490	≥220	≥21	≥24
65[450]	450~530	≥240	≥20	≥23
70[485]	485~620	290	≥18	≥21

注：1. 试样方向见ASTM A6/A6M拉伸试验部分。

2. 楼面板不要求测定断后伸长率。

3. 钢板宽度大于600mm，断后伸长率可降低2%（绝对值）。参见ASTM A6/A6M的拉伸试验部分之伸长率要求值调整。

ASTM A656/A656M-10 改进可成型性的热轧高强度低合金结构钢板（概要）

1　范围

该标准包括三种类型、四个强度级别的高强度低合金结构钢的热轧结构钢板。用于卡车框架、支架、吊车、起重机梁、火车车厢等。

产品的最大厚度如表1所示。

表1　各钢级产品厚度

级　别	钢板的最大厚度/mm
50	50
60	40
70	25
80	25

2　尺寸、外形及允许偏差

钢板的尺寸、外形及允许偏差见ASTM A6/A6M《结构用轧制钢板、型钢、钢板桩和棒材的一般要求》。

3　牌号和化学成分

熔炼分析见表2。成品分析偏差见ASTM A6/A6M的规定。

表2　化学成分

牌　号	化学成分（熔炼分析）/% 不大于								
	C	Mn	P	S	Si	V	Ni	Nb	Ti
类型3	0.18	1.65	0.025	0.035	0.60	0.08	0.02	0.008～0.10	—
类型7	0.18	1.65	0.025	0.035	0.60	0.15	0.02	0.10	—
类型8	0.18	1.65	0.025	0.035	0.60	0.15	0.02	0.10	0.15

注：1. 当钢材焊接使用时，应使用适合于该钢级和预期用途或服务的焊接方法。

2. C元素规定最大值每降低0.01%，允许其Mn元素规定最大值增加0.06%，但对于50号、60号、70号钢，Mn元素含量不超过1.75%；对于80号钢，Mn元素含量不超过1.90%。

3. 类型8的Nb+V+Ti的含量应在0.008%～0.20%范围内。

4. 类型7的Nb和V的比例需满足表3的要求，且Nb+V的含量不超过0.20%。

表3　类型7的铌、钒比例

w(V)/%	w(Nb)/%
<0.008	0.008～0.10
0.008～0.15	<0.008
0.008～0.15	0.008～0.10

4　力学性能（见表4）

表4　力学性能

牌　号	屈服强度 $R_{p0.2}$或 $R_{t0.5}$/MPa	抗拉强度 R_m/MPa	断后伸长率/%	
			标距为200mm	标距为50mm
G50[345]	≥345	≥415	≥20	≥23
G60[415]	≥415	≥485	≥17	≥20
G70[485]	≥485	≥550	≥14	≥17
G80[550]	≥550	≥620	≥12	≥15

注：1. 参见 ASTM A6/A6M 的拉伸试验的相关要求。

2. 钢板宽度大于600mm，G50[345]的断后伸长率可降低2%（绝对值），其他牌号的断后伸长率可降低3%（绝对值）。参见 ASTM A6/A6M 拉伸试验之伸长率要求值调整。

ASTM A1008/A1008M-10 碳素结构钢、高强度低合金及改善成型性的固溶强化和烘烤硬化高强度低合金冷轧薄钢板(概要)

1　范围

该标准适用于碳素结构钢、高强度低合金和改善成型性的固溶强化和烘烤硬化高强度低合金冷轧薄钢板，包括板卷和横切定尺板。

2　尺寸、外形及允许偏差

钢板的尺寸、外形及允许偏差见 ASTM A6/A6M《结构用轧制钢板、型钢、钢板桩和棒材的一般要求》。

3　牌号和化学成分

钢的熔炼分析化学成分见表 1、表 2。

表 1　化学成分

牌号	化学成分(熔炼分析)/%，不大于										
	C	Mn	P	S	Al	Cu	Ni	Cr	Mo	V	Nb	Ti
CS A	0.10	0.60	0.030	0.035	—	0.20	0.20	0.15	0.06	0.008	0.008	0.025
CS B	0.02～0.15	0.60	0.030	0.035	—	0.20	0.20	0.15	0.06	0.008	0.008	0.025
CS C	0.08	0.60	0.10	0.035	—	0.20	0.20	0.15	0.06	0.008	0.008	0.025
DS A	0.08	0.50	0.020	0.030	≥0.01	0.20	0.20	0.15	0.06	0.008	0.008	0.025
DS B	0.02～0.08	0.50	0.020	0.030	≥0.02	0.20	0.20	0.15	0.06	0.008	0.008	0.025
DDS	0.06	0.50	0.020	0.025	≥0.01	0.20	0.20	0.15	0.06	0.008	0.008	0.025
EDDS	0.02	0.40	0.020	0.020	≥0.01	0.10	0.10	0.15	0.03	0.10	0.10	0.15

表中所列每种元素的含量都应在检验报告中给出。如果 Cu、Ni、Cr、Mo 含量低于 0.02%时，检验报告中可用“<0.02%”或实际值表示。如果 V、Nb 或 Ti 含量低于 0.008%，检验报告中可用“<0.008%”或实际值表示。如果 B 含量低于 0.0005%时，检验报告中可用“<0.0005%”或实际值表示。

如果焊接条件适当，该标准所规定的各类牌号均适用于焊接。对某些焊接工艺而言，则可能要求更为严格的成分限定，故应在询价和订货时提出。

CS、DS、DDS、EDDS 系列牌号，当 C 含量小于等于 0.05%时，由生产厂家决定，Cr 最大含量允许达到 0.25%。

对于表 1 中 C 含量大于等于 0.02%的钢及表 2 中 SS 系列的钢，允许 Ti 含量不超过 $3.4w(N)+1.5w(S)$ 和 0.025%中的较小值。

用户要求使用铝脱氧钢时，CS 系列的总铝含量最低可达 0.01%。

CS 系列、DS 系列指定 B 级可避免 C 含量低于 0.02%。

除 DS、DDS、EDDS 系列外的其他牌号，如果要求含 Cu 钢，则表中数值为 Cu 含量的最小值。如果不要求含 Cu 钢，则表中数值为 Cu 含量的最大值。

表 2　化学成分

牌　号	化学成分(熔炼分析)/%，不大于													
	C	Mn	P	S	Al	Si	Cu	Ni	Cr	Mo	V	Nb	Ti	N
SS 25[170]	0.20	0.60	0.035	0.035	—	—	0.20	0.20	0.15	0.06	0.008	0.008	0.025	—
SS 30[205]	0.20	0.60	0.035	0.035	—	—	0.20	0.20	0.15	0.06	0.008	0.008	0.025	—
SS 33[230] -1	0.20	0.60	0.035	0.035	—	—	0.20	0.20	0.15	0.06	0.008	0.008	0.025	—
SS 33[230] -2	0.15	0.60	0.20	0.035	—	—	0.20	0.20	0.15	0.06	0.008	0.008	0.025	—
SS 40[275] -1	0.20	1.35	0.035	0.035	—	—	0.20	0.20	0.15	0.06	0.008	0.008	0.025	—
SS 40[275] -2	0.15	0.60	0.20	0.035	—	—	0.20	0.20	0.15	0.06	0.008	0.008	0.025	—
SS 45[310]	0.08	1.00	0.070	0.025	0.08	0.60	0.20	0.20	0.15	0.06	0.008	0.008	0.008	0.030
SS 50[340]	0.20	1.35	0.035	0.035	—	—	0.20	0.20	0.15	0.06	0.008	0.008	0.025	—
SS 60[410]	0.20	1.35	0.035	0.035	—	—	0.20	0.20	0.15	0.06	0.008	0.008	0.025	—
SS 70[480]	0.20	1.35	0.035	0.035	—	—	0.20	0.20	0.15	0.06	0.008	0.008	0.025	—
SS 80[550]	0.20	1.35	0.035	0.035	—	—	0.20	0.20	0.15	0.06	0.008	0.008	0.025	—
HSLAS 45[310] -1	0.22	1.65	0.04	0.04	—	—	0.20	0.20	0.15	0.06	≥0.005	≥0.005	≥0.005	—
HSLAS 45[310] -2	0.15	1.65	0.04	0.04	—	—	0.20	0.20	0.15	0.06	≥0.005	≥0.005	≥0.005	—
HSLAS 50[340] -1	0.23	1.65	0.04	0.04	—	—	0.20	0.20	0.15	0.06	≥0.005	≥0.005	≥0.005	—
HSLAS 50[340] -2	0.15	1.65	0.04	0.04	—	—	0.20	0.20	0.15	0.06	≥0.005	≥0.005	≥0.005	—
HSLAS 55[380] -1	0.25	1.65	0.04	0.04	—	—	0.20	0.20	0.15	0.06	≥0.005	≥0.005	≥0.005	—
HSLAS 55[380] -2	0.15	1.65	0.04	0.04	—	—	0.20	0.20	0.15	0.06	≥0.005	≥0.005	≥0.005	—
HSLAS 60[410] -1	0.26	1.65	0.04	0.04	—	—	0.20	0.20	0.15	0.06	≥0.005	≥0.005	≥0.005	—
HSLAS 60[410] -2	0.15	1.65	0.04	0.04	—	—	0.20	0.20	0.15	0.06	≥0.005	≥0.005	≥0.005	—
HSLAS 65[450] -1	0.26	1.65	0.04	0.04	—	—	0.20	0.20	0.15	0.06	≥0.005	≥0.005	≥0.005	—
HSLAS 65[450] -2	0.15	1.65	0.04	0.04	—	—	0.20	0.20	0.15	0.06	≥0.005	≥0.005	≥0.005	—
HSLAS 70[480] -1	0.26	1.65	0.04	0.04	—	—	0.20	0.20	0.15	0.16	≥0.005	≥0.005	≥0.005	—
HSLAS 70[480] -2	0.15	1.65	0.04	0.04	—	—	0.20	0.20	0.15	0.16	≥0.005	≥0.005	≥0.005	—
HSLAS-F 50[340]	0.15	1.65	0.020	0.025	—	—	0.20	0.20	0.15	0.06	≥0.005	≥0.005	≥0.005	—
HSLAS-F 60[410]	0.15	1.65	0.020	0.025	—	—	0.20	0.20	0.15	0.06	≥0.005	≥0.005	≥0.005	—
HSLAS-F 70[480]	0.15	1.65	0.020	0.025	—	—	0.20	0.20	0.15	0.16	≥0.005	≥0.005	≥0.005	—
HSLAS-F 80[550]	0.15	1.65	0.020	0.025	—	—	0.20	0.20	0.15	0.16	≥0.005	≥0.005	≥0.005	—
SHS	0.12	1.50	0.12	0.030	—	—	0.20	0.20	0.15	0.06	0.008	0.008	0.008	—
BHS	0.12	1.50	0.12	0.030	—	—	0.20	0.20	0.15	0.06	0.008	0.008	0.008	—

CS-A、CS-C 可由供方选定真空脱氧或合金化的镇静钢交货，或两者都包括。

对 C 含量小于等于 0.02% 的 CS-A、CS-C、DDS 钢，供方可添加 V、Nb、Ti，V、Nb 最大含量不超过 0.10%，Ti 的最大含量不超过 0.15%。

DS-A 产品，如采用连续退火工艺，则供方可以镇静钢交货，且以上两条均适用。

EDDS 应以真空脱氧或合金化的镇静钢供货。

HSLAS 和 SHLAS-F 钢含有强化元素 V、Nb、Ti 和 Mo，可单独添加或联合添加。微合金化元素最小含量应起到对钢的强化作用。

HSLAS 65、HSLAS 70 及 SHLAS-F 系列牌号，当用户要求控制 N 含量时，根据供方的微合金设计，可协商 N 的添加量并考虑使用 N 的结合元素（如 V、Ti）。

SHS、BHS 牌号，当 C 含量小于等于 0.02% 时，允许生产厂选择添加 V、Nb、Ti 中的一种或几种元素作为稳定化元素使用。在这种情况下，V 和 Nb 的含量最大为 0.10%，Ti 含量的最大值为 0.15%。

4　CS、DS、DS 和 EDDS 系列钢的力学性能和工艺性能

CS、DS、DDS 和 EDDS 级钢典型的非强制性力学性能要求见表 3。

在室温条件下，板材可向任意方向弯曲 180°，弯曲面相互接触后，弯曲部位的外侧没有裂纹。弯曲试验不作为交货要求。但经用户检验不符合要求的产品可拒收或退货。

表 3　CS、DS、DDS 和 EDDS 级冷轧薄板力学性能参考值

牌　号	屈服强度 $R_{p0.2}$ 或 $R_{t0.5}$/MPa	50mm 标距的断后伸长率/%	r_m 值	n 值
CS A、B、C	140～275	≥30	—	—
DS A、B	150～240	≥36	1.3～1.7	0.17～0.22
DDS	115～200	≥38	1.4～1.8	0.20～0.25
EDDS	105～170	≥40	1.7～2.1	0.23～0.27

注：1. 由退火方法（连续退火或罩式退火）和化学成分等工艺因素所致，除 EDDS 级钢以外的其他等级薄板易产生时效现象。

2. EDDS 级钢经稳定化处理，是非时效钢，故不易产生滑移线和折纹。其他钢种也可加工成非时效钢，详情请咨询供货厂家。

3. 力学性能试样取纵向。

5　SS、HSLAS、HSLAS-F、SHS 和 BHS 系列钢的力学性能（见表 4、表 5）

SS、HSLAS 和 HSLAS-F 级冷轧薄板的屈服强度和抗拉强度很接近，由于有表盘上的指针不停顿或指针的垂落现象，其屈服点应取 $R_{p0.5}$。

表 4　SS、HSLAS 和 HSLAS-F 级冷轧薄板力学性能

牌　号	屈服强度 $R_{p0.2}$ 或 $R_{t0.5}$/MPa	抗拉强度 R_m/MPa	断后伸长率/%（标距为 50mm）
SS 25[170]	≥170	≥290	≥26
SS 30[205]	≥205	≥310	≥24
SS 33[230]-1、2	≥230	≥330	≥22
SS 40[275]-1、2	≥275	≥360	≥20
SS 45[310]	≥310	≥410	≥20
SS 50[340]	≥340	≥450	≥18
SS 60[410]	≥410	≥520	≥12
SS 70[480]	≥480	≥585	≥6
SS 80[550]	≥550	≥565	—

续表 4

牌　号	屈服强度 $R_{p0.2}$或 $R_{t0.5}$/MPa	抗拉强度 R_m/MPa	断后伸长率/%（标距为 50mm）
HSLAS 45[310]-1	≥310	≥410	≥22
HSLAS 45[310]-2	≥310	≥380	≥22
HSLAS 50[340]-1	≥340	≥450	≥20
HSLAS 50[340]-2	≥340	≥410	≥20
HSLAS 55[380]-1	≥380	≥480	≥18
HSLAS 55[380]-2	≥380	≥450	≥18
HSLAS 60[410]-1	≥410	≥520	≥16
HSLAS 60[410]-2	≥410	≥480	≥16
HSLAS 65[450]-1	≥450	≥550	≥15
HSLAS 65[450]-2	≥450	≥520	≥15
HSLAS 70[480]-1	≥480	≥585	≥14
HSLAS 70[480]-2	≥480	≥550	≥14
HSLAS-F 50[340]	≥340	≥410	≥22
HSLAS-F 60[410]	≥410	≥480	≥18
HSLAS-F 70[480]	≥480	≥550	≥16
HSLAS-F 80[550]	≥550	≥620	≥14

表 5　SHS、BHS 级冷轧薄板力学性能

牌　号	屈服强度 $R_{p0.2}$或 $R_{t0.5}$/MPa	抗拉强度 R_m/MPa	50mm 标距的断后伸长率/%	烘烤硬化指数（上屈服点/下屈服点）/MPa
SHS 26[180]	≥180	≥300	≥32	—
SHS 31[210]	≥210	≥320	≥30	—
SHS 35[240]	≥240	≥340	≥26	—
SHS 41[280]	≥280	≥370	≥24	—
SHS 44[300]	≥300	≥390	≥22	—
BHS 26[180]	≥180	≥300	≥30	25/20
BHS 31[210]	≥210	≥320	≥28	25/20
BHS 35[240]	≥240	≥340	≥24	25/20
BHS 41[280]	≥280	≥370	≥22	25/20
BHS 44[300]	≥300	≥390	≥20	25/20

ASTM A1011/A1011M-10 碳素结构钢、高强度低合金钢、改善成型性的高强度低合金钢和高强度钢热轧薄钢板和钢带（概要）

1　范围

该标准适用于碳素结构钢、高强度低合金钢和改善成型性的高强度低合金结构钢成卷的或切定尺的热轧薄钢板和钢带。

2　尺寸、外形及允许偏差

钢板和钢带的尺寸、外形及允许偏差见 ASTM A568/A568M《碳素钢、高强度低合金钢热轧和冷轧薄钢板的一般要求》或 ASTM A749/A749M《热轧碳素钢和高强度低合金钢钢带的一般性要求》。

3　牌号及化学成分（见表 1、表 2）

表 1　冲压级钢的牌号及化学成分

牌　号	化学成分(熔炼分析)/%，最大值（除非另有规定）						
	C	Mn	P	S	Al	Si	Cu
CS A④~⑦	0.10	0.60	0.030	0.035	—①	—	0.20⑧
CS B⑥	0.02~0.15	0.60	0.030	0.035	—	—	0.20⑧
CS C④~⑦	0.08	0.60	0.10	0.035	—	—	0.20⑧
CS D⑥	0.10	0.70	0.030	0.035	—	—	0.20⑧
DS A④⑤⑦	0.08	0.50	0.020	0.030	≥0.01	—	0.20
DS B	0.02~0.08	0.50	0.020	0.030	≥0.01	—	0.20

牌　号	化学成分(熔炼分析)/%，最大值（除非另有规定）							
	Ni	Cr②	Mo	V	Nb	Ti③	N	B
CS A④~⑦	0.20	0.15	0.06	0.008	0.008	0.025	—	—
CS B⑥	0.20	0.15	0.06	0.008	0.008	0.025	—	—
CS C④~⑦	0.20	0.15	0.06	0.008	0.008	0.025	—	—
CS D⑥	0.20	0.15	0.06	0.008	0.008	0.008	—	—
DS A④⑤⑦	0.20	0.15	0.06	0.008	0.008	0.025	—	—
DS B	0.20	0.15	0.06	0.008	0.008	0.025	—	—

① 表中“—”表示无规定，但应报告分析结果。

② 当 $w(C)\leqslant 0.05\%$ 时，Cr 的最大值为 0.25%，由生产方控制。

③ 当 $w(C)\geqslant 0.02\%$ 时，Ti 的最大值为 $3.4w(N)+1.5w(S)$ 和 0.025% 两者中的较小值，由生产方控制。

④ 规定 B 类钢以避免 C 含量小于 0.02%。

⑤ 当 $w(C)\leqslant 0.02\%$ 时，生产方可选择 V、Nb、Ti 或它们的组合作为稳定化元素。这时 V、Nb 的极限值为 0.10%，Ti 的极限值为 0.15%。

⑥ 当要求 Al 脱氧的钢时，全铝最小值为 0.01%。

⑦ 由生产方选择可使用真空脱气或化学稳定化处理或两种方法联合使用。

⑧ 当要求含 Cu 钢时，表中 Cu 的极限值是含量的最小值；当不要求含 Cu 钢时，表中 Cu 的极限值是含 Cu 量的最大值。

表 2　结构级钢的牌号及化学成分

牌　号	化学成分(熔炼分析)/%，最大值①													
	C	Mn	P	S	Al	Si	Cu②	Ni	Cr	Mo	V	Nb	Ti	N
SS③														
30[205]	0.25	0.90	0.035	0.04	—	—	0.20	0.20	0.15	0.06	0.008	0.008	0.025	—
33[230]	0.25	0.90	0.035	0.04	—	—	0.20	0.20	0.15	0.06	0.008	0.008	0.025	—
36[250] -1	0.25	0.90	0.035	0.04	—	—	0.20	0.20	0.15	0.06	0.008	0.008	0.025	—
36[250] -2④	0.25	1.35	0.035	0.04	—	—	0.20	0.20	0.15	0.06	0.008	0.008	0.025	—
40[275]	0.25	0.90	0.035	0.04	—	—	0.20	0.20	0.15	0.06	0.008	0.008	0.025	—
45[310] -1④	0.25	1.35	0.035	0.04	—	—	0.20	0.20	0.15	0.06	0.008	0.008	0.025	—
45[310] - 2	0.02 ~ 0.08	0.30 ~ 1.00	0.030 ~ 0.070	0.025	0.02 ~ 0.08	0.60	0.20	0.20	0.15	0.06	0.008	0.008	0.005	0.010 ~ 0.030
50[340]④	0.25	1.35	0.035	0.04	—	—	0.20	0.20	0.15	0.06	0.008	0.008	0.025	—
55[380]④	0.25	1.35	0.035	0.04	—	—	0.20	0.20	0.15	0.06	0.008	0.008	0.025	—
60[410]	0.25	1.35	0.035	0.04	—	—	0.20	0.20	0.15	0.06	0.008	0.008	0.025	—
70[480]	0.25	1.35	0.035	0.04	—	—	0.20	0.20	0.15	0.06	0.008	0.008	0.025	—
80[550]	0.25	1.35	0.035	0.04	—	—	0.20	0.20	0.15	0.06	0.008	0.008	0.025	—
HSLAS⑤														
45[310] -1④	0.22	1.35	0.04	0.04	—	—	0.20	0.20	0.15	0.06	≥0.005	≥0.005	≥0.005	—
45[310] -2	0.15	1.35	0.04	0.04	—	—	0.20	0.20	0.15	0.06	≥0.005	≥0.005	≥0.005	—
50[340] -1④	0.23	1.35	0.04	0.04	—	—	0.20	0.20	0.15	0.06	≥0.005	≥0.005	≥0.005	—
50[340] -2	0.15	1.35	0.04	0.04	—	—	0.20	0.20	0.15	0.06	≥0.005	≥0.005	≥0.005	—

续表 2

牌号	化学成分(熔炼分析)/%，最大值①												
	C	Mn	P	S	Al	Si	Cu②	Ni	Cr	Mo	V	Nb	Ti	N
HSLAS⑤														
55[380]-1④	0.25	1.35	0.04	0.04	—	—	0.20	0.20	0.15	0.06	≥0.005	≥0.005	≥0.005	—
55[380]-2	0.15	1.35	0.04	0.04	—	—	0.20	0.20	0.15	0.06	≥0.005	≥0.005	≥0.005	—
60[410]-1	0.26	1.50	0.04	0.04	—	—	0.20	0.20	0.15	0.06	≥0.005	≥0.005	≥0.005	—
60[410]-2	0.15	1.50	0.04	0.04	—	—	0.20	0.20	0.15	0.06	≥0.005	≥0.005	≥0.005	
65[450]-1	0.26	1.50	0.04	0.04	—	—	0.20	0.20	0.15	0.06	≥0.005	≥0.005	≥0.005	⑥
65[450]-2	0.15	1.50	0.04	0.04	—	—	0.20	0.20	0.15	0.06	≥0.005	≥0.005	≥0.005	⑥
70[480]-1	0.26	1.65	0.04	0.04	—	—	0.20	0.20	0.15	0.16	≥0.005	≥0.005	≥0.005	⑥
70[480]-2	0.15	1.65	0.04	0.04	—	—	0.20	0.20	0.15	0.16	≥0.005	≥0.005	≥0.005	⑥
HSLAS-F⑤														
50[340] 60[410]	0.15	1.65	0.02	0.025	—	—	0.20	0.20	0.15	0.06	≥0.005	≥0.005	≥0.005	⑥
70 [480] 80[550]	0.15	1.65	0.02	0.025	—	—	0.20	0.20	0.15	0.16	≥0.005	≥0.005	≥0.005	⑥
UHSS⑤														
90[620]-1 100[690]-1	0.15	2.00	0.020	0.025	—	—	0.20	0.20	0.15	0.40	≥0.005	≥0.005	≥0.005	⑥
90[620]-2 100[690]-2	0.15	2.00	0.020	0.025	—	—	0.60	0.50	0.30	0.40	≥0.005	≥0.005	≥0.005	⑥

① 表中“—”表示无规定，但应报告分析结果。
② 当要求含 Cu 时，表中 Cu 的极限值是 Cu 含量的最小值；当不要求含 Cu 时，表中 Cu 的极限值是 Cu 含量的最大值。
③ 对于 SS 钢，Ti 的最大值为 $3.4w(N)+1.5w(S)$ 和 0.025% 两者中的较小值，由生产方控制。
④ C 含量比规定最大 C 含量每降低 0.01%，规定最大 Mn 含量的上限允许增加 0.06%，但最大值不超过 1.50%。
⑤ HSLAS、HSLAS-F 和 UHSS 钢含有单独加入或组合加入的强化元素 Nb、V、Ti、Mo，微合金元素的最小含量应起到钢强化的目的。
⑥ 购买者可以选择限制 N 含量，依据生产者微合金化计划（例如采用 V），N 应谨慎地增加。应考虑固 N 元素（如 V、Ti）。

4　交货状态

钢板和钢带以热轧状态交货。

5　力学性能（见表3、表4）

表3　冲压级钢板的力学性能

牌　号	屈服强度 $R_{p0.2}$ 或 $R_{t0.5}$/MPa	断后伸长率(标距为50mm)/%
CS A、B、C、D	205 ~ 340	≥25
DS A、B	205 ~ 310	≥28

注：1. 随着钢板厚度的减小，屈服强度有增加的趋势，断后伸长率有降低的趋势。对于 CS A、B 和 DS A、B，表中性能值为厚度 2.5 ~ 3.5mm 的典型性能值。对于 CS D，表中性能值为厚度 1.5 ~ 1.9mm 的典型性能值。

2. 表中典型力学性能值是非强制性的，提供这些数据是为了辅助需方根据其使用目的来确定适宜的钢级。材料的力学性能值会超出典型值的范围。

3. 拉伸试样取纵向。

4. 室温下在任何方向经 180°压平弯曲，弯曲部分不得有裂纹。

表4　结构级钢板的力学性能

钢　号	屈服强度 $R_{p0.2}$ 或 $R_{t0.5}$/MPa，不小于	抗拉强度 R_m/MPa，不小于	下列厚度（mm）的标距为50mm 的断后伸长率/%			厚度 <6.0mm，200mm 标距的断后伸长率/%
			2.5 ~ <6.0	1.6 ~ <2.5	0.65 ~ <1.6	
SS						
30[205]	205	340	≥25	≥24	≥21	≥19
33[230]	230	360	≥23	≥22	≥18	≥18
36[250]-1	250	365	≥22	≥21	≥17	≥17
36[250]-2	250	400 ~ 550	≥21	≥20	≥16	≥16
40[275]	275	380	≥21	≥20	≥15	≥16
45[310]-1	310	410	≥19	≥18	≥13	≥14
45[310]-2	310 ~ 410	410	≥20	≥19	≥14	≥15
50[340]	340	450	≥17	≥16	≥11	≥12
55[380]	380	480	≥15	≥14	≥9	≥10
60[410]	410	520	≥14	≥13	≥8	≥9
70[480]	480	585	≥13	≥12	≥7	≥8
80[550]	550	620	≥12	≥11	≥6	≥7
钢　号	屈服强度 $R_{p0.2}$ 或 $R_{t0.5}$/MPa，不小于	抗拉强度 R_m/MPa，不小于	下列厚度（mm）的标距为50mm 的断后伸长率/%			厚度 <6.0mm，200mm 标距的断后伸长率/%
			>2.5	≤2.5		
HSLAS						
45[310]-1	310	410	≥25	≥23		—
45[310]-2	310	380	≥25	≥23		
50[340]-1	340	450	≥22	≥20		
50[340]-2	340	410	≥22	≥20		
55[380]-1	380	480	≥20	≥18		

续表4

钢　号	屈服强度 $R_{p0.2}$或 $R_{t0.5}$/MPa，不小于	抗拉强度 R_m/MPa，不小于	下列厚度（mm）的标距为50mm的断后伸长率/%		厚度<6.0mm，200mm标距的断后伸长率/%
			>2.5	≤2.5	
55[380]-2	380	450	≥20	≥18	—
60[410]-1	410	520	≥18	≥16	
60[410]-2	410	480	≥18	≥16	
65[450]-1	450	550	≥16	≥14	
65[450]-2	450	520	≥16	≥14	
70[480]-1	480	585	≥14	≥12	
70[480]-2	480	550	≥14	≥12	
HSLAS-F					
50[340]	340	410	24	22	—
60[410]	410	480	22	20	
70[480]	480	550	20	18	
80[550]	550	620	18	16	
UHSS					
90[620]-1 90[620]-2	620	690	≥16	≥14	—
100[690]-1 100[620]-2	690	760	≥14	≥12	—

注：1. 对于成卷产品，生产方做的试验仅在钢卷的尾部进行，但整个钢卷各个部分的力学性能都见规定的最小值。

2. 对于SS36-2规定了抗拉强度的最小值和最大值。

3. 拉伸试样取纵向。

ASTM A1018/A1018M-10 普通钢、深冲钢、结构钢、高强度低合金钢、改善成型性的高强度低合金钢及高强度钢热轧厚钢带(概要)

1 范围

该标准适用于钢板规格在 A1011/A1011M 标准规定尺寸范围（厚度为6.0（不含）~25mm）以外的普通级钢、深冲级钢、结构钢、高强度低合金钢、改善成型性的高强度低合金钢和高强度钢。

2 尺寸、外形及允许偏差

钢板和钢带的尺寸、外形及允许偏差见 ASTM A635/A635M《结构级、高强度低合金及改进成型性的高强度低合金热轧碳素薄钢板和钢带，以及较厚钢卷通用标准》。

3 牌号及化学成分

普通钢、结构钢、高强度低合金钢和改进成型性的高强度低合金钢对 Cu、Ni、Cr 和 Mo 等化学成分的规定见表 1 ~ 表 4。

表1 化学成分

化学成分(熔炼分析)/%，不大于					
牌号	类型	Cu	Ni	Cr	Mo
CS： 钢级 1015、1016、1017、1018、1019、1020、1021、1022、1023、1024	A B	0.20 0.40	0.20 0.40	0.15 0.30	0.06 0.12
SS： 所有钢级	A B	0.20 0.40	0.20 0.40	0.15 0.30	0.06 0.12
HSLAS： 除 70[480]外的所有钢级和类型	A B	0.20 0.40	0.20 0.40	0.15 0.30	0.06 0.12
70[480]-1 和 70[480]-2	A B	0.20 0.40	0.20 0.40	0.15 0.30	0.16 0.16
HSLAS-F： 50[340]和 60[410]	A B	0.20 0.40	0.20 0.40	0.15 0.30	0.06 0.12
70[480]和 80[550]	A B	0.20 0.40	0.20 0.40	0.15 0.30	0.16 0.16

注：1. 当规定为含 Cu 钢时，$w(Cu) \geq 0.20\%$，未规定为含 Cu 钢时，Cu 的最大值按照表中的规定执行。
2. 对 B 级钢，Cu、Ni、Cr 和 Mo 的总含量，熔炼分析值不应超过 1.00%。如果购买方对这些元素作出一种或多种限定时，则该标准对总含量的规定不适用，在这种情况下，只对每种元素作出的规定适用。
3. 对 B 级钢，Cr 和 Mo 的总含量，熔炼分析值不应超过 0.32%。当对其中一种或多种元素作出规定时，则该标准对总含量的规定不适用，在这种情况下，只对每种元素作出的规定适用。

表 2　化学成分

牌号	化学成分(熔炼分析)/%，不大于													
	C	Mn	P	S	Al	Si	Cu	Ni	Cr	Mo	V	Nb	Ti	N	B
普通钢（CS）															
CS A	0.10	0.60	0.030	0.035			0.20	0.20	0.15	0.06	0.008	0.008	0.025		
CS B	0.02~0.15	0.60	0.030	0.035			0.20	0.20	0.15	0.06	0.008	0.008	0.025		
1007	0.02~0.10	0.50	0.030	0.035			0.20	0.20	0.15	0.06	0.008	0.008	0.025		
1008	0.10	0.50	0.030	0.035			0.20	0.20	0.15	0.06	0.008	0.008	0.025		
1009	0.15	0.60	0.030	0.035			0.20	0.20	0.15	0.06	0.008	0.008	0.025		
1010	0.08~0.13	0.30~0.60	0.030	0.035			0.20	0.20	0.15	0.06	0.008	0.008	0.025		
1012	0.10~0.15	0.30~0.60	0.030	0.035			0.20	0.20	0.15	0.06	0.008	0.008	0.025		
1015	0.13~0.18	0.30~0.60	0.030	0.035							0.008	0.008	0.025		
1016	0.13~0.18	0.60~0.90	0.030	0.035	—	—					0.008	0.008	0.025	—	—
1017	0.15~0.20	0.30~0.60	0.030	0.035							0.008	0.008	0.025		
1018	0.15~0.20	0.60~0.90	0.030	0.035							0.008	0.008	0.025		
1019	0.15~0.20	0.70~1.00	0.030	0.035			参考表1				0.008	0.008	0.025		
1020	0.18~0.23	0.30~0.60	0.030	0.035							0.008	0.008	0.025		
1021	0.18~0.23	0.60~0.90	0.030	0.035							0.008	0.008	0.025		
1022	0.18~0.23	0.70~1.00	0.030	0.035							0.008	0.008	0.025		
1023	0.20~0.25	0.30~0.60	0.030	0.035							0.008	0.008	0.025		
1524	0.19~0.25	1.35~1.65	0.030	0.035							0.008	0.008	0.025		
深冲钢（DS）															
DS A	0.08	0.50	0.020	0.030	≥0.01		0.20	0.20	0.15	0.06	0.008	0.008	0.025		
DS B	0.02~0.08	0.50	0.020	0.030	≥0.01	—	0.02	0.20	0.15	0.06	0.008	0.008	0.025	—	—
1006	0.08	0.45	0.030	0.035	≥0.01		0.02	0.20	0.15	0.06	0.008	0.008	0.025		
1006A	0.02~0.08	0.45	0.030	0.035	≥0.01		0.02	0.20	0.15	0.06	0.008	0.008	0.025		

注：1. 表中“—”表示无规定，但在分析时应报告检测值。

2. 可以加入 Ti，其含量为 $3.4w(N)+1.5w(S)$ 和 0.025% 两者中较小的数值。

3. 对于普通钢，当规定含 Cu 钢时，表中 Cu 的规定值表示最小值。当未规定含 Cu 钢时，表中 Cu 的规定值表示最大值。

表3　化学成分

化学成分(熔炼分析)/%，不大于										
钢　号	C	Mn	P	S	Al	Si	V	Nb	Ti	N
SS										
30[205]		1.50								
33[230]		1.50								
36[250]-1	0.25	1.50	0.035	0.04	—	—	0.008	0.008	0.025	0.014
36[250]-2		—								
40[275]		1.50								
HSLAS										
45[310]-1	0.22	1.50								—
45[310]-2	0.15	1.50								E
50[340]-1	0.23	1.50								—
50[340]-2	0.15	1.50								E
55[380]-1	0.25	1.50								—
55[380]-2	0.15	1.50	0.04	0.04	—	—	≥0.005	≥0.005	≥0.005	E
60[410]-1	0.26	1.50								—
60[410]-2	0.15	1.50								E
65[450]-1	0.26	1.50								E
65[450]-2	0.15	1.50								E
70[480]-1	0.26	1.65								E
70[480]-2	0.15	1.65								E
HSLAS-F										
50[340]										E
60[410]	0.15	1.65	0.025	0.035	—	—	≥0.005	≥0.005	≥0.005	E
70[480]										E
80[550]										E

注：1. 表中“—”表示无规定。对 Cu、Ni、Cr 和 Mo 的要求参见表2。

2. 对于SS钢，生产厂可以加入 Ti，其含量为 $3.4w(\mathrm{N})+1.5w(\mathrm{S})$ 和0.025%两者中较小的数值。

3. 对于36[250]-2，当厚度大于 20mm 时，Mn 含量为0.80%～1.20%。C 含量比规定最大 C 含量每降低0.01%，Mn 含量允许比最大规定 Mn 含量提高0.06%，但最大不超过1.35%。

4. 对于 HSLAS 和 HSLAS-F 钢，含有 Nb、V 和 Ti 等合金强化元素，这些元素可以单独添加，也可以组合添加。微合金化元素的最小含量应能起到强化钢的作用。

5. 表中“E”表示需方对 N 含量可以进行规定。应当说明的是，根据生产厂的微合金化方案（例如，采用合金化元素 V），N 可以有意添加，但应考虑采用固氮元素（例如 V 和 Ti）。

6. 对于结构钢（SS），包括 Nb、Ti 或 V，以及 N 在内的微合金化元素，不能作为强化元素添加到钢中。

表4 化学成分

钢 号	C	Mn	P	S	Cu	Ni	Cr	Mo	V	Nb	Ti	N
	化学成分(熔炼分析)/%，不大于											
UHSS												
90[620]-1	0.15	2.00	0.020	0.025	0.20	0.20	0.15	0.40	≥0.005	≥0.005	≥0.005	—
90[620]-2					0.60	0.50	0.30					
100[690]-1					0.20	0.20	0.15					
100[690]-2					0.60	0.50	0.30					

注：1. 当规定为含 Cu 钢时，Cu 含量的最小值为 0.20%；当未规定为含 Cu 钢时，表中值为 Cu 含量最大值。
2. UHSS 钢含有单独加入或组合加入的强化元素 Nb、V 或 Ti。微合金化元素的最小含量应能起到强化钢的作用。
3. 需方对 N 含量可以进行规定。应当说明的是，根据生产厂的微合金化方案（例如，采用合金化元素 V），N 可以有意添加，但应考虑采用固氮元素（例如 V 和 Ti）。

4 交货状态

钢板和钢带以热轧状态交货。

5 力学性能（见表5）

表5 力学性能

牌 号	屈服强度 $R_{p0.2}$或$R_{t0.5}$/MPa	抗拉强度 R_m/MPa	50mm 标距的断后伸长率/%	200mm 标距的断后伸长率/%
SS、HSLAS 和 HSLAS-F 钢				
	不小于			
SS				
30[205]	205	340	22	17
33[230]	230	360	22	16
36[250]-1	250	365	21	15
36[250]-2	250	400～550	21	18
40[275]	275	380	19	14
HSLAS				
45[310]-1	310	410	22	17
45[310]-2	310	380	22	17
50[340]-1	340	450	20	16
50[340]-2	340	410	20	16
55[380]-1	380	480	18	15
55[380]-2	380	450	18	15
60[410]-1	410	520	16	14
60[410]-2	410	480	16	14
65[450]-1	450	550	14	12
65[450]-2	450	520	14	12
70[480]-1	480	590	12	10
70[480]-2	480	550	12	10

续表 5

SS、HSLAS 和 HSLAS-F 钢				
牌 号	屈服强度 $R_{p0.2}$ 或 $R_{t0.5}$/MPa	抗拉强度 R_m/MPa	50mm 标距的断后伸长率/%	200mm 标距的断后伸长率/%
	不小于			
HSLAS-F				
50[340]	340	410	22	16
60[410]	410	480	16	14
70[480]	480	550	12	10
80[550]	550	620	12	10
90[620]-1 90[620]-2	620	690	10	8
100[690]-1 100[690]-2	690	760	10	8

注：1. 对板卷产品，生产厂试验仅限于钢卷头部，整个钢卷各个部分的力学性能见规定的最小值。

2. 当钢板宽度大于 600mm 时，拉伸试样取横向；当钢板宽度小于等于 600mm 时，拉伸试样取纵向。

第三节　欧洲标准

EN 10025-1：2004 结构钢热轧产品 第 1 部分：一般交货技术条件（概要）

1　范围

该标准规定了除结构空心型材和管线钢以外的热轧结构钢扁平材和长材的一般要求。

适用于 EN 10025 以下各部分：

——第 2 部分：非合金结构钢交货技术条件

——第 3 部分：正火/正火轧制可焊接细晶粒结构钢交货技术条件

——第 4 部分：热机械轧制可焊接细晶粒结构钢交货技术条件

——第 5 部分：改进型耐大气腐蚀结构钢交货技术条件

——第 6 部分：调质高屈服强度结构钢扁平材交货技术条件

本部分规定的钢可用于焊接、栓接和铆接结构。

2　制造工艺

2.1　冶炼方法

按供方提供的冶炼方法，不采用平炉制造工艺制造。

如果在订货时有规定，应向购买方报告相关钢种的冶炼方法。

2.2　脱氧方法或晶粒度

脱氧方法或要求的晶粒度将按 EN 10025-2 ~ EN 10025-6 的规定执行。

2.3　交货状态

按 EN 10025-2 ~ EN 10025-6 的规定执行。

3　化学成分

熔炼分析确定的化学成分见 EN 10025-2 ~ EN 10025-6 中相关表的要求。

在 EN 10025-2 ~ EN 10025-6 相关表中给出了成品分析偏差。

若订货时有规定，将进行产品分析。

当规定碳当量时，采用 IIW（国际焊接协会）公式：

$$CEV = C + Mn/6 + (Cr + Mo + V)/5 + (Ni + Cu)/15$$

在检验报告中应提供碳当量公式中所包含的元素含量。

4　力学性能

4.1　一般规定

力学性能（抗拉强度、屈服强度、冲击功和断后伸长率）符合 EN 10025-2 ~ EN 10025-6 的要求。

在超过 580℃或超过 1 小时的应力释放可能导致力学性能的恶化。对于正火或正火轧制的钢（R_{eH}≥460MPa），最高的应力释放温度应是 560℃。

如果需方计划进行应力释放的产品比上述提到的温度高或时间长时，应在询价或订货时同意这种处理后的最小力学性能值。

对于调质钢（EN 10025-6），最大的应力释放温度应最少低于回火温度 30℃。一般情况下，当事先不了解这个温度时，如果需方计划进行焊后热处理，建议供方与需方进行协商。

关于订购正火或正火轧制条件的产品，交货后的力学性能见 EN 10025-2 ~ EN 10025-6 中力学性能相关表中的关于正火或正火轧制条件及通过热处理正火后的力学性能要求。

注：如果产品经过了较高温度火焰矫直、重新轧制等不正确的工序处理，产品的力学性能可能恶化。正火交货条件对产品性能的影响较小，但如果要求更高温度处理时，建议从制造商处得到指导。

4.2 冲击性能

当采用厚度小于 10mm 的试样，在 EN 10025-2 ~ EN 10025-6 中给出的冲击吸收能量最小值将按与试样断面面积成正比减少。

公称厚度小于 6mm 的钢板不要求进行冲击试验。

4.3 厚度方向性能

如果在订货时同意，在 EN 10025-2 ~ EN 10025-6 中规定的产品厚度方向性能的要求见 EN 10164。

5 工艺性能

5.1 焊接性能

焊接要求按 EN 10025-2 ~ EN 10025-6 的规定进行。

由于具有合适的化学元素，与同样屈服强度等级的正火钢相比，按 EN 10025-4 的热机械轧制钢表现出了更强的可焊接性。

5.2 成型性

成型性要求按 EN 10025-2 ~ EN 10025-6 的规定进行。

6 表面质量

钢板的表面质量按 EN 10025-2 ~ EN 10025-6 的规定进行。

7 内部质量

产品应无内部缺陷，不包括一般用途的产品。

在订货时可要求进行超声波检验并符合 EN 10025-1 中 10.3 条的要求。

8 尺寸及公差

尺寸符合订货要求。尺寸公差见 EN 10029《3mm 或以上厚度热轧钢板-尺寸和形状公差》及 EN 10051《非合金钢和合金钢的连续热轧无镀层钢板、薄板和带钢-尺寸和形状公差》。

9 检验

取样、组批和检验频率均按 EN 10025-2 ~ EN 10025-6 的规定进行。熔炼分析每炉报告。

10 取样及试样制备

力学性能试样的取样位置和方向按 EN 10025-2 ~ EN 10025-6 的要求。

从每批中取一个拉伸试样。

如果按 EN 10025-2 ~ EN 10025-6 的规定进行冲击试验，一个样坯要足够用于一组 6 个冲击试样。

试样的轴线大约在产品边部和中心线之间的中间处。

拉伸试样可能是非比例的，但如果有争议，采用标距为 $L_0 = 5.65\sqrt{S_0}$ 的比例试样。

对于公称厚度小于3mm的扁平材产品，拉伸试样采用标距长度 $L_0=80\text{mm}$ 和宽度为20mm的比例试样。

对于冲击试样，当公称厚度大于12mm时，应取标准的10mm×10mm试样，即一侧离轧制表面不能超过2mm，在EN 10025-2 ~ EN 10025-6中另有规定的除外；对于公称厚度小于等于12mm的试件，当采用小尺寸试样时，最小宽度为5mm。

11　试验方法

拉伸试验：

按EN 10002-1的规定进行拉伸试验。

在EN 10025-2：2004 ~ EN 10025-6：2004力学性能表中规定的屈服强度，测定上屈服强度（R_{eH}）。

如果没有明显的屈服现象时，测定（$R_{p0.2}$）。如果有争议，应采用 $R_{p0.2}$。

对于厚度大于等于3mm的产品，当采用非比例试样时，得到的伸长率值按EN ISO 2566-1中给出的换算表换算成比例试样值。

冲击试验：

按EN 10045-1的规定进行冲击试验。

3次试验结果的平均值见规定的要求。允许一个试样低于规定值，但不低于规定值的70%。

出现下列任何情况之一，将从同样的样坯中取另外3个试样：

——如果3个试样平均值低于规定值；

——如果平均值符合规定的要求，但2个试样的值低于规定值；

——如果任何一个值在规定值70%以下。

6个试样的平均值不能低于规定值。不能有2个以上试样值低于规定值，并且不能有一个试样值低于规定值的70%。

超声检验：

如果订货时有规定，应进行超声波检验。

对于厚度大于等于6mm的产品按EN 10160《大于或等于6mm厚的扁平钢产品的超声检验（反射方法）》的规定进行。

12　样坯和试样位置

试验类型	产品厚度/mm	不同宽度的试样方向		距轧制表面的距离
		<600	≥600	
拉伸试验	≤30	纵　向	横　向	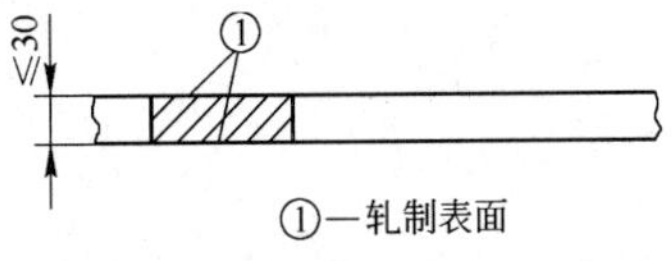 ≤30 ①—轧制表面
	>30			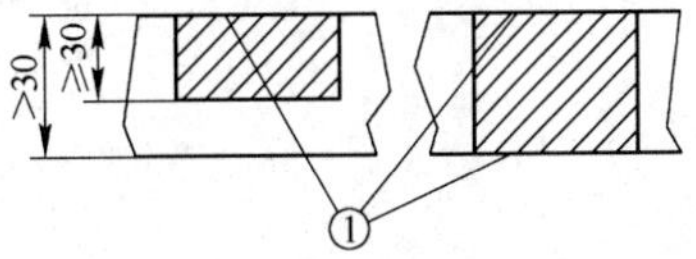 ≥30 >30 ① ①—轧制表面

续表

试验类型	产品厚度/mm	不同宽度的试样方向		距轧制表面的距离
		<600	≥600	
冲击试验	>12	纵　向	横　向	≥12　≤2

注：1. 如有疑问或争议，对于厚度大于或等于 3mm 的产品，采用比例试样，标距长度 $L_0 = 5.65\sqrt{S_0}$。对于非比例试样，可采用定标距试样，后按 EN ISO 2566-1 转换成比例试样。对于厚度大于 30mm 的产品，应采用圆截面试样，其纵轴 1/4 厚度处取。

2. 缺口轴线与产品表面垂直。

3. 厚度小于等于 12mm 的产品，给出的冲击功最小值按试样断面比例减少。标准厚度小于 6mm 时不要求进行冲击试验。

4. 对于按 EN 10025-3、EN 10025-4 和 EN 10025-6 订货的产品及厚度大于等于 40mm 的产品，将从 1/4 位置处取冲击试样。

EN 10025-2：2004 结构钢热轧产品
第2部分：非合金结构钢交货技术条件（概要）

1　范围

该标准规定了交货条件下可进一步处理的热轧的非合金钢的扁平和长材产品。

该标准不适用于空心结构钢和钢管。

除了J2和K2品种外，适用于厚度小于等于400mm的钢材。对于所有其他钢种，适用于厚度小于等于250mm的钢材。

由S185、E295、E335和E360钢种制造的产品不能标上CE标记。

在本部分中规定的钢不能进行热处理，但在交货条件+N中交货的产品除外。允许应力释放退火。在+N条件中交货的产品可在交货后热成型和/或正火。

2　尺寸、外形及允许偏差

按EN 10025-1：2004的规定：热轧钢板按EN 10029《3mm或以上厚度热轧钢板—尺寸和形状公差》的规定；热轧钢带及其剪切钢板按EN 10051《非合金钢和合金钢的连续热轧无镀层钢板、薄板和带钢—尺寸和形状公差》的规定。

3　牌号和化学成分

3.1　有冲击要求产品的牌号和化学成分见表1、表2。

表1　有冲击要求的牌号及化学成分

牌号	脱氧方法	化学成分（熔炼分析）/%									
		以下公称厚度（mm）的最大C含量			Si	Mn	P	S	N	Cu	其他
		≤16	>16～40	>40							
		不大于									
S235JR	FN	0.17	0.17	0.20	—	1.40	0.035	0.035	0.012	0.55	—
S235J0	FN	0.17	0.17	0.17	—	1.40	0.030	0.030	0.012	0.55	—
S235J2	FF	0.17	0.17	0.17	—	1.40	0.025	0.025	—	0.55	—
S275JR	FN	0.21	0.21	0.22	—	1.50	0.035	0.035	0.012	0.55	—
S275J0	FN	0.18	0.18	0.18①	—	1.50	0.030	0.030	0.012	0.55	—
S275J2	FF	0.18	0.18	0.18①	—	1.50	0.025	0.025	—	0.55	—
S355JR	FN	0.24	0.24	0.24	0.55	1.60	0.035	0.035	0.012	0.55	—
S355J0	FN	0.20②	0.20③	0.22	0.55	1.60	0.030	0.030	0.012	0.55	—
S355J2	FF	0.20②	0.20③	0.22	0.55	1.60	0.025	0.025	—	0.55	—
S355K2	FF	0.20②	0.20③	0.22	0.55	1.60	0.025	0.025	—	0.55	—

① 当公称厚度大于150mm时，C的最大值为0.20%。

② 对于适用于冷轧成型的牌号，此时C的最大值为0.22%。

③ 当公称厚度大于30mm时，C的最大值为0.22%。

表2　有冲击要求的各牌号的成品分析

牌号	脱氧方法	化学成分/%									
		以下公称厚度（mm）的最大C含量			Si	Mn	P	S	N	Cu	其他
		≤16	>16~40	>40							
		不大于									
S235JR	FN	0.19	0.19	0.23	—	1.50	0.045	0.045	0.014	0.60	—
S235J0	FN	0.19	0.19	0.19	—	1.50	0.040	0.040	0.014	0.60	—
S235J2	FF	0.19	0.19	0.19	—	1.50	0.035	0.035	—	0.60	—
S275JR	FN	0.24	0.24	0.25	—	1.60	0.045	0.045	0.014	0.60	—
S275J0	FN	0.21	0.21	0.21①	—	1.60	0.040	0.040	0.014	0.60	—
S275J2	FF	0.21	0.21	0.21①	—	1.60	0.035	0.035	—	0.60	—
S355JR	FN	0.27	0.27	0.27	0.60	1.70	0.045	0.045	0.014	0.60	—
S355J0	FN	0.23②	0.23③	0.24	0.60	1.70	0.040	0.040	0.014	0.60	—
S355J2	FF	0.23②	0.23③	0.24	0.60	1.70	0.035	0.035	—	0.60	—
S355K2	FF	0.23②	0.23③	0.24	0.60	1.70	0.035	0.035	—	0.60	—

注：1. FN—不允许沸腾钢；FF—镇静钢。

2. 如果钢中含有 $w(\mathrm{Alt}) \geq 0.020\%$ 或 $w(\mathrm{Als}) \geq 0.015\%$，或如果含有足够的其他固N元素，N的最大值不适用，但此时应提供固N元素含量。

3. $w(\mathrm{Cu}) \geq 0.40\%$ 可引起热成型期间的热脆性。

4. 如果加入其他元素，将在检验文件中提及。

5. 钢可含Nb含量最大0.06%，V含量最大0.15%和Ti含量最大0.06%。

① 当公称厚度大于150mm时，C的最大值为0.22%。

② 对于适用于冷轧成型的牌号，此时C的最大值为0.24%。

③ 当公称厚度大于30mm时，C的最大值为0.24%。

3.2　无冲击要求的产品化学成分见表3、表4。

表3　无冲击要求的牌号及化学成分

牌　号	脱氧方法	化学成分(熔炼分析)/%		
		P	S	N
		不大于		
S185	任　选	—	—	—
E295	FN	0.045	0.045	0.012
E335	FN	0.045	0.045	0.012
E360	FN	0.045	0.045	0.012

表4　无冲击要求的各牌号的成品分析

牌　号	脱氧方法	化学成分（成品分析）/%		
		P	S	N
		不大于		
S185	任　选	—	—	—
E295	FN	0.055	0.055	0.014
E335	FN	0.055	0.055	0.014
E360	FN	0.055	0.055	0.014

注：1. 任选—按制造商的方法；FN—不允许沸腾钢。
2. 如果钢中含有 w(Alt)≥0.020%或 w(Als)≥0.015%，或如果含有足够的其他固N元素，N的最大值不适用，但此时应提供固N元素含量。

3.3　以熔炼分析为基础的CEV值见表5。

表5　各牌号的碳当量（CEV）

牌　号	脱氧方法	以下公称厚度(mm)的最大CEV/%				
		≤30	>30~40	>40~50	>50~250	>250~400
		不大于				
S235JR	FN	0.35	0.35	0.38	0.40	—
S235J0	FN	0.35	0.35	0.38	0.40	—
S235J2	FF	0.35	0.35	0.38	0.40	0.40
S275JR	FN	0.40	0.40	0.42	0.44	—
S275J0	FN	0.40	0.40	0.42	0.44	—
S275J2	FF	0.40	0.40	0.42	0.44	0.44
S355JR	FN	0.45	0.47	0.47	0.49	—
S355J0	FN	0.45	0.47	0.47	0.49	—
S355J2	FF	0.45	0.47	0.47	0.49	0.49
S355K2	FF	0.45	0.47	0.47	0.49	0.49

4　力学性能及工艺性能（见表6~表10）

表 6　有冲击要求的产品室温下的力学性能

牌号	以下公称厚度（mm）下的最小屈服强度 R_{eH}/MPa									以下公称厚度（mm）下的抗拉强度 R_m/MPa				
	≤16	>16~40	>40~63	>63~80	>80~100	>100~150	>150~200	>200~250	>250~400	<3	3~100	>100~150	>150~250	>250~400
	不小于													
S235JR	235	225	215	215	215	195	185	175	—	360~510	360~510	350~500	340~490	—
S235J0	235	225	215	215	215	195	185	175	—					—
S235J2	235	225	215	215	215	195	185	175	165					330~480
S275JR	275	265	255	245	235	225	215	205	—	430~580	410~560	400~540	380~540	—
S275J0	275	265	255	245	235	225	215	205	—					—
S275J2	275	265	255	245	235	225	215	205	195					380~540
S355JR	355	345	335	325	315	295	285	275	—	510~680	470~630	450~600	450~600	—
S355J0	355	345	335	325	315	295	285	275	—					—
S355J2	355	345	335	325	315	295	285	275	265					450~600
S355K2	355	345	335	325	315	285	285	275	265					450~600

注：当钢板的宽度大于等于600mm时，适用于横向或纵向，对于其他宽度的钢板，适用于纵向。

表 7　有冲击要求的产品室温下的力学性能

牌号	试样方向	最小断后伸长率/%										
		公称厚度/mm，$L_0 = 80$mm					公称厚度/mm，$L_0 = 5.65\sqrt{S_0}$					
		≤1	>1~1.5	>1.5~2	>2~2.5	>2.5~<3	3~40	>40~63	>63~100	>100~150	>150~250	>250~400
		不小于										
S235JR S235J0 S235J2	l	17	18	19	20	21	26	25	24	22	21	— — 21（l和t）
	t	15	16	17	18	19	24	23	22	22	21	
S275JR S275J0 S275J2	l	15	16	17	18	19	23	22	21	19	18	— — 18（l和t）
	t	13	14	15	16	17	21	20	19	19	18	
S355JR S355J0 S355J2 S355K2	l	14	15	16	17	18	22	21	20	18	17	— — 17（l和t） 17（l和t）
	t	12	13	14	15	16	20	19	18	18	17	

注：1. l为纵向；t为横向。

2. 当钢板的宽度大于等于600mm时，适用于横向或纵向，对于其他宽度的钢板，适用于纵向。

3. 当钢板厚度为250(不含)~400mm时，只用于J2和K2产品。

表8 无冲击要求的产品室温下的力学性能

牌号	以下公称厚度（mm）的最小屈服强度 R_{eH}/MPa								以下公称厚度（mm）下的抗拉强度 R_m/MPa			
	≤16	>16~40	>40~63	>63~80	>80~100	>100~150	>150~200	>200~250	<3	3~100	>100~150	>150~250
	不小于											
S185	185	175	175	175	175	165	155	145	310~540	290~510	280~500	270~490
E295	295	285	275	265	255	245	235	225	490~660	470~610	450~610	440~610
E335	335	325	315	305	295	275	265	255	590~770	570~710	550~710	540~710
E360	360	355	345	335	325	305	295	285	690~900	670~830	650~830	640~830

注：当钢板的宽度大于等于600mm时，适用于横向或纵向，对于其他宽度的钢板，适用于纵向。

表9 无冲击要求的产品室温下的力学性能

牌号	试样方向	最小断后伸长率/%									
		公称厚度/mm，L_0 = 80mm					公称厚度/mm，$L_0 = 5.65\sqrt{S_0}$				
		≤1	>1~1.5	>1.5~2	>2~2.5	>2.5~<3	>3~40	>40~63	>63~100	>100~150	>150~250
		不小于									
S185	l	10	11	12	13	14	18	17	16	15	15
	t	8	9	10	11	12	16	15	14	13	13
E295	l	12	13	14	15	16	20	19	18	16	15
	t	10	11	12	13	14	18	17	16	15	14
E335	l	8	9	10	11	12	16	15	14	12	11
	t	6	7	8	9	10	14	13	12	11	10
E360	l	4	5	6	7	8	11	10	9	8	7
	t	3	4	5	6	7	10	9	8	7	6

注：当钢板的宽度大于等于600mm时，适用于横向或纵向，对于其他宽度的钢板，适用于纵向。

表 10　产品的纵向冲击吸收能量

牌　号	温度/℃	以下公称厚度（mm）下的最小冲击吸收能量 KV_2/J		
		≤150①②	>150 ~ 250②	>250 ~ 400
S235JR	20	27	27	—
S235J0	0	27	27	—
S235J2	-20	27	27	27
S275JR	20	27	27	—
S275J0	0	27	27	—
S275J2	-20	27	27	27
S355JR	20	27	27	—
S355J0	0	27	27	—
S355J2	-20	27	27	27
S355K2	-20	40③	33	33

① 公称厚度小于等于 12mm 时，见 EN 10025-1：2004。

② 公称厚度大于 100mm 时，冲击吸收能量要经双方协商。

③ -30℃时为 27J。

EN 10025-3：2004 结构钢热轧产品 第3部分：正火/正火轧制可焊接细晶粒结构钢交货技术条件（概要）

1 范围

该标准规定了正火/正火轧制可焊接的细晶粒结构钢的交货技术要求，S275、S355 和 S420 钢板厚度小于等于 250mm，S460 的钢板厚度小于等于 200mm。

该标准适用于桥梁、水闸、贮存罐、供水箱等在环境使用和低温使用的焊接结构的承重部位。

2 尺寸、外形及允许偏差

按 EN 10025-1：2004 的规定：热轧钢板按 EN 10029《3mm 或以上厚度热轧钢板—尺寸和形状公差》的规定；热轧钢带及其剪切钢板按 EN 10051《非合金钢和合金钢的连续热轧无镀层钢板、薄板和带钢—尺寸和形状公差》的规定。

3 牌号及化学成分（见表 1 ~ 表 3）

4 力学性能及工艺性能（见表 4 ~ 表 6）

表 1 牌号及化学成分

牌号	化学成分(熔炼分析)/%													
	C	Si	Mn	P	S	Nb	V	Alt	Ti	Cr	Ni	Mo	Cu	N
S275N	≤0.18	≤0.40	0.50 ~ 1.50	≤0.030	≤0.025	≤0.05	≤0.05	≥0.02	≤0.05	≤0.30	≤0.30	≤0.10	≤0.55	≤0.015
S275NL	≤0.16			≤0.025	≤0.020									
S355N	≤0.20	≤0.50	0.90 ~ 1.65	≤0.030	≤0.025	≤0.05	≤0.12	≥0.02	≤0.05	≤0.30	≤0.50	≤0.10	≤0.55	≤0.015
S355NL	≤0.18			≤0.025	≤0.020									
S420N	≤0.20	≤0.60	1.00 ~ 1.70	≤0.030	≤0.025	≤0.05	≤0.20	≥0.02	≤0.05	≤0.30	≤0.80	≤0.10	≤0.55	≤0.025
S420NL				≤0.025	≤0.020									
S460N	≤0.20	≤0.60	1.00 ~ 1.70	≤0.030	≤0.025	≤0.05	≤0.20	≥0.02	≤0.05	≤0.30	≤0.80	≤0.10	≤0.55	≤0.025
S460NL				≤0.025	≤0.020									

注：1. 铁路用钢，当要求时，最大 S 含量为 0.010%。
2. 如果存在有足够的其他固氮元素，Alt 最小值不适用。
3. w(Cu) ≥0.40% 时，可引起热成型期间的热脆性。
4. S460N 和 S460NL 牌号的 w(V + Nb + Ti) ≤0.22%，w(Mo + Cr) ≤0.30%。

表 2 基于表 1 的成品分析

牌号	化学成分/%													
	C	Si	Mn	P	S	Nb	V	Alt	Ti	Cr	Ni	Mo	Cu	N
S275N	≤0.20	≤0.45	0.45 ~ 1.60	≤0.035	≤0.030	≤0.06	≤0.07	≥0.015	≤0.06	≤0.35	≤0.35	≤0.13	≤0.60	≤0.017
S275NL	≤0.18			≤0.030	≤0.025									
S355N	≤0.22	≤0.55	0.85 ~ 1.75	≤0.035	≤0.030	≤0.06	≤0.14	≥0.015	≤0.06	≤0.35	≤0.55	≤0.13	≤0.60	≤0.017
S355NL	≤0.20			≤0.030	≤0.025									

续表2

牌号	化学成分/%													
	C	Si	Mn	P	S	Nb	V	Alt	Ti	Cr	Ni	Mo	Cu	N
S420N	≤0.22	≤0.65	0.95~1.80	≤0.035	≤0.030	≤0.06	≤0.22	≥0.015	≤0.06	≤0.35	≤0.85	≤0.13	≤0.60	≤0.027
S420NL				≤0.030	≤0.025									
S460N	≤0.22	≤0.65	0.95~1.80	≤0.035	≤0.030	≤0.06	≤0.22	≥0.015	≤0.06	≤0.35	≤0.85	≤0.13	≤0.60	≤0.027
S460NL				≤0.030	≤0.025									

注：1. 铁路用钢，当要求时，最大S含量为0.010%。

2. 如果存在有足够的其他固氮元素，Alt最小值不适用。

3. $w(\mathrm{Cu}) \geq 0.45\%$时，可引起热成型期间的热脆性。

4. S460N和S460NL牌号的$w(\mathrm{V+Nb+Ti}) \leq 0.26\%$，$w(\mathrm{Mo+Cr}) \leq 0.38\%$。

表3 以熔炼分析为基础的碳当量

名称	以下公称厚度（mm）的碳当量CEV/%		
	≤63	>63~100	>100~250
	不大于		
S275N S275NL	0.40	0.40	0.42
S355N S355NL	0.43	0.45	0.45
S420N S420NL	0.48	0.50	0.52
S460N S460NL	0.53	0.54	0.55

表4 室温下的力学性能

牌号	最小屈服强度R_{eH}/MPa								抗拉强度R_m/MPa			最小断后伸长率A/%					
	公称厚度/mm																
	≤16	>16~40	>40~63	>63~80	>80~100	>100~150	>150~200	>200~250	≤100	>100~200	>200~250	≤16	>16~40	>40~63	>63~80	>80~200	>200~250
	不小于											不小于					
S275N S275NL	275	265	255	245	235	225	215	205	370~510	350~480	350~480	24	24	24	23	23	23
S355N S355NL	355	345	335	325	315	295	285	275	470~630	450~600	450~600	22	22	22	21	21	21
S420N S420NL	420	400	390	370	360	340	330	320	520~680	500~650	500~650	19	19	19	18	18	18
S460N S460NL	460	440	430	410	400	380	370	—	540~720	530~710	—	17	17	17	17	17	—

注：当钢板的宽度大于等于600mm时，适用于横向或纵向，对于其他宽度的钢板，适用于纵向。

表5　纵向V型冲击吸收能量的最小值

牌号	在以下温度（℃）时冲击吸收能量的最小值 KV_2/J						
	+20	0	-10	-20	-30	-40	-50
	不小于						
S275N S355N S420N S460N	55	47	43	40	—	—	—
S275NL S355NL S420NL S460NL	63	55	51	47	40	31	27

表6　要求横向冲击时冲击吸收能量的最小值

牌号	在以下温度（℃）时冲击吸收能量的最小值 KV_2/J						
	+20	0	-10	-20	-30	-40	-50
	不小于						
S275N S355N S420N S460N	31	27	24	20	—	—	—
S275NL S355NL S420NL S460NL	40	34	30	27	23	20	16

EN 10025-4：2004 结构钢热轧产品　第 4 部分：热机械轧制可焊接细晶粒结构钢交货技术条件（概要）

1　范围

该标准规定了热机械轧制可焊接的细晶粒结构钢的技术要求，钢板的厚度小于等于 120mm。

该标准适用于如桥梁、水闸、贮存罐、供水箱等在环境温度和低温下使用的焊接结构的承重部位。

2　尺寸、外形及允许偏差

按 EN 10025-1：2004 的规定：热轧钢板按 EN 10029《3mm 或以上厚度热轧钢板—尺寸和形状公差》；热轧钢带及其剪切钢板按 EN 10051《非合金钢和合金钢的连续热轧无镀层钢板、薄板和带钢—尺寸和形状公差》的规定。

3　牌号及化学成分（见表 1 ~ 表 3）

4　力学性能和工艺性能（见表 4 ~ 表 6）

表 1　牌号及化学成分

牌号	化学成分（熔炼分析）/%													
	C	Si	Mn	P	S	Nb	V	Alt	Ti	Cr	Ni	Mo	Cu	N
	不大于								不大于					
S275M	0.13	0.50	1.50	0.030	0.025	0.05	0.08	≥0.02	0.05	0.30	0.30	0.10	0.55	0.015
S275ML				0.025	0.020									
S355M	0.14	0.50	1.60	0.030	0.025	0.05	0.10	≥0.02	0.05	0.30	0.50	0.10	0.55	0.015
S355ML				0.025	0.020									
S420M	0.16	0.50	1.70	0.030	0.025	0.05	0.12	≥0.02	0.05	0.30	0.80	0.20	0.55	0.025
S420ML				0.025	0.020									
S460M	0.16	0.60	1.70	0.030	0.025	0.05	0.12	≥0.02	0.05	0.30	0.80	0.20	0.55	0.025
S460ML				0.025	0.020									

注：1. 铁路用钢，当要求时，最大 S 含量为 0.010%。
2. 如果存在有足够的其他固氮元素，Alt 最小值不适用。
3. $w(\mathrm{Cu}) \geqslant 0.40\%$ 时，可引起热成型期间的热脆性。

表 2　基于表 1 的成品分析

牌号	化学成分/%													
	C	Si	Mn	P	S	Nb	V	Alt	Ti	Cr	Ni	Mo	Cu	N
	不大于								不大于					
S275M	0.15	0.55	1.60	0.035	0.030	0.06	0.10	0.015	0.06	0.35	0.35	0.13	0.60	0.017
S275ML				0.030	0.025									
S355M	0.16	0.55	1.70	0.035	0.030	0.06	0.12	0.015	0.06	0.35	0.55	0.13	0.60	0.017
S355ML				0.030	0.025									

续表 2

牌号	化学成分/%													
	C	Si	Mn	P	S	Nb	V	Alt	Ti	Cr	Ni	Mo	Cu	N
	不大于								不大于					
S420M	0.18	0.55	1.80	0.035	0.030	0.06	0.14	0.015	0.06	0.35	0.85	0.23	0.60	0.027
S420ML				0.030	0.025									
S460M	0.18	0.65	1.80	0.035	0.030	0.06	0.14	0.015	0.06	0.35	0.85	0.23	0.60	0.027
S460ML				0.030	0.025									

注：1. 铁路用钢，当要求时，最大 S 含量为 0.010%。
2. 如果存在有足够的其他固氮元素，Alt 最小值不适用。
3. $w(Cu) \geqslant 0.40\%$ 时，可引起热成型期间的热脆性。

表 3　以熔炼分析为基础的碳当量

牌号	以下公称厚度（mm）的碳当量 CEV/%				
	≤16	>16~40	>40~63	>63~120	>120~150
	不大于				
S275M S275ML	0.34	0.34	0.35	0.38	0.38
S355M S355ML	0.39	0.39	0.40	0.45	0.45
S420M S420ML	0.43	0.45	0.46	0.47	0.47
S460M S460ML	0.45	0.46	0.47	0.48	0.48

表 4　室温下的力学性能

牌号	最小屈服强度 R_{eH}/MPa						抗拉强度 R_m/MPa					断后伸长率 A/%
	公称厚度/mm											
	≤16	>16~40	>40~63	>63~80	>80~100	>100~120	≤40	>40~63	>63~80	>80~100	>100~120	
	不小于											不小于
S275M S275ML	275	265	255	245	245	240	370~530	360~520	350~510	350~510	350~510	24
S355M S355ML	355	345	335	325	325	320	470~630	450~610	440~600	440~600	430~590	22
S420M S420ML	420	400	390	380	370	365	520~680	500~660	480~640	470~630	460~620	19
S460M S460ML	460	440	430	410	400	385	540~720	530~710	510~690	500~680	490~660	17

注：1. 宽度大于等于 600mm 钢板、带钢取横向试样，其他产品，取纵向试样。
2. 厚度小于 3mm 时，标距长度 $L_0 = 80$mm，数值要进行换算并符合要求。

表 5 纵向 V 型冲击吸收能量的最小值

牌号	在以下温度（℃）下冲击吸收能量最小值 KV_2/J						
	+20	0	-10	-20	-30	-40	-50
	不小于						
S275M S355M S420M S460M	55	47	43	40①	—	—	—
S275ML S355ML S420ML S460ML	63	55	51	47	40	31	27

① -30℃时冲击吸收能量为27J。

表 6 要求横向冲击时冲击吸收能量的最小值

牌号	在以下温度（℃）下冲击吸收能量最小值 KV_2/J						
	+20	0	-10	-20	-30	-40	-50
	不小于						
S275M S355M S420M S460M	31	27	24	20	—	—	—
S275ML S355ML S420ML S460ML	40	34	30	27	23	20	16

EN 10025-5：2004 结构钢热轧产品　第 5 部分：改进型耐大气腐蚀结构钢交货技术条件（概要）

1　范围

该标准适用于具有耐大气腐蚀性能的钢板。主要用于在周围环境温度下使用的具有耐大气腐蚀性能要求的焊接、螺接和铆接结构件。除了正火交货条件外，该标准规定的钢不用于热处理。允许消除应力退火。正火交货条件下的产品可用于热成型和/或正火。

2　尺寸、外形及允许偏差

按 EN 10025-1：2004 的规定：热轧钢板按 EN 10029《3mm 或以上厚度热轧钢板—尺寸和形状公差》；热轧钢带及其剪切钢板按 EN 10051《非合金钢和合金钢的连续热轧无镀层钢板、薄板和带钢—尺寸和形状公差》的规定。

3　牌号及化学成分（见表 1）

表 1　牌号及化学成分

牌号	化学成分（熔炼分析）/%									
	C	Si	Mn	P	S	N	加固 N 元素①	Cr	Cu	其他
S235J0W	≤0.13	≤0.40	0.20～0.60	≤0.035	≤0.035	≤0.009②⑤	—	0.040～0.80	0.25～0.55	③
S235J2W					≤0.030	—	是			
S355J0WP	≤0.12	≤0.75	≤1.0	0.06～0.15	≤0.035	≤0.009	—	0.30～1.25	0.25～0.55	③
S355J2WP					≤0.030	—	是			
S355J0W	≤0.16	≤0.50	0.50～1.50	≤0.035	≤0.035	≤0.009②⑤	—	0.40～0.80	0.25～0.55	③④
S355J2W				≤0.030	≤0.030	—	是			
S355K2W				≤0.030	≤0.030	—	是			

① 钢中应至少含有下列元素中的一种：$w(Alt) \geqslant 0.020\%$、$w(Nb) = 0.015\% \sim 0.060\%$、$w(V) = 0.02\% \sim 0.12\%$。如果这些元素联合加入，其中最少有一种元素的百分比要达到表中的最小含量。

② N 每增加 0.001%，钢的熔炼分析 P 含量可降低 0.005%，但 N 不应超过 0.012%。

③ Ni 的最大含量为 0.65%。

④ Mo 的最大含量为 0.30%，Nb 的最大含量为 0.15%。

⑤ 当 $w(Alt) \geqslant 0.020\%$ 或其他固 N 元素存在时，N 的最大值不适用，但应提供固 N 元素。

4　交货状态

交货状态由供方确定。四辊轧机生产的产品仅以热轧或正火轧制状态交货。

5　力学性能及工艺性能（见表 2、表 3、表 4）

表 2　拉伸性能

牌　号	上屈服强度 R_{eH}/MPa						抗拉强度 R_m/MPa			试样方向	最小断后伸长率/%						
											A_{80mm}			A			
	公称厚度/mm										公称厚度/mm						
	≤16	>16~40	>40~63	>63~80	>80~100	>100~150	<3	3~100	>100~150		>1.5~2	>2~2.5	>2.5~3	>3~40	>40~63	>63~100	>100~150
	不小于										不小于						
S235J0W S235J2W	235	225	215	215	215	195	360~510	360~510	350~500	l t	19 17	20 18	21 19	26 24	25 23	24 22	22 22
S355J0WP S355J2WP	355	345	—	—	—	—	510~680	470~630	—	l t	16 14	17 15	18 16	22 20	—	—	—
S355J0P S355J2W S355K2W	355	345	335	325	315	295	510~680	470~630	450~600	l t	16 14	17 15	18 16	22 20	21 19	20 18	18 18

注：1. l 为纵向；t 为横向。
2. 宽度大于等于 600mm 钢板、带钢取横向，其他产品，取纵向。
3. 扁平材的最大厚度为 12mm。

表 3　冲击性能

牌　号	试验温度/℃	最小冲击吸收能量①KV_2/J
S235J0W S235J2W	0 −20	27 27
S275J0WP② S275J2WP②	0 −20	27 27
S355J0W S355J2W S355K2W	0 −20 −20	27 27 40③

① 公称厚度小于等于 12mm 时的要求见 EN 10025-1：2004。
② 在订货有要求时，应进行冲击试验。
③ 在 −30℃ 时的冲击吸收能量为 27J。

表 4　建议的最小加工弯曲半径

名　称	弯曲方向	以下公称厚度建议的最小弯曲半径/mm												
		>1.5~2.5	>2.5~3	>3~4	>4~5	>5~6	>6~7	>7~8	>8~10	>10~12	>12~14	>14~16	>16~18	>18~20
S235J0W S235J2W	t l	2.5 2.5	3 3	5 6	6 8	8 10	10 12	12 16	16 20	20 25	25 28	28 32	36 40	40 45
S355J0WP S355J2WP	t l	4 4	5 5	6 8	8 10	10 12	12 16	16 20	—	—	—	—	—	—
S355J0W S355J2W S355K2W	t l	4 4	5 5	6 8	8 10	10 12	12 16	16 20	20 25	25 32	32 36	36 40	45 50	50 63

注：1. t 为横向；l 为纵向。
2. 适用于弯曲角度小于等于 90°。

EN 10025-6：2004 结构钢热轧产品　第6部分：调质高屈服强度结构钢交货技术条件(概要)

1　范围

该标准适用于钢种S460、S500、S550、S620和S690的最小公称厚度为3mm，最大公称厚度小于等于150mm的热轧板生产，淬火和回火后的钢指定的最小屈服强度为460～960MPa。

2　尺寸、外形及允许偏差

按EN 10025-1：2004的规定：热轧钢板按EN 10029《3mm或以上厚度热轧钢板—尺寸和形状公差》的规定；热轧钢带及其剪切钢板按EN 10051《非合金钢和合金钢的连续热轧无镀层钢板、薄板和带钢—尺寸和形状公差》的规定。

3　牌号及化学成分

各牌号钢的化学成分见表1，碳当量要求见表2。

表1　化学成分

牌号		化学成分(熔炼分析)/%														
钢级	质量等级	C	Si	Mn	P	S	N	B	Cr	Cu	Mo	Nb	Ni	Ti	V	Zr
		不大于														
所有	(无符号) L L1	0.20	0.80	1.70	0.025 0.020 0.020	0.015 0.010 0.010	0.015	0.0050	1.50	0.50	0.70	0.06	2.0	0.05	0.12	0.15

注：1. 经需方同意，可在钢中加入一种或几种合金元素。
2. 应有最少0.015%的细化晶粒元素。Al是其中一种。
3. 应为细晶粒钢，包括有足够含量的固N元素。
4. (无符号)指定在温度不低于-20℃时进行冲击试验；L指定在温度不低于-50℃时进行冲击试验；L1指定在温度不低于-60℃时进行冲击试验。

表2　碳当量

牌号	以下公称厚度(mm)碳当量最大值CEV/%		
	≤50	>50～100	>100～150
S460Q S460QL S460QL1	0.47	0.48	0.50
S500Q S500QL S500QL1	0.47	0.70	0.70
S550Q S550QL S550QL1	0.65	0.77	0.83

续表 2

牌 号	以下公称厚度（mm）碳当量最大值 CEV/%		
	≤50	>50~100	>100~150
S620Q S620QL S620QL1	0.65	0.77	0.83
S690Q S690QL S690QL1	0.65	0.77	0.83
S890Q S890QL S890QL1	0.72	0.82	—
S960Q S960QL	0.82	—	—

注：1. 以熔炼分析为基础计算最大碳当量值。公式参见 EN 10025-1：2004。
2. 当控制 Si 含量时，例如热镀锌产品，可以适当增加 C、Mn 含量以保证拉伸性能，此时若 $w(Si)\leqslant 0.030\%$，CEV 可增加 0.02%；若 $w(Si)\leqslant 0.25\%$，CEV 可增加 0.01%。

4 交货状态

钢板以淬火和回火（在热轧后直接淬火然后回火，即是常规的淬火和回火）状态交货。

5 力学性能和工艺性能（见表 3~表 6）

表 3 力学性能

牌 号	以下公称厚度（mm）的最小屈服强度 R_{eH}/MPa			以下公称厚度（mm）的抗拉强度 R_m/MPa			最小断后伸长率 A/%
	3~50	>50~100	>100~150	3~50	>50~100	>100~150	
	不小于						不小于
S460Q S460QL S460QL1	460	440	400	550~720		500~670	17
S500Q S500QL S500QL1	500	480	440	590~770		540~720	17
S550Q S550QL S550QL1	550	530	490	640~820		590~770	16
S620Q S620QL S620QL1	620	580	560	700~890		650~830	15

续表3

牌号	以下公称厚度（mm）的最小屈服强度 R_{eH}/MPa			以下公称厚度（mm）的抗拉强度 R_m/MPa			最小断后伸长率 A/%
	3～50	>50～100	>100～150	3～50	>50～100	>100～150	
	不小于						不小于
S690Q S690QL S690QL1	690	650	630	770～940	760～930	710～900	14
S890Q S890QL S890QL1	890	830	—	940～1100	880～1100	—	11
S960Q S960QL	960	—	—	980～1150	—	—	10

注：表中值为调质钢室温下的力学性能值。

表4　冲击性能

牌　号	在以下试验温度下冲击吸收能量 KV_2/J			
	0℃	-20℃	-40℃	-60℃
	不小于			
S460Q S500Q S550Q S620Q S690Q S890Q S960Q	40	30	—	—
S460QL S500QL S550QL S620QL S690QL S890QL S960QL	50	40	30	—
S460QL1 S500QL1 S550QL1 S620QL1 S690QL1 S890QL1	60	50	40	30

注：1. 试样取纵向。

2. 除非其他规定，Q类钢为-20℃；QL类钢为-40℃；QL1类钢为-60℃。

表 5 冲击性能

牌 号	在以下试验温度下冲击吸收能量的最小值 KV_2/J			
	0℃	-20℃	-40℃	-60℃
	不小于			
S460Q S500Q S550Q S620Q S690Q S890Q S960Q	30	27	—	—
S460QL S500QL S550QL S620QL S690QL S890QL S960QL	35	30	27	—
S460QL1 S500QL1 S550QL1 S620QL1 S690QL1 S890QL1	40	35	30	27

注：1. 试样取横向。

2. 订货时，可要求作横向冲击代替纵向冲击。

表 6 推荐的最小加工弯曲半径

牌 号	公称厚度（t）为 3 ~ 16mm 的内部弯曲最小推荐半径/mm	
	纵向弯曲轴	横向弯曲轴
S460Q S460QL S460QL1	3.0t 3.0t 3.0t	4.0t 4.0t 4.0t
S500Q S500QL S500QL1	3.0t 3.0t 3.0t	4.0t 4.0t 4.0t
S550Q S550QL S550QL1	3.0t 3.0t 3.0t	4.0t 4.0t 4.0t
S620Q S620QL S620QL1	3.0t 3.0t 3.0t	4.0t 4.0t 4.0t

续表 6

牌　号	公称厚度（t）为 3 ~ 16mm 的内部弯曲最小推荐半径/mm	
	纵向弯曲轴	横向弯曲轴
S690Q	3.0t	4.0t
S690QL	3.0t	4.0t
S690QL1	3.0t	4.0t
S890Q	3.0t	4.0t
S890QL	3.0t	4.0t
S890QL1	3.0t	4.0t
S960Q	4.0t	5.0t
S960QL	4.0t	5.0t

注：1. 以上数据作为资料供参考。

2. 适用于弯曲角度小于等于 90°。

EN 10149-1：1995 冷成型用高屈服强度热轧扁平材 第 1 部分：一般交货技术条件（概要）

1 范围

该标准规定了冷成型用热轧高强度低合金钢和特殊钢扁平产品的一般要求。压力容器用钢除外。

该标准适用于 EN 10149 以下各部分：

——第 2 部分：热机械轧制钢的交货条件；

——第 3 部分：正火或正火轧制钢的交货条件。

2 尺寸、外形及允许偏差

尺寸符合订货要求。尺寸公差按 EN 10029《3mm 或以上厚度热轧钢板—尺寸和形状公差》及 EN 10051《非合金钢和合金钢的连续热轧无镀层钢板、薄板和带钢—尺寸和形状公差》的规定。

3 牌号及表示方法

钢的牌号以产品在环境温度下规定的最小屈服强度为基础再按生产工艺及使用条件进行细分，如：

——热机械轧制工艺生产的结构钢，在环境温度下的规定最小屈服强度为 420MPa，用于冷成型，牌号为 S420MC；

——正火或正火轧制的结构钢，在环境温度下的规定最小屈服强度为 420MPa，用于冷成型，牌号为 S420NC。

4 钢的制造方法

钢的制造方法由供方决定。钢中应有足够的固氮元素使钢成为细晶粒钢。

5 交货状态

该标准中第二部分的热机械轧制和第三部分的正火或正火轧制。

钢板一般以轧制表面供货。当有要求时，钢板可进行除鳞处理，进行除鳞处理后的钢板应进行涂油，保证在包装、运输、吊装过程中和在干燥条件下存放时，至少 3 个月防止锈蚀。涂油可使用碱性溶液或其他一般溶剂洗掉，如果需方不要求涂油，应在订货时说明。当订购的产品不涂油时，供方对锈蚀不负责任。此外，某些除鳞工艺可能改变冷成型性能。

6 化学成分

熔炼分析确定的化学成分见 EN 10149-2 ~ EN 10149-3 中相关表的要求。当订货有要求时，可进行成品分析。成品分析与熔炼分析的偏差见表 1。

表 1 成品分析与熔炼分析的偏差

元　素	熔炼分析中规定的成分上限/%	允许偏差/%
C	≤0.20	+0.02
Mn	≤2.10	+0.10
Si	≤0.60	+0.05

续表1

元　素	熔炼分析中规定的成分上限/%	允许偏差/%
P	≤0.025	+0.005
S	≤0.020	+0.002
Al	≥0.015	-0.005
Nb	≤0.09	+0.01
V	≤0.20	+0.02
Ti	≤0.22	+0.01
Mo	≤0.50	+0.05
B	≤0.005	+0.001

7　力学性能

力学性能（抗拉强度、屈服强度、冲击功和伸长率）符合 EN 10149-2 ~ EN 10149-3 的要求。

超过 580°C 或超过 1 小时的应力释放可能导致力学性能的恶化。

如果需方计划进行应力释放的产品比上述提到的温度高或时间长时，应在询价或订货时同意这种处理后的最小力学性能值。

如供需双方协商同意，可对公称厚度大于等于 6mm 的钢板进行冲击性能试验。如果产品的厚度不足以取标准厚度的冲击试样，可取小尺寸试样，但规定的冲击吸收能量值应按比例减少。

8　工艺性能

8.1　焊接性能

该标准规定的钢适用于当前用途的焊接工艺。

8.2　成型性

成型性要求按 EN 10149-2 ~ EN 10149-3 的规定进行。

9　表面质量

对于钢带，采用适当的工艺使钢板的表面质量不影响使用。

对于钢板，应按 EN 10163-1、EN 10163-2 的规定，未经需方允许，不应进行焊补。

10　内部质量

产品应无内部缺陷，不包括一般用途的产品。

在订货时可要求进行超声波检验。

11　组批

每批应由同一牌号、同一厚度的钢板或钢带组成。

12　化学成分检验

每炉进行一次熔炼分析，并报告给需方。

13　样品的制取

按 EN 10140-2、EN 10149-3 的相应要求制取样品。对于钢板，样品的轴线大约在产品边部和中心线之间的中间处。对于钢带，在钢卷边部的适当位置上制取。

14　试样的准备

拉伸试样按 EN 10002-1 的要求。

拉伸试样可能是非比例的，但如果有争议，采用标距为 $L_0 = 5.65\sqrt{S_0}$的比例试样。

对于公称厚度小于 3mm 的扁平材产品，拉伸试样采用标距长度 $L_0 = 80$mm 和宽度为 20mm 的比例试样。

对于冲击试样，当公称厚度大于 12mm 时，应取标准的 10mm × 10mm 试样，即一侧离轧制表面不能超过 2mm，在 EN 10025-2 ~ EN 10025-6 中另有规定的除外；对于公称厚度小于等于 12mm 的试件，当采用小尺寸试样时，最小宽度为 5mm。

15　试验方法

15.1　拉伸试验

按 EN 10002-1 的规定进行拉伸试验。

在 EN 10149-2 ~ EN 10149-3 力学性能表中规定的屈服强度，测定上屈服强度（R_{eH}）。

如果没有明显的屈服现象时，测定（$R_{p0.2}$）。如果有争议，应采用 $R_{p0.2}$。

对于厚度大于等于 3mm 的产品，当采用非比例试样时，得到的伸长率值按 EN ISO 2566-1 中给出的换算表换算成比例试样值。

15.2　冲击试验

按 EN 10045-1 的规定进行冲击试验。

3 次试验结果的平均值见规定的要求。允许一个试样值低于规定值，但不能低于规定值的 70%。

出现下列任何情况之一，将从同样的样坯中取另外 3 个试样：

——如果 3 个试样平均值低于规定值；

——如果平均值符合规定的要求，但 2 个试样的值低于规定值；

——如果任何一个值在规定值 70% 以下。

6 个试样的平均值不能低于规定值。不能有 2 个以上的试样值低于规定值，并且不能有一个试样值低于规定值的 70%。

15.3　弯曲试验

按 EN 7438 的规定进行弯曲试验。试样应保留两个轧制面。

15.4　超声波检验

如果订货时有规定，应进行超声波检验。

对于厚度大于等于 6mm 的产品按 EN 10160《大于或等于 6mm 厚的扁平钢产品的超声检验（反射方法）》的规定进行。

16　复验和再验

按 EN 10021 的规定进行复验和再验。对于一个初验不合格的钢卷，可在端部切掉最长 20 米的一段后再进行试验。

EN 10149-2：1995 冷成型用高屈服强度热轧扁平材 第2部分：热机械轧制钢交货技术条件(概要)

1 范围

该标准适用于厚度在1.5～20mm，规定最小屈服强度为315～460MPa及厚度为1.5～16mm，最小屈服强度为500～700MPa的热轧钢板。

2 尺寸、外形及允许偏差

按EN 10025-1：2004的规定：热轧钢板按EN 10029《3mm或以上厚度热轧钢板—尺寸和形状公差》；热轧钢带及其剪切钢板按EN 10051《非合金钢和合金钢的连续热轧无镀层钢板、薄板和带钢—尺寸和形状公差》的规定。

3 牌号及化学成分（见表1）

表1 牌号及化学成分

牌号	化学成分(熔炼分析)/%										
	C	Mn	Si	P	S	Alt	Nb	V	Ti	Mo	B
	不大于					不小于	不大于				
S315MC	0.12	1.30	0.50	0.025	0.020	0.015	0.09	0.20	0.15	—	—
S355MC	0.12	1.50	0.50	0.025	0.020	0.015	0.09	0.20	0.15	—	—
S420MC	0.12	1.60	0.50	0.025	0.015	0.015	0.09	0.20	0.15	—	—
S460MC	0.12	1.60	0.50	0.025	0.015	0.015	0.09	0.20	0.15	—	—
S500MC	0.12	1.70	0.50	0.025	0.015	0.015	0.09	0.20	0.15	—	—
S550MC	0.12	1.80	0.50	0.025	0.015	0.015	0.09	0.20	0.15	—	—
S600MC	0.12	1.90	0.50	0.025	0.015	0.015	0.09	0.20	0.22	0.50	0.005
S650MC	0.12	2.00	0.60	0.025	0.015	0.015	0.09	0.20	0.22	0.50	0.005
S700MC	0.12	2.10	0.60	0.025	0.015	0.015	0.09	0.20	0.22	0.50	0.005

注：1. Nb、V和Ti的总和不大于0.22%。

2. 经供需双方同意，$w(S) \leq 0.010\%$。

4 交货状态

钢板以热机械轧制状态交货。

5 力学性能及工艺性能（见表2、表3）

表 2　拉伸和弯曲试验

牌　号	拉伸试验				180°弯曲试验 弯曲压头直径
	上屈服强度 R_{eH}/MPa	抗拉强度 R_m/MPa	断后伸长率/%		
			A_{80mm}	A	
			钢板厚度/mm		
			<3	≥3	
S315MC	≥315	390～510	≥20	≥24	0*t*
S355MC	≥355	430～550	≥19	≥23	0.5*t*
S420MC	≥420	480～620	≥16	≥19	0.5*t*
S460MC	≥460	520～670	≥14	≥17	1*t*
S500MC	≥500	550～700	≥12	≥14	1*t*
S550MC	≥550	600～760	≥12	≥14	1.5*t*
S600MC	≥600	650～820	≥11	≥13	1.5*t*
S650MC	≥650	700～880	≥10	≥12	2*t*
S700MC	≥700	750～950	≥10	≥12	2*t*

注：1. 拉伸试样取纵向，弯曲试样取横向。*t* 为试样的厚度。

2. 对于 50MC 和 700MC，当厚度大于 8mm 时，最小屈服强度可降低 20MPa。

3. 经供需双方同意，可做 –20℃温度下 V 型纵向冲击试验，冲击吸收能量最小值为 40J。

表 3　推荐的最小加工弯曲半径

牌　号	公称厚度（*t*）的最小推荐内弯曲半径/mm		
	t≤3	3<*t*≤6	*t*>6
S315MC	0.25*t*	0.5*t*	1.0*t*
S355MC	0.25*t*	0.5*t*	1.0*t*
S420MC	0.5*t*	1.0*t*	1.5*t*
S460MC	0.5*t*	1.0*t*	1.5*t*
S500MC	1.0*t*	1.5*t*	2.0*t*
S550MC	1.0*t*	1.5*t*	2.0*t*
S600MC	1.0*t*	1.5*t*	2.0*t*
S650MC	1.5*t*	2.0*t*	2.5*t*
S700MC	1.5*t*	2.0*t*	2.5*t*

注：1. 以上数据作为资料供参考。

2. 适用于弯曲角度小于等于 90°。

EN 10149-3：1995 冷成型用高屈服强度热轧扁平材 第3部分：正火或正火轧制钢交货技术条件（概要）

1　范围

该标准适用于厚度在1.5～20mm的热轧钢板。

2　尺寸、外形及允许偏差

按EN 10025-1：2004的规定：热轧钢板按EN 10029《3mm或以上厚度热轧钢板—尺寸和形状公差》；热轧钢带及其剪切钢板按EN 10051《非合金钢和合金钢的连续热轧无镀层钢板、薄板和带钢—尺寸和形状公差》的规定。

3　牌号及化学成分（见表1）

表1　牌号及化学成分

牌号	化学成分（熔炼分析）/%								
	C	Mn	Si	P	S	Nb	V	Ti	Alt
	不大于								不小于
S260NC	0.16	1.20	0.50	0.025	0.020	0.015	0.09	0.10	0.15
S315NC	0.16	1.40	0.50	0.025	0.020	0.015	0.09	0.10	0.15
S355NC	0.18	1.60	0.50	0.025	0.015	0.015	0.09	0.10	0.15
S420NC	0.20	1.60	0.50	0.025	0.015	0.015	0.09	0.10	0.15

注：1. Nb、V和Ti的总和不大于0.22%。

2. 经供需双方同意，$w(S) \leqslant 0.010\%$。

3. 若有充足的固N元素，则Alt最小含量要求不适用。

4　交货状态

钢板以正火或正火轧制状态交货。

5　力学性能及工艺性能（见表2、表3）

表2　拉伸及弯曲试验

牌号	拉伸试验				180°弯曲试验 弯曲压头直径
	上屈服强度 R_{eH}/MPa	抗拉强度 R_m/MPa	断后伸长率/%		
			A_{80mm}	A	
			钢板厚度/mm		
			<3	≥3	
S260NC	≥260	370～490	≥24	≥30	0t
S315NC	≥315	430～550	≥22	≥27	0.5t
S355NC	≥355	470～610	≥20	≥25	0.5t
S420NC	≥420	530～670	≥18	≥23	0.5t

注：1. 拉伸试验当宽度小于600mm时取纵向试样，当宽度大于等于600mm时，取横向试样。弯曲试验取横向试样。

2. 经供需双方同意，可做-20℃温度下V型纵向冲击试验，冲击吸收能量最小值为40J。

3. t为试样的厚度。

表 3　推荐的最小加工弯曲半径

牌　号	以下公称厚度（t）的最小推荐内弯曲半径/mm		
	$t \leqslant 3$	$3 < t \leqslant 6$	$t > 6$
S260NC	0.25t	0.5t	1.0t
S315NC	0.25t	0.5t	1.0t
S355NC	0.25t	0.5t	1.0t
S420NC	0.5t	1.0t	1.5t

注：1. 以上数据作为资料供参考。

2. 适用于弯曲角度小于等于90°。

第四节　日本标准

JIS G3106：2008 焊接结构用热轧钢材（概要）

1　范围

该标准适用于桥梁、船舶、车辆、石油贮罐、容器以及其他焊接结构件用的热轧钢材。

2　尺寸、外形及允许偏差

钢板和钢带的尺寸、外形及允许偏差见 JIS G 3193《热轧钢板及钢带的形状、尺寸、重量及其允许偏差》。

3　牌号及化学成分

3.1　钢的牌号及化学成分见表1。

表1　牌号和化学成分

牌　号	厚度/mm	化学成分（熔炼分析）/%				
		C	Si	Mn	P	S
SM400A	≤50	≤0.23	—	≥2.5w(C)	≤0.035	≤0.035
	>50~200	≤0.25				
SM400B	≤50	≤0.20	≤0.35	0.60~1.50	≤0.035	≤0.035
	>50~200	≤0.22				
SM400C	≤100	≤0.18	≤0.35	0.60~1.50	≤0.035	≤0.035
SM490A	≤50	≤0.20	≤0.55	≤1.65	≤0.035	≤0.035
	>50~200	≤0.22				
SM490B	≤50	≤0.18	≤0.55	≤1.65	≤0.035	≤0.035
	>50~200	≤0.20				
SM490C	≤100	≤0.18	≤0.55	≤1.65	≤0.035	≤0.035
SM490YA	≤100	≤0.20	≤0.55	≤1.65	≤0.035	≤0.035
SM490YB						
SM520B	≤100	≤0.20	≤0.55	≤1.65	≤0.035	≤0.035
SM520C						
SM570	≤100	≤0.18	≤0.55	≤1.70	≤0.035	≤0.035

注：1. 根据需要也可添加表外的合金元素。

2. 经供需双方的协商，可生产 450mm 以下的 SM400A，300mm 以下的 SM490A，250mm 以下的 SM400B、SM400V、SM490B 和 SM490C，150mm 以下的 SM490YA、SM490YB、SM520B、SM520C 及 SM570 牌号的钢板，采用的化学成分见表2。

表2 SM520C及SM570的化学成分

牌号	厚度/mm	化学成分(熔炼分析)/%				
		C	Si	Mn	P	S
SM400A	>200~450	≤0.25	—	≥2.5w(C)	≤0.35	≤0.35
SM400B	>200~250	≤0.22	≤0.35	≥0.60	≤0.35	≤0.35
SM400C	>100~250	≤0.18	≤0.35	—	≤0.35	≤0.35
SM490A	>200~300	≤0.22	≤0.55	—	≤0.35	≤0.35
SM490B	>200~250	≤0.20	≤0.55	—	≤0.35	≤0.35
SM490C	>100~250	≤0.18	≤0.55	—	≤0.35	≤0.35
SM490YA SM490YB	>100~150	≤0.20	≤0.55	—	≤0.35	≤0.35
SM520B SM520C	>100~150	≤0.20	≤0.55	—	≤0.35	≤0.35
SM570	>100~150	≤0.18	≤0.55	—	≤0.35	≤0.35

注：1. 根据需要也可添加表外的合金元素。
2. Mn的上限值由供需双方协商。
3. 本表为经供需双方协商同意可采用的化学成分。

3.2 S570的碳当量按表3的规定，经供需双方协议，可用焊接裂纹敏感性系数Pcm代替碳当量，其值见表4。

表3 S570的碳当量

钢材厚度/mm	≤50	>50~100	>100
S570的碳当量/%	≤0.44	≤0.47	根据供需双方协议

注：碳当量的要求也适用于调质钢。

表4 焊接裂纹敏感性指数Pcm

钢材厚度/mm	≤50	>50~100	>100
S570的焊接裂纹敏感性指数Pcm/%	≤0.28	≤0.30	供需双方协商确定

3.3 热机械轧制钢材的碳当量见表5，经供需双方协议，可用Pcm代替Ceq，其值见表6。

表5 热机械轧制钢材的碳当量

牌号		碳当量Ceq/%	
		SM490A、SM490YA、SM490B、SM490YB、SM490C	SM520B、SM520C
适用厚度	≤50mm	≤0.38	≤0.40
	50~100mm	≤0.40	≤0.42

注：1. $Ceq = C + \frac{Mn}{6} + \frac{Si}{24} + \frac{Ni}{40} + \frac{Cr}{5} + \frac{Mo}{4} + \frac{V}{14}$。
2. 厚度超过100mm钢板的碳当量由供需双方协商确定。

表6　焊接裂纹敏感性指数 Pcm

焊接裂纹敏感性指数 Pcm/%			
牌　号		SM490A、SM490YA、SM490B、SM490YB、SM490C	SM520B、SM520C
适用厚度	≤50mm	≤0.24	≤0.26
	>50~100mm	≤0.26	≤0.27

注：1. $Pcm = C + \frac{Si}{30} + \frac{Mn}{20} + \frac{Cu}{20} + \frac{Ni}{60} + \frac{Cr}{20} + \frac{Mo}{15} + \frac{V}{10} + 5B$。

2. 厚度超过100mm钢板的焊接裂纹敏感性指数由供需双方协商确定。

4　交货状态

钢板和钢带以热轧或热处理状态交货（正火、回火、调质或热机械轧制）。

5　力学性能（见表7~表9）

表7　拉伸性能

牌号	屈服点或屈服强度 R_{eH}/MPa						抗拉强度 R_m/MPa		断后伸长率		
	钢板厚度/mm						钢板厚度/mm		钢板厚度/mm	试样	%
	≤16	>16~40	>40~75	>75~100	>100~160	>160~200	≤100	>100~200			
SM400A SM400B	≥245	≥235	≥215	≥215	≥205	≥195	400~510	400~510	≤5 >5~16 >16~50 >40	5号 1A号 1A号 4号	≥23 ≥18 ≥22 ≥24
SM400C					—	—					
SM490A SM490B	≥325	≥315	≥295	≥295	≥285	≥275	490~610	490~610	≤5 >5~16 >16~50 >40	5号 1A号 1A号 4号	≥22 ≥17 ≥21 ≥23
SM490C					—	—					
SM490YA SM490YB	≥365	≥355	≥335	≥325	—	—	490~610	—	≤5 >5~16 >16~50 >40	5号 1A号 1A号 4号	≥19 ≥15 ≥19 ≥21
SM520B SM520C	≥365	≥355	≥335	≥325	—	—	520~640	—	≤5 >5~16 >16~50 >40	5号 1A号 1A号 4号	≥19 ≥15 ≥19 ≥21
SM570	≥460	≥450	≥430	≥420	—	—	570~720	—	≤16 >16 >20	5号 5号 4号	≥19 ≥26 ≥20

注：1. 对于厚度大于100mm钢材的4号试样的断后伸长率，厚度每增加25mm或其零数，表中的伸长率值允许降低1%，但最多不超过3%。

2. 试样号见JIS Z2241，1A号试样的标距尺寸为40mm×200mm；4号试样的标距尺寸为ϕ14mm×50mm；5号试样的标距尺寸为25mm×50mm。

3. 拉伸试样取横向试样。

表 8　拉伸性能

牌　号	厚度/mm	屈服点或屈服强度 R_{eH}/MPa	抗拉强度 R_m/MPa	断后伸长率/%
SM400A	>200 ~ 450	≥195	400 ~ 510	≥21
SM400B	>200 ~ 250			
SM400C	>100 ~ 160	≥205		≥24
	>160 ~ 250	≥195		
SM490A	>200 ~ 300	≥275	490 ~ 610	≥20
SM490B	>200 ~ 250			
SM490C	>100 ~ 160	≥285		≥23
	>160 ~ 250	≥275		
SM490YA	>100 ~ 150	≥315	490 ~ 610	≥21
SM490YB	>100 ~ 150			
SM520B	>100 ~ 150	≥315	520 ~ 640	≥21
SM520C	>100 ~ 150			
SM570	>100 ~ 150	≥410	570 ~ 720	≥20

注：1. 此表适用于按供需双方协商的化学成分生产的钢材。

2. 厚度大于 100mm 钢板的断后伸长率，厚度每增加 25mm 或其零数，表中的断后伸长率值允许降低 1%，但最多不超过 3%（绝对值）。

3. 拉伸试样取横向试样，拉伸试样为 4 号试样，其标距尺寸为 ϕ14mm × 50mm。

表 9　冲击性能

牌　号	试验温度/℃	夏比冲击吸收能量 KV_2/J	试样及取样方向
SM400B	0	≥27	V 型缺口
SM400C	0	≥47	
SM490B	0	≥27	
SM490C	0	≥47	
SM490YB	0	≥27	
SM520B	0	≥27	
SM520C	0	≥47	
SM570	-5	≥47	

注：1. 由供需双方协定，可以用低于试验温度的温度进行试验。

2. 由供需双方协定，在进行纵向和横向试验时，如果订货方认可，也可省略纵向试验。

3. 厚度大于 12mm 的钢材才进行冲击试验。

4. 冲击试样取纵向试样。

第五节　加拿大与澳大利亚标准

CAN/CSA G40.21—2004 结构钢(概要)

1　范围

该标准适用于一般结构和工程用各种材料，包括结构钢板、型钢、空心型钢、薄板、钢板桩、冷成型槽钢、Z型材和棒材。其中：

W类型——可焊接钢

满足规定的强度要求，适用于焊接结构，不要求低温缺口韧性。其应用范围包括建筑和桥梁抗压构件等。

WT类型——可焊接的夏比硬度钢

满足规定的强度和夏比V型缺口冲击要求，适用于要求低温缺口韧性的焊接结构。其应用范围包括桥梁的主要抗拉构件和同类产品。

R类型——耐大气腐蚀钢

满足规定的强度要求。在许多环境下，这些钢的耐大气腐蚀性远远好于含铜或不含铜的碳素结构钢。其应用范围包括未喷涂壁板和未喷涂轻型结构件等，不要求低温缺口韧性。

A类型——耐大气腐蚀焊接钢

满足规定的强度要求。在许多环境下，这些钢的耐大气腐蚀性远远好于含铜或不含铜的碳素结构钢。这些钢适用于不要求低温缺口韧性的焊接结构。其应用范围与W型钢材类似。

AT类型——耐大气腐蚀焊接缺口韧性钢

满足规定的强度和夏比V型缺口冲击要求。在许多环境下，这些钢的耐大气腐蚀性远远好于含铜或不含铜的碳素结构钢。这些钢适用于要求低温缺口韧性的焊接结构。其应用范围包括桥梁的主要抗拉构件和同类产品。

Q类型——淬火和回火低合金钢

满足规定的强度要求。在焊接这些钢板时，焊接和制作技术是保证钢板性能的重要基础，特别是热影响区。其应用范围包括桥梁和类似结构。

QT类型——淬火和回火低合金缺口韧性钢

满足规定的强度和夏比V型缺口冲击要求。提供了优良的抗断裂性，适用于要求低温缺口韧性的结构件。在焊接这些钢板时，焊接和制作技术是保证钢板性能的重要基础，特别是热影响区。其应用范围包括桥梁的主要抗拉构件和类似结构。

钢级、类型和强度级别见表1。

表1　钢级、类型及强度级别

类 型	公称屈服强度/MPa						
	260	300	350	400	480	550	700
	级 别						
W	260W	300W	350W	400W	480W	550W	
WT	260WT	300WT	350WT	400WT	480WT	550WT	

续表1

类型	公称屈服强度/MPa						
	260	300	350	400	480	550	700
	级别						
R			350R				
A			350A	400A	480A	550A	
AT			350AT	400AT	480AT	550AT	
Q							700Q
QT							700QT

不同钢级应进行的试验见表2。

表2 试验类型

钢级	应进行的试验		
	化学分析	拉伸试验	冲击试验
260W、300W、350W、380W、400W、480W、550W	√	√	—
260WT、300WT、350WT、400WT、480WT、550WT	√	√	√
350R	√	√	—
350A、400A、480A、550A	√	√	—
350AT、400AT、480AT、550AT	√	√	√
700Q	√	√	—
700QT	√	√	√

注：1. 当在订单中有特别规定时，要进行晶粒度试验。
2. 当要求冲击试验时，通常不规定进行晶粒度试验。

2 尺寸、外形及允许偏差

钢板及钢带的尺寸、外形及允许偏差见CAN/CSA G40.20《轧制或焊接结构钢/结构用钢的通用要求》。

3 牌号及化学成分（见表3）

表3 化学成分

钢级	化学成分（熔炼分析）/%								
	C	Mn	P	S	Si①②	细化晶粒元素③	Cr⑪	Ni⑪	Cu④
260W	≤0.20⑤	0.50~1.50	≤0.040	≤0.050	≤0.40	≤0.10	—	—	—
300W	≤0.22⑥	0.50~1.50	≤0.040	≤0.050	≤0.40	≤0.10	—	—	—
350W	≤0.23	0.50~1.50	≤0.040	≤0.050	≤0.40	≤0.10	—	—	—
380W	≤0.23	0.50~1.50	≤0.040	≤0.050	≤0.40	≤0.10	—	—	—
400W	≤0.23	0.50~1.50	≤0.040	≤0.050	≤0.40	≤0.10	—	—	—
480W	≤0.26	0.50~1.50	≤0.040	≤0.050	≤0.40	≤0.10	—	—	—
550W	≤0.15	≤1.75⑦	≤0.040	≤0.050	≤0.40	≤0.15	—	—	—

续表 3

钢级	化学成分(熔炼分析)/%								
	C	Mn	P	S	Si①②	细化晶粒元素③	Cr⑪	Ni⑪	Cu④
260WT	≤0.20⑤	0.80~1.50	≤0.030	≤0.040	0.15~0.40	≤0.10	—	—	—
300WT	≤0.22⑥	0.80~1.50	≤0.030	≤0.040	0.15~0.40	≤0.10	—	—	—
350WT	≤0.22⑥	0.80~1.50⑦	≤0.030	≤0.040	0.15~0.40	≤0.10⑧	—	—	—
400WT	≤0.22	0.80~1.50⑦	≤0.030	≤0.040	0.15~0.40	≤0.10⑧	—	—	—
480WT	≤0.26	0.80~1.50⑦	≤0.030	≤0.040	0.15~0.40	≤0.10⑧	—	—	—
550WT	≤0.15	≤1.75⑦	≤0.030	≤0.040	0.15~0.40	≤0.15⑧	—	—	—
350R	≤0.16	≤0.75	0.05~0.15	≤0.040	≤0.75	≤0.10	0.30~1.25⑨	≤0.90⑨	0.20~0.60⑨
350A	≤0.20	0.75~1.35⑩	≤0.030	≤0.040	0.15~0.50	≤0.10	≤0.70⑥	≤0.90⑥	0.20~0.60
400A	≤0.20	0.75~1.35⑩	≤0.030	≤0.040	0.15~0.50	≤0.10	≤0.70⑥	≤0.90⑥	0.20~0.60
480A	≤0.20	1.00~1.60	≤0.025	≤0.035	0.15~0.50	≤0.12	≤0.70⑥	0.25~0.50⑥	0.20~0.60
550A	≤0.15	≤1.75⑦	≤0.025	≤0.035	0.15~0.50	≤0.15	≤0.70⑥	0.25~0.50⑥	0.20~0.60
350AT	≤0.20	0.75~1.35⑩	≤0.030	≤0.040	0.15~0.50	≤0.10	≤0.70⑥	≤0.90⑥	0.20~0.60
400AT	≤0.20	0.75~1.35⑩	≤0.030	≤0.040	0.15~0.50	≤0.10	≤0.70⑥	≤0.90⑥	0.20~0.60
480AT	≤0.20	1.00~1.60	≤0.025	≤0.035	0.15~0.50	≤0.12	≤0.70⑥	0.25~0.50⑥	0.20~0.60
550AT	≤0.15	≤1.75⑦	≤0.025	≤0.035	0.15~0.40	≤0.15	≤0.70	0.25~0.50	0.20~0.60
700Q	≤0.20	≤1.50	≤0.030	≤0.040	0.15~0.40	—	B：0.0005~0.005	—	—
700QT	≤0.20	≤1.50	≤0.030	≤0.040	0.15~0.40	—	B：0.0005~0.005	—	—

注：为了满足力学性能要求，在需方同意时，供方可添加合金元素。

① 厚度大于40mm的W类型钢，要求Si含量在0.15%~0.40%，②规定的除外。

② 按需方要求或供方判断，钢可以不含Si，但w(Als)≥0.015%或w(Alt)≥0.020%。

③ 在未得到需方同意使用Al作为晶粒细化元素时，表中的晶粒细化元素的总量中不包括Al。在规定的总量范围内，Nb和V可以单独或联合使用，但在厚度大于14mm的钢板中单独使用Nb或与V一起使用时，Si含量至少要达到0.15%。如果钢满足②项的要求，则本规定不适用。

④ 对于所有级别，需方可以规定w(Cu)≥0.20%。

⑤ 厚度大于100mm时，w(C)≤0.22%。

⑥ 厚度大于100mm时，w(C)≤0.23%。

⑦ 经需方同意，可以提高Mn含量，但w(C)+1/6w(Mn)≤0.40%（350WT），或w(C)+1/6w(Mn)≤0.42%（400WT、480WT、550W、550WT、550A和550AT)。

⑧ 如果N与V含量的比小于1/4，则N含量可以为0.01%~0.02%。

⑨ w(Cr+Ni+Cu)≤1.00%。

⑩ Mn最多可达1.60%，w(C)+1/6w(Mn)≤0.43%。

⑪ w(Cr+Ni)≤0.40%。

4　交货状态

除700Q和700QT外，钢材一般以轧制状态交货，也可以以正火状态交货。

当以轧制状态订货时，生产方可以对所有材料或部分材料正火。

控制轧制可以用于替代正火，但在订货时应得到需方同意。

淬火和回火钢应加热至温度不低于900℃进行热处理，液体淬火温度低于320℃；回火温度不低于595℃。如果需要的话，应将热处理温度在试验合格证上报告。

5　力学性能

5.1　拉伸性能见表4。

表4　拉伸性能

钢 级	抗拉强度 R_m/MPa	以下厚度（mm）的屈服点或屈服强度 R_{eH}/MPa				断后伸长率/%			
		≤65	>65~100	>100~150	>150~200	纵 向		横 向	
						200mm	50mm	200mm	50mm
		不小于							
260W	410~590	260	250	250	250	20	23	18	21
300W	450~620	300	280	280	280	20	23	18	21
350W	450~650	350	320	320	—	19	22	17	20
380W	480~650	380	—	—	—	18	21	—	—
400W	520~690	400	—	—	—	16	18	13	15
480W	590~790	480	—	—	—	15	17	12	14
550W	620~860	550	—	—	—	13	15	10	12
260WT	410~590	260	250	250	—	20	23	18	21
300WT	450~620	300	280	280	—	20	23	18	21
350WT	480~650	350	320	320	—	19	22	17	20
400WT	520~690	400	—	—	—	18	20	15	17
480WT	590~790	480	—	—	—	15	17	12	14
550WT	620~860	550	—	—	—	13	15	10	12
350R	480~650	350	—	—	—	19	21	16	18
350A	480~650	350	350	—	—	19	21	17	19
400A	520~690	400	—	—	—	18	21	15	18
480A	590~790	480	—	—	—	15	17	12	14
550A	620~860	550	—	—	—	13	15	10	12
350AT	480~650	350	350			19	21	17	19
400AT	520~690	400	—	—	—	18	21	15	18
480AT	590~790	480	—	—	—	15	17	12	14
550AT	620~860	550	—	—	—	13	15	10	12
700Q	760~895	700	620	—	—	—	18	—	16
700QT	760~895	700	620	—	—	—	18	—	16

注：1. 花纹板不要求伸长率。

2. 标距为200mm和50mm的断后伸长率中，仅需提供一种。

3. 对于宽度大于600mm的钢板，仅提供横向值。

4. API钢板的抗拉强度上限值应不高于最小值140MPa。

5. 当屈服不明显时，屈服强度应采用 $R_{p0.2}$ 或 $R_{t0.5}$。

6. 厚度小于8mm和厚度大于90mm的钢板，断后伸长率的降低值见表5。

表5　厚度小于8mm和厚度大于90mm断后伸长率的降低值

公称厚度范围/mm	伸长率降低值/%
7.60～7.89	0.5
7.30～7.59	1.0
7.00～7.29	1.5
6.60～6.99	2.0
6.20～6.59	2.5
5.90～6.19	3.0
5.50～5.89	3.5
5.20～5.49	4.0
4.90～5.19	4.5
4.60～4.89	5.0
4.20～4.59	5.5
3.90～4.19	6.0
3.60～3.89	6.5
3.20～3.59	7.0
<3.20	7.5
90.00～102.49	0.5
102.50～114.99	1.0
115.00～127.49	1.5
127.50～139.99	2.0
140.00～152.49	2.5
≥152.50	3.0

5.2　冲击试验温度如表6所示，冲击吸收能量见表7。

表6　冲击试验温度

类　型	试验温度/℃
1	0
2	-20
3	-30
4	-45
5	由需方规定

表 7　冲击吸收能量

钢　级	最小冲击吸收能量 KV_8/J	
	类型 1～4	类型 5
260WT、300WT	20	由需方规定
350WT、380WT、400WT、480WT、550WT	27	
350AT、400AT、480AT、550AT	27	
700QT	34	

注：1. 在规定的试验温度下，全尺寸夏比 V 型缺口冲击试验结果应不小于规定的三个纵向试样的平均冲击吸收能量值。

2. 试验报告应给出每个单独试样的实际试验值。任何一个试样的结果都应不低于规定平均冲击吸收能量值的 2/3。

3. 对于小尺寸试样，夏比 V 型缺口冲击试验结果应不小于表 8 给出的三个纵向试样的平均值。

表 8　小尺寸试样的冲击试验

不同尺寸的冲击试样	冲击吸收能量 KV_8/J
全尺寸试样	34
	27
	20
3/4 尺寸试样	26
	20
	15
2/3 尺寸试样	23
	18
	13
1/2 尺寸试样	17
	14
	11
1/3 尺寸试样	11
	9
	7
1/4 尺寸试样	8
	7
	5

AS/NZS 3678—1996 热轧钢板、花纹板和板坯（概要）

1　范围

该标准适用于一般结构和工程结构用的螺栓连接、铆接和焊接结构件。

2　尺寸、外形及允许偏差

钢板和钢带的尺寸、外形及允许偏差见 AS/NZS 1365《扁平钢材的尺寸允许偏差》。

3　牌号及化学成分

3.1　按力学性能交货的钢板和钢带，牌号和化学成分见表1。

表1　按力学性能交货的牌号及化学成分

钢级	化学成分（熔炼分析）/%											
	C	Si	Mn	P	S	Cr	Ni	Cu	Mo	Al	Ti	CE
	不大于											
200	0.15	0.35	0.60	0.030	0.030	0.30	0.50	0.40	0.10	0.100	0.040	0.25
250 250L15	0.22	0.55	1.70	0.040	0.030	0.30	0.50	0.40	0.10	0.100	0.040	0.44
300 300L15	0.22	0.55	1.70	0.040	0.030	0.30	0.50	0.40	0.10	0.100	0.040	0.44
350 350L15	0.22	0.55	1.70	0.040	0.030	0.30	0.50	0.40	0.35	0.100	0.040	0.48
400 400L15	0.22	0.55	1.70	0.040	0.030	0.30	0.50	0.40	0.35	0.100	0.040	0.48
450 450L15	0.22	0.55	1.80	0.040	0.030	0.30	0.50	0.60	0.35	0.100	0.040	0.48
WR350 WR350L0	0.14	0.15～0.75	1.70	0.160	0.030	0.35～1.05	0.55	0.50	0.10	0.100	0.040	—

注：1. 除450、450L15、WR350、WR350L0外，$w(Ni+Cu+Cr+Mo)\leq 1.00\%$。

2. Al元素含量适用于Alt及Als。

3. 对于200、250、250L15、300、300L15，$w(Nb+V)\leq 0.030\%$；其他牌号，$w(V)\leq 0.10\%$，$w(Nb+V+Ti)\leq 0.15\%$。

4. $CE=C+Mn/6+(Cr+Mo+V)/5+(Ni+Cu)/15$。

3.2　按化学成分交货的钢板和钢带，牌号和化学成分见表2。

表 2 按化学成分交货的牌号及化学成分

牌号	化学成分(熔炼分析)/%						
	C	Si	Mn	P	S	Al	Ti
A1006	≤0.08	≤0.03	≤0.40	≤0.040	≤0.030	≤0.100	≤0.040
A1010	0.08~0.13	≤0.03	0.30~0.60	≤0.040	≤0.030	≤0.100	≤0.040
K1042	0.39~0.47	≤0.50	0.60~0.90	≤0.040	≤0.040	≤0.100	≤0.040
XK1016	0.12~0.18	≤0.50	0.80~1.20	≤0.040	≤0.040	≤0.100	≤0.040
XK1515	0.12~0.18	≤0.50	1.20~1.50	≤0.040	≤0.040	≤0.100	≤0.040

注：1. Al 元素含量适用于全铝及酸溶铝。按细晶粒钢订货时，$w(\mathrm{Al}) \geqslant 0.010\%$ 或 $w(\mathrm{Al+Ti}) \geqslant 0.015\%$。

2. $w(\mathrm{Cr}) \leqslant 0.40\%$、$w(\mathrm{Ni}) \leqslant 0.50\%$、$w(\mathrm{Cu}) \leqslant 0.30\%$、$w(\mathrm{Mo}) \leqslant 0.10\%$，$w(\mathrm{Ni+Cu+Cr+Mo}) \leqslant 1.00\%$。

4 交货状态

热轧钢材以热轧、控轧或正火状态交货。

5 力学性能

5.1 拉伸性能见表3。

表 3 拉伸性能

钢级	抗拉强度 R_m/MPa	屈服强度 $R_{p0.2}$ 或 $R_{t0.5}$/MPa							断后伸长率 A/%
		钢板厚度/mm							
		≤8	>8~12	>12~20	>20~32	>32~50	>50~80	>80~150	
	不小于								
200	300	200	200	—	—	—	—	—	24
250	410	280	260	250	250	250	240	230	22
250L15	410	280	260	250	250	250	240	240	22
300 300L15	430	320	310	300	280	280	270	260	21
350 350L15	450	360	360	350	340	340	340	330	20
400 400L15	480	400	400	380	360	360	360	—	18
450 450L15	520 500	450	450	450	420	400	—	—	16 18
WR350 WR350L0	450	340	340	340	340	340	—	—	20

注：1. 拉伸试验取横向试样。厚度小于等于30mm的钢板，取全厚度的非比例试样，但试验结果应换算成比例试样值；厚度大于30mm的钢板，尽可能取靠近1/4厚度处的圆形比例试样，也可取全厚度试样。

2. 当250钢级的厚度小于6mm时，不做抗拉强度。

3. 花纹板不做断后伸长率。

4. 当试样横截面积大于1000mm^{2}时，断后伸长率值可降低2个单位。

5.2 冲击性能见表4。

表4　冲击性能

钢级	温度/℃	V型缺口最小冲击吸收能量 KV_8/J					
		冲击试样尺寸					
		10mm×10mm		10mm×7.5mm		10mm×5mm	
		三个试样平均值	单个试样最小值	三个试样平均值	单个试样最小值	三个试样平均值	单个试样最小值
250L15 300L15 350L15 400L15 450L15 WR350L0	-15 -15 -15 -15 -15 0	27	20	22	16	18	13

注：1. 冲击试验取纵向试样。
2. 公称厚度小于20mm时，取表面试样，表面加工余量为1mm；公称厚度为20～32mm时，取表面试样，表面加工余量为3mm；公称厚度大于32mm时，取钢板厚度1/4处。

5.3　Z向性能见表5。

表5　Z向性能

两个试样平均值(最小)/%	单个试样最小值/%
25	20

注：1. 公称厚度小于等于40mm时，制成在钢板上有焊接延伸部的全厚度圆形试样，公称厚度大于40mm时制成没有焊接延伸部的全厚度圆形试样。
2. 公称厚度小于16mm时不进行试验。

6　其他要求

根据需方要求，经供需双方协商，并在合同中注明，可增加无损检测项目，试验方法和验收等级按AS1710。

第六节 国际标准

ISO 4995：2008 结构级热轧薄钢板（概要）

1 范围

该标准适用于结构质量级的热轧薄钢带板，通常不用微合金化元素。该产品用于要求特殊力学性能的螺栓、铆接或焊接结构。钢板厚度1.6～6mm，宽度大于等于600mm，以钢卷和定尺的形式生产。也可在宽连轧机上轧制热轧钢带，并纵切成宽度小于600mm的窄卷。

2 尺寸、外形及允许偏差

2.1 厚度允许偏差见表1、表2。

表1 普通级厚度允许偏差

公称宽度/mm	厚度偏差(普通级精度)/mm					
	>1.6～2.0	>2.0～2.5	>2.5～3.0	>3.0～4.0	>4.0～5.0	>5.0～6.0
600～1200	0.17	0.18	0.20	0.22	0.24	0.26
>1200～1500	0.19	0.21	0.22	0.24	0.26	0.28
>1500～1800	0.21	0.23	0.24	0.26	0.28	0.29
>1800	—	0.25	0.26	0.27	0.29	0.31

表2 限制级厚度允许偏差

公称宽度/mm	厚度偏差(限制级精度)/mm					
	>1.6～2.0	>2.0～2.5	>2.5～3.0	>3.0～4.0	>4.0～5.0	>5.0～6.0
600～1200	0.13	0.14	0.15	0.17	0.19	0.21
>1200～1500	0.14	0.15	0.17	0.18	0.21	0.22
>1500～1800	0.14	0.17	0.19	0.21	0.22	0.22
>1800	—	0.20	0.21	0.22	0.23	0.25

注：1. 对于HR355，厚度偏差增加10%。

2. 从剪切边不少于25mm和轧制边不少于40mm处的钢板的任何点上测量厚度。

2.2 宽度允许偏差见表3、表4。

表3 轧制边宽度允许偏差

规定宽度/mm	偏差(轧制边)/mm
≤1500	+20
>1500	+25

表4　剪切边宽度允许偏差

规定宽度/mm	偏差(剪切边)/mm
≤1200	+3
>1200~1500	+5
>1500	+6

2.3　长度偏差见表5。

表5　长度允许偏差

规定长度/mm	偏差/mm
≤2000	+10
>2000~8000	+0.5%×长度
>8000	+40

2.4　镰刀弯见表6。

表6　镰刀弯

类　型	镰 刀 弯
钢　卷	25mm/5000mm
钢　板	0.5%×长度

2.5　脱方度为不大于钢板宽度的1%。

2.6　不平度见表7。

表7　不平度

公称厚度/mm	公称宽度/mm	不平度/mm	
		HR235、HR275	HR355
≤2	≤1200	26	32
	>1200~1500	31	38
	>1500	38	45
>2	≤1200	22	27
	>1200~1500	29	34
	>1500	35	42

3　牌号及化学成分（见表8）

表8　牌号及化学成分

牌　号	等　级	化学成分(熔炼分析)/%				
		C	Si	Mn	P	S
HR235	B	≤0.18	—	1.20	≤0.035	≤0.035
	D	≤0.17	—	1.20	≤0.035	≤0.035
HR275	B	≤0.21	—	1.20	≤0.035	≤0.035
	D	≤0.20	—	1.20	≤0.035	≤0.035
HR355	B	≤0.21	≤0.55	1.60	≤0.035	≤0.035
	D	≤0.20	≤0.55	1.60	≤0.035	≤0.035

注：1. B级钢用于标准负荷条件下的焊接结构或一般结构件。

2. D级钢用于焊接结构或一般结构件，考虑到负荷条件和结构的总体设计，需要更高的防脆性断裂能力。

3. 镇静钢的N含量不能超过0.009%，铝镇静钢的N含量不能超过0.015%。

4　交货状态

钢板以热轧状态交货。

5　力学及工艺性能（见表9）

表9　钢板的力学性能

牌号	屈服强度/MPa		抗拉强度 R_m/MPa（只供参考）	断后伸长率/%			
				<3		3~6	
	R_{eH}	R_{eL}		$L_0=50mm$	$L_0=80mm$	$L_0=5.65\sqrt{S_0}$	$L_0=50mm$
HR235	≥235	≥215	≥330	≥20	≥18	≥23	≥22
HR275	≥275	≥255	≥370	≥17	≥15	≥20	≥18
HR355	≥355	≥335	≥450	≥15	≥13	≥19	≥16

注：1. 既可规定 R_{eH} 也可规定 R_{eL}。当无明显屈服时，可用 $R_{t0.5}$ 或 $R_{p0.2}$。

2. 厚度小于3mm时，采用标距 $L_0=50mm$ 或 $L_0=80mm$。厚度为3~6mm时，采用标距 $L_0=5.65\sqrt{S_0}$ 或 $L_0=50mm$，在有争议时，比例试样结果有效。

6　其他要求

为了防止生锈，通常在热轧除鳞薄钢板上涂一层油，但如果有要求，可提供不涂油的钢板。油不能作为成型润滑剂，并且利用除油化学剂可以很容易地清除油。按要求，制造商要向买方建议使用的油型号。

ISO 4997：2011 结构级冷轧碳素薄钢板（概要）

1　范围

该标准用于结构件，包括螺栓、铆钉和焊接。通常用于弯曲、成型或焊接。产品厚度一般为0.36～3mm，宽度大于等于600mm，以卷或定尺板供货。

2　尺寸、外形及允许偏差

钢板和钢带的尺寸、外形及允许偏差见ISO 16162《连续冷轧钢板　尺寸及形状公差》。

3　牌号及化学成分（见表1、表2）

表1　牌号及化学成分

牌号	等级	化学成分（熔炼分析）/%			
		C	Mn	P	S
CR220	B	≤0.15	未规定	≤0.035	≤0.035
	D	≤0.15		≤0.035	≤0.035
CR250	B	≤0.20	未规定	≤0.035	≤0.035
	D	≤0.20		≤0.035	≤0.035
CR320	B	≤0.20	≤1.50	≤0.035	≤0.035
	D	≤0.20	≤1.50	≤0.035	≤0.035
CH550	未规定	≤0.20	≤1.50	≤0.035	≤0.035

注：1. B级钢用于标准负荷条件下的焊接结构或一般结构件。
2. D级钢用于焊接结构或一般结构件，考虑到负荷条件和结构的总体设计，需要更高的防脆性断裂能力。
3. 镇静钢的N含量不能超过0.009%，铝镇静钢的N含量不能超过0.015%。

表2　化学成分

残余元素	化学成分/%	
	熔炼分析	成品分析
Cu	≤0.20	≤0.23
Ni	≤0.20	≤0.23
Cr	≤0.15	≤0.19
Mo	≤0.06	≤0.07
Nb	≤0.008	≤0.018
V	≤0.008	≤0.018
Ti	≤0.008	≤0.018

注：1. 对熔炼分析，$w(Cu+Ni+Cr+Mo)\leq 0.50\%$。当规定一种或多种元素时，对于总和的要求不适用。
2. 对熔炼分析，$w(Cr+Mo)\leq 0.16\%$。当规定一种或多种这些元素时，对于总和的要求不适用。
3. 根据双方协议，对熔炼分析，$w(V)\leq 0.008\%$。
4. 熔炼分析报告中应包括表中的每个元素。当Cu、Ni、Cr、Mo含量小于0.02%时，分析报告中记为“<0.02%”。

4　交货状态

钢板及钢带经冷退火加平整后交货。

5　力学性能（见表3）

表3　力学性能

牌　号	屈服强度 R_e/MPa	抗拉强度 R_m/MPa	断后伸长率 A/%	
			L_0 = 50mm	L_0 = 80mm
CR220	≥220	≥300	≥22	≥20
CR250	≥250	≥330	≥20	≥18
CR320	≥320	≥400	≥16	≥14
CR550	≥550	—	不适用	不适用

注：1. 当屈服现象不明显时，可测定 $R_{t0.5}$ 或 $R_{p0.2}$。

2. 标距采用 L_0 = 50mm 或 L_0 = 80mm。

3. 对于 CH550 钢级，屈服点接近抗拉强度，因为在屈服点没有暂停或下降，所以在载荷下，伸长率为 0.5% 时的强度为下屈服强度。

4. 长期保存会影响力学性能（硬度提高和延伸性降低），对成型性有不利影响。

5. 横向试样取自轧态钢板宽度 1/4 处。

6　表面质量

产品的供货表面质量级别分为 A 或 B。

表面质量级别 A（不暴露表面）：

如果这些缺陷不影响表面的成型性或使用，不暴露部分可有轻微的划痕、小印痕和少许污点。

表面质量级别 B（暴露表面）：

钢板最好的一面不应有影响涂层或电镀层的均匀性的缺陷，另一表面至少应达到 A 级。

ISO 6316：2008 结构级热轧钢带（概要）

1　范围

该标准适用于要求特殊力学性能的结构，一般在交货状态下使用并用于栓接、铆接或焊接结构。该产品用窄带钢轧机轧制。通常不加入微量合金元素。

产品通常的生产范围为：厚度0.65～12mm，宽度小于600mm，以卷和定尺板交货。也可在宽连轧机上轧制热轧钢带，并纵切成窄卷。

2　尺寸、外形及允许偏差

2.1　厚度偏差见表1、表2。

表1　普通级厚度允许偏差

钢 级	公称宽度/mm	厚度偏差（普通级精度）/mm							
		≤1.5	>1.5～2	>2～4	>4～5	>5～6	>6～8	>8～10	>10～12
HR235 和 HR275（包括除鳞钢带和钢卷）	10～<100	±0.12	±0.14	±0.15	±0.16	±0.17	±0.18	±0.19	—
	100～<600	±0.14	±0.16	±0.17	±0.18	±0.19	±0.20	±0.22	±0.27
HR355（包括除鳞材料）	10～<100	±0.13	±0.15	±0.17	±0.18	±0.19	±0.20	±0.21	—
	100～<600	±0.15	±0.18	±0.19	±0.20	±0.21	±0.22	±0.24	±0.30

表2　限制级厚度允许偏差

钢 级	公称宽度/mm	厚度偏差（限制级精度）/mm							
		≤1.5	>1.5～2	>2～4	>4～5	>5～6	>6～8	>8～10	>10～12
HR235 和 HR275（包括除鳞钢带和钢卷）	10～<100	±0.09	±0.10	±0.11	±0.12	±0.13	±0.14	±0.14	—
	100～<600	±0.10	±0.12	±0.13	±0.14	±0.14	±0.15	±0.17	±0.20
HR355（包括除磷材料）	10～<100	±0.10	±0.11	±0.13	±0.14	±0.14	±0.15	±0.16	—
	100～<600	±0.11	±0.14	±0.14	±0.15	±0.16	±0.17	±0.18	±0.23

注：1. 规定值不适用于轧制边钢带两端各7m以内不切头部位。
2. 厚度测量：对轧制边钢带距边部不小于20mm的任意点；对切边钢带距边部不小于10mm的任意点，不应在剪切毛边顶部进行测量。

2.2　宽度偏差见表3、表4。

表3　轧制边宽度允许偏差

公称宽度/mm	宽度偏差（轧制边）/mm
≤50	±0.8
>50～100	±1.2
>100～200	±2.6
>200～400	±2
>400～<600	±2.5

注：1. 规定值不适用于轧制边钢带两端各7m以内不切头部位。
2. 经协议，钢带可订全正偏差，但公差不变。

表4　切边宽度允许偏差

公称宽度/mm	宽度偏差(切边)/mm	
	≤3	>3
≤100	±0.3	±0.4
>100～200	±0.5	±0.6
>200～400	±0.7	±0.8
>400～<600	±0.9	±1

注：1. 经协议，钢带可订全正偏差，但公差不变。

2. 对于不是矩形的材料，更严的限制偏差需经协商决定。

2.3　长度偏差见表5。

表5　长度偏差

公称长度/mm	宽度小于600mm时的长度偏差/mm
≤1500	±25 0
>1500～3000	±30 0
>3000～6000	±40 0
>6000～9000	±65 0
>9000～12000	±85 0
>12000	±100 0

注：对于不是矩形的材料，更严的限制偏差经协商决定。

2.4　镰刀弯见表6的规定。

表6　镰刀弯

类　型	镰　刀　弯
卷和定尺板	宽度为10～40(不含)mm时，每2000mm长为20mm 宽度为40～600(不含)mm时，每2000mm长为10mm

注：1. 表中给出的偏差不能通过实际测量时可按下面公式计算：

新偏差 = 非标准长度^2 × 表6中的偏差／标准长度^2

2. 规定值不适用于轧制边钢带两端各7m以内不切头部位。

3　牌号及化学成分（见表7、表8）

表7　牌号和化学成分

牌　号	等　级	化学成分(熔炼分析)/%				
		C	Si	Mn	P	S
HR235	B	≤0.18	—	≤1.20	≤0.035	≤0.035
	D	≤0.17	≤0.25	≤1.20	≤0.035	≤0.035
HR275	B	≤0.21	—	≤1.20	≤0.035	≤0.035
	D	≤0.20	≤0.25	≤1.20	≤0.035	≤0.035
HR355	B	≤0.22	≤0.55	≤1.60	≤0.035	≤0.035
	D	≤0.20	≤0.55	≤1.60	≤0.035	≤0.035

注：1. B级钢用于标准负荷条件下的焊接结构或一般结构件。

2. D级钢用于焊接结构或一般结构件，考虑到负荷条件和结构的总体设计，需要更高的防脆性断裂能力。

3. 镇静钢的$w(N)\leqslant 0.009\%$，铝镇静钢$w(N)\leqslant 0.015\%$。

表8　化学成分

残余元素	熔炼分析(最大)/%	成品分析(最大)/%
Cu	0.20	0.23
Ni	0.20	0.23
Cr	0.15	0.19
Mo	0.06	0.07
Nb	0.008	0.018
V	0.008	0.018
Ti	0.008	0.018

注：1. 对熔炼分析，$w(Cu+Ni+Cr+Mo)\leqslant 0.50\%$。当规定这些元素中的一个或多个时，总和值的限定不适用，只适用于元素的单个限值。

2. 对熔炼分析，$w(Cr+Mo)\leqslant 0.16\%$。当规定这些元素中的一个或多个时，总和值的限定不适用，只适用于元素的单个限值。

3. 供需双方协定后，可提供Ti元素含量大于0.008%的分析。

4　交货状态

钢板以热轧状态交货。

5　力学性能及工艺性能（见表9）

表9　力学性能

牌　号	屈服强度 R_e/MPa	抗拉强度 R_m（仅参考）/MPa	断后伸长率/%			
			<3mm		3～6mm	
			$L_0=50$mm	$L_0=80$mm	$L_0=5.65S_0^{1/2}$	$L_0=50$mm
HR235	≥235	≥330	≥20	≥18	≥23	≥22
HR275	≥275	≥370	≥17	≥15	≥20	≥18
HR355	≥355	≥450	≥15	≥13	≥19	≥16

注：1. 当无明显屈服时，可用$R_{t0.5}$或$R_{p0.2}$。

2. 厚度小于3mm时，采用标距$L_0=50$mm或$L_0=80$mm。厚度为3～6mm时，采用标距$L_0=5.65\sqrt{S_0}$或$L_0=50$mm，在有争议时，比例试样结果有效。

3. 对于厚度大于6mm的钢带，弯曲和断后伸长率由供需双方协议规定。

ISO 14590：2005 高抗拉强度低屈服强度改善成型性的冷轧薄钢板（概要）

1　范围

该标准适用于结构级、冲压级、双相钢、烘烤硬化钢冷轧钢板和钢带。

2　尺寸、外形及允许偏差

钢板的尺寸、外形及允许偏差见 ISO 16162《连续冷轧钢板　尺寸及形状公差》。

3　牌号及化学成分（见表1、表2）

表1　化学成分

钢　级	化学成分（熔炼分析）/%，不大于				
	C	Si	Mn	P	S
SS220	0.10	0.50	1.00	0.100	0.030
SS260	0.10	0.50	1.50	0.120	0.030
SS300	0.15	0.50	1.50	0.140	0.030
DP250	0.10	0.70	2.00	0.030	0.030
DP300	0.12	0.70	2.00	0.080	0.030
DP350	0.14	1.40	2.50	0.100	0.030
DP280	0.14	1.40	2.50	0.030	0.030
DP400	0.18	1.40	2.50	0.030	0.030
DP600	0.20	1.40	3.00	0.030	0.030
BH180	0.04	0.50	0.70	0.060	0.030
BH220	0.08	0.50	0.70	0.080	0.030
BH260	0.08	0.50	0.70	0.100	0.030
BH300	0.10	0.50	0.70	0.120	0.030

注：1. SS—结构钢；DP—双相钢；BH—烘烤钢。
2. 可添加微合金元素。
3. 当指定 SS、DP 或 BH 时，制造商需进行成品分析。

表2　化学成分

元　素	残余元素/%	
	熔 炼 分 析	成 品 分 析
Cu	≤0.20	≤0.23
Ni	≤0.20	≤0.23

4　交货状态

钢板及钢带经冷轧平整加连续退火后交货。

5　力学性能（见表3、表4）

表3　类型1钢板的力学性能

钢　级	下屈服强度 R_{eL}/MPa	烘烤硬化值 O_{BH}/MPa	抗拉强度 R_m/MPa	断后伸长率 A_{50mm}/%	断后伸长率 A_{80mm}/%
	不小于				
175YL	175	—	340	31	29
205YL	205	—	370	29	27
235YL	235	—	390	27	25
265YL	265	—	440	23	21
295YL	295	—	490	21	19
325YL	325	—	540	18	17
355YL	355	—	590	15	14
225YY	225	—	490	22	20
245YY	245	—	540	19	18
265YY	265	—	590	16	15
365YY	365	—	780	12	11
490YY	490	—	980	5	4
185YH	185	30	340	31	29

注：YL—成型/冲压用；YY—双相钢；YH—烘烤硬化钢。

表4　类型2钢板的力学性能

钢　级	下屈服强度 R_{eL}/MPa	烘烤硬化值 O_{BH}/MPa	抗拉强度 R_m/MPa	断后伸长率 A_{80mm}/%
	不小于			
SS220	220	—	340	30
SS260	260	—	380	28
SS300	300	—	420	26
DP250	250	—	400	26
DP300	300	—	500	22
DP350	350	—	600	16
DP280	280	—	600	20
DP400	400	—	800	8
DP600	600	—	1000	5
BH180	180	—	300	32
BH220	220	30	340	30
BH260	260	30	380	28
BH300	300	30	420	26

注：1. 横向试样取自轧态钢板宽度1/4位置。

2. O_{BH}为烘烤硬化值。

6　表面质量

产品的供货表面质量级别分为 A 或 B。

表面质量级别 A（不暴露表面）：

如果这些缺陷不影响表面的成型性或使用，不暴露部分可有轻微的划痕、小印痕和少许污点。

表面质量级别 B（暴露表面）：

钢板最好的一面不应有影响涂层或电镀层的均匀性的缺陷，另一表面至少应达到 A 级。

第三章　船体用结构钢

第三章　船体用结构钢

第一节　中国标准

GB 712—2011 船舶及海洋工程用结构钢(概要)

1　范围

该标准适用于制造在远洋、沿海和内河航区航行的船舶、渔船及海洋工程结构用厚度不大于150mm的钢板、厚度不大于25.4mm的钢带及剪切板和厚度或直径不大于50mm的型钢。

2　尺寸、外形及允许偏差

钢板和钢带的尺寸、外形及允许偏差见GB/T 709《热轧钢板和钢带的尺寸、外形、重量及允许偏差》，厚度负偏差为0.30mm。

3　牌号及化学成分

3.1　一般强度级、高强度级钢的牌号和化学成分见表1。以TMCP状态交货的高强度级钢，其碳当量见表2。

3.2　超高强度级钢材的牌号和化学成分见表3。

表 1 一般强度级、高强度级钢的牌号和化学成分

牌号	化学成分(熔炼分析)/%													
	C	Si	Mn	P	S	Cu	Cr	Ni	Nb	V	Ti	Mo	N	Als
A	≤0. 21	≤0. 50	≥0. 50	≤0. 035	≤0. 035	≤0. 35	≤0. 30	≤0. 30	—	—	—	—	—	—
B		≤0. 35	≥0. 80											
D			≥0. 60	≤0. 030	≤0. 030									≥0. 015
E	≤0. 18		≥0. 70	≤0. 025	≤0. 025									
AH32	≤0. 18	≤0. 50	0. 90 ~ 1. 60	≤0. 030	≤0. 030	≤0. 35	≤0. 20	≤0. 40	0. 02 ~ 0. 05	0. 05 ~ 0. 10	≤0. 02	≤0. 08	—	≥0. 015
AH36														
AH40														
DH32				≤0. 025	≤0. 025									
DH36														
DH40														
EH32														
EH36														
EH40														
FH32	≤0. 16			≤0. 020	≤0. 020			≤0. 80					≤0. 009	
FH36														
FH40														

注：1. B 级钢做冲击试验时，Mn 含量的下限可为 0. 60%。

2. 当 AH32 ~ EH40 级钢板的厚度小于等于 12. 5mm 时，Mn 含量的最小值可为 0. 70%。

3. 对于厚度大于 25mm 的 D 级、E 级钢板的 Al 含量见表 1 中规定。可测定 Alt 含量代替 Als 含量，此时 Alt 应不小于 0. 020%。经船级社同意，也可使用其他细化晶粒元素。

4. 细化晶粒元素 Al、Nb、V、Ti 可单独或以任一组合形式加入钢中。当单独加入时，其含量见本表的规定；若混合加入两种或两种以上细化晶粒元素时，表中细晶元素含量下限的规定不适用，同时要求 $w(Nb+V+Ti) \leqslant 0.12\%$。

5. 当 F 级钢中含 Al 时，$w(N) \leqslant 0.012\%$。

6. A、B、D、E 的碳当量 Ceq≤0. 40%。碳当量计算公式：Ceq = C + Mn/6。

7. 添加的任何其他元素，应在质量证明中注明。

表 2　以 TMCP 状态交货的高强度级钢的碳当量

牌　号	碳当量/%		
	钢材厚度≤50mm	50mm＜钢材厚度≤100mm	100mm＜钢材厚度≤150mm
AH32、DH32、EH32、FH32	≤0.36	≤0.38	≤0.40
AH36、DH36、EH36、FH36	≤0.38	≤0.40	≤0.42
AH40、DH40、EH40、FH40	≤0.40	≤0.42	≤0.45

注：1. 碳当量计算公式：Ceq = C + Mn/6 + (Cr + Mo + V)/5 + (Ni + Cu)/15。

2. 根据需要，可用裂纹敏感性指数 Pcm 代替碳当量，其值见船级社接受的有关标准。裂纹敏感性指数计算公式：Pcm = C + Si/30 + Mn/20 + Cu/20 + Ni/60 + Cr/20 + Mo/15 + V/10 + 5B。

表 3　超高强度级钢的牌号和化学成分

牌　号	化学成分(熔炼分析)/%					
	C	Si	Mn	P	S	N
AH420	≤0.21	≤0.55	≤1.70	≤0.030	≤0.030	≤0.020
AH460						
AH500						
AH550						
AH620						
AH690						
DH420	≤0.20	≤0.55	≤1.70	≤0.025	≤0.025	
DH460						
DH500						
DH550						
DH620						
DH690						
EH420	≤0.20	≤0.55	≤1.70	≤0.025	≤0.025	
EH460						
EH500						
EH550						
EH620						
EH690						
FH420	≤0.18	≤0.55	≤1.60	≤0.020	≤0.020	
FH460						
FH500						
FH550						
FH620						
FH690						

注：1. 添加的合金化元素及细化晶粒元素 Al、Nb、V、Ti 见船级社认可或公认的有关标准的规定。

2. 应采用表 2 中公式计算裂纹敏感性指数 Pcm 代替碳当量，其值见船级社认可的标准。

4 交货状态（见表4～表6）

表4 一般强度级船板的交货状态

<table>
<tr><th rowspan="3">牌号</th><th rowspan="3">脱氧方法</th><th colspan="5">交 货 状 态</th></tr>
<tr><th colspan="5">钢板厚度 t/mm</th></tr>
<tr><th>t≤12.5</th><th>12.5＜t≤25</th><th>25＜t≤35</th><th>35＜t≤50</th><th>50＜t≤150</th></tr>
<tr><td>A</td><td>厚度不大于50mm除沸腾钢外任何方法;厚度大于50mm镇静处理</td><td colspan="4">A(–)</td><td>N(–)、TM(–)、CR(50)、AR＊(50)</td></tr>
<tr><td>B</td><td>厚度不大于50mm除沸腾钢外任何方法;厚度大于50mm镇静处理</td><td colspan="2">A(–)</td><td colspan="2">A(50)</td><td>N(50)、CR(25)、TM(50)、AR＊(25)</td></tr>
<tr><td rowspan="2">D</td><td>镇静处理</td><td colspan="2">A (50)</td><td colspan="3">—</td></tr>
<tr><td>镇静和细化晶粒处理</td><td colspan="2">A(50)</td><td>CR(50)、N(50)、TM(50) AR＊(25)</td><td colspan="2">CR(25)、N(50)、TM(50)</td></tr>
<tr><td>E</td><td>镇静和细化晶粒处理</td><td colspan="5">N(每件)、TM(每件)</td></tr>
</table>

注：1. A—任意状态；AR—热轧；CR—控轧；N—正火；TM(TMCP)—热机械轧制。AR＊—经船级社特别认可后，可采用热轧状态交货。

2. 括号内的数值表示冲击试样的取样批量（单位为t），(–) 表示不做冲击试验。由同一块板坯轧制的所有钢板应视为一件。

3. 所有钢级的Z25/Z35，细化晶粒元素、厚度范围、交货状态与相应的钢级一致。

表5 高强度级船板的交货状态

<table>
<tr><th rowspan="3">牌 号</th><th rowspan="3">细化晶粒元素</th><th colspan="6">交 货 状 态</th></tr>
<tr><th colspan="6">钢板厚度 t/mm</th></tr>
<tr><th>t≤12.5</th><th>12.5＜t≤20</th><th>20＜t≤25</th><th>25＜t≤35</th><th>35＜t≤50</th><th>50＜t≤150</th></tr>
<tr><td rowspan="3">A32
A36</td><td>Nb和/或V</td><td>A(50)</td><td colspan="4">N(50)、CR(50)、TM(50)</td><td>N(50)、CR(50)、TM(50)</td></tr>
<tr><td rowspan="2">Al或Al和Ti</td><td colspan="2" rowspan="2">A(50)</td><td colspan="2">AR＊(25)</td><td colspan="2">—</td></tr>
<tr><td colspan="3">N(50)、CR(50)、TM(50)</td><td>N(50)、CR(25)、TM(50)</td></tr>
<tr><td>A40</td><td>任意</td><td>A(50)</td><td colspan="4">N(50)、CR(50)、TM(50)</td><td>N(50)、TM(50)、QT(每热处理长度)</td></tr>
<tr><td rowspan="3">D32
D36</td><td>Nb和/或V</td><td>A(50)</td><td colspan="4">N(50)、CR(25)、TM(50)</td><td>N(50)、CR(25)、TM(50)</td></tr>
<tr><td rowspan="2">Al或Al和Ti</td><td colspan="2" rowspan="2">A (50)</td><td>AR＊(25)</td><td colspan="3">—</td></tr>
<tr><td colspan="3">N(50)、CR(25)、TM(50)</td><td>N(50)、CR(25)、TM(50)</td></tr>
<tr><td>D40</td><td>任意</td><td colspan="5">N(50)、CR(50)、TM(50)</td><td>N(50)、TM(50)、QT(每热处理长度)</td></tr>
<tr><td>E32
E36</td><td>任意</td><td colspan="6">N(每件)、TM(每件)</td></tr>
<tr><td>E40</td><td>任意</td><td colspan="6">N(每件)、TM(每件)、QT(每热处理长度)</td></tr>
<tr><td>F32
F36</td><td>任意</td><td colspan="6">N(每件)、TM(每件)、QT(每热处理长度)</td></tr>
<tr><td>F40</td><td>任意</td><td colspan="6">N(每件)、TM(每件)、QT(每一热处理长度)</td></tr>
</table>

注：1. A—任意状态；CR—控轧；N—正火；TM(TMCP)—热机械轧制；AR＊—经船级社特别认可后，可采用热轧状态交货；QT—淬火加回火。

2. 括号中的数值表示冲击试样的取样批量（单位为t），“—”表示不做冲击试验。、

表 6　超高强度级钢板的交货状态

牌　号	细化晶粒元素	交 货 状 态	
		厚度 t/mm	供货状态
AH420、AH460、AH500、AH550、AH620、AH690	任意	t≤150	TM(50)、QT(50)、TM+T(50)
DH420、DH460、DH500、DH550、DH620、DH690	任意	t≤150	TM(50)、QT(50)、TM+T(50)
EH420、EH460、EH500、EH550、EH620、EH690	任意	t≤150	TM(每件)、QT(每件)、TM+T(每件)
FH420、FH460、FH500、FH550、FH620、FH690	任意	t≤150	TM(每件)、QT(每件)、TM+T(每件)

注：1. TM(TMCP)—热机械轧制；QT—淬火加回火；TM(TMCP)+T—热机械轧制+回火。

2. 括号中的数值表示冲击试样的取样批量（单位为 t）。

5　力学性能

5.1　钢材的力学性能见表 7 和表 8。

5.2　对厚度为 6~12(不含)mm 的钢材取冲击试验试样时，可分别取 5mm×10mm×55mm 和 7.5mm×10mm×55mm 的小尺寸试样，此时冲击吸收能量分别为不小于规定值的 2/3 和 5/6。优先采用较大尺寸的试样。

5.3　钢材的冲击试验结果按一组 3 个试样的算术平均值进行计算，允许其中有 1 个试验值低于规定值，但不应低于规定值的 70%。

5.4　Z 向钢厚度方向断面收缩率见表 9。3 个试样的算术平均值应不低于表 9 规定的平均值，仅允许其中一个试样的单值低于表 9 规定的平均值，但不得低于表 9 中相应钢级的最小单值。

表 7　一般强度级和高强度级钢板的力学性能

牌号	拉 伸 试 验			V 型冲击试验						
	上屈服强度 R_{eH}/MPa	抗拉强度 R_m/MPa	断后伸长率 A/%	试验温度 /℃	以下厚度（mm）冲击吸收能量 KV_2/J					
					≤50		>50~70		>70~150	
					纵向	横向	纵向	横向	纵向	横向
					不小于					
A	≥235	400~520	≥22	20	—	—	34	24	41	27
B				0	27	20	34	24	41	27
D				-20						
E				-40						
AH32	≥315	450~570		0	31	22	38	26	46	31
DH32				-20						
EH32				-40						
FH32				-60						
AH36	≥355	490~630	≥21	0	34	24	41	27	50	34
DH36				-20						
EH36				-40						
FH36				-60						
AH40	≥390	510~660	≥20	0	41	27	46	31	55	37
DH40				-20						
EH40				-40						
FH40				-60						

注：1. 拉伸试验取横向试样。

2. 当屈服不明显时，可测量 $R_{p0.2}$ 代替上屈服强度。

3. 冲击试验取纵向试样，但供方应保证横向冲击性能。

4. 厚度不大于 25mm 的 B 级钢、以 TMCP 状态交货的 A 级钢，经船级社同意可不做冲击试验。

表 8　超高强度级钢板的力学性能

牌　号	拉 伸 试 验			V 型冲击试验		
	上屈服强度 R_{eH}/MPa	抗拉强度 R_m/MPa	断后伸长率 A/%	试验温度 /℃	冲击吸收能量 KV_2/J	
					纵向	横向
					不小于	
AH420	≥420	530～680	≥18	0	42	28
DH420				−20		
EH420				−40		
FH420				−60		
AH460	≥460	570～720	≥17	0	46	31
DH460				−20		
EH460				−40		
FH460				−60		
AH500	≥500	610～770	≥16	0	50	33
DH500				−20		
EH500				−40		
FH500				−60		
AH550	≥550	670～830	≥16	0	55	37
DH550				−20		
EH550				−40		
FH550				−60		
AH620	≥620	720～890	≥15	0	62	41
DH620				−20		
EH620				−40		
FH620				−60		
AH690	≥690	770～940	≥14	0	69	46
DH690				−20		
EH690				−40		
FH690				−60		

注：1. 拉伸试验取横向试样。冲击试验取纵向试样，但供方应保证横向冲击性能。

2. 当屈服不明显时，可测量 $R_{p0.2}$ 代替上屈服强度。

表 9　钢板厚度方向性能

厚度方向断面收缩率 Z	Z 向性能级别	
	Z25	Z35
3 个试样平均值	≥25%	≥35%
单个试样值	≥15%	≥25%

6　其他要求

6.1　拉伸试验的组批规定

钢材应成批验收。每批应由同一牌号、同一炉号、同一交货状态、厚度差小于10mm的钢材组成。每批钢材的重量不大于50t。

Z向钢按轧制坯验收。当Z25钢 $w(S) \leqslant 0.005\%$ 时，可按批检验，每批重量不大于50t。

6.2　Z向钢的检验要求

Z向钢的试验取样位置见图1。

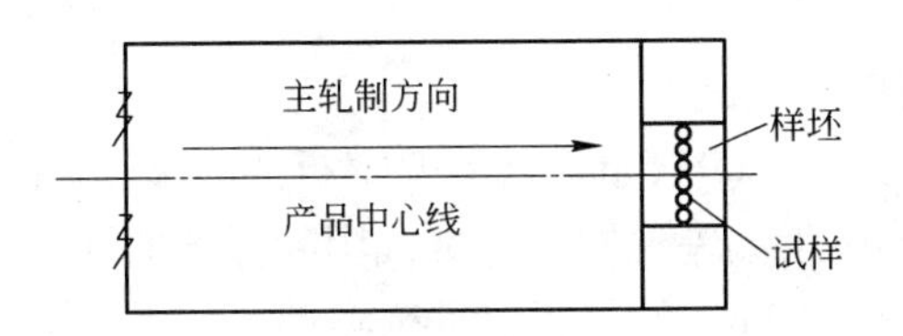

图1　Z向钢取样位置示意图

样坯应足够大以便能够制取6个试样。先制备3个试样，所余试块留做可能进行的复验。

初验、允许复验的条件、复验结果合格的条件见图2。

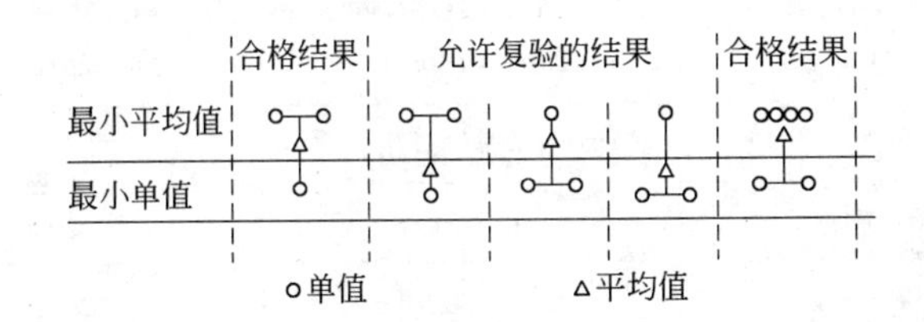

图2　Z向钢初验、复验条件

6.3　超声波检验

Z向钢板应进行超声波探伤，探伤级别应在合同中注明。根据需方要求，经供需双方协议，其他钢板也可进行无损检验。

第二节 中国船用规范

CCS—2010 中国船级社材料与焊接规范（钢板要求节选）

1 范围

该规范适用于船体建造和其他结构用可焊接的普通强度和高强度热轧钢板。钢板厚度不大于100mm。

2 尺寸、外形及允许偏差

钢板的厚度负偏差为0.3mm。5mm以下的钢板的公差范围见公认的其他标准。钢材的长度、宽度、板形和厚度正偏差见国家标准或国际标准的规定。

厚度在距离边部至少为10mm的位置上进行测量。

3 牌号及化学成分

3.1 一般强度级船体用结构钢，其牌号和化学成分见表1。

表1 一般强度级钢的牌号及化学成分

钢 级	A	B	D	E
脱氧方法	镇静或半镇静（$t\leqslant50$mm） 镇静（$t>50$mm）	镇静或半镇静（$t\leqslant50$mm） 镇静（$t>50$mm）	镇静或半镇静（$t\leqslant25$mm） 镇静和细晶粒（$t>25$mm）	镇静和细晶粒
化学成分（熔炼分析）④⑤/%				
C	≤0.21	≤0.21	≤0.21	≤0.18
Mn	≥2.5×w(C)	≥0.80①	≥0.60	≥0.70
Si	≤0.50	≤0.35	≤0.35	≤0.35
P	≤0.035	≤0.035	≤0.035	≤0.035
S	≤0.035	≤0.035	≤0.035	≤0.035
Als	—	—	≥0.015②③	≥0.015③
Ni	≤0.30	≤0.30	≤0.30	≤0.30
Cr	≤0.30	≤0.30	≤0.30	≤0.30
Mo	—	—	—	—
Cu	≤0.35	≤0.35	≤0.35	≤0.35
C+Mn/6	≤0.40	≤0.40	≤0.40	≤0.40

① 做冲击试验时，其最低Mn含量可降低至0.60%。

② 对$t>25$mm的D级钢适用。

③ 对$t>25$mm的D级钢和E级钢，可采用Alt来代替Als；此时，Alt应不小于0.020%。经CCS同意后，也可使用其他细化晶粒元素。

④ 若采用热机械轧制（TMCP）状态交货，经CCS同意后，化学成分可以不同于表中规定。

⑤ 在钢材的冶炼过程中添加的任何其他元素，应在材料证书上注明。

3.2　高强度级船体用结构钢，其牌号和化学成分、TMCP 轧制时的碳当量见表 2 和表 3。

表 2　高强度级钢的牌号及化学成分

钢　级		
AH32、AH36、AH40、DH32、DH36、DH40、EH32、EH36、EH40		FH32、FH36、FH40
化学成分(熔炼分析)/%		
C	≤0.18	≤0.16
Mn	0.90 ~ 1.60	0.90 ~ 1.60
Si	≤0.50	≤0.50
P	≤0.035	≤0.025
S	≤0.035	≤0.025
Als	≥0.015	≥0.015
Nb	0.02 ~ 0.05	0.02 ~ 0.05
V	0.05 ~ 0.10	0.05 ~ 0.10
Ti	≤0.02	≤0.02
Cu	≤0.35	≤0.35
Cr	≤0.20	≤0.20
Ni	≤0.40	≤0.80
Mo	≤0.08	≤0.08
N	—	≤0.009（0.012，如果有 Al）

注：1. 厚度小于等于 12.5mm 的 AH32 ~ EH40，Mn 的最小含量为 0.70%。

2. 可以采用 Alt 来代替 Als，此时，Alt 应不小于 0.020%。

3. 钢厂可以将细化晶粒元素（Al、Nb、V 等）单独或以任一组合形式加入钢中。当单独加入时，其含量应不低于表 2 中值；若混合加入两种以上细化晶粒元素，则表中对单一元素含量下限的规定不适用。

4. $w(Nb+V+Ti) \leqslant 0.12\%$。

5. 在钢材的冶炼过程中添加的任何其他元素，应在材料证书上注明。

表 3　高强度级钢 TMCP 轧制时碳当量

钢　级	TMCP 轧制时碳当量最大值/%	
	$t \leqslant 50$mm	50mm < $t \leqslant 100$mm
AH32、DH32、EH32、FH32	0.36	0.38
AH36、DH36、EH36、FH36	0.38	0.40
AH40、DH40、EH40、FH40	0.40	0.42

注：制造厂和造船厂共同协商在特殊情况下是否要求更为严格的碳当量值。

4　交货状态

热轧钢材以热轧、控轧、正火轧制、正火、TMCP（热机械轧制）、淬火加回火等状态交货。

5　力学性能

5.1　一般强度级船体结构钢的拉伸性能见表 4。

表 4　一般强度级钢的拉伸性能

钢　级	抗拉强度 R_m/MPa	最小屈服强度 R_{eH}/MPa	断后伸长率 A/%
A、B、D、E	400～520	≥235	≥22

注：1. 在钢板的1/4宽度处取横向试样。

2. 对于厚度大于40mm的钢板，拉伸试样可以加工成圆形试样。每个圆试样的轴线尽可能位于钢板中央和表面之间的中间处。

5.2　一般强度级船体结构钢的冲击性能见表5。

表 5　一般强度级船体结构钢的冲击性能

<table>
<tr><th rowspan="3">钢 级</th><th rowspan="3">温度/℃</th><th colspan="6">平均吸收能量 KV_2/J</th></tr>
<tr><th colspan="2">t≤50mm</th><th colspan="2">50mm＜t≤70mm</th><th colspan="2">70mm＜t≤100mm</th></tr>
<tr><th>纵 向</th><th>横 向</th><th>纵 向</th><th>横 向</th><th>纵 向</th><th>横 向</th></tr>
<tr><td>A</td><td>20</td><td>—</td><td>—</td><td rowspan="4">34</td><td rowspan="4">24</td><td rowspan="4">41</td><td rowspan="4">27</td></tr>
<tr><td>B</td><td>0</td><td rowspan="3">27</td><td rowspan="3">20</td></tr>
<tr><td>D</td><td>−20</td></tr>
<tr><td>E</td><td>−40</td></tr>
</table>

注：1. 表列值是全尺寸试样的最小值。小尺寸试样的冲击吸收能量：10mm×7.5mm试样为全尺寸试样的5/6倍，10mm×5.0mm的试样为全尺寸试样的2/3倍。

2. 除订货方或CCS要求外，t≤50mm时冲击试验一般仅做纵向试验，但钢厂应采取措施保证钢材的横向冲击性能。

3. 厚度大于50mm的A级钢，如经过细化晶粒处理并以正火状态交货，可以不做冲击试验；经CCS同意，以热机械轧制状态交货的A级钢亦可不做冲击试验。

4. 对厚度小于等于25mm的B级钢，经CCS同意可不做冲击试验。

5. 当厚度小于等于40mm时，试样边部应在距产品表面2mm以内的范围内。当厚度大于40mm时，试样的纵轴应位于表面和厚度中央之间的中点上。

5.3　一般强度级船体结构钢的交货状态和冲击试验批量见表6。

表 6　一般强度级钢的交货状态和冲击试验批量

<table>
<tr><th rowspan="3">等 级</th><th rowspan="3">脱氧方法</th><th colspan="5">交货状态（冲击试验批量/t）</th></tr>
<tr><th colspan="5">厚度/mm</th></tr>
<tr><th>≤12.5</th><th>>12.5～25</th><th>>25～35</th><th>>35～50</th><th>>50～100</th></tr>
<tr><td rowspan="3">A</td><td>沸　腾</td><td>A(−)</td><td colspan="4">—</td></tr>
<tr><td>半镇静</td><td colspan="4" rowspan="2">A(−)</td><td>—</td></tr>
<tr><td>镇　静</td><td>N(−)、TM(−)、CR(50)、AR(50)</td></tr>
<tr><td rowspan="2">B</td><td>半镇静</td><td colspan="2" rowspan="2">A(−)</td><td colspan="2" rowspan="2">A(50)</td><td>—</td></tr>
<tr><td>镇　静</td><td>N (50)、TM (50)、CR (25)、AR (25)</td></tr>
</table>

续表6

等级	脱氧方法	交货状态（冲击试验批量/t）				
		厚度/mm				
		≤12.5	>12.5~25	>25~35	>35~50	>50~100
D	镇静	A(50)		—		
	镇静和细化晶粒	A(50)			N(50)、TM(50)、CR(50)	N(50)、TM(50)、CR(25)
E	镇静和细化晶粒	N(逐件)、TM(逐件)				N(逐件)、TM(逐件)

注：A—任意状态；AR—轧制状态；N—正火状态；CR—控轧状态；TM—热机械轧制状态。

5.4　高强度船体结构钢的拉伸性能见表7。

表7　高强度级钢的拉伸性能

钢　级	抗拉强度 R_m/MPa	屈服强度 R_{eH}/MPa	断后伸长率 A/%
AH32、DH32、EH32、FH32	440~570	≥315	≥22
AH36、DH36、EH36、FH36	490~630	≥355	≥21
AH40、DH40、EH40、FH40	510~660	≥390	≥20

注：1. 在钢板的1/4宽度处取横向试样。
2. 对于厚度大于40mm的钢板，拉伸试样可以加工成圆形试样。每个圆试样的轴线尽可能位于钢板中央和表面之间的中间处。

5.5　高强度船体结构钢的冲击性能见表8。

表8　高强度级钢的冲击性能

钢级	温度/℃	平均吸收能量 KV_2/J					
		t≤50mm		50mm<t≤70mm		70mm<t≤100mm	
		纵向	横向	纵向	横向	纵向	横向
AH32 AH36 AH40	0	31 34 39	22 24 26	38 41 46	26 27 31	46 50 55	31 34 37
DH32 DH36 DH40	-20	31 34 39	22 24 26	38 41 46	26 27 31	46 50 55	31 34 37
EH32 EH36 EH40	-40	31 34 39	22 24 26	38 41 46	26 27 31	46 50 55	31 34 37

续表 8

钢 级	温度/℃	平均吸收能量 KV_2/J					
		t≤50mm		50mm < t≤70mm		70mm < t≤100mm	
		纵 向	横 向	纵 向	横 向	纵 向	横 向
FH32	-60	31	22	38	26	46	31
FH36		34	24	41	27	50	34
FH40		39	26	46	31	55	37

注：1. 表列值是全尺寸试样的最小值。小尺寸试样的冲击吸收能量：10mm×7.5mm 试样为全尺寸试样的 5/6 倍，10mm×5.0mm 的试样为全尺寸试样的 2/3 倍。

2. 除订货方或 CCS 有要求外，冲击试验一般仅做纵向试验，但钢厂应采取措施保证钢材的横向冲击性能。

3. 当厚度小于等于 40mm 时，试样边部应在距产品表面 2mm 以内的范围内。当厚度大于 40mm 时，试样的纵轴应位于表面和厚度中央之间的中点上。

4. 如钢厂能保证冲击试验抽查合格，经 CCS 同意，AH32 和 AH36 级钢验收时冲击试验的批量可予以放宽。

5.6　高强度船体结构钢的交货状态和冲击试验批量见表 9。

表 9　高强度船体结构钢的交货状态和冲击试验批量

<table>
<tr><th rowspan="3">钢 号</th><th rowspan="3">晶粒细化元素</th><th colspan="6">交货状态（冲击试验批量/t）</th></tr>
<tr><th colspan="6">厚度/mm</th></tr>
<tr><th>≤12.5</th><th>>12.5～20</th><th>>20～25</th><th>>25～35</th><th>>35～50</th><th>>50～100</th></tr>
<tr><td rowspan="3">AH32
AH36</td><td>Nb 和或 V</td><td>A(50)</td><td colspan="4">N(50)、TM(50)、CR(50)</td><td>N(50)、TM(50)、CR(25)</td></tr>
<tr><td rowspan="2">Al 或 Al+T</td><td rowspan="2" colspan="2">A (50)</td><td colspan="2">AR*(25)</td><td>—</td><td>—</td></tr>
<tr><td colspan="3">N(50)、TM(50)、CR(50)</td><td>N(50)、TM(50)、CR(25)</td></tr>
<tr><td rowspan="3">DH32
DH36</td><td>Nb 和或 V</td><td>A(50)</td><td colspan="4">N(50)、TM(50)、CR(50)</td><td>N(50)、TM(50)、CR(25)</td></tr>
<tr><td rowspan="2">Al 或 Al+Ti</td><td colspan="2">A(50)</td><td>AR*(25)</td><td colspan="2">—</td><td>—</td></tr>
<tr><td colspan="2">A(50)</td><td colspan="3">N(50)、TM(50)、CR(50)</td><td>N(50)、TM(50)、CR(25)</td></tr>
<tr><td>EH32
EH36</td><td>任 意</td><td colspan="5">N(P)、TM(P)</td><td>N(P)、TM(P)</td></tr>
<tr><td>FH32
FH36</td><td>任 意</td><td colspan="5">N(P)、TM(P)、QT(P)</td><td>N(P)、TM(P)</td></tr>
<tr><td>AH40</td><td>任 意</td><td>A(50)</td><td colspan="4">N(50)、TM(50)、CR(50)</td><td>N(50)、TM(50)、QT(P)</td></tr>
<tr><td>DH40</td><td>任 意</td><td colspan="5">N(50)、TM(50)、CR(50)</td><td>N(50)、TM(50)、QT(P)</td></tr>
<tr><td>EH40</td><td>任 意</td><td colspan="5">N(P)、TM(P)、CR(P)</td><td>N(P)、TM(P)、QT(P)</td></tr>
<tr><td>FH40</td><td>任 意</td><td colspan="5">N(P)、TM(P)、QT(P)</td><td>N(P)、TM(P)、QT(P)</td></tr>
</table>

注：1. A—任意状态；AR—轧制状态；N—正火状态；CR—控轧状态；TM—热机械轧制状态；QT—淬火加回火；AR*—经 CCS 特别认可后，可采用热轧状态交货。

2. 冲击试验频率：“—”—不要求做冲击试验；（P）—单件。

6　其他要求

6.1　拉伸试验的组批规定

每批钢板，如果重量不大于 50t，应从其中最厚的钢材上制备 1 个拉伸试样。

当一批钢板的重量大于50t时，则应从每50t或不足50t的余额中的不同单件钢板上各制备1个拉伸试样；对于同一炉的钢板，其厚度每改变10mm，均应作为另一批而重新制备1个拉伸试样；单件钢板是指由单个钢坯轧制成的轧件。

6.2　厚度方向性能

在代表同一批次的每个轧件的一端紧靠纵向中心线处取一块样坯。试验频次见表10，取样位置见图1。

表10　Z向钢的取样频次

$w(S)>0.005\%$	$w(S)\leqslant0.005\%$
每个轧件（母板）	同一炉号、同一厚度、同一热处理制度不超过50t

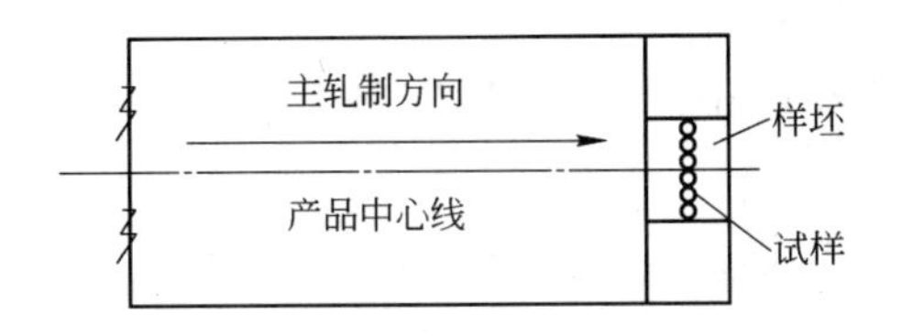

图1　Z向钢取样位置示意图

样坯应足够大以便能够制取6个试样。先制备3个试样，所余试块留做可能进行的复验。

试验结果见表11。

表11　Z向钢的试验结果

厚度方向断面收缩率 Z	Z向性能级别	
	Z25	Z35
3个试样平均值	≥25%	≥35%
单个试样值	≥15%	≥25%

初验、允许复验的条件、复验结果合格的条件见图2。

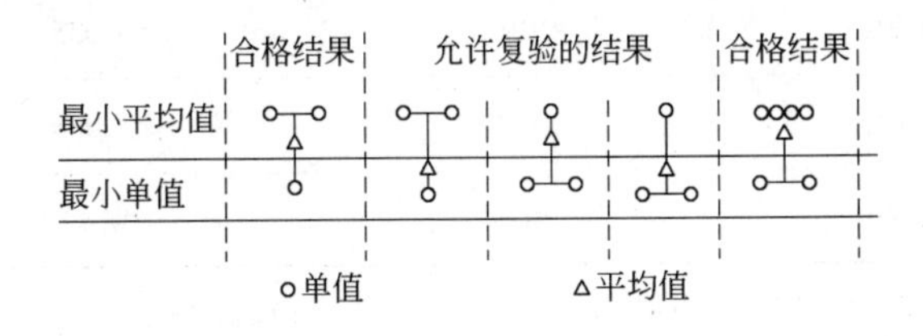

图2　Z向钢初验、复验条件

6.3　超声波检验

Z向钢应以探伤状态交货，按公认的标准，逐张进行超声波检测。检测的范围如下：

（1）在钢板四周边缘宽度为1.5倍板厚，但不小于100mm的区域内进行100%的检测。

（2）沿与钢板四周边缘平行，间隔为100mm的方格线进行连续检测。

第三节　美国船用规范

ABS—2011 钢质海船入级与建造规范（钢板要求节选）

1　范围

该规范适用于船体建造和其他结构用可焊接的普通强度和高强度热轧钢板。钢板厚度不大于100mm。

2　尺寸、外形及允许偏差

钢板的厚度负偏差为0.3mm。

厚度在距离边部至少为10mm的位置上进行测量。

3　牌号及化学成分

3.1　一般强度级船体用结构钢，其牌号和化学成分见表1。

表1　一般强度级钢的牌号和化学成分

钢　级	A	B	D	E
标　记	AB/A	AB/B	AB/D	AB/E
脱氧方法	镇静或半镇静（$t \leqslant 50$mm） 镇静（$t>50$mm）	镇静或半镇静（$t \leqslant 50$mm） 镇静（$t>50$mm）	镇静或半镇静（$t \leqslant 25$mm） 镇静（$t>25$mm）	镇静和细晶粒
化学成分（熔炼分析）/%				
C	≤0.21	≤0.21	≤0.21	≤0.18
Mn	≤2.5w(C)	≤0.80	≤0.60	≤0.70
Si	≤0.50	≤0.35	0.10~0.35	0.10~0.35
P	≤0.035	≤0.035	≤0.035	≤0.035
S	≤0.035	≤0.035	≤0.035	≤0.035
C+Mn/6	≤0.40	≤0.40	≤0.40	≤0.40

注：1. 厚度超过25mm的D级钢和E级钢，至少含有一种足够数量的晶粒细化元素。

2. 对于冷卷边成型或全脱氧的B级钢，Mn含量的下限可以降低到0.60%。

3. 对于D、E级钢，如果Als不小于0.015%，那么要求的最小Si含量不适用。

4. Ni、Cr、Mo、Cu的含量应测定并报告，如果数量不超过0.02%，那么这些元素可以按照“≤0.02%”进行报告。

5. 正火、热机械轧制或控制轧制的D级船体钢标记为AB/DN。

6. 有意添加的元素应测定和报告。

3.2　高强度级船体用结构钢，其牌号和化学成分、碳当量见表2和表3。

表2 高强度级钢的牌号和化学成分

钢 级		
AH32、DH32、EH32、AH36、DH36、EH36、AH40、DH40、EH40		FH32、FH36、FH40
脱氧方法：镇静或细化晶粒处理		
化学成分(熔炼分析)/%		
C	≤0.18	≤0.16
Mn	0.90～1.60	0.90～1.60
Si	0.10～0.50	0.10～0.50
P	≤0.035	≤0.025
S	≤0.035	≤0.025
Als	≥0.015	≥0.015
Nb	0.02～0.05	0.02～0.05
V	0.05～0.10	0.05～0.10
Ti	≤0.02	≤0.02
Cu	≤0.35	≤0.35
Cr	≤0.20	≤0.20
Ni	≤0.40	≤0.80
Mo	≤0.08	≤0.08
N	—	≤0.009（0.012，如果有Al）

注：1. 钢中至少含有一种足够数量的晶粒细化元素。
2. 任何其他添加元素的含量都需要检验和报告。
3. 厚度小于等于12.5mm的AH32～EH40，Mn的最小含量为0.70%。
4. 如果Als的含量不小于0.015%，那么要求的最小Si含量不适用。
5. 如果Al、Nb和V元素是单独添加的，那么适用表中所示含量。如果Al和V复合使用，那么V的最小含量为0.030%，Als的最小含量为0.010%；如果Al、Nb复合使用，那么Nb的最小含量为0.010%，Als的最小含量为0.010%。
6. 除非是有意添加的Nb、V，否则这些元素不报告。
7. 如果Cu、Cr、Ni、Mo的含量不超过0.02%，那么这些元素可以按照“≤0.02%”进行报告。
8. 标记：在钢级上加上“AB/”。

表3 高强度级钢TMCP轧制时碳当量

钢 级	TMCP轧制时碳当量最大值/%	
	t≤50mm	50mm＜*t*≤100mm
AH32、DH32、EH32、FH32	0.36	0.38
AH36、DH36、EH36、FH36	0.38	0.40
AH40、DH40、EH40、FH40	0.40	0.42

注：制造厂和造船厂共同协商在特殊情况下是否要求更为严格的碳当量值。

4 交货状态

热轧钢材以热轧、控轧、正火轧制、正火、TM（热机械轧制）、淬火加回火等状态交货。

5　力学性能

5.1　一般强度级船体结构钢的拉伸性能见表4。

表4　一般强度级钢的拉伸性能

钢　级	抗拉强度 R_m/MPa	屈服强度 R_{eH}/MPa	断后伸长率 A/%
A、B、D、E	400~520	≥235	≥22

注：1. 在钢板的1/4宽度处取横向试样。

2. 对于厚度大于19mm的钢板，拉伸试样可以加工成圆形试样。每个圆试样的轴线尽可能位于钢板中央和表面之间的中间处。

5.2　一般强度级船体结构钢的冲击性能见表5。

表5　一般强度级钢的冲击性能

<table>
<tr><th rowspan="3">钢 级</th><th rowspan="3">温度/℃</th><th colspan="6">平均吸收能量 KV_2/J</th></tr>
<tr><th colspan="2">t≤50mm</th><th colspan="2">50mm<t≤70mm</th><th colspan="2">70mm<t≤100mm</th></tr>
<tr><th>纵 向</th><th>横 向</th><th>纵 向</th><th>横 向</th><th>纵 向</th><th>横 向</th></tr>
<tr><td>A</td><td>20</td><td>—</td><td>—</td><td rowspan="4">34</td><td rowspan="4">24</td><td rowspan="4">41</td><td rowspan="4">27</td></tr>
<tr><td>B</td><td>0</td><td rowspan="3">27</td><td rowspan="3">20</td></tr>
<tr><td>D</td><td>-20</td></tr>
<tr><td>E</td><td>-40</td></tr>
</table>

注：1. 表5列的是全尺寸试样的最小值。小尺寸试样的冲击吸收能量：10mm×7.5mm试样为全尺寸试样的5/6倍，10mm×5.0mm的试样为全尺寸试样的2/3倍。

2. 横向或纵向两个方向都可以。在没有规定方向的情况下，由钢厂决定。

3. 对于厚度大于50mm的A级钢，如果采用细化晶粒工艺和正火工艺时，不要求做冲击试验。

4. 当厚度小于等于40mm时，试样边部应在距产品表面2mm以内的范围内。当厚度大于40mm时，试样的纵轴应位于表面和厚度中央之间的中点上。

5.3　一般强度级船体结构钢的交货状态和冲击试验批量见表6。

表6　一般强度级钢的交货状态和冲击试验批量

<table>
<tr><th rowspan="3">钢 级</th><th rowspan="3">脱氧方法</th><th colspan="5">交货状态（冲击试验批量/t）</th></tr>
<tr><th colspan="5">厚度/mm</th></tr>
<tr><th>≤12.5</th><th>>12.5~25</th><th>>25~35</th><th>>35~50</th><th>>50~100</th></tr>
<tr><td rowspan="3">A</td><td>沸 腾</td><td>A(-)</td><td colspan="4">—</td></tr>
<tr><td>半镇静</td><td colspan="4" rowspan="2">A(-)</td><td>—</td></tr>
<tr><td>镇 静</td><td>N(-)、TM(-)、CR(50)、AR(50)</td></tr>
<tr><td rowspan="2">B</td><td>半镇静</td><td colspan="2" rowspan="2">A(-)</td><td colspan="2" rowspan="2">A(50)</td><td>—</td></tr>
<tr><td>镇 静</td><td>N(50)、TM(50)、CR(25)、AR(25)</td></tr>
<tr><td>D</td><td>镇静和细化晶粒</td><td colspan="3">AR(50)、N(50)</td><td>N(50)、TM(50)、CR(50)</td><td>N(50)、TM(50)、CR(25)</td></tr>
<tr><td>E</td><td>镇静和细化晶粒</td><td colspan="4">N（逐件）、TM（逐件）</td><td>N（P）、TM（逐件P）</td></tr>
</table>

注：1. A—任意状态；AR—轧制状态；N—正火状态；CR—控轧状态；TM—热机械轧制状态。

2. 如果是由细化晶粒和正火工艺生产，则A级钢不需要做冲击试验。

5.4　高强度级船体结构钢的拉伸性能见表 7。

表 7　高强度级钢的拉伸性能

钢　级	抗拉强度 R_m/MPa	屈服强度 R_{eH}/MPa	断后伸长率 A/%
AH32、DH32、EH32、FH32	440～590	≥315	≥22
AH36、DH36、EH36、FH36	490～620	≥355	≥21
AH40、DH40、EH40、FH40	510～650	≥390	≥20

注：1. 在钢板的 1/4 宽度处取横向试样。
2. 对于厚度大于 19mm 的钢板，拉伸试样可以加工成圆形试样。每个圆试样的轴线尽可能位于钢板中央和表面之间的中间处。

5.5　高强度船体结构钢的冲击性能见表 8。

表 8　高强度级钢的冲击性能

<table>
<tr><th rowspan="3">钢 级</th><th rowspan="3">温度/℃</th><th colspan="6">平均吸收能量 KV_2/J</th></tr>
<tr><th colspan="2">t≤50mm</th><th colspan="2">50mm < t≤70mm</th><th colspan="2">70mm < t≤100mm</th></tr>
<tr><th>纵 向</th><th>横 向</th><th>纵 向</th><th>横 向</th><th>纵 向</th><th>横 向</th></tr>
<tr><td>AH32
AH36
AH40</td><td>0</td><td>31
34
39</td><td>22
24
26</td><td>38
41
46</td><td>26
27
31</td><td>46
50
55</td><td>31
34
37</td></tr>
<tr><td>DH32
DH36
DH40</td><td>-20</td><td>31
34
39</td><td>22
24
26</td><td>38
41
46</td><td>26
27
31</td><td>46
50
55</td><td>31
34
37</td></tr>
<tr><td>EH32
EH36
EH40</td><td>-40</td><td>31
34
39</td><td>22
24
26</td><td>38
41
46</td><td>26
27
31</td><td>46
50
55</td><td>31
34
37</td></tr>
<tr><td>FH32
FH36
FH40</td><td>-60</td><td>31
34
39</td><td>22
24
26</td><td>38
41
46</td><td>26
27
31</td><td>46
50
55</td><td>31
34
37</td></tr>
</table>

注：1. 表列值是全尺寸试样的最小值。小尺寸试样的冲击吸收能量：10mm×7.5mm 试样为全尺寸试样的 5/6 倍，10mm×5.0mm 的试样为全尺寸试样的 2/3 倍。
2. 试样可取横向或纵向。
3. 当厚度小于等于 40mm 时，试样边部应在距产品表面 2mm 以内的范围内。当厚度大于 40mm 时，试样的纵轴应位于表面和厚度中央之间的中点上。

5.6　高强度级船体结构钢的交货状态和冲击试验批量见表 9。

表 9　高强度级钢的交货状态和冲击试验批量

<table>
<tr><th rowspan="3">钢 号</th><th rowspan="3">晶粒细化元素</th><th colspan="6">交货状态（冲击试验批量/t）</th></tr>
<tr><th colspan="6">厚度/mm</th></tr>
<tr><th>≤12.5</th><th>>12.5～20</th><th>>20～25</th><th>>25～35</th><th>>35～50</th><th>>50～100</th></tr>
<tr><td rowspan="2">AH32
AH36</td><td>Nb
V</td><td>A(50)</td><td colspan="4">N(50＊)、TM(50)、CR(50)</td><td>N(50)、TM(50)、CR(25)</td></tr>
<tr><td>Al
Al+T</td><td colspan="2">A(50)</td><td colspan="2">AR(25)、N(50＊)、TM(50)、CR(50)</td><td>N(50＊)、TM(50)、CR(50)</td><td>N(50)、TM(50)、CR(25)</td></tr>
</table>

续表 9

钢号	晶粒细化元素	交货状态（冲击试验批量/t）					
		厚度/mm					
		≤12.5	>12.5~20	>20~25	>25~35	>35~50	>50~100
DH32 DH36	Nb V	A(50)	N(50)、TM(50)、CR(50)				N(50)、TM(50)、CR(25)
	Al Al+Ti	A(50)		AR(25) N(50) TM(50) CR(50)	N(50)、TM(50)、CR(50)		N(50)、TM(50)、CR(25)
EH32 EH36	任　意	N(P)、TM(P)					N(P)、TM(P)
FH32 FH36	任　意	N(P)、TM(P)、QT(P)					N(P)、TM(P)
AH40	任　意	A(50)	N(50)、TM(50)、CR(50)				N(50)、TM(50)、QT(P)
DH40	任　意	N(50)、TM(50)、CR(50)					N(50)、TM(50)、QT(P)
EH40	任　意	N(P)、TM(P)、CR(P)					N(P)、TM(P)、QT(P)
FH40	任　意	N(P)、TM(P)、QT(P)					N(P)、TM(P)、QT(P)

注：1. A—任意状态；AR—轧制状态；N—正火状态；CR—控轧状态；TM—热机械轧制状态；QT—淬火加回火。
　　2. 冲击试验频率：（P）—单件。

6　其他要求

6.1　拉伸试验的组批规定

对每炉钢板，应在两个不同的钢板上截取两个试样，进行两次拉伸试验，但如果每炉钢制成的成品钢材重量低于50t，则同一类产品只做一次拉伸试验。如果采用同一炉钢制成的钢板厚度的差大于或等于9.5mm，应在最厚和最薄的钢板上各做一次拉伸试验。每块淬火和回火钢板都要进行拉伸试验。

对采用钢卷制成的钢板，除非证明只是采用单独一个带卷制成的钢板，否则应在采用同一炉生产的不低于两个钢卷上进行拉伸试验。如果是采用单独一个带卷制成的钢板，只对该卷进行拉伸试验。每个试验钢卷需要进行两个拉伸试验。第一个拉伸试样要从紧接着制成第一块钢板的位置上截取，第二个试样则要从紧接着中心层的地方截取。当采用同一炉钢制成的钢卷材的厚度差大于等于1.6mm时，试样应从轧制材料的最薄卷材和最厚卷材上截取。

6.2　厚度方向性能

在代表同一批次的每个轧件的一端紧靠纵向中心线处取一块样坯。取样位置见图1，试验频次见表10。

表10　Z向钢的试验频次

$w(S)>0.005\%$	$w(S)\leqslant 0.005\%$
每个轧件（母板）	同一炉号、同一厚度、同一热处理制度不超过50t

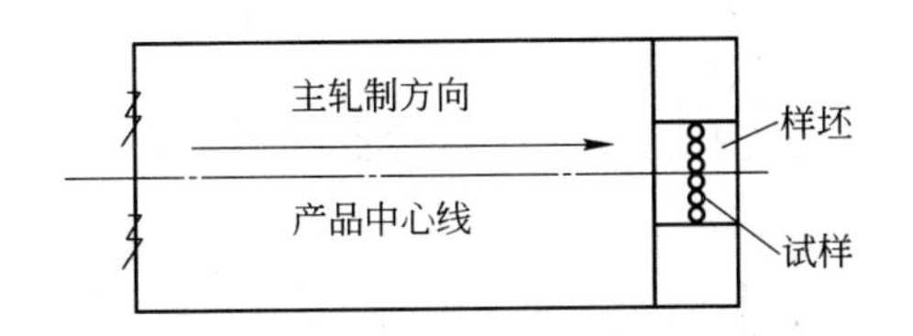

图1　Z向钢取样位置示意图

样坯应足够大以便能够制取6个试样。先制备3个试样，所余试块留做可能进行的复验。

试验结果见表11。

表11　Z向钢的试验结果

厚度方向断面收缩率 Z	Z向性能级别	
	Z25	Z35
3个试样平均值	≥25%	≥35%
单个试样值	≥15%	≥25%

初验、允许复验的条件、复验结果合格的条件见图2。

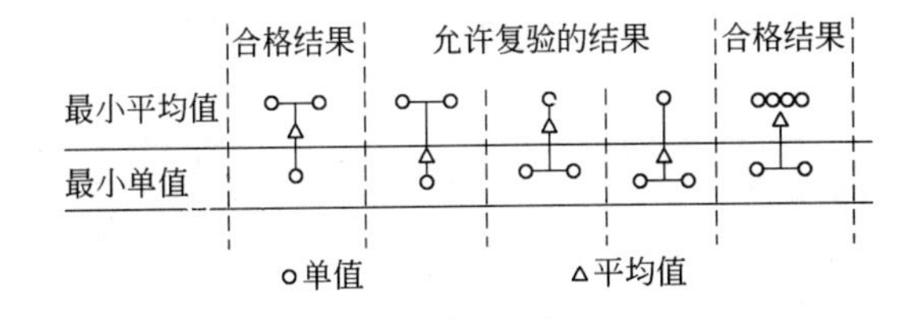

图2　Z向钢初验、复验条件

6.3　超声波检验

要求进行超声波检验，检验应按EN 10160标准中S1或E1等级，或按ASTM A578/A578M标准中C等级的要求进行操作。

应对最终交货状态的每个轧件进行超声波检验，探头频率为2.0MHz或2.25MHz。如果备有合格的证明文件，且具备资质条件，那么对厚度小于20mm的钢板施加最大为5MHz频率的超声探伤检测时，这样的检测是可以接受的。

第四节　法国船用规范

BV—2011 法国船级社钢质海船用材料与焊接入级规范（钢板要求节选）

1　范围

该规范适用于船体建造和其他结构用可焊接的普通强度和高强度热轧钢板。钢板厚度不大于100mm。

2　尺寸、外形及允许偏差

对于厚度大于等于5mm的钢板，其负偏差为0.3mm，厚度的正偏差应按照公认的国家或国际标准的要求执行。

测量钢板的平均厚度，并取其算术平均值。钢板的平均厚度不应低于规定的标准厚度。

测量厚度可以采用自动测量方法，或者采用手动测量方法。

至少选定图1所示的直线1、直线2或直线3三条线中的两条线，并在选定的每条直线上选择3个点进行厚度测定。如果在每条直线上选定的点超过3个，那么在每条直线上选定的点数应一样多。

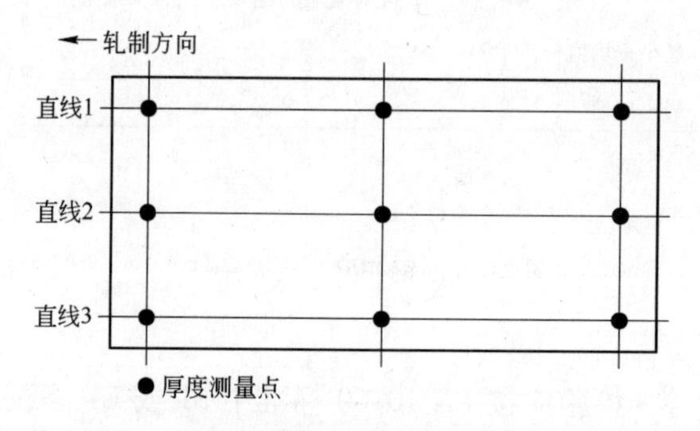

图1　钢板厚度测量示意图

如果采用自动测量方法，测量点无论是距离钢板横向边部的距离，还是距离纵向边部的距离，均应不低于10mm，但不能超过300mm。

如果采用手动测量方法，测量点无论是距离钢板横向边部的距离，还是距离纵向边部的距离，均应不低于10mm，但不能超过100mm。

3　牌号及化学成分

3.1　一般强度级船体用结构钢，其牌号和化学成分见表1的规定。

表1　一般强度级钢的牌号和化学成分

钢　级	A	B	D	E
脱氧方法	镇静或半镇静（$t \leqslant 50$mm） 镇静（$t > 50$mm）	镇静或半镇静（$t \leqslant 50$mm） 镇静（$t > 50$mm）	镇静或半镇静（$t \leqslant 25$mm） 镇静和细晶粒（$t > 25$mm）	镇静和细晶粒

续表 1

钢　级	A	B	D	E
化学成分(熔炼分析)/%				
C	≤0.21	≤0.21	≤0.21	≤0.18
Mn	≤2.5*w*(C)	≤0.80	≤0.60	≤0.70
Si	≤0.50	≤0.35	≤0.35	≤0.35
P	≤0.035	≤0.035	≤0.035	≤0.035
S	≤0.035	≤0.035	≤0.035	≤0.035
Als	—	—	≥0.015	≥0.015
C + Mn/6	≤0.40	≤0.40	≤0.40	≤0.40

注：1. 厚度超过 25mm 的 D 级钢和 E 级钢，至少含有一种足够数量的晶粒细化元素。
2. 对 B 级钢做冲击试验时，Mn 的下限可以降低到 0.60%。
3. 有意添加的元素应测定和报告。
4. 当任何级别的钢以热机械轧制状态供货时，规定的化学成分可允许改变或应本船级社的要求改变，应在认可时说明。
5. 本船级社可以限制残余元素的含量，例如 Cu 和 Sn。

3.2　高强度级船体用结构钢，其牌号和化学成分、TM 轧制时的碳当量见表 2 和表 3。

表 2　高强度级钢的牌号和化学成分

钢　级		
	AH32、DH32、EH32、AH36、DH36、EH36、AH40、DH40、EH40	FH32、FH36、FH40
脱氧方法：镇静或细化晶粒处理		
化学成分(熔炼分析)/%		
C	≤0.18	≤0.16
Mn	0.90～1.60	0.90～1.60
Si	≤0.50	≤0.50
P	≤0.035	≤0.025
S	≤0.035	≤0.025
Als	≥0.015	≥0.015
Nb	0.02～0.05	0.02～0.05
V	0.05～0.10	0.05～0.10
Ti	≤0.02	≤0.02
Cu	≤0.35	≤0.35
Cr	≤0.20	≤0.20
Ni	≤0.40	≤0.80
Mo	≤0.08	≤0.08
N	—	≤0.009（0.012，如果有 Al）

注：1. 钢中至少含有一种足够数量的晶粒细化元素。
2. 任何其他添加元素的含量都需要检验和报告。
3. 厚度小于等于 12.5mm 的 AH～EH 钢，Mn 的最小含量为 0.70%。
4. 钢中含有 Nb、V、Ti 或其他适当的细晶粒元素，可以单独或者组合使用。当单独使用时，钢中应含有规定的细化晶粒元素的最小含量。当组合使用时，至少一种细化晶粒元素可采用规定的最小含量。*w*(Nb + V + Ti) ≤0.12%。
5. 标记：在钢级上加上“AB/”。

表 3　高强度级钢 TM 轧制时碳当量

<table>
<tr><th rowspan="2">钢　级</th><th colspan="2">TM 轧制时碳当量最大值/%</th></tr>
<tr><th>t≤50mm</th><th>50mm < t≤100mm</th></tr>
<tr><td>AH32、DH32、EH32、FH32</td><td>0.36</td><td>0.38</td></tr>
<tr><td>AH36、DH36、EH36、FH36</td><td>0.38</td><td>0.40</td></tr>
<tr><td>AH40、DH40、EH40、FH40</td><td>0.40</td><td>0.42</td></tr>
</table>

注：制造厂和造船厂共同协商在特殊情况下是否要求更为严格的碳当量值。

4　交货状态

热轧钢材以热轧、控轧、正火轧制、正火、TM（热机械轧制）、淬火加回火等状态交货。

5　力学性能

5.1　一般强度级船体结构钢的拉伸性能见表 4 的规定。

表 4　一般强度级钢的拉伸性能

钢　级	抗拉强度 R_m/MPa	屈服强度 R_{eH}/MPa	断后伸长率 A/%
A、B、D、E	400 ~ 520	≥235	≥22

注：1. 在钢板的 1/4 宽度处取横向试样。

2. 对于厚度大于 40mm 的钢板，拉伸试样可以加工成直径为 10 ~ 20mm（推荐 14mm）的圆形试样。每个圆试样的轴线尽可能位于钢板中央和表面之间的中间处。

3. 在拉伸试验之后，要检查试样的断裂表面。断裂表面应完好，且没有缺陷和其他瑕疵。

5.2　一般强度级船体结构钢的冲击性能见表 5。

表 5　一般强度级钢的冲击性能

<table>
<tr><th rowspan="3">钢 级</th><th rowspan="3">温度/℃</th><th colspan="6">平均吸收能量 KV_2/J</th></tr>
<tr><th colspan="2">t≤50mm</th><th colspan="2">50mm < t≤70mm</th><th colspan="2">70mm < t≤100mm</th></tr>
<tr><th>纵 向</th><th>横 向</th><th>纵 向</th><th>横 向</th><th>纵 向</th><th>横 向</th></tr>
<tr><td>A</td><td>20</td><td>—</td><td>—</td><td rowspan="4">34</td><td rowspan="4">24</td><td rowspan="4">41</td><td rowspan="4">27</td></tr>
<tr><td>B</td><td>0</td><td rowspan="3">27</td><td rowspan="3">20</td></tr>
<tr><td>D</td><td>-20</td></tr>
<tr><td>E</td><td>-40</td></tr>
</table>

注：1. 表列值是全尺寸试样的最小值。小尺寸试样的冲击吸收能量：10mm × 7.5mm 试样为全尺寸试样的 5/6 倍，10mm × 5.0mm 的试样为全尺寸试样的 2/3 倍。

2. 做纵向试验，但钢厂应采取措施保证钢材的横向冲击性能。

3. 当厚度小于等于 40mm 时，试样边部应在距产品表面 2mm 以内的范围内。当厚度大于 40mm 时，试样的纵轴应位于表面和厚度中央之间的中点上。

5.3　一般强度级船体结构钢的交货状态和冲击试验批量见表 6。

表 6 一般强度级钢的交货状态和冲击试验批量

钢 级	交 货 状 态		
	不同厚度 t（mm）的冲击试验批量/t		
	$t\leqslant25$	$25<t<35$	$35\leqslant t\leqslant50$
A	A（-）		
B	A(-)	A(50)	
D	A(50)		N(50)、NR(50)、TM(50)、AR*(25)
E	N(25)、TM(25)、AR*(15)、NR*(15)		

注：1. A—任意；N—正火（热处理）；NR—正火轧制；TM—热机械轧制；AR*—得到本船级社特别认可的轧制；NR*—得到本船级社特别认可的正火轧制。

2. 对于厚度不大于25mm 的 B 级钢，通常不要求做夏比 V 型缺口冲击试验。

5.4 高强度级船体结构钢的拉伸性能见表 7 的规定。

表 7 高强度级钢的拉伸性能

等 级	抗拉强度 R_m/MPa	屈服强度 R_{eH}/MPa	断后伸长率 A/%
AH32、DH32、EH32、FH32	440~570	≥315	≥22
AH36、DH36、EH36、FH36	490~630	≥355	≥21
AH40、DH40、EH40、FH40	510~650	≥390	≥20

注：1. 在钢板的 1/4 宽度处取横向试样。

2. 对于厚度大于40mm 的钢板，拉伸试样可以加工成直径为 10~20mm（推荐 14mm）的圆形试样。每个圆试样的轴线尽可能位于钢板中央和表面之间的中间处。

3. 在拉伸试验之后，要检查试样的断裂表面。断裂表面应完好，且没有缺陷和其他瑕疵。

5.5 高强度级船体结构钢的冲击性能见表 8。

表 8 高强度级钢的冲击性能

钢 级	温度/℃	平均吸收能量 KV_2/J					
		$t\leqslant50$mm		$50\text{mm}<t\leqslant70\text{mm}$		$70\text{mm}<t\leqslant100\text{mm}$	
		纵 向	横 向	纵 向	横 向	纵 向	横 向
AH32	0	31	22	38	26	46	31
AH36		34	24	41	27	50	34
AH40		39	26	46	31	55	37
DH32	-20	31	22	38	26	46	31
DH36		34	24	41	27	50	34
DH40		39	26	46	31	55	37
EH32	-40	31	22	38	26	46	31
EH36		34	24	41	27	50	34
EH40		39	26	46	31	55	37
FH32	-60	31	22	38	26	46	31
FH36		34	24	41	27	50	34
FH40		39	26	46	31	55	37

注：1. 表列值是全尺寸试样的最小值。小尺寸试样的冲击吸收能量：10mm×7.5mm 试样为全尺寸试样的 5/6 倍，10mm×5.0mm 的试样为全尺寸试样的 2/3 倍。

2. 做纵向试验，但钢厂应采取措施保证钢材的横向冲击性能。

3. 当厚度小于等于 40mm 时，试样边部应在距产品表面 2mm 以内的范围内。当厚度大于 40mm 时，试样的纵轴应位于表面和厚度中央之间的中点上。

5.6　高强度级船体结构钢的交货状态和冲击试验批量见表 9 的规定。

表 9　高强度船体结构钢的交货状态和冲击试验批量

<table>
<tr><th rowspan="3">钢级</th><th rowspan="3">晶粒细化元素</th><th colspan="6">交 货 状 态</th></tr>
<tr><th colspan="6">不同厚度 t（mm）的冲击试验批量/t</th></tr>
<tr><th>≤12.5</th><th>>12.5～20</th><th>>20～25</th><th>>25～35</th><th>>35～50</th><th>>50～100</th></tr>
<tr><td rowspan="3">AH32
AH36</td><td>Nb 和/或 V</td><td>A(50)</td><td colspan="4">N(50),NR(50),TM(50)</td><td>N(50),NR(25),TM(25)</td></tr>
<tr><td rowspan="2">仅 Al 或与 Ti</td><td colspan="2" rowspan="2">A(50)</td><td colspan="2">AR＊(25)</td><td colspan="2">不适用</td></tr>
<tr><td colspan="3">N(50),NR(50),TM(50)</td><td>N(50),NR(25),TM(25)</td></tr>
<tr><td>AH40</td><td>任　意</td><td>A(50)</td><td colspan="4">N(50),NR(50),TM(50)</td><td>N(50),TM(50),
QT(每张,热处理)</td></tr>
<tr><td rowspan="3">DH32
DH36</td><td>Nb 和/或 V</td><td>A(50)</td><td colspan="4">N(50),NR(50),TM(50)</td><td>N(50),NR(50),TM(50)</td></tr>
<tr><td rowspan="2">仅 Al 或与 Ti</td><td colspan="2" rowspan="2">A(50)</td><td>AR＊(25)</td><td colspan="3">不适用</td></tr>
<tr><td colspan="3">N(50),NR(25),TM(50)</td><td>N(50),NR(25),TM(50)</td></tr>
<tr><td>DH40</td><td>任　意</td><td colspan="4">N(50),NR(50),TM(50)</td><td colspan="2">N(50),TM(50),
QT(每张,热处理)</td></tr>
<tr><td>EH32
EH36</td><td>任　意</td><td colspan="6">N(每张),TM(每张)</td></tr>
<tr><td>EH40</td><td>任　意</td><td colspan="6">N(每张),TM(每张),QT(每张,热处理)</td></tr>
<tr><td>FH32
FH36</td><td>任　意</td><td colspan="6">N(每张),TM(每张),QT(每张,热处理)</td></tr>
<tr><td>FH40</td><td>任　意</td><td colspan="6">N(每张),TM(每张),QT(每张,热处理)</td></tr>
</table>

注：1. A—任意；N—正火（热处理）；NR—正火轧制；TM—热机械轧制；QT—淬火加回火；AR＊—得到本船级社特别认可的轧制状态。
2. 对于 AH32 和 AH36，若随机检查得到令人满意的结果，并且得到本船级社的同意，可以扩大冲击试验的批量。

6　其他要求

6.1　拉伸试验的组批规定

每批钢板应出自同一炉钢、同一供货状态，最大和最小厚度间的差不超过 10mm。

对用于次要场合的 A 级钢，批的组成可以不受同一炉钢的限制，但此时，一批的重量应不超过 25t。

6.2　厚度方向性能

在代表同一批次的每个轧件的一端紧靠纵向中心线处取一块样坯。取样位置见图 2，试验频次见表 10。

表 10　Z 向钢的试验频次

$w(S)>0.005\%$	$w(S)\leqslant 0.005\%$
每个轧件（母板）	同一炉号、同一厚度、同一热处理制度不超过 50t

样坯应足够大以便能够制取 6 个试样。先制备 3 个试样，所余试块留做可能进行的

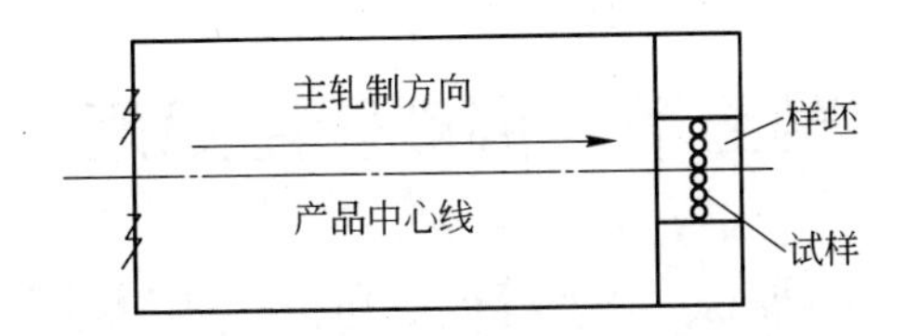

图2　Z向钢取样位置示意图

复验。

试验结果见表11。

表11　Z向钢的试验结果

厚度方向断面收缩率 Z	Z向性能级别	
	Z25	Z35
3个试样平均值	≥25%	≥35%
单个试样值	≥15%	≥25%

初验、允许复验条件、复验结果合格的条件见图3。

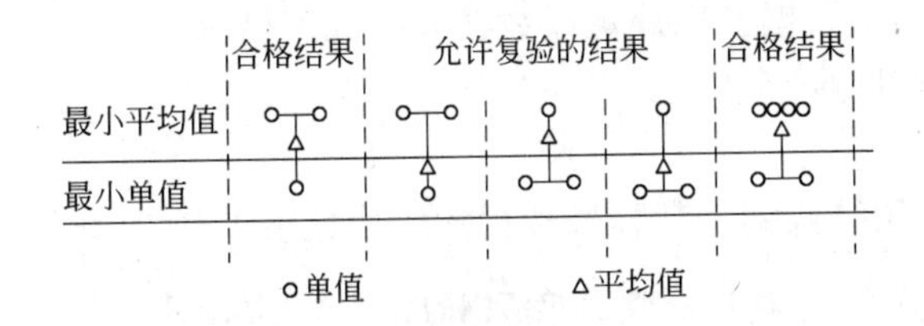

图3　Z向钢初验、复验条件

6.3　超声波检验

要求进行超声波检验，检验应按 EN 10160 标准中 S1 或 E1 等级，或按 ASTM A578/A578M 标准中 C 等级的要求进行操作。除非另有规定，否则超声检验用的探头频率为4MHz。

第五节　挪威船用规范

DNV—2011 挪威船级社船舶、高速轻型船舶和海军水面舰艇规范（钢板要求节选）

1　范围

该规范适用于船体建造和其他结构用可焊接的普通强度和高强度热轧钢板。钢板厚度不大于 150mm。

2　尺寸、外形及允许偏差

公称厚度负偏差为 0.3mm。公称厚度的正偏差以及其他尺寸偏差见认可标准中的要求。公称厚度偏差不适用于打磨修补区域。

厚度在距离边部至少为 10mm 的位置上进行测量。测量应采用在线自动测量的方法或离线人工测量的方法。测量的产品数量、记录的测量数据，以及任何两个连续测量数值间的间隔由制造方决定，并由制造方进行测量，且以回归统计分析要求为基础。

分析钢板的厚度测量数据，以评定读数在允许偏差极限范围内，并且计算的平均值应等于或大于指定的公称厚度。

3　牌号及化学成分

3.1　一般强度级船体用结构钢，其牌号和化学成分见表 1。

表 1　一般强度级钢的牌号和化学成分

钢　级	NVA	NVB	NVD	NVE
脱氧方法	镇静或半镇静（$t \leqslant 50$mm） 镇静（$t > 50$mm）	镇静或半镇静（$t \leqslant 50$mm） 镇静（$t > 50$mm）	镇静或半镇静（$t \leqslant 25$mm） 镇静和细晶粒（$t > 25$mm）	镇静和细晶粒
化学成分（熔炼分析）/%				
C	≤0.21	≤0.21	≤0.21	≤0.18
Mn	≥2.5w(C)	≥0.80	≥0.60	≥0.70
Si	≤0.50	≤0.35	0.10 ~ 0.35	0.10 ~ 0.35
P	≤0.035	≤0.035	≤0.035	≤0.035
S	≤0.035	≤0.035	≤0.035	≤0.035
Als	—	—	≥0.015（$t > 25$mm）	≥0.015
C + Mn/6	≤0.40	≤0.40	≤0.40	≤0.40

注：1. 对 B 级钢做冲击试验时，Mn 含量的下限可为 0.60%。

2. 当钢以热机械轧制状态供货时或当钢板厚度超过 50mm 时，允许与指定的化学成分要求有偏差，但这些偏差需经认可。

3.2　高强度级船体用结构钢，其牌号和化学成分、碳当量见表 2、表 3 的规定。

表 2 高强度级钢的牌号和化学成分

牌号	化学成分(熔炼分析)/%													
	C	Si	Mn	P	S	Cr	Mo	Ni	Cu	Al	Nb	V	Ti	N
NV A27S NV D27S NV E27S	0.18	0.50	0.70 ~ 1.60	0.035	0.035	0.20	0.08	0.40	0.35	≥0.020	0.02 ~ 0.05	0.05 ~ 0.10	0.007 ~ 0.05	—
NV A32、NV D32、NV E32、NV A36、NV D36、NV A40、NV D40、NV E40	0.18	0.50	0.90 ~ 1.60	0.035	0.035	0.20	0.08	0.40	0.35	≥0.020	0.02 ~ 0.05	0.05 ~ 0.10	0.007 ~ 0.05	—
NV F27S、NV F32、NV F36、NV F40	0.16	0.50	0.90 ~ 1.60	0.025	0.025	0.20	0.08	0.80	0.35	≥0.020	0.02 ~ 0.05	0.05 ~ 0.10	0.007 ~ 0.05	0.009

注：1. 厚度小于等于 12.5mm 的 NV A32 ~ NV E40，Mn 含量最小为 0.70%。

2. Al、Nb、V 或 Ti 可以单独使用，也可以复合使用。如果单独使用，则钢中应含有规定的最小含量。如果 Al 和 Nb 复合使用，则 Alt 含量的最小值为 0.015%，Nb 的最小含量为 0.010%；如果是 Al 和 V 复合使用，则 Alt 含量的最小值为 0.015%，V 的最小含量为 0.030%；Nb、V 和 Ti 的总含量小于等于 0.12%。

3. 如果含有 Al，则其含量小于等于 0.012%。

表 3 高强度级钢 TM 轧制时碳当量

钢 级	TM 轧制时碳当量最大值/%		
	t≤50mm	50mm < t≤100mm	100mm < t≤150mm
NV A27S、NV D27S、NV E27S、NV F27S	0.34	0.36	0.38
NV A32、NV D32、NV E32、NV F32	0.36	0.38	0.40
NV A36、NV D36、NV E36、NV F36	0.38	0.40	0.42
NV A40、NV D40、NV E40、NV F40	0.40	0.42	0.45

4 交货状态（见表 4、表 5）

表 4 一般强度级钢的交货状态

钢 级	厚度 t/mm	交 货 状 态
NVA、NVB	t≤50	AR、NR、N、TM
	50 < t≤150	AR、NR、N、TM
NVD	t≤35	AR、NR、N、TM
	35 < t≤150	NR、N、TM
NVE	t≤150	N、TM

表 5 高强度级钢的交货状态

钢 级	晶粒细化元素	厚度 t/mm	交 货 状 态
NV A27S NV A32 NV A36	Al 或 Al + Ti	t≤20	AR、NR、N、TM
		20 < t≤35	AR、NR、N、TM
		35 < t≤150	NR、N、TM、QT
	除了 Al 或 Al + Ti 之外	t≤12.5	AR、NR、N、TM
		12.5 < t≤150	NR、N、TM、QT

续表 5

钢　级	晶粒细化元素	厚度 t/mm	交 货 状 态
NV A40	任　意	$t \leqslant 12.5$	AR、NR、N、TM
		$12.5 < t \leqslant 150$	NR、N、TM、QT
NV D27S NV D32 NV D36	Al 或 Al + Ti	$t \leqslant 20$	AR、NR、N、TM
		$20 < t \leqslant 25$	AR、NR、N、TM
		$25 < t \leqslant 150$	NR、N、TM、QT
	除了 Al 或 Al + Ti 之外	$t \leqslant 12.5$	AR、NR、N、TM
		$12.5 < t \leqslant 150$	NR、N、TM、QT
NV D40	任　意	$t \leqslant 150$	NR、N、TM、QT
NV E27S NV E32 NV E36	任　意	$t \leqslant 50$	N、TM、QT
		$50 < t \leqslant 150$	N、TM、QT
NV F27S NV F32 NV F36	任　意	$t \leqslant 150$	N、TM、QT
NV E40 NV F40	任　意	$t \leqslant 150$	N、TM、QT

5　力学性能

5.1　一般强度级船体结构钢的拉伸性能见表 6 的规定。

表 6　一般强度钢的拉伸性能

钢　级	抗拉强度 R_m/MPa	屈服强度 R_{eH}/MPa	断后伸长率 A/%
A、B、D、E	400 ~ 520	≥235	≥22

注：1. 在钢板的 1/4 宽度处取横向试样。

2. 对于厚度大于 40mm 的钢板，拉伸试样可以加工成直径为 10 ~ 20mm（推荐 14mm）的圆形试样。每个圆试样的轴线尽可能位于钢板中央和表面之间的中间处。

5.2　一般强度级船体结构钢的冲击性能见表 7。

表 7　一般强度船体结构钢的冲击性能

钢　级	温度/℃	平均吸收能量 KV_2/J		
		$t \leqslant 50$mm	50mm $< t \leqslant$ 70mm	70mm $< t \leqslant$ 100mm
NVA	20	—	34	41
NVB	0	27		
NVD	-20			
NVE	-40			

注：1. 表列值是全尺寸试样的最小值。小尺寸试样的冲击吸收能量：10mm × 7.5mm 试样为全尺寸试样的 5/6 倍，10mm × 5.0mm 的试样为全尺寸试样的 2/3 倍。

2. 取纵向试样。

3. 当厚度小于等于 40mm 时，试样边部应在距产品表面 2mm 以内的范围内。当厚度大于 40mm 时，试样的纵轴应位于表面和厚度中央之间的中点上。

4. 厚度小于等于 25mm 的 B 级钢一般不要求做夏比 V 型缺口冲击试验。

5. 厚度大于 50mm 的 A 级钢如果采用晶粒细化元素制造并以正火（N）或热机械轧制（TM）状态交货，则不需要做冲击试验。

5.3　一般强度级船体结构钢的冲击试验批量见表8。

表8　一般强度级钢的冲击试验批量

钢　级	厚度 t/mm	批量/t
NVA	$t \leqslant 50$	不要求
	$50 < t \leqslant 150$	50
NVB	$t \leqslant 25$	不要求
	$25 < t \leqslant 150$	50①②
NVD	$t \leqslant 150$	50①②
NVE	$t \leqslant 150$	逐张钢板

① 以正火轧制（NR）状态交货时，厚度大于50mm的钢板最大为25t。

② 以轧制（AR）状态交货时，最大为25t。

5.4　高强度级船体结构钢的拉伸性能见表9。

表9　高强度级钢的拉伸性能

钢　级	抗拉强度 R_m/MPa	屈服强度 R_{eH}/MPa	断后伸长率 A/%
NVA27S ~ NVF27S	400 ~ 530	≥265	≥22
NVA32、NVD32、NVH32、NVF32	440 ~ 570	≥315	≥22
NVA36、NVD36、NVH36、NVF36	470 ~ 620	≥355	≥21
NVA40、NVD40、NVH40、NVF40	510 ~ 650	≥390	≥20

注：1. 在钢板的1/4宽度处取横向试样。

2. 对于厚度大于40mm的钢板，拉伸试样可以加工成直径为10 ~ 20mm（推荐14mm）的圆形试样。每个圆试样的轴线尽可能位于钢板中央和表面之间的中间处。

5.5　高强度级船体结构钢的冲击性能见表10。

表10　高强度级钢的冲击性能

牌　号	试验温度/℃	平均吸收能量 KV_2/J		
		$t \leqslant 50$mm	$50\text{mm} < t \leqslant 70\text{mm}$	$70\text{mm} < t \leqslant 150\text{mm}$
NV A27S NV D27S NV E27S NV F27S	0 -20 -40 -60	≥27	≥34	≥41
NV A32 NV D32 NV E32 NV F32	0 -20 -40 -60	≥31	≥38	≥46
NV A36 NV D36 NV E36 NV F36	0 -20 -40 -60	≥34	≥41	≥50

续表 10

牌　号	试验温度/℃	平均吸收能量 KV_2/J		
		$t \leqslant 50$mm	50mm < $t \leqslant 70$mm	70mm < $t \leqslant 150$mm
NV A40 NV D40 NV E40 NV F40	0 -20 -40 -60	≥41	≥45	≥55

注：1. 表列的是全尺寸试样的最小值。小尺寸试样的冲击吸收能量：10mm×7.5mm 试样为全尺寸试样的 5/6 倍，10mm×5.0mm 的试样为全尺寸试样的 2/3 倍。

2. 取纵向试样。

3. 当厚度小于等于 40mm 时，试样边部应在距产品表面 2mm 以内的范围内。当厚度大于 40mm 时，试样的纵轴应位于表面和厚度中央之间的中点上。

5.6　高强度级船体结构钢的冲击试验批量见表 11。

表 11　高强度级钢的冲击试验批量

钢　级	批量/t
所有强度级别中的 A 和 D	50 吨①②
所有强度级别中的 E 和 F	每块钢板

① 以正火轧制（NR）状态交货，厚度大于 50mm 的钢板最大为 25t。

② 以轧制（AR）状态交货，钢板最大为 25t。

6　其他要求

6.1　拉伸试验的组批规定

每批钢板应出自同一炉钢、同一供货状态，最大和最小厚度间的差不超过 10mm。

6.2　厚度方向性能

在代表同一批次的每个轧件的一端紧靠纵向中心线处取一块样坯。取样位置见图 1，试验频次见表 12。

表 12　Z 向钢的试验频次

w(S) >0.005%	w(S) ≤0.005%
每个轧件（母板）	同一炉号、同一厚度、同一热处理制度不超过 50t

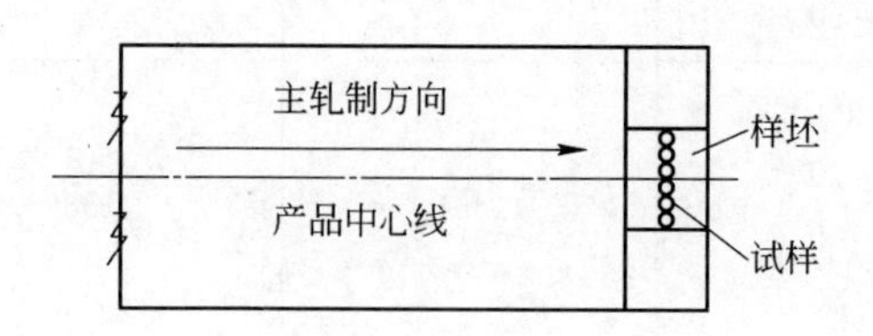

图 1　Z 向钢取样位置示意图

样坯应足够大以便能够制取 6 个试样。先制备 3 个试样，所余试块留做可能进行的复验。

试验结果见表13。

表13　Z向钢的试验结果

厚度方向断面收缩率 Z	Z向性能级别	
	Z25	Z35
3个试样平均值	≥25%	≥35%
单个试样值	≥15%	≥25%

初验、允许复验条件、复验结果合格的条件为：

表13中给出了3个试样的断面平均收缩率，并且收缩率见表中给定的最小平均值的要求。允许一个单值小于该最小平均值，但不得小于规定的最小单值。

如果其结果未符合规定的要求，则对同一坯料的另3个试样进行测验。如果符合下列要求，则应接受本批次产品。

——6个试样的平均值符合规定的最小平均值；

——6个试样的单个值中不能有2个以上单值低于规定的最小平均值；

——6个试样的单个值中不能有1个以上单值低于规定的最小单值。

6.3　超声波检验

对所有产品应以3~5MHz探针频率进行超声波检查。检查根据EN10160 S1/E1级或ASTM A578/A578M C级的要求进行。

第六节 德国船用规范

GL—2009 德国船级社钢质海船入级与建造规范（钢板要求节选）

1 范围

该规范适用于船体建造和其他结构用可焊接的普通强度和高强度热轧钢板。厚度不大于150mm。

2 尺寸、外形及允许偏差

板材、带材、宽带材可以以负偏差交货，或者没有负偏差。如果没有特殊规定，负偏差为0.3mm。

厚度在距离边部至少为25mm的位置上进行测量。

除非订货时另有协议，否则其他偏差应符合EN 10029的有关规定。

3 牌号及化学成分

3.1 一般强度级船体用结构钢，其牌号和化学成分见表1的规定。

表1 一般强度级钢的牌号和化学成分

钢 级	GL-A	GL-B	GL-D	GL-E
脱氧方法	镇静或半镇静(t≤50mm) 镇静(t>50mm)	镇静或半镇静(t≤50mm) 镇静(t>50mm)	镇静或半镇静(t≤25mm) 镇静和细晶粒(t>25mm)	镇静和细晶粒
化学成分(熔炼分析)/%				
C	≤0.21	≤0.21	≤0.21	≤0.18
Mn	≥2.5w(C)	≥0.80	≥0.60	≥0.70
Si	≤0.50	≤0.35	≤0.35	≤0.35
P	≤0.035	≤0.035	≤0.035	≤0.035
S	≤0.035	≤0.035	≤0.035	≤0.035
Cu	0.30	0.30	0.30	0.30
Cr	0.20	0.20	0.20	0.20
Ni	0.40	0.40	0.40	0.40
Mo	0.08	0.08	0.08	0.08
Als	—	—	≥0.015 (t>25mm)	≥0.015
C+Mn/6	≤0.40	≤0.40	≤0.40	≤0.40

注：1. 对B级钢做冲击试验时，Mn的下限可为0.60%。

2. 当任何牌号的钢材以热机械轧制状态交货时，可以允许或要求规定的化学成分有些变动。对于厚度大于50mm的板材，经与GL协商允许规定的化学成分有较小的不同。

3. 对于厚度超过25mm的GL-D钢材及E级钢材，可以用Alt取代Als，此时，Alt不少于0.020%。允许使用其他晶粒细化元素。

4. 生产过程要求加入其他元素时，应在质量证明书上标明其含量。

3.2　高强度级船体用结构钢，其牌号和化学成分、碳当量见表2和表3。

表2　高强度级钢的牌号和化学成分

牌　号	GL-A32、GL-D32、GL-E32 GL-A36、GL-D36、GL-E36 GL-A40、GL-D40、GL-E40	GL-F32 GL-F36 GL-F40
脱 氧 工 艺	镇静钢和细晶粒处理	
化学成分(熔炼分析)/%		
C	≤0.18	≤0.16
Mn	0.90～1.60	0.90～1.60
Si	≤0.50	≤0.50
P	≤0.035	≤0.025
S	≤0.035	≤0.025
Als	≥0.015	0.015
Nb	0.02～0.05	0.02～0.05
V	0.05～0.10	0.05～0.10
Ti	≤0.02(w(Nb+V+Ti)≤0.12)	≤0.02(w(Nb+V+Ti)≤0.12)
Cu	≤0.30	≤0.30
Cr	≤0.20	≤0.20
Ni	≤0.40	≤0.80
Mo	≤0.08	≤0.08
N	—	≤0.009（有铝时，≤0.012）

注：1. 厚度小于等于12.5mm的GL-A32～GL-E40，Mn含量最小为0.70%。

2. Al、Nb、V或Ti可以单独使用，也可以复合使用。如果单独使用，则钢中应含有规定的最小含量。当复合使用时，晶粒细化元素的规定最小含量不再适用。

3. 可以计算Alt取代Als，在这种情况下，Alt不少于0.020%。

4. 当任何牌号的钢材以热机械轧制状态交货时，可以允许或要求规定的化学成分有些变动。对于厚度大于50mm的板材，经与GL协商允许规定的化学成分有较小的不同。

5. 有要求时，利用下面的公式计算出钢包分析的碳当量：

$Ceq = C + Mn/6 + Cr/5 + Mo/5 + V/5 + Ni/15 + Cu/15$。在使用Pcm代替碳当量时，Pcm值必须得到GL的同意。

6. 生产过程要求加入其他元素时，应在质量证明书上标明其含量。

表3　高强度级钢TM轧制时的碳当量

钢　级	TM轧制时碳当量最大值/%	
	t≤50mm	50mm<t≤150mm
GL-A32、GL-D32、GL-E32、GL-F32	0.36	0.38
GL-A36、GL-D36、GL-E36、GL-F36	0.38	0.40
GL-A40、GL-D40、GL-E40、GL-F40	0.40	0.42

4　交货状态（见表4、表5）

表4　一般强度级钢的交货状态

牌　号	厚度范围/mm	交货状态
GL-A	≤50 50＜t≤150	任何状态 正火、正火轧制或热机械轧制①
GL-B	≤50 50＜t≤150	任何状态 正火、正火轧制或热机械轧制①
GL-D	≤35 35＜t≤150	任何状态 正火、正火轧制或热机械轧制
GL-E	≤150	正火或热机械轧制

① 经 GL 的特殊批准，GL-A 和 GL-B 的板材也可以以轧制状态交货。

表5　高强度级钢的交货状态

牌　号	晶粒细化元素	厚度范围/mm	交货状态
GL-A32 GL-A36	Nb 或 V	≤12.5 12.5＜t≤150	任何状态 正火、正火轧制或热机械轧制
	只用 Al 或加 Ti	≤20 20＜t≤35 35＜t≤150	任何状态 任何，但轧制状态需经 GL 特殊批准 正火、正火轧制或热机械轧制
GL-A40	任　何	≤12.5 12.5＜t≤50 50＜t≤150	任何状态 正火、正火轧制或热机械轧制 正火、TM 轧制、淬火＋回火
GL-D32 GL-D36	Nb 或 V	≤12.5 12.5＜t≤150	任何状态 正火、正火轧制或热机械轧制
	只用 Al 或加 Ti	≤20 20＜t≤25 25＜t≤150	任何状态 任何，但轧制状态需经 GL 特殊批准 正火、正火轧制或热机械轧制
GL-D40	任　何	≤50 50＜t≤150	正火、正火轧制或 TM 轧制 正火、TM 轧制、淬火＋回火
GL-E32 GL-E36	任　何	≤50 50＜t≤150	正火或热机械轧制 正火或热机械轧制
GL-E40	任　何	≤150	正火、热机械轧制或淬火＋回火
GL-F32 GL-F36 GL-F40	任　何	≤150	正火、热机械轧制、淬火＋回火

5　力学性能

5.1　一般强度级船体结构钢的拉伸性能见表6。

表 6 一般强度级钢的拉伸性能

钢 级	抗拉强度 R_m/MPa	屈服强度 R_{eH}/MPa	断后伸长率 A/%
GL-A、GL-B、GL-D、GL-E	400~520	≥235	≥22

注：1. 在钢板的 1/4 宽度处取横向试样。

2. 对于厚度大于 40mm 的钢板，拉伸试样可以加工成直径为 10~20mm 的圆形试样。每个圆试样的轴线尽可能位于钢板中央和表面之间的中间处。

5.2 一般强度级船体结构钢的冲击性能见表 7。

表 7 一般强度级钢的冲击性能

<table>
<tr><th rowspan="2">钢 级</th><th rowspan="2">温度/℃</th><th colspan="6">平均吸收能量 KV_2/J</th></tr>
<tr><th colspan="2">t≤50mm</th><th colspan="2">50mm<t≤70mm</th><th colspan="2">70mm<t≤150mm</th></tr>
<tr><td>GL-A</td><td>20</td><td>—</td><td>—</td><td rowspan="4">34</td><td rowspan="4">24</td><td rowspan="4">41</td><td rowspan="4">27</td></tr>
<tr><td>GL-B</td><td>0</td><td rowspan="3">27</td><td rowspan="3">20</td></tr>
<tr><td>GL-D</td><td>-20</td></tr>
<tr><td>GL-E</td><td>-40</td></tr>
</table>

注：1. 表列值是全尺寸试样的最小值。小尺寸试样的冲击吸收能量：10mm×7.5mm 试样为全尺寸试样的 5/6 倍，10mm×5.0mm 的试样为全尺寸试样的 2/3 倍。

2. 取纵向试样。但生产厂必须保证横向试样的要求。

3. 当厚度小于等于 40mm 时，试样边部应在距产品表面 2mm 以内的范围内。当厚度大于 40mm 时，试样的纵轴应位于表面和厚度中央之间的中点上。

4. 厚度小于等于 25mm 的 GL-B 级钢一般不要求做夏比 V 型缺口冲击试验。

5. 厚度大于 50mm 的 GL-A 级钢如果采用晶粒细化元素制造并以正火（N）或热机械轧制（TM）状态交货，则不需要做冲击试验。TM 轧制的钢材也可以不进行缺口冲击试验，但需经 GL 同意。

5.3 一般强度级船体结构钢的交货状态和冲击试验批量见表 8 的规定。

表 8 一般强度级钢的交货状态和冲击试验批量

<table>
<tr><th rowspan="3">牌 号</th><th rowspan="3">脱 氧 工 艺</th><th colspan="5">交货状态(冲击试验的批量)/t①</th></tr>
<tr><th colspan="5">产品厚度 t/mm</th></tr>
<tr><th>≤12.5</th><th>>12.5~25</th><th>>25~35</th><th>>35~50</th><th>>50~150</th></tr>
<tr><td>GL-A</td><td>t≤50mm：沸腾钢以外的任何工艺；
t>50mm：镇静钢</td><td colspan="4">A(-)</td><td>N(-)、TM(50)、
TM(-)②、NW(50)、
W*(50)</td></tr>
<tr><td>GL-B</td><td>t≤50mm：沸腾钢以外的任何工艺；
t>50mm：镇静钢</td><td colspan="2">A(-)</td><td colspan="2">A(50)</td><td>N(50)、TM(50)、
NW(25)、W*(25)</td></tr>
<tr><td rowspan="2">GL-D</td><td>镇静钢</td><td colspan="2">A(50)</td><td colspan="3">—</td></tr>
<tr><td>全脱氧和细晶粒处理</td><td colspan="3">A(50)</td><td>N(50)、
NW(50)、
TM(50)</td><td>N(50)、
TM(50)、
NW(25)</td></tr>
<tr><td>GL-E</td><td>全镇静和细晶粒处理</td><td colspan="5">N（每个轧制长度）、TM（每个轧制长度）</td></tr>
</table>

① A—任何状态；N—正火；NW—正火轧制状态；TM—热机械轧制状态；W*—经 GL 特殊批准的热轧状态。

② 需经 GL 特殊批准。

5.4　高强度级船体结构钢的拉伸性能见表9。

表9　高强度级钢的拉伸性能

等　级	抗拉强度 R_m/MPa	屈服强度 R_{eH}/MPa	断后伸长率 A/%
GL-A32 GL-D32 GL-E32 GL-F32	440 ~ 570	≥315	≥22
GL-A36 GL-D36 GL-E36 GL-F36	490 ~ 630	≥355	≥21
GL-A40 GL-D40 GL-E40 GL-F40	510 ~ 660	≥390	≥20

注：1. 在钢板的1/4 宽度处取横向试样。

2. 对于厚度大于40mm 的钢板，拉伸试样可以加工成直径为10 ~ 20mm 的圆形试样。每个圆试样的轴线尽可能位于钢板中央和表面之间的中间处。

5.5　高强度级船体结构钢的冲击性能见表10。

表10　高强度级钢的冲击性能

钢 级	温度/℃	平均吸收能量 KV_2/J					
		t≤50mm		50mm < t≤70mm		70mm < t≤150mm	
		纵 向	横 向	纵 向	横 向	纵 向	横 向
GL-A32	0	31	22	38	26	46	31
GL-D32	-20						
GL-E32	-40						
GL-F32	-60						
GL-A36	0	34	24	41	27	50	34
GL-D36	-20						
GL-E36	-40						
GL-F36	-60						
GL-A40	0	41	27	46	31	55	37
GL-D40	-20						
GL-E40	-40						
GL-F40	-60						

注：1. 表列值是全尺寸试样的最小值。小尺寸试样的冲击吸收能量：10mm ×7.5mm 试样为全尺寸试样的5/6 倍，10mm ×5.0mm 的试样为全尺寸试样的2/3 倍。

2. 取纵向试样。但生产厂必须保证横向试样的要求。

3. 当厚度小于等于40mm 时，试样边部应在距产品表面2mm 以内的范围内。当厚度大于40mm 时，试样的纵轴应位于表面和厚度中央之间的中点上。

5.6　高强度级船体结构钢的交货状态和冲击试验批量见表11。

表11　高强度级钢的交货状态和冲击试验批量

牌　号	脱氧工艺	晶粒细化元素	交货状态（冲击试验批量/t）					
			产品厚度/mm					
			≤12.5	>12.5~20	>20~25	>25~35	>35~50	>50~150
GL-A32 GL-A36	全镇静和细晶粒处理	Nb或V	A(50)	N(50),NW(50),TM(50)				N(50), NW(50),TM(50)
		仅Al或Al和Ti	A（50）		W＊(25)		—	
					N(50),NW(50),TM(50)			N(50), NW(25),TM(50)
GL-A40	全镇静和细晶粒处理	任　何	A(50)	N(50),NW(50),TM(50)				N(50),TM(50), V(每个热处理批次)
GL-D32 GL-D36	全镇静和细晶粒处理	Nb或V	A(50)	N(50),NW(50),TM(50)				—
		仅Al或Al和Ti	A(50)		W＊(25)	—		
					N(50),NW(50),TM(50)			N(50),NW(25), TM(50)
GL-D40	全镇静和细晶粒处理	任　何	N(50),NW(50),TM(50)					N(50),TM(50), V(每个热处理批次)
GL-E32 GL-E36	全镇静和细晶粒处理	任何	N(每个轧制长度),TM(每个轧制长度)					
GL-E40	全镇静和细晶粒处理	任　何	N(每个轧制长度),TM(每个轧制长度),V(每个热处理批次)					
GL-F32 GL-F36	全镇静和细晶粒处理	任　何	N(每个轧制长度),TM(每个轧制长度),V(每个热处理批次)					
GL-E40	全镇静和细晶粒处理	任　何	N(每个轧制长度),TM(每个轧制长度),V(每个热处理批次)					

注：1. A—任何状态；N—正火状态；NW—正火轧制状态；TM—热机械轧制状态；V—淬火加回火；W＊—热轧＋回火。

2. 如果抽查得到合格的试验结果，经GL的同意，对GL-A32、GL-A36可放宽冲击试验次数要求。

6　其他要求

6.1　拉伸试验的组批规定

每批钢板应出自同一炉钢、同一供货状态，最大和最小厚度间的差不超过10mm。

6.2　厚度方向性能

在代表同一批次的每个轧件的一端紧靠纵向中心线处取一块样坯。取样位置见图1，试验频次见表12。

表 12　Z 向钢的试验频次

$w(S)>0.005\%$	$w(S)\leqslant 0.005\%$
每个轧件（母板）	同一炉号、同一厚度、同一热处理制度不超过 50t

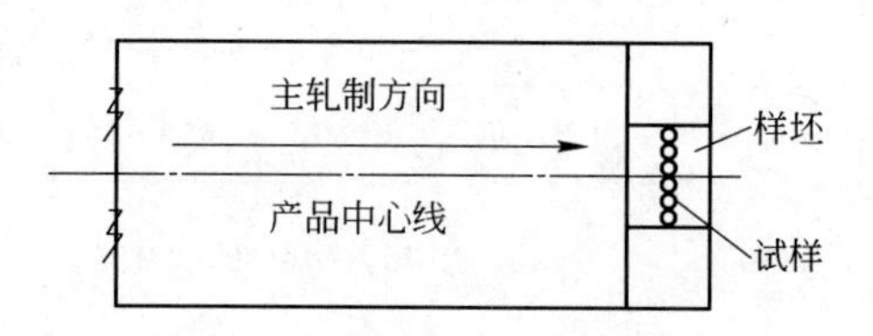

图 1　Z 向钢取样位置示意图

样坯应足够大以便能够制取 6 个试样。先制备 3 个试样，所余试块留做可能进行的复验。

试验结果见表 13。

表 13　Z 向钢的试验结果

厚度方向断面收缩率 Z	Z 向性能级别	
	Z25	Z35
3 个试样平均值	≥25%	≥35%
单个试样值	≥15%	≥25%

初验、允许复验条件、复验结果合格的条件见图 2。

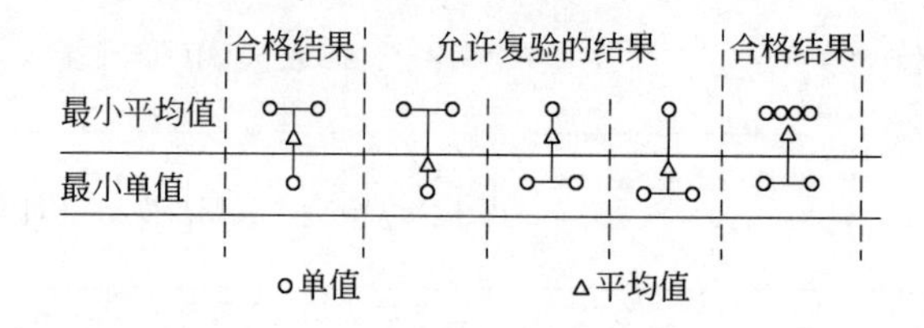

图 2　Z 向钢初验、复验条件

6.3　超声波检验

按照 GL 批准的标准如 EN 10160 进行超声波检验。订货时，就要规定该项检验的质量等级。

第七节　韩国船用规范

KR—2011 韩国船级社船用钢材入级规范（钢板要求节选）

1　范围

该规范适用于船体结构用的厚度不超过100mm的轧制钢板。

2　尺寸、外形及允许偏差

厚度允许负偏差为0.3mm。厚度的正偏差见KS标准或专有标准。但是对于厚度小于5mm的钢板，所允许的厚度负偏差可以与本船级社特别商定。

长度、宽度和平直度的公差见与本船级社特别商定的公认的国内和国际的标准。

厚度在距离边部至少为10mm的位置上进行测量。

3　牌号及化学成分

3.1　一般强度级船体用结构钢，其牌号和化学成分见表1。

表1　一般强度级钢的牌号和化学成分

钢级	A	B	D	E
脱氧方法	镇静或半镇静(t≤50mm) 镇静(t>50mm)	镇静或半镇静(t≤50mm) 镇静(t>50mm)	镇静或半镇静(t≤25mm) 镇静和细晶粒(t>25mm)	镇静和细晶粒
化学成分(熔炼分析)④⑤/%				
C	≤0.21	≤0.21	≤0.21	≤0.18
Mn	≥2.5w(C)	≥0.80①	≥0.60	≥0.70
Si	≤0.50	≤0.35	≤0.35	≤0.35
P	≤0.035	≤0.035	≤0.035	≤0.035
S	≤0.035	≤0.035	≤0.035	≤0.035
Als	—	—	≥0.015②③	≥0.015②③
Ni	≤0.30	≤0.30	≤0.30	≤0.30
Cr	≤0.30	≤0.30	≤0.30	≤0.30
Mo	—	—	—	—
Cu	≤0.35	≤0.35	≤0.35	≤0.35
C+Mn/6	≤0.40	≤0.40	≤0.40	≤0.40

① 当B级钢做冲击试验时，其最低Mn含量可为0.60%。

② 对t>25mm的D级钢适用。

③ 对t>25mm的D级钢和E级钢，可采用Alt来代替Als含量的要求；此时，Alt应不小于0.020%。经KR同意，也可使用其他细化晶粒元素。

④ 在钢材的冶炼过程中添加的任何其他元素，应在材料证书上注明。

⑤ 对于厚度大于50mm和采用热机械轧制方法的钢板，钢的化学成分可以在本船级社认可的条件下进行小的修改。

3.2　高强度级船体用结构钢，其牌号和化学成分、碳当量见表2。

表2　高强度级钢的牌号和化学成分

<table>
<tr><th rowspan="2">钢级</th><th rowspan="2">厚度
t/mm</th><th rowspan="2">脱氧
方式</th><th colspan="14">化学成分(熔炼分析)/%</th></tr>
<tr><th>C</th><th>Si</th><th>Mn</th><th>P</th><th>S</th><th>Cu</th><th>Cr</th><th>Ni</th><th>Mo</th><th>Al</th><th>Nb</th><th>V</th><th>Ti</th><th>N</th></tr>
<tr><td>AH32</td><td rowspan="6">t≤100</td><td rowspan="12">镇静并
细晶粒
处理</td><td rowspan="9">≤0.18</td><td rowspan="12">≤0.50</td><td rowspan="9">0.90～1.60</td><td rowspan="9">≤0.035</td><td rowspan="9">≤0.035</td><td rowspan="12">≤0.35</td><td rowspan="12">≤0.20</td><td rowspan="9">≤0.40</td><td rowspan="12">≤0.08</td><td rowspan="12">≥0.015</td><td rowspan="12">0.02～0.05</td><td rowspan="12">0.05～0.10</td><td rowspan="12">≤0.02</td><td rowspan="9">—</td></tr>
<tr><td>DH32</td></tr>
<tr><td>EH32</td></tr>
<tr><td>AH36</td></tr>
<tr><td>DH36</td></tr>
<tr><td>EH36</td></tr>
<tr><td>AH40</td><td rowspan="6">t≤50</td></tr>
<tr><td>DH40</td></tr>
<tr><td>EH40</td></tr>
<tr><td>FH32</td><td rowspan="3">≤0.16</td><td rowspan="3">0.90～1.60</td><td rowspan="3">≤0.025</td><td rowspan="3">≤0.025</td><td rowspan="3">≤0.80</td><td rowspan="3">≤0.009</td></tr>
<tr><td>EH36</td></tr>
<tr><td>FH40</td></tr>
</table>

注：1. 厚度小于等于12.5mm的AH32～EH40，Mn的最小含量为0.70%。
2. 可以采用Alt来代替Als，此时，Alt应不小于0.020%。
3. 钢厂可以将细化晶粒元素（Al、Nb、V等）单独或以任一组合形式加入钢中。当单独加入时，其含量应不低于表列值；若混合加入两种以上细化晶粒元素时，则表中对单一元素含量下限的规定不适用。
4. $w(Nb+V+Ti) \leqslant 0.12\%$。
5. 在钢材的冶炼过程中添加的任何其他元素，应在材料证书上注明。
6. 对于TMCP钢，每个牌号的碳当量值（Ceq值）和裂纹敏感性指数（Pcm）值由本船级社决定。
7. 对于厚度大于50mm和采用热机械轧制方法的钢板，钢的化学成分可以在本船级社认可的条件下进行小的修改。

4　交货状态

热轧钢材以热轧、控轧、正火轧制、正火、TMCP（热机械轧制）、淬火加回火等状态交货。

5　力学性能

5.1　一般强度级船体结构钢的拉伸性能见表3。

表3　一般强度级钢的拉伸性能

钢　级	抗拉强度 R_m/MPa	屈服强度 R_{eH}/MPa	断后伸长率 A/%
A、B、D、E	400～520	≥235	≥22

注：1. 在钢板的1/4宽度处取横向试样。
2. 对于厚度大于40mm的钢板，拉伸试样可以加工成圆形试样。每个圆试样的轴线尽可能位于钢板中央和表面之间的中间处。

5.2　一般强度级船体结构钢的冲击性能见表4。

表 4　一般强度级钢的冲击性能

钢 级	温度/℃	平均吸收能量 KV_2/J					
		t≤50mm		50mm < t≤70mm		70mm < t≤100mm	
		纵 向	横 向	纵 向	横 向	纵 向	横 向
A	20	—	—	—	—	—	—
B	0						
D	-20	27	20	34	24	41	27
E	-40						

注：1. 表列值是全尺寸试样的最小值。小尺寸试样的冲击吸收能量：10mm×7.5mm 试样为全尺寸试样的 5/6 倍，10mm×5.0mm 的试样为全尺寸试样的 2/3 倍。
2. 除订货方或 KR 要求外，一般仅做纵向试验。
3. 对于 ARS 或者 CRS 热处理的厚度大于 50mm 的 A 级钢，可以要求进行冲击试验。这时平均吸收能要达到 B 级钢的要求。
4. 对厚度不大于 25mm 的 B 级钢，可不做冲击试验。
5. 对于 A 牌号的所有厚度，可以超过规定的抗拉强度的上限。
6. 当厚度小于等于 40mm 时，试样边部应在距产品表面 2mm 以内的范围内。当厚度大于 40mm 时，试样的纵轴应位于表面和厚度中央之间的中点上。

5.3　一般强度级船体结构钢的交货状态和冲击试验批量见表 5。

表 5　一般强度级钢的交货状态和冲击试验批量

牌 号	脱氧工艺	产 品	交货状态和冲击试验的批量（t）				
			产品厚度/mm				
			≤12.5	>12.5~25	>25~35	>35~50	>50~100
A	半镇静钢	全 部	AR(-)				—
	镇 静	板 材	AR(-)				N(-)TMCP(-),CRS(50),ARS(50)
B	镇静钢	板 材	AR(-)		AR(50)		TMCP(50),N(50),CRS(25),ARS(25)
D	镇静钢	全 部	AR(50)		TMCP(50),N(50),CR(50)		—
	细晶粒处理	板 材	AR(50)			TMCP(50),N(50),CR(50)	TMCP(50),N(50),CRS(25)
E	镇静和细晶粒处理	板 材	TMCP(P),N(P)				

注：1. AR—轧制状态；N—正火状态；CR—控制轧制状态；TMCP—热机械轧制状态；ARS—需要本船级社特别批准的轧制状态；CRS—需要本船级社特别批准的控制轧制状态。
2. 可以用 TMCP、N 或 CR，取代 AR 状态。在这种情况下，钢材处理的批量与 AR 状态的处理相当。

5.4 高强度级船体结构钢的拉伸性能见表6。

表6 高强度级钢的拉伸性能

等 级	抗拉强度 R_m/MPa	屈服强度 R_{eH}/MPa	断后伸长率 A/%
AH32、DH32、EH32、FH32	440~570	≥315	≥22
AH36、DH36、EH36、FH36	490~630	≥355	≥21
AH40、DH40、EH40、FH40	510~650	≥390	≥20

注：1. 在钢板的1/4宽度处取横向试样。

2. 对于厚度大于19mm的钢板，拉伸试样可以加工成圆形试样。每个圆试样的轴线尽可能位于钢板中央和表面之间的中间处。

5.5 高强度级船体结构钢的冲击性能见表7。

表7 高强度级钢的冲击性能

<table>
<tr><th rowspan="3">钢 级</th><th rowspan="3">温度/℃</th><th colspan="6">平均吸收能量 KV_2/J</th></tr>
<tr><th colspan="2">t≤50mm</th><th colspan="2">50mm<t≤70mm</th><th colspan="2">70mm<t≤100mm</th></tr>
<tr><th>纵 向</th><th>横 向</th><th>纵 向</th><th>横 向</th><th>纵 向</th><th>横 向</th></tr>
<tr><td>AH32</td><td rowspan="3">0</td><td>31</td><td>22</td><td>38</td><td>26</td><td>46</td><td>31</td></tr>
<tr><td>AH36</td><td>34</td><td>24</td><td>41</td><td>27</td><td>50</td><td>34</td></tr>
<tr><td>AH40</td><td>39</td><td>26</td><td>46</td><td>31</td><td>55</td><td>37</td></tr>
<tr><td>DH32</td><td rowspan="3">-20</td><td>31</td><td>22</td><td>38</td><td>26</td><td>46</td><td>31</td></tr>
<tr><td>DH36</td><td>34</td><td>24</td><td>41</td><td>27</td><td>50</td><td>34</td></tr>
<tr><td>DH40</td><td>39</td><td>26</td><td>46</td><td>31</td><td>55</td><td>37</td></tr>
<tr><td>EH32</td><td rowspan="3">-40</td><td>31</td><td>22</td><td>38</td><td>26</td><td>46</td><td>31</td></tr>
<tr><td>EH36</td><td>34</td><td>24</td><td>41</td><td>27</td><td>50</td><td>34</td></tr>
<tr><td>EH40</td><td>39</td><td>26</td><td>46</td><td>31</td><td>55</td><td>37</td></tr>
<tr><td>FH32</td><td rowspan="3">-60</td><td>31</td><td>22</td><td>38</td><td>26</td><td>46</td><td>31</td></tr>
<tr><td>FH36</td><td>34</td><td>24</td><td>41</td><td>27</td><td>50</td><td>34</td></tr>
<tr><td>FH40</td><td>39</td><td>26</td><td>46</td><td>31</td><td>55</td><td>37</td></tr>
</table>

注：1. 表列值是全尺寸试样的最小值。小尺寸试样的冲击吸收能量：10mm×7.5mm试样为全尺寸试样的5/6倍，10mm×5.0mm的试样为全尺寸试样的2/3倍。

2. 除订货方或KR有要求外，冲击试验一般仅做纵向试验。

3. 当厚度小于等于40mm时，试样边部应在距产品表面2mm以内的范围内。当厚度大于40mm时，试样的纵轴应位于表面和厚度中央之间的中点上。

5.6 高强度级船体结构钢的交货状态和冲击试验批量见表8。

表8 高强度级钢的交货状态和冲击试验批量

<table>
<tr><th rowspan="3">牌 号</th><th rowspan="3">晶粒细化元素</th><th colspan="6">交货状态和冲击试验的批量（t）</th></tr>
<tr><th colspan="6">产品厚度/mm</th></tr>
<tr><th>≤12.5</th><th>>12.5~20</th><th>>20~25</th><th>>25~35</th><th>>35~50</th><th>>50~100</th></tr>
<tr><td rowspan="3">AH32
AH36</td><td>Nb和/或V</td><td>AR(50)</td><td colspan="4">TMCP(50),N(50),CR(50)</td><td>TMCP(50),N(50),CR(25)</td></tr>
<tr><td rowspan="2">仅Al或Al和Ti</td><td colspan="2" rowspan="2">AR(50)</td><td colspan="2">ARS(50)</td><td colspan="2"></td></tr>
<tr><td colspan="3">TMCP(50),N(50),CR(50)</td><td>TMCP(50),N(50),CR(25)</td></tr>
</table>

续表 8

<table>
<tr><td rowspan="3">牌 号</td><td rowspan="3">晶粒细化元素</td><td colspan="6">交货状态和冲击试验的批量（t）</td></tr>
<tr><td colspan="6">产品厚度/mm</td></tr>
<tr><td>≤12.5</td><td>>12.5~20</td><td>>20~25</td><td>>25~35</td><td>>35~50</td><td>>50~100</td></tr>
<tr><td rowspan="3">DH32
DH36</td><td>Nb 和/或 V</td><td>AR(50)</td><td colspan="4">TMCP(50),N(50),CR(50)</td><td>TMCP(50),N(50),CR(25)</td></tr>
<tr><td rowspan="2">仅 Al 或 Al 和 Ti</td><td colspan="2" rowspan="2">AR(50)</td><td>ARS(25)</td><td colspan="3"></td></tr>
<tr><td colspan="3">TMCP(50),N(50),CR(50)</td><td>TMCP(50),N(50),CRS(25)</td></tr>
<tr><td>EH32
EH36</td><td>任 何</td><td colspan="6">TMCP(P),N(P)</td></tr>
<tr><td>FH32
FH36</td><td>任 何</td><td colspan="6">TMCP(P),N(P),QT(P)</td></tr>
<tr><td>AH40</td><td>任 何</td><td>AR(50)</td><td colspan="4">TMCP(50),N(50),CR(50)</td><td>TMCP(50),N(50),QT(P)</td></tr>
<tr><td>DH40</td><td>任 何</td><td colspan="5">TMCP(50),N(50),CR(50)</td><td>TMCP(50),N(50),QT(P)</td></tr>
<tr><td>EH40</td><td>任 何</td><td colspan="6">TMCP(P),N(P),QT(P)</td></tr>
<tr><td>FH40</td><td>任 何</td><td colspan="6">TMCP(P),N(P),QT(P)</td></tr>
</table>

注：1. AR—轧制状态；N—正火状态；CR—控轧状态；TMCP—热机械轧制状态；ARS—需要本船级社特别批准的轧制状态；CRS—需要本船级社特别批准的控制轧制状态。

2. 可以用 TMCP、N 或 CR，取代 AR 状态。在这种情况下，钢材处理的批量与 AR 状态的处理相当。

6 其他要求

6.1 拉伸试验的组批规定

除非由本船级社特别认可，选取的拉伸试验样坯，钢材的重量不大于 50t（厚度的差异应小于 10mm，并属于同一炉、同一生产工艺），在每一批钢材中选择厚度和直径最大的样坯。

6.2 厚度方向性能

在代表同一批次的每个轧件的一端紧靠纵向中心线处取一块样坯。取样位置见图 1，试验频次见表 9。

表 9　Z 向钢的试验频次

$w(S) > 0.005\%$	$w(S) \leq 0.005\%$
每个轧件（母板）	同一炉号、同一厚度、同一热处理制度不超过 50t

样坯应足够大以便能够制取 6 个试样。先制备 3 个试样，所余试块留做可能进行的复验。试验结果见表 10。

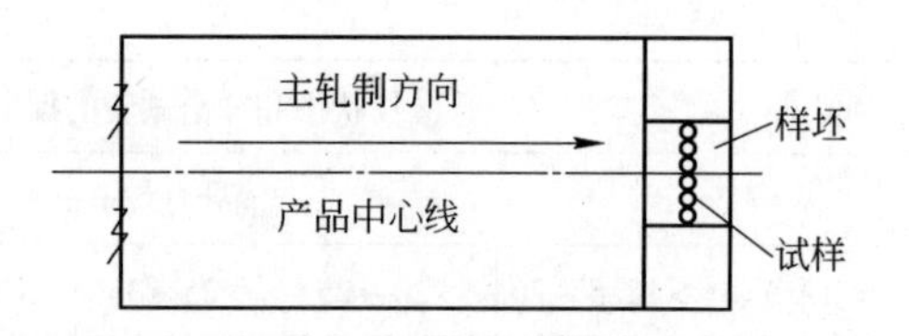

图 1　Z 向钢取样位置示意图

表 10　Z 向钢的试验结果

厚度方向断面收缩率 Z	Z 向性能级别	
	Z25	Z35
3 个试样平均值	≥25%	≥35%
单个试样值	≥15%	≥25%

初验、允许复验条件、复验结果合格的条件见图 2。

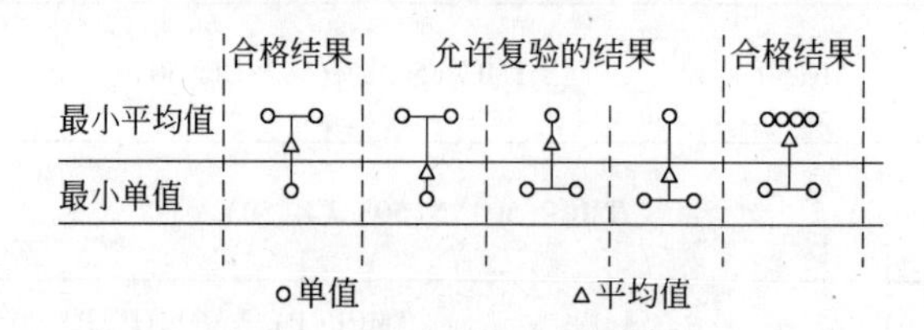

图 2　Z 向钢初验、复验条件

6.3　超声波检验

如果订单中要求板材及扁平钢有超声波探伤，或本船级社有相关的要求，依据一个可接受的标准，要由本船社来确定测试步骤及接受标准。但原则上探头的频率应为 4MHz。

第八节　英国船用规范

LR—2010 英国船级社钢质海船入级与建造规范（钢板要求节选）

1　范围

该规范适用于船体建造和其他结构用可焊接的普通强度和高强度热轧钢板。普通强度级和高强度级钢板的厚度不大于100mm。

2　尺寸、外形及允许偏差

钢板、钢带的厚度负偏差应不超过0.3mm。

在个别情况下，船厂和船东可同意要求更严格的负偏差。

钢材的长度、宽度、板形和厚度正偏差见国家标准或国际标准的规定。

厚度在距离边部至少为10mm的位置上进行测量。

3　牌号及化学成分

3.1　一般强度级船体用结构钢，其牌号和化学成分见表1。

表1　一般强度级钢的牌号和化学成分

钢 级	A	B	D	E
脱氧方法	镇静或半镇静(t≤50mm) 镇静(t>50mm)	镇静或半镇静(t≤50mm) 镇静(t>50mm)	镇静或半镇静(t≤25mm) 镇静和细晶粒(t>25mm)	镇静和细晶粒
化学成分(熔炼分析)③④/%				
C	≤0.21	≤0.21	≤0.21	≤0.18
Mn	≥2.5w(C)	≥0.80①	≥0.60	≥0.70
Si	≤0.50	≤0.35	0.10 ~ ≤0.35	0.10 ~ 0.35
P	≤0.035	≤0.035	≤0.035	≤0.035
S	≤0.035	≤0.035	≤0.035	≤0.035
Als	—	—	≥0.015②	≥0.015②
Ni	≤0.30	≤0.30	≤0.30	≤0.30
Cr	≤0.30	≤0.30	≤0.30	≤0.30
Mo	—	—	—	—
Cu	≤0.35	≤0.35	≤0.35	≤0.35
C + Mn/6	≤0.40	≤0.40	≤0.40	≤0.40

① 当B级钢做冲击试验时，其最低Mn含量可为0.60%。

② 可采用Alt来代替Als；此时，Alt应不小于0.020%。

③ 对于厚度大于等于50mm的E级钢及采用热机械轧制（TM）状态交货的各级钢，经同意后，化学成分可以不同于表中规定。

④ 在钢材的冶炼过程中添加的任何其他元素，应在材料证书上注明。

3.2　高强度级船体用结构钢，其牌号和化学成分、碳当量见表 2 和表 3。

表 2　高强度级钢的牌号和化学成分

钢　级		
AH27S、DH27S、EH27S、AH32、AH36、AH40、DH32、DH36、DH40、EH32、EH36、EH40		FH27S、FH32、FH36、FH40
化学成分(熔炼分析)/%		
C	≤0.18	≤0.16
Mn	0.90 ~ 1.60	0.90 ~ 1.60
Si	≤0.50	≤0.50
P	≤0.035	≤0.025
S	≤0.035	≤0.025
Als	≥0.015	≥0.015
Nb	0.02 ~ 0.05	0.02 ~ 0.05
V	0.05 ~ 0.10	0.05 ~ 0.10
Ti	≤0.02	≤0.02
Cu	≤0.35	≤0.35
Cr	≤0.20	≤0.20
Ni	≤0.40	≤0.80
Mo	≤0.08	≤0.08
N	—	≤0.009（0.012，如果有 Al）

注：1. 厚度小于等于 12.5mm 的 AH32 ~ AH40，Mn 的最小含量为 0.70%。

2. 可以采用 Alt 来代替 Als，此时，Alt 应不小于 0.020%。

3. 钢厂可以将细化晶粒元素（Al、Nb、V 等）单独或以任一组合形式加入钢中。当单独加入时，其含量应不低于表列值；若组合加入细化晶粒元素，则表中对单一元素含量下限的规定不适用。

4. $w(Nb + V + Ti) \leq 0.12\%$。

5. 在钢材的冶炼过程中添加的任何其他元素，应在材料证书上注明。

6. 厚度超过 50mm 的 EH36、EH40、FH36、FH40 级钢，及采用热机械轧制（TM）状态交货的各级钢，经同意后，化学成分可以不同于表中规定。

表 3　高强度级钢 TM 轧制时碳当量

钢　级	TM 轧制时碳当量最大值/%	
	$t \leq 50$mm	50mm $< t \leq$ 100mm
AH27S、DH27S、EH27S、FH27S	0.36	0.38
AH32、DH32、EH32、FH32	0.36	0.38
AH36、DH36、EH36、FH36	0.38	0.40
AH40、DH40、EH40、FH40	0.40	0.42

4　交货状态（见表4、表5）

表4　一般强度钢的交货状态

钢　级	厚度/mm	供货状态
A、B	≤50	任意①
	>50~100	N、NR、TM②
D	≤35	任意①
	>35~100	N、NR、TM
E	≤100	N、TM

① N—正火；NR—正火轧制；TM—热机械轧制。“任意”包括热轧、正火、正火轧制和热机械轧制状态。

② 只要经过劳氏船级社专门认可，钢板可以热轧状态供货。

表5　高强度级钢的交货状态

钢　级	晶粒细化方法①	厚度范围/mm	交货状态②
AH27S AH32 AH36	Al 或 Al+Ti	≤20 >20~100	AR、N、NR、TM N、NR、TM③
	Nb 或 V 或 Al+Nb 或 Al+V 或 Al+(Ti)+(Nb 或 V)	≤12.5 >12.5~100	AR、N、NR、TM N、NR、TM
AH40	任意	≤12.5 >12.5~50 >50~100	AR、N、NR、TM N、NR、TM N、TM、QT
DH27S DH32 DH36	Al 或 Al+Ti	≤20 >20~100	AR、N、NR、TM N、NR、TM④
	Nb 或 V 或 Al+Nb 或 Al+V 或 Al+(Ti)+(Nb 或 V)	≤12.5 >12.5~100	AR、N、NR、TM N、NR、TM
DH40	任意	≤50 >50~100	N、NR、TM N、TM、QT
EH27S、EH32 EH36	任意	≤100	N、TM
EH40	任意	≤100	N、TM、QT
FH27S、FH32 FH36、FH40	任意	≤100	N、TM、QT

① 不论单用一种或组合加入晶粒细化元素，均应取得材料和无损检验部门的认可。

② AR—热轧；N—正火；NR—正火轧制；TM—热机械轧制；QT—淬火加回火。

③ 在劳氏船级社认可的情况下，厚度小于或等于35mm的钢材可以热轧状态交货。

④ 在劳氏船级社认可的情况下，厚度小于或等于25mm的钢材可以热轧状态交货。

5　力学性能

5.1　一般强度级船体结构钢的拉伸性能见表6。

表6 一般强度级钢的拉伸性能

钢 级	抗拉强度 R_m/MPa	屈服强度 R_{eH}/MPa	断后伸长率 A/%
A、B、D、E	400~520	235	22

注：1. 在钢板的1/4宽度处取横向试样。

2. 对于厚度大于40mm的钢板，拉伸试样可以加工成圆形试样。每个圆试样的轴线尽可能位于钢板中央和表面之间的中间处，试样的直径为14mm。

5.2 一般强度级船体结构钢的冲击性能见表7。

表7 一般强度级钢的冲击性能

钢 级	温度/℃	平均吸收能量 KV_2/J					
		t≤50mm		50mm<t≤70mm		70mm<t≤100mm	
		纵 向	横 向	纵 向	横 向	纵 向	横 向
A	20	27	20	34	24	41	27
B	0						
D	-20						
E	-40						

注：1. 表列值是全尺寸试样的最小值。小尺寸试样的冲击吸收能量：10mm×7.5mm试样为全尺寸试样的5/6倍，10mm×5.0mm的试样为全尺寸试样的2/3倍。

2. 除特殊要求外冲击试验一般仅做纵向试验，但钢厂应采取措施保证钢材的横向冲击性能。验船师可要求进行横向试验以证明是合格的。

3. 当厚度小于等于40mm时，试样边部应在距产品表面2mm以内的范围内。当厚度大于40mm时，试样的纵轴应位于表面和厚度中央之间的中点上。

4. 如供货状态不是炉内正火，对厚度大于或等于25mm的B级钢板，及厚度大于或等于12mm的D级钢板，当一组力学性能试验平均值小于40J时，应从同批材料中另选取两组试样再做试验。如果任一组试验结果平均值仍达不到40J，则对该炉罐生产出的每一独立单件均应做试验。

5.3 一般强度级船体结构钢的交货状态和冲击试验批量。

A级钢，厚度小于等于50mm；N/TM，并经细化晶粒处理，厚度小于等于100mm时，不需做冲击试验。但钢厂应每生产250t做一次+20℃试验，冲击功达到27J的要求并报告。

A级，NR，或厚度大于50mm而经特别认可的AR，每50t一批。

B级，厚度小于等于25mm，一般不需要做冲击试验。但钢厂应每生产250t做一次试验。

B级，厚度大于25mm，AR/NR，每25t一批。

B级，厚度大于25mm，N/TM，每50t一批。

D级，AR/NR，每25t一批。

D级，N/TM，每50t一批。

E级，每个单件为一批。

5.4 高强度级船体结构钢的拉伸性能见表8。

表8　高强度级钢的拉伸性能

等　级	抗拉强度 R_m/MPa	屈服强度 R_{eH}/MPa	断后伸长率 A/%
AH27S、DH27S、EH27S、FH27S	400～530	265	22
AH32、DH32、EH32、FH32	440～570	315	22
AH36、DH36、EH36、FH36	490～630	355	21
AH40、DH40、EH40、FH40	510～650	390	20

注：1. 在钢板的1/4宽度处取横向试样。

2. 对于全厚度试样，若试验机能力不足时，可对一个轧制面进行加工减薄；当钢板厚度大于40mm时，可取圆形试样，此时试样的轴线应位于钢材1/4厚度处，试样的直径为14mm。

3. 对于AH36、DH36、EH36和FH36级钢，在采用热机械轧制，单独采用Nb、Ti或V等晶粒细化元素而非几种组合使用，并且屈服强度/抗拉强度不大于0.89时，经劳氏船级社特殊认可，最低抗拉强度可以减至470MPa。对于厚度小于等于12mm的钢板要特别考虑屈强比值。

5.5　高强度级船体结构钢的冲击性能见表9。

表9　高强度级钢的冲击性能

钢　级	温度/℃	平均吸收能量 KV_2/J					
		t≤50mm		50mm＜t≤70mm		70mm＜t≤100mm	
		纵　向	横　向	纵　向	横　向	纵　向	横　向
AH27S AH32 AH36 AH40	0	27 31 34 39	20 22 24 26	34 38 41 46	24 26 27 31	41 46 50 55	27 31 34 37
DH27S DH32 DH36 DH40	-20	27 31 34 39	20 22 24 26	34 38 41 46	24 26 27 31	41 46 50 55	27 31 34 37
EH27S EH32 EH36 EH40	-40	27 31 34 39	20 22 24 26	34 38 41 46	24 26 27 31	41 46 50 55	27 31 34 37
FH27S FH32 FH36 FH40	-60	27 31 34 39	20 22 24 26	34 38 41 46	24 26 27 31	41 46 50 55	27 31 34 37

注：1. 表列值是全尺寸试样的最小值。小尺寸试样的冲击吸收能量：10mm×7.5mm试样为全尺寸试样的5/6倍，10mm×5.0mm的试样为全尺寸试样的2/3倍。

2. 冲击试验一般仅做纵向试验，但钢厂应采取措施保证钢材的横向冲击性能。

3. 当厚度小于等于40mm时，试样边部应在距产品表面2mm以内的范围内。当厚度大于40mm时，试样的纵轴应位于表面和厚度中央之间的中点上。

5.6　高强度级船体结构钢的交货状态和冲击试验批量

AH 和 DH 级，N/TM，每 50t 一批；AR/NR，每 25t 一批；QT，每个热处理单件为一批，并取横向试样。

EH 和 FH 级，N/TM，每个单件为一批；QT，每个热处理单件为一批，并取横向试样。

6　其他要求

6.1　拉伸试验的组批规定

对于所交付的每批钢材，如果重量不大于 50t，应从其中最厚的一件钢材上制备 1 个拉伸试样。

当一批钢材的重量大于 50t 时，则应从每 50t 或不足 50t 的余额中的不同单件钢材上各制备 1 个拉伸试样；对于同一炉的钢材，其厚度或直径每改变 10mm，均应作为另一批而重新制备 1 个拉伸试样；单件钢材是指由单个钢锭（或方坯、扁坯）轧制成的轧件。

对于以带卷供货的 A 级及 B 级钢，拉伸试验结果可以与二次加工证书上有一定出入。如果带卷重量超过 50t，要求做代表带卷头尾两个区域的附加试验。对于 D 级及 E 级钢，必须按本船级社的要求的频率从开卷钢板上取样。

厚度超过 50mm 的 E 级钢板，应对每单件做一次拉伸试验。

6.2　厚度方向性能

在代表同一批次的每个轧件的一端紧靠纵向中心线处取一块样坯。取样位置见图 1，试验频次见表 10。

表 10　Z 向钢的试验频次

w(S) >0.005%	w(S) ≤0.005%
每个轧件（母板）	同一炉号、同一厚度、同一热处理制度不超过 50t

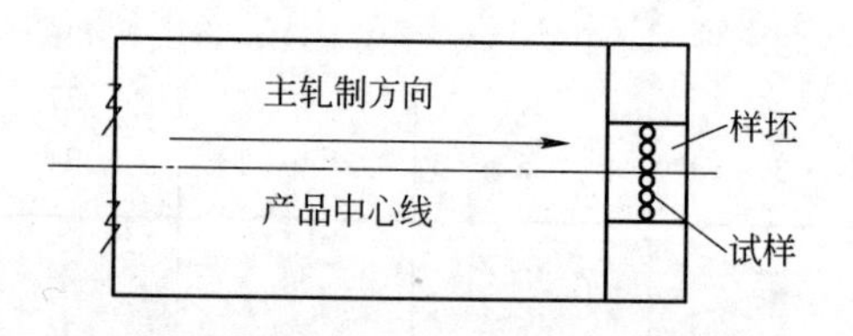

图 1　Z 向钢取样位置示意图

样坯应足够大以便能够制取 6 个试样。先制备 3 个试样，所余试块留做可能进行的复验。

试验结果见表 11。

表 11　Z 向钢的试验结果

厚度方向断面收缩率 Z	Z 向性能级别	
	Z25	Z35
3 个试样平均值	≥25%	≥35%
单个试样值	≥15%	≥25%

初验、允许复验条件、复验结果合格的条件见图 2。

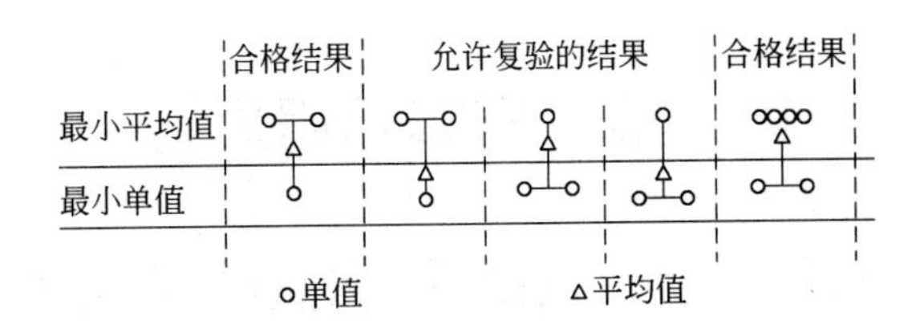

图 2　Z 向钢初验、复验条件

6.3　超声波检验

所有的 Z 向钢板均应在最终供货条件下经超声波检测，探头频率 3～5MHz。检测应按照 EN 10160 S1/E1 等级或 ASTM A578/A578M C 等级的要求进行。

第九节　日本船用规范

NK—2011 日本船级社钢质海船入级与建造规范（钢板要求节选）

1　范围

该规范适用于船体结构用厚度不超过 100mm 的轧制钢板。厚度超过 100mm 的钢板由船级社决定。

2　尺寸、外形及允许偏差

板板的最大允许厚度负偏差为 0.3mm。

钢板的长度、宽度、平直度和厚度正偏差见船级社的规定。

厚度在随机的位置上进行测量，距离边部至少为 10mm。

3　牌号及化学成分

3.1　一般强度级船体用结构钢，其牌号和化学成分（厚度小于等于 50mm）见表 1。

表 1　一般强度级钢的牌号和化学成分（厚度小于等于 50mm）

<table>
<tr><th rowspan="2">钢 级</th><th rowspan="2">脱氧方法</th><th colspan="7">化学成分(熔炼分析)①/%</th></tr>
<tr><th>C</th><th>Si</th><th>Mn</th><th>P</th><th>S</th><th>Al</th><th>C + Mn/6</th></tr>
<tr><td>KA</td><td rowspan="2">沸腾钢除外</td><td>≤0.21</td><td>≤0.50</td><td>≥2.5w(C)</td><td rowspan="4">≤0.035</td><td rowspan="4">≤0.035</td><td rowspan="2">—</td><td rowspan="2">≤0.40</td></tr>
<tr><td>KB</td><td rowspan="2">≤0.21</td><td rowspan="3">≤0.35</td><td>≥0.80④</td></tr>
<tr><td>KD</td><td>镇静②或镇静及细晶粒处理钢</td><td>≥0.60</td><td>≥0.015③,⑤</td><td>≤0.40</td></tr>
<tr><td>KE</td><td>镇静及细晶粒处理钢</td><td>≤0.18</td><td>≥0.70</td><td>≥0.015⑤</td><td>≤0.40</td></tr>
</table>

① 在钢材的冶炼过程中添加的任何其他元素，应在材料证书上注明。

② 对于厚度 25mm 以下的钢，镇静钢可以接受。

③ 对于厚度 25mm 以上的钢，Al 处理被用作镇静和细晶粒化处理。

④ 在进行冲击试验时或钢中 Si 含量不小于 0.10% 时，最小 Mn 含量可为 0.60%。

⑤ 可用 Alt 代替 Als，Alt 含量不应低于 0.020%。经船级社批准后，可使用 Al 以外的晶粒细化元素。

3.2　一般强度级船体用结构钢，其牌号和化学成分(厚度为 50(不含) ~100mm)见表 2 的规定。

表 2　一般强度级钢的牌号和化学成分(厚度为 50(不含) ~100mm)

<table>
<tr><th rowspan="2">钢 级</th><th rowspan="2">脱氧方法</th><th colspan="7">化学成分①/%</th></tr>
<tr><th>C</th><th>Si</th><th>Mn</th><th>P</th><th>S</th><th>Al</th><th>C + Mn/6</th></tr>
<tr><td>KA</td><td rowspan="2">镇静钢</td><td>≤0.21</td><td>≤0.50</td><td>≥2.5w(C)</td><td rowspan="4">≤0.035</td><td rowspan="4">≤0.035</td><td rowspan="2">—</td><td rowspan="2">≤0.40</td></tr>
<tr><td>KB</td><td rowspan="2">≤0.21</td><td rowspan="3">≤0.35</td><td rowspan="2">≥0.60</td></tr>
<tr><td>KD</td><td rowspan="2">镇静或镇静及细晶粒处理钢</td><td>≥0.015②</td><td>≤0.40</td></tr>
<tr><td>KE</td><td>≤0.18</td><td>≥0.70</td><td>≥0.015②</td><td>≤0.40</td></tr>
</table>

① 在钢材的冶炼过程中添加的任何其他元素，应在材料证书上注明。

② 可用 Alt 代替 Als，Alt 不应低于 0.020%。经船级社批准后，可使用 Al 以外的晶粒细化元素。

3.3　高强度级船体用结构钢，其牌号和化学成分、TMCP 碳当量见表 3、表 4。

表 3　高强度级钢的牌号和化学成分

<table>
<tr><th rowspan="2">牌号</th><th rowspan="2">脱氧方式</th><th colspan="14">化学成分(熔炼分析)/%</th></tr>
<tr><th>C</th><th>Si</th><th>Mn</th><th>P</th><th>S</th><th>Cu</th><th>Cr</th><th>Ni</th><th>Mo</th><th>Al</th><th>Nb</th><th>V</th><th>Ti</th><th>N</th></tr>
<tr><td>KA32</td><td rowspan="12">镇静并细晶粒处理</td><td rowspan="9">≤0.18</td><td rowspan="12">≤0.50</td><td rowspan="9">0.90 ~ 1.60</td><td rowspan="9">≤0.035</td><td rowspan="9">≤0.035</td><td rowspan="12">≤0.35</td><td rowspan="12">≤0.20</td><td rowspan="9">≤0.40</td><td rowspan="12">≤0.08</td><td rowspan="12">≥0.015</td><td rowspan="12">0.02 ~ 0.05</td><td rowspan="12">0.05 ~ 0.10</td><td rowspan="12">≤0.02</td><td rowspan="9">—</td></tr>
<tr><td>KD32</td></tr>
<tr><td>KE32</td></tr>
<tr><td>KA36</td></tr>
<tr><td>KD36</td></tr>
<tr><td>KE36</td></tr>
<tr><td>KA40</td></tr>
<tr><td>KD40</td></tr>
<tr><td>KE40</td></tr>
<tr><td>KF32</td><td rowspan="3">≤0.16</td><td rowspan="3">0.90 ~ 1.60</td><td rowspan="3">≤0.025</td><td rowspan="3">≤0.025</td><td rowspan="3">≤0.80</td><td rowspan="3">≤0.009</td></tr>
<tr><td>KF36</td></tr>
<tr><td>KF40</td></tr>
</table>

注：1. 厚度小于等于 12.5mm 时，Mn 的最小含量为 0.70%。
2. 可用 Alt 代替 Als，Alt 含量不应低于 0.020%。经船级社批准后，可使用 Al 以外的晶粒细化元素。
3. 钢厂可以将细化晶粒元素（Al、Nb、V 等）单独或以任一组合形式加入钢中。当单独加入时，其含量应不低于表列值；若组合加入细化晶粒元素时，则表中对单一元素含量下限的规定不适用。
4. $w(Nb + V + Ti) \leq 0.12\%$。
5. 在钢材的冶炼过程中添加的任何其他元素，应在材料证书上注明。
6. 如果存在铝，氮的最大含量可以提高到 0.012%。
7. 碳当量应记录在检验合格证书中。

表 4　高强度级钢 TMCP 轧制时的碳当量

<table>
<tr><th rowspan="2">钢　级</th><th colspan="2">TMCP 轧制时碳当量/%</th></tr>
<tr><th>≤50mm</th><th>>50 ~ 100mm</th></tr>
<tr><td>KA32、KD32、KE32、KF32</td><td>≤0.36</td><td>≤0.38</td></tr>
<tr><td>KA36、KD36、KE36、KF36</td><td>≤0.38</td><td>≤0.40</td></tr>
<tr><td>KA40、KD40、KE40、KF40</td><td>≤0.40</td><td>≤0.42</td></tr>
</table>

注：碳当量可由生产厂与造船厂协商确定，根据情况可要求更严格的碳当量。

4　交货状态(厚度小于等于 50mm)(见表 5)

表 5　交货状态

<table>
<tr><th>钢　级</th><th>脱 氧 方 法</th><th>厚度/mm</th><th>热处理[①]</th></tr>
<tr><td>KA</td><td>任何方法，沸腾钢除外</td><td>t≤50</td><td rowspan="3">AR[②]</td></tr>
<tr><td>KB</td><td>任何方法，沸腾钢除外</td><td>t≤50</td></tr>
<tr><td rowspan="3">KD</td><td>镇静钢</td><td>t≤25</td></tr>
<tr><td rowspan="2">镇静和细晶粒处理</td><td>t≤35</td><td>AR[②]</td></tr>
<tr><td>35 < t≤50</td><td>TMCP、N、CR</td></tr>
<tr><td>KE</td><td>镇静和细晶粒处理</td><td>t≤50</td><td>TMCP、N</td></tr>
</table>

续表 5

钢　级	脱 氧 方 法	厚度/mm	热处理①
KA32、KA36	镇静和细晶粒处理（含有 Nb 和/或 V）	$t \leqslant 12.5$	AR②
		$12.5 < t \leqslant 50$	TMCP、N、CR
	镇静和细晶粒处理（不含 Nb 和/或 V）	$t \leqslant 20$	AR②
		$20 < t \leqslant 35$	TMCP、N、CR②
		$35 < t \leqslant 50$	TMCP、N、CR
KD32、KD36	镇静和细晶粒处理（含有 Nb 和/或 V）	$t \leqslant 12.5$	AR②
		$12.5 < t \leqslant 50$	TMCP、N、CR
	镇静和细晶粒处理（不含 Nb 和/或 V）	$t \leqslant 20$	AR②
		$20 < t \leqslant 25$	TMCP、N、CR③
		$25 < t \leqslant 50$	TMCP、N、CR
KE32、KE36	镇静和细晶粒处理	$t \leqslant 50$	TMCP、N
KA40	镇静和细晶粒处理	$t \leqslant 12.5$	AR②
		$12.5 < t \leqslant 50$	TMCP、N、CR
KD40	镇静和细晶粒处理	$t \leqslant 50$	
KE40	镇静和细晶粒处理	$t \leqslant 50$	TMCP、N、QT
KF32、KF36、KF40	镇静和细晶粒处理	$t \leqslant 50$	TMCP、N、QT

① AR—热轧；CR—控轧；N—正火；TMCP—热机械轧制；QT—淬火加回火。

② CR、N 或 TMCP 可以接受。

③ ARS 可以接受。

5　力学性能

5.1　厚度小于等于 50mm 时的力学性能见表 6。

表 6　厚度小于等于 50mm 时的力学性能

钢　级	拉伸试验			冲击试验		
	屈服点 R_{eH} 或屈服强度 $R_{p0.2}$/MPa	抗拉强度 R_m/MPa	断后伸长率 A/%	试验温度/℃	最小平均吸收能量 KV_2/J	
					L	T
KA	≥235	400～520	≥22	—	—	—
KB				0	27	20
KD				−20		
KE				−40		
KA32	≥315	440～590	≥22	0	31	22
KD32				−20		
KE32				−40		
KF32				−60		

续表 6

钢　级	拉伸试验			冲击试验		
	屈服点 R_{eH} 或屈服强度 $R_{p0.2}$/MPa	抗拉强度 R_m/MPa	断后伸长率 A/%	试验温度/℃	最小平均吸收能量 KV_2/J	
					L	T
KA36	≥355	490 ~ 620	≥21	0	34	24
KD36				-20		
KE36				-40		
KF36				-60		
KA40	≥390	510 ~ 650	≥20	0	39	26
KD40				-20		
KE40				-40		
KF40				-60		

注：1. 试样取自在钢板的 1/4 宽度处。拉伸试样取横向；除 NK 要求外，冲击试验一般仅做纵向试验。

2. 对于厚度大于 40mm 的钢板，拉伸试样可以加工成圆形试样。每个圆试样的轴线尽可能位于钢板中央和表面之间的中间处，试样的直径为 14mm。当厚度小于等于 40mm 时，冲击试样边部应在距产品表面 2mm 以内的范围内，当厚度大于 40mm 时，试样的纵轴应位于表面和厚度中央之间的中点上。

3. 表列的是全尺寸试样的最小值。小尺寸试样的冲击吸收能量：10mm × 7.5mm 试样为全尺寸试样的 5/6 倍，10mm × 5.0mm 的试样为全尺寸试样的 2/3 倍。

4. 对厚度不大于 25mm 的 B 级钢，可不做冲击试验。

5.2　厚度为 50(不含) ~ 100mm 时的力学性能见表 7。

表 7　厚度为 50(不含) ~ 100mm 时的力学性能

钢级	热处理①	拉 伸 试 验			冲击试验④				
		屈服点 R_{eH} 或屈服强度 $R_{p0.2}$/MPa	抗拉强度 R_m/MPa	断后伸长率 A/%	试验温度/℃	平均冲击吸收能量最小值 $KV_2$⑤/J			
						厚度 t/mm			
						$50 < t \leqslant 70$		$70 < t \leqslant 100$	
						L	T	L	T
KA	TMCP、N②	≥235	400 ~ 520	≥22	+20⑥	34⑥	24⑥	41⑥	27⑥
KB					0	34	24	41	27
KD	TMCP、N③				-20				
KE	TMCP、N				-40				
KA32	TMCP、N	≥315	440 ~ 590	≥22	0	38	26	46	31
KD32					-20				
KE32					-40				
KF32	TMCP、N、QT				-60				

续表 7

钢级	热处理①	拉伸试验			冲击试验④				
		屈服点 R_{eH} 或屈服强度 $R_{p0.2}$/MPa	抗拉强度 R_m/MPa	断后伸长率 A/%	试验温度 /℃	平均冲击吸收能量最小值 $KV_2$⑤/J 厚度 t/mm			
						50 < t ≤70		70 < t ≤100	
						L	T	L	T
KA36	TMCP、N	≥355	490 ~ 620	≥21	0	41	27	50	34
KD36					-20				
KE36					-40				
KF36	TMCP、N、QT				-60				
KA40	TMCP、N、QT	≥390	510 ~ 650	≥20	0	46	31	55	37
KD40					-20				
KE40					-40				
KF40					-60				

① 热处理含义同上。

② 经船级社同意，AR 或 CR（简称为"ARS"或"CRS"）可以接受。

③ CRS 可以接受。

④ L（或 T）表示与最终轧制方向平行（或垂直）的试样纵轴线。拉伸、冲击试样均取横向，试样的其他要求同上。

⑤ 当一套试样中有两个或两个以上试样的冲击功数值低于规定的最小平均冲击功，或者，当一个试样的冲击功数值低于规定的最小平均冲击功的 70%，试验应视为失败。

⑥ 如果热处理是 ARS 或 CRS，可以适用。

6　冲击试验批量

6.1　厚度小于等于 50mm 时冲击试验批量见表 8。

表 8　厚度小于等于 50mm 时冲击试验批量

钢级	脱氧工艺	不同厚度的交货状态和冲击试验的试验批量（t）						
		钢板厚度/mm						
		≤12.5	>12.5 ~ 20	>20 ~ 25	>25 ~ 30	>30 ~ 35	>35 ~ 40	>40 ~ 50
KA	沸腾钢以外的任何方法	AR(-)						
KB		AR(50)						
KD	镇　静	AR(50)			—			
	镇静和细晶粒处理	AR(50)					TMCP(50)、N(50)、CR(50)	
KE	镇静和细晶粒处理	TMCP(P)、N(P)						

续表 8

钢级	脱氧工艺	不同厚度的交货状态和冲击试验的试验批量（t）						
		钢板厚度/mm						
		≤12.5	>12.5～20	>20～25	>25～30	>30～35	>35～40	>40～50
KA32 KA36	镇静和细晶粒处理（加 Nb 和/或 V）	AR(50)	TMCP(50)、N(50)、CR(50)					
	镇静和细晶粒处理（无 Nb 和/或 V）	AR(50)		ARS(25)			—	
				TMCP(50)、N(50)、CR(50)				
KD32 KD36	镇静和细晶粒处理（加 Nb 和/或 V）	AR(50)	TMCP(50)、N(50)、CR(50)					
	镇静和细晶粒处理（无 Nb 和/或 V）	AR(50)		ARS(25)	—			
				TMCP(50)、N(50)、CR(50)				
KE32 KE36	镇静和细晶粒处理	TMCP(P)、N(P)						
KA40	镇静和细晶粒处理	AR （50）	TMCP(50)、N(50)、CR(50)					
KD40	镇静和细晶粒处理	TMCP(50)、N(50)、CR(50)						
KE40	镇静和细晶粒处理	TMCP(P)、N(P)、QT(PH)						
KF32 KF36 KF40	镇静和细晶粒处理	TMCP(P)、N(P)、QT(PH)						

注：1. 对于 KA32、KA36 钢级，经船级社同意，批量允许放宽。

2. （P）表示直接从一块板坯或者钢锭（属于同一热处理条件）轧制出来的钢材作为一批；（PH）表示直接由一块板坯或在同一个炉内（包括连续炉）同时进行热处理的钢锭轧成的钢板应视为一批。

6.2　厚度为 50(不含)～100mm 时冲击试验的批量见表 9。

表 9　厚度为 50(不含)～100mm 时冲击试验的批量

钢　级	热处理和批量（t）
KA	TMCP(－)、N(－)、CRS(50)、ARS(50)
KB	TMCP(50)、N(50)、CRS(25)、ARS(25)
KD	TMCP(50)、N(50)、CRS(25)
KE	TMCP(P)、N(P)
KA32、KA36	TMCP(50)、N(50)
KD32、KD36	
KE32、KF36	TMCP(P)、N(P)
KA40、KD40	TMCP(50)、N(50)、QT(PH)
KE40、KF32、KF36、KF40	TMCP(P)、N(P)、QT(PH)

7　其他要求

7.1　拉伸试验的组批规定

除非由本船级社特别认可，选取的拉伸试验样坯，钢材的重量不大于50t（厚度的差异应小于10mm，并属于同一炉、同一生产工艺），在每一批钢材中选择厚度和直径最大的样坯。

7.2　厚度方向性能

在代表同一批次的每个轧件的一端紧靠纵向中心线处取一块样坯。取样位置见图1，试验频次见表10。

表10　Z向钢的试验频次

$w(S) > 0.005\%$	$w(S) \leqslant 0.005\%$
每个轧件（母板）	同一炉号、同一厚度、同一热处理制度不超过50t

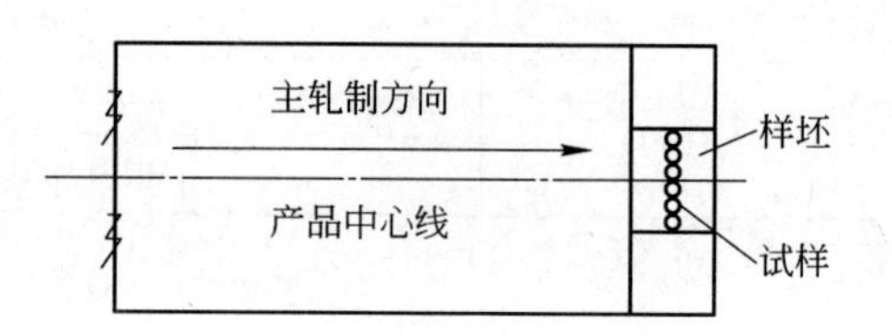

图1　Z向钢取样位置示意图

样坯应足够大以便能够制取6个试样。先制备3个试样，所余试块留做可能进行的复验。

试验结果见表11。

表11　Z向钢的试验结果

厚度方向断面收缩率 Z	Z向性能级别	
	Z25	Z35
3个试样平均值	≥25%	≥35%
单个试样值	≥15%	≥25%

初验、允许复验条件、复验结果合格的条件见图2。

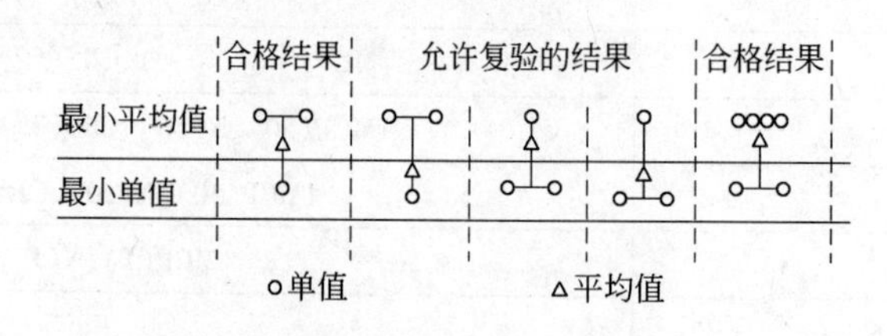

图2　Z向钢初验、复验条件

7.3　超声波检验

对超声波试验的要求及合格标准由本船级社决定。

第十节　意大利船用规范

RINA—2011意大利船级社船体结构及入级规范（钢板要求节选）

1　范围

该规范适用于船体建造和其他结构用可焊接的厚度不大于100mm的普通强度和高强度热轧钢板。

2　尺寸、外形及允许偏差

对于厚度大于等于5mm的钢板，厚度负偏差为0.3mm。

对于厚度小于5mm的要经过特别许可。

厚度在距离边部至少为10mm的位置上进行测量。

产品的平均厚度为测量值的算数平均值，不能小于其公称厚度。

图1中的1、2及3线，至少要选择其中的两条线测量厚度，对于每条所选择的测量线，至少要选择三点测量厚度。如果每条线上的测量点超过三点，则每条线上的测量点数应相等。

对于自动测量方法，一侧的测量点应在距产品纵向或横向边部10~300mm之间。

对于手动测量方向，一侧的测量点应在距产品纵向或横向边部10~100mm之间。

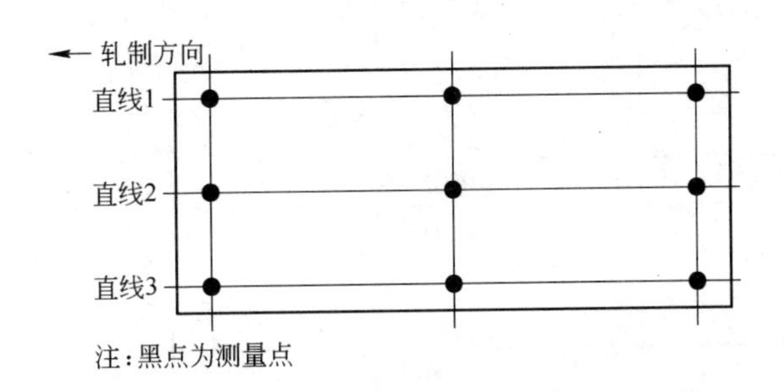

图1　厚度测量点位置

3　牌号及化学成分

3.1　一般强度级船体用结构钢，其牌号和化学成分见表1。

表1　一般强度级钢的牌号和化学成分

钢级	A	B	D	E
脱氧方法	镇静或半镇静（$t≤50$mm） 镇静（$t>50$mm）	镇静或半镇静（$t≤50$mm） 镇静（$t>50$mm）	镇静或半镇静（$t≤25$mm） 镇静和细晶粒（$t>25$mm）	镇静和细晶粒
化学成分（熔炼分析）④~⑥/%				
C	≤0.21	≤0.21	≤0.21	≤0.18
Mn	≥2.5w(C)	≥0.80①	≥0.60	≥0.70

续表 1

钢 级	A	B	D	E
Si	≤0.50	≤0.35	≤0.35	≤0.35
P	≤0.035	≤0.035	≤0.035	≤0.035
S	≤0.035	≤0.035	≤0.035	≤0.035
Als	—	—	≥0.015②③	≥0.015②③
C + Mn/6	≤0.40	≤0.40	≤0.40	≤0.40

① 当 B 级钢做冲击试验时，其最低 Mn 含量可为 0.60%。

② 对 $t>25$mm 的 D 级钢适用。

③ 对 $t>25$mm 的 D 级钢和 E 级钢，可采用 Alt 来代替 Als；此时，Alt 含量应不小于 0.020%。经同意，也可使用其他细化晶粒元素。

④ 若采用热机械轧制（TM）状态交货，经船级社同意，化学成分可以不同于表中规定。

⑤ 在钢材的冶炼过程中添加的任何其他元素，应在材料证书上注明。

⑥ 本船级社可以限制那些对钢的加工和应用产生不利影响的残余元素的含量，例如 Cu 和 Sn。

3.2　高强度级船体用结构钢，其牌号和化学成分、碳当量见表 2、表 3。

表 2　高强度级钢的牌号和化学成分

钢 级		
AH32、AH36、AH40、DH32、DH36、DH40、EH32、EH36、EH40		FH32、FH36、FH40
化学成分(熔炼分析)/%		
C	≤0.18	≤0.16
Mn	0.90 ~ 1.60	0.90 ~ 1.60
Si	≤0.50	≤0.50
P	≤0.035	≤0.025
S	≤0.035	≤0.025
Als	≥0.015	≥0.015
Nb	0.02 ~ 0.05	0.02 ~ 0.05
V	0.05 ~ 0.10	0.05 ~ 0.10
Ti	≤0.02	≤0.02
Cu	≤0.35	≤0.35
Cr	≤0.20	≤0.20
Ni	≤0.40	≤0.80
Mo	≤0.08	≤0.08
N	—	≤0.009（0.012，如果有 Al）

注：1. 厚度小于等于 12.5mm 的 AH32 ~ EH40，Mn 的最小含量为 0.70%。

2. 可以采用 Alt 来代替 Als，此时，总 Alt 含量应不小于 0.020%。

3. 钢中含有 Al、Nb、V 或其他适当的晶粒细化元素，或者单独使用，或者任意组合使用。当单独使用时，钢中应含有规定的晶粒细化元素的最小含量。当组合使用时，至少有一种晶粒细化元素要符合规定的最小含量。

4. $w(\mathrm{Nb}+\mathrm{V}+\mathrm{Ti})\leqslant 0.12\%$。

5. 若在认可时提出申请，本船级社可以接受除上述以外或超过规定限制的合金元素，但在熔炼分析中要列出它们的含量。

6. 若以热机械轧制状态交货，允许改变规定的化学成分或应本船级社的要求改变化学成分，并应在认可时阐明。

7. 高强度钢认可时，可在熔炼分析中规定碳当量 Ceq 的上限。

表 3　高强度级钢 TM 轧制时碳当量

钢　级	TM 轧制时碳当量最大值/%	
	t≤50mm	50mm < t≤100mm
AH32、DH32、EH32、FH32	0.36	0.38
AH36、DH36、EH36、FH36	0.38	0.40
AH40、DH40、EH40、FH40	0.40	0.42

注：制造厂和造船厂共同协商在特殊情况下是否要求更为严格的碳当量值。

4　交货状态

热轧钢材以热轧、控轧、正火轧制、正火、TM（热机械轧制）、淬火加回火等状态交货。

5　力学性能

5.1　一般强度级船体结构钢的拉伸性能见表 4。

表 4　一般强度级钢的拉伸性能

钢　级	抗拉强度 R_m/MPa	屈服强度 R_{eH}/MPa	断后伸长率 A/%
A、B、D、E	400 ~ 520	≥235	≥22

注：1. 在钢板的 1/4 宽度处取横向试样。
2. 对于厚度超过 40mm 的钢板，可以切取全厚度拉伸试样；但若采用圆形横截面试样时，应使试样的轴线位于板厚的 1/4 处。

5.2　一般强度级船体结构钢的冲击性能见表 5。

表 5　一般强度级钢的冲击性能

<table>
<tr><th rowspan="3">钢 级</th><th rowspan="3">温度/℃</th><th colspan="6">平均吸收能量 KV_2/J</th></tr>
<tr><th colspan="2">t≤50mm</th><th colspan="2">50mm < t≤70mm</th><th colspan="2">70mm < t≤100mm</th></tr>
<tr><th>纵 向</th><th>横 向</th><th>纵 向</th><th>横 向</th><th>纵 向</th><th>横 向</th></tr>
<tr><td>A</td><td>20</td><td>—</td><td>—</td><td rowspan="4">34</td><td rowspan="4">24</td><td rowspan="4">41</td><td rowspan="4">27</td></tr>
<tr><td>B</td><td>0</td><td rowspan="3">27</td><td rowspan="3">20</td></tr>
<tr><td>D</td><td>-20</td></tr>
<tr><td>E</td><td>-40</td></tr>
</table>

注：1. 表列值是全尺寸试样的最小值。小尺寸试样的冲击吸收能量：10mm×7.5mm 试样为全尺寸试样的 5/6 倍，10mm×5.0mm 的试样为全尺寸试样的 2/3 倍。
2. 冲击试验做纵向试验，规定横向试样的冲击试验由生产商完成，本船级社可要求随机抽查。

5.3　一般强度级船体结构钢的交货状态和冲击试验批量见表 6。

表 6　一般强度级钢的交货状态和冲击试验批量

<table>
<tr><th rowspan="2">钢　级</th><th colspan="4">不同厚度 t（mm）的交货状态和冲击试验的批量（t）</th></tr>
<tr><th>t≤25</th><th>25 < t < 35</th><th>35≤t≤50</th><th>50 < t≤100</th></tr>
<tr><td>A</td><td colspan="3">A(-)</td><td>(N,TM)(-)、NR(50)、AR*(50)</td></tr>
<tr><td>B</td><td>A(-)</td><td colspan="2">A(50)</td><td>(N,TM)(50)、NR(25)、AR*(25)</td></tr>
</table>

续表 6

钢　级	交货状态不同厚度 t(mm)的冲击试验批量（t）			
	$t \leqslant 25$	$25 < t < 35$	$35 \leqslant t \leqslant 50$	$50 < t \leqslant 100$
D	A(50)		(N,NR,TM)(50)	(N,TM)(50)、NR(25)
E	N 或 TM（每件）			

注：1. A—任意状态；AR＊—得到本船级社特别认可的轧制状态；N—正火状态；NR—作为替代正火的正火轧制状态；TM—热机械轧制状态。

2. 对于厚度大于 50mm 的 N 或 TM 的细晶 A 级钢，通常不要求做夏比 V 型缺口试验；如果需要时，按船级社要求的批量进行。

3. 对于厚度小于等于 25mm 的 B 级钢，通常不要求做夏比 V 型缺口试验，如果需要时，按船级社要求的批量进行。

5.4　高强度级船体结构钢的拉伸性能见表 7。

表 7　高强度级钢的拉伸性能

等　级	抗拉强度 R_m/MPa	屈服强度 R_{eH}/MPa	断后伸长率 A/%
AH32、DH32、EH32、FH32	440 ~ 570	≥315	≥22
AH36、DH36、EH36、FH36	490 ~ 630	≥355	≥21
AH40、DH40、EH40、FH40	510 ~ 650	≥390	≥20

注：1. 在钢板的 1/4 宽度处取横向试样。

2. 对于厚度超过 40mm 的钢板，可以切取全厚度拉伸试样；但若采用圆形横截面试样时，应使试样的轴线位于板厚的 1/4 处。

5.5　高强度级船体结构钢的冲击性能见表 8。

表 8　高强度级钢的冲击性能

钢 级	温度/℃	平均吸收能量 KV_2/J					
		$t \leqslant 50$mm		50mm $< t \leqslant$ 70mm		70mm $< t \leqslant$ 100mm	
		纵 向	横 向	纵 向	横 向	纵 向	横 向
AH32	0	31	22	38	26	46	31
AH36		34	24	41	27	50	34
AH40		39	26	46	31	55	37
DH32	−20	31	22	38	26	46	31
DH36		34	24	41	27	50	34
DH40		39	26	46	31	55	37
EH32	−40	31	22	38	26	46	31
EH36		34	24	41	27	50	34
EH40		39	26	46	31	55	37
FH32	−60	31	22	38	26	46	31
FH36		34	24	41	27	50	34
FH40		39	26	46	31	55	37

注：1. 表列值是全尺寸试样的最小值。小尺寸试样的冲击吸收能量：10mm × 7.5mm 试样为全尺寸试样的 5/6 倍，10mm × 5.0mm 的试样为全尺寸试样的 2/3 倍。

2. 冲击试验做纵向试验，规定横向试样的冲击试验由生产商完成，本船级社可要求随机抽查。

5.6　高强度级船体结构钢的交货状态和冲击试验批量见表9。

表9　高强度级钢的交货状态和冲击试验批量

<table>
<tr><th rowspan="2">钢级</th><th rowspan="2">晶粒细化元素</th><th colspan="6">不同厚度 t (mm) 的交货状态和冲击试验的批量 (t)</th></tr>
<tr><th>≤12.5</th><th>>12.5~20</th><th>>20~25</th><th>>25~35</th><th>>35~50</th><th>>50~100</th></tr>
<tr><td rowspan="3">AH32
AH36</td><td>Nb 和/或 V</td><td>A(50)</td><td colspan="4">N(50),NR(50),TM(50)</td><td>N(50),NR(25),TM(25)</td></tr>
<tr><td rowspan="2">仅 Al 或与 Ti</td><td colspan="2" rowspan="2">A(50)</td><td colspan="2">AR*(25)</td><td colspan="2">不适用</td></tr>
<tr><td colspan="3">N(50),NR(50),TM(50)</td><td>N(50),NR(25),TM(50)</td></tr>
<tr><td>AH40</td><td>任　意</td><td>A(50)</td><td colspan="4">N(50),NR(50),TM(50)</td><td>N(50),TM(50),
QT(每根,热处理)</td></tr>
<tr><td rowspan="3">DH32
DH36</td><td>Nb 和/或 V</td><td>A(50)</td><td colspan="4">N(50),NR(50),TM(50)</td><td>N(50),NR(25),TM(50)</td></tr>
<tr><td rowspan="2">仅 Al 或与 Ti</td><td colspan="2" rowspan="2">A(50)</td><td>AR*(25)</td><td colspan="3">不　适　用</td></tr>
<tr><td colspan="3">N(50),NR(50),TM(50)</td><td>N(50),NR(25),TM(50)</td></tr>
<tr><td>DH40</td><td>任　意</td><td colspan="5">N(50),NR(50),TM(50)</td><td>N(50),TM(50),
QT(每根,热处理)</td></tr>
<tr><td>EH32
EH36</td><td>任　意</td><td colspan="6">N(每块),TM(每块)</td></tr>
<tr><td>EH40</td><td>任　意</td><td colspan="5">N(每块),TM(每块),
QT(每根,热处理)</td><td>N(每块),TM(每块),
QT(每根,热处理)</td></tr>
<tr><td>FH32
FH36</td><td>任　意</td><td colspan="5">N(每块),TM(每块),
QT(每根,热处理)</td><td>N(每块),TM(每块),
QT(每根,热处理)</td></tr>
<tr><td>FH40</td><td>任　意</td><td colspan="5">N(每块),TM(每块),
QT(每根,热处理)</td><td>N(每块),TM(每块),
QT(每根,热处理)</td></tr>
</table>

注：1. A—任意；N—正火状态（热处理）；NR—作为替代正火的正火轧制状态；TM—热机械轧制状态；QT—淬火加回火状态；AR*—得到本船级社特别认可的轧制状态。

2. 对于AH32和AH36钢级，若随机检查得到令人满意的结果，并且得到本船级社的同意，可以扩大冲击试验的批量。

6　其他要求

6.1　拉伸试验的组批规定

由同一炉、同一钢级、同一供货条件的钢板组成一批。最大和最小厚度间的差不超过10mm，重量不超过50t。

对用于次要场合的A级钢产品，每批的化学成分可以不受同一炉钢的限制，但这种情况下一批的重量应不超过25t。

对于成卷钢板，要求在其两端加倍制取拉伸和冲击试样。

6.2　厚度方向性能

在代表同一批次的每个轧件的一端紧靠纵向中心线处取一块样坯。取样位置见图2，试验频次见表10。

表 10　Z 向钢的试验频次

$w(S)>0.005\%$	$w(S)\leqslant0.005\%$
每个轧件（母板）	同一炉号、同一厚度、同一热处理制度不超过 50t

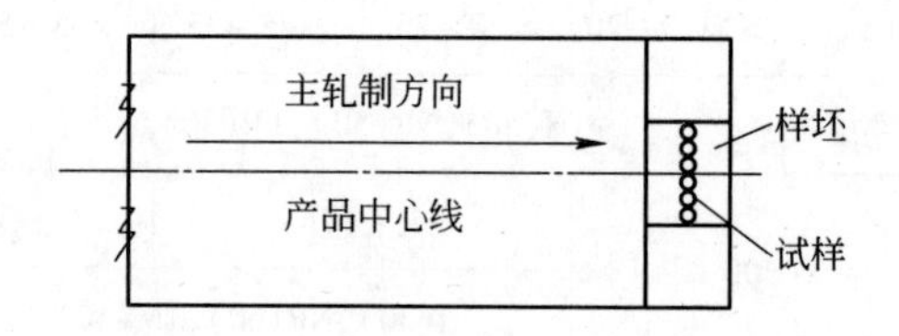

图 2　Z 向钢取样位置示意图

样坯应足够大以便能够制取 6 个试样。先制备 3 个试样，所余试块留做可能进行的复验。

试验结果见表 11。

表 11　Z 向钢的试验结果

厚度方向断面收缩率 Z	Z 向性能级别	
	Z25	Z35
3 个试样平均值	≥25%	≥35%
单个试样值	≥15%	≥25%

初验、允许复验条件、复验结果合格的条件见图 3。

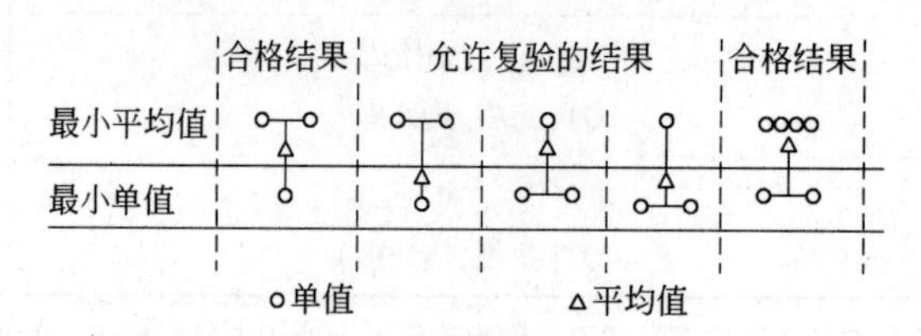

图 3　Z 向钢初验、复验条件

6.3　超声波检验

需要进行超声波检查，超声波检查见 EN10160 S1/E1 级或 ASTM A578/A578M C 级的规定。探头的频率为 4MHz。

第四章 管线钢

第四章　管线钢

第一节　中国标准

GB/T 14164—2005 石油天然气输送管用热轧宽钢带（概要）

1　范围

该标准适用于按 ISO 3183、GB/T 9711 和 API Spec 5L 等标准生产的石油、天然气输送焊管以及具有类似要求的其他流体输送焊管用的热轧宽钢带。

2　分类

该标准按不同质量等级分为两类：1 类和 2 类（主要区别见表 1）。

表 1　质量等级 1 类和质量等级 2 类的主要区别

<table>
<tr><th colspan="2" rowspan="2">比 较 项 目</th><th colspan="2">质 量 等 级</th></tr>
<tr><th>1 类</th><th>2 类</th></tr>
<tr><td colspan="2">牌　号</td><td>S175Ⅰ、S175Ⅱ、S210
S245、S290、S320、S360
S390、S415、S450、S485</td><td>S245、S290、S320、S360
S390、S415、S450、S485
S555</td></tr>
<tr><td rowspan="2">化学成分
C、P、S</td><td>除 S175Ⅰ、S175Ⅱ、S210 以外</td><td>w(C)≤0.26%</td><td>对牌号 S245，w(C)≤0.22%
其他牌号 w(C)≤0.20%</td></tr>
<tr><td>除 S175Ⅰ、S175Ⅱ以外</td><td>w(P)≤0.030%
w(S)≤0.030%</td><td>w(P)≤0.025%
w(S)≤0.015%</td></tr>
<tr><td colspan="2">碳当量、断裂韧性</td><td>无规定</td><td>每个牌号均有规定</td></tr>
<tr><td colspan="2">规定总延伸强度最大值、抗拉强度最大值</td><td>无规定</td><td>每个牌号均有规定</td></tr>
</table>

3　尺寸、外形及允许偏差

3.1　钢带的厚度允许偏差见表 2。

表 2　钢带的厚度允许偏差

公称厚度/mm	下列宽度时的厚度允许偏差/mm			
	>600～1200	>1200～1500	>1500～1800	>1800
2.2～2.5	±0.18	±0.21	±0.23	±0.25
>2.5～3.0	±0.20	±0.22	±0.24	±0.26
>3.0～4.0	±0.22	±0.24	±0.26	±0.27

续表 2

公称厚度/mm	下列宽度时的厚度允许偏差/mm			
	>600~1200	>1200~1500	>1500~1800	>1800
>4.0~5.0	±0.24	±0.26	±0.28	±0.29
>5.0~6.0	±0.26	±0.28	±0.29	±0.31
>6.0~8.0	±0.29	±0.30	±0.31	±0.35
>8.0~10.0	±0.32	±0.33	±0.34	±0.40
>10.0~12.5	±0.35	±0.36	±0.37	±0.43
>12.5~15.0	±0.37	±0.38	±0.40	±0.46
>15.0~25.0	±0.40	±0.42	±0.45	±0.50

3.2　钢带的宽度允许偏差见表3。

表3　钢带的宽度允许偏差

公称宽度/mm	不切边钢带宽度允许偏差/mm	切边钢带宽度允许偏差/mm
600~1200	+20 0	+3.0 0
>1200~1500	+20 0	+5.0 0
>1500	+25 0	+6.0 0

3.3　根据需方要求，经供需双方协商并在合同中注明，可供纵切钢带，其宽度允许偏差见表4。

表4　纵切钢带宽度允许偏差

公称宽度/mm	在下列厚度时的宽度允许偏差/mm			
	≤4.0	>4.0~6.0	>6.0~8.0	>8.0
≤160	+1.0 0	+2.0 0	+2.0 0	+3.0 0
>160~250	+1.0 0	+2.0 0	+3.0 0	+3.0 0
>250~600	+2.0 0	+2.0 0	+3.0 0	+3.0 0

3.4　镰刀弯

不切边钢带的镰刀弯每5m不得大于25mm；切边钢带的镰刀弯每5m不得大于15mm。纵切钢带的镰刀弯由供需双方协议。

3.5　塔形

钢带应牢固地成卷，钢带的塔形高度见表5。

表5 钢带的塔形允许高度

公称宽度/mm	塔形最大允许高度/mm	
	切 边	不 切 边
≤1000	20	50
>1000	30	60

3.6 对不切头尾和不切边的钢带，检查尺寸和镰刀弯时，两端不考核的总长度 L 的计算公式为：

L(m)=90/公称厚度（mm）。但两端最大总长度不得大于20m。

3.7 钢带卷的公称内径为760mm，允许偏差为+20mm/-70mm。如需方对公称内径允许偏差有特殊要求，可由供需双方协商并在合同中注明。

4 牌号及化学成分（见表6和表7）

表6 PSL1牌号及化学成分

牌 号	化学成分(熔炼分析)/%					
	C①	Si	Mn①	P	S	其 他
S175 Ⅰ	≤0.21	≤0.35	≤0.60	0.030	0.030	—
S175 Ⅱ	≤0.21	≤0.35	≤0.60	0.045~0.080	0.030	—
S210	≤0.22	≤0.35	≤0.90	0.030	0.030	—
S245	≤0.26	≤0.35	≤1.20	0.030	0.030	②④
S290	≤0.26	≤0.35	≤1.30	0.030	0.030	③④
S320	≤0.26	≤0.35	≤1.40	0.030	0.030	③④
S360	≤0.26	≤0.35	≤1.40	0.030	0.030	③④
S390	≤0.26	≤0.40	≤1.40	0.030	0.030	③④
S415⑤	≤0.26	≤0.40	≤1.40	0.030	0.030	③④
S450⑤	≤0.26	≤0.40	≤1.45	0.030	0.030	③④
S485⑤	≤0.26	≤0.40	≤1.65	0.030	0.030	③④

注：S175Ⅱ为再增磷钢，较S175Ⅰ具有较好的螺纹加工性能。由于S175Ⅱ比S175Ⅰ磷含量高，弯曲可能稍微困难些。

① C含量比规定最大值每降低0.01%，Mn含量则允许比规定最大值提高0.05%，但对S290~S360，最高Mn含量不允许超过1.50%；对于S390~S450，最高Mn含量不允许超过1.65%；对于S485，最高Mn含量不允许超过2.00%。

② 经供需双方协商，可在Nb、V、Ti三种元素中或添加其中一种，或添加它们的任一组合。

③ 由生产厂选定，可在Nb、V、Ti三种元素中或添加其中一种，或添加它们的任一组合。

④ w(Nb+V+Ti)≤0.15%。

⑤ 只要满足④的要求以及表中对P和S含量的要求，经供需双方协商，还可按其他化学成分交货。

表 7　PSL2 牌号及化学成分

牌　号	化学成分(熔炼分析)/%					
	C①	Si	Mn①	P	S	其他
S245	≤0.22	≤0.35	≤1.20	0.025	0.015	②④
S290	≤0.20	≤0.35	≤1.30	0.025	0.015	③④
S320	≤0.20	≤0.35	≤1.40	0.025	0.015	③④
S360	≤0.20	≤0.35	≤1.40	0.025	0.015	③④
S390	≤0.20	≤0.40	≤1.40	0.025	0.015	③④
S415⑤	≤0.20	≤0.40	≤1.40	0.025	0.015	③④
S450⑤	≤0.20	≤0.40	≤1.45	0.025	0.015	③④
S485⑤	≤0.20	≤0.40	≤1.65	0.025	0.015	③④
S555⑤	≤0.20	≤0.40	≤1.85	0.025	0.015	③④

① C 含量比规定最大值每降低 0.01%，Mn 含量则允许比规定最大值提高 0.05%，但对 S290～S360，最高 Mn 含量不允许超过 1.50%；对于 S390～S450，最高 Mn 含量不允许超过 1.65%；对于 S485～S555，最高 Mn 含量不允许超过 2.00%。

② 经供需双方协商，可在 Nb、V、Ti 三种元素中或添加其中一种，或添加它们的任一组合。

③ 由生产厂选定，可在 Nb、V、Ti 三种元素中或添加其中一种，或添加它们的任一组合。

④ $w(Nb+V+Ti)\leqslant 0.15\%$。

⑤ 只要满足④的要求以及表中对 P 和 S 含量的要求，经供需双方协商，还可按其他化学成分交货。

5　交货状态

钢带以热轧或控轧状态交货。

6　碳当量（CE）

6.1　对 PSL2 钢带的碳当量（CE）应按下列方法计算：当 $w(C)\leqslant 0.12\%$ 时，碳当量应采用下列 CE(Pcm) 公式计算：

$$CE(Pcm) = C + Si/30 + Mn/20 + Cu/20 + Ni/60 + Cr/20 + Mo/15 + V/10 + 5B$$

式中，当 B 含量小于 0.001% 时，在计算 CE(Pcm) 时可将 B 含量视为 0。

当 $w(C)>0.12\%$ 时，碳当量按下列 CE(ⅡW) 公式计算：

$$CE(\text{ⅡW}) = C + Mn/6 + (Cr + Mo + V)/5 + (Ni + Cu)/15$$

6.2　PSL2 钢带的碳当量见表 8。

表 8　PSL2 钢带的碳当量

牌　号	碳当量 CE/%	
	当 $w(C)\leqslant 0.12\%$ 时，CE（Pcm）	当 $w(C)>0.12\%$ 时，CE（ⅡW）
S245、S290、S320、S360 S390、S415、S450、S485	≤0.25	≤0.43

7　力学性能及工艺性能

7.1　PSL1 钢带的力学性能和工艺性能见表 9。

表 9 PSL1 钢带的力学性能和工艺性能

牌 号	横向拉伸试验				180°横向冷弯试验 a—试样厚度 d—弯曲压头直径
	规定总延伸强度 $R_{t0.5}$/MPa	抗拉强度 R_m/MPa	断后伸长率/%，不小于		
			$L_0=5.65\sqrt{S_0}$	$L_0=50mm$	
S175 Ⅰ	175	315	27	按下式计算：$A_{50mm}=1956\frac{S_0^{0.2}}{R_m^{0.9}}$ S_0—拉伸试样原始横截面积，单位为平方毫米（mm^2）；R_m—规定的最小抗拉强度，单位为兆帕（MPa）	$d=2a$
S175 Ⅱ	175	315	27		
S210	210	335	25		
S245	245	415	21		
S290	290	415	21		
S320	320	435	20		
S360	360	460	19		
S390	390	490	18		
S415	415	520	17		
S450	450	535	17		
S485	485	570	16		

注：在供需双方未规定采用何种标距时，由生产方选定。当发生争议时，以标距为 50mm，宽度为 38mm 的试样进行仲裁。

7.2 PSL2 钢带的力学性能和工艺性能见表 10。根据需方要求，经供需双方协商并在合同中注明，可规定钢带的屈强比。

表 10 PSL2 钢带的力学性能和工艺性能

牌 号	横向拉伸试验				0℃ V 型横向冲击试验		180°横向冷弯试验 a—试样厚度 d—弯心压头直径
	规定总延伸强度 $R_{t0.5}$/MPa	抗拉强度 R_m/MPa	断后伸长率/%，不小于		冲击吸收能量/J	纤维断面率/%	
			$L_0=5.65\sqrt{S_0}$	$L_0=50mm$			
S245	245 ~ 445	415 ~ 755	21	按下式计算：$A_{50mm}=1956\frac{S_0^{0.2}}{R_m^{0.9}}$ S_0—拉伸试样原始横截面积，单位为平方毫米(mm^2)；R_m—规定的最小抗拉强度，单位为兆帕（MPa）	≥40	—	$d=2a$
S290	290 ~ 495	415 ~ 755	21		≥42		
S320	320 ~ 525	435 ~ 755	20				
S360	360 ~ 530	460 ~ 755	19				
S390	390 ~ 545	490 ~ 755	18				
S415	415 ~ 565	520 ~ 755	17				
S450	450 ~ 600	535 ~ 755	17		≥47		
S485	485 ~ 620	570 ~ 755	16		≥63		
S555	555 ~ 690	625 ~ 825	15		≥96	≥70	

注：1. 在供需双方未规定采用何种标距时，由生产方选定。当发生争议时，以标距为 50mm，宽度为 38mm 的试样进行仲裁。

2. 在考虑包辛格效应时，规定总延伸强度的限制可作相应调整。

3. 冲击试验适用于厚度不小于 6mm 的钢带。当采用 10mm × 7.5mm × 55mm 和 10mm × 5mm × 55mm 的小尺寸试样做冲击试验时，冲击吸收能量应分别不小于表中规定值的 75% 和 50%。

4. 冲击吸收能量和纤维断面率为一组三个试样试验结果的平均值，允许其中一个试样单个值小于规定值，但不得低于规定值的 75%。当未达到规定要求时，应从同一样坯上再取三个试样进行试验，这时前后两组六个试样的平均值不得小于规定值，允许其中有两个试样的试验值小于规定值，但其中只允许有一个试样的试验值小于规定值的 75%。

8　其他要求

根据需方要求，经供需双方协商并在合同中注明，可补充下列试验。

8.1　试样断口形貌的剪切值测定

对于等级不低于S360的钢带，在需方指定的温度下进行夏比冲击试验或落锤撕裂试验，测定试样断口形貌的剪切值（纤维断面率或剪切面积百分率），其试验温度及剪切值规定值由供需双方协议规定。

在未规定取样方向时，取样方向为横向。落锤撕裂试验试样应在距边缘为板宽1/4处切取。

8.2　晶粒度、硬度和非金属夹杂等的测定

测定晶粒度、硬度值和非金属夹杂等时，其试样数量、取样方法及其规定值由供需双方协议规定。

GB/T 21237—2007 石油天然气输送管用热轧宽厚钢板（概要）

1　范围

该标准适用于按 API SPEC 5L、ISO 3183、GB/T 9711 等标准生产的石油、天然气输送直缝焊管以及有类似要求的其他流体输送直缝焊管用的厚度为 6～40mm 的宽厚钢板。

2　尺寸、外形及允许偏差

钢板的尺寸、外形及允许偏差见 GB/T 709《热轧钢板和钢带尺寸、外形、重量及允许偏差》中 B 类偏差。

3　牌号及化学成分（见表 1）

表 1　牌号及化学成分

牌　号	化学成分（熔炼分析）/%					
	C①	Si	Mn①	P	S	其　他
L245	≤0.20	≤0.35	≤1.30	≤0.025	≤0.015	②④
L290	≤0.20	≤0.35	≤1.30	≤0.025	≤0.015	③④
L320	≤0.20	≤0.35	≤1.40	≤0.025	≤0.015	③④
L360	≤0.20	≤0.35	≤1.40	≤0.020	≤0.015	③④
L390	≤0.12	≤0.40	≤1.65	≤0.020	≤0.015	③④
L415	≤0.12	≤0.40	≤1.65	≤0.020	≤0.010	③④
L450⑤,⑥	≤0.12	≤0.40	≤1.65	≤0.020	≤0.010	③④
L485⑤,⑥	≤0.10	≤0.40	≤1.80	≤0.020	≤0.010	③④
L555⑤,⑥	≤0.10	≤0.40	≤2.00	≤0.020	≤0.010	③④
L690⑤,⑥	≤0.10	≤0.40	≤2.10	≤0.020	≤0.010	③④

① C 含量比规定最大值每降低 0.01%，Mn 含量则允许比规定最大值提高 0.05%，但对 L290～L360，最高 Mn 含量不允许超过 1.50%；对于 L485～L555，最高 Mn 含量不允许超过 2.00%；对于 L690，最高 Mn 含量不允许超过 2.20%。

② 经供需双方协商，可在 Nb、V、Ti 三种元素中或添加其中一种，或添加它们的任一组合。

③ 由生产厂选定，可在 Nb、V、Ti 三种元素中或添加其中一种，或添加它们的任一组合。

④ $w(Nb+V+Ti) \leq 0.15\%$。

⑤ 只要满足④的要求及表中 P 含量的要求，经供需双方协商，也可按其他化学成分交货。

⑥ $w(N) \leq 0.008\%$；当钢中有固氮元素时，$w(N) \leq 0.012\%$。允许用成品分析代替熔炼分析。

4　碳当量（见表 2）

表 2　碳当量

牌　号	Pcm，适用于 $w(C) \leq 0.12\%$	CE，适用于 $w(C) > 0.12\%$
L245、L290、L320、L360、L390 L415、L450、L485、L555	≤0.23%	≤0.43%
L690	≤0.25%	—

注：1. 碳当量（CE）计算公式：$CE = C + Mn/6 + (Cr + Mo + V)/5 + (Ni + Cu)/15$。

2. 焊接裂纹敏感性指数计算公式：$Pcm = C + Si/30 + Mn/20 + Cu/20 + Ni/60 + Cr/20 + Mo/15 + V/10 + 5B$。

5　交货状态

钢材以热轧或控轧（CR、TMCP、TMCP+T）状态交货。

6　力学性能及工艺性能（见表3）

表3　力学性能及工艺性能

牌号	屈服强度 $R_{t0.5}$/MPa	抗拉强度 R_m/MPa	屈强比	断后伸长率/%		-20℃横向冲击吸收能量 KV_2/J	180°弯曲试验	落锤撕裂试验（DWTT）-10℃，横向
				A	A_{50mm}			
L245	245～445	415～755	≥0.90	≥23	按下式计算：$A_{50mm}=1956\frac{S_0^{0.2}}{R_m^{0.9}}$ S_0—拉伸试样原始横截面积，单位为平方毫米（mm^2）； R_m—规定的最小抗拉强度，单位为兆帕（MPa）	≥80	$d=2a$	—
L290	290～495	415～755		≥22		≥80		—
L320	320～525	435～755		≥21		≥90		—
L360	360～530	460～755		≥21		≥90		—
L390	390～545	490～755	≥0.92	≥19		≥120		—
L415	415～565	520～755		≥19		≥120		2个试样平均值大于等于85%，单个试样值大于等于70%
L450	450～600	535～755		≥18		≥120		
L485	485～620	570～755		≥18		≥150		
L555	555～690	625～825	≥0.93	≥18		≥150		
L690	690～840	760～990	≥0.95	≥17		≥150		

注：1. 需方在按钢管标准选用表中的牌号时，应充分考虑制管过程中包辛格效应对屈服强度和屈强比的影响，以保证钢管成品性能符合相应标准的要求。在考虑包辛格效应时，规定的屈服强度数值和屈强比可作相应调整。

2. 在供需双方未规定拉伸试样标距时，试样类型由生产方在表中选择。当发生争议时，以标距为50mm，宽度为38mm的板状拉伸试样进行仲裁。

3. 若屈服现象明显，$R_{t0.5}$可用R_{eL}代替。

4. 对于L690，屈服强度可取$R_{p0.2}$。

5. 钢板厚度大于25mm时，DWTT试验结果由供需双方协商。

6. 冲击吸收能量按一组三个试样算术平均值计算，允许其中一个试样值低于表中的规定值，但不得低于规定值的70%。当冲击试验结果不符合上述规定时，应从同一张钢板或同一样坯上再取3个试样进行试验，前后6个试样的算术平均值不得低于规定值，允许有2个试样值低于规定值，但其中低于规定值70%的试样只允许有1个。

7. 对厚度小于12mm钢板的冲击试验应采用辅助试样，厚度为6～8mm的钢板，其尺寸为10mm×5mm×55mm，其冲击试验结果应不小于表中规定的50%，厚度大于8mm小于12mm的钢板其尺寸为10mm×7.5mm×55mm，其试验结果应不小于表中值的75%。

7　其他要求

7.1　超声波检验

钢板应逐张进行超声波检验，检验方法为GB/T 2970，其检验级别应在合同中注明。经供需双方协商，也可采用其他超声波检验方法。

7.2　其他特殊要求

经供需双方协商，需方可对钢板提出其他特殊要求（如成分、屈强比、落锤撕裂试验、冲击吸收能量及剪切面积、试验温度、硬度、晶粒度、非金属夹杂、抗HIC要求等），具体在合同中注明。

第二节　美国标准

API SPEC 5L 第 44 版（概要）

1　范围

该标准适用于石油天然气工业管线输送系统用两种产品规范水平（PSL1、PSL2）的无缝钢管和焊接钢管。

2　化学成分

2.1　厚度 $t \leqslant 25.0$mm 的 PSL1 钢管，标准钢级的化学成分应符合表 1 的要求，而中间钢级的化学成分应依照协议，但应与表 1 的规定协调一致。

2.2　对于厚度 $t \leqslant 25.0$mm 的 PSL2 钢管，标准钢级的化学成分应符合表 2 的要求，而中间钢级的化学成分应依照协议，但应与表 2 的规定协调一致。

2.3　表 1 和表 2 的化学成分要求可适用于 $t \geqslant 25.0$mm，否则，应协商确定化学成分。

2.4　PSL2 钢管成品分析的碳含量小于等于 0.12% 时，碳当量 CE_{Pcm} 应使用公式（1）确定。

$$CE_{Pcm} = C + \frac{Si}{30} + \frac{Mn + Cu + Cr}{20} + \frac{Ni}{60} + \frac{Mo}{15} + \frac{V}{10} + 5B \tag{1}$$

当 B 的熔炼分析结果小于 0.0005% 时，在成品分析中不分析 B 元素，在计算 CE_{Pcm} 时，可将 B 含量视为 0。

2.5　PSL2 钢管成品分析的碳含量大于 0.12% 时，碳当量 CE_{IIW} 应使用公式（2）确定。

$$CE_{IIW} = C + \frac{Mn}{6} + \frac{Cr + Mo + V}{5} + \frac{Cu + Ni}{15} \tag{2}$$

表 1　$t \leqslant 25.0$mm 的 PSL1 钢管化学成分

牌　号	化学成分①⑦（熔炼分析和成品分析）/%						
	C②	Mn②	P	S	V	Nb	Ti
无缝钢管							
L175/A25	≤0.21	≤0.60	≤0.030	0.030	—	—	—
L175P/A25P	≤0.21	≤0.60	0.045～0.080	0.030	—	—	—
L210/A	≤0.22	≤0.90	≤0.030	0.030	—	—	—
L245/B	≤0.28	≤1.20	≤0.030	0.030	③④	③④	③④
L290/X42	≤0.28	≤1.30	≤0.030	0.030	④	④	④
L320/X46	≤0.28	≤1.40	≤0.030	0.030	④	④	④
L360/X52	≤0.28	≤1.40	≤0.030	0.030	④	④	④
L390/X56	≤0.28	≤1.40	≤0.030	0.030	④	④	④
L415/X60	≤0.28⑤	≤1.40⑤	≤0.030	0.030	⑥	⑥	⑥
L450/X65	≤0.28⑤	≤1.40⑤	≤0.030	0.030	⑥	⑥	⑥
L485/X70	≤0.28⑤	≤1.40⑤	≤0.030	0.030	⑥	⑥	⑥

续表 1

牌　号	化学成分①⑦(熔炼分析和成品分析)/%							
	C②	Mn②	P		S	V	Nb	Ti
焊　管								
L175/A25	0.21	0.60	—	0.030	0.030	—	—	—
L175P/A25P	0.21	0.60	0.045	0.080	0.030	—	—	—
L210/A	0.22	0.90	—	0.030	0.030	—	—	—
L245/B	0.26	1.20	—	0.030	0.030	③④	③④	③④
L290/X42	0.26	1.30	—	0.030	0.030	④	④	④
L320/X46	0.26	1.40	—	0.030	0.030	④	④	④
L360/X52	0.26	1.40	—	0.030	0.030	④	④	④
L390/X56	0.26	1.40	—	0.030	0.030	④	④	④
L415/X60	0.26⑤	1.40⑤	—	0.030	0.030	⑥	⑥	⑥
L450/X65	0.26⑤	1.45⑤	—	0.030	0.030	⑥	⑥	⑥
L485/X70	0.26⑤	1.65⑤	—	0.030	0.030	⑥	⑥	⑥

① w(Cu)≤0.50%；w(Ni)≤0.50%；w(Cr)≤0.50%；w(Mo)≤0.15%。

② 碳含量比规定最大碳含量每降低0.01%，锰含量则允许比规定最大锰含量高0.05%，但对于L245/B～L360/X52，最大锰含量不得超过1.65%；对于牌号大于L360/X52小于L485/X70的钢管，最大锰含量不得超过1.75%；对于L485/X70，锰含量不得超过2.00%。

③ 除另有协议外，w(Nb+V)≤0.06%。

④ w(Nb+V+Ti)≤0.15%。

⑤ 除另有协议外，否则按表中值。

⑥ 除非另有规定，w(Nb+V+Ti)≤0.15%。

⑦ 不允许有意添加B，并且残余B含量应不大于0.001%。

表 2　t≤25.0mm 的 PSL2 钢管化学成分

牌 号	化学成分(熔炼分析和成品分析)/%									碳当量①(熔炼分析)/%	
	C②	Si	Mn②	P	S	V	Nb	Ti	其他⑫	CE_{IIW}	CE_{Pcm}
	不大于									不大于	
无缝钢管和焊接钢管											
L245R/BR	0.24	0.40	1.20	0.025	0.015	③	③	0.04	⑤	0.43	0.25
L290R/X42R	0.24	0.40	1.20	0.025	0.015	0.06	0.05	0.04	⑤	0.43	0.25
L245N/BN	0.24	0.40	1.20	0.025	0.015	③	③	0.04	⑤	0.43	0.25
L290N/X42N	0.24	0.40	1.20	0.025	0.015	0.06	0.05	0.04	⑤	0.43	0.25
L320N/X46N	0.24	0.40	1.40	0.025	0.015	0.07	0.05	0.04	④⑤	0.43	0.25
L360N/X52N	0.24	0.45	1.40	0.025	0.015	0.10	0.05	0.04	④⑤	0.43	0.25
L390N/X56N	0.24	0.45	1.40	0.025	0.015	0.10⑥	0.05	0.04	④⑤	0.43	0.25
L415N/X60N	0.24⑥	0.45⑥	1.40⑥	0.025	0.015	0.10⑥	0.05⑥	0.04⑥	⑦⑧	依照协议	
L245Q/BQ	0.18	0.45	1.40	0.025	0.015	0.05	0.05	0.04	⑤	0.43	0.25

续表 2

牌号	化学成分（熔炼分析和产品分析）/%									碳当量①（熔炼分析）/%	
	C②	Si	Mn②	P	S	V	Nb	Ti	其他⑫	CE_{IIW}	CE_{Pcm}
	不大于									不大于	
L290Q/X42Q	0.18	0.45	1.40	0.025	0.015	0.05	0.05	0.04	⑤	0.43	0.25
L320Q/X46Q	0.18	0.45	1.40	0.025	0.015	0.05	0.05	0.04	⑤	0.43	0.25
L360Q/X52Q	0.18	0.45	1.50	0.025	0.015	0.05	0.05	0.04	⑤	0.43	0.25
L390Q/X56Q	0.18	0.45	1.50	0.025	0.015	0.07	0.05	0.04	④⑤	0.43	0.25
L415Q/X60Q	0.18⑥	0.45⑥	1.70⑥	0.025	0.015	⑦	⑦	⑦	⑧	0.43	0.25
L450Q/X65Q	0.18⑥	0.45⑥	1.70⑥	0.025	0.015	⑦	⑦	⑦	⑧	0.43	0.25
L485Q/X70Q	0.18⑥	0.45⑥	1.80⑥	0.025	0.015	⑦	⑦	⑦	⑧	0.43	0.25
L555Q/X80Q	0.18⑥	0.45⑥	1.90⑥	0.025	0.015	⑦	⑦	⑦	⑨⑩	依照协议	
L625Q/X90Q	0.16⑥	0.45⑥	1.90	0.020	0.010	⑦	⑦	⑦	⑩⑪	依照协议	
L690Q/X100Q	0.16⑥	0.45⑥	1.90	0.020	0.010	⑦	⑦	⑦	⑨⑪	依照协议	
焊接钢管											
L245M/BM	0.22	0.45	1.20	0.025	0.015	0.05	0.05	0.04	⑤	0.43	0.25
L290M/X42M	0.22	0.45	1.30	0.025	0.015	0.05	0.05	0.04	⑤	0.43	0.25
L320M/X46M	0.22	0.45	1.30	0.025	0.015	0.05	0.05	0.04	⑤	0.43	0.25
L360M/X52M	0.22	0.45	1.40	0.025	0.015	④	④	④	⑤	0.43	0.25
L390M/X56M	0.22	0.45	1.40	0.025	0.015	④	④	④	⑤	0.43	0.25
L415M/X60M	0.12⑥	0.45⑥	1.60⑥	0.025	0.015	⑦	⑦	⑦	⑧	0.43	0.25
L450M/X65M	0.12⑥	0.45⑥	1.60⑥	0.025	0.015	⑦	⑦	⑦	⑧	0.43	0.25
L485M/X70M	0.12⑥	0.45⑥	1.70⑥	0.025	0.015	⑦	⑦	⑦	⑧	0.43	0.25
L555M/X80M	0.12⑥	0.45⑥	1.85⑥	0.025	0.015	⑦	⑦	⑦	⑨	0.43⑥	0.25
L625M/X90M	0.10	0.55⑥	2.10⑥	0.020	0.010	⑦	⑦	⑦	⑨	—	0.25
L690M/X100M	0.10	0.55⑥	2.10⑥	0.020	0.010	⑦	⑦	⑦	⑨⑩		0.25
L830M/X120M	0.10	0.55⑥	2.10⑥	0.020	0.010	⑦	⑦	⑦	⑨⑩		0.25

① 依据成品分析结果，$t>20.0$mm 无缝钢管，碳当量的极限值应协商确定。$w(C)>0.12\%$ 时，CE_{IIW} 适用；$w(C)\leqslant 0.12\%$ 时，CE_{Pcm} 适用。

② 碳含量比规定最大碳含量每降低 0.01%，则允许锰含量比规定值提高 0.05%，但对于牌号为 L245/B ~ L360/X52 的钢管，锰含量最大不得超过 1.65%；对于牌号大于 L360/X56 小于 L485/X70 的钢管，锰含量最大不得超过 1.75%；对于牌号为 L485/X70 ~ L555/X80 的钢管，锰含量最大不得超过 2.00%；对于牌号大于 L555/X80 的钢管，锰含量最大不得超过 2.20%。

③ 除另有协议外，$w(Nb+V)\leqslant 0.06\%$。

④ $w(Nb+V+Ti)\leqslant 0.15\%$。

⑤ 除另有协议外，$w(Cu)\leqslant 0.50\%$，$w(Ni)\leqslant 0.30\%$，$w(Cr)\leqslant 0.30\%$，$w(Mo)\leqslant 0.15\%$。

⑥ 除另有协议外，否则按表中值。

⑦ 除另有协议外，$w(Nb+V+Ti)\leqslant 0.15\%$。

⑧ 除另有协议外，$w(Cu)\leqslant 0.50\%$，$w(Ni)\leqslant 0.50\%$，$w(Cr)\leqslant 0.50\%$，$w(Mo)\leqslant 0.50\%$。

⑨ 除另有协议外，$w(Cu)\leqslant 0.50\%$，$w(Ni)\leqslant 1.00\%$，$w(Cr)\leqslant 0.50\%$，$w(Mo)\leqslant 0.50\%$。

⑩ $w(B)\leqslant 0.004\%$。

⑪ 除另有协议外，$w(Cu)\leqslant 0.50\%$，$w(Cr)\leqslant 0.55\%$，$w(Mo)\leqslant 0.80\%$，$w(Ni)\leqslant 1.00\%$。

⑫ 除符合⑩外，所有级别 PLS2 钢管符合下列要求：除另有协议外，不允许有意添加 B，残余 B 含量应小于等于 0.001%。

3　力学性能

3.1　PSL1 钢管的拉伸性能见表 3。

3.2　PSL2 钢管的拉伸性能见表 4。

表 3　PLS1 钢管拉伸试验要求

牌　号	无缝和焊接钢管管体		
	屈服强度①$R_{t0.5}$/MPa	抗拉强度①R_m/MPa	断后伸长率 A_f/%
L175/A25	≥175	≥310	②
L175P/A25P	≥175	≥310	
L210/A	≥210	≥335	
L245/B	≥245	≥415	
L290/X42	≥290	≥415	
L320/X46	≥320	≥435	
L360/X52	≥360	≥460	
L390/X56	≥390	≥490	
L415/X60	≥415	≥520	
L450/X65	≥450	≥535	
L485/X70	≥485	≥570	

① 对于中间钢级，管体规定最小抗拉强度和规定最小屈服强度之差应为表中所列的下一个较高钢级之差。

② 规定的最小断后伸长率 A_f 应采用下列公式计算，用百分数表示，且圆整到最邻近的百分位。

$$A_f = C\frac{A_{XC}^{0.2}}{U^{0.9}}$$

式中　C——当采用 SI 单位制时，C 为 1940；

U——规定最小抗拉强度，用 MPa 表示；

A_{XC}——适用的拉伸试样横截面积，用 mm^2 表示。具体如下：

对圆棒试样，直径 12.5mm 和 8.9mm 的圆棒试样为 $130mm^2$；直径 6.4mm 的圆棒试样为 $65mm^2$；对全截面试样：取 $485mm^2$ 和钢管试样横截面积两者中的较小者，其试样横截面积由规定外径和规定壁厚计算，且修约到最邻近的 $10mm^2$。对板状试样，取 $485mm^2$ 和试样横截面积两者中的较小者，其试样横截面积由规定外径和规定壁厚计算，且修约到最邻近的 $10mm^2$。

表4　PLS2 钢管拉伸试验要求

牌　号	无缝和焊接钢管管体			
	屈服强度① $R_{t0.5}$②/MPa	抗拉强度① R_m/MPa	屈强比①,②,③ $R_{t0.5}/R_m$	断后伸长率 A_f/%
L245R/BR、L245N/BN、L245Q/BQ、L245M/BM	245～450⑤	415～760	0.93	④
L290R/X42R、L290N/X42N、L290Q/X42Q、L290M/X42M	290～495⑤	415～760		
L320N/X46N、L320Q/X46Q、L320M/X46M	320～525	435～760		
L360N/X52N、L360Q/X52Q、L360M/X52M	360～530	460～760		
L390N/X56N、L390Q/X56Q、L390M/X56M	390～545	490～760		
L415N/X60N、L415Q/X60Q、L415M/X60M	415～565	520～760		
L450Q/X65Q、L450M/X65M	450～600	535～760		
L485Q/X70Q、L485M/X70M	485～635	570～760		
L555Q/X80Q、L555M/X80M	555～705	625～825		
L625M/X90M	625～775	695～915	0.95	
L625Q/X90Q	625～775	695～915	0.97⑥	
L690M/X100M	690～840	760～990	0.97⑥	
L690Q/X100Q	690～840	760～990	0.97⑥	
L830M/X120M	830～1050	915～1145	0.99⑥	

① 对于中间钢级，其规定最大屈服强度和规定最小屈服强度之差与表中所列的下一个较高钢级之差相同。规定最小抗拉强度和规定最小屈服强度之差应为表中所列的下一个较高钢级之差。对于低于 L555 或 X80 的中间钢级，其抗拉强度应小于等于 760MPa。对于高于 L555 或 X80 的中间钢级，其最大允许抗拉强度应由插入法获得。当采用 SI 单位制时，计算值应圆整到最邻近的 5MPa。

② 钢级大于 L625 或 X90 时，$R_{p0.2}$适用。

③ 此限制适用于 $D>323.9$mm 的钢管。

④ 规定的最小伸长率 A_f 应采用下列公式确定。

$$A_f = C\frac{A_{XC}^{0.2}}{U^{0.9}}$$

式中　C——当采用 SI 单位制时，C 为 1940；

U——规定最小抗拉强度，用 MPa 表示；

A_{XC}——适用的拉伸试样横截面积，用 mm^2 表示。具体如下：

对圆棒试样，直径 12.5mm 和 8.9mm 的圆棒试样为 $130mm^2$；直径 6.4mm 的圆棒试样为 $65mm^2$；对全截面试样：取 $485mm^2$ 和钢管试样横截面积两者中的较小者，其试样横截面积由规定外径和规定壁厚计算，且圆整到最邻近的 $10mm^2$。对板状试样，取 $485mm^2$ 和试样横截面积两者中的较小者，其试样横截面积由规定外径和规定壁厚计算，且圆整到最邻近的 $10mm^2$。

⑤ 对于要求进行纵向试验的管子，其最大屈服强度应小于等于 495MPa。

⑥ 对于 X100（L690）和 X120（L830）钢管，经协商可规定较低的屈强比。

3.3　PLS2 钢管的管体 CVN 冲击试验要求如下：

（1）管体试验的最小平均（三个试样一组）冲击吸收能量见表5。试样尺寸为全尺寸试样，试验温度 0℃，或协议可采用较低温度。

（2）$D\leqslant508$mm 的焊接钢管，如果协议试验温度为 0℃时，每个试验的最小平均剪切面积至少为 85%，或协议可采用更低试验温度。

（3）除另有协议外，如订货批中为采用（2）规定，宜对 CVN 试样的断口剪切面积进行评价并报告，以获得经 CVN 试验所有钢级和尺寸钢管的参考信息。

表 5　PLS2 钢管管体的 CVN 冲击吸收能量要求

规定外径 D/mm	全尺寸 CVN 冲击吸收能量 KV_8/J 不小于 级别						
	≤L415/X60	L415/X60 L450/X65	L485/X70	L555/X80	L625/X90	L690/X100	L83/X120
≤508	27	27	27	40	40	40	40
>508～762	27	27	27	40	40	40	40
>762～914	40	40	40	40	40	54	54
>914～1219	40	40	40	40	40	54	68
>1219～1422	40	54	54	54	54	68	81
>1422～2134	40	54	68	68	81	95	108

3.4　PLS2 焊管 DWT 试验要求如下：

（1）在 0℃试验温度时，每个试样（一组二个试样）平均剪切面积应大于等于 85%，如果协议，可在较低温度下试验。壁厚大于 25.4mm 的钢管，DWT 试验的验收要求应协商确定。

（2）如果在较规定温度低的温度下进行 DWT 试验，该试验剪切面积满足规定温度下的相应要求，则应认为该试验合格。

第五章　汽车用钢

第五章　汽车用钢

第一节　中国标准

GB/T 3273—2005 汽车大梁用热轧钢板和钢带（概要）

1　范围

该标准适用于制造汽车大梁用厚度为1.6～14.0mm的低合金钢热轧钢板和钢带。

2　尺寸、外形及允许偏差

2.1　厚度允许偏差见表1。

表1　厚度允许偏差

公称厚度/mm	在下列宽度（mm）时的厚度允许偏差/mm									
	≤600		>600～1200		>1200～1500		>1500～1800		>1800	
	PT. A	PT. B	PT. A	PT. B	PT. A	PT. B	PT. A	PT. B	PT. A	PT. B
≤2.50	±0.18	—	±0.19	—	±0.20	—	±0.21	—	—	—
>2.50～3.00	±0.19	—	±0.20	—	±0.21	—	±0.22	—	±0.25	—
>3.00～4.00	±0.23	±0.21	±0.24	±0.22	±0.26	±0.24	±0.28	±0.26	±0.31	±0.27
>4.00～5.00	±0.27	±0.23	±0.28	±0.24	±0.31	±0.26	±0.34	±0.28	±0.37	±0.29
>5.00～6.00	±0.31	±0.25	±0.32	±0.26	±0.35	±0.28	±0.38	±0.29	±0.42	±0.31
>6.00～8.00	±0.36	±0.28	±0.38	±0.29	±0.41	±0.30	±0.44	±0.31	±0.48	±0.35
>8.00～10.00	±0.39	±0.31	±0.41	±0.32	±0.44	±0.33	±0.47	±0.34	±0.51	±0.40
>10.00～12.50	±0.42	±0.34	±0.44	±0.35	±0.47	±0.36	±0.50	±0.37	±0.54	±0.43
>12.50～14.00	±0.45	±0.37	±0.47	±0.38	±0.50	±0.39	±0.53	±0.40	±0.57	±0.46

注：1. 根据需方要求，可在公差带范围内调整正、负偏差。
2. PT. A—普通级精度；PT. B—高级精度。

2.2　宽度允许偏差见表2、表3。

表2　宽度允许偏差

钢板或钢带状态	不切边钢板和钢带		切边钢板			切边钢带	
钢板或钢带宽度/mm	≤1000	>1000	210～1000	>1000～1500	>1500	600～1000	>1000
宽度允许偏差/mm	+20 0	+25 0	+5 0	+10 0	+15 0	+5 0	+10 0

注：切边钢带宽度不小于600mm。

表3 纵切钢带宽度允许偏差

公称宽度/mm	以下厚度（mm）的纵剪钢带的宽度允许偏差/mm			
	≤4.0	>4.0~5.0	>5.0~8.0	>8.0
210~250	±0.5	±1.0	±1.2	±1.4
>250~<600	±1.0	±1.0	±1.2	±1.4

注：适用于宽度小于600mm的纵剪钢带。

2.3 长度允许偏差见表4。

表4 长度允许偏差

公称厚度/mm	≤4.0		>4.0~14.0		
钢板长度/mm	≤1500	>1500	≤2000	>2000~6000	>6000
长度允许偏差/mm	+10 0	+15 0	+10 0	+25 0	+30 0

2.4 钢板的镰刀弯见表5、表6。钢带的镰刀弯每米小于等于3mm，若有特殊要求，双方协商。

表5 不切边钢板的镰刀弯

钢板长度/mm	2000~4000	>4000~7000	>7000~10000	>10000
镰刀弯/mm	≤10	≤20	≤24	≤26

表6 切边钢板的镰刀弯

钢板长度/mm	以下宽度（mm）钢板的镰刀弯/mm			
	<250	250~<630	630~<1000	≥1000
<2500	任意每2000不大于8	≤5	≤4	≤3
2500~<4000		≤8	≤6	≤5
4000~<6300		≤12	≤10	≤8
6300~<10000		≤20	≤16	≤12
≥10000		任意每10000不大于20	任意每10000不大于16	任意每10000不大于12

2.5 其他

钢板和钢带的其他外形见GB/T 709《热轧钢板和钢带的尺寸、外形、重量及允许偏差》。

3 牌号及化学成分（见表7）

表7 化学成分

牌 号	化学成分(熔炼分析)/%				
	C	Si	Mn	P	S
370L	≤0.12	≤0.50	≤0.60	≤0.030	≤0.030
420L	≤0.12	≤0.50	≤1.20	≤0.030	≤0.030
440L	≤0.18	≤0.50	≤1.40	≤0.030	≤0.030

续表 7

牌 号	化学成分(熔炼分析)/%				
	C	Si	Mn	P	S
510L	≤0.20	≤1.00	≤1.60	≤0.030	≤0.030
550L	≤0.20	≤1.00	≤1.60	≤0.030	≤0.030

注：1. 在保证性能的前提下，为改善钢的性能，可加入 Ti、V、Nb 和稀土元素（RE），可有选择地加入一种或同时加入几种。但 Ti、V、Nb 总含量应小于等于 0.25%。稀土元素（RE）加入量应小于等于 0.20%。

2. 各牌号钢的 Ni、Cr、Cu 残余元素的含量应各不大于 0.30%，供方若能保证可不作分析。

4 交货状态

钢板和钢带以热轧或热处理状态交货。未注明时以热轧状态交货。

5 力学性能及工艺性能（见表 8）

表 8 力学性能及工艺性能

牌号	厚度规格/mm	拉 伸 试 验			180°（$b=35$mm）弯曲压头直径	
		抗拉强度 R_m/MPa	下屈服强度 R_{eL}/MPa	断后伸长率 A/%	厚度≤12.0mm	厚度>12.0mm
370L	1.6~14.0	370~480	≥245	≥28	0.5a	a
420L	1.6~14.0	420~520	≥280	≥26	0.5a	a
440L	1.6~14.0	440~540	≥305	≥26	0.5a	a
510L	1.6~14.0	510~630	≥355	≥24	a	2.0a
550L	1.6~8.0	550~670	≥400	≥23	a	—

注：1. a 为试样厚度。

2. 510L 的工艺性能，根据用户要求并在合同中注明，厚度为 1.6~6.0mm 的钢板和钢带，冷弯试验弯曲压头直径可以等于 0.5a。

3. 当宽度小于 600mm 时，拉伸试样取纵向，当宽度大于等于 600mm 时，拉伸试样取横向。

4. 弯曲试样取横向。

6 其他

厚度不大于 8.0mm 的钢板、钢带的晶粒度应不小于 8 级；厚度大于 8.0mm 的钢板、钢带的晶粒度应不小于 7 级；其相邻级别不得超过三个级别。供方若能保证可不作检验。

钢板和钢带的带状组织应不大于 2 级。大于 2 级但不大于 3 级的钢板、钢带也可交货。

GB/T 20887.1—2007 汽车用高强度热连轧钢板及钢带 第1部分：冷成形用高屈服强度钢（概要）

1　范围

该标准适用于厚度不大于20mm的冷成形用高屈服强度热连轧钢带以及由钢带横切成的钢板及纵切成的纵切钢带。

2　尺寸、外形及允许偏差

钢板和钢带的尺寸、外形、重量及允许偏差见GB/T 709《热轧钢板及钢带的尺寸、外形、重量及允许偏差》。

3　牌号及化学成分（见表1）

表1　牌号及化学成分

牌号	化学成分(熔炼分析)/%										
	C	Si	Mn	P	S	Alt	Nb	V	Ti	Mo	B
	不大于					不小于	不大于				
HR270F HR315F	0.12	0.50	1.30	0.025	0.020	0.015	0.09	0.20	0.15	—	—
HR355F HR380F	0.12	0.50	1.50	0.025	0.015	0.015	0.09	0.20	0.15	—	—
HR420F HR460F	0.12	0.50	1.60	0.015	0.015	0.015	0.09	0.20	0.15	—	—
HR500F	0.12	0.50	1.70	0.025	0.015	0.015	0.09	0.20	0.15	—	—
HR550F	0.12	0.50	1.80	0.025	0.015	0.015	0.09	0.20	0.15	—	—
HR600F	0.12	0.50	1.90	0.025	0.015	0.015	0.09	0.20	0.22	0.50	0.005
HR650F	0.12	0.60	2.00	0.025	0.015	0.015	0.09	0.20	0.22	0.50	0.005
HR700F	0.12	0.60	2.10	0.025	0.015	0.015	0.09	0.20	0.22	0.50	0.005

注：1. 钢中残余元素Cu、Cr、Ni的含量应各不大于0.30%，供方如能保证，可不作分析。

2. 钢中可添加Nb、Ti、V中一种或几种微合金元素，但三种元素之和应不大于0.22%。

3. 当检测Als时，其含量不小于0.010%。

4　交货状态

钢板及钢带以热轧状态交货。

5　力学性能及工艺性能（见表2）

表2　力学性能及工艺性能

<table>
<tr><th rowspan="5">牌　号</th><th colspan="4">拉 伸 试 验</th><th rowspan="5">180°弯曲压头直径</th></tr>
<tr><th rowspan="4">抗拉强度
R_m/MPa</th><th rowspan="4">上屈服强度
R_{eH}/MPa</th><th colspan="2">断后伸长率/%</th></tr>
<tr><th>A_{80mm}</th><th>A</th></tr>
<tr><th colspan="2">钢板厚度/mm</th></tr>
<tr><th><3.0</th><th>≥3.0</th></tr>
<tr><td>HR270F</td><td>350～470</td><td>≥270</td><td>≥23</td><td>≥28</td><td>0a</td></tr>
<tr><td>HR315F</td><td>390～510</td><td>≥315</td><td>≥20</td><td>≥26</td><td>0a</td></tr>
<tr><td>HR355F</td><td>430～550</td><td>≥355</td><td>≥19</td><td>≥25</td><td>0.5a</td></tr>
<tr><td>HR380F</td><td>450～590</td><td>≥380</td><td>≥18</td><td>≥23</td><td>0.5a</td></tr>
<tr><td>HR420F</td><td>480～620</td><td>≥420</td><td>≥16</td><td>≥21</td><td>0.5a</td></tr>
<tr><td>HR460F</td><td>520～670</td><td>≥460</td><td>≥14</td><td>≥19</td><td>1.0a</td></tr>
<tr><td>HR500F</td><td>550～700</td><td>≥500</td><td>≥12</td><td>≥16</td><td>1.0a</td></tr>
<tr><td>HR550F</td><td>600～760</td><td>≥550</td><td>≥12</td><td>≥16</td><td>1.5a</td></tr>
<tr><td>HR600F</td><td>650～820</td><td>≥600</td><td>≥11</td><td>≥15</td><td>1.5a</td></tr>
<tr><td>HR650F</td><td>700～880</td><td>≥650</td><td>≥10</td><td>≥14</td><td>2.0a</td></tr>
<tr><td>HR700F</td><td>750～950</td><td>≥700</td><td>≥10</td><td>≥13</td><td>2.0a</td></tr>
</table>

注：1. 拉伸试样取纵向。弯曲试样取横向，试样宽度大于等于35mm，仲裁时试样宽度为35mm。

2. 对于HR650F、HR700F牌号，当厚度大于8.0mm时，其最小屈服强度允许降低20MPa。

YB/T 4151—2006 汽车车轮用热轧钢板和钢带（概要）

1　范围

该标准适用于汽车车轮用厚度为1.6～16mm的热轧钢板和钢带。

2　尺寸、外形及允许偏差

2.1　厚度允许偏差见表1。

表1　厚度允许偏差

公称厚度/mm	以下宽度（mm）的厚度允许偏差/mm				
	≤1200	>1200～1500	>1500～1800	>1800～2300	>2300～2500
1.6～2.0	±0.15	±0.16	±0.17	—	—
>2.0～2.5	±0.16	±0.17	±0.18	±0.19	—
>2.5～3.0	±0.17	±0.18	±0.19	±0.20	—
>3.0～4.0	±0.19	±0.20	±0.21	±0.22	—
>4.0～5.5	±0.20	±0.22	±0.25	±0.27	—
>5.5～7.5	±0.25	±0.30	±0.35	±0.45	±0.50
>7.5～10	±0.35	±0.35	±0.45	±0.50	±0.55
>10～13	±0.40	±0.45	±0.45	±0.50	±0.55
>13～16	±0.40	±0.45	±0.46	±0.55	±0.60

注：经双方协商，并在合同中注明，可供应其他厚度允许偏差的钢板和钢带。

2.2　钢板其他的尺寸、外形、重量及允许偏差见GB/T 709《热轧钢板和钢带的尺寸、外形、重量及允许偏差》。

3　牌号及化学成分（见表2）

表2　牌号及化学成分

牌　号	化学成分(熔炼分析)/%				
	C	Si	Mn	P	S
330CL	≤0.12	≤0.05	≤0.50	≤0.030	≤0.025
380CL	≤0.16	≤0.30	≤1.20	≤0.030	≤0.025
440CL	≤0.16	≤0.35	≤1.50	≤0.030	≤0.025
490CL	≤0.16	≤0.55	≤1.70	≤0.030	≤0.025
540CL	≤0.16	≤0.55	≤1.70	≤0.030	≤0.025
590CL	≤0.16	≤0.55	≤1.70	≤0.030	≤0.025

注：1. 为改善钢材的性能，可加入Al、Nb、V、Ti等细化晶粒元素，其含量应在质量证明书上注明。

2. 钢中的残余元素Ni、Cr、Cu含量应各不大于0.30%，供方若能保证可不做分析。

3. 经供需双方协商，并在合同中注明，可供应其他牌号和化学成分的钢板和钢带。

4　交货状态

钢板和钢带以热轧或热处理状态交货。

5　力学性能及工艺性能（见表3）

表3　力学性能及工艺性能

牌　号	拉伸试验			180°（$b=35$mm）弯曲压头直径
	抗拉强度 R_m/MPa	下屈服强度 R_{eL}/MPa	断后伸长率 A/%	
330CL	330～430	≥225	≥33	0.5a
380CL	380～480	≥235	≥28	1a
440CL	440～550	≥290	≥26	1a
490CL	490～600	≥325	≥24	2a
540CL	540～660	≥355	≥22	2a
590CL	590～710	≥420	≥20	2a

注：1. 厚度为6～10mm的热连轧钢板和钢带断后伸长率允许比表3降低1%（绝对值），厚度大于10mm的热连轧钢板和钢带断后伸长率允许比表3降低2%（绝对值）。

2. 拉伸试样和弯曲试样取横向。

GB/T 5213—2008 冷轧低碳钢板及钢带（概要）

1　范围

该标准适用于汽车、家电等行业使用的厚度为0.30～3.5mm的冷轧低碳钢板及钢带。

2　尺寸、外形及允许偏差

钢板及钢带的尺寸、外形、重量及允许偏差见GB/T 708《冷轧钢板及钢带的尺寸、外形、重量及允许偏差》。

3　牌号及化学成分

钢的化学成分（熔炼分析）参考值见表1。

表1　牌号和化学成分

牌号	化学成分（熔炼分析）/%					
	C	Mn	P	S	Al	Ti
DC01	≤0.12	≤0.60	≤0.045	≤0.045	≥0.020	—
DC03	≤0.10	≤0.45	≤0.035	≤0.035	≥0.020	—
DC04	≤0.08	≤0.40	≤0.030	≤0.030	≥0.020	—
DC05	≤0.06	≤0.35	≤0.025	≤0.025	≥0.015	—
DC06	≤0.02	≤0.30	≤0.020	≤0.020	≥0.015	≤0.30
DC07	≤0.01	≤0.25	≤0.020	≤0.020	≥0.015	≤0.20

注：1. DC01、DC03和DC04，当$w(C) \leq 0.01\%$时$w(Al) \geq 0.015\%$。

2. DC01、DC03、DC04和DC05也可以添加Nb和Ti。

3. 可以用Nb代替部分Ti，钢中C和N应全部被固定。

4　交货状态

钢板及钢带以退火加平整状态交货。

钢板及钢带通常涂油后供货，所涂油膜应能用碱水溶液去除，在通常的包装、运输、装卸和储存条件下，供方应保证自生产完成之日起6个月内不生锈，如需方要求不涂油供货，应在订货时协商。

5　力学性能（见表2）

表2　力学性能

牌号	屈服强度R_{eL}或$R_{p0.2}$ /MPa，不大于	抗拉强度R_m /MPa	断后伸长率A_{80mm} (L_0 = 80mm，b = 20mm) /%，不小于	r_{90}，不小于	n_{90}，不小于
DC01	280	270～410	28	—	—
DC03	240	270～370	34	1.3	—
DC04	210	270～350	38	1.6	0.18
DC05	180	270～330	40	1.9	0.20

续表 2

牌号	屈服强度 R_{eL} 或 $R_{p0.2}$ /MPa，不大于	抗拉强度 R_m /MPa	断后伸长率 A_{80mm} （L_0 =80mm，b =20mm）/%，不小于	r_{90}，不小于	n_{90}，不小于
DC06	170	270～330	41	2. 1	0. 22
DC07	150	270～310	44	2. 5	0. 23

注：1. 无明显屈服时采用 $R_{p0.2}$，否则采用 R_{eL}。当厚度为 0. 50（不含）～0. 70mm 时，屈服强度上限值可以增加 20MPa；当厚度小于等于 0. 50mm 时，屈服强度上限值可以增加 40MPa。

2. 经供需双方协商同意，DC01、DC03 和 DC04 屈服强度的下限值可设定为 140MPa，DC05、DC06 屈服强度的下限值可设定为 120MPa，DC07 屈服强度的下限值可设定为 100MPa。

3. 试样为 GB/T 228. 1《金属材料　拉伸试验　第 1 部分　室温试验方法》中的 P6 试样，其标距尺寸为 20mm ×80mm。试样方向为横向。

4. 当厚度为 0. 50（不含）～0. 70mm 时，断后伸长率最小值可以降低 2%（绝对值）；当厚度小于等于 0. 50mm 时，断后伸长率最小值可以降低 4%（绝对值）。

5. 对 r_{90} 值和 n_{90} 值的要求仅适用于厚度不小于 0. 50mm 的产品。当厚度大于 2. 0mm 时，r_{90} 值可以降低 0. 2。

6. DC01 的屈服强度上限值的有效期仅为从生产完成之日起 8 天内。

6　拉伸应变痕（见表 3）

表 3　拉伸应变痕

牌　号	拉伸应变痕
DC01	室温储存条件下，表面质量为 FD 的钢板及钢带自生产完成之日起 3 个月内使用时不应出现拉伸应变痕
DC03	室温储存条件下，钢板及钢带自生产完成之日起 6 个月内使用时不应出现拉伸应变痕
DC04	室温储存条件下，钢板及钢带自生产完成之日起 6 个月内使用时不应出现拉伸应变痕
DC05	室温储存条件下，钢板及钢带自生产完成之日起 6 个月内使用时不应出现拉伸应变痕
DC06	室温储存条件下，钢板及钢带使用时不应出现拉伸应变痕
DC07	室温储存条件下，钢板及钢带使用时不应出现拉伸应变痕

7　表面质量

钢板及钢带表面不应有结疤、裂纹、夹杂等对使用有害的缺陷，钢板及钢带不得有分层。

钢板及钢带各表面质量级别的特征如表 4 所述。

表 4　表面质量级别及特征

级　别	代号	特　征
较高级表面	FB	表面允许有少量不影响成型性及涂、镀附着力的缺陷，如轻微的划伤、压痕、麻点、辊印及氧化色等
高级表面	FC	产品两面中较好的一面无肉眼可见的明显缺陷，另一面至少应达到 FB 的要求
超高级表面	FD	产品两面中较好的一面不应有影响涂漆后的外观质量或电镀后的外观质量的缺陷，另一面至少应达到 FB 的要求

对于钢带，由于没有机会切除带缺陷部分，因此允许带缺陷交货，但有缺陷部分应不超过每卷总长度的6%。

8　表面结构

表面结构为麻面（D）时，平均粗糙度 R_a 目标值为大于0.6μm且不大于1.9μm；表面结构为光亮表面（B）时，平均粗糙度 R_a 目标值为不大于0.9μm。如需方对粗糙度有特殊要求，应在订货时协商。

GB/T 20564.1—2007 汽车用高强度冷连轧钢板及钢带 第1部分：烘烤硬化钢（概要）

1　范围

该标准规定的钢板及钢带主要用于汽车外板、内板和部分结构件，钢板及钢带的厚度为0.60～2.5mm。

2　尺寸、外形及允许偏差

钢板及钢带的尺寸、外形、重量及允许偏差见GB/T 708《冷轧钢板及钢带的尺寸、外形、重量及允许偏差》。

3　牌号及化学成分

钢的牌号及化学成分的参考值见表1。如需方对化学成分有要求，应在订货时协商。

表1　牌号和化学成分

牌　号	化学成分(熔炼分析)/%						
	C	Si	Mn	P	S	Alt	Nb
CR140BH	≤0.02	≤0.05	≤0.50	≤0.04	≤0.025	≥0.010	≤0.10
CR180BH	≤0.04	≤0.10	≤0.80	≤0.08	≤0.025	≥0.010	—
CR220BH	≤0.06	≤0.30	≤1.00	≤0.10	≤0.025	≥0.010	—
CR260BH	≤0.08	≤0.50	≤1.20	≤0.12	≤0.025	≥0.010	—
CR300BH	≤0.10	≤0.50	≤1.50	≤0.12	≤0.025	≥0.010	—

注：可用Ti部分或全部代替Nb，此时Ti和/或Nb的总含量小于等于0.10%。

4　交货状态

钢板及钢带以退火加平整状态交货。

钢板及钢带通常涂油供货，所涂油膜应能用碱水溶液去除，在通常的包装、运输、装卸和储存条件下，供方应保证自生产完成之日起6个月内不生锈。如需方要求不涂油供货，应在订货时协商。

5　力学性能（见表2）

表2　力学性能

牌　号	下屈服强度 R_{eL}/MPa	抗拉强度 R_m/MPa，不小于	断后伸长率 A_{80mm}（L_0=80mm，b=20mm）/%，不小于	r_{90}，不小于	n_{90}，不小于	烘烤硬化值 BH_2/MPa，不小于
CR140BH	140～200	270	36	1.8	0.20	30
CR180BH	180～240	300	32	1.6	0.18	30
CR220BH	220～280	320	30	1.4	0.16	30

续表 2

牌　号	下屈服强度 R_{eL}/MPa	抗拉强度 R_m/MPa，不小于	断后伸长率 A_{80mm}（L_0 = 80mm，b = 20mm）/%，不小于	r_{90}，不小于	n_{90}，不小于	烘烤硬化值 BH_2/MPa，不小于
CR260BH	260 ~ 320	360	28	—	—	30
CR300BH	300 ~ 360	400	26	—	—	30

注：1. 力学性能会随储存时间的延长以及环境温度的升高而劣化，建议用户尽快使用。

2. 无明显屈服时，屈服强度采用 $R_{p0.2}$，否则采用 R_{eL}。

3. 拉伸试样为 GB/T 228.1《金属材料　拉伸试验　第 1 部分　室温试验方法》中的 P6 试样，其标距尺寸为 20mm × 80mm。试样方向为横向。

4. 厚度不大于 0.7mm 时，断后伸长率最小值可以降低 2%（绝对值）。

5. 厚度为 1.6 ~ 2.0（不含）mm 时，r_{90} 值允许降低 0.2；厚度大于等于 2.0mm 时，r_{90} 值和 n_{90} 值不做要求。

6　拉伸应变痕

室温储存条件下，钢板及钢带自生产完成之日起 3 个月内使用时不应出现拉伸应变痕。

7　表面质量

钢板及钢带表面不应有结疤、裂纹、夹杂等对使用有害的缺陷。钢板及钢带不应有分层。

钢板及钢带各表面质量级别的特征见表 3 的规定。

对于钢带，由于没有机会切除有缺陷部分，因此允许带缺陷交货，但有缺陷部分应不超过每卷总长度的 6%。

表 3　表面质量级别及特征

级　别	代号	特　征
较高级表面	FB	表面允许有少量不影响成型性及涂、镀附着力的缺陷，如轻微的划伤、压痕、麻点、辊印及氧化色等
高级表面	FC	产品两面中较好的一面无目视可见的明显缺陷，另一面必须至少达到 FB 的要求
超高级表面	FD	产品两面中较好的一面不应有任何缺陷，即不能影响涂漆后的外观质量或电镀后的外观质量，另一面必须至少达到 FB 的要求

8　表面结构

表面结构为麻面时，平均粗糙度 R_a 目标值为大于 0.6μm 且不大于 1.9μm。表面结构为光亮表面时，平均粗糙度 R_a 目标值为不大于 0.9μm。如需方对粗糙度有特殊要求，应在订货时协商。

GB/T 20564.2—2006 汽车用高强度冷连轧钢板及钢带 第2部分：双相钢（概要）

1　范围

该标准规定的钢板及钢带主要用于汽车结构件、加强件以及部分内外板，钢板及钢带的厚度为0.60～2.5mm。

2　尺寸、外形及允许偏差

钢板及钢带的尺寸、外形、重量及允许偏差见GB/T 708《冷轧钢板和钢带的尺寸、外形、重量及允许偏差》。

3　牌号及化学成分

钢的牌号及化学成分的参考值见表1。根据需要可添加Cr、Mo、B等合金元素。如需方对化学成分有要求，应在订货时协商。

表1　牌号及化学成分

牌　号	化学成分（熔炼分析）/%					
	C	Si	Mn	P	S	Alt
CR260/450DP	≤0.12	≤0.40	≤1.20	≤0.035	≤0.030	≥0.020
CR300/500DP	≤0.14	≤0.60	≤1.60	≤0.035	≤0.030	≥0.020
CR340/590DP	≤0.16	≤0.80	≤2.20	≤0.035	≤0.030	≥0.020
CR420/780DP	≤0.18	≤1.20	≤2.50	≤0.035	≤0.030	≥0.020
CR550/980DP	≤0.20	≤1.60	≤2.80	≤0.035	≤0.030	≥0.020

4　交货状态

钢板及钢带以退火加平整状态交货。

钢板及钢带通常涂油供货，所涂油膜应能用碱水溶液去除，在通常的包装、运输、装卸和储存条件下，供方应保证自生产完成之日起6个月内不生锈。如需方要求不涂油供货，应在订货时协商。

5　力学性能（见表2）

表2　力学性能

牌　号	下屈服强度 R_{eL}/MPa	抗拉强度 R_m/MPa，不小于	断后伸长率 A_{80mm} (L_0=80mm，b=20mm)/%，不小于
CR260/450DP	260～340	450	27
CR300/500DP	300～400	500	24

续表 2

牌　号	下屈服强度 R_{eL}/MPa	抗拉强度 R_m/MPa，不小于	断后伸长率 A_{80mm} (L_0 = 80mm，b = 20mm)/%，不小于
CR340/590DP	340 ~ 460	590	18
CR420/780DP	420 ~ 560	780	13
CR550/980DP	550 ~ 730	980	9

注：1. 如需方对 n 值和 BH 值有要求，应在订货时协商。

2. 无明显屈服时采用 $R_{p0.2}$，否则采用 R_{eL}。

3. 试样为 GB/T 228.1《金属材料　拉伸试验　第 1 部分　室温试验方法》中的 P6 试样，其标距尺寸为 20mm × 80mm。试样方向为横向。

4. 厚度不大于 0.7mm 时，断后伸长率最小值可以降低 2%（绝对值）。

6　焊接

用户应根据化学成分和强度级别确定合适的焊接工艺，必要时可咨询生产商。

7　表面质量

钢板及钢带表面不应有结疤、裂纹、夹杂等对使用有害的缺陷。钢板及钢带不应有分层。

钢板及钢带各表面质量级别的特征见表 3。

对于钢带，由于没有机会切除有缺陷部分，因此允许带缺陷交货，但有缺陷部分应不超过每卷总长度的 6%。

表 3　表面质量级别及特征

级　别	代号	特　征
较高级表面	FB	表面允许有少量不影响成型性及涂、镀附着力的缺陷，如轻微的划伤、压痕、麻点、辊印及氧化色等
高级表面	FC	产品两面中较好的一面无目视可见的明显缺陷，另一面必须至少达到 FB 的要求
超高级表面	FD	产品两面中较好的一面不应有任何缺陷，即不能影响涂漆后的外观质量或电镀后的外观质量，另一面必须至少达到 FB 的要求

8　表面结构

表面结构为麻面时，平均粗糙度 R_a 目标值为大于 0.6μm 且不大于 1.9μm。表面结构为光亮表面时，平均粗糙度 R_a 目标值为不大于 0.9μm。如需方对粗糙度有特殊要求，应在订货时协商。

GB/T 20564.3—2007 汽车用高强度冷连轧钢板及钢带 第3部分：高强度无间隙原子钢（概要）

1　范围

该标准规定的钢板及钢带主要用于汽车外板、内板和部分结构件，钢板及钢带的厚度为0.60～2.5mm。

2　尺寸、外形及允许偏差

钢板及钢带的尺寸、外形、重量及允许偏差见GB/T 708《冷轧钢板及钢带的尺寸、外形、重量及允许偏差》。

3　牌号及化学成分

钢的牌号化学成分的参考值见表1。

表1　牌号及化学成分

牌　号	化学成分(熔炼分析)/%						
	C	Si	Mn	P	S	Alt	Ti
CR180IF	≤0.01	≤0.30	≤0.80	≤0.08	≤0.025	≥0.010	≤0.12
CR220IF	≤0.01	≤0.50	≤1.40	≤0.10	≤0.025	≥0.010	≤0.12
CR260IF	≤0.01	≤0.80	≤2.00	≤0.12	≤0.025	≥0.010	≤0.12

注：可以用Nb部分或全部代替Ti，此时Nb和/或Ti的总含量小于等于0.12%。如需方对化学成分有要求，应在订货时协商。

4　交货状态

钢板及钢带以退火加平整状态交货。

钢板及钢带通常涂油供货，所涂油膜应能用碱水溶液去除，在通常的包装、运输、装卸和储存条件下，供方应保证自生产完成之日起6个月内不生锈。如需方要求不涂油供货，应在订货时协商。

5　力学性能（见表2）

表2　力学性能

牌　号	下屈服强度 R_{eL}/MPa	抗拉强度 R_m/MPa，不小于	断后伸长率 A_{80mm} ($L_0=80mm$, $b=20mm$)/%，不小于	r_{90}，不小于	n_{90}，不小于
CR180IF	180～240	340	34	1.7	0.19
CR220IF	220～280	360	32	1.5	0.17
CR260IF	260～320	380	28	—	—

注：1. 无明显屈服时采用 $R_{p0.2}$，否则采用 R_{eL}。
2. 试样为GB/T 228.1《金属材料　拉伸试验　第1部分　室温试验方法》中的P6试样，其标距尺寸为20mm×80mm。试样方向为横向。
3. 厚度不大于0.7mm时，断后伸长率最小值可以降低2%（绝对值）。
4. 厚度为1.6～2.0(不含)mm时，r_{90}值允许降低0.2；厚度大于等于2.0mm时，r_{90}值和 n_{90} 值不做要求。

6　表面质量

钢板及钢带表面不应有结疤、裂纹、夹杂等对使用有害的缺陷。钢板及钢带不应有分层。

钢板及钢带各表面质量级别的特征如表 3 的规定。

对于钢带，由于没有机会切除有缺陷部分，因此允许带缺陷交货，但有缺陷部分应不超过每卷总长度的6%。

表 3　表面质量的级别和特征

级　别	代 号	特　征
较高级表面	FB	表面允许有少量不影响成型性及涂、镀附着力的缺陷，如轻微的划伤、压痕、麻点、辊印及氧化色等
高级表面	FC	产品两面中较好的一面无目视可见的明显缺陷，另一面必须至少达到 FB 的要求
超高级表面	FD	产品两面中较好的一面不应有任何缺陷，即不能影响涂漆后的外观质量或电镀后的外观质量，另一面必须至少达到 FB 的要求

7　表面结构

表面结构为麻面时，平均粗糙度 R_a 目标值为大于 0.6μm 且不大于 1.9μm。表面结构为光亮表面时，平均粗糙度 R_a 目标值为不大于 0.9μm。如需方对粗糙度有特殊要求，应在订货时协商。

GB/T 20564.4—2010 汽车用高强度冷连轧钢板及钢带 第4部分：低合金高强度钢（概要）

1　范围

该标准规定的钢板及钢带的厚度应不大于3.0mm，主要用于制作汽车结构件和加强件。

2　尺寸、外形及允许偏差

钢板及钢带的尺寸、外形、重量及允许偏差见GB/T 708《冷轧钢板及钢带的尺寸、外形、重量及允许偏差》。

3　牌号及化学成分

钢的牌号及化学成分参考值见表1。

表1　牌号及化学成分

牌　号	化学成分(熔炼分析)/%							
	C	Si	Mn	P	S	Alt	Ti	Nb
CR260LA	≤0.10	≤0.50	≤0.60	≤0.025	≤0.025	≥0.015	≤0.15	—
CR300LA	≤0.10	≤0.50	≤1.00	≤0.025	≤0.025	≥0.015	≤0.15	≤0.09
CR340LA	≤0.10	≤0.50	≤1.10	≤0.025	≤0.025	≥0.015	≤0.15	≤0.09
CR380LA	≤0.10	≤0.50	≤1.60	≤0.025	≤0.025	≥0.015	≤0.15	≤0.09
CR420LA	≤0.10	≤0.50	≤1.60	≤0.025	≤0.025	≥0.015	≤0.15	≤0.09

注：可以添加V和B，也可用Nb或B代替Ti，但$w(Ti+Nb+V+B)\leqslant 0.22\%$。如需方对化学成分有要求，应在订货时协商。

4　交货状态

钢板及钢带以退火加平整状态交货。

钢板及钢带通常涂油供货，所涂油膜应能用碱水溶液或通常的溶剂去除，在通常的包装、运输、装卸及储存条件下，供方保证自制造完成之日起6个月内，钢板及钢带表面不生锈。如需方要求不涂油供货，应在订货时协商。

5　力学性能（见表2）

表2　力学性能

牌　号	拉　伸　试　验		
	规定塑性延伸强度 $R_{p0.2}$/MPa	抗拉强度 R_m/MPa	断后伸长率 A_{80mm}/%，不小于
CR260LA	260~330	350~430	26
CR300LA	300~380	380~480	23
CR340LA	340~420	410~510	21

续表 2

牌　号	拉伸试验		
	规定塑性延伸强度 $R_{p0.2}$/MPa	抗拉强度 R_m/MPa	断后伸长率 A_{80mm}/%，不小于
CR380LA	380 ~ 480	440 ~ 560	19
CR420LA	420 ~ 520	470 ~ 590	17

注：1. 供方保证自制造完成之日起 6 个月内，钢板及钢带的力学性能见表 2。

2. 屈服明显时采用 R_{eL}，否则采用 $R_{p0.2}$。

3. 试样为 GB/T 228.1《金属材料　拉伸试验　第 1 部分　室温试验方法》中的 P6 试样，其标距尺寸为 20mm × 80mm。试样方向为横向。

4. 当产品公称厚度为 0.50（不含）~ 0.70mm 时，断后伸长率允许下降 2%（绝对值）；当产品公称厚度小于等于 0.50mm 时，断后伸长率允许下降 4%（绝对值）。

6　表面质量

钢板及钢带表面不应有结疤、裂纹、夹杂等对使用有害的缺陷，钢板及钢带不应有分层。

钢板及钢带各表面质量级别的特征如表 3 所述。

对于钢带，由于没有机会切除带缺陷部分，因此允许带缺陷交货，但有缺陷部分应不超过每卷总长度的 6%。

表 3　表面质量的级别及特征

级　别	代 号	特　征
较高级表面	FB	表面允许有少量不影响成型性及涂、镀附着力的缺陷，如轻微的划伤、压痕、麻点、辊印及氧化色等
高级表面	FC	产品两面中较好的一面无肉眼可见的明显缺陷，另一面必须至少达到 FB 的要求
超高级表面	FD	产品两面中较好的一面不得有任何缺陷，即不能影响涂漆后的外观质量或电镀后的外观质量，另一面必须至少达到 FB 的要求

7　表面结构

表面结构为麻面时，平均粗糙度 R_a 目标值为大于 0.6μm 且不大于 1.9μm。表面结构为光亮表面时，平均粗糙度 R_a 目标值为不大于 0.9μm。如需方对粗糙度有特殊要求，应在订货时协商。

GB/T 20564.5—2010 汽车用高强度冷连轧钢板及钢带 第5部分：各向同性钢（概要）

1　范围

该标准规定的钢板及钢带的厚度应不大于2.5mm，主要用于制作汽车外覆盖件。

2　尺寸、外形及允许偏差

钢板及钢带的尺寸、外形、重量及允许偏差见GB/T 708《冷轧钢板及钢带的尺寸、外形、重量及允许偏差》。

3　牌号及化学成分

钢的牌号及化学成分的参考值见表1。

表1　牌号及化学成分

牌　号	化学成分(熔炼分析)/%						
	C	Si	Mn	P	S	Alt	Ti
CR220IS	≤0.07	≤0.50	≤0.50	≤0.05	≤0.025	≥0.015	≤0.05
CR260IS	≤0.07	≤0.50	≤0.50	≤0.05	≤0.025	≥0.015	≤0.05
CR300IS	≤0.08	≤0.50	≤0.70	≤0.08	≤0.025	≥0.015	≤0.05

注：可以添加V和B，也可用Nb或B代替Ti，但$w(Ti+Nb+V+B)\leq 0.22\%$。如需方对化学成分有要求，应在订货时协商。

4　交货状态

钢板及钢带以退火加平整状态交货。

钢板及钢带通常涂油供货，所涂油膜应能用碱水溶液或通常的溶剂去除，在通常的包装、运输、装卸及储存条件下，供方保证自制造完成之日起6个月内，钢板及钢带表面不生锈。如需方要求不涂油供货，应在订货时协商。

5　力学性能（见表2）

表2　力学性能

牌　号	拉伸试验			r_{90}，不大于	n_{90}，不小于
	规定塑性延伸强度 $R_{p0.2}$/MPa	抗拉强度 R_m/MPa	断后伸长率 A_{80mm}/%，不小于		
CR220IS	220～270	300～420	34	1.4	0.18
CR260IS	260～310	320～440	32	1.4	0.17
CR300IS	300～350	340～460	30	1.4	0.16

注：1. 供方保证自制造完成之日起6个月内，钢板及钢带的力学性能应符合表2的规定。

2. 屈服明显时采用R_{eL}，否则采用$R_{p0.2}$。

3. 试样为GB/T 228.1《金属材料　拉伸试验　第1部分　室温试验方法》中的P6试样，其标距尺寸为20mm×80mm。试样方向为横向。

4. 当产品公称厚度为0.50(不含)～0.70mm时，断后伸长率允许下降2%（绝对值）；当产品公称厚度小于等于0.50mm时，断后伸长率允许下降4%（绝对值）。

5. r_{90}值、n_{90}值只适用于厚度大于等于0.5mm的产品。

6 拉伸应变痕

室温储存条件下，对于表面质量要求为 FC 和 FD 的钢板及钢带，应保证在制造完成之日起的 6 个月内使用时不出现拉伸应变痕。

7 表面质量

钢板及钢带表面不应有结疤、裂纹、夹杂等对使用有害的缺陷，钢板及钢带不应有分层。

钢板及钢带各表面质量级别的特征如表 3 所述。

对于钢带，由于没有机会切除带缺陷部分，因此允许带缺陷交货，但有缺陷部分应不超过每卷总长度的 6%。

表 3 表面质量级别及特征

级 别	代号	特 征
较高级的精整表面	FB	表面允许有少量不影响成型性及涂、镀附着力的缺陷，如轻微的划伤、压痕、麻点、辊印及氧化色等
高级的精整表面	FC	产品两面中较好的一面无肉眼可见的明显缺陷，另一面必须至少达到 FB 的要求
超高级的精整表面	FD	产品两面中较好的一面不得有任何缺陷，即不能影响涂漆后的外观质量或电镀后的外观质量，另一面必须至少达到 FB 的要求

8 表面结构

表面结构为麻面时，平均粗糙度 R_a 目标值为大于 0.6μm 且不大于 1.9μm。表面结构为光亮表面时，平均粗糙度 R_a 目标值为不大于 0.9μm。如需方对粗糙度有特殊要求，应在订货时协商。

GB/T 20564.6—2010 汽车用高强度冷连轧钢板及钢带 第6部分：相变诱导塑性钢（概要）

1　范围

该标准规定的钢板及钢带的厚度为0.50～2.5mm，主要用于制作汽车的结构件和加强件。

2　尺寸、外形及允许偏差

钢板及钢带的尺寸、外形及允许偏差见GB/T 708《冷轧钢板及钢带的尺寸、外形、重量及允许偏差》的规定。

3　牌号及化学成分

钢的牌号及化学成分的参考值见表1。

表1　牌号及化学成分

牌　号	化学成分(质量分数)/%					
	C	Si	Mn	P	S	Alt
	不大于					
CR380/590TR	0.30	2.2	2.5	0.12	0.015	0.015～2.0
CR400/690TR						
CR420/780TR						
CR450/980TR						

注：允许添加其他合金元素，如Ni、Cr、Mo、Cu等，但w(Ni+Cr+Mo)≤1.5%，w(Cu)<0.20%。如需方对化学成分有要求，应在订货时协商。

4　交货状态

钢板及钢带以退火加平整状态交货。

钢板及钢带通常涂油供货，所涂油膜应能用碱水溶液或通常的溶剂去除，在通常的包装、运输、装卸及储存条件下，供方保证自制造完成之日起6个月内，钢板及钢带表面不生锈。如需方要求不涂油供货，应在订货时协商。

5　力学性能（见表2）

表2　力学性能

牌　号	拉伸试验			n_{90}，不小于
	规定塑性延伸强度 $R_{p0.2}$/MPa	抗拉强度 R_m/MPa，不小于	断后伸长率 A_{80mm}/%，不小于	
CR380/590TR	380～480	590	26	0.20
CR400/690TR	400～520	690	24	0.19

续表 2

牌 号	拉伸试验			n_{90}，不小于
	屈服强度 $R_{p0.2}$/MPa	抗拉强度 R_m/MPa，不小于	断后伸长率 A_{80mm}/%，不小于	
CR420/780TR	420 ~ 580	780	20	0.15
CR450/980TR	450 ~ 700	980	14	0.14

注：1. 屈服明显时采用 R_{eL}，否则采用 $R_{p0.2}$。

2. 试样为 GB/T 228.1《金属材料　拉伸试验　第1部分　室温试验方法》中的 P6 试样，其标距尺寸为 20mm × 80mm。试样方向为横向。

3. 当产品公称厚度为 0.50(不含) ~ 0.70mm 时，断后伸长率允许下降 2%（绝对值）；当产品公称厚度小于等于 0.50mm 时，断后伸长率允许下降 4%（绝对值）。

6 焊接

用户应根据化学成分和强度级别确定合适的焊接工艺，必要时可咨询制造商。

7 表面质量

钢板及钢带表面不应有结疤、裂纹、夹杂等对使用有害的缺陷，钢板及钢带不应有分层。

钢板及钢带各表面质量级别的特征如表 3 所述。

对于钢带，由于没有机会切除带缺陷部分，因此允许带缺陷交货，但有缺陷部分应不超过每卷总长度的 6%。

表 3 表面质量的级别及特征

级 别	代 号	特 征
较高级表面	FB	表面允许有少量不影响成型性及涂、镀附着力的缺陷，如轻微的划伤、压痕、麻点、辊印及氧化色等
高级表面	FC	产品两面中较好的一面无肉眼可见的明显缺陷，另一面必须至少达到 FB 的要求

8 表面结构

表面结构为麻面时，平均粗糙度 R_a 目标值为大于 0.6μm 且不大于 1.9μm。表面结构为光亮表面时，平均粗糙度 R_a 目标值为不大于 0.9μm。如需方对粗糙度有特殊要求，应在订货时协商。

第二节　美国标准

SAE J1392—2008 高强度钢热轧、冷轧和涂层薄钢板和钢带（概要）

1　范围

该标准包括七个等级的高强度碳素钢及低合金钢热轧、冷轧及涂镀层薄钢板及钢带。

钢材具有高的强度/重量比，可以应用于汽车设备以及其他希望节省重量的结构件。

该标准规定的所有等级钢，不论其化学成分在 C、Mn 及添加的其他合金方面的差别，都具有可焊性。由于供方不同，采用的化学成分也不尽相同。因此，对每一用途所相应的可焊接性及任一特殊考虑所规定的类型而采用的化学成分的特点，最好与供方进行沟通。

2　牌号表示方法

钢级由六位特性码表示：

第 1、2、3 位：代表最小屈服强度，英制（ksi）为 035、040、045、050、060、070、080；公制（MPa）为 240、280、310、340、410、480、550。

第 4 位：代表化学成分，细分为：

A——仅为 C 和 Mn；

B——C、Mn、N；

C——C、Mn、P；

S——C、Mn（由制造厂选择加入 N 和/或 P）；

W——耐大气腐蚀钢（Si、P、Cu、Ni、Cr 的不同组合）；

X——高强度低合金钢（HSLA），规定的最小屈服强度和最小抗拉强度之间的差值为 70MPa，含有 Nb、Cu、Cr、Mo、Ni、Si、Ti、V、Zr 中的一种或其组合，可使用 N 或 P 与其中任一元素组合；

Y——X 类型钢中，规定的最小屈服强度和最小抗拉强度之间的差值为 100MPa；

Z——X 类型钢中，规定的最小屈服强度和最小抗拉强度之间的差值为 140MPa；

第 5 位：含碳量水平，其中：

H——最大含碳量；

L——除化学成分表中规定外，最大含碳量为 0.13%；

第 6 位：氧化物/硫化物夹杂的控制方法

K——镇静、细晶粒钢；

F——控制硫化物夹杂、镇静、细晶粒钢；

O——K、F 以外。

3　尺寸、外形及允许偏差

热轧薄板、带及冷轧薄板、带的尺寸、外形及允许偏差见 ASTM A568/A568M《冷、热轧碳素钢板和高强度低合金钢板的一般要求》。

热镀锌钢板的尺寸、外形及允许偏差见 ASTM A525/A525M《热浸镀锌薄钢板的一般要求》。

镀铝钢板的尺寸、外形及允许偏差见 ASTM A463/A463M《镀铝冷轧薄钢板，类型 1》。

4 牌号及化学成分（见表 1、表 2）

表 1 热轧钢板的牌号及化学成分

钢 级	热轧钢板的化学成分(熔炼分析)/%		
	C	Mn	其 他
035A	0.13～0.25	≤0.60	—
035B	0.13～0.25	≤0.60	N
035C	0.13～0.25	≤0.60	P
035S	0.13～0.25	≤0.60	按制造厂选择与 A、B 或 C 相同
035X，Y，Z	≥0.13	≤0.60	微合金
040A，B，C，S	0.13～0.25	≤0.90	与以上 035A，B，C，S 相同
040X，Y，Z	≥0.13	≤0.60	微合金
045A，B，C，S	0.13～0.25	≤0.90	与以上 035A，B，C，S 相同
045W	≤0.22	≤1.25	Si、P、Cu、Ni、Cr 的不同组合
045X	≥0.13	≤1.35	微合金
045Y，Z	≤0.22	≤1.35	微合金
050A，B，C，S	≤0.25	≤1.35	与以上 035A，B，C，S 相同
050W	≤0.22	≤1.25	Si、P、Cu、Ni、Cr 的不同组合
050X	≥0.13	≤0.90	微合金
050Y，Z	≤0.23	≤1.35	微合金
060X	≥0.13	≤0.90	微合金
060Y，Z	≤0.26	≤1.50	微合金
070X	≥0.13	≤1.65	微合金
070Y，Z	≤0.26	≤1.65	微合金
080X	≥0.13	≤1.65	微合金
080Y	≤0.18	≤1.65	微合金

注：微合金通常可使用 Nb、Ti、V 中的任一元素或其组合，下列元素可以组合使用或与 Nb、Ti、V 联合使用：Ni、Cu、Mo、Cr、Si、Zr。

表 2 冷轧、镀层钢板的牌号及化学成分

钢 级	冷轧、镀层钢板的化学成分(熔炼分析)/%		
	C	Mn	其 他
035A	0.13～0.20	≤0.60	—
035B	0.13～0.20	≤0.60	N
035C	0.13～0.20	≤0.60	P
035S	0.13～0.20	≤0.60	按制造厂选择与 A、B 或 C 相同

续表 2

钢　级	冷轧、镀层钢板的化学成分(熔炼分析)/%		
	C	Mn	其　他
035X, Y, Z	0.13~0.18	≤0.60	微合金
040A, B, C, S	0.15~0.24	≤0.90	与以上035A, B, C, S相同
040X, Y, Z	0.13~0.20	≤0.90	微合金
045A, B, C, S	0.17~0.25	≤1.20	与以上035A, B, C, S相同
045W	≤0.22	≤1.35	Si、P、Cu、Ni、Cr的不同组合
045X, Y, Z	0.15~0.22	≤1.20	微合金
050A, B, C, S	0.20~0.25	≤1.35	与以上035A, B, C, S相同
050X, Y, Z	0.17~0.23	≤1.35	微合金

注：微合金通常可使用Nb、Ti、V中的任一元素或其组合，下列元素可以组合使用或与Nb、Ti、V联合使用：Ni、Cu、Mo、Cr、Si、Zr。

5　交货状态

热轧钢材以热轧、控轧或热机械轧制状态交货。冷轧钢材以冷轧或热处理状态交货。

6　力学性能（见表3、表4）

表3　热轧钢板的力学性能

钢　级	屈服强度 $R_{p0.2}$或 $R_{t0.5}$/MPa，不小于	抗拉强度 R_m/MPa，不小于	断后伸长率 $A(L_O=50mm)$/%，不小于
035A, B, C, S	240	—	21
035X, Y, Z	240	—	28
040A, B, C, S	280	—	20
040X, Y, Z	280	—	27
045A, B, C, S	310	—	18
045W	310	450	25
045X	310	380	25
045Y	310	410	25
045Z	310	450	25
050A, B, C, S	340	—	16
050W	340	70	22
050X	340	410	22
050Y	340	450	22
050Z	340	480	22
060X	410	480	20
060Y	410	520	20
070X	480	550	17
070Y	480	590	17
080X	550	620	14
080Y	550	650	14

表4　冷轧、镀层钢板的力学性能

钢　级	屈服强度 $R_{p0.2}$ 或 $R_{t0.5}$/MPa，不小于	抗拉强度 R_m/MPa，不小于	断后伸长率 $A(L_0=50mm)$/%，不小于
035A，B，C，S	240	—	22
035X，Y，Z	240	—	27
040A，B，C，S	280	—	20
040X，Y，Z	280	—	25
045A，B，C，S	310	—	18
045W	310	450	22
045X	310	380	22
045Y	310	410	22
045Z	310	450	22
050A，B，C，S	340	—	16
050X	340	410(60)	20
050Y	340	450	20
050Z	340	480	20

SAE J2329—1997 汽车用低碳钢薄钢板分类及性能（概要）

1　范围

该标准规定了汽车用低碳钢热轧薄板、冷轧薄板、金属镀层薄钢板的力学性能范围。

2　分类

根据屈服强度、抗拉强度、伸长率、r_m 值、n 值把低碳薄钢板分为 5 类。另外表面质量和/或时效性也是值得考虑的重要因素。分类如下：

（1）前两个字符指出制造方法是热轧还是冷轧。

（2）第三个字符说明钢种屈服强度的范围、最小抗拉强度、最小伸长率、最小 r_m 值和最小 n 值。

（3）第四个字符表示根据钢的表面质量和/或时效性对钢进行的分类。

（4）第五个字符是限制碳含量最低为 0.015%。该字符是可以选择的。

3　牌号及力学性能

具体的钢级由 5 个字符的最大值来判定。前两个字母表示钢种的制造方法，HR 代表热轧，C 代表冷轧。第三个字符是一个数字，定义了化学成分和成型特性，表 1 ~ 表 3 有所说明。第四个字符表示钢的类型，第三个字符说明的力学性能要求包括屈服强度、抗拉强度（MPa）、伸长率（%）、r_m 值和 n 值。

表 1　冷轧钢板力学性能（涂层和非涂层）

SAE J2329 名称	屈服强度 $R_{p0.2}$ /MPa	抗拉强度 R_m /MPa	断后伸长率 A (L_0 = 50mm)/%	r_m	n
钢级 1	无要求	无要求	无要求	无要求	无要求
钢级 2	140 ~ 260	≥270	≥34	无要求	≥0.16
钢级 3	140 ~ 205	≥270	≥38	≥1.5	≥0.18
钢级 4	140 ~ 185	≥270	≥40	≥1.6	≥0.20
钢级 5	110 ~ 170	≥270	≥42	≥1.7	≥0.22

注：1. 为横向和纵向的试验值。

2. r_m 值是在 17% 应变时的计算值，对厚度大于 1.4mm 和/或镀锌产品，r_m 值可降低 0.2。

3. n 值用 10% ~ 20% 应变计算，或当均匀伸长率小于 20% 时，用 10% 到最终均匀伸长率计算。

表 2　热轧钢板力学性能（涂层和非涂层）

SAE J2329 名称	屈服强度 $R_{p0.2}$ /MPa	抗拉强度 R_m /MPa	断后伸长率 A (L_0 = 50mm)/%	n
钢级 1	无要求	无要求	无要求	无要求
钢级 2	180 ~ 290	≥270	≥34	≥0.16
钢级 3	140 ~ 240	≥270	≥38	≥0.18

注：1. 为横向和纵向的试验值。

2. n 值用 10% ~ 20% 应变计算，或当均匀伸长率小于 20% 时，用 10% 到最终均匀伸长率计算。

表3　低碳钢热轧和冷轧钢板的化学成分

SAE J2329 名称	化学成分(熔炼分析)/%，不大于				
	C	Mn	P	S	Al
钢级1	0.13	0.60	0.035	0.035	—
钢级2	0.10	0.50	0.035	0.030	0.020
钢级3	0.10	0.50	0.030	0.030	0.020
钢级4	0.08	0.40	0.025	0.025	0.020
钢级5	0.02	0.30	0.025	0.025	0.020

注：钢级代号的第5个字符标有“C”的表示要求最小碳含量0.015%。但钢级5不规定C的最小值。

4　类型

冷轧和冷轧涂镀板分为：

（1）E型钢：暴露在外使用，表面质量至关重要。这类钢对组织、质量、平整度都有要求。

（2）U型钢：内部使用，对延伸性有特殊要求。这类钢不必进行平整，要求显示出开卷时形成的横折和滑移线，对于平整度和表面结构、标准偏差都不适用。

热轧和热轧涂镀板分为4类（见表4）：

（1）R型：热轧卷板，不经过酸洗、涂油、平整、修边、修整、剪边。

（2）F型：经过处理的板卷和定尺板。这种材料易裂和老化。

（3）N型：经过处理的板卷和定尺板。这种材料在室温下不老化，但易裂。

（4）M型：经过处理的板卷和定尺板。这种材料不易裂，室温下也不会时效。

表4　热轧钢产品特点

类　型	不易裂	非时效性	酸洗和涂油	切　边	特殊表面
R	否	否	n	n	n
F	否	否	a	a	n
N	否	是	a	a	n
M	是	是	a	a	a

注：n表示不能达到；a表示能达到但不是必需的。

SAE J2340—1999 高强及超高强汽车板的分类及抗凹陷性能（概要）

1　范围

该标准确定了7个连铸工艺生产的高强热轧板、冷轧板、无涂层板、热镀锌板、电镀板、镀锌铝板、涂层板，可用于汽车制造过程中的成型、焊接、组装或涂层处理。对于确定的部件规定的钢种要以部件的要求（外形及强度）及成型性为基础。材料的选择也应考虑到成型产生的应变及冲击应变对最终部件强度的影响。

该标准所包含的钢类型及强度等级见表1。

表1　钢类型及强度等级

钢 类 型	等　级	强度等级/MPa
非烘烤硬化抗凹陷	A	180，210，250，280
烘烤硬化抗凹陷	B	180，210，250，280
高强固溶强化	S	300，340
高强度低合金	X 和 Y	300，340，380，420，490，550
高强退火	R	490，550，700，830
超高强双相（高屈强比和低屈强比）	DH 和 DL	500，600，700，800，950，1000
超高强低碳马氏体	M	800，900，1000，1100，1200，1300，1400，1500

2　尺寸、外形及允许偏差

钢板及钢带的尺寸、外形及允许偏差见 SAE J1058《标准钢板厚度及公差的规定》。

3　牌号及化学成分

3.1　非烘烤硬化及烘烤硬化抗凹陷钢

抗凹陷钢没有规定化学成分，以下信息可参考：

两者都可以传统的低碳钢（$w(C)=0.02\% \sim 0.08\%$）为基础，真空脱气至非常低的碳含量水平（$w(C)\leqslant 0.02\%$），或以无间隙原子钢（IF）为基体，将 IF 钢真空脱气至非常低的碳含量水平（$w(C)\leqslant 0.01\%$），然后通过加入 Ti、Nb 或 V 来取代固溶的碳原子，形成析出碳化物。也可加入固溶强化元素，如 P、Mn 或 Si 来增加强度，但不能明显减小材料的加工硬化性。一种材料的烘烤硬化取决于固溶的 C 含量，由化学成分及热机轧制工艺控制。

对于180及210等级的钢，使用无间隙原子钢（IF）作为基体金属，其C含量小于等于0.010%，还可能添加量 $w(B)<0.001\%$，以减少二次加工脆化（SWE）并控制焊接过程中的晶粒长大。钢材供应商应规定成品化学成分。

3.2　高强固溶强化钢（S）、高强度低合金（HSLA）钢及高强度退火钢（R）

固溶高强钢为向传统低碳钢（例如，含0.02%～0.13%的碳）中添加P、Mn或Si的钢。对于改进成型性能及焊接性能的钢，$w(C)\leqslant 0.13\%$，$w(P)\leqslant 0.100\%$，$w(S)\leqslant 0.020\%$。

HSLA钢为向传统低碳钢（例如，含0.02%～0.13%的碳）中添加碳化物形成元素，如Ti、Nb或V的钢。对于改进成型性能及焊接性能的钢，w(C)≤0.13%，w(P)≤0.060%，规定的最小Nb、Ti或V含量为0.005%，w(S)≤0.015%。

高强度退火钢的化学成分类似于前面的钢种，但在冷轧钢中要用特殊的退火工艺防止再结晶的发生。对于改进成型性能及焊接性能的钢，w(C)≤0.13%，w(P)≤0.100%，w(S)≤0.015%。

3.3 各类型钢非规定元素的化学成分要求见表2。

表2 非规定元素的化学成分

元素	以下钢类型的化学成分（熔炼分析）/%，不大于			
	A、B、R	S	X、Y	D、M
P	0.100	0.100	0.060	0.020
S	0.015	0.020	0.015	0.015
Cu	0.200	0.200	0.200	0.200
Ni	0.200	0.200	0.200	0.200
Cr	0.150	0.150	0.150	0.150
Mo	0.060	0.060	0.060	0.060

注：对于180A及180B，w(P)≤0.05%。

4 力学性能

4.1 抗凹陷钢所要求的力学性能见表3。

表3 抗凹陷钢的力学性能

SAE J2340牌号	屈服强度/MPa	抗拉强度R_m/MPa	n	2%应变后的屈服强度/MPa	应变及烘烤后的屈服强度/MPa
180A	≥180	≥310	≥0.20	≥215	—
180B	≥180	≥300	≥0.19	—	≥245
210A	≥210	≥330	≥0.19	≥245	—
210B	≥210	≥320	≥0.17	—	≥275
250A	≥250	≥355	≥0.18	≥285	—
250B	≥250	≥345	≥0.16	—	≥315
280A	≥280	≥375	≥0.16	≥315	—
280B	≥280	≥365	≥0.15	—	≥345

注：1. 除非另有规定，否则应取纵向试样。

2. 屈服强度取$R_{p0.2}$或R_{eL}。

3. 在10%～20%应变范围内，或在均匀伸长率小于20%的情况下，10%到均匀延伸结束的范围内，n值的计算见ASTM E 646《金属薄板拉伸应变硬化指数n值的测定方法》。

4. 进行2%拉伸预应变，并在175℃下烘烤30min。用上屈服点来测定屈服强度。在使用下屈服点的情况下，要求低5MPa。

5. 抗凹陷冷轧板典型的力学性能见表4。

表 4　抗凹陷冷轧板典型的力学性能

SAE J2340 牌号	屈服强度 $R_{p0.2}$ 或 R_{eL}/MPa	抗拉强度 R_m/MPa	断后伸长率 A/%	n	r_m	2% 应变后屈服强度/MPa	2% 应变及烘烤后的上屈服强度/MPa
180A	200	350	40	0.22	1.7	235	—
180B	200	330	39	0.21	1.6	—	265
210A	230	375	38	0.21	1.7	265	—
210B	230	350	37	0.19	1.5	—	295
250A	270	400	36	0.20	1.5	305	—
250B	270	370	35	0.18	1.4	—	335
280A	300	430	36	0.18	1.4	335	—
280B	300	410	35	0.17	1.1	—	365

4.2　高强度钢及 HSLA 热轧及冷轧无涂层及涂层板要求的力学性能见表 5。

表 5　高强度钢及 HSLA 热轧及冷轧钢板力学性能

SAE J2340 牌号	最小屈服强度 /MPa	最大屈服强度 /MPa	抗拉强度 R_m /MPa	冷轧板断后伸长率 A/%	热轧板断后伸长率 A/%
300S	300	400	≥390	≥24	≥26
300X	300	400	≥370	≥24	≥28
300Y	300	400	≥400	≥21	≥25
340S	340	440	≥440	≥22	≥24
340X	340	440	≥410	≥22	≥25
340Y	340	440	≥440	≥20	≥24
380X	380	480	≥450	≥20	≥23
380Y	380	480	≥480	≥18	≥22
420X	420	520	≥490	≥18	≥22
420Y	420	520	≥520	≥16	≥19
490X	490	590	≥560	≥14	≥20
490Y	490	590	≥590	≥12	≥19
550X	550	680	≥620	≥12	≥18
550Y	550	680	≥650	≥12	≥18

注：1. 除非另有规定，否则应取纵向试样。
2. 涂层板，对于特定钢种的选择及焊接工艺的优化，生产方及使用方之间应协商。
3. 屈服强度取 $R_{p0.2}$ 或 R_{eL}。
4. 对于厚度小于 2.5mm 的钢板，最小伸长率值允许比表中规定的值小 2%。

4.3　高强回复退火冷轧板要求的力学性能见表6。

表6　高强回复退火冷轧板的力学性能

SAE J2340 牌号	最小屈服强度/MPa	最大屈服强度/MPa	抗拉强度 R_m/MPa	断后伸长率 A/%
490R	490	590	≥500	≥13
550R	550	650	≥560	≥10
700R	700	800	≥710	≥8
830R	830	960	≥860	≥2

注：1. 除非另有规定，否则应取纵向试样。

2. 涂层板，对于特定钢种的选择及焊接工艺的优化，生产方及使用方之间应协商。

3. 屈服强度取 $R_{p0.2}$ 或 R_{eL}。

4.4　超高强度双相热轧及冷轧板要求的力学性能见表7。

表7　超高强度双相热轧及冷轧板力学性能

SAE J2340 牌号	屈服点或屈服强度/MPa	抗拉强度 R_m/MPa	断后伸长率 A/%
	不小于		
500DL	300	500	22
600DH	500	600	14
600DL1	350	600	16
600DL2	280	600	20
700DH	550	700	12
800DL	500	800	8
950DL	550	950	8
1000DL	700	1000	5

注：1. 除非另有规定，否则应取纵向试样。

2. 涂层板，对于特定钢种的选择及焊接工艺的优化，生产方及使用方之间应协商。

3. 最小屈服强度可在用户及供货方之间协议确定。屈服点取上屈服，当无明显屈服时，取 $R_{p0.2}$ 或 $R_{t0.5}$。

4. 超高强度双相钢热轧及冷轧板典型的力学性能见表8。

表8　超高强度双相钢热轧及冷轧板典型的力学性能

SAE J2340 牌号	屈服强度 $R_{p0.2}$ 或 $R_{t0.5}$/MPa	2%应变及烘烤后的屈服强度/MPa	抗拉强度 R_m/MPa	断后伸长率 A_{50mm}/%	弯曲压头半径 r/t
500DL	340	480	550	28	0.5
600DH	550	690	710	20	2
600DL1	390	560	650	22	0.5
600DL2	340	490	660	27	0.5
700DH	600	720	760	16	2
800DL	580	800	860	14	1
950DL	680	1030	1050	12	4
1000DL	810	1070	1070	9	3

注：90°弯曲试验见 ASTM A370《钢产品力学性能试验方法和定义》。弯曲试样可取横向及纵向。

4.5　低碳马氏体热轧及冷轧板要求的力学性能见表9。

表9　低碳马氏体热轧及冷轧板力学性能

SAE J2340 牌号	屈服强度 $R_{p0.2}$或 $R_{t0.5}$/MPa	抗拉强度 R_m/MPa
800M	≥600	≥800
900M	≥750	≥900
1000M	≥750	≥1000
1100M	≥900	≥1100
1200M	≥950	≥1200
1300M	≥1050	≥1300
1400M	≥1150	≥1400
1500M	≥1200	≥1500

注：1. 除非另有规定，否则应取纵向试样。
2. 对于特定钢种的选择及焊接工艺的优化，生产方及使用方之间应协商。
3. 所有牌号的最小伸长率为2%。
4. 最小屈服强度可在用户及供货方之间协议确定。
5. 超高强度低碳马氏体冷轧板的典型力学性能见表10。

表10　超高强度低碳马氏体冷轧板的典型力学性能

SAE J2340 牌号	屈服强度 $R_{p0.2}$ 或 $R_{t0.5}$/MPa	抗拉强度 R_m/MPa	断后伸长率 A_{50mm}/%	弯曲压头半径 r/t
800M	无数据	无数据	无数据	无数据
900M	900	1025	5	4
1000M	无数据	无数据	无数据	无数据
1100M	1030	1180	4	4
1200M	1140	1340	6	4
1300M	1200	1400	5	4
1400M	1260	1480	5	4
1500M	1350	1580	5	4

注：90°弯曲试验见 ASTM A370《钢产品力学性能试验方法和定义》。弯曲试样可取横向或纵向。

5　表面条件

5.1　冷轧及冷轧涂镀板分为三种钢板表面特性：

暴露（E）用途：用于最危险的暴露使用条件，涂层的表面外观最为重要。此钢板表面条件要满足控制表面结构、表面质量及平直度要求。

非暴露（U）用途：用于非暴露使用条件，对钢板进行回火改进韧性后，也可用于特殊用途。非暴露用途可不必经回火；此表面条件容易产生卷取开裂、沟槽及矫直应变。标准公差下的平直度及表面结构不再适用。除此之外，更容易出现表面夹杂物并且比暴露条件更加严重。

半暴露（Z）：用于非危险暴露使用条件。具有代表性的是热镀锌回火-轧制产品，对于完全暴露，见 SAE J1562。表面特性或不连续性应在用户及供货商之间协商。

5.2 热轧无涂层及金属涂层板分为四种钢板表面特性：

条件P：热轧卷取产品，通常为热轧黑带钢，不经过酸洗、涂油、回火轧制、切边、修复或切割到规定厚度及宽度公差内。

条件W：经处理的产品，以带卷或定尺板供货的产品。这种材料可能易于产生带卷开裂及时效。屈服强度等级范围只适用于切割到规定的厚度及宽度公差内的钢板。

条件N：经处理的产品，以带卷或定尺板供货的产品。这种材料的力学性能不能在室温下恶化，然而，N条件的材料易于产生带卷开裂。

条件V：经处理的产品，以带卷或定尺板供货的产品。这种产品不会产生带卷开裂并且其力学性能在室温下不恶化。

热轧板的四种表面特性综合见表11。

表11 钢板的四种表面特性

条 件	无带卷开裂	无时效	酸洗或涂油	切 边	特殊表面
P	否	否	n	n	n
W	否	否	a	a	n
N	否	是	a	a	n
V	是	是	a	a	a

注：a表示可得到但无要求。n表示不能得到。

SAE J403—2009 SAE 碳素钢化学成分（概要）

1 范围

该标准确定了碳素钢的化学成分。

2 化学成分的报告要求

2.1 当需熔炼化学分析来表明化学成分与表1、表2所示的化学极限值相符时，需报告表4中所示的元素及其含量。

2.2 热轧和冷轧厚钢板、钢带、薄钢板非回硫碳素钢化学成分见表1。

表1 热轧和冷轧厚钢板、钢带、薄钢板非回硫碳素钢化学成分

SAE 号	化学成分(熔炼分析)/%			
	C	Mn	P，不大于	S，不大于
1002	0.02~0.04	≤0.35	0.030	0.050
1003	0.02~0.06	≤0.35	0.030	0.050
1004	0.02~0.08	≤0.35	0.030	0.050
1005	≤0.06	≤0.35	0.030	0.050
1006	≤0.08	0.25~0.40	0.030	0.050
1007	0.02~0.10	≤0.50	0.030	0.050
1008	≤0.10	0.30~0.50	0.030	0.050
1009	≤0.15	≤0.60	0.030	0.050
1010	0.08~0.13	0.30~0.60	0.030	0.050
1012	0.10~0.15	0.30~0.60	0.030	0.050
1013	0.11~0.16	0.30~0.60	0.030	0.050
1015	0.13~0.18	0.30~0.60	0.030	0.050
1016	0.13~0.18	0.60~0.90	0.030	0.050
1017	0.15~0.20	0.30~0.60	0.030	0.050
1018	0.15~0.20	0.60~0.90	0.030	0.050
1019	0.15~0.20	0.70~1.00	0.030	0.050
1020	0.18~0.23	0.30~0.60	0.030	0.050
1021	0.18~0.23	0.60~0.90	0.030	0.050
1022	0.18~0.23	0.70~1.00	0.030	0.050
1023	0.20~0.25	0.30~0.60	0.030	0.050
1025	0.22~0.28	0.30~0.60	0.030	0.050
1026	0.22~0.28	0.60~0.90	0.030	0.050
1029	0.25~0.31	0.60~0.90	0.030	0.050
1030	0.28~0.34	0.60~0.90	0.030	0.050
1033	0.30~0.36	0.70~1.00	0.030	0.050
1035	0.32~0.38	0.60~0.90	0.030	0.050
1037	0.32~0.38	0.70~1.00	0.030	0.050
1038	0.35~0.42	0.60~0.90	0.030	0.050
1039	0.37~0.44	0.70~1.00	0.030	0.050

续表 1

SAE 号	化学成分(熔炼分析)/%			
	C	Mn	P，不大于	S，不大于
1040	0.37～0.44	0.60～0.90	0.030	0.050
1042	0.40～0.47	0.60～0.90	0.030	0.050
1043	0.40～0.47	0.70～1.00	0.030	0.050
1044	0.43～0.50	0.30～0.60	0.030	0.050
1045	0.43～0.50	0.60～0.90	0.030	0.050
1046	0.43～0.50	0.70～1.00	0.030	0.050
1049	0.46～0.53	0.60～0.90	0.030	0.050
1050	0.48～0.55	0.60～0.90	0.030	0.050
1053	0.48～0.55	0.70～1.00	0.030	0.050
1055	0.50～0.60	0.60～0.90	0.030	0.050
1060	0.55～0.65	0.60～0.90	0.030	0.050
1065	0.60～0.70	0.60～0.90	0.030	0.050
1070	0.65～0.75	0.60～0.90	0.030	0.050
1074	0.70～0.80	0.50～0.80	0.030	0.050
1075	0.70～0.80	0.40～0.70	0.030	0.050
1078	0.72～0.85	0.30～0.60	0.030	0.050
1080	0.75～0.88	0.60～0.90	0.030	0.050
1084	0.80～0.93	0.60～0.90	0.030	0.050
1085	0.80～0.93	0.70～1.00	0.030	0.050
1086	0.80～0.93	0.30～0.50	0.030	0.050
1090	0.85～0.98	0.60～0.90	0.030	0.050
1095	0.90～1.03	0.30～0.50	0.030	0.050

注：1. 表中列出 S、P 含量的默认值。供需双方可协商确定其他含量。板材典型值：$w(P) \leqslant 0.030$，$w(S) \leqslant 0.035$。

2. 其他元素：供需双方可针对特定用途选定其他元素。作为一个指南，下表列出其他元素成分限值的不同选项。除非特殊说明，板材产品的其他元素见选项 A（选项 D，必须列出表中的各元素含量）。

选　项	Cu	Ni	Cr	Mo
A	≤0.20	≤0.20	≤0.15	≤0.06
B	≤0.35	≤0.25	≤0.20	≤0.06
C	≤0.40	≤0.40	≤0.30	≤0.12
D	—	—	—	—

3. 对其他元素的说明：

Pb——标准碳素钢 Pb 含量范围在 0.15%～0.35%，以改善切削性能。这种钢件可通过在钢号的第二个和第三个号之间插入字母“L”来标识，例如：10L45。

B——细晶粒的标准镇静碳素钢可加入 B 来改善淬透性，范围为 0.0005%～0.003%。通过在钢号的第二个和第三个号之间插入 B 来标识这种钢件。例如：10B46。

Cu——需要 Cu 时，规定最小值为 0.20%。

Mn——G10060 和 G10080 应用于厚板、带钢、钢板和焊管，G10060 和 G10080 的锰含量最大值分别为 0.45% 和 0.50%，没有最小值。

2.3　厚钢板、钢带、薄钢板高锰碳钢化学成分见表2。

表2　厚钢板、钢带、薄钢板高锰碳钢化学成分

SAE 号	化学成分(熔炼分析)/%			
	C	Mn	P，不大于	S，不大于
1515	0.13～0.18	1.10～1.40	0.030	0.050
1521	0.18～0.23	1.10～1.40	0.030	0.050
1522	0.18～0.24	1.10～1.40	0.030	0.050
1524	0.19～0.25	1.35～1.65	0.030	0.050
1526	0.22～0.29	1.10～1.40	0.030	0.050
1527	0.22～0.29	1.20～1.50	0.030	0.050
1536	0.30～0.37	1.20～1.50	0.030	0.050
1541	0.36～0.44	1.35～1.65	0.030	0.050
1547	0.43～0.51	1.35～1.65	0.030	0.050
1548	0.44～0.52	1.10～1.40	0.030	0.050
1552	0.47～0.55	1.20～1.50	0.030	0.050
1566	0.60～0.71	0.85～1.15	0.030	0.050

注：1. 表2列出S、P含量的默认值。供需双方可协商确定其他含量。板材典型值：$w(P) \leqslant 0.030$，$w(S) \leqslant 0.035$。

2. 其他元素：供需双方可针对特定用途选定其他元素。作为一个指南，下表列出其他元素成分限值的不同选项。除非特殊说明，其他元素的成分限值见选项B。板材产品的其他元素见选项A（选项D，必须列出表中的各元素含量）。

选　项	Cu	Ni	Cr	Mo
A	≤0.20	≤0.20	≤0.15	≤0.06
B	≤0.35	≤0.25	≤0.20	≤0.06
C	≤0.40	≤0.40	≤0.30	≤0.12
D	—	—	—	—

3. 对其他元素的说明：

Pb——标准碳素钢Pb含量范围在0.15%～0.35%，以改善切削性能。这种钢件可通过在钢号的第二个和第三个号之间插入字母“L”来标识，例如：10L45。

B——细晶粒的标准镇静碳素钢可加入B来改善淬透性。范围为0.0005%～0.003%。通过在钢号的第二个和第三个号之间插入B来标识这种钢件。例如：10B46。

2.4　厚板材、带材、薄钢板的碳钢熔炼化学限值和范围见表3。

表3　厚板材、带材、薄钢板的碳钢熔炼化学限值和范围

元素	标准规定的化学成分范围和极限值/%		
	标准规定范围的上限值或最大值	化学成分上下限的差值	标准规定上限的最小值
C①	≤0.15 >0.15～0.30 >0.30～0.40 >0.40～0.60 >0.60～0.80 >0.80～1.35	0.05 0.06 0.07 0.08 0.11 0.14	0.01②

续表3

元素	标准规定的化学成分范围和极限值/%		
	标准规定范围的上限值或最大值	化学成分上下限的差值	标准规定上限的最小值
Mn	≤0.50 >0.50~1.15 >1.15~1.65	0.20 0.30 0.35	0.35
P	≤0.08 >0.08~0.15	0.03 0.05	0.030
S	≤0.08 >0.08~0.15 >0.15~0.23 >0.23~0.33	0.03 0.05 0.07 0.10	0.035
Si	≤0.15 >0.15~0.30 >0.30~0.60	0.08 0.15 0.30	0.10
Cu	有要求时≤0.20		

①当Mn的最大极限小于等于1.00%时，采用表中的C的范围适用。当Mn的最大极限大于1.00%时，在表中所示的C的范围要增加0.01%。

②厚板材的C最大值为0.12。

2.5 需报告的其他元素见表4。

表4 需报告的元素

表 号	附 加 元 素
表1、表2	C、Mn、P、S、Si、Al、Cu、Ni、Cr、Mo、Nb(Cb)、Ti和V、B、N

注：1. 当Si、Al、Cu、Ni、Cr、Mo元素中任何一个元素的含量小于0.02%时，该化学分析报告可写成“<0.02%”。

2. Nb、Ti和V元素含量小于0.008%时，该化学分析报告可写成“<0.008%”。

3. 如果购买者规定，需报告元素As和Sb。

第三节　欧洲标准

EN 10111：2008 冷成型用低碳热连轧钢板和钢带交货技术条件（概要）

1　范围

该标准适用于厚度为1.0～11mm的冷成型用低碳热连轧钢板和钢带。

2　尺寸、外形及允许偏差

钢板和钢带的尺寸、外形及允许偏差见EN 10051《非合金钢和合金钢无涂层连续热轧板材、薄板和带钢—尺寸和外形偏差》。

3　牌号及化学成分（见表1）

表1　牌号及化学成分

牌号	脱氧方式	化学成分（熔炼分析）/%			
		C	Mn	P	S
DD11	生产方选择	≤0.12	≤0.60	≤0.045	≤0.045
DD12	全镇静	≤0.10	≤0.45	≤0.035	≤0.035
DD13	全镇静	≤0.08	≤0.40	≤0.030	≤0.030
DD14	全镇静	≤0.08	≤0.35	≤0.025	≤0.025

注：当订货时没有其他约定，允许根据生产方的选择加入固定N的元素，如Ti、B。

4　交货状态

钢板和钢带以热轧状态交货。

5　力学性能及工艺性能（见表2）

表2　力学性能及工艺性能

牌号	力学性能							有效期限/月
	下屈服强度 R_{eL}/MPa		抗拉强度 R_m/MPa	断后伸长率/%				
				A_{80mm}			A	
	1.0～<2mm	2～11mm		1.0～<1.5mm	1.5～<2mm	2～<3mm	3～11mm	
DD11	170～360	170～340	≤440	≥22	≥23	≥24	≥28	—
DD12	170～340	170～320	≤420	≥24	≥25	≥26	≥30	6
DD13	170～330	170～310	≤400	≥27	≥28	≥29	≥33	6
DD14	170～310	170～290	≤380	≥30	≥31	≥32	≥36	6

注：1. 适用于非除鳞或者化学除鳞和涂油状态的热轧产品，并且与产品是否轻微平整无关。

2. 拉伸试样取横向。

EN 10130：2006 冷成型用低碳钢冷轧钢板供货技术条件（概要）

1　范围

该标准适用于宽度不小于600mm、厚度为0.35～3mm的冷轧低碳钢板、钢带、纵切钢带或定尺钢带。

2　尺寸、外形及允许偏差

钢板和钢带的尺寸、外形及允许偏差见EN 10131《冷成型用冷轧非涂层低碳及高屈服强度钢产品尺寸、外形及允许偏差》。

3　牌号及化学成分

钢的牌号及化学成分（熔炼分析）参考值见表1。

表1　牌号及化学成分

牌号	分　类	化学成分(熔炼分析)/%，不大于				
		C	P	S	Mn	Ti
DC01	非合金钢	0.12	0.045	0.045	0.60	—
DC03	非合金钢	0.10	0.035	0.035	0.45	—
DC04	非合金钢	0.08	0.030	0.030	0.40	—
DC05	非合金钢	0.06	0.025	0.025	0.35	—
DC06	合金钢	0.02	0.020	0.020	0.25	0.3
DC07	合金钢	0.01	0.020	0.020	0.20	0.2

注：1. DC01～DC06中可以添加V、B等合金化元素。

2. DC06和DC07中可用Nb或B代替Ti，并保证C和N必须完全被固定。

4　交货状态

通常情况下，按该标准供货的产品以平整状态供货，若订货时有特殊商定，也可以不进行平整供货。

钢板及钢带通常涂油供货。所涂油膜为中性、无杂质，均匀涂覆在钢板或钢带上下表面，并应能用碱水溶液或通常的溶剂去除，在通常的包装、运输、装卸及贮存条件下，供方保证自制造完成之日起6个月内，钢板及钢带表面不生锈。如需方要求不涂油供货，应在订货时协商。

5　力学性能

平整后钢板及钢带的力学性能见表2。

表2　力学性能

牌号	表面等级	不产生滑移线期限	R_{eL}/MPa	R_m/MPa	A_{80mm}/%	r_{90}	n_{90}
			不大于		不小于		
DC01	A	—	280	270～410	28	—	—
	B	3个月					
DC03	A	6个月	240	270～370	34	1.3	—
	B						

续表 2

牌号	表面等级	不产生滑移线期限	R_{eL}/MPa 不大于	R_m/MPa	A_{80mm}/%	r_{90}	n_{90}
					不小于		
DC04	A	6 个月	210	270 ~ 350	38	1.6	0.180
	B						
DC05	A	6 个月	180	270 ~ 330	40	1.9	0.200
	B						
DC06	A	无限定	170	270 ~ 330	41	2.1	0.220
	B						
DC07	A	无限定	150	250 ~ 310	44	2.5	0.230
	B						

注：1. 当屈服不明显时，屈服强度值取 $R_{p0.2}$，否则取 R_{eL}，当厚度为 0.50（不含）~0.70mm 时，最大屈服强度值允许提高 20MPa，当厚度小于等于 0.50mm 时，该值允许提高 40MPa。

2. 当厚度为 0.50（不含）~0.70mm 时，最小断后伸长率值允许降低 2%（绝对值），当厚度小于等于 0.50mm 时，允许降低 4%（绝对值）。

3. r_{90} 值、n_{90} 值仅适用于产品厚度大于等于 0.50mm 的情况。当厚度值大于 2mm 时，r_{90} 值降低 0.2。

4. 对用 DC01 制成的产品，建议在供货后 6 周内使用。

5. 对牌号 DC01、DC03、DC04 和 DC05，可设定 R_{eL} 的最小值为 140MPa。

6. 对牌号 DC06，可设定其 R_{eL} 最小值为 120MPa；对于牌号 DC07，可设定其 R_{eL} 最小值为 100MPa。

7. 对牌号 DC01，其 R_{eL} 上限值 280MPa 仅适用于在交货后的 8 天期限内。

6　表面质量

表面质量的级别见表 3。未经平整的产品表面级别不可为 B。

对于钢带，由于没有机会切除带缺陷部分，因此允许带缺陷交货，但有缺陷部分的比例应在订货时协商。

表 3　表面质量级别及特征

表面质量级别	特　征
A	表面允许有少量不影响成型性及涂、镀附着力的缺陷，如轻微的划伤、压痕、麻点、辊印及氧化色等
B	产品两面中较好的一面无肉眼可见的明显缺陷，即不能影响涂漆或电镀后的外观质量，另一面必须至少达到表面质量级别 A 的要求

7　表面结构

未经平整的产品不能指定确定的表面结构。

表面结构分为四种，所相应的平均粗糙度范围值见表 4。如果在订货时未注明，则按普通表面结构供货。

表4　表面结构

表面结构	代　号	平均粗糙度
光　亮	b	$R_a \leqslant 0.4\mu m$
亚　光	g	$R_a \leqslant 0.9\mu m$
普　通	m	$0.6\mu m < R_a \leqslant 1.9\mu m$
粗　糙	r	$R_a > 1.6\mu m$

8　焊接性能

产品适用于通常使用的焊接方法，最好在订货时说明所要使用的焊接方法，若打算采用气体熔焊，则必须事先说明。

EN 10268：2006 冷成型用高屈服冷轧带钢供货技术条件（概要）

1　范围

该标准适用于厚度小于等于 3mm 的冷成型用高屈服冷轧钢板、钢带、纵切钢带或定尺钢带。

2　尺寸、外形及允许偏差

宽度大于等于 600mm 的冷轧宽钢板和钢带的尺寸、外形及允许偏差见 EN 10131《冷成型用冷轧非涂层低碳及高屈服强度钢产品尺寸、外形及允许偏差》。

宽度小于 600mm 的冷轧窄带钢的尺寸、外形及允许偏差见 EN 10140《冷轧窄带钢卷尺寸、外形及允许偏差》。

3　牌号及化学成分

钢的牌号及化学成分（熔炼分析）见表 1。

表 1　牌号及化学成分

牌　号	C	Si	Mn	P	S	Al	Ti	Nb
	不大于					不小于	不大于	
HC180Y	0.01	0.3	0.7	0.06	0.025	0.01	0.12	—
HCI80P	0.05	0.4	0.6	0.08	0.025	0.015	—	—
HCI80B	0.05	0.5	0.7	0.06	0.025	0.015	—	—
HC220Y	0.01	0.3	0.9	0.08	0.025	0.01	0.12	—
HC220I	0.07	0.5	0.5	0.05	0.025	0.015	0.05	—
HC220P	0.07	0.5	0.7	0.08	0.025	0.015	—	—
HC220B	0.06	0.5	0.7	0.08	0.025	0.015	—	—
HC260Y	0.01	0.3	1.6	0.1	0.025	0.01	0.12	—
HC260I	0.07	0.5	0.5	0.05	0.025	0.015	0.05	—
H260P	0.08	0.5	0.7	0.1	0.025	0.015	—	—
HC260B	0.08	0.5	0.7	0.1	0.025	0.015	—	—
HC260LA	0.1	0.5	0.6	0.025	0.025	0.015	0.15	—
HC300I	0.08	0.5	0.7	0.08	0.025	0.015	0.05	—
HC300P	0.1	0.5	0.7	0.12	0.025	0.015	—	—
HC300B	0.1	0.5	0.7	0.12	0.025	0.015	—	—
HC300LA	0.1	0.5	1.0	0.025	0.025	0.015	0.15	0.09
HC340LA	0.1	0.5	1.1	0.025	0.025	0.015	0.15	0.09
HC380LA	0.1	0.5	1.6	0.025	0.025	0.015	0.15	0.09
HC420LA	0.1	0.5	1.6	0.025	0.025	0.015	0.15	0.09

注：可以添加 V 和 B，但 $w(Ti+Nb+V+B) \leqslant 0.22\%$。Y 系列牌号，可以添加 Nb 或 Ti。I 系列牌号，可用 Nb 或 B 代替 Ti。

4　交货状态

通常情况下，按该标准供货的产品以精整状态供货。

钢板及钢带通常涂油供货。所涂油膜为中性、无杂质，均匀涂覆在钢板或钢带上下表面，并应能用碱水溶液或通常的溶剂去除，在通常的包装、运输、装卸及储存条件下，供方保证自制造完成之日起3个月内，钢板及钢带表面不生锈。如需方要求不涂油供货，应在订货时协商。

5　力学性能及工艺性能（见表2、表3）

表2　力学性能

牌　号	屈服强度 $R_{p0.2}$/MPa	抗拉强度 R_m/MPa	断后伸长率 A_{80mm}/%	r_{90}	n_{90}	BH_2 值/MPa
HC180Y	180~230	340~400	≥36	≥1.7	≥0.19	—
HCI80P	180~230	280~360	≥34	≥1.6	≥0.17	—
HC180B	180~230	300~360	≥34	≥1.6	≥0.17	≥35
HC220Y	220~270	350~420	≥34	≥1.6	≥0.18	—
HC2201	220~270	300~380	≥34	≤1.4	≥0.18	—
HC220P	220~270	320~400	≥32	≥1.3	≥0.16	—
HC220B	220~270	320~400	≥32	≥1.5	≥0.16	≥35
HC260Y	260~320	380~440	≥32	≥1.4	≥0.17	—
HC260I	260~310	320~400	≥32	≤1.4	≥0.17	—
HC260P	260~320	360~440	≥29	—	—	—
HC2606	260~320	360~440	≥29	—	—	≥35
HC260LA	260~330	350~430	≥26	—	—	—
HC300I	300~350	340~440	≥30	≤1.4	≥0.16	—
HC300P	300~360	400~480	≥26	—	—	—
HC300B	300~360	400~480	≥26	—	—	≥35
HC300LA	300~380	380~480	≥23	—	—	—
HC340LA	340~420	410~510	≥21	—	—	—
HC380LA	380~480	440~560	≥19	—	—	—
HC420LA	420~520	470~590	≥17	—	—	—

注：1. 钢板及钢带的力学性能自出厂之日起六个月内有效。

2. 拉伸试样取横向。

3. 当有明显屈服时，取下屈服强度 R_{eL}。

4. 厚度大于1.2mm的烘烤硬化值需协商。

5. 当厚度为0.50(不含)~0.70mm时，断后伸长率值允许降低2%（绝对值），当厚度小于等于0.50mm时，允许降低4%（绝对值）。

6. r_{90}值、n_{90}值仅适用于产品厚度大于等于0.50mm的情况。当厚度值大于2mm时，r_{90}值降低0.2。

7. 如用户要求，LA系列牌号的拉伸试样也可取纵向，此时的力学性能见表3。

表3　LA 系列纵向拉伸性能

牌　号	屈服强度 $R_{p0.2}$/MPa	抗拉强度 R_m/MPa	断后伸长率 A_{80mm}/%
HC260LA	240～310	340～420	≥27
HC300LA	280～360	370～470	≥24
HC340LA	320～410	400～500	≥22
HC380LA	360～460	430～550	≥20
HC420LA	400～500	460～580	≥18

6　表面质量

宽度大于等于600mm 的产品见 EN 10130《冷轧成型用冷轧低碳钢板产品交货技术条件》的表面质量级别 A 或 B。

宽度小于 600mm 的产品见 EN 10139《冷成型用冷轧非镀层低碳窄带钢交货技术条件》的表面质量要求。

LA 系列牌号只采用表面质量级别 A。

7　表面结构

宽度大于等于600mm 的冷轧宽钢板和钢带的表面结构见 EN 10130《冷轧成型用冷轧低碳钢板产品交货技术条件》。

宽度小于600mm 的冷轧窄带钢的表面结构见 EN 10139《冷成型用冷轧非镀层低碳窄带钢交货技术条件》。

第四节 日本标准

JIS G3113：2006 汽车结构用热轧钢板及钢带（概要）

1 范围

该标准适用于厚度为1.6～14mm的汽车、电器和建筑材料等使用的加工性良好的热轧钢板及钢带。

2 尺寸、外形及允许偏差

2.1 厚度允许偏差见表1。

表1 厚度允许偏差

公称厚度/mm	以下公称宽度（mm）的厚度允许偏差/mm			
	<1200	1200～<1500	1500～<1800	1800～2300
1.60～<2.00	±0.16	±0.17	±0.18	—
2.00～<2.50	±0.17	±0.19	±0.21	—
2.50～<3.15	±0.19	±0.21	±0.24	—
3.15～<4.00	±0.21	±0.23	±0.26	—
4.00～<5.00	±0.24	±0.26	±0.28	±0.29
5.00～<6.00	±0.26	±0.28	±0.29	±0.31
6.00～<8.00	±0.29	±0.30	±0.31	±0.35
8.00～<10.0	±0.32	±0.33	±0.34	±0.40
10.0～<12.5	±0.35	±0.36	±0.37	±0.45
12.5～14.0	±0.38	±0.39	±0.40	±0.50

注：1. 不是由钢带制成的钢板的厚度偏差也可由供需双方协商决定。

2. 宽度大于2300mm的钢板的厚度偏差，由供需双方协商确定。

2.2 切边的宽度偏差

无特别规定时，切边的宽度偏差见JIS G3193《热轧钢板及钢带的形状、尺寸、重量及允许误差》中“切边A普通剪切方法”。

2.3 钢板的长度偏差

无特别规定时，钢板的长度偏差见JIS G3193《热轧钢板及钢带的形状、尺寸、重量及允许误差》表8“钢板长度允许偏差A（普通剪切方法）”。

2.4 其他见JIS G3193《热轧钢板及钢带的形状、尺寸、重量及允许误差》。

3　牌号及化学成分（见表2）

表2　牌号及化学成分

牌　号	P	S
SAPH310	≤0.040%	≤0.040%
SAPH370		
SAPH400		
SAPH440		

4　交货状态

钢板及钢带以热轧状态交货。

5　力学性能及工艺性能（见表3）

表3　力学性能及工艺性能

牌号	最小抗拉强度 R_m /MPa	最小屈服点或屈服强度 R_{eH}或 $R_{p0.2}$/MPa			最小断后伸长率 A_{50mm}/%						180°弯曲压头半径	
		钢板厚度/mm										
		<6.0	6.0 ~ <8.0	8.0 ~ 14	>1.6 ~ 2.0	>2.0 ~ 2.5	>2.5 ~ 3.15	3.15 ~ <4.0	4.0 ~ <6.3	6.3 ~ 14	<2.0	≥2.0
SAPH310	310	(185)	(185)	(175)	33	34	36	38	40	41	0*a*	1*a*
SAPH370	370	225	225	215	32	33	35	36	37	38	0.5*a*	1*a*
SAPH400	400	255	235	235	31	32	34	35	36	37	1*a*	1*a*
SAPH440	440	305	295	275	29	30	32	33	34	35	1*a*	1.5*a*

注：1. 括号内数值为参考值。*a* 为试样厚度。

2. 拉伸试样取横向，JIS Z2201《金属材料拉伸试样》的5号试样，其标距尺寸为50mm×25mm。弯曲试样取横向，JIS Z2204《金属材料弯曲试样》的3号试样，其宽度为15~50mm。

3. 对于SAPH440的最小屈服强度，经供需双方协商，当厚度小于8.0mm时，可降低30MPa；厚度大于等于8.0mm，可降低20MPa。

4. 弯曲试验可以省略，但应保证弯曲性能合格，但在订货方有特别规定时，必须进行弯曲试验。

JIS G3131：2010 热轧低碳钢板及钢带（概要）

1 范围

该标准适用于一般用及加工用热轧低碳钢板及低碳钢带。

2 尺寸、外形及允许偏差

2.1 厚度允许偏差见表1。

表1 厚度允许偏差

公称厚度/mm	以下公称宽度（mm）的厚度允许偏差/mm			
	<1200	1200～<1500	1500～<1800	1800～<2300
<1.60	±0.14	±0.15	±0.16①	—
1.60～<2.00	±0.16	±0.17	±0.18	±0.21②
2.00～<2.50	±0.17	±0.19	±0.21	±0.25②
2.50～<3.15	±0.19	±0.21	±0.24	±0.26
3.15～<4.00	±0.21	±0.23	±0.26	±0.27
4.00～<5.00	±0.24	±0.26	±0.28	±0.29
5.00～<6.00	±0.26	±0.28	±0.29	±0.31
6.00～<8.00	±0.29	±0.30	±0.31	±0.35
8.00～<10.0	±0.32	±0.33	±0.34	±0.40
10.0～<12.5	±0.35	±0.36	±0.37	±0.45
12.5～14.0	±0.38	±0.39	±0.40	±0.50

注：不是从钢带上剪切的切板厚度允许偏差也可由供需双方协商。

① 适用宽度小于1600mm。

② 适用宽度小于2000mm。

2.2 宽度允许偏差

没有特别规定时，长度及切边的宽度允许偏差，见JIS G3193《热轧钢板及钢带的形状、尺寸、重量及允许误差》的允许偏差A。没有特别规定时，宽度小于600mm的纵切宽度允许偏差，见JIS G3193《热轧钢板及钢带的形状、尺寸、重量及允许误差》的允许偏差C。

2.3 脱方度

切边钢板的脱方度可用下面的对角线法进行测定，但在有异议时见JIS G3193《热轧钢板及钢带的形状、尺寸、重量及允许误差》。

求出钢板两条对角线的长度（图1中X_1和X_2）差的绝对值（$|X_1 - X_2|/2$），该值不能大于钢板实测宽度W的0.7%。

2.4 其他要求

见JIS G3193《热轧钢板及钢带的形状、尺寸、重量及允许误差》。

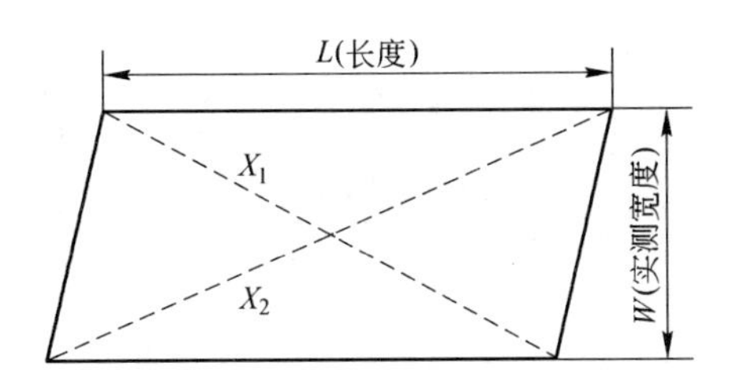

图1　钢板及波纹板的脱方度（对角线法）

3　牌号及化学成分（见表2）

表2　牌号及化学成分

牌　号	化学成分(熔炼分析)/%			
	C	Mn	P	S
SPHC	≤0.12	≤0.60	≤0.045	≤0.035
SPHD	≤0.10	≤0.45	≤0.035	≤0.035
SPHE	≤0.08	≤0.40	≤0.030	≤0.030
SPHF	≤0.08	≤0.35	≤0.025	≤0.025

4　交货状态

钢板和钢带以热轧状态交货。

5　力学性能及工艺性能（见表3）

表3　力学性能及工艺性能

牌号	抗拉强度 R_m/MPa	断后伸长率 A_{50mm}/%						弯曲试验		
		厚度/mm						弯曲角度/(°)	弯曲压头半径	
									厚度/mm	
		1.2~<1.6	1.6~<2.0	2.0~<2.5	2.5~<3.2	3.2~<4.0	≥4.0		<3.2	≥3.2
SPHC	≥270	≥27	≥29	≥29	≥29	≥31	≥31	180	密接	厚度的0.5倍
SPHD	≥270	≥30	≥32	≥33	≥35	≥37	≥39	—	—	—
SPHE	≥270	≥32	≥34	≥35	≥37	≥39	≥41	—	—	—
SPHF	≥270	≥37	≥38	≥39	≥39	≥40	≥42	—	—	—

注：1. 表中的值是产品出厂检验的值。由于时效硬化，有时钢板及钢带的伸长率会下降。

2. 经合同双方协商，也可采用以下值作为抗拉强度的上限值：
SPHC：440MPa；SPHD：420MPa；SPHE：400MPa；SPHF：380MPa。

3. 拉伸试样取纵向，JIS Z2201《金属材料拉伸试样》的5号试样，其标距尺寸为50mm×25mm。弯曲试样取纵向，JIS Z2204《金属材料弯曲试样》的3号试样，其宽度为15~50mm。

JIS G3134：2006 汽车用加工性良好的热轧高强钢板及钢带（概要）

1　范围

该标准适用于汽车、电机电器、建筑材料等用的厚度为1.6～6mm的加工性良好的热轧高强钢板及钢带。

2　尺寸、外形及允许偏差

2.1　厚度允许偏差见表1。

表1　厚度允许偏差

公称厚度/mm	以下公称宽度（mm）的厚度允许偏差/mm			
	<1200	1200～<1500	1500～<1800	1800～<2160
1.60～<2.00	±0.16	±0.19	±0.20①	—
2.00～<2.50	±0.18	±0.22	±0.23①	—
2.50～<3.15	±0.20	±0.24	±0.26①	—
3.15～<4.00	±0.23	±0.26	±0.28	±0.30
4.00～<5.00	±0.26	±0.29	±0.31	±0.32
5.00～<6.00	±0.29	±0.31	±0.32	±0.34
6.00	±0.32	±0.33	±0.34	±0.38

① 适用宽度小于1600mm。

2.2　宽度允许偏差

宽度允许偏差见JIS G3193《热轧钢板及钢带的形状、尺寸、重量及允许误差》表7（宽度允许偏差）的宽度大于等于400mm的值。但切边宽度的允许偏差适用于“用切边A通常的切断方法剪切的钢板及钢带”。

2.3　长度允许偏差见表2。

表2　长度允许偏差

公称长度/mm	允许偏差
<6300	+25mm 0
≥6300	+0.5% 0

2.4　钢板的平直度见表3。

表3 钢板的不平度

牌号		公称厚度/mm	以下公称宽度（mm）的不平度/mm，不大于			
			<1250	1250～<1600	1600～<2000	≥2000
一般加工用	SPFH490 SOFH540	1.6～<4.00	16	18	20	—
		4.00～6.00	14	16	18	22
	SPFH590	1.6～<4.00	20	22	24	—
		4.00～6.00	18	20	22	26
高加工用	SPFH540Y SPFH590Y	2.00～<4.00	22	—	—	—

注：1. 适用于钢板任意长度4000mm，长度小于4000mm时适用全长。
2. 不适用于不切边的钢板。

2.5 钢板的镰刀弯见表4。钢带的镰刀弯为任意长度2000mm为5mm。

表4 钢板的镰刀弯

公称长度/mm	以下公称宽度（mm）的镰刀弯/mm，不大于		
	400～<630	630～<1000	≥1000
<2500	5	4	3
2500～<4000	8	6	5
4000～<6300	12	10	8
6300～<10000	20	16	12
≥10000	任意长度10000为20	任意长度10000为16	任意长度10000为12

注：适用于切边的钢板。

3 牌号及化学成分

化学成分没有规定，但需要时由供需双方协商确定。

4 交货状态

钢板及钢带以热轧状态交货。

5 力学性能及工艺性能（见表5）

表5 力学性能及工艺性能

牌号	抗拉强度 R_m/MPa	屈服点或屈服强度 R_{eH}或 $R_{p0.2}$/MPa	断后伸长率 A_{50mm}/%				弯曲压头半径	
			厚度/mm				厚度/mm	
			1.6～2.0	>2.0～2.5	>2.5～3.25	>3.25～6.0	1.6～<3.25	3.25～6.0
SPFH490	≥490	≥325	≥22	≥23	≥24	≥25	厚度的0.5倍	厚度的1.0倍
SPFH540	≥540	≥355	≥21	≥22	≥23	≥24	厚度的1.0倍	厚度的1.5倍
SPFH590	≥590	≥420	≥19	≥20	≥21	≥22	厚度的1.5倍	厚度的1.5倍
SPFH540Y	≥540	≥295	—	≥24	≥25	≥26	厚度的1.0倍	厚度的1.5倍
SPFH590Y	≥590	≥325	—	≥22	≥23	≥24	厚度的1.5倍	厚度的1.5倍

注：拉伸试样取横向，JIS Z2201《金属材料拉伸试样》的5号试样，其标距尺寸为50mm×25mm。弯曲试样取横向，JIS Z2204《金属材料弯曲试样》的3号试样，其宽度为15～50mm。

JIS G3135：2006 汽车用易加工冷轧高强钢板及钢带（概要）

1 范围

该标准规定了汽车、电机电器、建筑材料等用的易加工的冷轧高强钢板及钢带。

2 尺寸、外形及允许偏差

2.1 厚度允许偏差见表1。

表1 厚度允许偏差

抗拉强度的规定下限值/MPa	公称厚度/mm	以下公称宽度（mm）的厚度允许偏差/mm				
		<630	630～<1000	1000～<1250	1250～<1600	≥1600
<780	0.60～<0.80	±0.06	±0.06	±0.06	±0.07	±0.08
	0.80～<1.00	±0.07	±0.07	±0.08	±0.09	±0.10
	1.00～<1.25	±0.08	±0.08	±0.09	±0.10	±0.12
	1.25～<1.60	±0.09	±0.10	±0.11	±0.12	±0.14
	1.60～<2.00	±0.10	±0.11	±0.12	±0.14	±0.16
	2.00～2.30	±0.12	±0.13	±0.14	±0.16	±0.18
≥780	0.80～<1.00	±0.09			±0.10	—
	1.00～<1.25	±0.10			±0.12	—
	1.25～<1.60	±0.12			±0.15	—
	1.60～2.00	±0.14			±0.16	—

2.2 宽度允许偏差见表2。

表2 宽度允许偏差

公称宽度/mm	允许偏差/mm
<1250	+7 0
≥1250	+10 0

2.3 长度允许偏差见表3。

表3 长度允许偏差

公称宽度/mm	允许偏差/mm
<2000	+10 0
2000～<4000	+15 0
4000～6000	+20 0

2.4　钢板的不平度见表4。

表4　钢板不平度

公称宽度/mm	翘曲/mm			边部波浪/mm			中间波浪/mm		
	等级1	等级2	等级3	等级1	等级2	等级3	等级1	等级2	等级3
<1000	≤12	≤16	≤18	≤8	≤11	≤12	≤6	≤8	≤9
1000～<1250	≤15	≤19	≤21	≤10	≤12	≤13	≤8	≤10	≤11
1250～<1600	≤15	≤19	≤21	≤12	≤14	≤15	≤9	≤11	≤12
≥1600	≤20	—	—	≤14	—	—	≤10	—	—

注：1. 根据其形状和发生区域，变形类别如下：

翘曲：整张钢板翘曲。翘曲存在两种类型：沿轧制方向的翘曲和垂直于轧制方向的翘曲。

波浪：钢板沿轧制方向有起伏。

边部波浪：波浪出现在钢板的边缘（宽度方向的端部）且中心平直。

中间波浪：波浪出现在钢板的中心部位且边缘平直。

2. 等级1到等级3分别适用于抗拉强度规定下限值小于780MPa、大于等于780MPa和等于980MPa的钢板。

2.5　镰刀弯

钢板和钢带镰刀弯见表5。

表5　镰刀弯

抗拉强度的规定下限值/MPa	公称宽度/mm	钢板		钢带
		长度<2000mm	长度≥2000mm	
<780	<630	≤4mm	每任意2000mm长不大于4mm	
	≥630	≤2mm	每任意2000mm长不大于2mm	
≥780	<630	≤4mm	每任意2000mm长不大于4mm	
	≥630	≤3mm	每任意2000mm长不大于3mm	

3　牌号及化学成分

化学成分没有规定，但需要时由供需双方协商确定，并按熔炼分析。

4　力学性能及工艺性能（见表6）

表6　力学性能及工艺性能

牌号	抗拉强度 R_m/MPa	屈服强度 R_{eH} 或 $R_{p0.2}$ /MPa	断后伸长率 A_{50mm}/%		烘烤硬化值/MPa	180°弯曲压头半径
			厚度为0.6～<1.0mm	厚度为1.0～2.3mm		
SPFC340	≥340	≥175	≥34	≥35	—	0
SPFC370	≥370	≥205	≥32	≥33	—	0
SPFC390	≥390	≥235	≥30	≥31	—	0
SPFC440	≥440	≥265	≥26	≥27	—	0
SPFC490	≥490	≥295	≥23	≥24	—	0
SPFC540	≥540	≥325	≥20	≥21	—	0.5*a*
SPFC590	≥590	≥355	≥17	≥18	—	*a*

续表 6

牌　号	抗拉强度 R_m/MPa	屈服强度 R_{eH} 或 $R_{p0.2}$ /MPa	断后伸长率 A_{50mm}/%		烘烤硬化值 /MPa	180°弯曲压头半径
			厚度为0.6～<1.0mm	厚度为1.0～2.3mm		
SPFC490Y	≥490	≥225	≥24	≥25	—	0
SPFC540Y	≥540	≥245	≥21	≥22	—	0.5*a*
SPFC590Y	≥590	≥265	≥18	≥19	—	*a*
SPFC780Y	≥780	≥365	≥13	≥14	—	3*a*
SPFC980Y	≥980	≥490	≥6	≥7	—	4*a*
SPFC340H	≥340	≥185	≥34	≥35	≥30	0

注：1. 屈服明显时采用 R_{eH}，否则采用 $R_{p0.2}$。

2. 弯曲试验时，试样外侧不应有裂纹。

3. 拉伸试样取横向，JIS Z2201《金属材料拉伸试样》的 5 号试样，其标距尺寸为 50mm × 25mm。弯曲试样取横向，JIS Z2204《金属材料弯曲试样》的 3 号试样，其宽度为 15～50mm。

4. SPFC780Y 及 SPFC980Y 伸长率的适用厚度将 0.6～1.0（不含）mm 及 1.0～2.3mm 分别改为 0.8～1.0（不含）mm及 1.0～2.0mm。

5. SPFC340H 伸长率的适用厚度将 1.0～2.3mm 改为 1.0～1.6mm。

6. 在常温条件下，SPFC340H 的钢板及钢带制造后，至少 3 个月不应产生滑移线。

5　表面质量

钢板及钢带不应有孔、分层、表面缺陷等有害于使用上的缺陷。表面缺陷一般适用钢板及钢带的单面。

对于钢带，由于没有机会切除带缺陷部分，因此允许带缺陷和焊缝交货。

JIS G3141：2009 冷轧钢板及钢带（概要）

1　范围

该标准对冷轧钢板及钢带（以下简称钢板及钢带）作了规定。钢板及钢带还包括镜面钢带（宽度小于600mm，冷轧的钢带）以及从镜面钢带上剪切下来的钢板。

2　尺寸、外形及允许偏差

2.1　钢板的厚度允许偏差分为A、B两个等级，分别见表1、表2。

表1　厚度允许偏差A

公称厚度/mm	以下公称宽度（mm）的厚度允许偏差/mm				
	<630	630 ~ <1000	1000 ~ <1250	1250 ~ <1600	1600
<0.25	±0.03	±0.03	±0.03	—	—
0.25 ~ <0.40	±0.04	±0.04	±0.04	—	—
0.40 ~ <0.60	±0.05	±0.05	±0.05	±0.06	—
0.60 ~ <0.80	±0.06	±0.06	±0.06	±0.06	±0.07
0.80 ~ <1.00	±0.06	±0.06	±0.07	±0.08	±0.09
1.00 ~ <1.25	±0.07	±0.07	±0.08	±0.09	±0.11
1.25 ~ <1.60	±0.08	±0.09	±0.10	±0.11	±0.13
1.60 ~ <2.00	±0.10	±0.11	±0.12	±0.13	±0.15
2.00 ~ <2.50	±0.12	±0.13	±0.14	±0.15	±0.17
2.50 ~ <3.15	±0.14	±0.15	±0.16	±0.17	±0.20
3.15	±0.16	±0.17	±0.19	±0.20	—

表2　厚度允许偏差B

公称厚度/mm	以下公称宽度（mm）的厚度允许偏差/mm			
	<160	160 ~ <250	250 ~ <400	400 ~ <630
<0.10	±0.010	±0.020	—	—
0.10 ~ <0.16	±0.015	±0.020	—	—
0.16 ~ <0.25	±0.020	±0.025	±0.030	±0.030
0.25 ~ <0.40	±0.025	±0.030	±0.035	±0.035
0.40 ~ <0.60	±0.035	±0.040	±0.040	±0.040
0.60 ~ <0.80	±0.040	±0.045	±0.045	±0.045
0.80 ~ <1.00	±0.04	±0.05	±0.05	±0.05
1.00 ~ <1.25	±0.05	±0.05	±0.05	±0.06
1.25 ~ <1.60	±0.05	±0.06	±0.06	±0.06
1.60 ~ <2.00	±0.06	±0.07	±0.08	±0.08
2.00 ~ <2.50	±0.07	±0.08	±0.08	±0.09
2.50 ~ <3.15	±0.08	±0.09	±0.09	±0.10
3.15	±0.09	±0.10	±0.10	±0.11

2.2　宽度允许偏差分为三个等级，分别见表3、表4、表5。

表3 宽度允许偏差A

以下公称宽度（mm）的宽度允许偏差/mm	
<1250	≥1250
+7 0	+10 0

注：经拉伸矫直的钢板不规定正偏差。

表4 宽度允许偏差B

以下公称宽度（mm）的宽度允许偏差/mm	
<1250	≥1250
+3 0	+4 0

表5 宽度允许偏差C

公称厚度/mm	公称宽度/mm			
	<160	160～<250	250～<400	400～<630
<0.60	±0.15	±0.20	±0.25	±0.30
0.60～<1.00	±0.20	±0.25	±0.25	±0.30
1.00～<1.60	±0.20	±0.30	±0.30	±0.40
1.60～<2.50	±0.25	±0.35	±0.40	±0.50
2.50～<4.00	±0.30	±0.40	±0.45	±0.50
4.00～<5.00	±0.40	±0.50	±0.55	±0.65

2.3 长度允许偏差分为A、B两个等级，分别见表6、表7。

表6 长度允许偏差A

公称长度/mm	允许偏差/mm
<2000	+10 0
2000～<4000	+15 0
4000～<6000	+20 0

注：经拉伸矫直的钢板不规定正偏差。

表7 长度允许偏差B

公称长度/mm	允许偏差/mm
<1000	+3 0
1000～<2000	+4 0
2000～<3000	+6 0
3000～<4000	+8 0

2.4　钢板的不平度分为 A、B 两个等级，分别见表 8、表 9。

表 8　不平度最大值 A

公称宽度/mm	以下变形种类的不平度/mm		
	弯曲、波浪	边　浪	中间浪
<1000	≤12	≤8	≤6
1000 ~ <1250	≤15	≤9	≤8
1250 ~ <1600	≤15	≤11	≤8
≥1600	≤20	≤13	≤9

表 9　不平度最大值 B

公称宽度/mm	以下变形种类的不平度/mm		
	翘曲、波浪	边　浪	中间浪
<1000	≤2	≤2	≤2
1000 ~ <1250	≤3	≤2	≤2
1250 ~ <1600	≤4	≤3	≤2
≥1600	≤5	≤4	≤2

2.5　镰刀弯分为 A、B 两个等级，分别见表 10、表 11。

表 10　镰刀弯最大值 A

公称宽度/mm	钢　板		钢　带
	长度<2000mm	长度≥2000mm	
30 ~ <40	8mm	8mm/任意 2000mm	
40 ~ <630	4mm	4mm/任意 2000mm	
≥630	2mm	2mm/任意 2000mm	

表 11　镰刀弯最大值 B

公称宽度/mm	钢　板		钢　带
	长度<2000mm	长度≥2000mm	
≥30 ~ <40	25mm	25mm/任意 2000mm	
40 ~ <630	10mm	10mm/任意 2000mm	

3　牌号及化学成分（见表 12）

表 12　牌号及化学成分

牌号	化学成分(熔炼分析)/%			
	C	Mn	P	S
SPCC	≤0.15	≤0.60	≤0.100	≤0.050
SPCD	≤0.12	≤0.50	≤0.040	≤0.040
SPCE	≤0.10	≤0.45	≤0.030	≤0.030

续表 12

牌号	化学成分(熔炼分析)/%			
	C	Mn	P	S
SPCF	≤0.08	≤0.45	≤0.030	≤0.030
SPCG	≤0.02	≤0.25	≤0.020	≤0.020

注：1. 不适用于 1/8 硬质、1/4 硬质、1/2 硬质和硬质的钢板及钢带。
2. 根据需要也可以添加该表以外的合金元素。
3. SPCG 牌号经供需双方协商，可对 Mn、P、S 的上限值进行调整。

4. 力学性能

4.1　宽度大于等于 30mm 的标准调质和退火后的钢板及钢带的屈服点或屈服强度、抗拉强度及伸长率见表 13。SPCG 钢板及钢带的平均塑性应变比 $\bar{r}$ 见表 14。

表 13　力学性能

牌号	屈服强度 R_{eH} 或 $R_{p0.2}$/MPa	抗拉强度 R_m/MPa	断后伸长率 A_{50mm}/%						
	厚度/mm		厚度/mm						
	≥0.25	≥0.25	0.25～<0.30	0.30～<0.40	0.40～<0.60	0.60～<1.0	1.0～<1.6	1.6～<2.5	≥2.5
SPCC	—	—	—	—	—	—	—	—	—
SPCCT	—	≥270	≥28	≥31	≥34	≥36	≥37	≥38	≥39
SPCD	(≤240)	≥270	≥30	≥33	≥36	≥38	≥39	≥40	≥41
SPCE	(≤220)	≥270	≥32	≥35	≥38	≥40	≥41	≥42	≥43
SPCF	(≤210)	≥270	—	—	≥40	≥42	≥43	≥44	≥45
SPCG	(≤190)	≥270	—	—	≥42	≥44	≥45	≥46	—

注：1. 屈服明显时采用 R_{eH}，否则采用 $R_{p0.2}$。
2. 拉伸试样取横向，JIS Z2201《金属材料拉伸试样》的 5 号试样，其标距尺寸为 50mm×25mm。
3. 厚度小于 0.60mm 时原则上不做拉伸试验。用标准调质进行光亮精轧的钢板及钢带的伸长率从该表中的值减去 2。
4. 屈服点或屈服强度带括号的是上限值，供参考。也可由供需双方协定。
5. SPCF 和 SPCG 自出厂之日起 6 个月内保证无时效性，但若订货方有要求，出厂推迟时，从当初交货预定日起计算 6 个月。非时效性是指加工时不产生滑移线的性质。
6. 括号（）中为参考值。

表 14　SPCG 钢板及钢带的平均塑性应变比

牌号	以下厚度（mm）的平均塑性应变比			
	<0.50	0.50～1.0	>1.0～1.6	>1.6
SPCG	—	≥1.5	≥1.4	—

4.2　1/8 硬质、1/4 硬质、1/2 硬质及硬质钢板及钢带（以下简称硬质材）的洛氏硬度或维氏硬度见表 15 和表 16。没有特别指定时，应采用洛氏硬度。对于薄钢板无法测定 HRB 硬度时，也可测定 HR30T、HR15T 或 HV 硬度，并按表 17～表 19 换算成 HRB 硬度。HRB

和最小适用厚度的例子示于表20。

表15 硬质材的洛氏硬度（HRB）

调质类别	调质代号	HRB
1/8 硬质	8	50～71
1/4 硬质	4	65～80
1/2 硬质	2	74～89
硬 质	1	85 以上

表16 硬质材的维氏硬度（HV）

调质类别	调质代号	HV
1/8 硬质	8	95～130
1/4 硬质	4	115～150
1/2 硬质	2	135～185
硬 质	1	170 以上

表17 HR30T 与 HRB 的硬度换算表

HR30T	换算 HRB	HR30T	换算 HRB	HR30T	换算 HRB	HR30T	换算 HRB
35.0	28.1	47.0	46.0	59.0	63.9	71.0	81.9
36.0	29.6	48.0	47.5	60.0	65.4	72.0	83.4
37.0	31.1	49.0	49.0	61.0	66.9	73.0	84.9
38.0	32.5	50.0	50.5	62.0	68.4	74.0	86.4
39.0	34.0	51.0	52.0	63.0	69.9	75.0	87.9
40.0	35.5	52.0	53.5	64.0	71.4	76.0	89.4
41.0	37.0	53.0	55.0	65.0	72.9	77.0	90.8
42.0	38.5	54.0	56.5	66.0	74.4	78.0	92.3
43.0	40.0	55.0	58.0	67.0	75.9	79.0	93.8
44.0	41.5	56.0	59.5	68.0	77.4	80.0	95.3
45.0	43.0	57.0	60.9	69.0	78.9	81.0	96.8
46.0	44.5	58.0	62.4	70.0	80.4	82.0	98.3

表18 HR15T 与 HRB 的硬度换算表

HR15T	换算 HRB	HR15T	换算 HRB	HR15T	换算 HRB	HR15T	换算 HRB
70.0	28.8	73.0	38.0	76.0	47.3	79.0	56.5
70.5	30.3	73.5	39.6	76.5	48.8	79.5	58.1
71.0	31.9	74.0	41.1	77.0	50.4	80.0	59.6
71.5	33.4	74.5	42.7	77.5	51.9	80.5	61.1
72.0	35.0	75.0	44.2	78.0	53.4	81.0	62.7
72.5	36.5	75.5	45.7	78.5	55.0	81.5	64.2

续表 18

HR15T	换算 HRB	HR15T	换算 HRB	HR15T	换算 HRB	HR15T	换算 HRB
82.0	65.8	85.0	75.0	88.0	84.3	91.0	93.5
82.5	67.3	85.5	76.6	88.5	85.8	91.5	95.0
83.0	68.8	86.0	78.1	89.0	87.3	92.0	96.6
83.5	70.4	86.5	79.6	89.5	88.9	92.5	98.1
84.0	71.9	87.0	81.2	90.0	90.4	93.0	99.7
84.5	73.5	87.5	82.7	90.5	92.0		

表 19　HV 与 HRB 的硬度换算表

HV	换算 HRB	HV	换算 HRB	HV	换算 HRB	HV	换算 HRB
85	41.0	115	65.0	145	76.6	175	86.1
90	48.0	120	66.7	150	78.7	180	87.1
95	52.0	125	69.5	155	79.9	185	88.8
100	56.2	130	71.2	160	81.7	190	89.5
105	59.4	135	73.2	165	83.1	195	90.7
110	62.3	140	75.0	170	85.0	200	91.5

表 20　HRB 和最小适用厚度的例子

HRB 硬度值	50	65	74	85
最小适用厚度/mm	2.40	1.95	1.68	1.35

4.3　硬质材的钢板和钢带以及 SPCC 的 180°弯曲性能见表 21，在试样外表面上不得有裂纹，a 为钢板和钢带的厚度。

表 21　弯曲性能

调质类别	调质代号	弯曲压头直径
退火状态	A	密合
标准调质	S	密合
1/8 硬质	8	密合
1/4 硬质	4	a
1/2 硬质	2	$2a$
硬　质	1	—

5　表面质量

钢板及钢带不得有有害于使用上的缺陷。表面缺陷原则上适用于钢板及钢带的单侧面。

钢带一般没有机会通过检验去除含有缺陷的部分，因此可以带有若干不正常部分或焊缝。

退火状态钢板及钢带由于未进行平整而发生的弯头、皱边等可不视为有害缺陷。

不涂油钢板及钢带，因没有涂油而发生的锈蚀、擦伤等可不视为有害缺陷。

JFS A1001：1996 汽车用热轧钢板及钢带（概要）

1　范围

该标准适用于制造汽车用的热轧钢板和钢带。用酸洗或喷丸清理除去氧化铁皮或黑皮。

2　尺寸、外形及允许偏差

2.1　钢板及钢带的厚度允许偏差分 A、B、C 三个等级，分别见表 1 ~ 表 3。

表 1　厚度允许偏差 A

抗拉强度下限/MPa	公称厚度/mm	以下公称宽度（mm）的厚度允许偏差/mm			
		<1200	1200 ~ <1500	1500 ~ <1800	≥1800
≤440	1.20 ~ <1.60	±0.14	±0.15	±0.16	—
	1.60 ~ <2.00	±0.16	±0.17	±0.18	±0.21
	2.00 ~ <2.50	±0.17	±0.19	±0.21	±0.25
	2.50 ~ <3.15	±0.19	±0.21	±0.24	±0.26
	3.15 ~ <4.00	±0.21	±0.23	±0.26	±0.27
	4.00 ~ <5.00	±0.24	±0.26	±0.28	±0.29
	5.00 ~ <6.00	±0.26	±0.28	±0.29	±0.31
	6.00 ~ <8.00	±0.29	±0.30	±0.31	±0.35
	8.00 ~ <10.00	±0.32	±0.33	±0.34	±0.40
	10.00 ~ <12.50	±0.35	±0.36	±0.37	±0.45
	12.50 ~ <14.00	±0.38	±0.39	±0.40	±0.50
>440	1.60 ~ <2.00	±0.16	±0.19	±0.20	—
	2.00 ~ <2.50	±0.18	±0.22	±0.23	—
	2.50 ~ <3.15	±0.20	±0.24	±0.26	—
	3.15 ~ <4.00	±0.23	±0.26	±0.28	±0.30
	4.00 ~ <5.00	±0.26	±0.29	±0.31	±0.32
	5.00 ~ <6.00	±0.29	±0.31	±0.32	±0.34
	6.00 ~ <8.00	±0.32	±0.33	±0.34	±0.38
	8.00 ~ <10.00	±0.35	±0.36	±0.37	±0.43
	10.00 ~ <12.00	±0.38	±0.39	±0.40	±0.48

表 2　厚度允许偏差 B

抗拉强度下限/MPa	公称厚度/mm	以下公称宽度（mm）的厚度允许偏差/mm			
		<1200	1200 ~ <1500	1500 ~ <1800	≥1800
≤440	1.20 ~ <1.60	±0.12	±0.13	±0.14	—
	1.60 ~ <2.00	±0.14	±0.15	±0.15	±0.18
	2.00 ~ <2.50	±0.15	±0.16	±0.18	±0.21
	2.50 ~ <3.15	±0.16	±0.18	±0.20	±0.22
	3.15 ~ <4.00	±0.18	±0.20	±0.22	±0.23
	4.00 ~ <5.00	±0.20	±0.22	±0.24	±0.25
	5.00 ~ <6.00	±0.22	±0.24	±0.25	±0.26

续表 2

抗拉强度下限/MPa	公称厚度/mm	以下公称宽度（mm）的厚度允许偏差/mm			
		<1200	1200 ~ <1500	1500 ~ <1800	≥1800
≤440	6.00 ~ <8.00	±0.25	±0.26	±0.26	±0.30
	8.00 ~ <10.00	±0.27	±0.28	±0.29	±0.34
	10.00 ~ <12.50	±0.30	±0.31	±0.32	±0.38
	12.50 ~ <14.00	±0.32	±0.33	±0.34	±0.43
>440	1.60 ~ <2.00	±0.14	±0.16	±0.17	—
	2.00 ~ <2.50	±0.15	±0.19	±0.20	—
	2.50 ~ <3.15	±0.17	±0.20	±0.22	—
	3.15 ~ <4.00	±0.20	±0.22	±0.24	±0.26
	4.00 ~ <5.00	±0.22	±0.25	±0.26	±0.27
	5.00 ~ <6.00	±0.25	±0.26	±0.27	±0.29
	6.00 ~ <8.00	±0.27	±0.28	±0.29	±0.32
	8.00 ~ <10.00	±0.30	±0.31	±0.31	±0.36
	10.00 ~ <12.00	±0.32	±0.33	±0.34	±0.43

表 3 厚度允许偏差 C

抗拉强度下限/MPa	公称厚度/mm	以下公称宽度（mm）的厚度允许偏差/mm			
		<1200	1200 ~ <1500	1500 ~ <1800	≥1800
≤440	1.20 ~ <1.60	±0.10	±0.11	±0.11	—
	1.60 ~ <2.00	±0.11	±0.12	±0.13	±0.15
	2.00 ~ <2.50	±0.12	±0.13	±0.15	±0.18
	2.50 ~ <3.15	±0.13	±0.15	±0.17	±0.18
	3.15 ~ <4.00	±0.15	±0.16	±0.18	±0.19
	4.00 ~ <5.00	±0.17	±0.18	±0.20	±0.20
	5.00 ~ <6.00	±0.18	±0.20	±0.20	±0.22
	6.00 ~ <8.00	±0.20	±0.21	±0.22	±0.25
	8.00 ~ <10.00	±0.22	±0.23	±0.24	±0.28
	10.00 ~ <12.50	±0.25	±0.25	±0.26	±0.32
	12.50 ~ <14.00	±0.27	±0.27	±0.28	±0.35

注：钢板和钢带厚度的测量点，热轧边时，取离边不小于25mm内侧的任意点，剪切边时，取离边不小于15mm内侧的任意点。

2.2 钢板和钢带的宽度允许偏差分两个等级，分别见表4、表5。

表 4 宽度允许偏差 A

公称宽度/mm	公称厚度/mm	允许偏差/mm	
		热轧边	剪切边
<600	<6	—	±0.5
	≥6	—	—

续表 4

公称宽度/mm	公称厚度/mm	允许偏差/mm	
		热轧边	剪切边
600 ~ <1000	<6	+25	+10
	≥6		
1000 ~ <1250	<6	+30	+10
	≥6		+15
1250 ~ <1600	<6	+35	+10
	≥6		+15
1600 ~ <2300	<6	+40	+10
	≥6		+15

表 5　宽度允许偏差 B

公称宽度/mm	公称厚度/mm	允许偏差/mm	
		热轧边	剪切边
<600	<6	—	—
	≥6	—	—
600 ~ <1000	<6	+15	+3
	≥6		
1000 ~ <1250	<6	+20	+3
	≥6		+5
1250 ~ <1600	<6	+25	+4
	≥6		+5
1600 ~ <2300	<6	+25	+4
	≥6		+5

2.3　钢板的长度允许偏差分为两个等级，分别见表 6、表 7。

表 6　长度允许偏差 A

公称长度/mm	公称厚度/mm	允许偏差/mm
<6300	<6	+20
	≥6	
≥6300	<6	+25
	≥6	

表 7　长度允许偏差 B

公称长度/mm	公称厚度/mm	允许偏差/mm
<6300	<6	+5
	≥6	+10
≥6300	<6	+10
	≥6	+15

2.4　钢板的波浪高度分为两个等级，分别见表 8、表 9。

表 8　波浪高度 A

抗拉强度下限/MPa		公称厚度/mm	以下公称宽度（mm）的波浪高度/mm，不大于			
			<1250	1250 ~ <1600	1600 ~ <2000	2000 ~ 2300
≤440		1.20 ~ <1.60	18	20	22	—
		1.60 ~ <3.15	16	18	20	28
		3.15 ~ <4.00	16	16	16	26
		4.00 ~ <6.00	14	14	14	22
		6.00 ~ <10.00	13	13	13	21
		10.00 ~ <14.00	12	12	12	16
>440 ~ <590		1.60 ~ <3.15	16	18	20	—
		3.15 ~ <4.00	16	18	20	26
		4.00 ~ <6.00	14	16	18	22
		6.00 ~ <10.00	13	15	17	21
		10.00 ~ <12.00	12	14	16	18
≤590	高屈强比型钢板	1.60 ~ <3.15	20	22	24	—
		3.15 ~ <4.00	20	22	24	31
		4.00 ~ <6.00	18	20	22	26
		6.00 ~ <10.00	18	20	22	26
		10.00 ~ <12.00	18	18	18	24
	低屈强比型钢板	1.60 ~ <3.15	22	24	26	30
		3.15 ~ <4.00	22	24	26	33
		4.00 ~ <6.00	20	22	24	28
		6.00 ~ <10.00	20	22	24	28
		10.00 ~ <12.00	20	20	22	26
>590		1.60 ~ <3.15	27	30	33	—
		3.15 ~ <4.00	24	27	30	39
		4.00 ~ <6.00	21	21	21	33
		6.00 ~ <10.00	20	20	20	32
		10.00 ~ <12.00	18	18	18	24

表 9　波浪高度 B

抗拉强度下限/MPa	公称厚度/mm	以下公称宽度（mm）的波浪高度/mm，不大于			
		<1250	1250 ~ <1600	1600 ~ <2000	2000 ~ 2300
≤440	1.20 ~ <1.60	11	12	13	—
	1.60 ~ <3.15	10	11	12	17
	3.15 ~ <4.00	10	10	10	16
	4.00 ~ <6.00	8	8	8	13
	6.00 ~ <10.00	8	8	8	13
	10.00 ~ <14.00	7	7	7	10

续表9

抗拉强度下限/MPa	公称厚度/mm	以下公称宽度（mm）的波浪高度/mm，不大于			
		<1250	1250～<1600	1600～<2000	2000～2300
>440～<590	1.60～<3.15	10	11	12	—
	3.15～<4.00	10	11	12	16
	4.00～<6.00	8	10	11	13
	6.00～<10.00	8	9	10	13
	10.00～<12.00	7	8	10	11

2.5　钢板和钢带的镰刀弯见表10。

表10　镰刀弯

公称宽度/mm	钢板的镰刀弯/mm					钢带的镰刀弯/mm
	钢板的公称长度/mm					
	<2500	2500～<4000	4000～<6300	6300～<10000	≥10000	
<630	≤5	≤8	≤12	≤20	≤20/10000	≤5/2000
630～<1000	≤4	≤6	≤10	≤16	≤16/10000	
≥1000	≤3	≤5	≤8	≤12	≤12/10000	

2.6　切斜

剪切钢板的切斜不大于1%。

3　牌号和化学成分

3.1　各牌号对P、S元素是强制性要求，并符合表11的规定。

表11　牌号及化学成分

牌号		化学成分(熔炼分析)/%	
		P	S
低碳钢板	JSH270C	≤0.050	≤0.050
	JSH270D	≤0.030	≤0.035
	JSH270E		
通用型钢板W	JSH310W	≤0.050	≤0.030
	JSH370W		
	JSH400W		
	JSH440W		
	JSH490W		
	JSH540W		
通用型钢板J	JSH370J	≤0.050	≤0.030
	JSH400J		
	JSH440J		

续表 11

<table>
<tr><th colspan="2" rowspan="2">牌 号</th><th colspan="2">化学成分（熔炼分析）/%</th></tr>
<tr><th>P</th><th>S</th></tr>
<tr><td rowspan="5">高屈强比型钢板</td><td>JSH440R</td><td rowspan="5">≤0.050</td><td rowspan="5">≤0.030</td></tr>
<tr><td>JSH490R</td></tr>
<tr><td>JSH540R</td></tr>
<tr><td>JSH590R</td></tr>
<tr><td>JSH780R</td></tr>
<tr><td rowspan="3">低屈强比型钢板</td><td>JSH540Y</td><td rowspan="3">≤0.050</td><td rowspan="3">≤0.030</td></tr>
<tr><td>JSH590Y</td></tr>
<tr><td>JSH780Y</td></tr>
</table>

3.2 根据供需双方协商，可按表 12 指定以下元素。

表 12 指定的化学成分

化学成分的划分	化学成分代号	C/%	Si/%	Al/%
指定低 Al	A	—	—	≤0.030
指定低 Si	S	—	≤0.03	—
指定低 C	C	≥0.01	—	—

3.3 其他元素的化学成分可参考表 13，不作强制要求。

表 13 参考的化学成分

<table>
<tr><th colspan="2" rowspan="2">牌 号</th><th colspan="7">化学成分(熔炼分析)/%</th></tr>
<tr><th>C</th><th>Si</th><th>Mn</th><th>Al</th><th>Nb</th><th>Ti</th><th>B</th></tr>
<tr><td rowspan="3">低碳钢板</td><td>JSH270C</td><td>≤0.15</td><td rowspan="3">≤0.050</td><td rowspan="3">≤0.60</td><td rowspan="12">≤0.10</td><td rowspan="12">≤0.10</td><td rowspan="12">≤0.10</td><td rowspan="12">≤0.10</td></tr>
<tr><td>JSH270D</td><td rowspan="2">≤0.10</td></tr>
<tr><td>JSH270E</td></tr>
<tr><td rowspan="6">通用型钢板 W</td><td>JSH310W</td><td rowspan="6">≤0.25</td><td rowspan="4">≤0.60</td><td rowspan="6">≤2.00</td></tr>
<tr><td>JSH370W</td></tr>
<tr><td>JSH400W</td></tr>
<tr><td>JSH440W</td></tr>
<tr><td>JSH490W</td><td rowspan="2">≤1.00</td></tr>
<tr><td>JSH540W</td></tr>
<tr><td rowspan="3">通用型钢板 J</td><td>JSH370J</td><td rowspan="3">≤0.25</td><td rowspan="3">≤0.60</td><td rowspan="3">≤2.00</td></tr>
<tr><td>JSH400J</td></tr>
<tr><td>JSH440J</td></tr>
</table>

续表 13

牌　号		化学成分(熔炼分析)/%						
		C	Si	Mn	Al	Nb	Ti	B
高屈强比型钢板	JSH440R	≤0.20	≤1.00	≤2.00	≤0.10	≤0.10	≤0.20	≤0.10
	JSH490R							
	JSH540R							
	JSH590R							
	JSH780R							
低屈强比型钢板	JSH540Y	≤0.20	≤3.00	≤3.00				
	JSH590Y							
	JSH780Y							

4　力学性能及工艺性能

4.1　钢板和钢带的屈服点或屈服强度见表 14。

表 14　屈服点或屈服强度

牌　号		屈服强度 R_{eH} 或 $R_{p0.2}$/MPa					
		公称厚度/mm					
		1.2 ~ <1.6	1.6 ~ <2.0	2.0 ~ <3.2	3.2 ~ <6.3	6.3 ~ <8.0	8.0 ~ <14.0
低碳钢板	JSH270C	205 ~ 325	195 ~ 315	185 ~ 305	175 ~ 295	165 ~ 285	165 ~ 285
	JSH270D	195 ~ 305	185 ~ 295	175 ~ 285	165 ~ 275	155 ~ 265	155 ~ 265
	JSH270E	175 ~ 275	165 ~ 265	155 ~ 255	145 ~ 245	—	—
通用型钢板 W	JSH310W	205 ~ 325	195 ~ 315	185 ~ 305	175 ~ 295	165 ~ 285	165 ~ 285
	JSH370W	235 ~ 355	225 ~ 345	215 ~ 335	205 ~ 325	195 ~ 315	195 ~ 315
	JSH400W	255 ~ 375	245 ~ 365	235 ~ 355	225 ~ 345	215 ~ 335	215 ~ 335
	JSH440W	295 ~ 410	285 ~ 400	275 ~ 390	265 ~ 380	255 ~ 370	255 ~ 370
	JSH490W	—	335 ~ 460	325 ~ 450	315 ~ 440	305 ~ 430	350 ~ 430
	JSH540W	—	375 ~ 510	365 ~ 500	355 ~ 490	345 ~ 480	345 ~ 480
通用型钢板 J	JSH370J	—	225 ~ 365	225 ~ 365	225 ~ 365	225 ~ 365	215 ~ 355
	JSH400J	—	255 ~ 395	255 ~ 395	255 ~ 395	235 ~ 375	235 ~ 375
	JSH440J	—	305 ~ 445	305 ~ 445	305 ~ 445	295 ~ 435	275 ~ 415
高屈强比型钢板	JSH440R	345 ~ 460	335 ~ 450	325 ~ 440	315 ~ 430	305 ~ 420	305 ~ 420
	JSH490R	—	375 ~ 500	365 ~ 490	355 ~ 480	345 ~ 470	345 ~ 470
	JSH540R	—	430 ~ 570	420 ~ 560	410 ~ 550	400 ~ 540	400 ~ 540
	JSH590R	—	460 ~ 610	450 ~ 600	440 ~ 590	430 ~ 580	430 ~ 580
	JSH780R	—	—	685 ~ 835	675 ~ 825	—	—
低屈强比型钢板	JSH540Y	—	305 ~ 450	295 ~ 440	285 ~ 430	—	—
	JSH590Y	—	325 ~ 490	315 ~ 480	305 ~ 470	—	—
	JSH780Y	—	—	390 ~ 635	380 ~ 625	—	—

4.2　钢板和钢带的抗拉强度见表15。

表15　抗拉强度

牌　号		抗拉强度 R_m/MPa	试样方向
低碳钢板	JSH270C	≥270	纵　向
	JSH270D		
	JSH270E		
通用型钢板 W	JSH310W	≥310	纵　向
	JSH370W	≥370	
	JSH400W	≥400	
	JSH440W	≥440	
	JSH490W	≥490	横　向
	JSH540W	≥540	
通用型钢板 J	JSH370J	≥370	纵　向
	JSH400J	≥400	
	JSH440J	≥440	
高屈强比型钢板	JSH440R	≥440	纵　向
	JSH490R	≥490	横　向
	JSH540R	≥540	
	JSH590R	≥590	
	JSH780R	≥780	
低屈强比型钢板	JSH540Y	≥540	横　向
	JSH590Y	≥590	
	JSH780Y	≥780	

注：试样为 JIS Z2201《金属材料拉伸试样》的5号试样，其标距尺寸为50mm×25mm。

钢板和钢带的断后伸长率见表16。

表16　断后伸长率

牌　号		断后伸长率 A_{50mm}/%						
		公称厚度/mm						
		1.2~<1.6	1.6~<2.0	2.0~<2.5	2.5~<3.2	3.2~<4.0	4.0~<6.3	6.3~14.0
低碳钢板	JSH270C	35~49	36~50	37~51	37~51	38~52	38~52	≥39
	JSH270D	37~51	38~52	39~53	39~53	40~54	41~55	≥41
	JSH270E	40~53	41~54	42~55	42~55	43~56	43~56	—
通用型钢板 W	JSH310W	36~50	37~51	38~52	38~52	39~53	40~54	≥41
	JSH370W	33~46	34~47	35~48	35~48	36~49	37~50	≥40
	JSH400W	31~44	32~45	33~46	34~47	35~48	36~49	≥38
	JSH440W	28~41	29~42	30~43	32~45	33~46	34~47	≥35
	JSH490W	—	25~39	26~40	26~40	27~41	27~41	≥28
	JSH540W	—	22~36	23~37	23~37	24~38	24~38	≥25

续表 16

牌　号		断后伸长率 $A_{50\mathrm{mm}}$/%						
		公称厚度/mm						
		1.2 ~ <1.6	1.6 ~ <2.0	2.0 ~ <2.5	2.5 ~ <3.2	3.2 ~ <4.0	4.0 ~ <6.3	6.3 ~ 14.0
通用型钢板 J	JSH370J	—	32 ~ 47	33 ~ 48	35 ~ 48	36 ~ 49	37 ~ 50	≥40
	JSH400J	—	31 ~ 45	32 ~ 46	34 ~ 47	35 ~ 48	36 ~ 49	≥38
	JSH440J	—	29 ~ 42	30 ~ 43	32 ~ 45	33 ~ 46	34 ~ 47	≥35
高屈强比型钢板	JSH440R	25 ~ 38	26 ~ 39	27 ~ 40	27 ~ 40	28 ~ 41	28 ~ 41	≥29
	JSH490R	—	22 ~ 36	23 ~ 37	23 ~ 37	24 ~ 38	24 ~ 38	≥25
	JSH540R	—	19 ~ 33	20 ~ 34	20 ~ 34	21 ~ 35	21 ~ 35	≥22
	JSH590R	—	17 ~ 31	18 ~ 32	18 ~ 32	19 ~ 33	19 ~ 33	≥20
	JSH780R	—	—	14 ~ 29	14 ~ 29	15 ~ 30	15 ~ 30	—
低屈强比型钢板	JSH540Y	—	2439	25 ~ 40	25 ~ 40	26 ~ 41	26 ~ 41	—
	JSH590Y	—	2237	23 ~ 38	23 ~ 38	24 ~ 39	24 ~ 39	—
	JSH780Y	—	—	16 ~ 30	16 ~ 30	17 ~ 31	17 ~ 31	—

注：1. 钢板和钢带制造后，即使在常温下保管，也有由于时效力学性能随着时间发生变化的情况，所以希望尽早使用。

2. 试样为 JIS Z2201《金属材料拉伸试样》的 5 号试样，其标距尺寸为 50mm × 25mm。试样方向见表 15。

4.3　钢板和钢带的弯曲性能见表 17。

表 17　弯曲性能

牌　号		弯曲性能			试样方向
		弯曲角度/(°)	以下厚度（mm）的弯曲压头半径		
			2.6 ~ <3.2	3.2 ~ 14.0	
低碳钢板	JSH270C	180	0	0.5*a*	纵　向
	JSH270D		0	0	
	JSH270E		0	0	
通用型钢板 W	JSH310W	180	1*a*	1*a*	横　向
	JSH370W		1*a*	1*a*	
	JSH400W		1*a*	1*a*	
	JSH440W		1*a*	1*a*	
	JSH490W		1*a*	1*a*	横　向
	JSH540W		1*a*	1.5*a*	
通用型钢板 J	JSH370J	180	1*a*	1*a*	横　向
	JSH400 J		1*a*	1*a*	
	JSH 440J		1*a*	1*a*	
高屈强比型钢板	JSH440R	180	1*a*	1*a*	横　向
	JSH490R		1*a*	1*a*	横　向
	JSH540R		1*a*	1.5*a*	

续表 17

牌号		弯曲性能			试样方向
		弯曲角度/(°)	以下厚度（mm）的弯曲压头半径		
			2.6 ~ <3.2	3.2 ~ 14.0	
高屈强比型钢板	JSH590R	180	1.5a	1.5a	横向
	JSH780R		2.0a	2.0a	
低屈强比型钢板	JSH540Y	180	1a	1.5a	横向
	JSH590Y		1.5a	1.5a	
	JSH780Y		2.0a	2.0a	

注：1. 弯曲试验在订货没有指标时可以省略。

2. 弯曲试样为 JIS Z2204《金属材料弯曲试样》的 3 号试样，其宽度为 15 ~ 50mm。

5 等级、适用面、代号

外观的等级有“普通”和“严格”两种，适用面和代号见表 18。钢板原则上适用于上面，钢带原则上适用于外面。

表 18 适用面和代号

外观等级	代号	适用面		适用范围
		钢板	钢带	
普通	1	上面	外面	适用于在划分“严格”的钢板用途以外的钢板和钢带
严格	2	上面	外面	适用于在涂漆后或安装后的表面，质量功能要求严格，不允许有细小的凹凸缺陷
	3	下面	内面	
	4	两面	两面	

JFS A2001：1996 汽车用冷轧钢板及钢带（概要）

1 范围

该标准适用于制造汽车用的冷轧钢板和钢带。

2 尺寸、外形及允许偏差

2.1 钢板及钢带的厚度允许偏差分 A、B 两个等级，分别见表 1、表 2。

表 1 厚度允许偏差 A

抗拉强度下限/MPa	公称厚度/mm	以下公称宽度（mm）的厚度允许偏差/mm				
		<630	630 ~ <1000	1000 ~ <1250	1250 ~ <1600	≥1600
≤270	0. 30 ~ <0. 40	±0. 04	±0. 04	±0. 04	—	—
	0. 40 ~ <0. 6	±0. 05	±0. 05	±0. 05	±0. 06	±0. 07
	0. 6 ~ <0. 8	±0. 06	±0. 06	±0. 06	±0. 06	±0. 07
	0. 8 ~ <1. 00	±0. 06	±0. 06	±0. 07	±0. 08	±0. 09
	1. 00 ~ <1. 25	±0. 07	±0. 07	±0. 08	±0. 09	±0. 11
	1. 25 ~ <1. 60	±0. 08	±0. 09	±0. 10	±0. 11	±0. 13
	1. 60 ~ <2. 00	±0. 10	±0. 11	±0. 12	±0. 13	±0. 15
	2. 00 ~ <2. 50	±0. 12	±0. 13	±0. 14	±0. 15	±0. 17
	2. 50 ~ <3. 20	±0. 14	±0. 15	±0. 16	±0. 17	±0. 20
>270 ~ <780	0. 40 ~ <0. 6	±0. 05	±0. 05	±0. 05	±0. 07	±0. 08
	0. 6 ~ <0. 8	±0. 06	±0. 06	±0. 06	±0. 07	±0. 08
	0. 8 ~ <1. 00	±0. 07	±0. 07	±0. 08	±0. 09	±0. 10
	1. 00 ~ <1. 25	±0. 08	±0. 08	±0. 09	±0. 10	±0. 12
	1. 25 ~ <1. 60	±0. 09	±0. 10	±0. 11	±0. 12	±0. 14
	1. 60 ~ <2. 00	±0. 10	±0. 11	±0. 12	±0. 14	±0. 16
	2. 00 ~ <2. 50	±0. 12	±0. 13	±0. 14	±0. 16	±0. 18
	2. 50 ~ <3. 20	±0. 14	±0. 15	±0. 16	±0. 18	±0. 21
≥780	0. 6 ~ <0. 8	±0. 08			±0. 09	—
	0. 8 ~ <1. 00	±0. 09			±0. 10	—
	1. 00 ~ <1. 25	±0. 10			±0. 12	—
	1. 25 ~ <1. 60	±0. 12			±0. 14	—
	1. 60 ~ <2. 00	±0. 14			±0. 16	—
	2. 00 ~ <2. 30	±0. 16			±0. 18	—

表2　厚度允许偏差B

抗拉强度下限/MPa	公称厚度/mm	以下公称宽度（mm）的厚度允许偏差/mm				
		<630	630～<1000	1000～<1250	1250～<1600	≥1600
≤270	0.30～<0.40	±0.030	±0.030	±0.030	—	—
	0.40～<0.6	±0.035	±0.035	±0.040	±0.045	±0.050
	0.6～<0.8	±0.040	±0.040	±0.045	±0.050	±0.055
	0.8～<1.00	±0.040	±0.040	±0.045	±0.050	±0.055
	1.00～<1.25	±0.050	±0.050	±0.055	±0.060	±0.060
	1.25～<1.60	±0.060	±0.060	±0.065	±0.070	±0.075
	1.60～<2.00	±0.070	±0.070	±0.080	±0.085	±0.090
	2.00～<2.50	±0.075	±0.075	±0.085	±0.090	±0.095
	2.50～<3.20	±0.090	±0.090	±0.100	±0.100	±0.110
>270～<780	0.40～<0.6	±0.040	±0.040	±0.040	±0.060	±0.060
	0.6～<0.8	±0.050	±0.050	±0.050	±0.060	±0.060
	0.8～<1.00	±0.060	±0.060	±0.060	±0.070	±0.080
	1.00～<1.25	±0.060	±0.060	±0.070	±0.080	±0.100
	1.25～<1.60	±0.070	±0.080	±0.090	±0.100	±0.110
	1.60～<2.00	±0.080	±0.090	±0.100	±0.110	±0.130
	2.00～<2.50	±0.100	±0.100	±0.110	±0.130	±0.140
	2.50～<3.20	±0.110	±0.120	±0.130	±0.140	±0.170

注：钢板和钢带厚度的测量点，取离边不小于15mm内侧的任意点。

2.2　钢板和钢带的宽度允许偏差分两个等级，分别见表3、表4。

表3　宽度允许偏差A

公称宽度/mm	允许偏差/mm
<600	±0.5
600～<1250	+7
≥1250	+10

表4　宽度允许偏差B

公称宽度/mm	允许偏差/mm
<600	—
600～<1250	+3
≥1250	+4

2.3　钢板长度允许偏差分两个等级，分别见表5、表6。

表 5　长度允许偏差 A

公称长度/mm	允许偏差/mm
<2000	+10
2000 ~ <3000	+15
3000 ~ <4000	+15
4000 ~ 6000	+20

表 6　长度允许偏差 B

公称长度/mm	允许偏差/mm
<2000	+4
2000 ~ <3000	+6
3000 ~ <4000	+8
4000 ~ 6000	+10

2.4　钢板的波浪高度分为两个等级，分别见表 7、表 8。

表 7　波浪高度 A

抗拉强度标准值/MPa	公称宽度/mm	波浪高度/mm
≤440	<1000	≤8
	1000 ~ <1250	≤9
	1250 ~ <1600	≤11
	≥1600	≤13
>440 ~ <780	<1000	≤8
	1000 ~ <1250	≤10
	1250 ~ <1600	≤12
	≥1600	≤14
≥780	<1000	≤11
	1000 ~ <1250	≤12
	1250 ~ <1600	≤14
	≥1600	—

表 8　波浪高度 B

抗拉强度下限标准值/MPa	公称宽度/mm	波浪高度/mm
≤440	<1000	≤4
	1000 ~ <1250	≤5
	1250 ~ <1600	≤6
	≥1600	≤7

续表 8

抗拉强度下限标准值/MPa	公称宽度/mm	波浪高度/mm
>440 ~ <780	<1000	≤4
	1000 ~ <1250	≤5
	1250 ~ <1600	≤6
	≥1600	≤7
≥780	<1000	—
	1000 ~ <1250	—
	1250 ~ <1600	—
	≥1600	—

2.5　钢板和钢带的镰刀弯见表 9。

表 9　镰刀弯

抗拉强度下限标准值/MPa	公称宽度/mm	钢板的镰刀弯/mm		钢带的镰刀弯/mm
		公称长度<2000mm	公称长度≥2000mm	
<780	30 ~ <60	≤8	≤8/2000	
	60 ~ <630	≤4	≤4/2000	
	≥630	≤2	≤2/2000	
≥780	30 ~ <60	≤8	≤8/2000	
	60 ~ <630	≤4	≤4/2000	
	≥630	≤3	≤3/2000	

3　牌号和化学成分

钢板和钢带的化学成分不做特殊规定。可以根据供需双方协商，按表 10 规定的成分。

表 10　化学成分

化学成分的划分	化学成分代号	C/%	Si/%	Al/%
指定低 Al	A	—	—	≤0.030
指定低 Si	S	—	≤0.03	—
指定低 C	C	≥0.01	—	—

4　力学性能和工艺性能

4.1　钢板和钢带的抗拉强度和屈服点或屈服强度见表 11。

表 11　抗拉强度和屈服点或屈服强度

牌　号		抗拉强度 R_m/MPa	屈服强度 R_{eL} 或 $R_{p0.2}$/MPa				试样方向
			公称厚度/mm				
			0.3 ~ <0.4	0.4 ~ <0.8	0.8 ~ <1.0	1.0 ~ 3.2	
低碳钢板	JSC270C	≥270	155 ~ 275	145 ~ 265	135 ~ 255	125 ~ 245	纵向
	JSC270D		—	135 ~ 225	125 ~ 215	115 ~ 205	
	JSC270E		—	130 ~ 205	120 ~ 195	110 ~ 185	
	JSC270F		—	120 ~ 185	110 ~ 175	100 ~ 165	
	JSC260G	≥260	—	110 ~ 175	100 ~ 165	90 ~ 155	
烘烤硬化型钢板	JSC270H	≥270	—	135 ~ 225	125 ~ 215	115 ~ 205	
	JSC340H	≥340	—	185 ~ 285	175 ~ 275	165 ~ 265	横向
通用型钢板	JSC340W	≥340	—	205 ~ 305	195 ~ 295	185 ~ 285	
	JSC370W	≥370	—	205 ~ 305	195 ~ 295	185 ~ 285	
	JSC390W	≥390	—	245 ~ 355	235 ~ 345	225 ~ 335	
	JSC440W	≥440	—	285 ~ 390	275 ~ 380	265 ~ 370	
高屈强比型钢板	JSC 440R	≥440	—	355 ~ 460	345 ~ 450	335 ~ 440	
	JSC 590R	≥590	—	430 ~ 580	420 ~ 570	410 ~ 560	
深冲型钢板	JSC340P	≥340	—	165 ~ 255	155 ~ 245	145 ~ 235	
	JSC370P	≥370	—	175 ~ 265	165 ~ 255	155 ~ 245	
	JSC390P	≥390	—	205 ~ 305	195 ~ 295	185 ~ 285	
	JSC440P	≥440	—	245 ~ 355	235 ~ 345	225 ~ 335	
低屈强比型钢板	JSC590Y	≥590	—	325 ~ 470	315 ~ 460	305 ~ 450	
	JSC780Y	≥780	—	420 ~ 645	410 ~ 635	400 ~ 625	
	JSC980Y	≥980	—	—	590 ~ 930	580 ~ 920	
	JSC1180Y	≥1180	—	—	835 ~ 1225	825 ~ 1215	

注：试样为 JIS Z2201《金属材料拉伸试样》的 5 号试样，其标距尺寸为 50mm × 25mm。

4.2　钢板和钢带的断后伸长率见表 12。

表 12　断后伸长率

牌　号		断后伸长率 A_{50mm}/%						
		公称厚度/mm						
		0.3 ~ <0.4	0.4 ~ <0.6	0.6 ~ <0.8	0.8 ~ <1.0	1.0 ~ <1.2	1.2 ~ <1.6	1.6 ~ 3.2
低碳钢板	JSC270C	35 ~ 45	36 ~ 46	37 ~ 47	38 ~ 48	39 ~ 49	40 ~ 50	≥41
	JSC270D	—	39 ~ 49	40 ~ 50	41 ~ 51	42 ~ 52	43 ~ 53	≥44
	JSC270E	—	41 ~ 51	42 ~ 52	43 ~ 53	44 ~ 54	45 ~ 55	≥46
	JSC270F	—	43 ~ 53	44 ~ 54	45 ~ 55	46 ~ 56	47 ~ 57	≥48
	JSC260G	—	45 ~ 55	46 ~ 56	47 ~ 57	48 ~ 58	49 ~ 59	≥50
烘烤硬化型钢板	JSC270H	—	40 ~ 50	41 ~ 51	42 ~ 52	43 ~ 53	44 ~ 54	≥45
	JSC340H	—	34 ~ 44	35 ~ 45	36 ~ 46	37 ~ 47	38 ~ 48	≥39

续表 12

牌 号		断后伸长率 A_{50mm}/%						
		公称厚度/mm						
		0.3 ~ <0.4	0.4 ~ <0.6	0.6 ~ <0.8	0.8 ~ <1.0	1.0 ~ <1.2	1.2 ~ <1.6	1.6 ~ 3.2
通用型钢板	JSC340W	—	33 ~ 43	34 ~ 44	35 ~ 45	36 ~ 46	37 ~ 47	≥38
	JSC370W	—	30 ~ 40	31 ~ 41	32 ~ 42	33 ~ 43	34 ~ 44	≥35
	JSC390W	—	29 ~ 40	30 ~ 41	31 ~ 42	32 ~ 43	33 ~ 44	≥34
	JSC440W	—	26 ~ 38	27 ~ 39	28 ~ 40	29 ~ 41	30 ~ 42	≥31
高屈强比型钢板	JSC440R	—	23 ~ 35	24 ~ 36	25 ~ 37	26 ~ 38	27 ~ 39	≥28
	JSC590R	—	—	17 ~ 32	17 ~ 32	18 ~ 33	18 ~ 33	≥18
深冲型钢板	JSC340P	—	35 ~ 45	36 ~ 46	37 ~ 47	38 ~ 48	39 ~ 49	≥40
	JSC370P	—	33 ~ 43	34 ~ 44	35 ~ 45	36 ~ 46	37 ~ 47	≥38
	JSC390P	—	31 ~ 42	32 ~ 43	33 ~ 44	34 ~ 45	35 ~ 46	≥36
	JSC440P	—	28 ~ 39	29 ~ 40	30 ~ 41	31 ~ 42	32 ~ 43	≥33
低屈强比型钢板	JSC590Y	—	—	17 ~ 32	18 ~ 33	19 ~ 34	20 ~ 35	≥21
	JSC780Y	—	—	12 ~ 25	13 ~ 26	14 ~ 27	15 ~ 28	≥16
	JSC980Y	—	—	—	9 ~ 20	10 ~ 21	11 ~ 22	≥12
	JSC1180Y	—	—	—	5 ~ 16	6 ~ 17	7 ~ 18	≥8

注：试样为 JIS Z2201《金属材料拉伸试样》的 5 号试样，其标距尺寸为 50mm × 25mm。试样的方向见表 11。

4.3 烘烤硬化值和塑性应变比见表 13。

表 13 烘烤硬化值和塑性应变比

牌 号		烘烤硬化值/MPa	平均塑性应变比		试样方向
			公称厚度/mm		
			0.5 ~ 1.0	>1.0 ~ 1.6	
低碳钢板	JSC270C	—	—	—	纵 向
	JSC270D		≥1.2	≥1.1	
	JSC270E		≥1.4	≥1.3	
	JSC270F		≥1.6	≥1.5	
	JSC260G		≥1.8	≥1.7	
烘烤硬化型钢板	JSC270H	≥30	≥1.4	≥1.3	
	JSC340H	≥30	≥1.1	≥1.0	横 向
通用型钢板	JSC340W	—	—	—	
	JSC370W				
	JSC390W				
	JSC440W				
高屈强比型钢板	JSC440R	—	—	—	
	JSC590R				

续表 13

牌　号		烘烤硬化值/MPa	平均塑性应变比		试样方向
			公称厚度/mm		
			0.5~1.0	>1.0~1.6	
深冲型钢板	JSC340P	—	≥1.4	≥1.3	横　向
	JSC370P		≥1.4	≥1.3	
	JSC390P		≥1.4	≥1.3	
	JSC440P		≥1.3	≥1.2	
低屈强比型钢板	JSC590Y	—	—	—	
	JSC780Y				
	JSC980Y				
	JSC1180Y				

注：1. 当需方未规定时，JSC270C 的拉伸试验可以省略。
2. 当需方未规定时，JSC270D、JSC270E、JSC270F、JSC260G、JSC270H、JSC340H 的塑性应变比试验可以省略。
3. 试样为 JIS Z2201《金属材料拉伸试样》的 5 号试样，其标距尺寸为 50mm×25mm。

5　时效特性（见表 14）

表 14　时效性

牌　号		时效特性
低碳钢板	JSC270C	—
	JSC270D	延迟时效
	JSC270E	非时效
	JSC270F	非时效
	JSC260G	非时效
烘烤硬化型钢板	JSC270H	延迟时效
	JSC340H	延迟时效
通用型钢板	JSC340W	—
	JSC370W	
	JSC390W	
	JSC440W	
高屈强比型钢板	JSC440R	—
	JSC590R	
深冲型钢板	JSC340P	非时效
	JSC370P	非时效
	JSC390P	非时效
	JSC440P	非时效

续表 14

牌　号		时效特性
低屈强比型钢板	JSC590Y	—
	JSC780Y	
	JSC980Y	
	JSC1180Y	

注：1. 时效的时间起点是制造日期。

2. 不规定时效特性的钢板和钢带，制造后，即使在常温下保管，因为时效，力学性能随时间变化并有滑移线产生，希望制造后尽早使用。

3. 非时效是指钢板及钢带制造后 12 个月内，可同时满足抗拉强度、屈服点或屈服强度、伸长率及平均塑性应变比的要求，不产生滑移线。

4. 延迟时效即钢板及钢带制造后，在常温下保管至少 3 个月，不产生滑移线。

6　等级、适用面、代号

外观的等级有“普通”和“严格”两种，适用面和代号见表 15。钢板原则上适用于上面，钢带原则上适用于外面。

表 15　钢板的外观

外观等级	代号	适用面		适 用 范 围
		钢　板	钢　带	
普　通	1	上　面	外　面	适用于在划分“严格”的钢板用途以外的钢板和钢带
严　格	2	上　面	外　面	适用于在涂漆后或安装后的表面，质量功能要求严格，不允许有细小的凹凸缺陷
	3	下　面	内　面	
	4	两　面	两　面	

7　表面结构（见表 16）

表 16　表面结构

表面加工的等级	表面加工的代号	表面粗糙度/μm
钝化加工	D	R_a：0.5～2.0（参考值）
	C	$Wca \leqslant 0.6$，R_a：0.5～1.2
光亮精加工	B	$R_a \leqslant 0.35$

JFS A3011：1996 汽车用合金化热镀锌钢板及钢带（概要）

1　范围

该标准适用于汽车结构用双面等厚和双面差厚的合金化热镀锌钢板和钢带。包括合金化热镀锌层以铁基为主体的电镀钢板和钢带。

2　尺寸、外形及允许偏差

2.1　钢板及钢带的厚度允许偏差

采用热轧原板时，分为A、B、C三个等级，分别见表1～表3。

表1　热轧原板的厚度允许偏差A

公称厚度/mm	以下公称宽度（mm）的厚度允许偏差/mm			
	<1200	1200～<1500	1500～<1800	≥1800
1.40～<1.60	±0.145	±0.155	±0.165	—
1.60～<2.00	±0.165	±0.175	±0.185	±0.215
2.00～<2.50	±0.175	±0.195	±0.215	±0.255
2.50～<3.15	±0.195	±0.215	±0.245	±0.265
3.15～<4.00	±0.215	±0.235	±0.265	±0.275
4.00～<5.00	±0.245	±0.265	±0.285	±0.295
5.00～<6.00	±0.265	±0.285	±0.295	±0.315

表2　热轧原板的厚度允许偏差B

公称厚度/mm	以下公称宽度（mm）的厚度允许偏差/mm			
	<1200	1200～<1500	1500～<1800	≥1800
1.40～<1.60	±0.125	±0.135	±0.145	—
1.60～<2.00	±0.145	±0.155	±0.155	±0.185
2.00～<2.50	±0.155	±0.165	±0.185	±0.215
2.50～<3.15	±0.165	±0.185	±0.205	±0.225
3.15～<4.00	±0.185	±0.205	±0.225	±0.235
4.00～<5.00	±0.205	±0.225	±0.245	±0.255
5.00～<6.00	±0.225	±0.245	±0.255	±0.265

表3　热轧原板的厚度允许偏差C

公称厚度/mm	以下公称宽度（mm）的厚度允许偏差/mm			
	<1200	1200～<1500	1500～<1800	≥1800
1.40～<1.60	±0.105	±0.115	±0.115	—
1.60～<2.00	±0.115	±0.125	±0.135	±0.155
2.00～<2.50	±0.125	±0.135	±0.155	±0.185
2.50～<3.15	±0.135	±0.155	±0.175	±0.185
3.15～<4.00	±0.155	±0.165	±0.185	±0.195
4.00～<5.00	±0.175	±0.185	±0.205	±0.205
5.00～<6.00	±0.185	±0.205	±0.205	±0.225

采用冷轧原板时，分为 A、B 两个等级，分别见表4、表5。

表4　冷轧原板的厚度允许偏差 A

抗拉强度下限	公称厚度/mm	以下公称宽度（mm）的厚度允许偏差/mm				
		<630	630～<1000	1000～<1250	1250～<1600	≥1600
≤270MPa	0.40～<0.6	±0.055	±0.055	±0.055	±0.065	±0.075
	0.6～<0.8	±0.065	±0.065	±0.065	±0.065	±0.075
	0.8～<1.00	±0.065	±0.065	±0.075	±0.085	±0.095
	1.00～<1.25	±0.075	±0.075	±0.085	±0.095	±0.115
	1.25～<1.60	±0.085	±0.095	±0.105	±0.115	±0.135
	1.60～<2.00	±0.105	±0.115	±0.125	±0.135	±0.155
	2.00～<2.50	±0.125	±0.135	±0.145	±0.155	±0.175
	2.50～<3.20	±0.145	±0.155	±0.165	±0.175	±0.205
>270 MPa	0.40～<0.6	±0.055	±0.055	±0.055	±0.075	±0.085
	0.6～<0.8	±0.065	±0.065	±0.065	±0.075	±0.085
	0.8～<1.00	±0.075	±0.075	±0.085	±0.095	±0.105
	1.00～<1.25	±0.085	±0.085	±0.095	±0.105	±0.125
	1.25～<1.60	±0.095	±0.105	±0.115	±0.125	±0.145
	1.60～<2.00	±0.105	±0.115	±0.125	±0.145	±0.165
	2.00～<2.50	±0.125	±0.135	±0.145	±0.165	±0.185
	2.50～<3.20	±0.145	±0.155	±0.165	±0.185	±0.215

表5　冷轧原板的厚度允许偏差 B

抗拉强度下限	公称厚度/mm	以下公称宽度（mm）的厚度允许偏差/mm				
		<630	630～<1000	1000～<1250	1250～<1600	≥1600
≤270MPa	0.40～<0.6	±0.040	±0.040	±0.045	±0.050	±0.055
	0.6～<0.8	±0.045	±0.045	±0.050	±0.055	±0.060
	0.8～<1.00	±0.045	±0.045	±0.050	±0.055	±0.060
	1.00～<1.25	±0.055	±0.055	±0.060	±0.065	±0.065
	1.25～<1.60	±0.065	±0.065	±0.070	±0.075	±0.080
	1.60～<2.00	±0.075	±0.075	±0.085	±0.090	±0.095
	2.00～<2.50	±0.080	±0.080	±0.090	±0.095	±0.100
	2.50～<3.20	±0.095	±0.095	±0.105	±0.105	±0.115
>270MPa	0.40～<0.6	±0.045	±0.045	±0.045	±0.065	±0.065
	0.6～<0.8	±0.055	±0.055	±0.055	±0.065	±0.065
	0.8～<1.00	±0.065	±0.065	±0.065	±0.075	±0.085
	1.00～<1.25	±0.065	±0.065	±0.075	±0.085	±0.105
	1.25～<1.60	±0.075	±0.085	±0.095	±0.105	±0.115
	1.60～<2.00	±0.085	±0.095	±0.105	±0.115	±0.135
	2.00～<2.50	±0.105	±0.105	±0.115	±0.135	±0.145
	2.50～<3.20	±0.115	±0.125	±0.135	±0.145	±0.175

注：1. 钢板和钢带厚度的测量点，取离纵边不小于25mm内侧的任意点。

2. 镀前的原板厚度称为公称厚度。

3. 厚度允许偏差是在公称厚度的基础上，加上相应的镀层厚度的数值。

2.2　钢板及钢带的宽度允许偏差

钢板及钢带的宽度允许偏差分为A、B两个等级，分别见表6、表7。

表6　宽度允许偏差A

公称宽度/mm			允许偏差/mm
采用冷轧原板时	<600		±0.5
	600 ~ <1250		+7
	≥1250		+10
采用热轧原板时	轧制边缘		+25
	剪切边缘	<600	±0.5
		600 ~ <1250	+10
		≥1250	+10

表7　宽度允许偏差B

公称宽度/mm			允许偏差/mm
采用冷轧原板时	<600		—
	600 ~ <1250		+3
	≥1250		+4
采用热轧原板时	轧制边缘		—
	剪切边缘	<600	—
		600 ~ <1250	+3
		≥1250	+4

2.3　钢板的长度允许偏差

钢板的长度允许偏差分为A、B两个等级，见表8。

表8　长度允许偏差

公称长度/mm	允许偏差/mm	
	A	B
<2000	+10	+4
2000 ~ <3000	+15	+6
3000 ~ <4000	+15	+10
4000 ~ 6000	+20	+15

2.4　钢板的波浪高度分为两个等级，分别见表9、表10。

表9　热轧原板的波浪高度

公称厚度/mm	以下公称宽度（mm）的波浪高度/mm，不大于							
	<1250		1250 ~ <1600		1600 ~ <2000		2000 ~ 2300	
	A	B	A	B	A	B	A	B
1.40 ~ <1.60	18	11	20	12	22	13	—	—
1.60 ~ <3.15	16	10	18	11	20	12	28	17
3.15 ~ <4.00	16	10	16	10	16	10	26	16
4.00 ~ <6.00	14	8	14	8	14	8	22	13
6.00	13	8	13	8	13	8	21	13

表10　冷轧原板的波浪高度

抗拉强度标准值	公称宽度/mm	波浪高度/mm	
		A	B
≤440MPa	<1000	≤8	≤4
	1000～<1250	≤9	≤5
	1250～<1600	≤11	≤6
	≥1600	≤13	≤7
>440MPa	<1000	≤8	≤4
	1000～<1250	≤10	≤5
	1250～<1600	≤12	≤6
	≥1600	≤14	≤7

2.5　钢板和钢带的镰刀弯

采用热轧原板的镰刀弯见表11。

表11　热轧原板的镰刀弯

公称宽度/mm	钢板的镰刀弯/mm					钢带的镰刀弯/mm
	钢板的公称长度/mm					
	<2500	2500～<4000	4000～<6300	6300～<10000	≥10000	
<630	≤5	≤8	≤12	≤20	≤20/10000	≤5/2000
630～<1000	≤4	≤6	≤10	≤16	≤16/10000	
≥1000	≤3	≤5	≤8	≤12	≤12/10000	

采用冷轧原板的镰刀弯见表12。

表12　冷轧原板的镰刀弯

公称宽度/mm	钢板的镰刀弯/mm		钢带的镰刀弯/mm
	公称长度<2000mm	公称长度≥2000mm	
30～<60	≤8	≤8/2000	
60～<630	≤4	≤4/2000	
≥630	≤2	≤2/2000	

3　牌号和化学成分

热轧原板的钢板和钢带的牌号及化学成分见表13。冷轧原板的化学成分不作特殊规定，根据供需双方协商，可采用低碳钢，符号为C，$w(\mathrm{C})\geqslant 0.01\%$。

表13　热轧原板的牌号及化学成分

牌　号		化学成分(熔炼分析)/%	
		P	S
软钢板	JAH270C	≤0.050	≤0.050
	JAH270D	≤0.030	≤0.035
	JAH270E	≤0.030	≤0.035

续表 13

牌　号		化学成分(熔炼分析)/%	
		P	S
通用型钢板	JAH310W	≤0.050	≤0.030
	JAH370W		
	JAH400W		
	JAH440W		
高屈强比型钢板	JAH440R	≤0.050	≤0.030

注：根据供需双方协商，可采用低碳钢，符号为 C，w(C)≥0.01%。

4　力学性能及工艺性能

4.1　采用热轧原板时钢板和钢带的抗拉强度、屈服点或屈服强度、断后伸长率见表 14、表 15。

表 14　热轧原板的力学性能

牌　号		抗拉强度 R_m/MPa	屈服强度 R_{eH} 或 $R_{p0.2}$/MPa				试样方向
			公称厚度/mm				
			1.4～<1.6	1.6～<2.0	2.0～<3.2	3.2～6.0	
软钢板	JAH270C	≥270	215～335	205～325	195～315	185～305	纵向
	JAH270D		205～315	195～305	185～295	175～285	
	JAH270E		185～285	175～275	165～265	155～255	
通用型钢板	JAH310W	≥310	215～335	205～325	195～315	185～305	
	JAH370W	≥370	245～365	235～355	225～345	215～335	
	JAH400W	≥400	265～385	255～375	245～365	235～355	
	JAH440W	≥440	305～420	295～410	285～400	275～390	
高屈强比型钢板	JAH440R	≥440	355～470	345～460	335～450	325～440	

注：试样为 JIS Z2201《金属材料拉伸试样》的 5 号试样，其标距尺寸为 50mm×25mm。

表 15　热轧原板的力学性能

牌　号		断后伸长率 A_{50mm}/%						试样方向
		公称厚度/mm						
		1.4～<1.6	1.6～<2.0	2.0～<2.5	2.5～<3.2	3.2～<4.0	4.0～6.0	
软钢板	JAH270C	34～48	35～49	36～50	36～50	37～51	37～51	纵向
	JAH270D	36～50	37～51	38～52	38～52	39～53	39～53	
	JAH270E	39～52	40～53	41～54	42～54	42～55	42～55	
通用型钢板	JAH310W	35～49	36～50	37～51	37～51	38～52	38～52	
	JAH370W	32～45	33～46	34～47	34～47	35～48	36～49	
	JAH400W	30～43	31～44	32～45	33～46	34～47	35～48	
	JAH440W	27～40	28～41	29～42	31～44	32～45	33～46	
高屈强比型钢板	JAH440R	24～37	25～38	26～39	26～39	27～40	27～40	

注：试样为 JIS Z2201《金属材料拉伸试样》的 5 号试样，其标距尺寸为 50mm×25mm。

4.2 采用冷轧原板时钢板和钢带的抗拉强度、屈服点或屈服强度、烧烤硬化值、伸长率、平均塑性应变比见表16、表17。

表16 冷轧原板的力学性能

牌号		抗拉强度 R_m/MPa	屈服强度 R_{eH} 或 $R_{p0.2}$/MPa			烘烤硬化值/MPa	试样方向
			公称厚度/mm				
			0.4~<0.8	0.8~<1.0	1.0~3.2		
软钢板	JAC270C	≥270	185~305	175~295	165~285	—	纵向
	JAC270D		135~225	125~215	115~205		
	JAC270E		130~205	120~195	110~185		
	JAC270F		120~185	110~175	100~165		
	JAC260G	≥260	110~185	100~175	90~165		
烘烤硬化型钢板	JAC270H	≥270	135~225	125~215	115~205	≥30	
	JAC340H	≥340	195~295	185~285	175~275		横向
通用型钢板	JAC340W	≥340	215~315	205~305	195~295	—	
	JAC390W	≥390	255~365	245~355	235~345		
	JAC440W	≥440	295~400	285~390	275~380		
高屈强比型钢板	JAC440R	≥440	365~470	355~460	345~450	—	
	JAC590R	≥590	440~590	430~580	420~570		
高深冲型钢板	JAC340P	≥340	175~265	165~255	155~245		
	JAC390P	≥390	215~315	205~305	195~295		
	JAC440P	≥440	255~365	245~355	235~345		

注：试样为 JIS Z2201《金属材料拉伸试样》的5号试样，其标距尺寸为50mm×25mm。

表17 冷轧原板的力学性能

牌号		断后伸长率 A_{50mm}/%						平均塑性应变比	
		公称厚度/mm							
		0.4~<0.6	0.6~<0.8	0.8~<1.0	1.0~<1.2	1.2~<1.6	1.6~3.2	0.5~1.0	>1.0~1.6
软钢板	JAC270C	34~44	35~45	36~46	37~47	38~48	≥39	—	—
	JAC270D	39~49	40~50	41~51	42~53	43~53	≥44	≥1.2	≥1.1
	JAC270E	41~51	42~52	43~53	44~54	45~55	≥46	≥1.4	≥1.3
	JAC270F	43~53	44~54	45~55	46~56	47~57	≥48	≥1.5	≥1.4
	JAC260G	45~55	46~56	47~57	48~58	49~59	≥50	≥1.6	≥1.5
烘烤硬化型钢板	JAC270H	40~50	41~51	42~52	43~53	44~54	≥45	≥1.3	≥1.2
	JAC340H	33~43	34~44	35~45	36~46	37~47	≥38	≥1.1	≥1.0
通用型钢板	JAC340W	32~42	33~43	34~44	35~45	36~46	≥37	—	—
	JAC390W	28~39	29~40	30~41	31~42	32~43	≥33	—	—
	JAC440W	25~37	26~38	27~39	28~40	29~41	≥30	—	—

续表 17

牌　号		断后伸长率 A_{50mm}/%						平均塑性应变比	
		公称厚度/mm							
		0.4～<0.6	0.6～<0.8	0.8～<1.0	1.0～<1.2	1.2～<1.6	1.6～3.2	0.5～1.0	>1.0～1.6
高屈强比型钢板	JAC440R	22～34	23～35	24～36	25～37	26～38	≥27	—	—
	JAC590R	—	13～28	14～29	15～30	16～31	≥17	—	—
高深冲型钢板	JAC340P	34～44	35～45	36～46	37～47	38～48	≥39	≥1.3	≥1.2
	JAC390P	30～41	31～42	32～43	33～44	34～45	≥35	≥1.3	≥1.2
	JAC440P	26～37	27～38	28～39	29～40	30～41	≥31	≥1.2	≥1.1

注：1. 当需方未规定时，JAC270C 的拉伸试验可以省略。
2. 当需方未规定时，JAC270D、JAC270E、JAC270F、JAC260G、JAC270H、JAC340H 的塑性应变比试验可以省略。
3. 试样为 JIS Z2201《金属材料拉伸试样》的 5 号试样，其标距尺寸为 50mm×25mm。试样方向见表 16。

5　时效特性（见表 18）

表 18　时效性

牌　号		时效特性
软钢板	JAC270C	—
	JAC270D	延迟时效
	JAC270E	非时效
	JAC270F	非时效
	JAC260G	非时效
烘烤硬化型钢板	JAC270H	延迟时效
	JAC340H	延迟时效
通用型钢板	JAC340W	—
	JAC390W	
	JAC440W	
高屈强比型钢板	JAC440R	—
	JAC590R	
高深冲型钢板	JAC340P	非时效
	JAC390P	非时效
	JAC440P	非时效

注：1. 时效的时间起点是制造日期。
2. 不规定时效特性的钢板和钢带，制造后，即使在常温下保管，因为时效，力学性能随时间变化并有滑移线产生，希望制造后尽早使用。
3. 非时效即钢板及钢带制造后 12 个月内，同时满足抗拉强度、屈服点或屈服强度、伸长率及平均塑性应变比的要求，不产生滑移线。
4. 延迟时效，即钢板及钢带制造后，在常温下保管至少 3 个月，不产生滑移线。

6　等级、适用面、代号

外观的等级有“普通”和“严格”两种，适用面和代号见表 19。钢板原则上适用于上面，钢带原则上适用于外面。

表 19　钢板的外观

<table>
<tr><th rowspan="2">外观等级</th><th rowspan="2">代号</th><th colspan="2">适用面</th><th rowspan="2">适用范围</th></tr>
<tr><th>钢板</th><th>钢带</th></tr>
<tr><td>普通</td><td>1</td><td>上面</td><td>外面</td><td>适用于在划分“严格”的钢板用途以外的钢板和钢带</td></tr>
<tr><td rowspan="3">严格</td><td>2</td><td>上面</td><td>外面</td><td rowspan="3">适用于在涂漆后或安装后的表面，质量功能要求严格，不允许有细小的凹凸缺陷</td></tr>
<tr><td>3</td><td>下面</td><td>内面</td></tr>
<tr><td>4</td><td>两面</td><td>两面</td></tr>
</table>

7　表面结构（见表 20）

表 20　表面结构

<table>
<tr><th>表面加工的等级</th><th>表面加工的代号</th><th>表面粗糙度/μm</th></tr>
<tr><td rowspan="2">钝化加工</td><td>D</td><td>R_a：0.5~2.0（参考值）</td></tr>
<tr><td>C</td><td>R_a：0.5~1.5</td></tr>
</table>

第五节　德国标准

SEW 087—1981 耐候结构钢的供货、加工和使用说明（概要）

1　范围

该标准适用于厚度大于等于 3mm 的耐大气腐蚀用钢板、型钢和钢棒等。

2　尺寸、外形及允许偏差

钢板的尺寸及允许偏差见 EN 10029《厚度大于等于 3mm 热轧钢板—形状及尺寸公差》，钢带及由钢带剪切的钢板的尺寸、外形及允许偏差见 EN 10051《非合金钢和合金钢无涂层连续热轧板材、薄板和带钢尺寸和外形偏差》。

3　牌号和化学成分（见表 1）

表 1　牌号及化学成分

牌　号	化学成分（熔炼分析）/%								
	C	Si	Mn	P	S	N	Cr	Cu	V
WTSt37-2	≤0.13	0.10～0.40	0.20～0.50	≤0.050	≤0.035	≤0.009	0.50～0.80	0.30～0.50	—
WTSt37-3	≤0.13		0.20～0.50	≤0.045	≤0.035				—
WTSt52-3	≤0.15		0.90～1.30	≤0.045	≤0.035				0.02～0.10

注：N 允许超过表中值，N 每增加 0.001%，P 应比表列值低 0.005%，但 N 最大不得超过 0.012%。

4　交货状态

对于牌号 WTSt37-2、WTSt37-3，当钢板厚度不大于 4.75mm 和大于 25mm 时，以正火状态交货，其他规格以热轧或热处理状态交货；牌号 WTSt52-3 以正火状态交货。

5　力学性能及工艺性能

5.1　各牌号钢板的屈服强度及抗拉强度见表 2。

表 2　屈服强度及抗拉强度

牌　号	下列厚度（mm）的屈服强度 R_{eH}/MPa					抗拉强度 R_m/MPa
	≤16	>16～40	>40～63	>63～80	>80～100	
WTSt37-2	≥235	≥225	≥215	≥215	≥215	340～470
WTSt37-3	≥235	≥225	≥215	≥215	≥215	340～470
WTSt52-3	≥355	≥345	≥335	≥325	≥315	490～630

5.2　各牌号钢板的断后伸长率、弯曲性能及冲击吸收能量见表 3。

表3　断后伸长率、弯曲性能及冲击吸收能量

牌　号	下列厚度（mm）的断后伸长率 A_{80mm}/%			下列厚度（mm）的180°弯曲压头直径		冲击温度/℃	下列厚度（mm）吸收能量/J	
	3~40	>40~63	>63~100	3~63	>63~100		>10~63	>63~100
WTSt37-2	≥24	≥23	≥22	2*a*	2.5*a*	20	≥27	—
WTSt37-3	≥24	≥23	≥22	1.5*a*	2*a*	0	≥27	≥23
						-20		
WTSt52-3	≥20	≥19	≥18	3a	3.5a	0	≥27	≥23
						-20		

注：1. 拉伸、弯曲试样取横向。冲击试样取纵向。

2. 若厚度小于10mm不能切取标准尺寸的试样时，可切取小尺寸试样，指标值按截面积相应降低。若小尺寸试样也不能切取，则质量等级为3的钢必须含足够固氮元素以证明其冲击性能。

SEW 092—1982 冷成型用热轧细晶粒钢质量规范（概要）

1　范围

该标准适用于由细晶粒钢制造的厚度小于16mm的钢板和钢带。用于汽车等冷成型结构。

2　尺寸、外形及允许偏差

钢板的尺寸、外形及允许偏差见EN 10029《厚度大于等于3mm热轧钢板—形状及尺寸公差》，钢带及由钢带剪切的钢板的尺寸及允许偏差见EN 10051《非合金钢和合金钢无涂层连续热轧板材、薄板和带钢—尺寸和外形偏差》。

3　牌号及化学成分（见表1）

表1　牌号及化学成分

牌　号	化学成分（熔炼分析）/%							
	C	Si	Mn	P	S	Al	Nb	Ti
QStE260N	≤0.16	≤0.50	≤1.20	≤0.030	≤0.030	≥0.015	≤0.09	≤0.22
QStE340TM	≤0.12		≤1.30					
QStE340N	≤0.16		≤1.50					
QStE380TM	≤0.12		≤1.40					
QStE380N	≤0.18		≤1.60					
QStE420TM	≤0.12		≤1.50					
QStE420N	≤0.20		≤1.60					
QStE460TM	≤0.12		≤1.60					
QStE460N	≤0.21		≤1.70					
QStE500TM	≤0.12		≤1.70					
QStE500N	≤0.22		≤1.70					
QStE550TM	≤0.12		≤1.80					

注：1. 一般都含有Nb和/或Ti，此外还可以加V，但$w(Nb+Ti+V)\leqslant 0.22\%$。

2. TM—热机械轧制，N—正火或正火轧制。

4　交货状态

钢板和钢带以热机械轧制、正火或正火轧制状态交货。

5　力学性能及工艺性能（见表2、表3）

表2　力学性能

牌　号	屈服强度/MPa	抗拉强度 R_m/MPa	下列标距的断后伸长率/%，不小于			
			厚度<3mm		厚度3～6mm	厚度≥3mm
			A_{80mm}	A_{50mm}	A_{50mm}	A
QStE260N	≥260	370～490	24	26	28	30
QStE340TM	≥340	420～540	19	21	23	25

续表 2

牌　号	屈服强度 /MPa	抗拉强度 R_m /MPa	下列标距的断后伸长率/%，不小于			
			厚度 <3mm		厚度 3 ~ 6mm	厚度≥3mm
			A_{80mm}	A_{50mm}	A_{50mm}	A
QStE340N	≥340	460 ~ 580	21	23	25	27
QStE380TM	≥380	450 ~ 590	18	20	21	23
QStE380N	≥380	500 ~ 640	19	21	23	25
QStE420TM	≥420	480 ~ 620	16	18	20	21
QStE420N	≥420	530 ~ 670	18	20	21	23
QStE460TM	≥460	520 ~ 670	14	15	18	19
QStE460N	≥460	550 ~ 700	16	18	20	21
QStE500TM	≥500	550 ~ 700	12	13	16	17
QStE500N	≥500	580 ~ 730	14	15	18	19
QStE550TM	≥550	600 ~ 760	10	11	14	15

表 3　工艺性能

牌　号	180°弯曲试验弯曲压头直径
QStE260N	0
QStE340TM	0.5a
QStE340N	0.5a
QStE380TM	0.5a
QStE380N	0.5a
QStE420TM	0.5a
QStE420N	0.5a
QStE460TM	1a
QStE460N	1a
QStE500TM	1a
QStE500N	1a
QStE550TM	1.5a

注：拉伸、弯曲试样取横向。

SEW 093—1987 冷成型用较高屈服强度微合金钢冷轧钢板和钢带供货技术条件（概要）

1　范围

该标准适用于添加微合金元素的最小屈服强度在 260～420MPa 的，厚度小于 3mm 的冷轧钢板和钢带。

2　尺寸、外形及允许偏差

钢板及钢带的尺寸、外形及允许偏差见 DIN 1541《钢板产品　非合金冷轧宽钢带和薄板的尺寸和尺寸、形状的允许偏差》。

3　牌号及化学成分（见表1、表2）

表1　牌号及化学成分

牌　号	化学成分(熔炼分析)/%							
	C	Si	Mn	P	S	Al	Nb	Ti
ZStE260	≤0.10	≤0.50	≤0.60	≤0.030	≤0.030	≥0.015	≤0.09	≤0.22
ZStE300			≤0.80					
ZStE340			≤1.00					
ZStE380			≤1.20					
ZStE420			≤1.40					

注：通常加入 Nb 和/或 Ti，V 也可加入，$w(Nb+Ti+V)\leq 0.22\%$。

表2　成品分析与熔炼分析的允许偏差

元　素	表1中熔炼分析极限值含量/%	成品分析与熔炼分析的允许偏差/%
C	≤0.10	0.02
Si	≤0.50	0.05
Mn	≤1.00	0.06
	>1.00～1.40	0.10
P	≤0.030	0.005
S	≤0.030	0.005
Nb	≤0.09	0.02
Ti	≤0.22	0.02

4　交货状态

钢板及钢带以冷轧后再结晶退火加平整状态供货。

5　力学性能及工艺性能（见表3）

表3　力学性能及工艺性能

牌　号	屈服强度 $R_{p0.2}$或R_{eL}/MPa	抗拉强度 R_m/MPa	断后伸长率 A_{80mm}/%	180°弯曲压头直径
ZStE260	260～340	350～450	≥24	0
ZStE300	300～380	380～480	≥22	0
ZStE340	340～440	410～530	≥20	0
ZStE380	380～500	460～600	≥18	0.5a
ZStE420	420～540	480～620	≥16	0.5a

注：1. 试验取横向试样。
2. 试样弯曲后外表面无裂纹。

6　表面状态（见表4）

表4　表面状态

名　称	代　号	特　征
普通冷轧表面	O3	允许有不影响变形和表面镀层的缺陷
优质表面	O5	如O3，但其较好的一面必须无影响电镀和优质涂漆均匀外观的缺陷

注：1. 表面级别为O5的产品，通常允许一面为O3，但要保证在以后加工时，O3表面特征不会影响O5表面的质量。
2. 订货时应明确表面级别，若未说明，则以O3供货。

7　表面结构（见表5）

表5　表面结构

名　称	代　号	特　征
特别光滑	b	表面必须有均匀光滑（光亮）的外观，平均粗糙度值$R_a \leqslant 0.4\mu m$
光　滑	g	表面必须有均匀光滑的外观，平均粗糙度值$R_a \leqslant 0.9\mu m$
无光泽	m	表面必须有均匀灰暗的外观，平均粗糙度值$0.6\mu m < R_a \leqslant 1.9\mu m$
粗　糙	r	表面有大的粗糙度，平均粗糙度值$R_a > 1.6\mu m$

注：1. O3表面的产品可供无光泽或粗糙的表面结构，O5表面的产品可供特别光滑、光滑、无光泽、粗糙的表面结构。
2. 订货时应明确表面结构级别，若未说明时按无光泽供货。

SEW 094—1987 冷成型用高屈服强度含磷钢和烘烤硬化钢冷轧钢板和钢带供货技术条件（概要）

1　范围

该标准适用于最小屈服强度在 180～300MPa 的，厚度小于 3mm 的含磷钢和烘烤硬化钢冷轧钢板和钢带。

2　尺寸、外形及允许偏差

钢板及钢带的尺寸、外形及允许偏差见 DIN 1541《钢板产品　非合金冷轧宽钢带和薄板的尺寸和尺寸、形状的允许偏差》。

3　牌号和化学成分（见表 1、表 2）

表 1　牌号和化学成分

牌　号	化学成分（熔炼分析）/%					
	C	Si	Mn	P	S	Al
ZStE220P	≤0.06	≤0.50	≤0.70	≤0.08	≤0.030	≥0.020
ZStE260P	≤0.08			≤0.10		
ZStE300P	≤0.10			≤0.12		
ZStE180BH	≤0.04			≤0.06		
ZStE220BH	≤0.06			≤0.08		
ZStE260BH	≤0.08			≤0.10		
ZStE300BH	≤0.10			≤0.12		

注：w(C + P) ≤0.16%。

表 2　成品分析与熔炼分析的允许偏差

元　素	表 1 中熔炼分析极限值含量/%	成品分析与熔炼分析的允许偏差/%
C	≤0.10	≤0.02
Si	≤0.50	≤0.05
Mn	≤0.70	≤0.06
P	0.060～0.12	≤0.01
S	≤0.030	≤0.005

4　交货状态

钢板及钢带以冷轧后再结晶退火加平整状态供货。

5　力学性能及工艺性能（见表3）

表3　力学性能及工艺性能

牌　号	屈服强度 $R_{p0.2}$ 或 R_{eL} /MPa	烘烤硬化值 BH /MPa	抗拉强度 R_m /MPa	断后伸长率 A_{80mm} /%	180°弯曲试验弯曲压头直径
ZStE220P	220 ~ 280	—	340 ~ 420	≥30	0
ZStE260P	260 ~ 320	—	380 ~ 460	≥28	0
ZStE300P	300 ~ 360	—	420 ~ 500	≥26	0
ZStE180BH	180 ~ 240	≥40	300 ~ 380	≥32	0
ZStE220BH	220 ~ 280	≥40	320 ~ 400	≥30	0
ZStE260BH	260 ~ 320	≥40	360 ~ 440	≥28	0
ZStE300BH	300 ~ 360	≥40	400 ~ 480	≥26	0

注：1. 试验取横向试样。

2. 试样弯曲后外表面无裂纹。

SEW 095—1987 冷成型用微合金软钢冷轧钢板和钢带（概要）

1　范围

该标准适用于变形要求很高的无涂层厚度不大于3mm微合金软钢制的冷轧钢板产品。

2　尺寸、外形及允许偏差

钢板和钢带的尺寸、外形及允许偏差见EN 10131《冷成型用无涂层低碳钢及高屈服强度钢冷轧钢板的尺寸和形状偏差》。

3　牌号和化学成分（见表1）

表1　牌号和化学成分

牌　号	化学成分（熔炼分析）/%	
	C	Ti
IF18	≤0.020	≤0.30

4　交货状态

钢板及钢带以冷轧后再结晶退火及平整状态供货。

5　力学性能（见表2）

c表2　力学性能

牌　号	屈服强度 $R_{p0.2}$ 或 R_{eL}/MPa	抗拉强度 R_m/MPa	A_{80mm}/%	r_{90}	n_{90}
IF18	≤160	270~350	≥38	≥1.80	≥0.22

注：1. 采用横向试样。

2. 表中值适用于退火状态。当产品经过平整改善表面时，屈服强度可提高40MPa，断后伸长率可降低4%，n值可降低0.03。

3. 保证力学性能和生产指定零件的能力期限，经商定可为六个月。

6　表面状态（见表3）

表3　表面状态

名　称	代　号	特　　征
普通冷轧表面	03	允许有不影响变形和表面镀层的缺陷
优质表面	05	如03，但其较好的一面必须无影响电镀和优质涂漆均匀外观的缺陷

注：1. 表面级别为05的产品，通常允许一面为03，但要保证在以后加工时，03表面特征不会影响05表面的质量。

2. 订货时应明确表面级别，若未说明，则以03供货。

7　表面结构（见表4）

表4　表面结构

名　称	代　号	特　征
特别光滑	b	表面必须有均匀光滑（光亮）的外观，平均粗糙度值 $R_a \leq 0.4\mu m$
光滑	g	表面必须有均匀光滑的外观，平均粗糙度值 $R_a \leq 0.9\mu m$
无光泽	m	表面必须有均匀灰暗的外观，平均粗糙度值 $R_a > 0.6 \sim 1.9\mu m$
粗糙	r	表面有大的粗糙度，平均粗糙度值 $R_a > 1.6\mu m$

注：1. O3 表面的产品可供无光泽或粗糙的表面结构，O5 表面的产品可供特别光滑、光滑、无光泽、粗糙的表面结构。

2. 订货时应明确表面结构级别，若未说明时按无光泽供货。

第六节 国际标准

ISO 13887：2004 改善成型性高屈服强度冷轧薄钢板（概要）

1 范围

该标准适用于具有改进成型性和强度的冷轧薄板，用于对钢板表面有重要要求的情况。

该标准不适用于商业等级钢或深冲级钢（ISO 3547）、结构级薄钢板（ISO 4997）或改善成型性高抗拉强度、低屈服点的冷轧薄钢板（ISO 14590）。

2 尺寸、外形及允许偏差

2.1 钢板及钢带厚度允许偏差分两个等级，分别见表1、表2。

表1 普通精度的厚度偏差

公称厚度/mm	普通精度的厚度偏差/mm		
	公称宽度/mm		
	600～1200	>1200～1500	>1500～1800
≤0.4	±0.04	±0.05	—
>0.4～0.6	±0.05	±0.06	±0.08
>0.6～0.8	±0.07	±0.08	±0.09
>0.8～1.0	±0.08	±0.09	±0.10
>1.0～1.2	±0.09	±0.10	±0.12
>1.2～1.6	±0.11	±0.12	±0.14
>1.6～2.0	±0.13	±0.14	±0.16
>2.0～2.5	±0.15	±0.16	±0.18
>2.5～3.0	±0.18	±0.19	±0.21
>3.0～4.0	±0.20	±0.21	±0.23

表2 限定精度的厚度偏差

公称厚度/mm	限定精度的厚度偏差/mm		
	规定宽度/mm		
	600～1200	>1200～1500	>1500～1800
≤0.4	±0.025	±0.035	—
>0.4～0.6	±0.035	±0.045	±0.05
>0.6～0.8	±0.04	±0.05	±0.06
>0.8～1.0	±0.045	±0.06	±0.06
>1.0～1.2	±0.055	±0.07	±0.07

续表2

公称厚度/mm	限定精度的厚度偏差/mm		
	规定宽度/mm		
	600～1200	>1200～1500	>1500～1800
>1.2～1.6	±0.07	±0.08	±0.08
>1.6～2.0	±0.08	±0.09	±0.09
>2.0～2.5	±0.10	±0.11	±0.11
>2.5～3.0	±0.11	±0.12	±0.12
>3.0～4.0	±0.12	±0.13	±0.13

注：1. 焊缝附近15m处的厚度偏差为正常部位的2倍。
2. 厚度应在距轧制边钢带边部不小于25mm的任意点测量。
3. 如果规定强度 R_{eL}≥350MPa，其厚度偏差应为表中值再提高10%，采取四舍五入原则。

2.2　钢板及钢带的宽度允许偏差见表3。

表3　宽度允许偏差

公称宽度/mm	允许偏差/mm
≤1200	+3 0
>1200～1500	+5 0
>1500	+6 0

注：对于厚度超过4mm的薄板，协商确定偏差。

2.3　钢板的长度允许偏差见表4。

表4　长度允许偏差

公称长度/mm	允许偏差/mm
≤2000	+10 0
>2000～8000	+0.5%×长度 0
>8000	+40 0

注：对于要求加工方正度的材料，协商确定更强限制性的偏差。

2.4　钢板的镰刀弯见表5。

表5　镰刀弯

类　型	镰刀弯/mm
板　卷	每5000长20
定尺板	0.4%×长度

注：对于要求加工方正度的材料，协商确定更强限制性的偏差。

2.5　钢板的切斜分为两个等级，分别见表6、表7。

表6　切斜（不要求加工方正度）

类　型	切斜/mm
所有厚度和所有尺寸	1%×宽度

表7　切斜（要求加工方正度）

公称长度/mm	公称宽度/mm	切斜/mm
≤3000	≤1200	+2 0
	>1200	+3 0
>3000	所有宽度	+3 0

注：当测量材料的切斜时，应考虑到温度的极端变化。

2.6　钢板的不平度见表8。

表8　钢板的不平度

公称厚度/mm	公称宽度/mm	不平度/mm
≤0.7	≤1200	≤23
	>1200~1500	≤27
	>1500	≤33
>0.7~1.2	≤1200	≤18
	>1200~1500	≤23
	>1500	≤29
>1.2	≤1200	≤15
	>1200~1500	≤19
	>1500	≤26

注：1. 不适用于全硬质钢板（550Y）。

2. 当按照达成一致的不平度测量方法完成测量时，此表适用于需方将板卷切成定尺的钢板。如果规定强度 R_{eL}≥360MPa，表中值应提高25%，采取四舍五入原则。

3　牌号和化学成分（见表9、表10、表11）

表9　牌号和化学成分

牌　号	化学成分(熔炼分析)/%			
	C	Mn	S	Si
260Y	≤0.08	≤0.60	≤0.025	≤0.50
300Y'	≤0.10	≤0.90	≤0.025	≤0.50
340Y	≤0.11	≤1.20	≤0.025	≤0.50
380Y	≤0.11	≤1.20	≤0.025	≤0.50

续表 9

牌　号	化学成分(熔炼分析)/%			
	C	Mn	S	Si
420Y	≤0.11	≤1.40	≤0.025	≤0.50
490Y	≤0.16	≤1.65	≤0.025	≤0.60
550Y	≤0.16	≤1.65	≤0.025	≤0.60

注：可含有一种或多种微合金元素（例如 Nb、Ti 和 V），当总量小于 0.22% 时，P 的最大含量为 0.30%。

表 10　残余元素成分

元　素	残余元素成分/%			
	Cu	Ni	Cr	Mo
熔炼分析	≤0.20	≤0.20	≤0.15	≤0.06
成品分析	≤0.23	≤0.23	≤0.19	≤0.07

注：1. 表中列出的每种元素都将包括在熔炼分析报告中。当 Cu、Ni、Cr、Mo 小于 0.02% 时，可按“<0.02%”报告该分析结果。

2. 在熔炼分析中，$w(Cu+Ni+Cr+Mo) \leqslant 0.50\%$。当规定一种或多种这些元素时，总和的规定不适用。在这种情况下，在剩余的元素中只采用单独的限制范围。

3. 在熔炼分析中，$w(Cr+Mo) \leqslant 0.16\%$。当规定一种或多种这些元素时，总和的规定不适用。在这种情况下，在剩余的元素中只采用单独的限制范围。

表 11　成品分析偏差

元　素	成品分析偏差	
	规定元素的最大值/%	允许偏差/%
C	≤0.15	≤0.03
	>0.15～0.40	≤0.04
Mn	>0.60～1.15	≤0.04
	>1.15～1.70	≤0.05
S	≤0.06	≤0.10
Si	>0.30～0.60	≤0.05

4　交货状态

钢板及钢带以冷轧后再结晶退火及平整状态供货。

5　力学性能（见表 12）

表 12　力学性能

钢　级	屈服强度 R_{eL}/MPa	抗拉强度 R_m/MPa	断后伸长率/%	
			标距长度 $L_0=50$mm	标距长度 $L_0=80$mm
260Y	≥260	≥350	≥28	≥26
300Y	≥300	≥380	≥26	≥24
340Y	≥340	≥410	≥24	≥22
380Y	≥380	≥450	≥22	≥20
420Y	≥420	≥490	≥20	≥18
490Y	≥490	≥550	≥16	≥14
550Y	≥550	≥620	≥12	≥10

注：1. 长期保存会影响力学影响（硬度提高和降低断后伸长率），对成型性有不利影响。

2. 横向试样取自轧态钢板中心和边部之间的位置。

第六章　涂镀板

第六章　涂 镀 板

第一节　中国标准

GB/T 2518—2008 连续热镀锌钢板及钢带（概要）

1　范围

该标准适用于厚度为0.30～5.0mm的钢板及钢带，主要用于制作汽车、建筑、家电等行业对成型性和耐腐蚀性有要求的内外覆盖件和结构件。

2　尺寸、外形及允许偏差

2.1　厚度允许偏差（见表1～表4）

表1　规定最小屈服强度小于260MPa产品的厚度允许偏差　（mm）

公称厚度	普通精度 PT. A			高级精度 PT. B		
	≤1200	>1200～1500	>1500	≤1200	>1200～1500	>1500
0.20～0.40	±0.04	±0.05	±0.06	±0.030	±0.035	±0.040
>0.40～0.60	±0.04	±0.05	±0.06	±0.035	±0.040	±0.045
>0.60～0.80	±0.05	±0.06	±0.07	±0.040	±0.045	±0.050
>0.80～1.00	±0.06	±0.07	±0.08	±0.045	±0.050	±0.060
>1.00～1.20	±0.07	±0.08	±0.09	±0.050	±0.060	±0.070
>1.20～1.60	±0.10	±0.11	±0.12	±0.060	±0.070	±0.080
>1.60～2.00	±0.12	±0.13	±0.14	±0.070	±0.080	±0.090
>2.00～2.50	±0.14	±0.15	±0.16	±0.090	±0.100	±0.110
>2.50～3.00	±0.17	±0.17	±0.18	±0.110	±0.120	±0.130
>3.00～5.00	±0.20	±0.20	±0.21	±0.15	±0.16	±0.17
>5.00～6.50	±0.22	±0.22	±0.23	±0.17	±0.18	±0.19

注：钢带焊缝附近10m范围的厚度允许偏差可超过规定值的50%，对双面镀层重量之和大于等于450g/m^{2}的产品，其厚度允许偏差应增加±0.01mm。

表2　规定最小屈服强度为260～360(不含)MPa产品及DX51D+Z、DX51D+ZF、S550GD+Z、S550GD+ZF牌号的厚度允许偏差　（mm）

公称厚度	普通精度 PT. A			高级精度 PT. B		
	≤1200	>1200～1500	>1500	≤1200	>1200～1500	>1500
0.20～0.40	±0.05	±0.06	±0.07	±0.035	±0.040	±0.045
>0.40～0.60	±0.05	±0.06	±0.07	±0.040	±0.045	±0.050

续表2

公称厚度	普通精度 PT. A			高级精度 PT. B		
	≤1200	>1200~1500	>1500	≤1200	>1200~1500	>1500
>0.60~0.80	±0.06	±0.07	±0.08	±0.045	±0.050	±0.060
>0.80~1.00	±0.07	±0.08	±0.09	±0.050	±0.060	±0.070
>1.00~1.20	±0.08	±0.09	±0.11	±0.060	±0.070	±0.080
>1.20~1.60	±0.11	±0.13	±0.14	±0.070	±0.080	±0.090
>1.60~2.00	±0.14	±0.15	±0.16	±0.080	±0.090	±0.110
>2.00~2.50	±0.16	±0.17	±0.18	±0.110	±0.120	±0.130
>2.50~3.00	±0.19	±0.20	±0.20	±0.130	±0.140	±0.150
>3.00~5.00	±0.22	±0.24	±0.25	±0.17	±0.18	±0.19
>5.00~6.50	±0.24	±0.25	±0.26	±0.19	±0.20	±0.21

注：钢带焊缝附近10m范围的厚度允许偏差可超过规定值的50%，对双面镀层重量之和大于等于450g/m² 的产品，其厚度允许偏差应增加±0.01mm。

表3 规定最小屈服强度360~420MPa产品的厚度允许偏差 (mm)

公称厚度	普通精度 PT. A			高级精度 PT. B		
	≤1200	>1200~1500	>1500	≤1200	>1200~1500	>1500
0.20~0.40	±0.05	±0.06	±0.07	±0.040	±0.045	±0.050
>0.40~0.60	±0.06	±0.07	±0.08	±0.045	±0.050	±0.060
>0.60~0.80	±0.07	±0.08	±0.09	±0.050	±0.060	±0.070
>0.80~1.00	±0.08	±0.09	±0.11	±0.060	±0.070	±0.080
>1.00~1.20	±0.10	±0.11	±0.12	±0.070	±0.080	±0.090
>1.20~1.60	±0.13	±0.14	±0.16	±0.080	±0.090	±0.110
>1.60~2.00	±0.16	±0.17	±0.19	±0.090	±0.110	±0.120
>2.00~2.50	±0.18	±0.20	±0.21	±0.120	±0.130	±0.140
>2.50~3.00	±0.22	±0.22	±0.23	±0.140	±0.150	±0.160
>3.00~5.00	±0.22	±0.24	±0.25	±0.17	±0.18	±0.19
>5.00~6.50	±0.24	±0.25	±0.26	±0.19	±0.20	±0.21

注：钢带焊缝附近10m范围的厚度允许偏差可超过规定值的50%，对双面镀层重量之和大于等于450g/m² 的产品，其厚度允许偏差应增加±0.01mm。

表4 规定最小屈服强度为420(不含)~900MPa产品的厚度允许偏差 (mm)

公称厚度	普通精度 PT. A			高级精度 PT. B		
	≤1200	>1200~1500	>1500	≤1200	>1200~1500	>1500
0.20~0.40	±0.06	±0.07	±0.08	±0.045	±0.050	±0.060
>0.40~0.60	±0.06	±0.08	±0.09	±0.050	±0.060	±0.070
>0.60~0.80	±0.07	±0.09	±0.11	±0.060	±0.070	±0.080
>0.80~1.00	±0.09	±0.11	±0.12	±0.070	±0.080	±0.090

续表 4

公称厚度	普通精度 PT. A			高级精度 PT. B		
	≤1200	>1200 ~ 1500	>1500	≤1200	>1200 ~ 1500	>1500
>1.00 ~ 1.20	±0.11	±0.13	±0.14	±0.080	±0.090	±0.110
>1.20 ~ 1.60	±0.15	±0.16	±0.18	±0.090	±0.110	±0.120
>1.60 ~ 2.00	±0.18	±0.19	±0.21	±0.110	±0.120	±0.140
>2.00 ~ 2.50	±0.21	±0.22	±0.24	±0.140	±0.150	±0.170
>2.50 ~ 3.00	±0.24	±0.25	±0.26	±0.170	±0.180	±0.190
>3.00 ~ 5.00	±0.26	±0.27	±0.28	±0.23	±0.24	±0.26
>5.00 ~ 6.50	±0.28	±0.29	±0.30	±0.25	±0.26	±0.28

注：钢带焊缝附近 10m 范围的厚度允许偏差可超过规定值的 50%，对双面镀层重量之和大于等于 450g/m² 的产品，其厚度允许偏差应增加 ±0.01mm。

2.2　宽度允许偏差（见表 5、表 6）

表 5　宽度大于等于 60mm 钢带的宽度允许偏差　（mm）

公 称 宽 度	宽度允许偏差	
	普通精度 PW. A	高级精度 PW. B
600 ~ 1200	+5 0	+2 0
>1200 ~ 1500	+6 0	+2 0
>1500 ~ 1800	+7 0	+3 0
>1800	+8 0	+3 0

表 6　宽度小于 600mm 的纵切钢带的宽度允许偏差　（mm）

精　度	公称厚度	以下公称宽度的宽度允许偏差			
		<125	125 ~ <250	250 ~ <400	400 ~ <600
普通精度 PW. A	<0.6	+0.4 0	+0.5 0	+0.7 0	+1.0 0
	0.6 ~ <1.0	+0.5 0	+0.6 0	+0.9 0	+1.2 0
	1.0 ~ <2.0	+0.6 0	+0.8 0	+1.1 0	+1.4 0
	2.0 ~ <3.0	+0.7 0	+1.0 0	+1.3 0	+1.6 0
	3.0 ~ <5.0	+0.8 0	+1.1 0	+1.4 0	+1.7 0
	5.0 ~ <5.0	+0.9 0	+1.2 0	+1.5 0	+1.8 0

续表6

精度	公称厚度	以下公称宽度的宽度允许偏差			
		<125	125 ~ <250	250 ~ <400	400 ~ <600
高级精度 PW. B	<0.6	+0.2 0	+0.2 0	+0.3 0	+0.5 0
	0.6 ~ <1.0	+0.2 0	+0.3 0	+0.4 0	+0.6 0
	1.0 ~ <2.0	+0.3 0	+0.4 0	+0.5 0	+0.7 0
	2.0 ~ <3.0	+0.4 0	+0.5 0	+0.6 0	+0.8 0
	3.0 ~ <5.0	+0.5 0	+0.6 0	+0.7 0	+0.9 0
	5.0 ~ <6.5	+0.6 0	+0.7 0	+0.8 0	+1.0 0

2.3 钢板的长度允许偏差（见表7）

表7 钢板的长度允许偏差 （mm）

公称长度	长度允许偏差	
	普通精度 PL. A	高级精度 PL. B
<2000	+6 0	+3 0
≥2000	+0.3%×钢板长度 0	+0.15%×钢板长度 0

2.4 钢板的不平度

规定最小屈服强度小于260MPa钢板的不平度最大允许偏差见表8。

规定最小屈服强度为260～360（不含）MPa钢板及牌号DX51D+Z、DX51D+ZF、S550GD+Z、S550GD+ZF钢板的不平度最大允许偏差见表9。

规定最小屈服强度大于等于360MPa钢板的不平度最大允许偏差可在订货时协商。

表8 规定最小屈服强度小于260MPa钢板的不平度最大允许偏差 （mm）

公称宽度	以下公称厚度时的不平度，不大于							
	普通精度 PF. A				高级精度 PF. B			
	<0.70	0.70 ~ <1.6	1.6 ~ <3.0	3.0 ~ <6.5	<0.70	0.70 ~ <1.6	1.6 ~ <3.0	3.0 ~ <6.5
<1200	10	8	8	15	5	4	3	8
1200 ~ <1500	12	10	10	18	6	5	4	9
≥1500	17	15	15	23	8	7	6	12

表9　规定最小屈服强度为260～360(不含)MPa钢板及牌号DX51D+Z、DX51D+ZF、S550GD+Z、S550GD+ZF钢板的不平度　(mm)

公称宽度	以下公称厚度时的不平度，不大于							
	普通精度PF. A				高级精度PF. B			
	<0.70	0.70～<1.6	1.6～<3.0	3.0～<6.5	<0.70	0.70～<1.6	1.6～<3.0	3.0～<6.5
<1200	13	10	10	18	8	6	5	9
1200～<1500	15	13	13	25	9	8	6	12
≥1500	20	19	19	28	12	10	9	14

2.5　脱方度

脱方度应不大于钢板实际宽度的1%。

2.6　镰刀弯

切边状态交货的钢板及钢带的镰刀弯，在任意2000mm长度上应小于等于5mm；当钢板的长度小于2000mm时，其镰刀弯应不大于钢板实际长度的0.25%。

对于纵切钢带，当规定的屈服强度小于等于260MPa时，可规定其镰刀弯在任意2000mm长度上小于等于2mm。

3　牌号及化学成分

钢的化学成分参考值见表10～表13。

HX系列牌号可以单独或复合添加Ti和Nb，也可添加V和B，但是这些合金元素的总含量不大于0.22%。

表10　冲压系列钢的牌号和化学成分

牌　号	化学成分(熔炼分析)/%，不大于					
	C	Si	Mn	P	S	Ti
DX51D+Z，DX51D+ZF	0.12	0.50	0.60	0.10	0.045	0.30
DX52D+Z，DX52D+ZF						
DX53D+Z，DX53D+ZF						
DX54D+Z，DX54D+ZF						
DX56D+Z，DX56D+ZF						
DX57D+Z，DX57D+ZF						

表11　结构级钢的牌号和化学成分

牌　号	化学成分(熔炼分析)/%，不大于				
	C	Si	Mn	P	S
S220GDD+Z，S220GD+ZF	0.20	0.60	1.70	0.10	0.045
S250GDD+Z，S250GD+ZF					
S280GDD+Z，S280GD+ZF					
S320GDD+Z，S320GD+ZF					
S350GDD+Z，S350GD+ZF					
S550GDD+Z，S550GD+ZF					

表 12　无间隙原子钢、低合金钢、烘烤硬化钢的牌号和化学成分

牌　号	化学成分(熔炼分析)/%							
	C	Si	Mn	P	S	Alt	Ti	Nb
	不大于					不小于	不大于	
HX180YD+Z，HX180YD+ZF	0.01	0.10	0.70	0.06	0.025	0.02	0.12	—
HX220YD+Z，HX220YD+ZF	0.01	0.10	0.90	0.08	0.025	0.02	0.12	—
HX260YD+Z，HX260YD+ZF	0.01	0.10	1.60	0.10	0.025	0.02	0.12	—
HX180BD+Z，HX180BD+ZF	0.04	0.50	0.70	0.06	0.025	0.02	—	—
HX220BD+Z，HX220BD+ZF	0.06	0.50	0.70	0.08	0.025	0.02	—	—
HX260BD+Z，HX260BD+ZF	0.11	0.50	0.70	0.10	0.025	0.02	—	—
HX300BD+Z，HX300BD+ZF	0.11	0.50	0.70	0.12	0.025	0.02	—	—
HX260LAD+Z，HX260LAD+ZF	0.11	0.50	0.60	0.025	0.025	0.015	0.15	0.09
HX300LAD+Z，HX300LAD+ZF	0.11	0.50	1.00	0.025	0.025	0.015	0.15	0.09
HX340LAD+Z，HX340LAD+ZF	0.11	0.50	1.00	0.025	0.025	0.015	0.15	0.09
HX380LAD+Z，HX380LAD+ZF	0.11	0.50	1.40	0.025	0.025	0.015	0.15	0.09
HX420LAD+Z，HX420LAD+ZF	0.11	0.50	1.40	0.025	0.025	0.015	0.15	0.09

表 13　双相钢、TRIP 钢、复相钢的牌号和化学成分

<table>
<tr><th rowspan="2">牌　号</th><th colspan="10">化学成分(熔炼分析)/%，不大于</th></tr>
<tr><th>C</th><th>Si</th><th>Mn</th><th>P</th><th>S</th><th>Alt</th><th>Cr+Mo</th><th>Nb+Ti</th><th>V</th><th>B</th></tr>
<tr><td>HC260/450DPD+Z，HC260/450DPD+ZF</td><td rowspan="2">0.14</td><td rowspan="5">0.80</td><td rowspan="2">2.00</td><td rowspan="5">0.080</td><td rowspan="5">0.015</td><td rowspan="5">2.00</td><td rowspan="5">1.00</td><td rowspan="5">0.15</td><td rowspan="5">0.20</td><td rowspan="5">0.005</td></tr>
<tr><td>HC300/500DPD+Z，HC300/500DPD+ZF</td></tr>
<tr><td>HC340/600DPD+Z，HC340/600DPD+ZF</td><td>0.17</td><td>2.20</td></tr>
<tr><td>HC450/780DPD+Z，HC450/780DPD+ZF</td><td>0.18</td><td rowspan="2">2.50</td></tr>
<tr><td>HC600/980DPD+Z，HC600/980DPD+ZF</td><td>0.23</td></tr>
<tr><td>HC430/690TRD+Z，HC430/690TRD+ZF</td><td rowspan="2">0.32</td><td rowspan="2">2.20</td><td rowspan="2">2.50</td><td rowspan="2">0.120</td><td rowspan="2">0.015</td><td rowspan="2">2.00</td><td rowspan="2">0.60</td><td rowspan="2">0.20</td><td rowspan="2">0.20</td><td rowspan="2">0.005</td></tr>
<tr><td>HC470/780TRD+Z，HC470/780TRD+ZF</td></tr>
<tr><td>HC350/600CPD+Z，HC350/600CPD+ZF</td><td rowspan="2">0.18</td><td rowspan="3">0.80</td><td rowspan="3">2.20</td><td rowspan="3">0.080</td><td rowspan="3">0.015</td><td rowspan="3">2.00</td><td rowspan="2">1.00</td><td rowspan="3">0.15</td><td rowspan="2">0.20</td><td rowspan="3">0.005</td></tr>
<tr><td>HC500/780CPD+Z，HC500/780CPD+ZF</td></tr>
<tr><td>HC700/980CPD+Z，HC700/980CPD+ZF</td><td>0.23</td><td>1.20</td><td>0.22</td></tr>
</table>

4　交货状态

钢板及钢带经热镀或热镀加平整（或光整）后交货。

5　力学性能及工艺性能

5.1　钢板及钢带的力学性能应分别符合表 14 ~ 表 21 的规定。除非另行规定，拉伸试样为带镀层试样。

5.2　由于时效的影响，钢板及钢带的力学性能会随着储存时间的延长而改变，如屈服强度和抗拉强度的上升，断后伸长率的下降，成型性能变差等，建议用户尽早使用。

表 14　冲压系列钢的力学性能

牌　号	屈服强度 R_{eL} 或 $R_{p0.2}$ /MPa	抗拉强度 R_m /MPa	断后伸长率 A_{80mm} /%，不小于	r_{90}，不小于	n_{90}，不小于
DX51D + Z，DX51D + ZF	—	270 ~ 500	22	—	—
DX52D + Z，DX52D + ZF	140 ~ 300	270 ~ 420	26	—	—
DX53D + Z，DX53D + ZF	140 ~ 260	270 ~ 380	30	—	—
DX54D + Z	120 ~ 220	260 ~ 350	36	1.6	0.18
DX54D + ZF			34	1.4	0.16
DX56D + Z	120 ~ 180	260 ~ 350	39	1.9	0.21
DX56D + ZF			37	1.7	0.20
DX57D + Z	120 ~ 170	260 ~ 350	41	2.1	0.22
DX57D + ZF			39	1.9	0.21

注：1. DX51、DX52 系列牌号的钢板及钢带，应保证在制造后 1 个月内，钢板及钢带的力学性能符合表中的规定。DX53 ~ DX57 系列牌号的钢板及钢带，应保证在制造后 6 个月内，钢板及钢带的力学性能符合表中的规定。

2. DX51、DX52 系列牌号的钢板及钢带，应保证在制造后 1 个月内使用时不出现拉伸应变痕。对于 DX53 ~ DX57 系列牌号的钢板及钢带，应保证在制造后 6 个月内使用时不出现拉伸应变痕。

3. 随着存储时间的延长，受时效的影响，所有牌号的钢均可能产生拉伸应变痕，建议用户尽快使用。如对拉伸应变痕有特殊要求，应在订货时协商并在合同中注明。

4. 无明显屈服时采用 $R_{p0.2}$，否则采用 R_{eL}。

5. 试样为 GB/T 228.1《金属材料　拉伸试验　第 1 部分　室温试验方法》中的 P6 试样，其标距尺寸为 20mm × 80mm。试样方向为纵向。

6. 产品公称厚度为 0.5(不含) ~ 0.7mm 时，断后伸长率允许下降 2%（绝对值），当产品公称厚度小于等于 0.5mm 时，断后伸长率允许下降 4%（绝对值）。

7. 当 DX56、DX57 系列产品公称厚度大于 1.5mm，r_{90} 允许下降 0.2。

8. 当 DX56D + ZF、DX57D + Z 产品公称厚度小于 0.7mm 时，r_{90} 允许下降 0.2，n_{90} 允许下降 0.01。

9. DX52D + Z、DX52D + ZF 屈服强度值仅适用于完整的 FB、FC 级表面的钢板及钢带。

表 15　结构级钢板和钢带的力学性能

牌　号	屈服强度 R_{eL} 或 $R_{p0.2}$/MPa，不小于	抗拉强度 R_m/MPa，不小于	断后伸长率 A_{80mm}/%，不小于
S220GD + Z，S220GD + ZF	220	300	20
S250GD + Z，S250GD + ZF	250	330	19
S280GD + Z，S280GD + ZF	280	360	18
S320GD + Z，S320GD + ZF	320	390	17
S350GD + Z，S350GD + ZF	350	420	16
S550GD + Z，S550GD + ZF	550	560	—

注：1. 力学性能的时效不作规定。

2. 拉伸应变痕不作规定。随着存储时间的延长，受时效的影响，所有牌号的钢均可能产生拉伸应变痕，建议用户尽快使用。如对拉伸应变痕有特殊要求，应在订货时协商并在合同中注明。

3. 无明显屈服时采用 $R_{p0.2}$，否则采用 R_{eH}。

4. 试样为 GB/T 228.1《金属材料　拉伸试验　第 1 部分　室温试验方法》中的 P6 试样，其标距尺寸为 20mm × 80mm。试样方向为横向。

5. 产品公称厚度为 0.5(不含) ~ 0.7mm 时，断后伸长率允许下降 2%（绝对值），当产品公称厚度小于等于 0.5mm 时，断后伸长率允许下降 4%（绝对值）。

6. 除 S550GD + Z 和 S550GD + ZF 外，其他牌号的抗拉强度可要求 140MPa 的范围值。

表 16　无间隙原子钢的力学性能

牌　号	屈服强度 R_{eL} 或 $R_{p0.2}$ /MPa	抗拉强度 R_m /MPa	断后伸长率 A_{80mm}/%，不小于	r_{90}，不小于	n_{90}，不小于
HX180YD + Z	180 ~ 240	340 ~ 400	34	1.7	0.18
HX180YD + ZF			32	1.5	0.18
HX220YD + Z	220 ~ 280	340 ~ 410	32	1.5	0.17
HX220YD + ZF			30	1.3	0.17
HX260YD + Z	260 ~ 320	380 ~ 440	30	1.4	0.16
HX260YD + ZF			28	1.2	0.16

注：1. 应保证在制造后 6 个月内，钢板及钢带的力学性能符合相应表中的规定。

2. 应保证在制造后 6 个月内使用时不出现拉伸应变痕。

3. 随着存储时间的延长，受时效的影响，所有牌号的钢均可能产生拉伸应变痕，建议用户尽快使用。如对拉伸应变痕有特殊要求，应在订货时协商并在合同中注明。

4. 无明显屈服时采用 $R_{p0.2}$，否则采用 R_{eL}。

5. 试样为 GB/T 228.1《金属材料　拉伸试验　第 1 部分　室温试验方法》中的 P6 试样，其标距尺寸为 20mm ×80mm。试样方向为纵向。

6. 产品公称厚度为 0.5(不含) ~ 0.7mm 时，断后伸长率允许下降 2%（绝对值），当产品公称厚度小于等于 0.5mm 时，断后伸长率允许下降 4%（绝对值）。

7. HX180YD ~ HX260YD 系列牌号，当产品公称厚度大于 1.5mm 时，r_{90} 允许下降 0.2。

表 17　烘烤硬化钢的力学性能

牌　号	屈服强度 R_{eL} 或 $R_{p0.2}$ /MPa	抗拉强度 R_m /MPa	断后伸长率 A_{80mm} /%，不小于	r_{90}，不小于	n_{90}，不小于	烘烤硬化值 BH_2 /MPa，不小于
HX180BD + Z	180 ~ 240	300 ~ 360	34	1.5	0.16	30
HX180BD + ZF			32	1.3	0.16	30
HX220BD + Z	220 ~ 280	340 ~ 400	32	1.2	0.15	30
HX220BD + ZF			30	1.0	0.15	30
HX260BD + Z	260 ~ 320	350 ~ 440	28	—	—	30
HX260BD + ZF			26	—	—	30
HX300BD + Z	300 ~ 360	400 ~ 480	26	—	—	30
HX300BD + ZF			24	—	—	30

注：1. 应保证在产品制造后 3 个月内，钢板及钢带的力学性能符合表中的规定。

2. 应保证在制造后 3 个月内使用时不出现拉伸应变痕。

3. 随着存储时间的延长，受时效的影响，所有牌号的钢均可能产生拉伸应变痕，建议用户尽快使用。如对拉伸应变痕有特殊要求，应在订货时协商并在合同中注明。

4. 无明显屈服时采用 $R_{p0.2}$，否则采用 R_{eL}。

5. 试样为 GB/T 228.1《金属材料　拉伸试验　第 1 部分　室温试验方法》中的 P6 试样，其标距尺寸为 20mm ×80mm。试样方向为纵向。

6. 产品公称厚度为 0.5(不含) ~ 0.7mm 时，断后伸长率允许下降 2%（绝对值），当产品公称厚度小于等于 0.5mm 时，断后伸长率允许下降 4%（绝对值）。

7. 当产品公称厚度大于 1.5mm 时，r_{90} 允许下降 0.2。

表 18　低合金钢的力学性能

牌　号	屈服强度 R_{eL} 或 $R_{p0.2}$ /MPa	抗拉强度 R_m /MPa	断后伸长率 A_{80mm} /%，不小于
HX260LAD + Z	260 ~ 330	350 ~ 430	26
HX260LAD + ZF			24
HX300LAD + Z	300 ~ 380	380 ~ 480	23
HX300LAD + ZF			21
HX340LAD + Z	340 ~ 420	410 ~ 510	21
HX340LAD + ZF			19
HX380LAD + Z	380 ~ 480	440 ~ 560	19
HX380LAD + ZF			17
HX420LAD + Z	420 ~ 520	470 ~ 590	17
HX420LAD + ZF			15

注：1. 应保证在制造后 6 个月内，钢板及钢带的力学性能符合相应表中的规定。

2. 应保证在制造后 6 个月内使用时不出现拉伸应变痕。

3. 随着存储时间的延长，受时效的影响，所有牌号的钢均可能产生拉伸应变痕，建议用户尽快使用。如对拉伸应变痕有特殊要求，应在订货时协商并在合同中注明。

4. 无明显屈服时采用 $R_{p0.2}$，否则采用 R_{eL}。

5. 试样为 GB/T 228.1《金属材料　拉伸试验　第 1 部分　室温试验方法》中的 P6 试样，其标距尺寸为 20mm ×80mm。试样方向为纵向。

6. 产品公称厚度为 0.5(不含) ~ 0.7mm 时，断后伸长率允许下降 2%（绝对值），当产品公称厚度小于等于 0.5mm 时，断后伸长率允许下降 4%（绝对值）。

表 19　双相钢的力学性能

牌　号	屈服强度 R_{eL} 或 $R_{p0.2}$ /MPa	抗拉强度 R_m/MPa，不小于	断后伸长率 A_{80mm} /%，不小于	n_{90}，不小于	烘烤硬化值 BH_2 /MPa，不小于
HC260/450DPD + Z	260 ~ 340	450	27	0.16	30
HC260/450DPD + ZF			25		30
HC300/500DPD + Z	300 ~ 380	500	23	0.15	30
HC300/500DPD + ZF			21		30
HC340/600DPD + Z	340 ~ 420	600	20	0.14	30
HC340/600DPD + ZF			18		30
HC450/780DPD + Z	450 ~ 560	780	14	—	30
HC450/780DPD + ZF			12		30
HC600/980DPD + Z	600 ~ 750	980	10	—	30
HC600/980DPD + ZF			8		30

注：1. 力学性能的时效不作规定。

2. 拉伸应变痕不作规定。

3. 随着存储时间的延长，受时效的影响，所有牌号的钢均可能产生拉伸应变痕，建议用户尽快使用。如对拉伸应变痕有特殊要求，应在订货时协商并在合同中注明。

4. 无明显屈服时采用 $R_{p0.2}$，否则采用 R_{eL}。

5. 试样为 GB/T 228.1《金属材料　拉伸试验　第 1 部分　室温试验方法》中的 P6 试样，其标距尺寸为 20mm ×80mm。试样方向为纵向。

6. 产品公称厚度为 0.5(不含) ~ 0.7mm 时，断后伸长率允许下降 2%（绝对值），当产品公称厚度小于等于 0.5mm 时，断后伸长率允许下降 4%（绝对值）。

表 20　TRIP 钢的力学性能

牌　号	屈服强度 R_{eL} 或 $R_{p0.2}$ /MPa	抗拉强度 R_m/MPa，不小于	断后伸长率 A_{80mm} /%，不小于	n_{90}，不小于	烘烤硬化值 BH_2 /MPa，不小于
HC430/690TRD + Z	430 ~ 550	690	23	0.18	40
HC430/690TRD + ZF			21		40
HC470/780TRD + Z	470 ~ 600	780	21	0.16	40
HC470/780TRD + ZF			18		40

注：1. 力学性能的时效不作规定。

2. 拉伸应变痕不作规定。

3. 随着存储时间的延长，受时效的影响，所有牌号的钢均可能产生拉伸应变痕，建议用户尽快使用。如对拉伸应变痕有特殊要求，应在订货时协商并在合同中注明。

4. 无明显屈服时采用 $R_{p0.2}$，否则采用 R_{eL}。

5. 试样为 GB/T 228.1《金属材料　拉伸试验　第 1 部分　室温试验方法》中的 P6 试样，其标距尺寸为 20mm × 80mm。试样方向为纵向。

6. 产品公称厚度为 0.5(不含) ~ 0.7mm 时，断后伸长率允许下降 2%（绝对值），当产品公称厚度小于等于 0.5mm 时，断后伸长率允许下降 4%（绝对值）。

表 21　复相钢的力学性能

牌　号	屈服强度 R_{eL} 或 $R_{p0.2}$ /MPa	抗拉强度 R_m/MPa，不小于	断后伸长率 A_{80mm} /%，不小于	烘烤硬化值 BH_2 /MPa，不小于
HC350/600CPD + Z	350 ~ 500	600	16	30
HC350/600CPD + ZF			14	
HC500/780CPD + Z	500 ~ 700	780	10	30
HC500/780CPD + ZF			8	
HC700/980CPD + Z	700 ~ 900	980	7	30
HC700/980CPD + ZF			5	

注：1. 力学性能的时效不作规定。

2. 拉伸应变痕不作规定。

3. 随着存储时间的延长，受时效的影响，所有牌号的钢均可能产生拉伸应变痕，建议用户尽快使用。如对拉伸应变痕有特殊要求，应在订货时协商并在合同中注明。

4. 无明显屈服时采用 $R_{p0.2}$，否则采用 R_{eL}。

5. 试样为 GB/T 228.1《金属材料　拉伸试验　第 1 部分　室温试验方法》中的 P6 试样，其标距尺寸为 20mm × 80mm。试样方向为纵向。

6. 产品公称厚度为 0.5(不含) ~ 0.7mm 时，断后伸长率允许下降 2%（绝对值），当产品公称厚度小于等于 0.5mm 时，断后伸长率允许下降 4%（绝对值）。

6　镀层重量

对于等厚镀层，镀层重量的三点试验平均值应不小于规定公称镀层重量；镀层重量单点试验值应不小于规定公称镀层重量的 85%。单面单点镀层重量试验值应不小于规定公称镀层重量的 34%。

对于差厚镀层，公称镀层重量及镀层重量试验值见表 22。其中，A、B 分别为钢板及钢带上、下表面（或内、外表面）对应的公称镀层重量（g/m^2）。

表 22　差厚镀层的锌层重量

镀层种类	镀层形式	镀层代号	公称镀层重量/g·m^{-2}，不小于	
			单面三点平均值	单面单点值
Z	差厚镀层	A/B	A/B	0.85A/0.85B

7　镀层表面结构（见表 23）

表 23　镀层表面结构

镀层种类	镀层表面结构	代　号	特　征
Z	普通锌花	N	镀层在自然条件下凝固得到的肉眼可见的锌花结构
	小锌花	M	通过特殊控制方法得到的肉眼可见的细小锌花结构
	无锌花	F	通过特殊控制方法得到的肉眼不可见的细小锌花结构
ZF	普通锌花	R	通过对纯锌镀层的热处理后获得的镀层表面结构，该表面结构通常灰色无光

8　表面质量

钢板及钢带表面不应有漏镀、镀层脱落、肉眼可见裂纹等影响用户使用的缺陷。不切边钢带边部允许存在微小锌层裂纹和白边。

钢板和钢带各级别表面质量特征见表 24。

由于在连续生产过程中，钢带表面的局部缺陷不易发现和去除，因此，钢带允许带缺陷交货，但有缺陷的部分应不超过每卷总长度的 6%。

表 24　表面质量

级　别	表面质量特征
FA	表面允许有缺陷，例如小锌粒、压印、划伤、凹坑、色泽不均、黑点、条纹、轻微钝化斑、锌起伏等，该表面通常不进行平整（光整）处理
FB	较好的一面允许有小缺陷，例如光整压印、轻微划伤、细小锌花、锌起伏和轻微钝化斑。另一面至少为表面质量 FA，该表面通常进行平整（光整）处理
FC	较好的一面必须对缺陷进一步限制，即较好的一面不应有影响高级涂漆表面外观质量的缺欠。另一面至少为表面质量 FB，该表面通常进行平整（光整）处理

第二节 美国标准

ASTM A653/A653M-10 热浸镀锌或镀锌-铁合金（镀锌层退火处理）薄板（概要）

1 范围

该标准适用于采用热浸镀工艺生产的成卷和定尺长度的锌镀层（镀锌）或锌-铁合金镀层（镀锌层退火处理）薄板。

2 尺寸、外形及允许偏差

钢板和钢带的尺寸、外形及允许偏差见 ASTM A924/A924M《热浸工艺金属镀层的薄钢板通用要求》。

3 牌号及化学成分（见表1、表2）

表1 冲压系列钢的牌号和化学成分

牌号	化学成分(熔炼分析)/%，不大于											
	C	Mn	P	S	Al	Cu	Ni	Cr	Mo	V	Nb	Ti
CS A	0.10	0.60	0.030	0.035	—	0.25	0.20	0.15	0.06	0.008	0.008	0.025
CS B	0.02~0.15	0.60	0.030	0.035	—	0.25	0.20	0.15	0.06	0.008	0.008	0.025
CS C	0.08	0.60	0.100	0.035	—	0.25	0.20	0.15	0.06	0.008	0.008	0.025
FS A	0.10	0.50	0.020	0.035	—	0.25	0.20	0.15	0.06	0.008	0.008	0.025
FS B	0.02~0.10	0.50	0.020	0.030	—	0.25	0.20	0.15	0.06	0.008	0.008	0.025
DDS A	0.06	0.50	0.020	0.025	≥0.01	0.25	0.20	0.15	0.06	0.008	0.008	0.025
DDS C	0.02	0.50	0.020~0.100	0.025	≥0.01	0.25	0.20	0.15	0.06	0.10	0.10	0.15
EDDS	0.02	0.40	0.020	0.020	≥0.01	0.25	0.20	0.15	0.06	0.10	0.10	0.15

注：1. 表中的“—”为不要求，但应提供分析报告。

2. CS~EDDS 系列，对于 $w(C) \geqslant 0.02\%$ 的钢，允许 Ti 含量不超过 $3.4w(N)+1.5w(S)$ 和 0.025% 中的较小值。

3. CS~EDDS 系列，当要求镇静钢时，买方可选择订购 $w(Alt) \geqslant 0.01\%$ 的 CS 和 FS 级钢。

4. CS A、CS C、DDS A、DDS C 允许以真空脱气钢或化学稳定性钢交货，或两者兼有的钢交货，由生产厂家选定。

5. CS A、CS C、DDS A、DDS C 的 $w(C) \leqslant 0.02\%$ 时，单独添加或组合添加 V、Nb、Ti，由生产厂家选定。在这种情况下，V、Nb 最高为 0.10%，Ti 最高为 0.15%。

6. CS 和 FS 级钢规定 B 类是为了避免碳含量低于 0.02%。

7. FS A 不应以稳定化钢交货。EDDS 应以稳定化钢交货。

表2 结构级钢的牌号和化学成分

牌 号	化学成分(熔炼分析)/%，不大于												
	C	Mn	P	S	Si	Al	Cu	Ni	Cr	Mo	V	Nb	Ti	N
SS 33[230]	0.20	1.35	0.10	0.04			0.25	0.20	0.15	0.06	0.008	0.008	0.025	—
SS 37[255]	0.20	1.35	0.10	0.04			0.25	0.20	0.15	0.06	0.008	0.008	0.025	—
SS 40[275]	0.25	1.35	0.10	0.04			0.25	0.20	0.15	0.06	0.008	0.008	0.025	—

续表 2

牌 号	化学成分(熔炼分析)/%，不大于													
	C	Mn	P	S	Si	Al	Cu	Ni	Cr	Mo	V	Nb	Ti	N
SS 50[340]-1，2，4	0.25	1.35	0.20	0.04			0.25	0.20	0.15	0.06	0.008	0.008	0.025	—
SS 50[340]-3	0.25	1.35	0.04	0.04			0.25	0.20	0.15	0.06	0.008	0.008	0.025	—
SS 55[380]	0.25	1.35	0.04	0.04			0.25	0.20	0.15	0.06	0.008	0.008	0.025	—
SS 60[410]	0.25	1.35	0.04	0.04			0.25	0.20	0.15	0.06	0.008	0.008	0.025	—
SS 70[480]	0.25	1.35	0.04	0.04			0.25	0.20	0.15	0.06	0.008	0.008	0.025	—
SS 80[550]-1	0.20	1.35	0.04	0.04			0.25	0.20	0.15	0.06	0.008	0.015	0.025	—
SS 80[550]-2	0.02	1.35	0.05	0.02			0.25	0.20	0.15	0.06	0.10	0.10	0.15	—
SS 80[550]-3	0.20	1.35	0.04	0.04			0.25	0.20	0.15	0.06	0.008	0.015	0.025	—
HSLAS 40[275]	0.20	1.20	—	0.035			—	0.20	0.15	0.16	≥0.01	≥0.005	≥0.01	—
HSLAS 50[340]	0.20	1.20	—	0.035			0.20	0.20	0.15	0.16	≥0.01	≥0.005	≥0.01	—
HSLAS 55[380]-1	0.25	1.35	—	0.035			0.20	0.20	0.15	0.16	≥0.01	≥0.005	≥0.01	—
HSLAS 55[380]-2	0.15	1.20	—	0.035			0.20	0.20	0.15	0.16	≥0.01	≥0.005	≥0.01	—
HSLAS 60[410]	0.20	1.35	—	0.035			0.20	0.20	0.15	0.16	≥0.01	≥0.005	≥0.01	—
HSLAS 70[480]	0.20	1.65	—	0.035			0.20	0.20	0.15	0.16	≥0.01	≥0.005	≥0.01	—
HSLAS 80[550]	0.20	1.65	—	0.035			0.20	0.20	0.15	0.16	≥0.01	≥0.005	≥0.01	—
HSLAS-F 40[275]	0.15	1.20	—	0.035			—	0.20	0.15	0.16	≥0.01	≥0.005	≥0.01	—
HSLAS-F 50[340]	0.15	1.20	—	0.035			0.20	0.20	0.15	0.16	≥0.01	≥0.005	≥0.01	—
HSLAS-F 55[380]-1	0.20	1.35	—	0.035			0.20	0.20	0.15	0.16	≥0.01	≥0.005	≥0.01	—
HSLAS-F 55[380]-2	0.15	1.20	—	0.035			0.20	0.20	0.15	0.16	≥0.01	≥0.005	≥0.01	—
HSLAS-F 60[410]	0.15	1.20	—	0.035			0.20	0.20	0.15	0.16	≥0.01	≥0.005	≥0.01	—
HSLAS-F 70[480]	0.15	1.65	—	0.035			0.20	0.20	0.15	0.16	≥0.01	≥0.005	≥0.01	—
HSLAS-F 80[550]	0.15	1.65	—	0.035			0.20	0.20	0.15	0.16	≥0.01	≥0.005	≥0.01	—
SHSD	0.12	1.50	0.12	0.030	—	—	0.20	0.20	0.15	0.06	0.008	0.008	0.025	—
BHSD	0.12	1.50	0.12	0.030	—	—	0.20	0.20	0.15	0.06	0.008	0.008	0.025	—

注：1. 表中的“—”为不要求，但应提供分析报告。

2. SS、HSLAS、HSLAS-F、SHSD、BHSD 系列的 $w(C) \leqslant 0.02\%$ 时，V、Nb、Ti 或它们的组合允许按稳定化元素添加使用，由生产厂家选定。在这种情况下，V、Nb 最高为 0.10%，Ti 最高为 0.15%。

3. SS 级钢，允许 Ti 含量不超过 3.4N + 1.5S 和 0.025% 中的较小值。

4. 对于 $w(C) > 0.02\%$ 的 SS、HSLAS、HSLAS-F、SHSD、BHSD 系列钢，允许 Ti 含量不超过 $3.4w(N) + 1.5w(S)$ 和 0.025% 中的较小值。

5. HSLAS 和 HSLAS-F 钢通常含有单独或复合添加的强化元素 Nb、V 和 Ti。最小值的要求只适用于强化钢所选择的微合金元素。

6. 生产厂可选择添加少量合金元素来处理 HSLAS F 类钢，控制硫化物夹杂。

4　力学性能及工艺性能（见表3、表4）

表3　力学性能

类　别	级　别	屈服强度 R_{eH}/MPa，不小于	抗拉强度 R_m/MPa，不小于	断后伸长率 A_{50mm}/%，不小于	烘烤硬化值 BH（上屈服点/下屈服点）/MPa，不小于
SS	230	230	310	20	—
	255	255	360	18	—
	275	275	380	16	—
	340-1	340	450	12	—
	340-2	340	—	12	—
	340-3	340	480	12	—
	340-4	340	410	12	—
	380	380	480	11	—
	410	410	480	10	—
	480	480	550	9	—
	550-1	550	570	—	—
	550-2	550	570	—	—
	550-3	550	570	3	—
HSLAS	275	275	340	22	—
	340	340	410	20	—
	380-1	380	480	16	—
	380-2	380	450	18	—
	410	410	480	16	—
	480	480	550	12	—
	550	550	620	10	—
HSLAS-F	275	275	340	24	—
	340	340	410	22	—
	380-1	380	480	18	—
	380-2	380	450	20	—
	410	410	480	18	—
	480	480	550	14	—
	550	550	620	12	—
SHS	180	180	300	32	—
	210	210	320	30	—
	240	240	340	26	—
	280	280	370	24	—
	300	300	390	22	—

续表 3

类 别	级 别	屈服强度 R_{eH}/MPa，不小于	抗拉强度 R_m/MPa，不小于	断后伸长率 A_{50mm}/%，不小于	烘烤硬化值 BH（上屈服点/下屈服点）/MPa，不小于
BHS	180	180	300	30	25/20
	210	210	320	28	25/20
	240	240	340	24	25/20
	280	280	370	22	25/20
	300	300	390	20	25/20

注：1. 试样取纵向。
2. “—”为不要求，但应提供分析报告。
3. 厚度小于等于 0.71mm 的 SS 60[410]和 SS 70[480]薄板，断后伸长率减少 2%（绝对值）。
4. 厚度小于等于 0.71mm 的 SS 80[550]-1、SS 80[550]-2 薄板，如果洛氏硬度值 HRB≥85，则不要求做拉伸试验。
5. 当 SS 80[550]没有明显屈服时，屈服强度应为 $R_{t0.5}$ 或 $R_{p0.2}$，否则取 R_{eH}。
6. 由于化学成分的不同，SS 80[550]-2 会显示出与 SS 80[550]-1 不同的成型性。
7. 需方如订购厚度小于等于 0.71mm 的 SS 80 [550]-3 薄板，断后伸长率需与供方协商。
8. HSLAS 和 HSLAS-F 系列，如果要求较高的抗拉强度，用户应向厂家咨询。

表 4 力学性能

牌 号	屈服强度 R_{eH}/MPa	伸长率 A_{50mm}/%	r	n
CS A	170～380	≥20	—	—
CS B	205～380	≥20	—	—
CS C	170～410	≥15	—	—
FS A、B	170～310	≥26	1.0～1.4	0.17～0.21
DDS A	140～240	≥32	1.4～1.8	0.19～0.24
DDS C	170～280	≥32	1.2～1.8	0.17～0.24
EDDS	105～170	≥40	1.6～2.1	0.22～0.27

注：1. 试样取纵向。
2. “—”为不要求，但应提供分析报告。
3. 力学性能为非强制性，目的是使购方尽可能多地对规定钢作出知情选择。这些范围之外的值是正常的。如果购方需要一个规定范围或大于某一限定值时，应与供货方协商。这些典型力学性能适用于所有薄板厚度。当薄板厚度下降时，屈服强度趋向增强，而其中一些成型值趋于下降。
4. EDDS 薄板的力学性能不随时间的延长而改变，即无时效。

5 镀层重量（见表 5、表 6）

表 5 镀层重量

镀层种类	镀层代号	镀层重量最小值		
		三点试验		单点试验
		双面总和/g·m^{-2}	单面/g·m^{-2}	双面总和/g·m^{-2}
锌	Z001	无最小值	无最小值	无最小值
	Z90	90	30	75
	Z120	120	36	90

续表 5

镀层种类	镀层代号	镀层重量最小值		
		三点试验		单点试验
		双面总和/g · m^{-2}	单面/g · m^{-2}	双面总和/g · m^{-2}
锌	Z180	180	60	150
	Z275	275	94	235
	G305	305	110	275
	Z350	350	120	300
	Z450	450	154	385
	Z500	500	170	425
	Z550	550	190	475
	Z600	600	204	510
	Z700	700	238	595
	Z900	900	316	790
	Z1100	1100	380	975
锌铁合金	ZF001	无最小值	无最小值	无最小值
	ZF75	75	24	60
	ZF120	120	36	90
	ZF180	180	60	150

注：1. 镀层代号以规定的双面镀层重量的三点最小值命名。由于连续热浸镀锌作业线具有许多可变因素和变化条件的特性，因此锌或锌铁合金镀层不会均匀地分布在镀锌板的两个面上，而且即使在一面也不会均匀地分布。

2. 可以确定，由于镀锌或锌铁合金镀层薄板的耐大气腐蚀性直接随着镀层厚度的变化而改变，所以选择较薄镀层的镀层符号几乎会造成底层耐腐蚀性能的直线下降。例如，较厚的镀层在恶劣的环境下也不会受腐蚀的影响，而较薄的镀层通常要喷上油漆或类似屏障的镀层来提高耐腐蚀性。因此，声明“满足 ASTM A653/A653M 要求”的产品应标明具体镀层符号。

3. 无最小极限值指对三点和单点试验不规定最小值。

表 6 单面单点镀层重量

类 型	镀层重量		
	镀层代号	最小值/g · m^{-2}	最大值/g · m^{-2}
镀 锌	20G	20	70
	30G	30	80
	40G	40	90
	45G	45	95
	50G	50	100
	55G	55	105
	60G	60	110
	70G	70	120
	90G	90	160
	100G	100	200

续表 6

镀层重量			
类型	镀层代号	最小值/g·m^{-2}	最大值/g·m^{-2}
锌铁合金	40A	40	70
	45A	45	75
	50A	50	80

注：1. 镀层代号以指定的每面的单面单点镀层重量最小值命名。

2. 由于镀锌及锌铁合金产品的抗大气腐蚀的能力与镀层厚度成函数关系，因此选择镀层厚度薄的产品会导致抗腐蚀性能的降低。例如，厚的镀锌层可以充分地进行大气暴晒而薄镀层产品需经过进一步涂漆或类似涂层处理以增加耐腐蚀性能。因此，产品质量证明书见 ASTM A653/A653M《热浸方法镀锌层的（镀锌的）或锌-铁合金镀层薄钢板》标准并列出镀层代号。

3. 指定了单面单点镀层代号的产品允许比表 5 中按指标值换算的对应双面镀层代号的产品具有更高的双面三点镀层重量平均值，用户需注意由此导致的成型和点焊问题。

6 镀层附着性

锌镀层应能在任何方向上弯曲 180°，且在弯曲部分的外侧镀层不脱落。镀层弯曲试验内径应具有如表 7 所示的与试样厚度的关系。在距弯曲试样边部 6mm 内的镀层脱落不应作为拒收的理由。

锌铁合金镀层，不适于做镀层弯曲试验。

表 7 镀层弯曲试验

试样内弯直径与厚度比（任何方向）						
镀层代号	CS、FS、DDS、EDDS、SHS、BHS			SS230	SS255	SS275
	镀锌板厚度/mm					
	≤1.0	>1.0~2.0	>2.0			
Z700	2	3	3	3	3	3
Z600	2	2	2	2	2	2.5
Z550	2	2	2	2	2	2.5
Z500	2	2	2	2	2	2.5
Z450	1	1	2	2	2	2.5
Z350	0	0	1	1.5	2	2.5
Z305	0	0	1	1.5	2	2.5
Z275	0	0	1	1.5	2	2.5
Z180	0	0	0	1.5	2	2.5
Z120	0	0	0	1.5	2	2.5
Z90	0	0	0	1.5	2	2.5
Z001	0	0	0	1.5	2	2.5

续表 7

镀层代号	试样内弯直径与厚度比（任何方向）							
	HSLAS A			HSLAS-F				
	275	340	410	275	340	410	480	550
Z350	1.5	1.5	3	1	1	1	1.5	1.5
Z275	1.5	1.5	3	1	1	1	1.5	1.5
Z180	1.5	1.5	3	1	1	1	1.5	1.5
Z120	1.5	1.5	3	1	1	1	1.5	1.5
Z90	1.5	1.5	3	1	1	1	1.5	1.5
Z001	1.5	1.5	3	1	1	1	1.5	1.5

注：1. SS 50、60、70 和 80 以及 HSLAS A 类 70 和 80 不受弯曲试验要求的限制。

2. 如果要求其他镀层，用户应向厂家咨询这种镀层的可行性及适用的弯曲试验要求。

3. SS 340、410、480 和 550 及 HSLAS A 类 480 和 550 不受弯曲试验要求的限制。

ASTM A792/A792M-10 热浸镀55%铝-锌合金镀层薄钢板

1　范围

该标准适用于以成卷钢带或定尺交货的55%铝-锌合金镀层钢板。

2　尺寸、外形及允许偏差

尺寸、外形及允许偏差见ASTM A924/924M《热浸工艺金属镀层的薄钢板通用要求》。

3　化学成分（见表1、表2）

表1　商业级、成型级、冲压级钢的化学成分

牌号	化学成分(熔炼分析)/%，不大于													
	C	Mn	P	S	Al	Cu	Ni	Cr	Mo	V	Nb	Ti	N	B
CS A	0.10	0.60	0.030	0.035	—	0.25	0.20	0.15	0.06	0.008	0.008	0.025	—	—
CS B	0.02~0.15	0.60	0.030	0.035	—	0.25	0.20	0.15	0.06	0.008	0.008	0.025	—	—
CS C	0.08	0.60	0.10	0.035	—	0.25	0.20	0.15	0.06	0.008	0.008	0.025	—	—
FS	0.02~0.10	0.50	0.020	0.030	—	0.25	0.20	0.15	0.06	0.008	0.008	0.025	—	—
DS	0.06	0.50	0.020	0.025	≥0.10	0.25	0.20	0.15	0.06	0.008	0.008	0.025	—	—
HTS	0.02~0.15	0.60	≥0.040	0.035	—	0.25	0.20	0.15	0.06	0.008	0.008	0.025	—	—

注：1. 表中“—”表示没有要求，但应报告分析结果。

2. 当Cu、Ni、Cr、Mo的值小于0.02%时，报告的分析结果应表示为“<0.02%”或实际检测的值；当Nb、V、Ti的值小于0.008%时，报告分析结果应表示为“<0.008%”或实际检测的值；当B的值小于0.0005%时，报告分析结果应表示为“<0.0005%”或实际检测的值。

3. C含量大于0.02%的产品，为了达到固溶强化的目的，允许添加少量的Ti，其含量不得超过3.4w(N)+1.5w(S)和0.025%中较小的值。

4. 当使用镇静钢时，用户订购CS、FS或HTS可以要求w(Alt)≥0.01%。

5. 生产商可以选择用镇静钢生产CS A、CS B、DS。

6. C含量不超过0.02%的CS A、CS B、DS产品，可添加V、Nb、Ti等其他合金化元素，但V、Nb含量不超过0.10%，Ti含量不超过0.15%。

7. CS B的C含量要避免低于0.02%。

8. FS不能用镇静钢生产。

表2　结构级钢的化学成分

牌　号	化学成分(熔炼分析)/%，不大于											
	C	Mn	P	S	Cu	Ni	Cr	Mo	V	Nb	Ti	N
33级[230]	0.20	1.35	0.04	0.040	0.25	0.20	0.15	0.06	0.008	0.008	0.025	—
37级[255]	0.20	1.35	0.10	0.040	0.25	0.20	0.15	0.06	0.008	0.008	0.025	—
40级[275]	0.25	1.35	0.10	0.040	0.25	0.20	0.15	0.06	0.008	0.008	0.025	—
50级[340]-1，-2，-4	0.25	1.35	0.20	0.040	0.25	0.20	0.15	0.06	0.008	0.008	0.025	—
60级[410]	0.25	1.35	0.20	0.040	0.25	0.20	0.15	0.06	0.008	0.008	0.025	—

续表 2

牌　号	化学成分（熔炼分析）/%，不大于											
	C	Mn	P	S	Cu	Ni	Cr	Mo	V	Nb	Ti	N
70 级[480]	0.25	1.35	0.20	0.040	0.25	0.20	0.15	0.06	0.008	0.008	0.025	—
80 级[550]-1	0.20	1.35	0.04	0.040	0.25	0.20	0.15	0.06	0.008	0.015	0.025	—
80 级[550]-2①	0.10	1.35	0.05	0.020	0.25	0.20	0.15	0.06	0.10	0.10	0.15	—
80 级[550]-3	0.20	1.35	0.04	0.040	0.25	0.20	0.15	0.06	0.008	0.008	0.025	—

注：1. 表中“—”表示没有要求，但应报告分析结果。

2. 当 Cu、Ni、Cr、Mo 的值小于 0.02% 时，报告的分析结果应表示为“<0.02%”或实际检测的值；当 Nb、V、Ti 的值小于 0.008% 时，报告分析结果应表示为“<0.008%”或实际检测的值；当 B 的值小于 0.0005% 时，报告分析结果应表示为“<0.0005%”或实际检测的值。

3. 可添加少量的 Ti，其含量不得超过 $3.4w(\mathrm{N}) + 1.5w(\mathrm{S})$ 和 0.025% 中较小的值。

① 作为镇静钢供应时，碳含量可小于等于 0.02%。

4　力学性能

4.1　拉伸试验性能见表 3、表 4。

4.2　结构钢的最小弯曲压头直径参考值见表 5。

表 3　结构级钢的力学性能（纵向试样）

牌　号	屈服强度 R_{eH}/MPa，不大于	抗拉强度 R_m/MPa，不大于	断后伸长率 A_{50mm}/%，不大于
230	230	310	20
255	255	360	18
275	275	380	16
340-1	340	450	12
340-2	340	—	12
340-4	340	410	12
410	410	480	10①
480	480	550	9①
550-1②	550③	570	—
550-2②,④	550③	570	—
550-3	550③	570⑤	3

① 当钢板厚度小于等于 0.7mm 时，SS60[410] 和 SS70[480] 的伸长率可降低 2%。

② 当钢板厚度为小于等于 0.7mm，如果洛氏硬度 HRB≥85，则不需要做拉伸试验。

③ 当屈服不明显时，屈服强度取负荷下伸长率为 0.5% 时或塑性变形为 0.2% 时的应力 $R_{p0.2}$，否则取 R_{eH}。

④ 因化学成分不同，SS80[550]-2 和 SS80[550]-1 具有不同的成型特点。

⑤ 用户订购厚度为 0.7mm 或更薄的产品时，其力学性能需与供方协商。

表 4　商业级、成型级、冲压级钢的力学性能（纵向试样）

牌　号	屈服强度 R_{eH}/MPa	断后伸长率 A_{50mm}/%，不大于	r_m	n
CSA	205～410	20	—	—
CSB	245～410	20	—	—
CSC	205～450	15	—	—
FS	170～275	24	1.0～1.4	0.16～0.20
DS	140～240	30	1.3～1.7	0.18～0.22
HTS	205～450	15	—	—

注：本表中的力学性能值为非强制性。

表5　结构钢的最小弯曲压头直径（参考值）

牌　号	最小90°弯曲压头直径
33[230]	3a
37[255]	4a
40[275]	4a
50-1.2.4[345-1.2.4]	—
60	—
70	—
80-1.2.3[550-1.2.3]	—

注：a为钢板厚度。

5　镀层性能

5.1　镀层重量要求见表6。

表6　镀层重量

镀层代号	双面三点最小值/g·m^{-2}	双面单点最小值/g·m^{-2}
AZ100	100	85
AZ110	110	95
AZ120	120	105
AZ150	150	130
AZ165	165	150
AZ180	180	155
AZ210	210	180

注：1. 通常单面的镀层重量不低于表中规定的单点试验值的40%。

2. 镀层重量与镀层厚度的换算公式为：

1.00oz/ft^{2}镀层重量=305g/m^2 镀层重量

3.75g/m^2 镀层重量=1.00μm镀层厚度

5.2　镀层弯曲试验性能

结构级钢的弯曲试验性能要求见表7。

其他级别钢的弯曲角度为180°，弯曲压头直径为0。距弯曲试样边缘6mm以内的镀层剥落不予考虑。

表7　结构级钢的镀层弯曲试验要求

牌　号	弯曲压头直径（任意方向）
33[230]	1.5a
37[255]	2a
40[275]	2.5a
50-1，2，4[340-1,2,4]	—
60	—
70	—
80-1，2，3[550-1,2,3]	—

注：a为钢板厚度。

ASTM A1003/A1003M-10 冷成型结构件用金属、非金属涂层碳素钢板

1　范围

该标准适用于制造立筋、托梁、檩桁条、圈梁和轨道等冷成型结构件用的涂层钢板。制造冷成型结构件用的钢板包括金属涂层板、上漆的金属涂层板、或者是上漆的非金属涂层板。

2　化学成分

2.1　钢板的化学成分见表1。

表1　化学成分

元素名称	化学成分(质量分数)/%，不大于	
	熔炼分析	成品分析
C	0.25	—
Mn	1.15	—
P	0.20	—
S	0.04	—
Cu	0.20	0.23
Ni	0.20	0.23
Cr	0.15	0.19
Mo	0.06	0.07
V	0.008	0.018
Nb	0.008	0.018
Ti	0.008	0.018

注：1. 所有的成分测试试验均应按照标准 ASTM A924/A924M《热浸镀层薄钢板通用要求》中有关各类金属涂层产品化学成分的要求，或按照标准 ASTM A568/A568M《热轧和冷轧低合金高强度碳钢薄钢板通用要求》中有关非金属涂层产品化学成分的要求来进行测定。

2. 不能进行熔炼分析时，应进行成品的化学成分分析。

3. 当 Cu、Ni、Cr 或 Mo 的含量低于0.02%时，要按照“<0.02%”或实际测定的成分含量形式报告。当 V、Nb 或 Ti 的含量低于0.008%时，要按照“<0.008%”或实际测定的成分含量形式报告。

4. C、Mn、P、S 的成品分析允许偏差可以在标准 ASTM A924/A924M 中查到。

5. 熔炼分析时，$w(Cu+Ni+Cr+Mo) \leqslant 0.50\%$。当规定这些元素中的一种或一种以上添加量时，这一规定则不适用，其余元素只适用各自的添加量的限定范围。

6. 熔炼分析时，当 $w(C) \leqslant 0.05\%$ 时，供方可以将 Cr 的添加量增加到0.25%。此时，$w(Cu+Ni+Cr+Mo) \leqslant 0.50\%$ 的要求不再适用。

2.2　$w(C)\leqslant 0.02\%$的钢的V、Nb、Ti含量见表2。

表2　$w(C)\leqslant 0.02\%$的钢的V、Nb、Ti含量

元素名称	化学成分(质量分数)/%，不大于	
	熔炼分析	成品分析
V	0.10	0.11
Nb	0.045	0.055
Ti	0.30	0.33

3　力学性能（见表3）

表3　基板的力学性能（其纵向试样）

钢　号	屈服强度 R_{eL}/MPa，不小于	抗拉强度 R_m/MPa，不小于	伸长率/%，不小于	
			A_{13mm}	A_{50mm}
ST50H [ST340H]	340	450	—	10
ST40H[ST275H]	275	380	—	10
ST37H[ST255H]	255	360	—	10
ST33H[ST230H]	230	310	—	10
ST50L[ST340L]	340	—	20	3
ST40L[ST275L]	275	—	20	3
ST37L[ST255L]	255	—	20	3
ST33L[ST230L]	230	—	20	3
NS80	550	—	—	—
NS70	480	—	—	—
NS65	450	—	—	—
NS60	410	—	—	—
NS57	395	—	—	—
NS50	340	—	—	—
NS40	275	—	—	—
NS33	230	—	—	—

注：1. H系列和NS系列的力学性能试验应按照ASTM A924/A924M《热浸镀层薄钢板通用要求》规定的金属涂层钢板的力学性能试验步骤进行，以及按照ASTM A568/A568M《热轧和冷轧低合金高强度碳钢薄钢板通用要求》规定的非金属涂层钢板的力学性能试验步骤进行。

2. L系列的钢，在测试其13mm标距伸长率时，应按照《AISI冷成型设计手册》中“测定平均延伸性和局部延伸性用标准方法”规定的步骤来进行。

3. H系列的钢的抗拉强度与屈服强度的比值不应低于1.08。

4. L系列的钢的应用领域应仅限于檩桁条和圈梁。

5. L系列的50mm伸长率为不在断裂区域的平均伸长率。

4　金属涂层性能

耐蚀性：在所规定的耐久性试验结束时，实验室试样表面涂层的腐蚀损失量不超过10%。

耐久性：H系列和L系列的最低暴露试验时间为100h；NS系列的最低暴露试验时间为75h。

5　涂漆的金属涂层性能

涂漆的金属涂层钢板其涂层应包含金属涂层基底和漆膜。

金属涂层基底应符合涂层质量的要求。

漆膜每一面（底漆加罩光漆）的最低厚度均应为0.5μm，每一面底漆的最低厚度应为0.1μm。

耐蚀性：每一条划线的平均蠕变量应满足等级6（2～3mm）的要求（见《试验方法D1654》）。在所规定的耐久性试验结束时，试样表面的耐起泡性应满足“稀落的零星的起泡数不超过8个”的要求。有关包括“稀落”术语在内的图片标准的描述请参见《试验方法D714》。

耐久性：最低暴露试验时间为500h。

6　非金属涂层性能

非金属涂层包括边部在内的最低漆膜厚度应为1.0μm。

耐蚀性：每一条划线的平均蠕变量应满足等级6（2～3mm）的要求（见《试验方法D1654》）。在所规定的耐久性试验结束时，试样表面的耐起泡性应满足“稀落的零星的起泡数不超过8个”的要求。有关包括“稀落”术语在内的图片标准的描述请参见《试验方法D714》。

耐久性：最低暴露试验时间为250h。

第三节　欧洲标准

EN 10346：2009 连续热镀锌扁平产品—交货技术条件

1　范围

该标准适用于连续热镀锌低碳冷成型钢，建筑用钢，冷成型及镀锌（Z）、锌铁合金（ZF）、锌铝合金（ZA）、铝锌合金（AZ）或铝硅合金（AS）热浸高强度钢和由冷成型镀锌（Z）、锌铁合金（ZF）、锌铝合金（ZA）多相钢制造的连续热镀锌产品，钢板的厚度为0.35～3mm。厚度为镀锌后的厚度。

2　尺寸、外形及允许偏差

钢板和钢带的尺寸、外形及允许偏差见 EN 10143《连续热浸镀层薄钢板和钢带尺寸、外形及允许偏差》。

3　牌号及化学成分（见表1～表4）

表1　冷成型低合金钢的牌号及化学成分

<table>
<tr><th rowspan="2">牌　号</th><th rowspan="2">镀 层 种 类</th><th colspan="6">化学成分(熔炼分析)/%，不大于</th></tr>
<tr><th>C</th><th>Si</th><th>Mn</th><th>P</th><th>S</th><th>Ti</th></tr>
<tr><td>DX51D</td><td>+Z，+ZF，+ZA，+AZ，+AS</td><td>0.18</td><td rowspan="7">0.50</td><td>1.20</td><td>0.12</td><td rowspan="7">0.045</td><td rowspan="7">0.30</td></tr>
<tr><td>DX52D</td><td>+Z，+ZF，+ZA，+AZ，+AS</td><td rowspan="6">0.12</td><td rowspan="6">0.60</td><td rowspan="6">0.10</td></tr>
<tr><td>DX53D</td><td>+Z，+ZF，+ZA，+AZ，+AS</td></tr>
<tr><td>DX54D</td><td>+Z，+ZF，+ZA，+AZ，+AS</td></tr>
<tr><td>DX55D</td><td>+AS</td></tr>
<tr><td>DX56D</td><td>+Z，+ZF，+ZA，+AS</td></tr>
<tr><td>DX57D</td><td>+Z，+ZF，+ZA，+AS</td></tr>
</table>

表2　建筑用钢的牌号及化学成分

<table>
<tr><th rowspan="2">牌　号</th><th rowspan="2">镀 层 种 类</th><th colspan="5">化学成分(熔炼分析)/%，不大于</th></tr>
<tr><th>C</th><th>Si</th><th>Mn</th><th>P</th><th>S</th></tr>
<tr><td>S220GD</td><td>+Z，+ZF，+ZA，+AZ</td><td rowspan="6">0.20</td><td rowspan="6">0.60</td><td rowspan="6">1.70</td><td rowspan="6">0.10</td><td rowspan="6">0.045</td></tr>
<tr><td>S250GD</td><td>+Z，+ZF，+ZA，+AZ，+AS</td></tr>
<tr><td>S280GD</td><td>+Z，+ZF，+ZA，+AZ，+AS</td></tr>
<tr><td>S320GD</td><td>+Z，+ZF，+ZA，+AZ，+AS</td></tr>
<tr><td>S350GD</td><td>+Z，+ZF，+ZA，+AZ，+AS</td></tr>
<tr><td>S550GD</td><td>+Z，+ZF，+ZA，+AZ</td></tr>
</table>

表 3　冷成型高强度钢的牌号及化学成分

<table>
<tr><th rowspan="2">牌　号</th><th rowspan="2">镀层种类</th><th colspan="8">化学成分(熔炼分析)/%，不大于</th></tr>
<tr><th>C</th><th>Si</th><th>Mn</th><th>P</th><th>S</th><th>Alt</th><th>Nb</th><th>Ti</th></tr>
<tr><td>HX160YD</td><td rowspan="17">+Z
+ZF
+ZA
+AZ
+AS</td><td>0.01</td><td>0.15</td><td>0.70</td><td>0.06</td><td>0.025</td><td>≤0.1</td><td>0.09</td><td>0.12</td></tr>
<tr><td>HX180YD</td><td>0.01</td><td>0.20</td><td>0.70</td><td>0.06</td><td>0.025</td><td>≤0.1</td><td>0.09</td><td>0.12</td></tr>
<tr><td>HX180BD</td><td>0.1</td><td>0.50</td><td>0.70</td><td>0.06</td><td>0.025</td><td>≤0.1</td><td>0.09</td><td>0.12</td></tr>
<tr><td>HX220YD</td><td>0.01</td><td>0.20</td><td>0.90</td><td>0.08</td><td>0.025</td><td>≤0.1</td><td>0.09</td><td>0.12</td></tr>
<tr><td>HX220BD</td><td>0.1</td><td>0.50</td><td>0.70</td><td>0.08</td><td>0.025</td><td>≤0.1</td><td>0.09</td><td>0.12</td></tr>
<tr><td>HX260YD</td><td>0.01</td><td>0.25</td><td>1.30</td><td>0.10</td><td>0.025</td><td>≤0.1</td><td>0.09</td><td>0.12</td></tr>
<tr><td>HX260BD</td><td>0.1</td><td>0.50</td><td>0.80</td><td>0.10</td><td>0.025</td><td>≤0.1</td><td>0.09</td><td>0.12</td></tr>
<tr><td>HX260LAD</td><td>0.11</td><td>0.50</td><td>0.60</td><td>0.030</td><td>0.025</td><td>≥0.015</td><td>0.09</td><td>0.12</td></tr>
<tr><td>HX300YD</td><td>0.015</td><td>0.30</td><td>1.60</td><td>0.10</td><td>0.025</td><td>≤0.1</td><td>0.09</td><td>0.12</td></tr>
<tr><td>HX300BD</td><td>0.11</td><td>0.50</td><td>0.80</td><td>0.12</td><td>0.025</td><td>≤0.1</td><td>0.09</td><td>0.12</td></tr>
<tr><td>HX300LAD</td><td>0.11</td><td>0.50</td><td>1.00</td><td>0.030</td><td>0.025</td><td>≤0.1</td><td>0.09</td><td>0.15</td></tr>
<tr><td>HX340BD</td><td>0.11</td><td>0.50</td><td>0.80</td><td>0.12</td><td>0.025</td><td>≤0.1</td><td>0.09</td><td>0.12</td></tr>
<tr><td>HX340LAD</td><td>0.11</td><td>0.50</td><td>1.00</td><td>0.030</td><td>0.025</td><td>≥0.015</td><td>0.09</td><td>0.15</td></tr>
<tr><td>HX380LAD</td><td>0.11</td><td>0.50</td><td>1.40</td><td>0.030</td><td>0.025</td><td>≥0.015</td><td>0.09</td><td>0.15</td></tr>
<tr><td>HX420LAD</td><td>0.11</td><td>0.50</td><td>1.40</td><td>0.030</td><td>0.025</td><td>≥0.015</td><td>0.09</td><td>0.15</td></tr>
<tr><td>HX460LAD</td><td>0.15</td><td>0.50</td><td>1.70</td><td>0.030</td><td>0.025</td><td>≥0.015</td><td>0.09</td><td>0.15</td></tr>
<tr><td>HX500LAD</td><td>0.15</td><td>0.50</td><td>1.70</td><td>0.030</td><td>0.025</td><td>≥0.015</td><td>0.09</td><td>0.15</td></tr>
</table>

表 4　冷成型多相钢的牌号及化学成分

<table>
<tr><th rowspan="2">牌　号</th><th rowspan="2">镀层种类</th><th colspan="10">化学成分(熔炼分析)/%，不大于</th></tr>
<tr><th>C</th><th>Si</th><th>Mn</th><th>P</th><th>S</th><th>Alt</th><th>Cr + Mo</th><th>Nb + Ti</th><th>V</th><th>B</th></tr>
<tr><td colspan="12">FB 钢</td></tr>
<tr><td>HDT450F</td><td rowspan="2">+Z，+ZF</td><td>0.18</td><td>0.50</td><td>1.20</td><td>0.030</td><td>0.010</td><td>≥0.015</td><td>0.30</td><td>0.05</td><td>0.15</td><td>0.005</td></tr>
<tr><td>HDT560F</td><td>0.18</td><td>0.50</td><td>1.80</td><td>0.025</td><td>0.010</td><td>≥0.015</td><td>0.30</td><td>0.15</td><td>0.15</td><td>0.005</td></tr>
<tr><td colspan="12">DP 钢</td></tr>
<tr><td>HCT450X</td><td rowspan="3">+Z，+ZF，+ZA</td><td rowspan="2">0.14</td><td rowspan="6">0.80</td><td rowspan="2">2.00</td><td rowspan="6">0.080</td><td rowspan="6">0.015</td><td rowspan="6">≤2.00</td><td rowspan="6">1.00</td><td rowspan="6">0.15</td><td rowspan="6">0.20</td><td rowspan="6">0.005</td></tr>
<tr><td>HCT500X</td></tr>
<tr><td>HCT600X</td><td rowspan="2">0.17</td><td rowspan="2">2.20</td></tr>
<tr><td>HDT580X</td><td>+Z，+ZF</td></tr>
<tr><td>HCT780X</td><td rowspan="2">+Z，+ZF，+ZA</td><td>0.18</td><td rowspan="2">2.50</td></tr>
<tr><td>HCT980X</td><td>0.23</td></tr>
<tr><td colspan="12">TRIP 钢</td></tr>
<tr><td>HCT690T</td><td rowspan="2">+Z，+ZF，+ZA</td><td rowspan="2">0.32</td><td rowspan="2">2.20</td><td rowspan="2">2.50</td><td rowspan="2">0.12</td><td rowspan="2">0.015</td><td rowspan="2">≤2.00</td><td rowspan="2">0.60</td><td rowspan="2">0.20</td><td rowspan="2">0.20</td><td rowspan="2">0.005</td></tr>
<tr><td>HCT780T</td></tr>
</table>

续表 4

<table>
<tr><th rowspan="2">牌　号</th><th rowspan="2">镀层种类</th><th colspan="10">化学成分(熔炼分析)/%，不大于</th></tr>
<tr><th>C</th><th>Si</th><th>Mn</th><th>P</th><th>S</th><th>Alt</th><th>Cr + Mo</th><th>Nb + Ti</th><th>V</th><th>B</th></tr>
<tr><td colspan="12">CP 钢</td></tr>
<tr><td>HCT600C</td><td>+Z，+ZF，+ZA</td><td rowspan="4">0.18</td><td rowspan="6">0.80</td><td rowspan="6">2.20</td><td rowspan="6">0.080</td><td rowspan="6">0.015</td><td rowspan="6">≤2.00</td><td rowspan="4">1.00</td><td rowspan="6">0.15</td><td rowspan="5">0.20</td><td rowspan="6">0.005</td></tr>
<tr><td>HCT750C</td><td>+Z，+ZF</td></tr>
<tr><td>HCT780C</td><td>+Z，+ZF，+ZA</td></tr>
<tr><td>HCT780C</td><td rowspan="2">+Z，+ZF</td></tr>
<tr><td>HCT950C</td><td rowspan="2">0.25</td><td rowspan="2">1.20</td></tr>
<tr><td>HCT980C</td><td>+Z，+ZF，+ZA</td><td>0.20</td></tr>
<tr><td colspan="12">MS 钢</td></tr>
<tr><td>HDT1200M</td><td>+Z，+ZF</td><td>0.25</td><td>0.80</td><td>2.00</td><td>0.060</td><td>0.015</td><td>≤2.00</td><td>1.20</td><td>0.15</td><td>0.22</td><td>0.005</td></tr>
</table>

4　成品分析的化学成分允许偏差（见表5）

表5　化学成分允许偏差

<table>
<tr><th>化 学 元 素</th><th>表1到4中熔炼分析限定值/%</th><th>成品分析允许偏差/%</th></tr>
<tr><td>C</td><td>≤0.32</td><td>+0.02</td></tr>
<tr><td rowspan="3">Si</td><td>≤0.60</td><td>+0.03</td></tr>
<tr><td>>0.60～0.80</td><td>+0.05</td></tr>
<tr><td>>0.80～2.20</td><td>+0.10</td></tr>
<tr><td>Mn</td><td>≤2.50</td><td>+0.10</td></tr>
<tr><td>P</td><td>≤0.12</td><td>+0.01</td></tr>
<tr><td rowspan="2">S</td><td>≤0.015</td><td>+0.003</td></tr>
<tr><td>>0.015～0.045</td><td>+0.005</td></tr>
<tr><td rowspan="2">Alt</td><td>≥0.015</td><td>-0.005</td></tr>
<tr><td>≤2.00</td><td>+0.10</td></tr>
<tr><td>Cr + Mo</td><td>≤1.20</td><td>+0.05</td></tr>
<tr><td>Nb</td><td>≤0.09</td><td>+0.02</td></tr>
<tr><td>Ti</td><td>≤0.15</td><td>+0.02</td></tr>
<tr><td>Nb + Ti</td><td>≤0.20</td><td>+0.02</td></tr>
<tr><td>V</td><td>≤0.22</td><td>+0.02</td></tr>
<tr><td>B</td><td>≤0.005</td><td>+0.001</td></tr>
</table>

5　力学性能及工艺性能（见表6～表10）

表6　冷成型低碳钢的力学性能（横向试样）

命名		屈服强度 $R_{p0.2}$ 或 R_{eL}/MPa	抗拉强度 R_m /MPa	断后伸长率 A_{80mm}/%	最小塑性应变比 r_{90}	最小应变硬化指数 n_{90}
牌　号	镀 层 种 类			不小于		
DX51D	+Z，+ZF，+ZA，+AZ，+AS	—	270～500	22	—	—
DX52D	+Z，+ZF，+ZA，+AZ，+AS	140～300①	270～420	26	—	—
DX53D	+Z，+ZF，+ZA，+AZ，+AS	140～260	270～380	30	—	—
DX54D	+Z，+ZA，	120～220	260～350	36	1.6②	0.18
DX54D	+ZF	120～220	260～350	34	1.4②	0.18
DX54D	+AZ	120～220	260～350	36	—	—
DX54D	+AS	120～220	260～350	34	1.4②③	0.18③
DX55D④	+AS	140～240	270～370	30	—	—
DX56D	+Z，+ZA	120～180	260～350	39	1.9②	0.21
DX56D	+ZF	120～180	260～350	37	1.7②③	0.20③
DX56D	+AS	120～180	260～350	39	1.7②③	0.20③
DX57D	+Z，+ZA	120～170	260～350	41	2.1②	0.22
DX57D	+ZF	120～170	260～350	39	1.9②③	0.21③
DX57D	+AS	120～170	260～350	41	1.9②③	0.21③

注：1. 当没有明显的屈服时取 $R_{p0.2}$，否则取 R_{eL}。

2. 产品厚度小于等于0.50mm时断后伸长率可降低4%，产品厚度为0.50(不含)～0.70mm时断后伸长率可降低2%。

3. DX 51D、DX 52D、DX 53D及建筑用钢应在生产之日起一个月内使用，DX 54D、DX 55D、DX 56D、DX 57D及高强钢应在生产之日起六个月内使用。

① 仅用于平整后的产品（表面质量为B及C)。

② 对于厚度大于1.5mm的钢板和钢带，r_{90} 值可降低0.2。

③ 对于厚度小于等于0.70mm的钢板和钢带，r_{90} 值可降低0.2，n_{90} 值可降低0.01。

④ 应标注出由DX55D+AS制造的伸长率最小且没遵照系统顺序的产品。DX55D+AS的最大特性为耐热性好。

表7　建筑用钢的力学性能（纵向试样）

命名		屈服强度 $R_{p0.2}$ 或 R_{eH}/MPa	抗拉强度 R_m/MPa	断后伸长率 A_{80mm}/%
牌　号	镀 层 种 类	不小于		
S220GD	+Z，+ZF，+ZA，+AZ	220	300	20
S250GD	+Z，+ZF，+ZA，+AZ，+AS	250	330	19
S280GD	+Z，+ZF，+ZA，+AZ，+AS	280	360	18
S320GD	+Z，+ZF，+ZA，+AZ，+AS	320	390	17
S350GD	+Z，+ZF，+ZA，+AZ，+AS	350	420	16
S550GD	+Z，+ZF，+ZA，+AZ	550	560	—

注：1. 当没有明显的屈服时取 $R_{p0.2}$，否则取 R_{eH}。

2. 对于除S550GD外的所有钢种，抗拉强度预计在140MPa的范围内。

3. 产品厚度小于等于0.50mm时断后伸长率可降低4%，产品厚度为0.50(不含)～0.70mm时断后伸长率可降低2%。

4. 应在生产之日起三个月内使用。

表 8 冷成型高强度钢的力学性能（横向试样）

命名		屈服强度 $R_{p0.2}$ 或 R_{eL}/MPa	抗拉强度 R_m /MPa	断后伸长率 A_{80mm}/%	最小塑性应变比 r_{90}	最小应变硬化指数 n_{90}	烘烤硬化值 BH_2/MPa
牌号	镀层种类			不小于			
HX160YD	+Z +ZF +ZA +AZ +AS	160~220	300~360	37	1.9	0.20	—
HX180YD		180~240	330~390	34	1.7	0.18	—
HX180BD		180~240	290~360	34	1.5	0.16	35
HX220YD		220~280	340~420	32	1.5	0.17	—
HX220BD		220~280	320~400	32	1.2	0.15	35
HX260YD		260~320	380~440	30	1.4	0.16	—
HX260BD		260~320	360~440	28	—	—	35
HX260LAD		260~330	350~430	26	—	—	—
HX300YD		300~360	390~470	27	1.3	0.15	—
HX300BD		300~360	400~480	26	—	—	35
HX300LAD		300~380	380~480	23	—	—	—
HX340BD		340~400	440~520	24	—	—	35
HX340LAD		340~420	410~510	21	—	—	—
HX380LAD		380~480	440~560	19	—	—	—
HX420LAD		420~520	470~590	17	—	—	—
HX460LAD		460~560	500~640	15	—	—	—
HX500LAD		500~620	530~690	13	—	—	—

注：1. 当没有明显的屈服时取 $R_{p0.2}$，否则取 R_{eL}。

2. 产品厚度小于等于0.50mm时断后伸长率可降低4%，产品厚度为0.50（不含）~0.70mm时断后伸长率可降低2%。

3. 对于AS、AZ及ZF镀层，断后伸长率可降低2%，r_{90}值可降低0.2。

4. 对于厚度大于1.5mm的钢板和钢带，r_{90}值可降低0.2。

表 9 冷成型多相钢的力学性能（冷轧基板，横向试样）

牌号	屈服强度 $R_{p0.2}$ 或 R_{eL}/MPa	抗拉强度 R_m /MPa	断后伸长率 A_{80mm} /%	应变硬化指数 $n_{10\text{-}UE}$	烘烤硬化指数 BH_2 /MPa
		不小于			
DP钢					
HCT450X	260~340	450	27	0.16	30
HCT500X	300~380	500	23	0.15	30
HCT600X	340~420	600	20	0.14	30
HCT780X	450~560	780	14	—	30
HCT980X	600~750	980	10	—	30
TRIP钢					
HCT690T	430~550	690	23	0.18	40
HCT780T	470~600	780	21	0.16	40

续表 9

牌　号	屈服强度 $R_{p0.2}$ 或 R_{eL}/MPa	抗拉强度 R_m /MPa	断后伸长率 A_{80mm} /%	应变硬化指数 $n_{10\text{-}UE}$	烘烤硬化指数 BH_2 /MPa
		不小于			
CP 钢					
HCT600C	350 ~ 500	600	16	—	30
HCT780C	500 ~ 700	780	10	—	30
HCT980C	700 ~ 900	980	7	—	30

注：1. 当没有明显的屈服时取 $R_{p0.2}$，否则取 R_{eL}。

2. 产品厚度小于等于0.50mm时断后伸长率可降低4%，产品厚度为0.50(不含)~0.70mm时断后伸长率可降低2%。

3. 包含的镀层种类有+Z、+ZF、+ZA。对于ZF镀层，断后伸长率可降低2%。

4. 应在生产之日起三个月内使用。

表 10　冷成型多相钢的力学性能（热轧基板，横向试样）

牌　号	屈服强度 $R_{p0.2}$ 或 R_{eL}/MPa	抗拉强度 R_m /MPa	断后伸长率 A_{80mm} /%	应变硬化指数 $n_{10\text{-}UE}$	烘烤硬化指数 BH_2 /MPa
		不小于			
FB 钢					
HDT450F	320 ~ 420	450	23	—	30
HDT560F	460 ~ 570	560	16	—	30
DP 钢					
HDT580X	330 ~ 460	580	19	0.13	30
CP 钢					
HDT750C	620 ~ 760	750	10	—	30
HDT780C	680 ~ 830	780	10	—	30
HDT950C	720 ~ 920	950	9	—	30
MS 钢					
HDT1200M	900 ~ 1150	1200	5	—	30

注：1. 当没有明显的屈服时取 $R_{p0.2}$，否则取 R_{eL}。

2. 包含的镀层种类有+Z、+ZF。

3. 应在生产之日起三个月内使用。

6　镀层重量（见表11）

表 11　镀层重量

镀层级别	最小双面镀层重量/$g \cdot m^{-2}$		单点实验中单位表面镀层厚度的指导值/μm		密度/$g \cdot cm^{-3}$
	三点实验	单点实验	典型值	范　围	
锌镀层量（Z）					
Z100	100	85	7	5 ~ 12	7.1
Z140	140	120	10	7 ~ 15	

续表 11

镀层级别	最小双面镀层重量/g·m^{-2}		单点实验中单位表面镀层厚度的指导值/μm		密度/g·cm^{-3}
	三点实验	单点实验	典型值	范围	
锌镀层量（Z）					
Z200	200	170	14	10~20	7.1
Z225	225	195	16	11~22	
Z275	275	235	20	15~27	
Z350①	350	300	25	19~33	
Z450①	450	385	32	24~42	
Z600	600	510	42	32~55	
锌铁镀层量（ZF）					
ZF100	100	85	7	5~12	7.1
ZF120	120	100	8	6~13	
锌铝合金镀层量（ZA）					
ZA095	95	80	7	5~12	6.9
ZA130	130	110	10	7~15	
ZA185	185	155	14	10~20	
ZA200	200	170	15	11~21	
ZA255	255	215	20	15~27	
ZA300①	300	255	23	17~31	
铝锌合金镀层量（AZ），不含多相钢					
AZ100	100	85	13	9~19	3.8
AZ150	150	130	20	15~27	
AZ185	185	160	25	19~33	
铝硅合金镀层量（AS），不含多相钢					
AS060	60	45	8	6~13	3.0
AS080	80	60	14	10~20	
AS100①	100	75	17	12~23	
AS120①	120	90	20	15~27	
AS150①	150	115	25	19~33	

① 仅适用于符合表 6 及表 7 的钢种及表 8 的 LAD 钢种。

7　适用的镀层表面结构及表面质量（见表 12~表 14）

表 12　锌镀层（Z）的可用镀层，结构及表面质量

镀层命名	表面质量			
	N	M		
	A	A	B	C
Z100	×	×	×	×
Z140	×	×	×	×

续表 12

镀层命名	表面质量			
	N	M		
	A	A	B	C
Z200	×	×	×	×
Z225	×	×	×	×
Z275	×	×	×	×
(Z350)	(×)	(×)	—	—
(Z450)	(×)	(×)	—	—
(Z600)	(×)	(×)	—	—

注：括号中给出的镀层及表面质量需在订货时协商。

表 13　锌铁合金镀层（ZF）的可用镀层及表面质量

镀层命名	表面质量		
	A	B	C
ZF100	×	×	×
ZF120	×	×	×

表 14　锌铝合金镀层（ZA）、铝锌合金镀层（AZ）及铝硅合金镀层（AS）可用的镀层结构及表面质量

镀层命名	表面质量		
	A	B	C
锌铝镀层（ZA）			
ZA095	×	×	×
ZA130	×	×	×
ZA185	×	×	×
ZA200	×	×	×
ZA255	×	×	×
ZA300	×	—	—
铝锌镀层（AZ）			
AZ100	×	×	×
AZ150	×	×	×
AZ185	×	×	×
铝硅镀层（AS）			
AS060	×	×	×
AS080	×	×	×
AS100	×	×	×
AS120	×	×	(×)
AS150	×	(×)	(×)

注：括号中给出的镀层及表面质量需在订货时协商。

第四节　国际标准

ISO 4998：2011 结构级连续热镀锌碳素钢板（概要）

1　范围

该标准适用于对耐蚀性有特殊要求的结构级连续热镀锌和锌铁合金镀层碳素钢板。

2　尺寸、外形及允许偏差

镀锌结构级钢板镀锌后的厚度为0.25～5mm，板卷和定尺板的宽大于等于600mm。

镀锌钢板的尺寸公差见ISO 16163《连续热浸镀镀层钢板产品—尺寸及形状公差》。

厚度公差适用于厚度为基体金属厚度和镀层厚度之和的产品。

当规定金属基底厚度时，ISO 16163：2010中表2～表4的厚度公差适用于平均厚度。

3　牌号及化学成分（见表1、表2）

表1　各牌号的化学成分

元　素	化学成分(熔炼分析)/%
C	≤0.25
Mn	≤1.70
P	≤0.05
S	≤0.035

注：1. 牌号250和280：$w(P) \leq 0.10\%$。

2. 牌号350：$w(P) \leq 0.20\%$。

表2　各牌号的化学成分

元　素	Cu	Ni	Cr	Mo	Nb	V	Ti
熔炼分析	≤0.20	≤0.20	≤0.15	≤0.06	≤0.008	≤0.008	≤0.008
成品分析	≤0.23	≤0.23	≤0.19	≤0.07	≤0.018	≤0.018	≤0.018

注：1. 对熔炼分析，$w(Cu+Ni+Cr+Mo) \leq 0.50\%$。当规定一种或多种这些元素时，对于总和的要求不适用。

2. 对熔炼分析，$w(Cr+Mo) \leq 0.16\%$。当规定一种或多种这些元素时，对于总和的要求不适用。

3. 根据双方协议，对熔炼分析，$w(V) \leq 0.008\%$。

4. 熔炼分析报告应包括表中的每个元素。当Cu、Ni、Cr、Mo含量小于0.02%时，分析报告中记为"<0.02%"。

4　交货状态

钢板及钢带经热镀或热镀加平整（或光整）后交货。

5　力学及工艺性能

5.1　力学性能见表3。

表3　力学性能

牌　号	下屈服强度 R_{eL}/MPa	抗拉强度 R_m/MPa	断后伸长率 A/%	
			L_0 = 50mm	L_0 = 80mm
220	≥220	≥310	≥20	≥18
250	≥250	≥360	≥18	≥16
280	≥280	≥380	≥18	≥14
320	≥320	≥430	≥16	≥12
350	≥350	≥450	≥12	≥10
380	≥380	≥540	≥12	≥10
550	≥550	≥570	—	—

注：1. 当屈服现象不明显时，按 $R_{t0.5}$ 或按 $R_{p0.2}$。当规定上屈服强度（R_{eH}）时，每个牌号的数值要高于 R_{eL} 20MPa。

2. 用 L_0 = 50mm 或 L_0 = 80mm 来测量断后伸长率。当钢板厚度小于等于 0.6mm 时，应减少 2%（绝对值）。

3. 在钢板宽度的 1/4 处取横向试样。

5.2　镀锌层弯曲要求见表4。

表4　镀锌层弯曲

牌　号	180°弯曲压头直径					
	e < 3mm			e≥3mm		
	镀层符号					
	< Z350	Z450、Z600	Z700	< Z450	Z600	Z700
220	1a	2a	3a	2a	3a	4a
250	1a	2a	3a	2a	3a	4a
280	2a	2a	3a	3a	3a	4a
320	3a	3a	3a	3a	3a	4a
350	3a	3a	3a	3a	3a	4a
380	3a	3a	3a	3a	3a	4a

注：1. e 为钢板厚度（mm）；a 为弯曲试件厚度。

2. 从距边不小于 25mm 处截取，试样最小宽度为 50mm。

6　镀层重量（见表5）

表5　镀层重量

镀 层 符 号	镀层重量最小值	
	三点试验/g · m^{-2}	单点试验/g · m^{-2}
Z001、ZF001	无最小值	无最小值
Z100 ZF100	100	85
Z180 ZF180	180	150
Z200	200	170
Z275	275	235

续表5

镀层符号	镀层重量最小值	
	三点试验/g·m^{-2}	单点试验/g·m^{-2}
Z350	250	300
Z450	450	385
Z600	600	510
Z700	700	585

注：1. 镀层的重量不总是在镀锌带钢的两个表面平均分配，也不是从这边到那边平均分布镀层。通常可以期望两个面的重量都不小于单点检验极限值的40%。

2. 使用如下关系可以估算涂层厚度：100g/m^2 双面总重＝0.014mm 双侧总厚。

3. Z450、Z600 和 Z700 的镀层量不适用于 320、350、380 和 500 牌号。

4. “无最小值”的含义是对三点和单点试验没有确定最小值。

5. 固定约300mm长的样品，截取三个试样，一个从宽度中心处截取；另两个从距各边25mm以内处各截取一个。最小试样面积须为1200mm^2。

7　表面结构（见表6）

表6　表面结构

镀层表面结构	代　号	特　征
普通锌花	N	锌层在自然条件下凝固得到的肉眼可见的锌花结构
小锌花	M	通过特殊控制方法得到的肉眼可见的细小的锌花结构
无锌花	F	通过特殊控制方法得到的肉眼不可见的细小的锌花结构
平　整	S	轻微冷轧镀锌钢板，可提高表面光洁度，提高钢板表面状态

8　表面处理（见表7）

表7　表面处理

表面处理种类	代　号
钝　化	C
磷　化	P
涂　油	O
钝化＋涂油	CO

第七章　建筑结构用钢

第七章 建筑结构用钢

第一节 中国标准

GB/T 19879—2005 建筑结构用钢板（概要）

1 范围

该标准适用于制造高层建筑结构、大跨度结构及其他重要建筑结构用厚度为6～100mm的钢板。钢带亦可参照执行本标准。

2 尺寸、外形及允许偏差

钢板的尺寸、外形及允许偏差见GB/T 709《热轧钢板和钢带的尺寸、外形、重量及允许偏差》，厚度负偏差限定为－0.3mm。

3 牌号及化学成分

3.1 钢的牌号及化学成分（熔炼分析）见表1。

表 1　牌号和化学成分

牌号	质量等级	厚度/mm	化学成分(熔炼分析)/%											
			C	Si	Mn	P	S	V	Nb	Ti	Als	Cr	Cu	Ni
Q235GJ	B	6~100	≤0.20	≤0.55	0.60~1.20	≤0.25	≤0.015	—	—	—	≥0.015	≤0.30	≤0.30	≤0.30
	C													
	D		≤0.18			≤0.20								
	E													
Q345GJ	B	6~100	≤0.20	≤0.55	≤1.60	≤0.25	≤0.015	0.020~0.150	0.015~0.060	0.010~0.030	≥0.015	≤0.30	≤0.30	≤0.30
	C													
	D		≤0.18			≤0.20								
	E													
Q390GJ	C	6~100	≤0.20	≤0.55	≤1.60	≤0.25	≤0.015	0.020~0.200	0.015~0.060	0.010~0.030	≥0.015	≤0.30	≤0.30	≤0.70
	D		≤0.18			≤0.20								
	E													
Q420GJ	C	6~100	≤0.20	≤0.55	≤1.60	≤0.25	≤0.015	0.020~0.200	0.015~0.060	0.010~0.030	≥0.015	≤0.40	≤0.30	≤0.70
	D		≤0.18			≤0.20								
	E													
Q460GJ	C	6~100	≤0.20	≤0.55	≤1.60	≤0.25	≤0.015	0.020~0.200	0.015~0.060	0.010~0.030	≥0.015	≤0.70	≤0.30	≤0.70
	D		≤0.18			≤0.20								
	E													

注：1. 对于厚度方向性能钢板，$w(P) \leqslant 0.020\%$，S 含量符合 GB/T 5313 的规定，具体见表 2。
2. 允许用 Alt 代替 Als，此时应 $w(Alt) \geqslant 0.020\%$。
3. Cr、Ni、Cu 为残余元素时，其含量应各不大于 0.30%。
4. 为了改善钢板的性能，可添加微合金化元素 V、Nb、Ti 等，当单独添加时，微合金化元素含量应不低于表中所列的下限；若混合加入，则表中其下限含量不适用。混合加入时，V、Nb、Ti 总和不大于 0.22%。
5. 应在质量证明书中注明用于计算碳当量或焊接裂纹敏感性指数的化学成分。

表2　厚度方向性能钢板的化学成分

厚度方向性能级别	S含量(熔炼分析)/%
Z15	≤0.010
Z25	≤0.007
Z35	≤0.005

3.2　碳当量（CE）或焊接裂纹敏感性指数（Pcm）

各牌号所有质量等级钢板的碳当量或焊接裂纹敏感性指数见表3，应采用熔炼分析值并根据下列公式计算碳当量或焊接裂纹敏感性指数，一般以碳当量交货。经供需双方协商并在合同中注明，钢板的碳当量可用焊接裂纹敏感性指数替代。

$$CE(\%) = C + \frac{Mn}{6} + \frac{Cr + Mo + V}{5} + \frac{Ni + Cu}{15}$$

$$Pcm(\%) = C + Si/30 + Mn/20 + Cu/20 + Ni/60 + Cr/20 + Mo/15 + V/10 + 5B$$

表3　碳当量或焊接裂纹敏感性指数

牌号	交货状态	规定厚度下的碳当量CE/%		规定厚度下的焊接裂纹敏感性指数Pcm/%	
		≤50mm	>50~100mm	≤50mm	>50~100mm
Q235GJ	AR、N、NR	≤0.36	≤0.36	≤0.26	≤0.26
Q345GJ	AR、N、NR、N+T	≤0.42	≤0.44	≤0.29	≤0.29
	TMCP	≤0.38	≤0.40	≤0.24	≤0.26
Q390GJ	AR、N、NR、N+T	≤0.45	≤0.47	≤0.29	≤0.30
	TMCP	≤0.40	≤0.43	≤0.26	≤0.27
Q420GJ	AR、N、AR、N+T	≤0.48	≤0.50	≤0.31	≤0.33
	TMCP	≤0.48	供需双方协商	≤0.29	供需双方协商
Q460GJ	AR、N、NR、N+T Q+T、TMCP	供需双方协商			

注：AR—热轧；N—正火；NR—正火轧制；T—回火；Q—淬火；TMCP—热机械轧制。

4　交货状态

钢板的交货状态为热轧、正火、正火轧制、正火+回火、淬火+回火或热机械轧制。交货状态由供需双方商定，并在合同中注明。

5　力学性能和工艺性能

5.1　钢板的力学性能和工艺性能见表4。

表4 力学性能和工艺性能

牌号	质量等级	以下钢板厚度（mm）的屈服强度 R_{eH} /MPa				抗拉强度 R_m /MPa	断后伸长率 A /%	冲击吸收能量（纵向）KV_2/J		以下钢板厚度（mm）的180°弯曲试验（d=弯曲压头直径，a=试样厚度）		屈强比，不大于
		6～16	>16～35	>35～50	>50～100			温度/℃	不小于	≤16	>16	
Q235GJ	B	≥235	235～355	225～345	215～335	400～510	≥23	20	34	$d=2a$	$d=3a$	0.80
	C							0				
	D							-20				
	E							-40				
Q345GJ	B	≥345	345～465	335～455	325～445	490～610	≥22	20	34	$d=2a$	$d=3a$	0.83
	C							0				
	D							-20				
	E							-40				
Q390GJ	C	≥390	390～510	380～500	370～490	490～650	≥20	0	34	$d=2a$	$d=3a$	0.85
	D							-20				
	E							-40				
Q420GJ	C	≥420	420～550	410～540	400～530	520～680	≥19	0	34	$d=2a$	$d=3a$	0.85
	D							-20				
	E							-40				
Q460GJ	C	≥460	460～600	450～590	440～580	550～720	≥17	0	34	$d=2a$	$d=3a$	0.85
	D							-20				
	E							-40				

注：1. 拉伸试样采用系数为5.65的比例试样。
2. 伸长率按有关标准进行换算时，表中断后伸长率 $A=17\%$ 与 $A_{50mm}=20\%$ 相当。
3. 若供方能保证弯曲性能符合表4的规定，可不做弯曲试验。若需方要求做弯曲试验，应在合同中注明。
4. 冲击吸收能量值按一组三个试样算术平均值计算，允许其中一个试样值低于表4规定值，但不得低于规定值的70%。
5. 夏比（V型缺口）冲击试验结果不符合上述规定时，应从同一张钢板（或同一样坯）上再取3个试样进行试验，前后两组6个试样的算术平均值不得低于规定值，允许有2个试样小于规定值，但其中小于规定值70%的试样只允许有1个。
6. 厚度小于12mm的钢板应采用小尺寸试样进行夏比（V型缺口）冲击试验。钢板厚度为8（不含）～12mm时，试样尺寸为7.5mm×10mm×55mm；钢板厚度为6～8mm时，试样尺寸为5mm×10mm×55mm。其试验结果应分别不小于表4规定值的75%或50%。

5.2　当厚度大于等于15mm的钢板要求厚度方向性能时，其厚度方向性能级别的断面收缩率见表5。

表5　厚度方向性能级别的断面收缩率

厚度方向性能级别	断面收缩率 $Z/\%$	
	三个试样平均值	单个试样值
Z15	≥15	≥10
Z25	≥25	≥15
Z35	≥35	≥25

6　超声波检验

厚度方向性能钢板应逐张进行超声波检验，检验方法按GB/T 2970的规定，其验收级别应在合同中注明。其他牌号的钢板根据用户要求，并在合同中注明，也可进行超声波检验。

第二节　日本标准

JIS G3136：2005 建筑结构用轧制钢材（概要）

1　范围

该标准适用于建筑结构用热轧钢材。

2　牌号及适用厚度（见表1）

表1　牌号及适用厚度

牌　号	适用厚度/mm
SN400A	6～100
SN400B	
SN400C	16～100
SN490B	6～100
SN490C	16～100

注：根据供需双方协议进行超声波探伤的钢板应在钢号标记之后标记上“－UT”。如SN400B-UT、SN490B-UT。

3　尺寸、外形及允许偏差

3.1　当没有特殊规定时，钢板的长度偏差和切边钢板、钢带的宽度偏差见JIS G3193《热轧钢板及钢带的形状、尺寸、重量及允许误差》的偏差A。

3.2　钢板、钢带的厚度偏差见表2。

3.3　钢材的其他形状、尺寸、重量及偏差见JIS G3193。

表2　钢板和钢带的厚度允许偏差

厚度/mm	以下宽度规格的厚度允许偏差/mm					
	<1600	1600～<2000	2000～<2500	2500～<3150	3150～<4000	4000～<5000
6.00～<6.30	+0.70	+0.90	+0.90	+1.20	+1.20	—
6.30～<10.0	+0.80	+1.00	+1.00	+1.30	+1.30	+1.50
10.0～<16.0	+0.80	+1.00	+1.00	+1.30	+1.30	+1.70
16.0～<25.0	+1.00	+1.20	+1.20	+1.60	+1.60	+1.90
25.0～<40.0	+1.10	+1.30	+1.30	+1.70	+1.70	+2.10
40.0～<63.0	+1.30	+1.60	+1.60	+1.90	+1.90	+2.30
63.0～<100	+1.50	+1.90	+1.90	+2.30	+2.30	+2.70
100	+2.30	+2.70	+2.70	+3.10	+3.10	+3.50

注：1. 负偏差值均为0.3mm。

2. 厚度测量的位置：带轧制边的钢带及从钢带切出的钢板，厚度测量的位置为距边缘25mm以上的任意点；切边的钢带及从钢带切出的钢板，厚度测量的位置为距边缘15mm以上的任意点。轧制状态（带轧制边）的钢板，厚度测量的位置为宽度切断预定线以里的任意点；切边的钢板，厚度测量的位置为距边缘15mm以上的任意点。

4　化学成分（见表3）

表3　化学成分

牌　号	厚度/mm	化学成分(熔炼分析)/%				
		C	Si	Mn	P	S
SN400A	6～100	≤0.24	—	—	≤0.050	≤0.050
SN400B	6～50	≤0.20	≤0.35	0.60～1.40	≤0.030	≤0.015
	>50～100	≤0.22				
SN400C	16～50	≤0.20	≤0.35	0.60～1.40	≤0.020	≤0.008
	>50～100	≤0.22				
SN490B	6～50	≤0.18	≤0.55	≤1.60	≤0.030	≤0.015
	>50～100	≤0.20				
SN490C	16～50	≤0.18	≤0.55	≤1.60	≤0.020	≤0.008
	>50～100	≤0.20				

注：必要时可添加其他合金元素。

5　碳当量（Ceq）或焊接裂纹敏感性指数（Pcm）

应采用熔炼分析值并根据下列公式计算碳当量或焊接裂纹敏感性指数，一般以碳当量交货。经供需双方协商并在合同中注明，钢板的碳当量可用焊接裂纹敏感性指数替代。各牌号所有质量等级钢板的碳当量或焊接裂纹敏感性指数见表4、表5，热机械轧制钢板的碳当量或焊接裂纹敏感性指数见表6、表7。

$$Ceq(\%) = C + \frac{Mn}{6} + \frac{Cr + Mo + V}{5} + \frac{Ni + Cu}{15}$$

$$Pcm(\%) = C + Si/30 + Mn/20 + Cu/20 + Ni/60 + Cr/20 + Mo/15 + V/10 + 5B$$

表4　碳当量

牌　号	以下厚度（mm）的碳当量 Ceq/%	
	≤40	>40～100
SN400B	≤0.36	≤0.36
SN400C		
SN490B	≤0.44	≤0.46
SN490C		

表5　焊接裂纹敏感性指数

牌　号	焊接裂纹敏感性指数 Pcm/%
SN400B	≤0.26
SN400C	
SN490B	≤0.29
SN490C	

表6　热机械轧制钢板的碳当量

牌　号	以下厚度（mm）的碳当量 Ceq/%	
	≤50	>50～100
SN490B	≤0.38	≤0.40
SN490C		

表7　热机械轧制钢板的焊接裂纹敏感性指数

牌　号	以下厚度（mm）的焊接裂纹敏感性指数 Pcm/%	
	≤50	>50～100
SN490B	≤0.24	≤0.26
SN490C		

6　力学性能（见表8、表9、表10）

表 8　拉伸试验性能（纵向试样）

<table>
<tr><th rowspan="3">牌　号</th><th colspan="5" rowspan="2">以下厚度（mm）的屈服强度 R_{eH}/MPa</th><th rowspan="3">抗拉强度 R_m /MPa</th><th colspan="5" rowspan="2">以下厚度（mm）的屈强比/%</th><th colspan="3">以下厚度（mm）的断后伸长率 A/%</th></tr>
<tr><th>1A 号样</th><th>1A 号样</th><th>4 号样</th></tr>
<tr><th>6 ~ <12</th><th>12 ~ <16</th><th>16</th><th>>16 ~ 40</th><th>>40 ~ 100</th><th>6 ~ <12</th><th>12 ~ <16</th><th>16</th><th>>16 ~ 40</th><th>>40 ~ 100</th><th>6 ~ 16</th><th>>16 ~ 40</th><th>>40 ~ 100</th></tr>
<tr><td>SN400A</td><td>≥235</td><td>≥235</td><td>≥235</td><td>≥235</td><td>≥215</td><td rowspan="3">400 ~ 510</td><td>—</td><td>—</td><td>—</td><td>—</td><td>—</td><td>≥17</td><td>≥21</td><td>≥23</td></tr>
<tr><td>SN400B</td><td>≥235</td><td>235 ~ 355</td><td>235 ~ 355</td><td>235 ~ 355</td><td>215 ~ 335</td><td>—</td><td>≤80</td><td>≤80</td><td>≤80</td><td>≤80</td><td rowspan="2">≥18</td><td rowspan="2">≥22</td><td rowspan="2">≥24</td></tr>
<tr><td>SN400C</td><td>—</td><td>—</td><td>235 ~ 355</td><td>235 ~ 355</td><td>215 ~ 335</td><td>—</td><td>—</td><td>≤80</td><td>≤80</td><td>≤80</td></tr>
<tr><td>SN490B</td><td>≥325</td><td>325 ~ 445</td><td>325 ~ 445</td><td>325 ~ 445</td><td>295 ~ 415</td><td rowspan="2">490 ~ 610</td><td>—</td><td>≤80</td><td>≤80</td><td>≤80</td><td>≤80</td><td rowspan="2">≥17</td><td rowspan="2">≥21</td><td rowspan="2">≥23</td></tr>
<tr><td>SN490C</td><td>—</td><td>—</td><td>325 ~ 445</td><td>325 ~ 445</td><td>295 ~ 415</td><td>—</td><td>—</td><td>≤80</td><td>≤80</td><td>≤80</td></tr>
</table>

注：1. 无明显屈服时采用 $R_{p0.2}$，否则采用 R_{eH}。

2. 1A 号试样为 40mm × 200mm。

3. 4 号圆试样为 ϕ14mm × 50mm。

表 9 夏比冲击吸收能量

牌 号	试验温度/℃	冲击吸收能量/J	试 样
SN400B	0	≥27	V 型缺口 轧制方向
SN400C			
SN490B			
SN490C			

注：1. 厚度大于 12mm 的钢材进行该试验。

2. 夏比冲击吸收能量是 3 个试样的平均值。在单个试验值中允许有 1 个小于 27J，但应大于等于 19J。

表 10 厚度方向特性

牌 号	厚度/mm	断面收缩率 *Z*/%	
		3 个试样平均值	单个试样值
SN400C	16 ~ 100	≥25	≥15
SN490C			

7 超声波探伤试验

厚度大于等于 16mm 的 SN400C 和 SN490C 应进行超声波探伤试验。厚度大于等于 13mm 的 SN400B 和 SN490B，经双方协议，也可以进行超声波探伤试验。试验的要求见表 11。

表 11 超声波探伤试验

牌 号	钢板及扁钢的厚度/mm	判 定
SN400B	13 ~ 100	应符合 JIS G0901 的判定等级 Y 的规定
SN400C	16 ~ 100	
SN490B	13 ~ 100	
SN490C	16 ~ 100	

第八章　压力容器用钢

第八章　压力容器用钢

第一节　中国标准

GB 713—2008 锅炉和压力容器用钢板（概要）

1　范围

该标准适用于锅炉及其附件和中常温压力容器的受压原件用厚度为3～200mm的钢板。

2　尺寸、外形、重量及允许偏差

钢板的厚度允许偏差见GB/T 709《热轧钢板和钢带的尺寸、外形、重量及允许偏差》中B类偏差，其他尺寸、外形及允许偏差见GB/T 709《热轧钢板和钢带的尺寸、外形、重量及允许偏差》。

3　牌号及化学成分（见表1）

表1　牌号及化学成分

牌号	化学成分(熔炼分析)/%										
	C②	Si	Mn	Cr	Ni	Mo	Nb	V	P	S	Alt
Q245R①	≤0.20	≤0.35	0.50～1.00③	—	—	—	—	—	≤0.025	≤0.015	≥0.020
Q345R①	≤0.20	≤0.55	1.20～1.60	—	—	—	—	—	≤0.025	≤0.015	≥0.020
Q370R	≤0.18	≤0.55	1.20～1.60	—	—	—	0.015～0.050	—	≤0.025	≤0.015	—
18MnMoNbR	≤0.22	0.15～0.50	1.20～1.60	—	—	0.45～0.65	0.025～0.050	—	≤0.020	≤0.010	—
13MnNiMoR	≤0.15	0.15～0.50	1.20～1.60	0.20～0.40	0.60～1.00	0.20～0.40	0.005～0.020	—	≤0.020	≤0.010	—
15CrMoR	0.12～0.18	0.15～0.40	0.40～0.70	0.80～1.20	—	0.45～0.60	—	—	≤0.025	≤0.010	—
14Cr1MoR	0.05～0.17	0.50～0.80	0.40～0.65	1.15～1.50	—	0.45～0.65	—	—	≤0.020	≤0.010	—

续表 1

牌 号	化学成分(熔炼分析)/%										
	C②	Si	Mn	Cr	Ni	Mo	Nb	V	P	S	Alt
12Cr2Mo1R	0.08 ~ 0.15	≤0.50	0.30 ~ 0.60	2.00 ~ 2.50	—	0.90 ~ 1.10	—	—	≤0.020	≤0.010	—
12Cr1MoVR	0.08 ~ 0.15	0.15 ~ 0.40	0.40 ~ 0.70	0.90 ~ 1.20	—	0.25 ~ 0.35	—	0.15 ~ 0.30	≤0.025	≤0.010	—

注：1. 厚度大于 60mm 的 Q345R 钢板，C 含量上限可提高至 0.22%。

2. 作为残余元素时，w(Cr)≤0.30%、w(Ni)≤0.30%、w(Cu)≤0.30%，w(Mo)≤0.080%，w(Cr + Ni + Cu + Mo)≤0.70%。

3. Q245R、Q345R 和 Q370R 钢中可添加微量 Nb、V、Ti，这 3 个元素含量的总和应分别不大于 0.05%、0.10%、0.12%。

4. 经供需双方协议，可规定 Q345R 和 Q370R 钢 w(P)≤0.015%、w(S)≤0.005%，14Cr1MoR 和 12Cr2Mo1R 钢 w(P)≤0.012%。

① 如果钢中加入 Nb、V、Ti 等微量元素，Alt 含量的下限不适用。

② 经供需双方协议，并在合同中注明，C 含量下限可不作要求。

③ 厚度大于 60mm 的 Q245R 钢板，Mn 含量上限可到 1.20%。

4　交货状态

4.1　钢板交货状态见表 2 规定。

4.2　18MnMoNbR、13MnNiMoR、15CrMoR、14Cr1MoR 的回火温度不低于 620℃，12Cr2Mo1R、12Cr1MoVR 的回火温度不低于 680℃。

4.3　经需方同意，厚度大于 60mm 的 18MnMoNbR、13MnNiMoR、15CrMoR、14Cr1MoR、12Cr2Mo1R、12Cr1MoVR 可以退火或回火状态交货。此时，这些牌号的试验用样坯应按表 2 交货状态进行热处理，性能按表 2 规定。样坯尺寸（宽度 × 厚度 × 长度）应不小于 $3a \times a \times 3a$（a 为钢板厚度）。

4.4　经供需双方协议，铬钼钢可以正火后加速冷却加回火交货，此时，按每轧制坯组批检验。

5　力学性能及工艺性能（见表 2）

表 2　钢板的力学性能及工艺性能

牌 号	交货状态	钢板厚度 /mm	横向拉伸试验			横向冲击试验		180°横向冷弯试验 a—试样厚度 d—弯曲压头直径 b—试样宽度，$b=2a$
			抗拉强度 R_m/MPa	屈服强度 R_{eL}/MPa	断后伸长率 A/%	温度 /℃	冲击吸收能量 KV_2/J	
				不小于			不小于	
Q245R	热轧、控轧或正火	3 ~ 16	400 ~ 520	245	25	0	31	$d=1.5a$
		>16 ~ 36		235				
		>36 ~ 60		225				
		>60 ~ 100	390 ~ 510	205	24			$d=2a$
		>100 ~ 150	380 ~ 500	185				

续表2

牌　号	交货状态	钢板厚度/mm	横向拉伸试验 抗拉强度 R_m/MPa	横向拉伸试验 屈服强度 R_{eL}/MPa	横向拉伸试验 断后伸长率 A/%	横向冲击试验 温度/℃	横向冲击试验 冲击吸收能量 KV_2/J	180°横向冷弯试验 a—试样厚度 d—弯曲压头直径 b—试样宽度，$b=2a$
				不小于	不小于		不小于	
Q345R	热轧、控轧或正火	3~16	510~640	345	21	0	34	$d=2a$
		>16~36	500~630	325				$d=3a$
		>36~60	490~620	315				
		>60~100	490~620	305	20			
		>100~150	480~610	285				
		>150~200	470~600	265				
Q370R	正　火	10~16	530~630	370	20	-20	34	$d=3a$
		>16~36		360				
		>36~60	520~620	340				
18MnMoNbR	正火加回火	>30~60	570~720	400	17	0	41	
		>60~100		390				
13MnNiMoR	正火加回火	>30~60	570~720	390	18	0	41	
		>60~100		380				
15CrMoR	正火加回火	6~60	450~590	295	19	20	31	
		>60~100		275				
		>100~150	440~580	255				
14Cr1MoR	正火加回火	6~100	520~680	310	19	20	34	
		>100~150	510~670	300				
12Cr2Mo1R	正火加回火	6~150	520~680	310	19	20	34	
12Cr1MoVR	正火加回火	6~60	440~590	245	19	20	34	
		>60~100	430~580	235				

注：1. 如屈服现象不明显，屈服强度可取 $R_{p0.2}$。

2. 厚度大于60mm的钢板，经供需双方协议，并在合同中注明，可不做弯曲试验。

3. 根据需方要求，经供需双方协议，Q245R、Q345R、13MnNiMoR钢板可进行-20℃冲击试验，代替表2中的0℃冲击试验，其冲击吸收能量值见表2。

4. 对厚度小于12mm钢板的夏比冲击试验应采用辅助试样，厚度大于8mm小于12mm钢板的辅助试样尺寸为10mm×7.5mm×55mm，其试验结果应不小于表2规定值的75%，6~8mm钢板辅助试样的尺寸为10mm×5mm×55mm，其试验结果应不小于表2规定值的50%。厚度小于6mm的钢板不做冲击试验。

5. 对于厚度大于40mm的钢板，冲击试样的轴线应位于厚度1/4处。根据需方要求，经供需双方协议，冲击试样的轴线可位于厚度的1/2处。

6　高温拉伸试验

根据需方要求，经供需双方协议，对厚度大于20mm的钢板可进行高温拉伸试验，试验温度应在合同中注明。高温下非比例延伸强度（$R_{p0.2}$）或下屈服强度（R_{eL}）值见表3。

表 3　横向高温拉伸试验

牌　号	钢板厚度 /mm	试验温度/℃						
		200	250	300	350	400	450	500
		屈服强度 R_{eL} 或 $R_{p0.2}$/MPa，不小于						
Q245R	>20～36	186	167	153	139	129	121	—
	>36～60	178	161	147	133	123	116	—
	>60～100	164	147	135	123	113	106	—
	>100～150	150	135	120	110	105	95	—
Q345R	>20～36	255	235	215	200	190	180	—
	>36～60	240	220	200	185	175	165	—
	>60～100	225	205	185	175	165	155	—
	>100～150	220	200	180	170	160	150	—
	>150～200	215	195	175	165	155	145	—
Q370R	>20～36	290	275	260	245	230	—	—
	>36～60	280	270	255	240	225	—	—
18MnMoNbR	>30～60	360	355	350	340	310	275	—
	>60～100	355	350	345	335	305	270	—
13MnNiMoR	>30～60	355	350	345	335	305	—	—
	>60～100	345	340	335	325	300	—	—
15CrMoR	>20～60	240	225	210	200	189	179	174
	>60～100	220	210	196	186	176	167	162
	>100～150	210	199	185	175	165	156	150
14Cr1MoR	>20～150	255	245	230	220	210	195	176
12Cr2Mo1R	>20～150	260	255	250	245	240	230	215
12Cr1MoVR	>20～100	200	190	176	167	157	150	142

注：如屈服现象不明显，屈服强度取 $R_{p0.2}$。

7　其他要求

7.1　根据需方要求，经供需双方协议，可进行厚度方向的拉伸试验，试验结果填写在质量证明书中。

7.2　根据需方要求，经供需双方协议，可进行落锤试验，试验结果填写在质量证明书中。

7.3　根据需方要求，经供需双方协议，钢板可逐张进行超声波检测，检测方法见 GB/T 2970《厚钢板超声波检验方法》或 JB 4730.3《承压设备无损检测　第3部分：超声检测》，检测标准和合格级别在合同中注明。

7.4　根据需方要求，经供需双方协议并在合同中注明，可附加规定临氢用途铬钼钢、抗 HIC 用途碳素钢和低合金钢的其他要求。

GB 3531—2008 低温压力容器用钢板（概要）

1　范围

该标准适用于制造 -20 ~ -70℃低温压力容器受压元件用厚度为 6 ~ 120mm 的低合金钢钢板。

2　尺寸、外形及允许偏差

钢板的厚度允许偏差见 GB/T 709《热轧钢板和钢带的尺寸、外形、重量及允许偏差》中 B 类偏差，其他尺寸、外形及允许偏差见 GB/T 709《热轧钢板和钢带的尺寸、外形、重量及允许偏差》。

3　牌号及化学成分（见表 1）

表 1　牌号及化学成分

<table>
<tr><th rowspan="2">牌　号</th><th colspan="9">化学成分（熔炼分析）/%</th></tr>
<tr><th>C</th><th>Si</th><th>Mn</th><th>Ni</th><th>V</th><th>Nb</th><th>Alt</th><th>P</th><th>S</th></tr>
<tr><td>16MnDR</td><td>≤0.20</td><td rowspan="3">0.15 ~ 0.50</td><td rowspan="3">1.20 ~ 1.60</td><td>—</td><td>—</td><td>—</td><td rowspan="3">≥0.020</td><td>≤0.025</td><td>≤0.012</td></tr>
<tr><td>15MnNiDR</td><td>≤0.18</td><td>0.20 ~ 0.60</td><td>≤0.06</td><td>—</td><td>≤0.025</td><td>≤0.012</td></tr>
<tr><td>09MnNiDR</td><td>≤0.12</td><td>0.30 ~ 0.80</td><td>—</td><td>≤0.04</td><td>≤0.020</td><td>≤0.012</td></tr>
</table>

注：1. 为改善钢板的性能，钢中可添加 Nb、V、Ti、RE 等元素，$w(Nb+V+Ti) \leqslant 0.12\%$。

2. 作为残余元素，$w(Cr) \leqslant 0.25\%$、$w(Cu) \leqslant 0.25\%$、$w(Ni) \leqslant 0.40\%$、$w(Mo) \leqslant 0.08\%$。

4　交货状态

钢板以正火、正火加回火状态交货。

5　力学性能及工艺性能（见表 2）

6　其他要求

厚度大于 20mm 的钢板，供方应逐张进行超声波检测。厚度不大于 20mm 的钢板，经供需双方协议，也可进行超声波检测。

检测方法见 GB/T 2970《厚钢板超声波检验方法》或 JB 4730.3《承压设备无损检测　第 3 部分：超声检测》，检测标准和合格级别在合同中注明。

表 2 力学性能及工艺性能

牌号	钢板厚度/mm	横向拉伸试验			横向冲击试验		180°横向冷弯试验 a—试样厚度 d—弯曲压头直径 b—试样宽度，b≥35mm
		抗拉强度 R_m /MPa	屈服强度 R_{eL} /MPa	断后伸长率 A /%	温度/℃	冲击吸收能量 KV_2 /J	
			不小于			不小于	
16MnDR	6～16	490～620	315	21	-40	34	d＝2a
	>16～36	470～600	295				d＝3a
	>36～60	460～590	285				
	>60～100	450～580	275		-30		
	>100～120	440～570	265				
15MnNiDR	6～16	490～620	325	20	-45	34	d＝3a
	>16～36	480～610	315				
	>36～60	470～600	305				
09MnNiDR	6～16	440～570	300	23	-70	34	d＝2a
	>16～36	430～560	280				
	>36～60	430～560	270				
	>60～120	420～550	260				

注：1. 如屈服现象不明显，屈服强度取 $R_{p0.2}$。
2. 弯曲试验仲裁试样宽度为35mm。
3. 对厚度小于12mm钢板的夏比冲击试验应采用辅助试样，厚度大于8mm小于12mm的钢板的辅助试样尺寸为7.5mm×10mm×55mm，其试验结果应不小于表2规定值的75%，6～8mm钢板辅助试样尺寸为5mm×10mm×55mm，其试验结果应不小于表2规定值的50%。厚度小于6mm的钢板不做冲击试验。
4. 对于厚度大于40mm的钢板，冲击试样的轴线应位于厚度1/4处。
5. 根据需方要求，经供需双方协议，厚度大于16mm的钢板可逐热处理张进行力学性能检验。

GB 6653—2008 焊接气瓶用钢板和钢带（概要）

1　范围

该标准适用于焊接气瓶用厚度为2.0～14.0mm的热轧钢板和钢带及厚度为1.5～4.0mm的冷轧钢板和钢带。

2　尺寸、外形及允许偏差

热轧钢板和钢带的尺寸、外形及允许偏差见GB/T 709《热轧钢板和钢带的尺寸、外形、重量及允许偏差》。

冷轧钢板和钢带的尺寸、外形及允许偏差见GB/T 708《冷轧钢板和钢带的尺寸、外形、重量及允许偏差》。

3　牌号及化学成分（见表1）

表1　牌号及化学成分

牌　号	化学成分(熔炼分析)/%					
	C	Si	Mn	P	S	Als
HP235	≤0.16	≤0.10	≤0.80	≤0.025	≤0.015	≥0.015
HP265	≤0.18	≤0.10	≤0.80			
HP295	≤0.18	≤0.10	≤1.00			
HP325	≤0.20	≤0.35	≤1.50			
HP345	≤0.20	≤0.35	≤1.50			

注：1. 对于HP265、HP295，C含量比规定最大C含量每降低0.01%，Mn含量则允许比规定最大Mn含量提高0.05%，但对HP265，最高Mn含量不允许超过1.00%；对于HP295，最高Mn含量不允许超过1.20%。
2. 对于HP235、HP265、HP295，厚度大于等于6mm时，允许$w(Si)\leq 0.35\%$。
3. 冷轧退火钢板在保证性能的情况下，HP235、HP265的C含量上限允许到0.20%，Mn含量上限允许到1.00%。
4. 为改善钢的性能，各牌号钢中可加入V、Nb、Ti等微量元素的一种或几种，但应符合以下规定：$w(V)\leq 0.12\%$、$w(Nb)\leq 0.06\%$、$w(Ti)\leq 0.20\%$。
5. 各牌号钢中残余元素Cr、Ni、Mo含量应各不大于0.30%，Cu含量应不大于0.20%。
6. 为改善钢的内在性能，各牌号钢中可加入适量的稀土元素。

4　交货状态

热轧钢板和钢带应以热轧、控轧或热处理状态交货；冷轧钢板和钢带以退火状态交货。

5　力学性能及工艺性能

5.1　钢板及钢带的拉伸及弯曲性能见表2。

表2　力学性能及工艺性能

牌　号	拉伸试验				180°弯曲压头直径 a 为钢材厚度 b≥35mm 仲裁时 b = 35mm
	下屈服强度 R_{eL} /MPa	抗拉强度 R_m /MPa	断后伸长率/%		
			A_{80mm} (L_0 = 80mm, b = 20mm)	A	
			<3mm	≥3mm	
HP235	≥235	380～500	≥23	≥29	d = 1.5a
HP265	≥265	410～520	≥21	≥27	
HP295	≥295	440～560	≥20	≥26	d = 2a
HP325	≥325	490～600	≥18	≥22	
HP345	≥345	510～620	≥17	≥21	

注：1. 如屈服现象不明显，屈服强度取 $R_{p0.2}$。

2. 拉伸、弯曲试验均取横向试样。

5.2　钢板及钢带的冲击性能见表3。

表3　冲击性能

牌　号	V型冲击试验			
	室　温		-40℃	
	试样尺寸/mm×mm×mm	冲击吸收能量 KV_2/J	试样尺寸/mm×mm×mm	冲击吸收能量 KV_2/J
HP235 HP265 HO295 HP325 HP345	10×5×55	≥18	10×5×55	≥14
	10×7.5×55	≥23	10×7.5×55	≥17
	10×10×55	≥27	10×10×55	≥20

注：1. 冲击试验取横向试样。

2. 厚度为6～12(不含)mm的钢板和钢带做冲击试验时应采用小尺寸试样，其冲击吸收能量值见表3中规定，对于厚度大于8mm小于12mm的钢板和钢带采用10mm×7.5mm×55mm小尺寸试样，对于厚度为6～8mm的钢板和钢带采用10mm×5mm×55mm小尺寸试样，厚度小于6mm的钢板和钢带不做冲击试验。

3. 根据需方要求，经供需双方协商并在合同中注明，可做-40℃冲击试验，当做-40℃冲击试验时，可代替室温冲击试验。

6　其他要求

根据需方要求，经供需双方协商并在合同中注明，可增加以下检验项目：

钢板和钢带的屈强比不大于0.8。

钢板和钢带的非金属夹杂物见表4规定。

表4　非金属夹杂物

类　别	A	B	C	D	DS	总　量
级　别	≤2.5	≤2.0	≤2.5	≤2.0	≤2.5	≤8.0

第二节　美国标准

ASTM A285/A285M-07 压力容器用中、低强度碳素钢板（概要）

1　范围

该标准适用于压力容器用厚度不大于50mm的中、低抗拉强度可焊接碳素钢板。

2　尺寸、外形及允许偏差

钢板的尺寸、外形及允许偏差见ASTM A20/A20M《压力容器用钢板通用要求标准》。

3　牌号及化学成分（见表1）

表1　牌号及化学成分

元　素		化学成分（熔炼分析和成品分析）/%		
		A	B	C
C		≤0.17	≤0.22	≤0.28
Mn	熔炼分析	≤0.90	≤0.90	≤0.90
	成品分析	≤0.98	≤0.98	≤0.98
P		≤0.035	≤0.035	≤0.035
S		≤0.035	≤0.035	≤0.035
Cu	熔炼分析	0.20～0.35	0.20～0.35	0.20～0.35
	成品分析	0.18～0.37	0.18～0.37	0.18～0.37
Cu，限制含铜量时熔炼分析		≤0.25	≤0.25	≤0.25

4　交货状态

钢板应以热轧、控轧或正火状态交货。

5　力学性能（见表2）

表2　力学性能

项　目		A	B	C
抗拉强度 R_m/MPa		310～450	345～485	380～515
屈服强度 R_{eH}/MPa		≥165	≥185	≥205
断后伸长率 A/%	标距为200mm	≥27	≥25	≥23
	标距为50mm	≥30	≥28	≥27

注：屈服强度可采用 $R_{p0.2}$ 或 $R_{t0.5}$。

ASTM A387/A387M-11 压力容器用铬-钼合金钢板（概要）

1 范围

该标准适用于高温环境下工作的焊接锅炉和压力容器用铬钼合金钢板。

2 尺寸、外形及允许偏差

钢板的尺寸、外形及允许偏差见 ASTM A20/A20M《压力容器用钢板通用要求标准》。

3 牌号及化学成分（见表1）

表1　牌号及化学成分

钢级	类别	化学成分(质量分数)/%													
		C	Si	Mn	P	S	Cr	Mo	Ni	V	Nb	N	Alt	Ti	Zr
2	熔炼	0.05~0.21	0.15~0.40	0.55~0.80	≤0.025	≤0.025	0.50~0.80	0.45~0.60	—	—	—	—	—	—	—
2	成品	0.04~0.21	0.13~0.45	0.50~0.88	≤0.025	≤0.025	0.46~0.85	0.40~0.65	—	—	—	—	—	—	—
12	熔炼	0.05~0.17	0.15~0.40	0.40~0.65	≤0.025	≤0.025	0.80~1.15	0.45~0.60	—	—	—	—	—	—	—
12	成品	0.04~0.17	0.13~0.45	0.35~0.73	≤0.025	≤0.025	0.74~1.21	0.40~0.65	—	—	—	—	—	—	—
11	熔炼	0.05~0.17	0.50~0.80	0.40~0.65	≤0.025	≤0.025	1.00~1.50	0.45~0.65	—	—	—	—	—	—	—
11	成品	0.04~0.17	0.44~0.86	0.35~0.73	≤0.025	≤0.025	0.94~1.56	0.40~0.70	—	—	—	—	—	—	—
22	熔炼	0.05~0.15	≤0.50	0.30~0.60	≤0.025	≤0.025	2.00~2.50	0.90~1.10	—	—	—	—	—	—	—
22	成品	0.04~0.15	≤0.50	0.25~0.66	≤0.025	≤0.025	1.88~2.62	0.85~1.15	—	—	—	—	—	—	—
22L	熔炼	≤0.10	≤0.50	0.30~0.60	≤0.025	≤0.025	2.00~2.50	0.90~1.10	—	—	—	—	—	—	—
22L	成品	≤0.12	≤0.50	0.25~0.66	≤0.025	≤0.025	1.88~2.62	0.85~1.15	—	—	—	—	—	—	—
21	熔炼	0.05~0.15	≤0.50	0.30~0.60	≤0.025	≤0.025	2.75~3.25	0.90~1.10	—	—	—	—	—	—	—
21	成品	0.04~0.15	≤0.50	0.25~0.66	≤0.025	≤0.025	2.63~3.37	0.85~1.15	—	—	—	—	—	—	—
21L	熔炼	≤0.10	≤0.50	0.30~0.60	≤0.025	≤0.025	2.75~3.25	0.90~1.10	—	—	—	—	—	—	—
21L	成品	≤0.12	≤0.50	0.25~0.66	≤0.025	≤0.025	2.63~3.37	0.85~1.15	—	—	—	—	—	—	—
5	熔炼	≤0.15	≤0.50	0.30~0.60	≤0.025	≤0.025	4.00~6.00	0.45~0.65	—	—	—	—	—	—	—
5	成品	≤0.15	≤0.50	0.25~0.66	≤0.025	≤0.025	3.90~6.10	0.40~0.70	—	—	—	—	—	—	—
9	熔炼	≤0.15	≤1.00	0.30~0.60	≤0.025	≤0.025	8.00~10.00	0.90~1.10	—	≤0.04	—	—	—	—	—
9	成品	≤0.15	≤1.05	0.25~0.66	≤0.025	≤0.025	7.90~10.10	0.85~1.15	—	≤0.05	—	—	—	—	—
91	熔炼	0.08~0.12	0.20~0.50	0.30~0.60	≤0.020	≤0.010	8.00~9.50	0.85~1.05	≤0.40	0.18~0.25	0.06~0.10	0.030~0.07	≤0.02	≤0.01	≤0.01
91	成品	0.06~0.15	0.18~0.56	0.25~0.66	≤0.025	≤0.012	7.90~9.60	0.80~1.10	≤0.43	0.16~0.27	0.05~0.11	0.025~0.080	≤0.02	≤0.01	≤0.01

注：钢级为22、21的钢板，厚度大于125mm时，碳的成品分析最大值为0.17%。

4　交货状态

4.1　除91级钢外，所有钢板均应进行热处理，热处理方法为退火、正火加回火，或者在购买方同意的情况下，从奥氏体化温度采用吹入空气或液体淬冷的方法加速冷却，随后进行回火。最低回火温度如下：

钢　级	温度/℃
2、12、11	620
22、22L、21、21L、9	675
5	705

4.2　91级钢板应进行正火加回火或从奥氏体化温度采用吹入空气或是液体淬冷之一的热处理方法，并随后进行回火。91级钢板应在1040～1080℃奥氏体化，并在730～800℃下回火。

4.3　未按4.1规定的热处理要求订货的5、9、21、21L、22、22L和91级钢板，则应以消除应力处理或退火状态交货。

4.4　未按4.1规定的热处理要求订货的钢板，为满足性能要求，供方可按4.1的规定进行热处理。

5　力学性能（见表2、表3）

表2　第1类钢板的力学性能

项　目		2、12	11	22、21、5、9、21L、22L
抗拉强度 R_m/MPa		380～550	415～585	415～585
屈服强度 R_{eH}/MPa		≥230	≥240	≥205
断后伸长率/%	标距为200mm	≥18	≥19	—
	标距为50mm	≥22	≥22	≥18
断面收缩率/%	圆试样	—	—	≥45
	矩形试样	—	—	≥40

注：1. 屈服强度可采用 $R_{p0.2}$ 或 $R_{t0.5}$。

2. 伸长率的修正见 ASTM A20/A20M《压力容器用钢板通用要求标准》。

表3　第2类钢板力学性能

项　目		2	11	12	22、21、5、9	91
抗拉强度 R_m/MPa		485～620	515～690	450～585	515～690	585～760
屈服强度 $R_{p0.2}$/MPa		≥310	≥310	≥275	≥310	≥415
断后伸长率/%	标距为200mm	≥18	≥18	≥19	—	—
	标距为50mm	≥22	≥22	≥22	≥18	≥18
断面收缩率/%	圆试样	—	—	—	≥45	—
	矩形试样	—	—	—	≥40	—

注：1. 适用于退火钢板。

2. 伸长率的修正见 ASTM A20/A20M《压力容器用钢板通用要求标准》。

6　补充要求

6.1　奥氏体晶粒度：2 级钢板应具有粗的奥氏体晶粒度。

6.2　当订单中有规定时，按 ASTM A20/A20M《压力容器用钢板通用要求标准》可提出以下补充要求：

S1　真空处理；

S2　成品分析；

S3　力学性能试样坯料模拟焊后热处理；

S4　附加的拉伸试验；

S5　夏比 V 型缺口冲击试验；

S6　落锤试验（厚度大于等于 16mm 的钢板）；

S7　高温拉伸试验；

S8　按 A435/435M《钢板超声波纵波束检验标准规范》标准进行的超声波检验；

S9　磁粉探伤；

S11　按 A577/A577M《钢板超声波斜射声束检测规范》标准进行的超声波检验；

S12　按 A578/A578M《特殊用途的轧制钢板的超声波纵波束检验规范》标准进行的超声波检验；

S17　真空碳脱氧钢。

ASTM A455/A455M-03(07)高强度锰碳钢压力容器用钢板（概要）

1 范围

该标准适用于焊接制造的压力容器用厚度不大于20mm的高抗拉强度碳锰钢板。

2 尺寸、外形及允许偏差

钢板的尺寸、外形及允许偏差见ASTM A20/A20M《压力容器用钢板通用要求标准》。

3 化学成分（见表1）

表1 化学成分

<table>
<tr><th colspan="7">化学成分(熔炼分析)/%</th></tr>
<tr><th rowspan="2">C</th><th colspan="2">Si</th><th colspan="2">Mn</th><th rowspan="2">P</th><th rowspan="2">S</th></tr>
<tr><th>熔炼分析</th><th>成品分析</th><th>熔炼分析</th><th>成品分析</th></tr>
<tr><td>≤0.33</td><td>≤0.10</td><td>≤0.13</td><td>0.85~1.20</td><td>0.79~1.30</td><td>≤0.035</td><td>≤0.035</td></tr>
</table>

注：1. C、P、S适用于熔炼分析和成品分析。
2. 当Si含量大于0.10%，C含量最大值为0.28%。
3. 供需双方选择，Si熔炼分析含量最大值为0.40%，成品分析最大值为0.45%。

4 交货状态

钢板应以热轧、控轧、正火、回火或正火加回火状态交货。

5 力学性能（见表2）

表2 力学性能

<table>
<tr><th colspan="2" rowspan="2">项 目</th><th colspan="3">钢板厚度/mm</th></tr>
<tr><th>≤9.5</th><th>>9.5~15</th><th>>15~20</th></tr>
<tr><td colspan="2">抗拉强度 R_m/MPa</td><td>515~655</td><td>505~640</td><td>485~620</td></tr>
<tr><td colspan="2">屈服强度/MPa</td><td>≥260</td><td>≥255</td><td>≥240</td></tr>
<tr><td rowspan="2">断后伸长率/%</td><td>标距为200mm</td><td>≥15</td><td>≥15</td><td>≥15</td></tr>
<tr><td>标距为50mm</td><td>≥22</td><td>≥22</td><td>≥22</td></tr>
</table>

注：伸长率的修正见ASTM A20/A20M《压力容器用钢板通用要求标准》。

ASTM A515/A515M-10 中、高温压力容器用碳钢钢板（概要）

1 范围

该标准适用于中、高温环境下工作的焊接锅炉和其他压力容器用碳-硅钢板。

2 尺寸、外形及允许偏差

钢板的尺寸、外形及允许偏差见 ASTM A20/A20M《压力容器用钢板通用要求标准》。

3 化学成分（见表1）

表1 化学成分

元素		钢板厚度/mm	化学成分/%		
			60(415)	65(450)	70(485)
C		≤25	≤0.24	≤0.28	≤0.31
		>25~50	≤0.27	≤0.31	≤0.33
		>50~100	≤0.29	≤0.33	≤0.35
		>100~200	≤0.31	≤0.33	≤0.35
		>200	≤0.31	≤0.33	≤0.35
Si	熔炼分析	—	0.15~0.40	0.15~0.40	0.15~0.40
	成品分析	—	0.13~0.45	0.13~0.45	0.13~0.45
Mn	熔炼分析	—	≤0.90	≤0.90	≤1.20
	成品分析	—	≤0.98	≤0.98	≤1.30
P		—	≤0.025	≤0.025	≤0.025
S		—	≤0.025	≤0.025	≤0.025

注：1. C、P、S 适用于熔炼分析和成品分析。
2. 最大 C 含量每降低 0.01%，规定最大 Mn 含量的上限可增加 0.06%，熔炼分析最大值允许到 1.50%，成品分析最大值允许到 1.60%。

4 交货状态

厚度不大于 50mm 的钢板应以热轧、控轧、正火、回火或正火加回火状态交货；厚度大于 50mm 的钢板应以正火状态交货。

5 力学性能（见表2）

表2 力学性能

项目		级别		
		60(415)	65(450)	70(485)
抗拉强度 R_m/MPa		415~550	450~585	485~620
屈服强度 R_{eH}/MPa		≥220	≥240	≥260
断后伸长率/%	标距为 200mm	≥21	≥19	≥17
	标距为 50mm	≥25	≥23	≥21

注：1. 屈服强度可采用 $R_{p0.2}$ 或 $R_{t0.5}$。
2. 伸长率的修正见 ASTM A20/A20M《压力容器用钢板通用要求标准》。

6　补充要求

当订单中有规定时，按 ASTM A20/A20M《压力容器用钢板通用要求标准》可提出以下补充要求：

S1　真空处理；

S2　成品分析；

S3　力学性能试样坯料模拟焊后热处理；

S4　附加的拉伸试验；

S5　夏比 V 型缺口冲击试验；

S6　落锤试验；

S7　高温拉伸试验；

S8　按 A435/435M《钢板超声波纵波束检验标准规范》标准进行的超声波检验；

S9　磁粉探伤；

S11　按 A577/A577M《钢板超声波斜射声束检测规范》标准进行的超声波检验；

S12　按 A578/A578M《特殊用途的轧制钢板的超声波纵波束检验规范》标准进行的超声波检验；

S17　真空碳脱氧钢。

ASTM A516/A516M-10 中、低温压力容器用碳钢钢板（概要）

1　范围

该标准适用于对缺口韧性有较高要求的焊接压力容器用碳素钢板。不同钢级钢板的最大厚度见表1。

表1　钢板的最大厚度

级　别	最大厚度/mm
55[380]	305
60[415]	205
65[450]	205
70[485]	205

2　尺寸、外形及允许偏差

钢板的尺寸、外形及允许偏差见 ASTM A20/A20M《压力容器用钢板通用要求标准》。

3　化学成分（见表2）

表2　化学成分

元　素		钢板厚度/mm	化学成分/%			
			55(380)	60(415)	65(450)	70(485)
C		≤12.5	≤0.18	≤0.21	≤0.24	≤0.27
		>12.5~50	≤0.20	≤0.23	≤0.26	≤0.28
		>50~100	≤0.22	≤0.25	≤0.28	≤0.30
		>100~200	≤0.24	≤0.27	≤0.29	≤0.31
		>200	≤0.26	≤0.27	≤0.29	≤0.31
Si	熔炼分析	—	0.15~0.40	0.15~0.40	0.15~0.40	0.15~0.40
	成品分析	—	0.13~0.45	0.13~0.45	0.13~0.45	0.13~0.45
Mn	熔炼分析	≤12.5	0.60~0.90	0.60~0.90	0.85~1.20	0.85~1.20
	成品分析		0.55~0.98	0.55~0.98	0.79~1.30	0.79~1.30
Mn	熔炼分析	>12.5	0.60~1.20	0.85~1.20	0.85~1.20	0.85~1.20
	成品分析		0.55~1.30	0.79~1.30	0.79~1.30	0.79~1.30
P	—	≤0.025	≤0.025	≤0.025	≤0.025	≤0.025
S	—	≤0.025	≤0.025	≤0.025	≤0.025	≤0.025

注：1. C、P、S 适用于熔炼分析和成品分析。

2. 最大 C 含量每降低 0.01%，规定最大 Mn 含量的上限可增加 0.06%，熔炼分析最大值允许到 1.50%，成品分析最大值允许到 1.60%。

3. 厚度不大于 12.5mm 的 60 级钢板，Mn 含量熔炼分析可为 0.85%~1.20%，成品分析可为 0.79%~1.30%。

4　交货状态

厚度不大于 40mm 的钢板应以热轧、控轧、正火、回火或正火加回火状态交货；厚度大于 40mm 的钢板应以正火状态交货。

除非买方另有规定，当对厚度小于或等于 40mm 的钢板要求进行缺口韧性试验时，则钢板应该经正火处理。

如果钢板应随后在 595～705℃的范围内回火，如需方同意，为改善韧性允许采用大于在空气中冷却的速度。

5　力学性能（见表3）

表3　力学性能

项　目		级　别			
		55(380)	60(415)	65(450)	70(485)
抗拉强度 R_m/MPa		380～515	415～550	450～585	485～620
屈服强度/MPa		≥205	≥220	≥240	≥260
断后伸长率/%	标距为 200mm	≥23	≥21	≥19	≥17
	标距为 50mm	≥27	≥25	≥23	≥21

注：1. 屈服强度可采用 $R_{p0.2}$ 或 $R_{t0.5}$。

2. 伸长率的修正见 ASTM A20/A20M《压力容器用钢板通用要求标准》。

6　补充要求

当订单中有规定时，按 ASTM A20/A20M《压力容器用钢板通用要求标准》可提出以下补充要求：

S1　真空处理；

S2　成品分析；

S3　力学性能试样坯料模拟焊后热处理；

S4　附加的拉伸试验；

S5　夏比 V 型缺口冲击试验；

S6　落锤试验；

S7　高温拉伸试验；

S8　按 A435/435M《钢板超声波纵波束检验标准规范》标准进行的超声波检验；

S9　磁粉探伤；

S11　按 A577/A577M《钢板超声波斜射声束检测规范》标准进行的超声波检验；

S12　按 A578/A578M《特殊用途的轧制钢板的超声波纵波束检验规范》标准进行的超声波检验；

S17　真空碳脱氧钢。

对氟化氢酸烃化服役用碳钢板，订单中也可提出以下补充要求：

S54.1　钢板应以正火热处理状态供货。

S54.2　钢板的最大碳当量（CE）应为：

板厚小于等于 25mm：CE≤0.43%

板厚大于 25mm：　CE≤0.45%

S54.3　按下列公式确定钢板的碳当量（CE）：$CE = C + Mn/6 + (Cr + Mo + V)/5 + (Ni + Cu)/15$。

S54.4　熔炼分析：$w(V) \leqslant 0.02\%$、$w(Nb) \leqslant 0.02\%$、$w(V + Nb) \leqslant 0.03\%$。

S54.5　熔炼分析：$w(Ni + Cu) \leqslant 0.15\%$。

S54.6　熔炼分析得出的最小碳当量应为 0.18%，最大碳当量应按订货级别钢的规定。

ASTM A517/A517M-10 压力容器用高强度调质合金钢板（概要）

1　范围

该标准适用于熔化焊焊接锅炉和其他压力容器用高强度调质合金钢板。

各钢级的最大厚度见表1。

表1　各钢级的最大厚度

级　别	厚度/mm
A，B	32
H，S	50
P	100
F	65
E，Q	150

2　尺寸、外形及允许偏差

钢板的尺寸、外形及允许偏差见 ASTM A20/A20M《压力容器用钢板通用要求标准》。

3　牌号及化学成分（见表2）

4　交货状态

钢板应以淬火加回火状态交货。热处理的工艺为加热到不低于900℃，在水或油中进行淬火，随后在不低于620℃的温度下回火。

5　力学性能

5.1　钢板的力学性能见表3。

5.2　冲击性能要求：横向夏比 V 型缺口冲击试验的缺口对边的侧向膨胀量不低于0.38mm。试验温度应由供需双方协商，但不得高于0°C。

6　补充要求

当订单中有规定时，按 ASTM A20/A20M《压力容器用钢板通用要求标准》可提出以下补充要求：

S1　真空处理；

S2　成品分析；

S3　力学性能试样坯料模拟焊后热处理；

S5　夏比 V 型缺口冲击试验；

S6　落锤试验（厚度大于等于16mm 的钢板）；

S7　高温拉伸试验；

S8　按 A435/435M《钢板超声波纵波束检验标准规范》标准进行的超声波检验；

表 2　牌号及化学成分

元素		化学成分/%							
		A	B	E	F	H	P	Q	S
C	熔炼分析	0.15～0.21	0.15～0.21	0.12～0.20	0.10～0.20	0.12～0.21	0.12～0.21	0.14～0.21	0.10～0.20
	成品分析	0.13～0.23	0.13～0.23	0.10～0.22	0.08～0.22	0.10～0.23	0.10～0.23	0.12～0.23	0.10～0.22
Si	熔炼分析	0.40～0.80	0.15～0.35	0.10～0.40	0.15～0.35	0.15～0.35	0.20～0.35	0.15～0.35	0.15～0.40
	成品分析	0.34～0.86	0.13～0.37	0.08～0.45	0.13～0.37	0.13～0.37	0.18～0.37	0.13～0.37	0.13～0.45
Mn	熔炼分析	0.80～1.10	0.70～1.00	0.40～0.70	0.60～1.00	0.95～1.30	0.45～0.70	0.95～1.30	1.10～1.50
	成品分析	0.74～1.20	0.64～1.10	0.35～0.78	0.55～1.10	0.87～1.41	0.40～0.78	0.87～1.41	1.02～1.62
P	熔炼分析 成品分析	≤0.025	≤0.025	≤0.025	≤0.025	≤0.025	≤0.025	≤0.025	≤0.025
S	熔炼分析 成品分析	≤0.025	≤0.025	≤0.025	≤0.025	≤0.025	≤0.025	≤0.025	≤0.025
Ni	熔炼分析	—	—	—	0.70～1.00	0.30～0.70	1.20～1.50	1.20～1.50	—
	成品分析	—	—	—	0.67～1.03	0.27～0.73	1.15～1.55	1.15～1.55	—
Cr	熔炼分析	0.50～0.80	0.40～0.65	1.40～2.00	0.40～0.65	0.40～0.65	0.85～1.20	1.00～1.50	—
	成品分析	0.46～0.84	0.36～0.69	1.34～2.06	0.36～0.69	0.36～0.69	0.79～1.26	0.94～1.56	—
Mo	熔炼分析	0.18～0.28	0.15～0.25	0.40～0.60	0.40～0.60	0.20～0.30	0.45～0.60	0.40～0.60	0.10～0.35
	成品分析	0.15～0.31	0.12～0.28	0.36～0.64	0.36～0.64	0.17～0.33	0.41～0.64	0.36～0.64	0.10～0.38
B		≤0.0025	0.0005～0.005	0.001～0.005	0.0005～0.006	≥0.0005	0.001～0.005	—	—
V	熔炼分析	—	0.03～0.08	①	0.03～0.08	0.03～0.08	—	0.03～0.08	—
	成品分析	—	0.02～0.09	①	0.02～0.09	0.02～0.09	—	0.02～0.09	—
Ti	熔炼分析	—	0.01～0.04	0.01～0.10	≥0.10	≥0.10	≥0.10	—	≥0.06
	成品分析	—	0.01～0.05	0.005～0.11	≥0.11	≥0.11	≥0.11	—	≥0.07
Zr②	熔炼分析	0.05～0.15	—	—	—	—	—	—	—
	成品分析	0.04～0.16	—	—	—	—	—	—	—
Cu	熔炼分析	—	—	—	0.15～0.50	—	—	—	—
	成品分析	—	—	—	0.12～0.53	—	—	—	—
Nb	熔炼分析	—	—	—	—	—	—	—	≥0.06
	成品分析	—	—	—	—	—	—	—	≥0.07

① E 级的 V，可按 1 比 1 的比例，替代部分或全部的 Ti。

② Zr 可用 Ce 代替，当添加 Ce 时，以熔炼分析为准，Ce/S 约为 1.5～1。

表3 力学性能

项 目		厚度≤65mm	65mm<厚度≤150mm
抗拉强度 R_m/MPa		795~930	725~930
屈服强度 R_{eH}/MPa		≥690	≥620
50mm标距的断后伸长率/%		≥16	≥14
断面收缩率/%	矩形试样	≥35	—
	圆试样	≥45	≥45

注：1. 屈服强度可采用 $R_{p0.2}$ 或 $R_{t0.5}$。
2. 对于厚度小于等于20mm的钢板，拉伸试样可采用40mm宽的矩形试样。
3. 对于厚度大于20mm的钢板，拉伸试验可采用全厚度矩形试样或12.5mm圆形试样。
4. 当拉伸试验采用40mm宽的矩形试样时，标距为50mm。
5. 伸长率的修正见ASTM A20/A20M《压力容器用钢板通用要求标准》。

S9 磁粉探伤；

S11 按A577/A577M《钢板超声波斜射声束检测规范》标准进行的超声波检验；

S12 按A578/A578M《特殊用途的轧制钢板的超声波纵波束检验规范》标准进行的超声波检验；

S17 真空碳脱氧钢。

ASTM A542/A542M-09 铬-钼及铬-钼-钒系压力容器用淬火及回火合金钢板（概要）

1　范围

该标准适用于厚度大于 5mm 的压力容器及其部件所用的两种 2.25Cr-1Mo 以及三种 Cr-Mo-V 钢板，以淬火及回火条件供货。

2　尺寸、外形及允许偏差

钢板的尺寸、外形及允许偏差见 ASTM A20/A20M《压力容器用钢板通用要求标准》。

3　化学成分（见表 1）

表 1　化学成分

元素		化学成分/%				
		A	B	C	D	E
C	熔炼分析	≤0.15	0.11～0.15	0.10～0.15	0.11～0.15	0.10～0.15
	成品分析	≤0.18	0.09～0.18	0.08～0.18	0.09～0.18	0.08～0.18
Mn	熔炼分析	0.30～0.60	0.30～0.60	0.30～0.60	0.30～0.60	0.30～0.60
	成品分析	0.25～0.66	0.25～0.66	0.25～0.66	0.25～0.66	0.25～0.66
P	熔炼分析	≤0.025	≤0.015	≤0.025	≤0.015	≤0.025
	成品分析	≤0.025	≤0.015	≤0.025	≤0.020	≤0.025
S	熔炼分析	≤0.025	≤0.015	≤0.025	≤0.010	≤0.010
	成品分析	≤0.025	≤0.015	≤0.025	≤0.015	≤0.010
Si	熔炼分析	≤0.50	≤0.50	≤0.13	≤0.10	≤0.15
	成品分析	≤0.50	≤0.50	≤0.13	≤0.13	≤0.15
Cr	熔炼分析	2.00～2.50	2.00～2.50	2.75～3.25	2.00～2.50	2.75～3.25
	成品分析	1.88～2.62	1.88～2.62	2.63～3.37	1.88～2.62	2.63～3.37
Mo	熔炼分析	0.90～1.10	0.90～1.10	0.90～1.10	0.90～1.10	0.90～1.10
	成品分析	0.85～1.15	0.85～1.15	0.85～1.15	0.85～1.15	0.85～1.15
Cu	熔炼分析	≤0.40	≤0.25	≤0.25	≤0.20	≤0.25
	成品分析	≤0.43	≤0.28	≤0.28	≤0.23	≤0.28
Ni	熔炼分析	≤0.40	≤0.25	≤0.25	≤0.25	≤0.25
	成品分析	≤0.43	≤0.28	≤0.28	≤0.28	≤0.28
V	熔炼分析	≤0.03	≤0.02	0.20～0.30	0.25～0.35	0.20～0.30
	成品分析	≤0.04	≤0.03	0.18～0.33	0.23～0.37	0.18～0.33
Ti	熔炼分析	—	—	0.015～0.035	≤0.030	—
	成品分析	—	—	0.005～0.045	≤0.035	—
B	熔炼分析	—	—	0.001～0.003	≤0.0020	—
Nb	熔炼分析	—	—	—	≤0.07	0.015～0.070
	成品分析	—	—	—	≤0.08	0.010～0.075

4　交货状态

钢板以淬火加回火状态交货。

对于D类钢，最低奥氏体化温度为900℃。对于E类钢，最低奥氏体化温度为1010℃。

淬火处理之后，钢板要加热到一定的温度，在保温时间不小于1.2min/mm但不能小于0.5h的条件下进行回火处理，以得到规定的拉伸性能。最小回火温度如下：

类　型	级　别	温度/℃
A、B、C	1，2，3	565
A、B、C	4	650
A、B、C、D	4a	675

对于厚度超过100mm的钢板，在进行热处理之前，对于A、B、C及D类钢板要在900～1100℃温度范围内进行正火或水淬预先热处理；对于E类钢板，其正火或水淬预先热处理的温度范围为1010～1120℃。

当订货中没有要求以上规定的热处理条件时，钢板可以以消应力或退火条件供货。除了E型钢板的消应力处理温度为650℃外，其他类型钢板的最小消应力温度为565℃。

5　力学性能（见表2）

5.1　钢板的力学性能见表2。

表2　力学性能

项　目	级　别				
	1类	2类	3类	4类	4a类
抗拉强度 R_m/MPa	725～860	795～930	655～795	585～760	585～760
屈服强度 R_{eH}/MPa	≥585	≥690	≥515	≥380	≥415
标距为50mm的断后伸长率/%	≥14	≥13	≥20	≥20	≥18

注：1. 屈服强度可采用 $R_{p0.2}$ 或 $R_{t0.5}$。

2. 伸长率的调整见ASTM A20/A20M《压力容器用钢板通用要求标准》。

3. 对于公称厚度小于等于20mm的钢板，拉伸试验可以使用40mm宽的矩形试样，标距为50mm。

5.2　缺口韧性要求——4类及4a类：

每块热处理板的横向夏比V型缺口试验三个试样的最小平均吸收功为54J，仅允许一个试样的吸收功为48J。

对于4类，冲击试验温度应在订单中规定。

对于4a类，冲击试验温度应为18℃。

6　补充要求

当订单中有规定时，按ASTM A20/A20M《压力容器用钢板通用要求标准》可提出以下补充要求：

S1　真空处理；

S2　成品分析；

S3　力学性能试样坯料模拟焊后热处理；

S4　附加的拉伸试验；

S5　夏比 V 型缺口冲击试验；

S6　落锤试验（厚度大于等于 16mm 的钢板）；

S7　高温拉伸试验；

S8　按 A435/435M《钢板超声波纵波束检验标准规范》标准进行的超声波检验；

S9　磁粉探伤；

S11　按 A577/A577M《钢板超声波斜射声束检测规范》标准进行的超声波检验；

S12　按 A578/A578M《特殊用途的轧制钢板的超声波纵波束检验规范》标准进行的超声波检验；

S17　真空碳脱氧钢。

ASTM A612/A612M-07 中、低温压力容器用高强度碳素钢板（概要）

1　范围

该标准适用于中、低温焊接压力容器用厚度不大于25mm 的镇静的碳-锰-硅钢板。

2　尺寸、外形及允许偏差

钢板的尺寸、外形及允许偏差见 ASTM A20/A20M《压力容器用钢板通用要求标准》。

3　化学成分（见表1）

表1　化学成分

元　素	化学成分/%									
	C	Si	Mn	P	S	Cu	Ni	Cr	Mo	V
熔炼分析	≤0.25	0.15～0.50	1.00～1.50	≤0.035	≤0.025	≤0.35	≤0.25	≤0.25	≤0.08	≤0.08
成品分析	≤0.29	0.13～0.55	0.92～1.62			≤0.38	≤0.28	≤0.29	≤0.09	≤0.09

注：当 Cu、Ni、Cr、Mo、V 的熔炼分析结果小于等于0.02%时，可报告为“≤0.02%”。

4　交货状态

钢板应以淬火加回火状态交货。

5　力学性能（见表2）

表2　力学性能

项　目		厚度≤12.5mm	12.5mm＜厚度≤25mm
抗拉强度 R_m/MPa		570～725	560～695
屈服强度 R_{eH}/MPa		≥690	≥620
断后伸长率/%	标距为200mm	≥16	≥16
	标距为50mm	≥22	≥22

注：1. 屈服强度可采用 $R_{p0.2}$、$R_{t0.5}$。
2. 伸长率的修正见 ASTM A20/A20M《压力容器用钢板通用要求标准》。

6　补充要求

当订单中有规定时，按 ASTM A20/A20M《压力容器用钢板通用要求标准》可提出以下补充要求：

S1　真空处理；

S2　成品分析；

S3　力学性能试样坯料模拟焊后热处理；

S4　附加的拉伸试验；

S5　夏比 V 型缺口冲击试验；

S6　落锤试验（厚度大于等于 16mm 的钢板）；

S7　高温拉伸试验；

S8　按 A435/435M《钢板超声波纵波束检验标准规范》标准进行的超声波检验；

S9　磁粉探伤；

S11　按 A577/A577M《钢板超声波斜射声束检测规范》标准进行的超声波检验；

S12　按 A578/A578M《特殊用途的轧制钢板的超声波纵波束检验规范》标准进行的超声波检验；

S17　真空碳脱氧钢。

ASTM A735/A735M-03(07)中、低温压力容器用低碳 Mn-Mo-Nb 合金钢板标准（概要）

1　范围

该标准适用于焊接压力容器及其配管部件用的低碳 Mn-Mo-Nb 系合金钢板。

2　尺寸、外形及允许偏差

钢板的尺寸、外形及允许偏差见 ASTM A20/A20M《压力容器用钢板通用要求标准》。

3　化学成分（见表1）

表1　化学成分

元　素	化学成分/%								
	C	Si	Mn 厚度≤16mm	Mn 厚度>16mm	P	S	Nb	Mo	Cu（有要求时）
熔炼分析	≤0.06	≤0.40	1.20~1.90	1.50~2.20	≤0.035	≤0.025	0.03~0.09	≤0.06	≤0.08
成品分析	≤0.08	≤0.45	1.12~2.04	1.41~2.36	≤0.035	≤0.025	0.02~0.10	0.20~0.50	0.18~0.37

4　交货状态

1 类及 2 类钢可以以轧态或淬火加回火态供货。

3 类钢可以以轧态、沉淀强化热处理态或淬火加回火态供货。

4 类钢可以以轧态或沉淀强化热处理态供货。

轧态的 3 类及 4 类钢板应在 540~650℃温度范围内进行沉淀强化热处理，热处理的时间由生产商或加工商确定。沉淀强化热处理是一种亚临界的热处理，以产生析出物等，进而导致力学性能的提高。

当对 1、2 及 3 类钢进行淬火及回火处理时，最大奥氏体化温度为 940℃。回火温度在 620~705℃之间。

依据订单要求，如果订货方有选择地进行热处理，以工厂试验的热处理试样为基础的钢板可以接收。如果订单中没有规定试样的热处理要求，生产厂或加工厂要用其认为合适的条件对试样进行热处理。生产厂或加工厂应通知订货方试样所使用的热处理方法。

5　力学性能（见表2）

5.1　钢板的力学性能见表2。

表2　力学性能

项　目		1 类	2 类	3 类	4 类
抗拉强度 R_m/MPa		550~690	585~725	620~760	655~790
屈服强度 R_{eH}/MPa		450	485	515	550
断后伸长率/%	标距为 200mm	12	12	12	12
	标距为 50mm	18	18	18	18

注：1. 屈服强度可采用 $R_{p0.2}$ 或 $R_{t0.5}$。

2. 1 类轧态及 2 类轧态的最大厚度小于等于 25mm。

3. 伸长率的修正见 ASTM A20/A20M《压力容器用钢板通用要求标准》。

4. 对于公称厚度小于等于 20mm 的钢板，拉伸试验可以使用 40mm 宽的矩形试样，标距为 50mm。

5.2　缺口韧性要求：

依据 ASTM A20/A20M《压力容器用钢板通用要求标准》进行夏比 V 型缺口冲击试验。10mm × 10mm 试样在 -45℃的平均冲击吸收能量不小于 27J。

6　补充要求

当订单中有规定时，按 ASTM A20/A20M《压力容器用钢板通用要求标准》可提出以下补充要求：

S1　真空处理；

S2　成品分析；

S3　力学性能试样坯料模拟焊后热处理；

S4　附加拉伸试验；

S5　夏比 V 型缺口冲击试验；

S6　落锤试验（厚度大于等于 16mm 的钢板）；

S8　按 A435/435M《钢板超声波纵波束检验标准规范》标准进行的超声波检验；

S9　磁粉探伤；

S11　按 A577/A577M《钢板超声波斜射声束检测规范》标准进行的超声波检验；

S12　按 A578/A578M《特殊用途的轧制钢板的超声波纵波束检验规范》标准进行的超声波检验；

S24　应变时效试验；

S25　焊接性。

ASTM A737/A737M-09 压力容器用高强度低合金钢板（概要）

1　范围

该标准适用于焊接压力容器和管件用厚度不大于100mm的高强度低合金钢板。

2　尺寸、外形及允许偏差

钢板的尺寸、外形及允许偏差见ASTM A20/A20M《压力容器用钢板通用要求标准》。

3　牌号及化学成分（见表1）

表1　牌号及化学成分

元　素		化学成分/%							
		C	Si	Mn	P	S	V	Nb	Ni
B级	熔炼分析	≤0.20	0.15～0.50	1.15～1.50	≤0.025	≤0.025	—	≤0.05	—
	成品分析	≤0.22	0.10～0.55	1.07～1.62	≤0.025	≤0.025	—	≤0.05	—
C级	熔炼分析	≤0.22	0.15～0.50	1.15～1.50	≤0.025	≤0.025	0.04～0.11	≤0.05	≤0.03
	成品分析	≤0.24	0.10～0.55	1.07～1.62	≤0.025	≤0.025	0.03～0.12	≤0.05	≤0.03

注：在保证C含量的熔炼分析结果不超过0.18%时，Mn含量的熔炼分析结果可增至1.60%，成品分析可增至1.72%。

4　交货状态

钢板应进行正火处理，加热到适当的温度（应低于925℃）以获得奥氏体组织，并保温足够的时间使钢板被均匀加热，之后在空气中冷却。

如果需方同意，允许采用比空冷更快的冷却速度以改善强度和韧性，并随后进行回火处理，温度范围为595～705℃。

当供方选择按照以上规定进行热处理时，除非有协议，否则在装运前，供方要对厚度超过50mm的钢板按照C级钢板在900～1010℃温度范围内的规范进行正火处理。

5　力学性能（见表2）

表2　力学性能

项　目		B级	C级
抗拉强度 R_m/MPa		485～620	550～690
屈服强度 R_{eH}/MPa		≥345	≥415
断后伸长率/%	标距为200mm	≥18	≥18
	标距为50mm	≥23	≥23

注：1. 屈服强度可采用 $R_{p0.2}$ 或 $R_{t0.5}$。
2. 伸长率的修正见ASTM A20/A20M《压力容器用钢板通用要求标准》。
3. 对于公称厚度小于等于20mm的钢板，拉伸试验可以使用40mm宽的矩形试样，标距为50mm。

6　补充要求

当订单中有规定时，按ASTM A20/A20M《压力容器用钢板通用要求标准》可提出以下补充要求：

S1 真空处理；

S2 成品分析；

S3 力学性能试样坯料模拟焊后热处理；

S5 夏比 V 型缺口冲击试验；

S8 按 A435/435M《钢板超声波纵波束检验标准规范》标准进行的超声波检验；

S11 按 A577/A577M《钢板超声波斜射声束检测规范》标准进行的超声波检验；

S12 按 A578/A578M《特殊用途的轧制钢板的超声波纵波束检验规范》标准进行的超声波检验；

S17 真空碳脱氧钢。

ASTM A738/A738M-07 中、低温压力容器用 C-Mn-Si 热处理钢板（概要）

1　范围

该标准适用于中低温服役条件的焊接压力容器用 C-Mn-Si 系热处理钢板。

钢板的最大厚度：A 类为 150mm，B 类为 100mm，C 类为 150mm，D 及 E 类为 40mm。

2　尺寸、外形及允许偏差

钢板的尺寸、外形及允许偏差见 ASTM A20/A20M《压力容器用钢板通用要求标准》。

3　牌号及化学成分（见表 1）

表 1　牌号及化学成分

元素			化学成分/%				
			A 型	B 型	C 型	D 型	E 型
C①			≤0.24	≤0.20	≤0.20	≤0.10	≤0.12②
Mn 熔炼分析	钢板厚度	≤40	≥1.50	0.90～1.50	≥1.50	1.00～1.60	1.00～1.60②
		>40～<65	≥1.50	0.90～1.50	≥1.50	③	③
		≥65	≥1.60	0.90～1.60	≥1.60	③	③
Mn 成品分析		≤40	≥1.62	0.84～1.62	≥1.62	0.92～1.72	0.92～1.72[b]
		>40～<65	≥1.62	0.84～1.62	≥1.62	③	③
		≥65	≥1.72	0.84～1.72	≥1.72	③	③
P①			≤0.035	≤0.030	≤0.025	≤0.015	≤0.015
S①			≤0.035	≤0.030	≤0.025	≤0.006	≤0.006
Si	熔炼分析		0.15～0.50	0.15～0.55	0.15～0.50	0.15～0.50	0.15～0.50
	成品分析		0.13～0.55	0.13～0.60	0.13～0.55	0.13～0.55	0.13～0.55
Cu	熔炼分析		≤0.35	≤0.35	≤0.35	≤0.35	≤0.35
	成品分析		≤0.38	≤0.38	≤0.38	≤0.38	≤0.38
Ni	熔炼分析		≤0.50	≤0.60	≤0.50	≤0.60	≤0.70
	成品分析		≤0.53	≤0.63	≤0.53	≤0.63	≤0.73
Cr	熔炼分析		≤0.25	≤0.30	≤0.25	≤0.25	≤0.30
	成品分析		≤0.29	≤0.34	≤0.29	≤0.29	≤0.34
Mo 熔炼分析	钢板厚度	≤40	≤0.08	≤0.20	≤0.08	≤0.30	≤0.35
		>40	≤0.08	≤0.30	≤0.08	③	③
Mo 成品分析		≤40	≤0.09	≤0.21	≤0.09	≤0.33	≤0.38
		>40	≤0.09	≤0.33	≤0.09	③	③
V	熔炼分析		≤0.07④	≤0.07	≤0.05	≤0.08	≤0.09
	成品分析		≤0.08④	≤0.08	≤0.05	≤0.09	≤0.10

续表 1

元素		化学成分/%				
		A 型	B 型	C 型	D 型	E 型
Nb	熔炼分析	≤0.04④	≤0.04	⑤	≤0.05	≤0.05
	成品分析	≤0.05④	≤0.05	⑤	≤0.06	≤0.06
Nb + V	熔炼分析	≤0.08④	≤0.08	⑤	≤0.11	≤0.12
	成品分析	≤0.10④	≤0.10	⑤	≤0.12	≤0.13
Ti①		—	—	—	⑥	⑦
B①		—	—	—	≤0.0007	≤0.0007
Al①		—	—	—	Alt≥0.020 Als⑥≥0.015	Alt≥0.020 Als⑦≥0.015

① 适用于熔炼分析及成品分析。

② 在规定最大值内，C 含量每减小 0.01%，Mn 含量可在最大值上增加 0.06%，熔炼分析值最大为 1.85%，成品分析值最大为 1.99%。

③ 不适用。

④ 只有当生产厂及订货方达成协议时，才可添加 V 及 Nb。

⑤ 对于 C 类钢，Nb 不是规定元素。

⑥ 依据生产厂及订货方之间的协议，在最小 Al 含量不再适用的情况下，钢可以含有 Ti。如果执行了此选项，Ti 含量的熔炼分析值应为 0.006% ~0.03%，并且要报告 Ti 含量的熔炼分析值及成品分析值。

⑦ 依据生产厂及订货方之间的协议，在最小 Al 含量不再适用的情况下，钢可以含有 Ti。如果执行了此选项，Ti 含量的熔炼分析值应为 0.006% ~0.03%，并且要在测试报告中报告 Ti 含量的熔炼分析值及成品分析值。

4 交货状态

厚度小于等于 65mm 的 A 类钢板可以以正火或淬火加回火条件供货。

厚度大于 65mm 的 A 类钢板以及 B 类、C 类、D 类及 E 类所有厚度的钢板应该以淬火加回火态供货。

当对钢板进行回火时，最小回火温度应为 595℃。

5 力学性能（见表 2）

表 2 力学性能

项目			级别				
			A 类	B 类	C 类	D 类	E 类
抗拉强度 R_m/MPa	钢板厚度	≤40	515 ~655	585 ~705	550 ~690	585 ~725	620 ~760
		>40 ~65	515 ~655	585 ~705	550 ~690	—	—
		>65 ~100	515 ~655	585 ~705	515 ~655	—	—
		>100	515 ~655	585 ~705	485 ~620	—	—
屈服强度 R_{eH}/MPa	钢板厚度	≤40	≥310	≥415	≥415	≥485	≥515
		>40 ~65	≥310	≥415	≥415	—	—
		>65 ~100	≥310	≥415	≥380	—	—
		>100	≥310	≥415	≥315	—	—

续表2

项　目			级　别				
			A类	B类	C类	D类	E类
断后伸长率（标距为50mm）/%	钢板厚度	≤40	≥20	≥20	≥22	≥20	≥20
		>40～100	≥20	≥20	≥22	—	—
		>100	≥20	≥20	≥22	—	—

注：1. 屈服强度可采用 $R_{p0.2}$ 或 $R_{t0.5}$。

2. 伸长率的修正见 ASTM A20/A20M《压力容器用钢板通用要求标准》。

3. 对于公称厚度小于等于20mm的钢板，拉伸试验可以使用40mm宽的矩形试样，标距为50mm。

6　补充要求

当订单中有规定时，按 ASTM A20/A20M《压力容器用钢板通用要求标准》可提出以下补充要求：

S1　真空处理；

S2　成品分析；

S3　力学性能试样坯料模拟焊后热处理；

S4　附加的拉伸试验；

S5　夏比V型缺口冲击试验；

S6　落锤试验（厚度大于等于16mm的钢板）；

S9　磁粉探伤；

S12　按A578/A578M《特殊用途的轧制钢板的超声波纵波束检验规范》标准进行的超声波检验；

S20　焊接性最大碳当量。

第三节　欧洲标准

EN 10028-1：2007 压力容器用钢板 第1部分：一般要求（概要）

1　范围

该标准规定了压力容器制造用扁平材的一般技术要求。

该标准适用范围于 EN 10028 以下各部分：

EN 10028-2　压力容器用钢板　第 2 部分：具有规定高温性能的非合金钢和合金钢

EN 10028-3　压力容器用钢板　第 3 部分：经正火处理的可焊接细晶粒钢

EN 10028-4　压力容器用钢板　第 4 部分：具有规定低温性能的镍合金钢

EN 10028-5　压力容器用钢板　第 5 部分：热机械轧制可焊接细晶粒钢

EN 10028-6　压力容器用钢板　第 6 部分：淬火和回火可焊接细晶粒钢

2　尺寸、外形及允许偏差

单轧钢板的尺寸、外形及允许偏差见 EN 10029《厚度大于等于 3mm 的热轧钢板尺寸、外形、重量及允许偏差》。如果在订货时没有特殊约定，钢板的厚度偏差采用 EN 10029 中 B 级。

热连轧钢板及钢带（轧制宽度大于等于 600mm）和宽度小于 600mm 的热轧不锈钢纵切卷的尺寸、外形及允许偏差见 EN 10051《非合金钢和合金钢无涂层连续热轧板材、薄板和带钢—尺寸和外形偏差》的规定。

热轧窄钢带（轧制宽度小于 600mm）的尺寸、外形及允许偏差见 EN 10048《热轧窄钢带—尺寸和形状偏差》的规定。

3　交货状态

见 EN 10028-2 ~ EN 10028-6。

4　化学成分

熔炼分析确定的化学成分见 EN 10028-2 ~ EN 10028-6。

成品分析允许偏差见 EN 10028-2 ~ EN 10028-6。

5　力学性能

力学性能见 EN 10028-2 ~ EN 10028-6。

对厚度大于等于 15mm 的产品（不锈钢产品除外），订货时可以约定以满足 EN 10164《在垂直表面方向上有改进变形性能要求的钢材交货技术条件》规定的质量等级 Z15、Z25 或 Z35 的要求。

6　表面质量

钢板的表面质量见 EN 10163-2《热轧钢制品表面状态的供货条件（宽扁钢和异型钢）第 2 部分：宽扁钢》的 B2 等级。

7　内部质量

产品应是可靠的，并无妨碍预期使用的缺陷。

对内部质量的所有的其他要求均应在订货时协商。

8　检验

应按照该标准通过特定检验来检查产品是否满足了订货时的要求。

订货方应按照 EN 10204《金属制品　检验文件类型》的要求指定检验证书的类型(3.1 或 3.2)。

如果规定了检验证书 3.2，则订货方应通知生产商执行检验并出具检验证书的组织或个人的名称和地址。哪一方出具证书也应协商确定。

表 1 规定了强制性试验和可选择性试验的项目。

重新试验、分类和重新处理见 EN 10021《钢和钢制品的一般交货技术条件》。

表 1　试验说明和试验范围

<table>
<tr><th colspan="3">检查和试验类型</th><th>试验频次</th></tr>
<tr><td rowspan="5">强制性试验</td><td colspan="2">熔炼分析</td><td>每炉 1 个</td></tr>
<tr><td colspan="2">常温下拉伸试验</td><td>每批 1 个</td></tr>
<tr><td colspan="2">冲击试验</td><td>每批 1 个</td></tr>
<tr><td colspan="2">尺寸检查</td><td>每个产品</td></tr>
<tr><td colspan="2">目　测</td><td>每个产品</td></tr>
<tr><td rowspan="4">可选性试验</td><td colspan="2">成品分析</td><td>每炉 1 个</td></tr>
<tr><td>高温拉伸试验，用于验证 $R_{p0.2}$</td><td>EN 10028-2 和 EN 10028-3 规定的钢</td><td>每炉 1 个</td></tr>
<tr><td colspan="2">垂直于产品表面的拉伸试验，用于验证对应的最小断面收缩率</td><td>每批 1 个</td></tr>
<tr><td colspan="2">用于验证内部质量的超声波试验</td><td>每个产品</td></tr>
</table>

9　取样及试样制备

9.1　试验频次

协议中若无其他规定，每炉应取一个试样进行成品分析来确定是否满足 EN 10028-2 ~ EN 10028-6 相关表格中给出的特殊钢元素含量值的要求。

EN 10028-2 ~ EN 10028-6 和表 1 规定了产品其他试验批的要求。

室温下拉伸试验和冲击试验的试验组批如下：

——从钢带上剪切的钢带和薄板：钢卷；

——薄板或厚板：轧制钢板。

如果轧制钢板或钢卷分几个热处理批次进行液体淬火，则每个单个热处理批次应为一批。对每个试验批截取并制备一个试样。

协议中若无其他规定，则对每个炉次进行一次高温拉伸试验。

9.2　试样的选择和制备

9.2.1　取样和试样制备：

按照 EN ISO 377《钢和钢制品机械性能试验用样品和试件的配置与准备》、EN ISO 14284《钢和铁——化学成分测定用取样和试样制备》和表 2 的要求进行取样和试样制备。

对于室温下的拉伸试验、冲击试验和高温下的拉伸试验，试样均应从产品宽度 1/4 处截取（见表 2）。钢卷应从距钢卷末端足够远的位置来截取试样。

9.2.2　试样的制备：

按照表 3（符合 EN 10028-2 ~ EN 10028-6 要求的产品）的要求来制备试样。

9.2.3　拉伸试验用试样：

（1）依照 EN 10002-1《金属材料拉伸试验　第 1 部分：室温条件下的试验方法》对拉伸试验的要求，从每批中制备一个试样。如无法取圆形试样时，试样应为矩形。

（2）矩形试样至少应有一个表面为轧制面。但是，根据 EN 10028-2 ~ EN 10028-6 的要求，厚度小于等于 30mm 的产品，试样两个面应均为轧制面。另外，根据 EN 10028-6 的要求，产品的矩形试样应为产品全厚度试样或保留一个轧制面的半厚度试样。

（3）可以使用圆形试样，但仅限于依照 EN 10028-2 ~ EN 10028-6 要求的厚度大于 30mm 的产品。根据 EN 10028-2 ~ EN 10028-6 要求的产品，试样直径至少为 10mm。

9.2.4　冲击试验用试样：

（1）根据 EN 10045-1《金属材料夏比冲击试验　第 1 部分：试验方法（V 型和 U 型缺口）》的要求，应从试样上制备 3 个横向标准 V 型缺口试样用于冲击试验。

（2）符合 EN 10028-3、EN 10028-4 要求的产品，经协商可以使用纵向试样。

（3）产品厚度在 6 ~ 10mm 时，应加工成宽度为 7.5mm 或 5mm 的小尺寸试样。产品厚度小于 6mm 时，试样不需加工。

（4）缺口应垂直于产品表面。

表 2　取样位置

产　品	钢　种	薄(厚)钢板厚度/mm	每批轧制钢板的供货长度/m	取样位置（俯视图）
钢　板	非合金钢	≤50	无限定	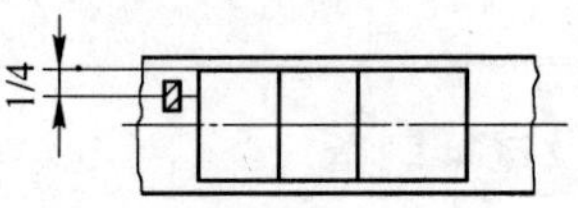 1/4
		>50	≤15	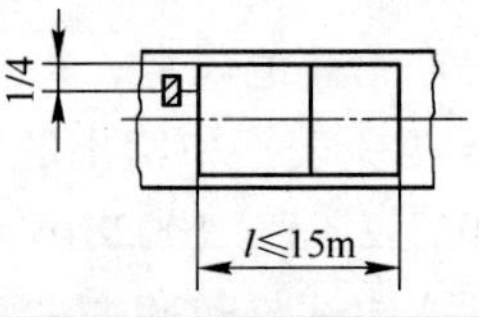 1/4　l≤15m
			>15	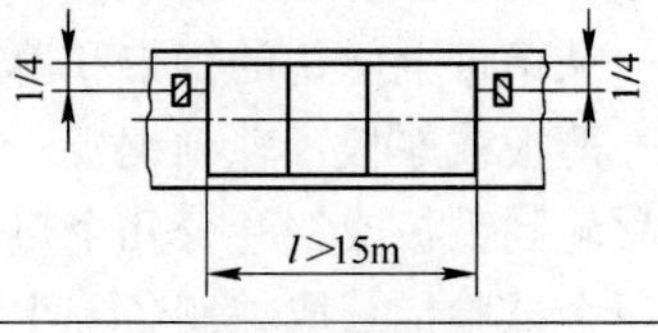 1/4　1/4　l>15m
	合金钢	无限定	≤15	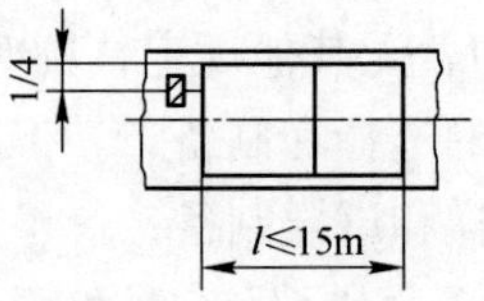 1/4　l≤15m
			>15	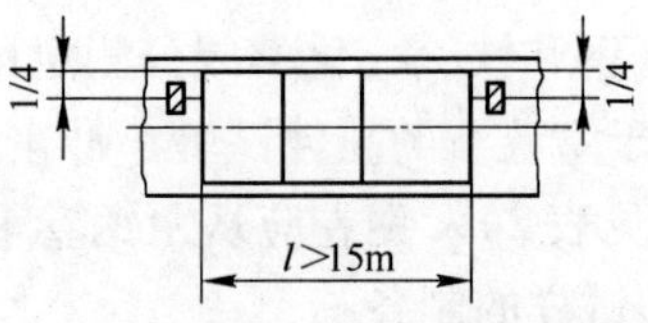 1/4　1/4　l>15m

续表 2

产 品	钢 种	薄(厚)钢板厚度/mm	每批轧制钢板的供货长度/m	取样位置（俯视图）
钢 带	无区分	无限定	—	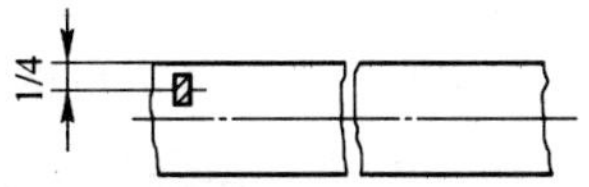 1/4

表 3 依照 EN 10028-2 ~ EN 10028-6 规定的产品取样位置

试块类型	产品厚度/mm	试样的纵轴方向与轧制方向的关系	试块距轧制面的距离/mm
拉伸试验	≤30	横 向	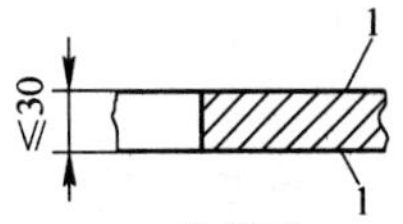 ≤30；1—轧制面
	>30		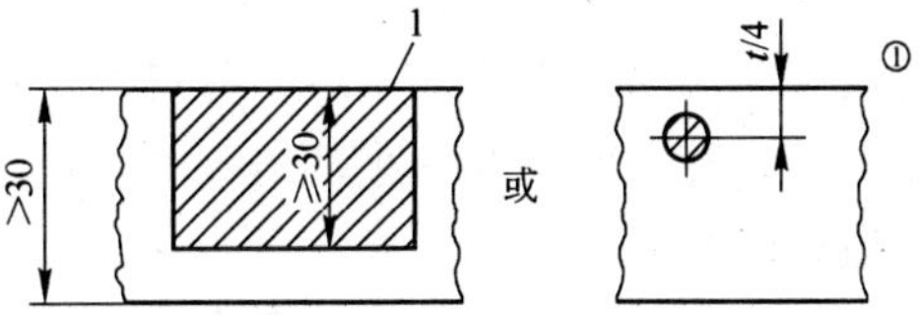 >30；≥30；或；t/4 ①
			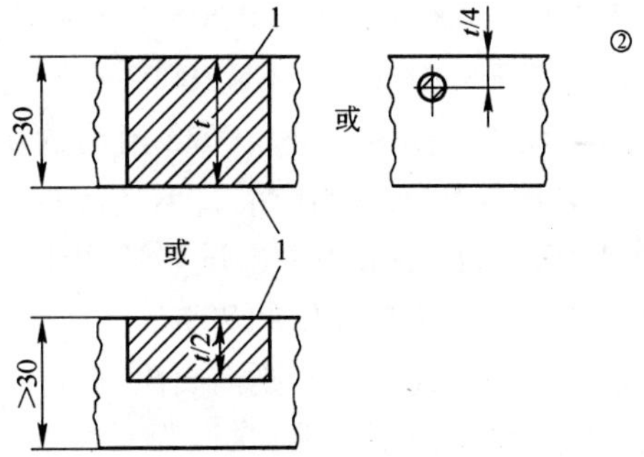 >30；t；或；t/4 ②；或；>30；t/2
冲击试验③	>10	横向④	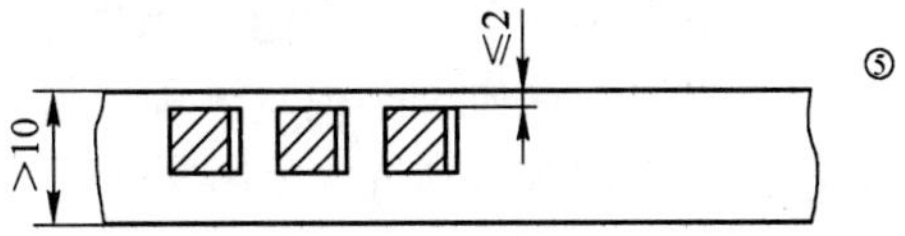 >10；≤2 ⑤

① 适用于 EN 10028-2 ~ EN 10028-5 的产品。

② 适用于 EN 10028-6 的产品。

③ 缺口轴向应垂直于产品轧制面。

④ 协议规定可使用纵向试样。

⑤ 产品厚度大于 40mm 时，冲击试样应在 1/4 厚度处截取。

10 试验方法

10.1 化学分析

如果订货时没有其他协议，则由生产商选择一种合适的物理或化学分析方法来进行成品分析。如果有异议，则由双方认可的实验室进行成品分析。在这种情况下，同意使用的分析方法应参考相关现行欧洲标准。

10.2 室温下拉伸试验

依照 EN 10028-2 ~ EN 10028-6 要求的钢材，室温拉伸试验见 EN 10002-1《金属材料 拉伸试验 第1部分：室温条件下的试验方法》，通常使用标距为 $L_0 = 5.65\sqrt{S_0}$（$\sqrt{S_0}$：试样初始断面面积）的比例试样。可以使用定标距试样，在这种情况下，应根据 EN ISO 2566-1《钢．伸长值的换算．第1部分：碳素钢和低合金钢》把断后伸长率转换成符合 EN 10028-2 ~ EN 10028-6 要求的钢材的断后伸长率。

确定抗拉强度 R_m、断后伸长率 A 和屈服强度。屈服强度应为上屈服 R_{eH}。在上屈服不明显的情况下，采用 $R_{p0.2}$。

10.3 高温拉伸试验

如果订货时未协议指定试验温度，则试验温度应选择 300℃。

10.4 冲击试验

对 V 型缺口试块进行冲击试验（见 EN 10045-1《金属材料夏比冲击试验 第1部分：试验方法（V 型和 U 型缺口）》），并符合 EN 10028 规定的性能参数。

规定了几种温度下的最小冲击吸收能量值。如果没有其他协议规定，则验证冲击吸收能量的值规定为 27J。

在最低温度下规定的最小冲击吸收能量值比 27J 大，该较高的值应为合格。

对于 EN 10028-2、EN 10028-5 和 EN 10028-6 规定的钢级，冲击吸收能量值适用于横向试块；对于 EN 10028-3、EN 10028-4 规定的钢级，可采用纵向试样和/或横向试块。

使用小尺寸试样时，EN 10028 给出的最小冲击吸收能量值应按试样断面面积成比例地减少。厚度小于 6mm 的产品，不进行冲击试验。

EN 10028 给出的最小冲击试验适用于三个试样的平均值。允许其中一个值小于规定值，但不能小于这个规定值的 70%。

如果不满足上述条件，则需要附加一组三个试样的试验，试样要从同一样坯上截取。第二次试验要满足以下要求：

（1）6 次试验的平均值应等于或大于规定值；

（2）6 个值中不能多于 2 个值低于规定值；

（3）6 个值中的任何 1 个值均不能小于规定值的 70%。

如果这些要求得不到满足，则试样代表的产品会被拒收，并进行重新试验。

10.5 其他试验

对产品表面状态进行检查，以确保符合要求。

在没有视觉辅助工具的情况下，可以通过目测，或按生产商的意见，通过认定的自动化工艺，对产品尺寸进行检查，以确保产品符合要求。

如果对厚度大于等于 6mm 的钢板进行超声波检测来验证内部质量时，按 EN 10160《厚度大于等于 6mm 的扁平轧材超声检测方法（反射法）》的要求执行。

生产商应采取适当的措施，以避免材料混乱并且确保材料的可追溯性。

EN 10028-2：2009 压力容器用钢板　第2部分：具有高温性能的非合金钢和合金钢（概要）

1　范围

该标准适用于压力设备制造用焊接非合金钢和合金钢扁平材。

2　尺寸、外形及允许偏差

钢板的尺寸、外形及允许偏差见 EN 10028-1《压力容器用钢板　第1部分：一般要求》。

3　牌号及化学成分

3.1　各牌号钢的熔炼分析见表1。

表 1　牌号及化学成分[1]

牌号	化学成分(熔炼分析)/%													
	C	Si	Mn	P	S	Alt	N	Cr	Cu[2]	Mo	Nb	Ni	Ti	V	其他
P235GH	≤0.16	≤0.35	0.60[3] ~ 1.20	≤0.025	≤0.010	≥0.020	≤0.012[4]	≤0.30	≤0.30	≤0.08	≤0.020	≤0.30	≤0.03	≤0.02	w(Cr + Cu + Mo + Ni) ≤0.70
P265GH	≤0.20	≤0.40	0.80[3] ~ 1.40	≤0.025	≤0.010	≥0.020	≤0.012[4]	≤0.30	≤0.30	≤0.08	≤0.020	≤0.30	≤0.03	≤0.02	
P295GH	0.08 ~ 0.20	≤0.40	0.90[3] ~ 1.50	≤0.025	≤0.010	≥0.020	≤0.012[4]	≤0.30	≤0.30	≤0.08	≤0.020	≤0.30	≤0.03	≤0.02	
P355GH	0.10 ~ 0.22	≤0.60	1.10 ~ 1.70	≤0.025	≤0.010	≥0.020	≤0.012[4]	≤0.30	≤0.30	≤0.08	≤0.040	≤0.30	≤0.03	≤0.02	
16Mo3	0.12 ~ 0.20	≤0.35	0.40 ~ 0.90	≤0.025	≤0.010	⑤	≤0.012	≤0.30	≤0.30	0.25 ~ 0.35	—	≤0.30	—	—	—
18MnMo4-5	≤0.20	≤0.40	0.90 ~ 1.50	≤0.015	≤0.005	⑤	≤0.012	≤0.30	≤0.30	0.45 ~ 0.60	—	≤0.30	—	—	—
20MnMoNi4-5	0.15 ~ 0.23	≤0.40	1.00 ~ 1.50	≤0.020	≤0.010	⑤	≤0.012	≤0.20	≤0.20	0.45 ~ 0.60	—	0.40 ~ 0.80	—	≤0.02	—
15NiCuMoNb5-6-4	≤0.17	0.25 ~ 0.50	0.80 ~ 1.20	≤0.025	≤0.010	≥0.015	≤0.020	≤0.30	0.50 ~ 0.80	0.25 ~ 0.50	0.015 ~ 0.045	1.00 ~ 1.30	—	—	—
13CrMo4-5	0.08 ~ 0.18	≤0.35	0.40 ~ 1.00	≤0.025	≤0.010	⑤	≤0.012	0.70[6] ~ 1.15	≤0.30	0.40 ~ 0.60	—	—	—	—	—
13CrMoSi5-5	≤0.17	0.50 ~ 0.80	0.40 ~ 0.65	≤0.015	≤0.005	⑤	≤0.012	1.00 ~ 1.50	≤0.30	0.45 ~ 0.65	—	≤0.30	—	—	—

续表 1

牌　号	化学成分(熔炼分析)/%														
	C	Si	Mn	P	S	Alt	N	Cr	Cu②	Mo	Nb	Ni	Ti	V	其　他
10CrMo9-10	0.08～0.14⑦	≤0.50	0.40～0.80	≤0.020	≤0.010	⑤	≤0.012	2.00～2.50	≤0.30	0.90～1.10	—	—	—	—	—
12CrMo9-10	0.10～0.15	≤0.30	0.30～0.80	≤0.015	≤0.010	0.010～0.040	≤0.012	2.00～2.50	≤0.25	0.90～1.10	—	≤0.30	—	—	—
X12CrMo5	0.10～0.15	≤0.50	0.30～0.60	≤0.020	≤0.005	⑤	≤0.012	4.0～6.0	≤0.30	0.45～0.65	—	≤0.30	—	—	—
13CrMoV9-10	0.11～0.15	≤0.10	0.30～0.60	≤0.015	≤0.005	⑤	≤0.012	2.00～2.50	≤0.20	0.90～1.10	≤0.07	≤0.25	≤0.03	0.25～0.35	w(B)≤0.002 w(Ca)≤0.015
12CrMoV12-10	0.10～0.15	≤0.15	0.30～0.60	≤0.015	≤0.005	⑤	≤0.012	2.75～3.25	≤0.25	0.90～1.10	≤0.07⑧	≤0.25	≤0.03⑧	0.20～0.30	w(B)≤0.003⑧ w(Ca)≤0.015⑧
X10CrMoVNb9-1	0.08～0.12	≤0.50	0.30～0.60	≤0.020	≤0.005	≤0.040	0.030～0.070	8.0～9.5	≤0.30	0.85～1.05	0.06～0.10	≤0.30	—	0.18～0.25	—

① 除浇铸所需外，表中未列入的元素如果没有订货方的同意均不得故意加入钢水中。应采取适当措施避免这些元素从废料或其他材料加入到钢水中，这些元素可能影响其力学性能和使用性能。

② 对于更低的 Cu 含量和/或 Cu、Sn 总含量（如 w(Cu)＋6w(Sn)≤0.33%），在订货时可以协议确定，例如，仅为热成型等级的产品才规定最大 Cu 含量。

③ 当产品厚度小于等于 6mm 时，w(Mn)≥0.20%。

④ 适用于 w(Al)/w(N)≥2。

⑤ 应测定 Al 含量，并在检验证书中给出。

⑥ 如果氢含量很重要，则可在订货时协议确定 w(Cr)≥0.80%。

⑦ 当产品厚度大于等于 150mm 时，则可在订货时协议确定 w(C)≤0.17%。

⑧ 该钢种可以添加 Ti＋B 或 Nb＋Ca。最小含量规定如下：添加 Ti＋B 时，w(Ti)≥0.015% 且 w(B)≥0.001%；添加 Nb＋Ca 时，w(Nb)≥0.015% 且 w(Ca)≥0.0005%。

3.2 各牌号钢板的成品化学成分允许偏差见表2。

表2 成品钢板化学成分允许偏差

元 素	表1中熔炼分析规定值/%	成品分析允许偏差/%
C	≤0.23	±0.02
Si	≤0.35	±0.05
	>0.35~1.00	±0.06
Mn	≤1.00	±0.05
	>1.00~1.70	±0.10
P	≤0.015	+0.003
	>0.015~0.025	+0.005
S	≤0.010	+0.003
Al	≥0.010	±0.005
B	≤0.003	±0.0005
N	≤0.020	+0.002
	>0.020~0.070	±0.005
Cr	≤2.00	±0.05
	>2.00~10.00	±0.10
Cu	≤0.30	±0.05
	>0.30~0.80	±0.10
Mo	≤0.35	±0.03
	>0.35~1.10	+0.04
Nb	≤0.10	±0.01
Ni	≤0.30	+0.05
	>0.30~1.30	±0.10
Cr+Cu+Mo+Ni	≤0.70	+0.05
Ti	≤0.03	±0.01
V	≤0.05	±0.01
	>0.05~0.30	±0.03

4 交货状态

钢板以正火、正火加回火或淬火加回火状态交货。

5 力学性能

5.1 钢板的力学性能见表3。

5.2 钢板的高温拉伸性能见表4。

表 3 力学性能[1]

<table>
<tr><th rowspan="3">牌 号</th><th rowspan="3">交货状态[2]</th><th rowspan="3">钢板厚度 t /mm</th><th colspan="3">横向拉伸试验</th><th colspan="3">横向冲击试验平均吸收能量 KV_2/J</th></tr>
<tr><th rowspan="2">抗拉强度 R_m /MPa</th><th rowspan="2">屈服强度 R_{eH} /MPa</th><th rowspan="2">断后伸长率 A /%</th><th colspan="3">温度/℃</th></tr>
<tr><th>-20</th><th>0</th><th>20</th></tr>
<tr><td rowspan="6">P235GH</td><td rowspan="6">正火[3]</td><td>$t\leqslant 16$</td><td rowspan="4">360~480</td><td>≥235</td><td rowspan="6">≥24</td><td rowspan="6">≥27[6]</td><td rowspan="6">≥34[6]</td><td rowspan="6">≥40</td></tr>
<tr><td>$16<t\leqslant 40$</td><td>≥225</td></tr>
<tr><td>$40<t\leqslant 60$</td><td>≥215</td></tr>
<tr><td>$60<t\leqslant 100$</td><td>≥200</td></tr>
<tr><td>$100<t\leqslant 150$</td><td>350~480</td><td>≥185</td></tr>
<tr><td>$150<t\leqslant 250$</td><td>340~480</td><td>≥170</td></tr>
<tr><td rowspan="6">P265GH</td><td rowspan="6">正火[3]</td><td>$t\leqslant 16$</td><td rowspan="4">410~530</td><td>≥265</td><td rowspan="6">≥22</td><td rowspan="6">≥27[6]</td><td rowspan="6">≥34[6]</td><td rowspan="6">≥40</td></tr>
<tr><td>$16<t\leqslant 40$</td><td>≥255</td></tr>
<tr><td>$40<t\leqslant 60$</td><td>≥245</td></tr>
<tr><td>$60<t\leqslant 100$</td><td>≥215</td></tr>
<tr><td>$100<t\leqslant 150$</td><td>400~530</td><td>≥200</td></tr>
<tr><td>$150<t\leqslant 250$</td><td>390~530</td><td>≥185</td></tr>
<tr><td rowspan="6">P295GH</td><td rowspan="6">正火[3]</td><td>$t\leqslant 16$</td><td rowspan="4">460~580</td><td>≥295</td><td rowspan="6">≥21</td><td rowspan="6">≥27[6]</td><td rowspan="6">≥34[6]</td><td rowspan="6">≥40</td></tr>
<tr><td>$16<t\leqslant 40$</td><td>≥290</td></tr>
<tr><td>$40<t\leqslant 60$</td><td>≥285</td></tr>
<tr><td>$60<t\leqslant 100$</td><td>≥260</td></tr>
<tr><td>$100<t\leqslant 150$</td><td>440~570</td><td>≥235</td></tr>
<tr><td>$150<t\leqslant 250$</td><td>430~570</td><td>≥220</td></tr>
<tr><td rowspan="6">P355GH</td><td rowspan="6">正火[3]</td><td>$t\leqslant 16$</td><td rowspan="3">510~650</td><td>≥355</td><td rowspan="6">≥20</td><td rowspan="6">≥27[6]</td><td rowspan="6">≥34[6]</td><td rowspan="6">≥40</td></tr>
<tr><td>$16<t\leqslant 40$</td><td>≥345</td></tr>
<tr><td>$40<t\leqslant 60$</td><td>≥335</td></tr>
<tr><td>$60<t\leqslant 100$</td><td>490~630</td><td>≥315</td></tr>
<tr><td>$100<t\leqslant 150$</td><td>480~630</td><td>≥295</td></tr>
<tr><td>$150<t\leqslant 250$</td><td>470~630</td><td>≥280</td></tr>
<tr><td rowspan="6">16Mo3</td><td rowspan="6">正火[4]</td><td>$t\leqslant 16$</td><td rowspan="3">440~590</td><td>≥275</td><td rowspan="6">≥22</td><td rowspan="6">⑤</td><td rowspan="6">⑤</td><td rowspan="6">≥31</td></tr>
<tr><td>$16<t\leqslant 40$</td><td>≥270</td></tr>
<tr><td>$40<t\leqslant 60$</td><td>≥260</td></tr>
<tr><td>$60<t\leqslant 100$</td><td>430~580</td><td>≥240</td></tr>
<tr><td>$100<t\leqslant 150$</td><td>420~570</td><td>≥220</td></tr>
<tr><td>$150<t\leqslant 250$</td><td>410~570</td><td>≥210</td></tr>
<tr><td rowspan="3">18MnMo4-5</td><td rowspan="2">正火+回火</td><td>$t\leqslant 60$</td><td rowspan="2">510~650</td><td>≥345</td><td rowspan="3">≥20</td><td rowspan="3">≥27[6]</td><td rowspan="3">≥34[6]</td><td rowspan="3">≥40</td></tr>
<tr><td>$60<t\leqslant 150$</td><td>≥325</td></tr>
<tr><td>淬火+回火</td><td>$150<t\leqslant 250$</td><td>480~620</td><td>≥310</td></tr>
</table>

续表3

牌号	交货状态[②]	钢板厚度 t /mm	横向拉伸试验			横向冲击试验平均吸收能量 KV_2/J		
			抗拉强度 R_m /MPa	屈服强度 R_{eH} /MPa	断后伸长率 A /%	温度/℃		
						-20	0	20
20MnMoNi4-5	淬火+回火	$t≤40$	590~750	≥470	≥18	≥27[⑥]	≥40	≥50
		$40<t≤60$	590~730	≥460				
		$60<t≤100$	570~710	≥450				
		$100<t≤150$		≥440				
		$150<t≤250$	560~700	≥400				
15NiCuMoNb5-6-4	正火+回火	$t≤40$	610~780	≥460	≥16	≥27[⑥]	≥34[⑥]	≥40
		$40<t≤60$		≥440				
		$60<t≤100$	600~760	≥430				
	正火+回火或淬火+回火	$100<t≤150$	590~740	≥420				
	淬火+回火	$150<t≤200$	580~740	≥410				
13CrMo4-5	正火+回火	$t≤16$	450~600	≥300	≥19	⑤	⑤	31[⑥]
		$16<t≤60$		≥290				
		$60<t≤100$	440~590	≥270		⑤	⑤	≥27[⑥]
	正火+回火或淬火+回火	$100<t≤150$	430~580	≥255				
	淬火+回火	$150<t≤250$	420~570	≥245				
13CrMoSi5-5	正火+回火	$t≤60$	510~690	≥310	≥20	⑤	≥27[⑥]	≥34[⑥]
		$60<t≤100$	480~660	≥300				
	淬火+回火	$t≤60$	510~690	≥400		≥27[⑥]	≥34[⑥]	≥40
		$60<t≤100$	500~680	≥390				
		$100<t≤250$	490~670	≥380				
10CrMo9-10	正火+回火	$t≤16$	480~630	≥310	≥18	⑤	⑤	≥3[⑥]
		$16<t≤40$		≥300				
		$40<t≤60$		≥290				
	正火+回火或淬火+回火	$60<t≤100$	470~620	≥280	≥17	⑤	⑤	≥27[⑥]
	淬火+回火	$100<t≤150$	460~610	≥260				
		$150<t≤250$	450~600	≥250				
12CrMo9-10	正火+回火或淬火+回火	$t≤250$	540~690	≥355	≥18	≥27[⑥]	≥40[⑥]	≥70
X12CrMo5	正火+回火	$t≤60$	510~690	≥320	≥20	≥27[⑥]	≥34[⑥]	≥40
		$60<t≤150$	480~660	≥300				
	淬火+回火	$150<t≤250$	450~630	≥300				

续表3

牌　号	交货状态②	钢板厚度 t /mm	横向拉伸试验			横向冲击试验平均吸收能量 KV_2/J		
			抗拉强度 R_m /MPa	屈服强度 R_{eH} /MPa	断后伸长率 A /%	温度/℃		
						-20	0	20
13CrMoV9-10	正火+回火	t≤60	600~780	≥455	≥18	≥27⑥	≥34⑥	≥40
		60<t≤150	590~770	≥435				
	淬火+回火	150<t≤250	580~760	≥415				
12CrMoV12-10	正火+回火	t≤60	600~780	≥445	≥18	≥27⑥	≥34⑥	≥40
		60<t≤150	590~770	≥435				
	淬火+回火	150<t≤250	580~760	≥435				
X10CrMoVNb9-1	正火+回火	t≤60	580~760	≥445	≥18	≥27⑥	≥34⑥	≥40
		60<t≤150	550~730	≥435				
	淬火+回火	150<t≤250	520~700	≥435				

① 产品厚度大于250mm时，性能应协商（12CrMo9-10和15NiCuMoNb5-6-4除外）。

② 通常交货状态为正火加回火；交货状态为淬火加回火时，可以协商确定更高的拉伸性能和冲击吸收能量。

③ 根据供方选择，P235GH、P265GH、P295GH和P355GH可用正火轧制代替正火。此时，订货时要达成一定试验频率下的模拟正火试验来确认特殊性能是否符合要求。

④ 根据供方选择，可以正火加回火状态交货。

⑤ 订货时协商。

⑥ 订货时协商最小冲击吸收能量为40J。

表4　高温下屈服强度 $R_{p0.2}$ 的最小值①

牌　号	产品厚度 t②③ /mm	不同温度（℃）下的最小0.2%屈服强度值 $R_{p0.2}$/MPa									
		50	100	150	200	250	300	350	400	450	500
P235GH④	t≤16	227	214	198	182	167	153	142	133	—	—
	16<t≤40	218	205	190	174	160	147	136	128	—	—
	40<t≤60	208	196	181	167	153	140	130	122	—	—
	60<t≤100	193	182	169	155	142	130	121	114	—	—
	100<t≤150	179	168	156	143	131	121	112	105	—	—
	150<t≤250	164	155	143	132	121	111	103	97	—	—
P265GH④	t≤16	256	241	223	205	188	173	160	150	—	—
	16<t≤40	247	232	215	197	181	166	154	145	—	—
	40<t≤60	237	223	206	190	174	160	148	139	—	—
	60<t≤100	208	196	181	167	153	140	130	122	—	—
	100<t≤150	193	182	169	155	142	130	121	114	—	—
	150<t≤250	179	168	156	143	131	121	112	105	—	—

续表 4

牌　号	产品厚度 t[②③] /mm	不同温度（℃）下的最小 0.2% 屈服强度值 $R_{p0.2}$/MPa									
		50	100	150	200	250	300	350	400	450	500
P295GH[④]	t≤16	285	268	249	228	209	192	178	167	—	—
	16 < t≤40	280	264	244	225	206	189	175	165	—	—
	40 < t≤60	276	259	240	221	202	186	172	162	—	—
	60 < t≤100	251	237	219	201	184	170	157	148	—	—
	100 < t≤150	227	214	198	182	167	153	142	133	—	—
	150 < t≤250	213	200	185	170	156	144	133	125	—	—
P355GH[④]	t≤16	343	323	299	275	252	232	214	202	—	—
	16 < t≤40	334	314	291	267	245	225	208	196	—	—
	40 < t≤60	324	305	282	259	238	219	202	190	—	—
	60 < t≤100	305	287	265	244	224	206	190	179	—	—
	100 < t≤150	285	268	249	228	209	192	178	167	—	—
	150 < t≤250	271	255	236	217	199	183	169	159	—	—
16Mo3	t≤16	273	264	250	233	213	194	175	159	147	141
	16 < t≤40	268	259	245	228	209	190	172	156	145	139
	40 < t≤60	258	250	236	220	202	183	165	150	139	134
	60 < t≤100	238	230	218	203	186	169	153	139	129	123
	100 < t≤150	218	211	200	186	171	155	140	127	118	113
	150 < t≤250	208	202	191	178	163	148	134	121	113	108
18MnMo4-5[⑤]	t≤60	330	320	315	310	295	285	265	235	215	—
	60 < t≤150	320	310	305	300	285	275	255	225	205	—
	150 < t≤250	310	300	295	290	275	265	245	220	200	—
20MnMoNi4-5	t≤40	460	448	439	432	424	415	402	384	—	—
	40 < t≤60	450	438	430	423	415	406	394	375	—	—
	60 < t≤100	441	429	420	413	406	398	385	367	—	—
	100 < t≤150	431	419	411	404	397	389	377	359	—	—
	150 < t≤250	392	381	374	367	361	353	342	327	—	—
15NiCuMoNb5-6-4	t≤40	447	429	415	403	391	380	366	351	331	—
	40 < t≤60	427	410	397	385	374	363	350	335	317	—
	60 < t≤100	418	401	388	377	366	355	342	328	309	—
	100 < t≤150	408	392	379	368	357	347	335	320	302	—
	150 < t≤200	398	382	370	359	349	338	327	313	295	—
13CrMo4-5	t≤16	294	285	269	252	234	216	200	186	175	164
	16 < t≤60	285	275	260	243	226	209	194	180	169	159
	60 < t≤100	265	256	242	227	210	195	180	168	157	148
	100 < t≤150	250	242	229	214	199	184	170	159	148	139
	150 < t≤250	235	223	215	211	199	184	170	159	148	139

续表 4

牌　号	产品厚度 t②③ /mm	不同温度（℃）下的最小 0.2% 屈服强度值 $R_{p0.2}$/MPa									
		50	100	150	200	250	300	350	400	450	500
13CrMoSi5-5 + NT	$t \leq 60$	299	283	268	255	244	233	223	218	206	—
	$60 < t \leq 100$	289	274	260	247	236	225	216	211	199	—
13CrMoSi5-5 + QT	$t \leq 60$	384	364	352	344	339	335	330	322	309	—
	$60 < t \leq 100$	375	355	343	335	330	327	322	314	301	—
	$100 < t \leq 250$	365	346	334	326	322	318	314	306	293	—
10CrMo9-10	$t \leq 16$	288	266	254	248	243	236	225	212	197	185
	$16 < t \leq 40$	279	257	246	240	235	228	218	205	191	179
	$40 < t \leq 60$	270	249	238	232	227	221	211	198	185	173
	$60 < t \leq 100$	260	240	230	224	220	213	204	191	178	167
	$100 < t \leq 150$	250	237	228	222	219	213	204	191	178	167
	$150 < t \leq 250$	240	227	219	213	210	208	204	191	178	167
12CrMo9-10	$t \leq 250$	341	323	311	303	298	295	292	287	279	—
X12CrMo5	$t \leq 60$	310	299	295	294	293	291	285	273	253	222
	$60 < t \leq 250$	290	281	277	275	275	273	267	256	237	208
13CrMoV9-10⑤	$t \leq 60$	410	395	380	375	370	365	362	360	350	—
	$60 < t \leq 250$	405	390	370	365	360	355	352	350	340	—
12CrMoV12-10⑤	$t \leq 60$	410	395	380	375	370	365	362	360	350	—
	$60 < t \leq 250$	405	390	370	365	360	355	352	350	340	—
X10CrMoVNb9-1	$t \leq 60$	432	415	401	392	385	379	373	364	349	324
	$60 < t \leq 250$	423	406	392	383	376	371	365	356	341	316

① 这些值是按照 EN 10314《高温下钢的校验强度最小值的推算方法》置信度约为 98%（2s）确定的相关趋势曲线的较低范围。

② 产品厚度超过规定的最大厚度时，可以协商确定高温下的 $R_{p0.2}$。

③ 按表 3 中给出的交货状态。

④ 这些值为炉内正火试块的最小值。

⑤ EN 10314《高温下钢的校验强度最小值的推算方法》未确定 $R_{p0.2}$ 值。它们是目前认为的分散区的最小值。

EN 10028-3：2009 压力容器用钢板
第 3 部分：经正火处理的可焊接细晶粒钢（概要）

1　范围

该标准适用于压力设备用可焊接细晶粒钢扁平材。

2　尺寸、外形及允许偏差

钢板的尺寸、外形及允许偏差见 EN 10028-1《压力容器用钢板　第 1 部分：一般要求》。

3　牌号及化学成分

3.1　钢的牌号及熔炼分析见表 1。

表 1 牌号及化学成分①

牌号	化学成分(熔炼分析)/%														
	C	Si	Mn	P	S	Alt	N	Cr	Cu	Mo	Nb	Ni	Ti	V	Nb + Ti + V
P275NH	≤0.16	≤0.40	0.80② ~ 1.50	≤0.025	≤0.010	≥0.020③,④	≤0.012	≤0.30⑤	≤0.30⑤	≤0.08⑤	≤0.05	≤0.50	≤0.03	≤0.05	≤0.05
P275NL1					≤0.008										
P275NL2				≤0.020	≤0.005										
P355N	≤0.18	≤0.50	1.10 ~ 1.70	≤0.025	≤0.010	≥0.020③,④	≤0.012	≤0.30⑤	≤0.30⑤	≤0.08⑤	≤0.05	≤0.50	≤0.03	≤0.10	≤0.12
P355NH															
P355NL1					≤0.008										
P355NL2				≤0.020	≤0.005										
P460NH	≤0.20	≤0.60	1.10 ~ 1.70	≤0.025	≤0.010	≥0.020③,④	≤0.025	≤0.30	≤0.70⑥	≤0.10	≤0.05	≤0.80	≤0.03	≤0.20	≤0.22
P460NL1					≤0.008										
P460NL2				≤0.020	≤0.005										

① 除了浇铸所需外，表中未列入的元素如果没有订货方的同意均不得故意加入钢水中。应采取适当措施避免这些元素从废料或其他材料加入到钢水中，这些元素可能影响其力学性能和使用性能。

② 产品厚度小于 6mm 时，允许 $w(\mathrm{Mn}) \geq 0.60\%$。

③ 如果添加 Nb、Ti 或 V 用来固定 N，则可不要求 Alt 的最小含量值。

④ 如果仅用 Al 来固定 N，则 $w(\mathrm{Al})/w(\mathrm{N}) \geq 2$。

⑤ $w(\mathrm{Cr+Cu+Mo}) \leq 0.45\%$。

⑥ 如果 $w(\mathrm{Cu}) \geq 0.30\%$，则 Ni 的含量至少为铜含量的一半。

3.2　钢板的成品分析允许偏差见表2。

3.3　有订货协议要求时，碳当量见表3的规定。

表2　成品钢板化学成分允许偏差

元　素	表1给出的熔炼分析限定值/%	成品分析允许偏差/%
C	≤0.20	+0.02
Si	≤0.60	+0.06
Mn	≤1.00	±0.05
	>1.00～1.70	±0.10
P	≤0.025	+0.005
S	≤0.010	+0.003
Al	≥0.020	-0.005
N	≤0.025	+0.002
Cr	≤0.30	+0.05
Mo	≤0.10	+0.03
Cu	≤0.30	+0.05
	>0.30～0.70	+0.10
Nb	≤0.05	+0.01
Ni	≤0.80	+0.05
Ti	≤0.03	+0.01
V	≤0.20	+0.01

表3　基于熔炼分析的最大碳当量值（CEV）

牌　号	产品厚度 t（mm）的最大CEV/%		
	$t≤60$	$60<t≤100$	$100<t≤250$
P275NH	0.40	0.40	0.42
P275NL1			
P275NL2			
P355N	0.43	0.45	0.45
P355NH			
P355NL1			
P355NL2			
P460NH	0.53	—	
P460NL1			
P460NL2			

注：CEV = C + Mn/6 + Cr + Mo + V/5 + Ni + Cu/15。

4　交货状态

钢板以正火状态交货。

5　力学及工艺性能

5.1　钢板的力学性能见表4和表5。

5.2　钢板的高温拉伸性能见表6。

表4　力学性能

牌　号	交货条件	产品厚度 t/mm	屈服强度 R_{eH}/MPa	抗拉强度 R_m/MPa	断后伸长率 A/%
P275NH P275NL1 P275NL2	正火①	$t \leqslant 16$	≥275	390～510	≥24
		$16 < t \leqslant 40$	≥265		
		$40 < t \leqslant 60$	≥255		
		$60 < t \leqslant 100$	≥235	370～490	≥23
		$100 < t \leqslant 150$	≥225	360～480	
		$150 < t \leqslant 250$	≥215	350～470	
P355N P355NH P355NL1 P355NL2	正火①	$t \leqslant 16$	≥355	490～630	≥22
		$16 < t \leqslant 40$	≥345		
		$40 < t \leqslant 60$	≥335		
		$60 < t \leqslant 100$	≥315	470～610	≥21
		$100 < t \leqslant 150$	≥305	460～600	
		$150 < t \leqslant 250$	≥295	450～590	
P460NH P460NL1 P460NL2	正火②	$t \leqslant 16$④	≥460	570～730	≥17
		16④ $< t \leqslant 40$	≥445	570～720	
		$40 < t \leqslant 60$	≥430		
		$60 < t \leqslant 100$	≥400	540～710	
		$100 < t \leqslant 250$	③	③	③

① 当用正火轧制代替正火时，订货时应协商模拟正火试样的附加试验和试验次数，以确认可满足规定的性能要求。

② 对于最小屈服强度大于等于460MPa的钢板，小尺寸产品和特殊情况下需要进行延迟冷却或附加回火，并应在检验证书中注明。

③ 订货时协议确定。

④ 对于P460NH和P460NL1，当产品厚度小于等于20mm时，可以协商确定最小 R_{eH} 为460MPa，R_m 的范围为630～725MPa。

表5　正火状态下最小冲击吸收能量值①

牌　号	产品厚度/mm	冲击吸收能量 KV_2/J（以下温度（℃）的最小值）									
		横　向					纵　向②				
		-50	-40	-20	0	+20	-50	-40	-20	0	+20
P…N P…NH	≤250③	—	—	30④	40	50	—	—	45	65	75
P…NL1		—	27④	35④	50	60	30④	40	50	70	80
P…NL2		27④	30④	40	60	70	42	45	55	75	85

① 当用正火轧制代替正火时，订货时应协商模拟正火试样的附加试验和试验次数，以确认可满足规定的性能要求。对于最小屈服强度大于等于460MPa的钢板，小尺寸产品和特殊情况下需要进行延迟冷却或附加回火，并应在检验证书中注明。

② 该值适用于厚度小于等于40mm的产品。

③ 对于P460NH、P460NL1和P460NL2，产品厚度小于等于100mm。

④ 订货时协议确定最小冲击吸收能量为40J。

表 6　高温下屈服强度 $R_{p0.2}$ 最小值①

牌　号	产品厚度 t/mm	以下温度（℃）的 $R_{p0.2}$ 最小值/MPa							
		50	100	150	200	250	300	350	400
P275NH	$t \leq 16$	266	250	232	213	195	179	166	156
	$16 < t \leq 40$	256	241	223	205	188	173	160	150
	$40 < t \leq 60$	247	232	215	197	181	166	154	145
	$60 < t \leq 100$	227	214	198	182	167	153	142	133
	$100 < t \leq 150$	218	205	190	174	160	147	136	128
	$150 < t \leq 250$	208	196	181	167	153	140	130	122
P355NH	$t \leq 16$	343	323	299	275	252	232	214	202
	$16 < t \leq 40$	334	314	291	267	245	225	208	196
	$40 < t \leq 60$	324	305	282	259	238	219	202	190
	$60 < t \leq 100$	305	287	265	244	224	206	190	179
	$100 < t \leq 150$	295	277	257	236	216	199	184	173
	$150 < t \leq 250$	285	268	249	228	209	192	178	167
P460NH	$t \leq 16$	445	419	388	356	326	300	278	261
	$16 < t \leq 40$	430	405	375	345	316	290	269	253
	$40 < t \leq 60$	416	391	362	333	305	281	260	244
	$60 < t \leq 100$	387	364	337	310	284	261	242	227
	$100 < t \leq 250$	②	②	②	②	②	②	②	②

① 该值反映了正火试块的最小值，可信度约为 98%（2s）（即：它们对应于 EN 10314《高温下钢的校验强度最小值的推算方法》确定的相关趋势曲线的较低区域）。

② 订货时协议确定。

EN 10028-4：2009 压力容器用钢板
第4部分：具有规定低温性能的镍合金钢（概要）

1　范围

该标准适用于压力设备制造用镍合金钢扁平材。

2　尺寸、外形及允许偏差

钢板的尺寸、外形及允许偏差见 EN 10028-1《压力容器用钢板　第1部分：一般要求》。

3　牌号及化学成分

3.1　各牌号的熔炼分析见表1。

3.2　钢板的成品分析允许偏差见表2。

4　交货状态

钢板交货状态见表3。

5　力学及工艺性能（见表3、表4）

表 1　牌号及化学成分[①]

牌　号	化学成分(熔炼分析)/%									
	C	Si	Mn	P	S	Alt	Mo	Nb	Ni	V
11MnNi5-3	≤0.14	≤0.50	0.70～1.50	≤0.025	≤0.010	≥0.020	—	≤0.05	0.30[②]～0.80	≤0.05
13MnNi6-3	≤0.16	≤0.50	0.85～1.70	≤0.025	≤0.010	≥0.020	—	≤0.05	0.30[②]～0.85	≤0.05
15NiMn6	≤0.18	≤0.35	0.80～1.50	≤0.025	≤0.010	—	—	—	1.30～1.70	≤0.05
12Ni14	≤0.15	≤0.35	0.30～0.80	≤0.020	≤0.005	—	—	—	3.25～3.75	≤0.05
X12Ni5	≤0.15	≤0.35	0.30～0.80	≤0.020	≤0.005	—	—	—	4.75～5.25	≤0.05
X8Ni9	≤0.10	≤0.35	0.30～0.80	≤0.020	≤0.005	—	≤0.10	—	8.5～10.0	≤0.05
X7Ni9	≤0.10	≤0.35	0.30～0.80	≤0.015	≤0.005	—	≤0.10	—	8.5～10.0	≤0.01

① 除浇铸所需外，表中未列入的元素如果没有订货方的同意均不得故意加入钢水中。应采取适当措施避免这些元素从废料或其他材料加入到钢水中，这些元素可能影响其力学性能和使用性能。$w(Cr + Cu + Mo) \leq 0.50\%$。

② 产品厚度不大于40mm，允许 $w(Ni) \geq 0.15\%$。

表 2　成品钢板化学成分允许偏差

元　素	表 1 给出的熔炼分析/%	成品分析允许偏差/%
C	≤0.18	+0.02
Si	≤0.50	+0.05
Mn	≤1.00	±0.05
	>1.00～1.70	±0.10
P	≤0.015	+0.003
	>0.015～0.025	+0.005
S	≤0.010	+0.003
Al	≥0.020	−0.005
Mo	≤0.10	+0.03
Nb	≤0.05	+0.01
Ni	≤0.85	±0.05
	>0.85～3.75	±0.07
	>3.75～10.00	±0.10
V	≤0.05	+0.01

表 3 室温下的力学性能

牌 号	交货状态	产品厚度 t/mm	屈服强度 R_{eH}/MPa	抗拉强度 R_m/MPa	断后伸长率 A/%
11MnNi5-3	正火、正火加回火	$t \leqslant 30$	≥285	420 ~ 530	24
		$30 < t \leqslant 50$	≥275		
		$50 < t \leqslant 80$	≥265		
13MnNi6-3	正火、正火加回火	$t \leqslant 30$	≥355	490 ~ 610	22
		$30 < t \leqslant 50$	≥345		
		$50 < t \leqslant 80$	≥335		
15NiMn6	正火、正火加回火或淬火加回火	$t \leqslant 30$	≥355	490 ~ 640	22
		$30 < t \leqslant 50$	≥345		
		$50 < t \leqslant 80$	≥335		
12Ni14	正火、正火加回火或淬火加回火	$t \leqslant 30$	≥355	490 ~ 640	22
		$30 < t \leqslant 50$	≥345		
		$50 < t \leqslant 80$	≥335		
X12Ni5	正火、正火加回火或淬火加回火	$t \leqslant 30$	≥390	530 ~ 710	20
		$30 < t \leqslant 50$	≥380		
X8Ni9 + NT640①	正火、正火加回火	$t \leqslant 30$	≥490	640 ~ 840	18
		$30 < t \leqslant 50$	≥480		
X8Ni9 + QT640①	淬火加回火②	$t \leqslant 30$	≥490		
		$30 < t \leqslant 50$	≥480		
X8Ni9 + QT680①	淬火加回火②	$t \leqslant 30$	≥585	680 ~ 820	18
		$30 < t \leqslant 50$	≥575		
X7Ni9	淬火加回火②	$t \leqslant 30$	≥585	680 ~ 820	18
		$30 < t \leqslant 50$	≥575		

① +NT640、+QT640、+QT680：保证最小抗拉强度为640MPa或680MPa的热处理参数。

② 对于厚度小于15mm的钢板，交货状态也可以是正火或正火加回火。

表 4　最小冲击吸收能量

牌　号	交货状态①②	产品厚度/mm	方向	以下温度（℃）的最小冲击吸收能量 KV_2/J											
				20	0	-20	-40	-50	-60	-80	-100	-120	-150	-170	-196
11MnNi5-3	正火、正火加回火	≤80	纵向	70	60	55	50	45	40	—	—	—	—	—	—
13MnNi6-3			横向	50	50	45	35④	30④	27④	—	—	—	—	—	—
15NiMn6	正火、正火加回火或淬火加回火		纵向	65	65	65	60	50	50	40	—	—	—	—	—
			横向	50	50	45	40	35④	35④	27④	—	—	—	—	—
12Ni14	正火、正火加回火或淬火加回火		纵向	65	60	55	55	50	50	45	40	—	—	—	—
			横向	50	50	45	35④	35④	35④	30④	27④	—	—	—	—
X12Ni5	正火、正火加回火或淬火加回火	≤50	纵向	70	70	70	65	65	65	60	50	40③	—	—	—
			横向	60	60	55	45	45	45	40	30④	27③④	—	—	—
X8Ni9 + NT640，X8Ni9 + QT640①	正火、正火加回火或淬火加回火		纵向	100	100	100	100	100	100	100	90	80	70	60	50
			横向	70	70	70	70	70	70	70	60	50	50	45	40
X8Ni9 + QT680①	淬火加回火		纵向	120	120	120	120	120	120	120	110	100	90	80	70
			横向	100	100	100	100	100	100	100	90	80	70	60	50
X7Ni9	淬火加回火		纵向	120	120	120	120	120	120	120	120	120	120	110	100
			横向	100	100	100	100	100	100	100	100	100	100	90	80

① +NT640、+QT640、+QT680：保证最小抗拉强度为 640MPa 或 680MPa 的热处理参数。

② 温度和冷却条件见表原欧洲标准 A.1。

③ 该值适用于 -110℃、厚度小于等于 25mm 的钢板和 -115℃、厚度为 25（不含）~30mm 的钢板。

④ 订货时协商确定的冲击吸收能量大于等于 40J。

EN 10028-5：2009 压力容器用钢板 第 5 部分：热机械轧制可焊接细晶粒钢（概要）

1　范围

该标准适用于热机械轧制的压力设备制造用扁平材。

2　尺寸、外形及允许偏差

钢板的尺寸、外形及允许偏差见 EN 10028-1《压力容器用钢板　第 1 部分：一般要求》的规定。

3　牌号及化学成分

3.1　各牌号钢的熔炼分析见表 1。

3.2　钢板的成品分析允许偏差见表 2。

3.3　有订货协议要求时，碳当量按表 3 的规定。

4　交货状态

钢板应以热机械轧制状态交货。

5　力学性能（见表 4 和表 5）

表 1　牌号及化学成分[1]

牌号	化学成分(熔炼分析)/%												
	C	Si	Mn[2]	P	S	Alt[3]	N	Mo[5]	Nb[6]	Ni	Ti[6]	V[6]	其他
P355M	≤0.14	≤0.50	≤1.60	≤0.025	≤0.010	≥0.020[4]	≤0.015	≤0.20	≤0.05[7]	≤0.50	≤0.05	≤0.10	[5]
P355ML1				≤0.020	≤0.008								
P355ML2					≤0.005								
P420M	≤0.16	≤0.50	≤1.70	≤0.025	≤0.010		≤0.020						
P420ML1				≤0.020	≤0.008								
P420ML2					≤0.005								
P460M	≤0.16	≤0.60	≤1.70	≤0.025	≤0.010								
P460ML1				≤0.020	≤0.005								
P460ML2					≤0.005								

① 除浇铸所需外，表中未列入的元素如果没有订货方的同意均不得故意加入钢水中。应采取适当措施避免这些元素从废料或其他材料加入到钢水中，这些元素可能影响其力学性能和使用性能。

② C 含量比最大值每减少 0.02%，则允许 Mn 含量比规定最大 Mn 含量提高 0.05%，Mn 最大含量为 2.00%。

③ 确定浇铸时 Al 含量并在检验证书中给出。

④ 如果存在其他充足的固氮元素，则 Al 的最小含量值不适用。

⑤ w(Cr + Cu + Mo) ≤0.60%。

⑥ w(V + Nb + Ti) ≤0.15%。

⑦ 如果限定 w(C) ≤0.07%，则允许 w(Nb) ≤0.10%。在这种情况下，当温度小于等于 −40℃ 或 PWHT 后应特别小心，避免在热影响区产生问题。

表 2　成品钢板化学成分允许偏差

元素	化学成分/%													
	C	Si	Mn	P	S	Alt	N	Mo	Nb	Ni	Ti	V	Cr + Cu + Mo	V + Nb + Ti
表 1 中熔炼分析规定值	≤0.16	≤0.60	≤2.00	≤0.025	≤0.010	≥0.020	≤0.020	≤0.20	≤0.10	≤0.50	≤0.05	≤0.10	≤0.60	≤0.15
成品分析允许偏差	+0.02	+0.06	+0.10	+0.005	+0.003	−0.005	+0.002	+0.03	+0.01	+0.05	+0.01	+0.01	+0.10	+0.03

表 3　基于熔炼分析的最大碳当量值（CEV）

牌号	以下产品厚度 t（mm）的最大 CEV/%		
	$t≤16$	$16<t≤40$	$40<t≤63$
P355M、ML1、ML2	0.39	0.39	0.40
P420M、ML1、ML2	0.43	0.45	0.46
P460M、ML1、ML2	0.45	0.46	0.47

注：CEV = C + Mn/6 + Cr + Mo + V/5 + Ni + Cu/15。

表4　室温下的力学性能

牌　号	以下产品厚度 t（mm）的屈服强度 R_{eH}/MPa			抗拉强度 R_m/MPa	断后伸长率 A/%
	t≤16	16＜t≤40	40＜t≤63		
P355M、P355ML1、P355ML2	≥355		≥345	450～610	≥22
P420M、P420ML1、P420ML2	≥420	≥400	≥390	500～660	≥19
P460M、P460ML1、P460ML2	≥460	≥440	≥430	530～720	≥17

注：如果屈服不明显时，取 $R_{p0.2}$ 代替 R_{eH}。

表5　最小冲击吸收能量值（适用于横向试样）

牌　号	产品厚度/mm	以下温度（℃）下的冲击吸收能量 KV_2/J				
		-50	-40	-20	0	+20
P…M	≤63	—		≥27①	≥40	≥60
P…ML1		—	≥27①	≥40	≥60	—
P…ML2		≥27①	≥40	≥60	≥80	—

① 订货时可以协商确定冲击吸收能量大于等于40J。

EN 10028-6：2003 压力容器用钢板 第6部分：淬火和回火可焊接细晶粒钢（概要）

1　范围

该标准适用于压力设备制造用淬火和回火钢扁平材。

2　尺寸、外形及允许偏差

钢板的尺寸、外形及允许偏差见 EN 10028-1《压力容器用钢板　第1部分：一般要求》的规定。

3　牌号及化学成分

3.1　各牌号钢的熔炼分析见表1。

3.2　钢板的成品分析允许偏差见表2。

4　交货状态

钢板应以淬火加回火状态交货。

5　力学性能（见表3～表5）

表 1　牌号及化学成分①②

牌号	化学成分(熔炼分析)/%，不小于														
	C	Si	Mn	P	S	N	B	Cr	Mo	Cu③	Nb④	Ni	Ti④	V④	Zr④
P355Q	0.16	0.40	1.50	0.025	0.010	0.015	0.005	0.30	0.25	0.30	0.05	0.50	0.03	0.06	0.05
P355QH															
P355QL1				0.020	0.008										
P355QL2					0.005										
P460Q	0.18	0.50	1.70	0.025	0.010	0.015	0.005	0.50	0.50	0.30	0.05	1.00	0.03	0.08	0.05
P460QH															
P460QL1				0.020	0.008										
P460QL2					0.005										
P500Q	0.18	0.60	1.70	0.025	0.010	0.015	0.005	1.00	0.70	0.30	0.05	1.50	0.05	0.08	0.15
P500QH															
P500QL1				0.020	0.008										
P500QL2					0.005										
P690Q	0.20	0.80	1.70	0.025	0.010	0.015	0.005	1.50	0.70	0.30	0.06	2.50	0.05	0.12	0.15
P690QH															
P690QL1				0.020	0.008										
P690QL2					0.005										

① 除浇铸所需外，表中未列入的元素如果没有订货方的同意均不得故意加入钢水中。应采取适当措施避免这些元素从废料或其他材料加入到钢水中，这些元素可能影响其力学性能和使用性能。

② 为了达到规定性能，供方可以根据产品厚度和炼钢条件按规定的最大量按顺序添加一种或几种合金元素。其化学成分应在检验证书中给出。

③ 基于热成型原因，订货时可以同意含有较低的 Cu 含量和最大的 Sn 含量。

④ 晶粒细化元素的含量至少为 0.015%，包括 Al。采用 Als 时，最小含量为 0.015%；如果 Alt 含量达到了 0.018%，则认为达到了该值。如有异议，则采用 Als。

表 2　成品钢板化学成分允许偏差

元素	化学成分/%															
	C	Si	Mn	P	S	Alt	N	B	Cr	Mo	Cu	Ni	Nb	Ti	V	Zr
表 1 中熔炼分析规定值	≤0.20	≤0.80	≤1.70	≤0.025	≤0.010	≥0.018	≤0.015	≤0.005	≤1.50	≤0.70	≤0.30	≤2.50	≤0.06	≤0.05	≤0.12	≤0.15
成品分析允许偏差	+0.02	+0.05	+0.10	+0.005	+0.003	-0.005	+0.002	+0.0005	+0.10	+0.04	+0.05	+0.10	+0.01	+0.01	+0.01	+0.01

表 3　室温下的力学性能

牌　号	以下厚度 t（mm）的屈服强度 R_{eH}/MPa			以下厚度 t(mm)的抗拉强度 R_m/MPa		断后伸长率 A /%
	$t \leqslant 50$	$50 < t \leqslant 100$	$100 < t \leqslant 150$	$t \leqslant 100$	$100 < t \leqslant 150$	
P355Q、P355QH P355QL1、P355QL2	≥355	≥335	≥315	490 ~ 630	450 ~ 590	≥22
P460Q、P460QH P460QL1、P460QL2	≥460	≥440	≥400	550 ~ 720	500 ~ 670	≥19
P500Q、P500QH P500QL1、P690QL2	≥500	≥480	≥440	590 ~ 770	540 ~ 720	≥17
P690Q、P690QH P690QL1、P460QL2	≥690	≥670	≥630	770 ~ 940	720 ~ 900	≥14

注：1. 屈服不明显时，采用 $R_{p0.2}$代替 R_{eH}。

2. 其他产品厚度可以在订货时协议确定。

表 4　横向试样冲击吸收能量值

牌　号	产品厚度/mm	以下温度（℃）的冲击吸收能量 KV_2/J				
		-60	-40	-20	0	+20
P…Q P…QH	≤150	—	—	≥27①	≥40	≥60
P…QL1		—	≥27①	≥40	≥60	—
P…QL2		≥27①	≥40	≥60	≥80	—

① 订货时可能协议最小冲击吸收能量为 40J。

表 5　高温①下最小 0.2%屈服强度 $R_{p0.2}$

牌号②	在下面温度下（℃）最小 0.2%屈服强度 $R_{p0.2}$③/MPa					
	50	100	150	200	250	300
P355QH	340	310	285	260	235	215
P460QH	445	425	405	380	360	340
P500QH	490	470	450	420	400	380
P690QH	670	645	615	595	575	570

① 通过高温拉伸试验验证规定使用温度下的数值。应达到供需双方订货时的协议要求。

② 若订货时有协议，这些参数值也适用于要求低温性能的 P…QL 钢种。

③ 表中的 $R_{p0.2}$对于厚度不大于 50mm 的产品是有效的。对于更厚的产品，应符合以下规定：

——当 $50\text{mm} < t \leqslant 100\text{mm}$ 时，减少 20MPa；

——当 $t > 100\text{mm}$ 时，减少 60MPa。

EN 10120：2008 焊接气瓶用钢板和钢带（概要）

1　范围

该标准适用于厚度不大于5mm的制造焊接气瓶用的热轧薄板和钢带。

2　尺寸、外形及允许偏差

钢板的尺寸、外形及允许偏差见EN 10028-1《压力容器用钢板　第1部分：一般要求》的规定。

3　牌号及化学成分

3.1　各牌号钢的熔炼分析见表1。

3.2　成品分析允许偏差见表2。

表1　牌号及化学成分①

牌　号	化学成分（熔炼分析）/%								
	C	Si	Mn	P	S	Alt②	N③	Nb	Ti
P245NB	≤0.16	≤0.25	≥0.30	≤0.025	≤0.015	≥0.020	≤0.009	≤0.050	≤0.03
P265NB	≤0.19	≤0.25	≥0.40	≤0.025	≤0.015	≥0.020	≤0.009	≤0.050	≤0.03
P310NB	≤0.20	≤0.50	≥0.70	≤0.025	≤0.015	≥0.020	≤0.009	≤0.050	≤0.03
P335NB	≤0.20	≤0.50	≥0.70	≤0.025	≤0.015	≥0.020	≤0.009	≤0.050	≤0.03

① 表中未列入的元素如果没有订货方的同意均不得故意加入钢水中。应采取适当措施避免这些元素从废料或其他材料加入到钢水中，这些元素可能影响其力学性能和使用性能。

② 可以由“≤0.050”的Nb和/或“≤0.03”的Ti代替Al，并应报告各元素的含量。

③ Alt/N≥2.2或当添加Nb和/或Ti时，N的含量可以小于等于0.012%。

表2　成品化学成分允许偏差

元　素	化学成分/%								
	C	Si	Mn	P	S	Alt	N	Nb	Ti
表1中熔炼分析规定值	≤0.20	≤0.50	≥0.30	≤0.025	≤0.015	≥0.020	≤0.009	≤0.050	≤0.03
成品分析允许偏差	+0.02	+0.05	-0.05	+0.005	+0.003	-0.005	+0.002	+0.010	+0.01

4　交货状态

钢板应以淬火加回火状态交货。

5　力学性能（见表3）

表3　力学性能

牌　号	上屈服强度 R_{eH} /MPa	抗拉强度 R_m /MPa	以下厚度 t（mm）的断后伸长率/%		正火温度/℃
			$t<3$	$3\leq t\leq 5$	
			A_{80mm} （$L_0=80mm$）	A （$L_0=5.65S_0^{1/2}$）	
P245NB	≥245	360～450	≥26	≥34	900～940
P265NB	≥265	410～500	≥24	≥32	890～930
P310NB	≥310	460～550	≥21	≥28	890～930
P335NB	≥355	510～620	≥19	≥24	880～920

注：1. 本表同样适用于正火或正火轧制状态，如果产品不以正火或正火轧制状态交货，试验样品或试样应被正火。

2. 当仅对试样处理时，正火温度是强制性的。

第四节　日本标准

JIS G3103：2007 锅炉及压力容器用碳素钢及钼合金钢板（概要）

1　范围

该标准适用于厚度为6～200mm的中温到高温使用的锅炉及压力容器用碳素钢及钼合金钢的热轧钢板。

2　尺寸、外形及允许偏差

2.1　厚度允许偏差见表1。

表1　厚度允许偏差

公称厚度/mm	公称宽度/mm					
	<1600	1600～<2000	2000～<2500	2500～<3150	3150～<4000	4000～<5000
6.00～<6.30	+0.75	+0.95	+0.95	+1.25	+1.25	—
6.30～<10.0	+0.85	+1.05	+1.05	+1.35	+1.35	+1.55
10.0～<16.0	+0.85	+1.05	+1.05	+1.35	+1.35	+1.75
16.0～<25.0	+1.05	+1.25	+1.25	+1.65	+1.65	+1.95
25.0～<40.0	+1.15	+1.35	+1.35	+1.75	+1.75	+2.15
40.0～<63.0	+1.35	+1.65	+1.65	+1.95	+1.95	+2.35
63.0～<100	+1.55	+1.95	+1.95	+2.35	+2.35	+2.75
100～<160	+2.35	+2.75	+2.75	+3.15	+3.15	+3.55
≥160	+2.95	+3.35	+3.35	+3.55	+3.55	+3.95

注：1. 厚度负偏差值为0.25mm。
2. 宽度大于等于5000mm时的偏差由供需双方协商确定。
3. 根据供需双方的协定，负偏差为0mm时的正偏差值，为在该表的规定值上加上0.25mm。

2.2　其他偏差

钢板的形状、尺寸及其允许偏差见JIS G 3193《热轧钢板及钢带的形状、尺寸、重量及允许偏差》。当没有特殊规定时，钢板的长度允许偏差和切边钢板的宽度允许偏差，按JIS G 3193的允许偏差A执行。

3　牌号及化学成分（见表2、表3）

表2　牌号及化学成分

牌　号	厚度/mm	化学成分(熔炼分析)/%					
		C	Si	Mn	P	S	Mo
SB410	≤25	≤0.24	0.15～0.40	≤0.90	≤0.030	≤0.030	—
	>25～50	≤0.27					
	>50～100	≤0.29					
	>100～200	≤0.30					

续表 2

牌　号	厚度/mm	化学成分(熔炼分析)/%					
		C	Si	Mn	P	S	Mo
SB450	≤25	≤0.28	0.15~0.40	≤0.90	≤0.030	≤0.030	—
	>25~50	≤0.31①					
	>50~200	≤0.33①					
SB480	≤25	≤0.31	0.15~0.40	≤1.20	≤0.030	≤0.030	—
	>25~50	≤0.33					
	>50~200	≤0.35					
SB450M	≤25	≤0.18	0.15~0.40	≤0.90	≤0.030	≤0.030	0.45~0.60
	>25~50	≤0.21					
	>50~100	≤0.23					
	>100~150	≤0.25					
SB480M	≤25	≤0.20	0.15~0.40	≤0.90	≤0.030	≤0.030	0.45~0.60
	>25~50	≤0.23					
	>50~100	≤0.25					
	>100~150	≤0.27					

① 厚度大于25mm的SB450的Mn含量，由供需双方协商确定，w(C)≤0.30%时Mn含量也可小于等于1.00%。

表3　牌号及化学成分

牌　号	化学成分(熔炼分析)/%						
	Cu	Ni	Cr	Mo	Nb	V	Ti
	最大值						
SB410	0.40	0.40	0.30	0.12	0.02	0.03	0.03
SB450	0.40	0.40	0.30	0.12	0.02	0.03	0.03
SB480	0.40	0.40	0.30	0.12	0.02	0.03	0.03
SB450M	0.40	0.40	0.30	—	0.02	0.03	0.03
SB480M	0.40	0.40	0.30	—	0.02	0.03	0.03

注：1. 对于SB410、SB450及SB480，w(Cu+Ni+Cr+Mo)≤1.00%。

2. 对于SB410、SB450及SB480，w(Cr+Mo)≤0.32%。

3. 根据供需双方协定，w(Nb)≤0.05%、w(V)≤0.10%、w(Ti)≤0.05%。

4. 根据供需双方的协定，对于SB450及SB480，w(Mo)≤0.30%。

4　交货状态

钢板和钢带以热轧或热处理（正火、去应力退火）状态交货。具体如下：

（1）厚度小于等于50mm的SB410、SB450及SB480钢板以及厚度小于等于38mm的SB450M及SB480M钢板为轧制状态。根据要求，也可以进行正火或去除应力的退火热处理。

（2）厚度大于50mm的SB410、SB450及SB480钢板以及厚度大于38mm的SB450M及SB480M钢板应进行正火，或在热成型加工时进行可以获得与正火同样效果的温度均匀的加热。

（3）订货方进行第（2）条的热处理时，根据供需双方的协定，钢板为轧制状态或生产商进行正火或去除应力的退火热处理。

5 力学性能及工艺性能（见表4）

表4 力学性能及工艺性能

牌号	屈服点或屈服强度 R_{eH} /MPa	抗拉强度 R_m /MPa	断后伸长率 /%	拉伸试样	弯曲性能		
					弯曲角度 /(°)	厚度/mm	弯曲压头半径 （a 为钢板厚度）
SB410	≥225	410～550	≥21	1A号	180	≤25	0.5a
						>25～50	0.75a
			≥25	10号		>50～100	1.00a
						>100～200	1.25a
SB450	≥245	450～590	≥19	1A号	180	≤25	0.75a
			≥23	10号		>25～100	1.00a
						>100～200	1.25a
SB480	≥265	480～620	≥17	1A号	180	≤25	1.00a
						>25～50	1.00a
			≥21	10号		>50～100	1.25a
						>100～200	1.50a
SB450M	≥255	450～590	≥19	1A号	180	≤25	0.5a
			≥23	10号		>25～100	0.75a
						>100～150	1.00a
SB480M	≥275	480～620	≥17	1A号	180	≤25	0.75a
			≥21	10号		>25～100	1.00a
						>100～150	1.25a

注：1. 拉伸试样取横向。10号试样为 ϕ12.5mm×50mm，1A号试样为40mm×200mm。厚度小于等于50mm的钢板使用1A号试样；厚度大于50mm的钢板使用10号试样。厚度大于40mm时最好也用10号试样。

2. 弯曲试样取横向。1号试样，其试样宽度为20～50mm。

3. 屈服点或屈服强度为上屈服 R_{eH}。

4. 厚度小于8mm钢板的1A号试样的断后伸长率，当厚度每减少1mm或不足1mm时，其伸长率值可降低1%（绝对值）。厚度大于90mm钢板的10号试样的伸长率，当厚度每增加12.5mm或不足12.5mm，其伸长率值可降低0.5%（绝对值），但最大降低3%（绝对值）。对于SB450M及SB480M的厚度大于6mm小于20mm钢板的1号试样，当伸长率比上表规定值相差3%以内时，只要包括断裂部分的标点距离为50mm的伸长率值大于等于25%，则不管该表的规定为何仍为合格。

JIS G3115：2011 压力容器用钢板（概要）

1　范围

该标准适用于厚度为6～200mm的压力容器、高压设备等（高温及低温用途的除外）用的焊接性良好的热轧钢板。

2　尺寸、外形及允许偏差

2.1　厚度允许偏差见表1。

表1　厚度允许偏差

公称厚度/mm	公称宽度/mm					
	<1600	1600～<2000	2000～<2500	2500～<3150	3150～<4000	4000～<5000
6.00～<6.30	+0.75	+0.95	+0.95	+1.25	+1.25	—
6.30～<10.0	+0.85	+1.05	+1.05	+1.35	+1.35	+1.55
10.0～<16.0	+0.85	+1.05	+1.05	+1.35	+1.35	+1.75
16.0～<25.0	+1.05	+1.25	+1.25	+1.65	+1.65	+1.95
25.0～<40.0	+1.15	+1.35	+1.35	+1.75	+1.75	+2.15
40.0～<63.0	+1.35	+1.65	+1.65	+1.95	+1.95	+2.35
63.0～<100	+1.55	+1.95	+1.95	+2.35	+2.35	+2.75
100～<160	+2.35	+2.75	+2.75	+3.15	+3.15	+3.55
≥160	+2.95	+3.35	+3.35	+3.55	+3.55	+3.95

注：1. 负偏差值均为0.25mm。根据供需双方协议负偏差为0时的正偏差，在该表数值加上0.25mm。
2. 宽度大于等于5000mm时的偏差由供需双方协商确定。

2.2　其他偏差

钢板的形状、尺寸、重量及其允许偏差见JIS G 3193《热轧钢板及钢带的形状、尺寸、重量及允许偏差》的规定。当没有特殊规定时，钢板的长度允许偏差和切边钢板的宽度允许偏差，按JIS G 3193的允许偏差A执行。

3　牌号及化学成分

3.1　钢的牌号及化学成分见表2。

表2　牌号及化学成分

牌　号	化学成分(熔炼分析)/%					
	C		Si	Mn	P	S
SPV235	厚度≤100mm	≤0.18	≤0.35	≤1.40	≤0.030	≤0.030
	厚度>100mm	≤0.20				
SPV315	≤0.18		≤0.55	≤1.60	≤0.030	≤0.030
SPV355	≤0.20		≤0.55	≤1.60	≤0.030	≤0.030
SPV410	≤0.18		≤0.75	≤1.60	≤0.030	≤0.030
SPV450	≤0.18		≤0.75	≤1.60	≤0.030	≤0.030
SPV490	≤0.18		≤0.75	≤1.60	≤0.030	≤0.030

注：1. 可添加表以外的合金元素。
2. 进行正火处理的SPV450及SPV490钢板添加的合金元素由供需双方协商确定。

3.2 热机械轧制交货的碳当量见表3。

表3 热机械轧制交货的碳当量

牌 号	碳当量/%		
	厚度/mm		
	≤50	>50~100	>100~150
SPV315	≤0.39	≤0.41	≤0.43
SPV355	≤0.40	≤0.42	≤0.44
SPV410	≤0.43	≤0.45	—

注：1. 淬火+回火的SPV315、SPV355及SPV410的碳当量由供需双方协商决定。

2. $Ceq = C + \frac{Mn}{6} + \frac{Si}{24} + \frac{Ni}{40} + \frac{Cr}{5} + \frac{Mo}{4} + \frac{V}{14}$。

3.3 热机械轧制交货的裂纹敏感性指数见表4。

表4 热机械轧制交货Pcm值

牌 号	裂纹敏感性指数/%			
	厚度/mm			
	≤50	>50~75	>75~100	>100~150
SPV315	≤0.24	≤0.26	≤0.26	≤0.28
SPV355	≤0.26	≤0.27	≤0.27	≤0.29
SPV410	≤0.27	≤0.28	≤0.29	—

注：1. 淬火+回火的SPV315、SPV355及SPV410的裂纹敏感性指数由供需双方协商决定。

2. 根据供需双方协商，可用裂纹敏感性指数组成代替碳当量。

3. $Pcm = C + \frac{Si}{30} + \frac{Mn}{20} + \frac{Cu}{20} + \frac{Ni}{60} + \frac{Cr}{20} + \frac{V}{10} + 5B$。

3.4 淬火加回火交货的碳当量见表5。

表5 淬火加回火交货的碳当量

牌 号	碳当量/%				
	厚度/mm				
	≤50	>50~75	>75~100	>100~125	>125~150
SPV450	≤0.44	≤0.46	≤0.49	≤0.52	≤0.54
SPV490	≤0.45	≤0.47	≤0.50	≤0.53	≤0.55

注：1. 正火处理的SPV450、SPV490的碳当量由供需双方协商决定。

2. $Ceq = C + \frac{Mn}{6} + \frac{Si}{24} + \frac{Ni}{40} + \frac{Cr}{5} + \frac{Mo}{4} + \frac{V}{14}$。

3.5 淬火加回火交货的裂纹敏感性指数见表6。

表6　淬火加回火交货的 Pcm 值

牌　号	裂纹敏感性指数/%	
	厚度/mm	
	≤50	>50~150
SPV450	≤0.28	≤0.30
SPV490	≤0.28	≤0.30

注：1. 正火处理的 SPV450、SPV490 的裂纹敏感性指数由供需双方协商决定。

2. 根据供需双方协商，可用裂纹敏感性指数组成代替碳当量。

3. $Pcm = C + \frac{Si}{30} + \frac{Mn}{20} + \frac{Cu}{20} + \frac{Ni}{60} + \frac{Cr}{20} + \frac{V}{10} + 5B$。

4　交货状态

以热轧、热机械轧制、热处理（正火、淬火加回火）等状态交货，见表7。

表7　交货状态

牌　号	热 处 理
SPV235	不处理。必要时可以正火处理
SPV315 SPV355	不处理。必要时可以正火处理。根据供需双方协议也可以进行热机械轧制或淬火加回火处理
SPV410	热机械轧制。采用热机械轧制可以制造的最大板厚为100mm。根据供需双方协议也可以进行正火或淬火加回火处理代替热机械轧制
SPV450 SPV490	淬火加回火。根据供需双方协议也可以进行正火处理

注：根据供需双方协议，订货方进行正火或淬火加回火热处理时，钢厂只对试样进行热处理，钢板也可以轧制状态交货。

5　力学及工艺性能（见表8~表11）

表8　拉伸及弯曲性能

牌　号	屈服点或屈服强度 R_{eH}/MPa			抗拉强度 R_m /MPa	断后伸长率			弯曲性能	
	厚度/mm				厚度 /mm	试样	%	弯曲角度 /(°)	弯曲压头半径 (*a* 为钢板厚度)
	6~50	>50~100	>100~200						
SPV235	≥235	≥215	≥195	400~510	≤16 >16 >40	1A号 1A号 4号	≥17 ≥21 ≥24	180	厚度≤50mm：1.0*a* 厚度>50mm：1.5*a*
SPV315	≥315	≥295	≥275	490~610	≤16 >16 >40	1A号 1A号 4号	≥16 ≥20 ≥23	180	1.5*a*
SPV355	≥355	≥335	≥315	520~640	≤16 >16 >40	1A号 1A号 4号	≥14 ≥18 ≥21	180	1.5*a*

续表 8

牌　号	屈服点或屈服强度 R_{eH}/MPa			抗拉强度 R_m /MPa	断后伸长率			弯曲性能	
	厚度/mm				厚度 /mm	试样	%	弯曲角度 /(°)	弯曲压头半径 (a 为钢板厚度)
	6~50	>50~100	>100~200						
SPV410	≥410	≥390	≥370	550~670	≤16 >16 >40	1A 号 1A 号 4 号	≥12 ≥16 ≥18	180	1.5a
SPV450	≥450	≥430	≥410	570~700	≤16 >16 >20	5 号 5 号 4 号	≥19 ≥26 ≥20	180	1.5a
SPV490	≥490	≥470	≥450	610~740	≤16 >16 >20	5 号 5 号 4 号	≥18 ≥25 ≥19	180	1.5a

注：1. 除了 SPV235 外，其他牌号的最大厚度为 150mm。

2. 拉伸试样取横向。1A 号试样为 40mm×200mm，4 号试样为 ϕ14mm×50mm，5 号试样为 25mm×50mm。

3. 弯曲试样取横向。1 号试样，其试样宽度为 20~50mm。

4. 屈服点或屈服强度为上屈服 R_{eH}。

表 9　冲击性能

牌　号	试验温度/℃	夏比冲击吸收能量/J		试　样
		3 个试样平均值	单个试样值	
SPV235	0	≥47	≥27	V 型缺口纵向
SPV315	0	≥47	≥27	
SPV355	0	≥47	≥27	
SPV410	-10	≥47	≥27	
SPV450	-10	≥47	≥27	
SPV490	-10	≥47	≥27	

注：1. 根据双方协议，可用更低的温度代替表中试验温度。

2. 根据双方协议，用横向试样进行试验时，经需方同意也可以省略纵向试验。

3. 适用于标准试样的冲击试验。

表 10　小尺寸试样的冲击试验

钢板厚度和试样宽度之差		10mm×10mm 试样的夏比冲击吸收能量 /J	夏比冲击吸收能量/J	
			试样高度×宽度(小尺寸)/mm×mm	
			10×7.5	10×5
≤3mm	3 个试样平均值	47	35	24
	单个试样值	27	22	14
>3mm	3 个试样平均值	47	39	31
	单个试样值	27	23	19

注：适用于小尺寸试样的冲击试验。

表 11　-20℃冲击试验

牌　号	试验温度/℃	夏比冲击吸收能量/J		试　样
		3 个试样平均值	单个试样值	
SPV315 SPV355 SPV410	-20	≥47	≥27	V 型缺口纵向

注：1. 适用于热机械轧制的钢板。

2. 根据双方协议，用横向试样进行试验时，经需方同意也可以省略纵向试验。

3. 适用于标准试样的冲击试验。

JIS G3116：2010 高压气体容器用钢板和钢带（概要）

1　范围

该标准适用于填充 LP 气、乙炔等高压气体容积 500L 以下的焊接容器用厚度为 1.6 ~ 6.0mm 的热轧钢板和钢带。

2　尺寸、外形及允许偏差

2.1　厚度允许偏差（见表 1 和表 2）

表 1　SG255 和 SG295 的厚度允许偏差　（mm）

公称厚度	公称宽度			
	600 ~ <1200	1200 ~ <1500	1500 ~ <1800	1800 ~ <2000
1.60 ~ <2.00	±0.16	±0.17	±0.18	±0.21
2.00 ~ <2.50	±0.17	±0.19	±0.21	±0.25
2.50 ~ <3.15	±0.19	±0.21	±0.24	±0.26
3.15 ~ <4.00	±0.21	±0.23	±0.26	±0.27
4.00 ~ <5.00	±0.24	±0.26	±0.28	±0.29
5.00 ~ <6.00	±0.26	±0.28	±0.29	±0.31
6.00	±0.29	±0.30	±0.31	±0.35

注：1. 厚度的测量部位为距边缘 20mm 以上的内侧的任意点。
2. 表中值不适用于钢带两端的非正常部分。
3. 宽度大于等于 2000mm 时，由供需双方协商确定。

表 2　SG325 和 SG365 的厚度允许偏差　（mm）

公称厚度	公称宽度			
	600 ~ <1200	1200 ~ <1500	1500 ~ <1800	1800 ~ <2000
1.60 ~ <2.00	±0.16	±0.19	±0.20	—
2.00 ~ <2.50	±0.18	±0.22	±0.23	—
2.50 ~ <3.15	±0.20	±0.24	±0.26	—
3.15 ~ <4.00	±0.23	±0.26	±0.28	±0.30
4.00 ~ <5.00	±0.26	±0.29	±0.31	±0.32
5.00 ~ <6.00	±0.29	±0.31	±0.32	±0.34
6.00	±0.32	±0.33	±0.34	±0.38

注：1. 厚度的测量部位为距边缘 20mm 以上的内侧的任意点。
2. 表中值不适用于钢带两端的非正常部分。
3. 对于厚度大于等于 3.5mm 的产品，当宽度大于等于 2000mm 时，偏差由供需双方协商确定。

2.2　长度允许偏差和宽度允许偏差

无特殊要求时，钢板的长度允许偏差和切边钢板的宽度允许偏差应符合 JIS G3193《热轧钢板及钢带的形状、尺寸、重量及允许偏差》的允许偏差 A。

2.3　钢板的切斜

从钢带切出的切边钢板的切斜可用对角线法进行测定，但在发生异议时应采用 JIS G3193《热轧钢板及钢带的形状、尺寸、重量及允许偏差》中规定的方法。

钢板两条对角线长度（图 1 中 X_1、X_2）差的绝对值的 1/2（$|X_1 - X_2|/2$）不得大于钢板实测宽度的 0.7%。

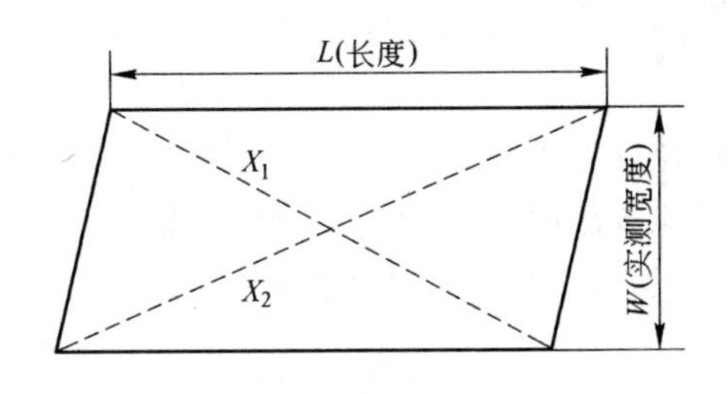

图 1　钢板直角度（对角线法）

2.4　其他尺寸、外形及允许偏差

钢板和钢带的其他形状、尺寸及其允许偏差见 JIS G3193《热轧钢板及钢带的形状、尺寸、重量及允许偏差》的规定。

3　牌号及化学成分（见表 3）

表 3　牌号及化学成分

牌　号	化学成分(熔炼分析)/%				
	C	Si	Mn	P	S
SG255	≤0.20	—	≥0.30	≤0.030	≤0.030
SG295	≤0.20	≤0.35	≤1.00	≤0.030	≤0.030
SG325	≤0.20	≤0.55	≤1.50	≤0.030	≤0.030
SG365	≤0.20	≤0.55	≤1.50	≤0.030	≤0.030

注：根据需要可以添加本表以外的合金元素。

4　交货状态

钢板和钢带以热轧状态交货。

5　力学性能及工艺性能（见表 4）

表 4　力学性能及工艺性能

牌　号	屈服点或屈服强度 R_{eH} /MPa	抗拉强度 R_m /MPa	断后伸长率 /%	拉伸试样	弯曲性能（a 为钢板厚度）		
					弯曲角度/(°)	弯曲压头半径	试样
SG255	≥255	≥400	≥28	5 号	180	1a	3 号
SG295	≥295	≥440	≥26		180	1.5a	
SG325	≥325	≥490	≥22		180		
SG365	≥365	≥540	≥20		180		

注：1. 表中值不适用于钢带两端的非正常部位。

2. 拉伸试样取纵向，5 号试样为 25mm×50mm。

3. 弯曲试样取纵向，3 号试样的宽度为 15～50mm。

4. 屈服点或屈服强度为上屈服 R_{eH}。

5. 当能满足弯曲试验要求时，弯曲试验可以省略。但需方有规定时必须进行弯曲试验。

JIS G3118：2010 中、常温压力容器用碳素钢钢板（概要）

1 范围

该标准适用于中温和常温压力容器用厚度为6~200mm的热轧碳素钢板。

2 尺寸、外形及允许偏差

钢板的形状、尺寸及其允许偏差见JIS G3193《热轧钢板及钢带的形状、尺寸、重量及允许偏差》的规定。无特殊要求时，钢板的长度允许偏差和切边钢板的宽度允许偏差见JIS G3193的允许偏差A。厚度允许偏差应符合表1的规定。

表1 厚度允许偏差 （mm）

公称厚度	公称宽度					
	<1600	1600~<2000	2000~<2500	2500~<3150	3150~<4000	4000~<5000
6.0~<6.30	+0.75	+0.95	+0.95	+1.25	+1.25	—
6.30~<10.0	+0.85	+1.05	+1.05	+1.35	+1.35	+1.55
10.0~<16.0	+0.85	+1.05	+1.05	+1.35	+1.35	+1.75
16.0~<25.0	+1.05	+1.25	+1.25	+1.65	+1.65	+1.95
25.0~<40.0	+1.15	+1.35	+1.35	+1.75	+1.75	+2.15
40.0~<63.0	+1.35	+1.65	+1.65	+1.95	+1.95	+2.35
63.0~<100	+1.55	+1.95	+1.95	+2.35	+2.35	+2.75
100~<160	+2.35	+2.75	+2.75	+3.15	+3.15	+3.55
≥160	+2.95	+3.35	+3.35	+3.55	+3.55	+3.95

注：1. 钢板的负偏差为0.25mm。但经供需双方协商，当钢板的负偏差为0时，正偏差为表中值加上0.25mm。

2. 宽度大于等于5000mm时的偏差由供需双方协商确定。

3 牌号及化学成分

3.1 钢的牌号及化学成分应符合表2的规定。

表2 牌号及化学成分

牌号	厚度/mm	化学成分(熔炼分析)/%				
		C	Si	Mn	P	S
SGV410	≤12.5	≤0.21	0.15~0.40	0.85~1.20	≤0.030	≤0.030
	>12.5~50	≤0.23				
	>50~100	≤0.25				
	>100~200	≤0.27				
SGV450	≤12.5	≤0.24	0.15~0.40	0.85~1.20	≤0.030	≤0.030
	>12.5~50	≤0.26				
	>50~100	≤0.28				
	>100~200	≤0.29				

续表 2

牌　号	厚度/mm	化学成分(熔炼分析)/%				
		C	Si	Mn	P	S
SGV480	≤12.5	≤0.27	0.15～0.40	0.85～1.20	≤0.030	≤0.030
	>12.5～50	≤0.28				
	>50～100	≤0.30				
	>100～200	≤0.31				

注：1. 可添加表规定以外的合金元素。

2. 厚度小于等于 12.5mm 的 SGV410 钢板的 Mn 也可以是 0.60%～0.90%。

3. 经供需双方协商，当 $w(C)\leqslant 0.18\%$ 时，Mn 的熔炼分析的上限值可以是 1.60%。

3.2　热机械轧制的 SGV450 和 SGV480 的碳当量见表 3。经供需双方协议，可用 Pcm 代替 Ceq，其值见表 4。

表 3　热机械轧制钢板的碳当量 Ceq

牌　号	厚度/mm	
	≤50	>50～100
SGV450	≤0.38%	≤0.40%
SGV480	≤0.39%	≤0.41%

注：$Ceq = C + \frac{Mn}{6} + \frac{Si}{24} + \frac{Ni}{40} + \frac{Cr}{5} + \frac{Mo}{4} + \frac{V}{14}$。

表 4　热机械轧制钢板的裂纹敏感性指数 Pcm

牌　号	厚度/mm	
	≤50	>50～100
SGV450	≤0.23%	≤0.25%
SGV480	≤0.24%	≤0.26%

注：$Pcm = C + \frac{Si}{30} + \frac{Mn}{20} + \frac{Cu}{20} + \frac{Ni}{60} + \frac{Cr}{20} + \frac{Mo}{15} + \frac{V}{10} + 5B$。

4　交货状态

（1）厚度小于等于 38mm 的钢板为轧制状态，但供方也可以进行正火处理。

（2）厚度大于 38mm 的钢板应进行正火处理。根据供需双方协商，在钢板正火时可进行加速冷却以及随后的回火处理。

（3）根据供需双方协商，厚度小于等于 100mm 的钢板可进行热机械轧制。

（4）当需方进行正火处理时，根据需方的要求，钢板可以是轧制状态或是进行需方要求的热处理状态。

5　力学性能及工艺性能（见表5）

表5　力学性能及工艺性能

牌　号	屈服点或屈服强度 R_{eH} /MPa	抗拉强度 R_m /MPa	断后伸长率 /%	拉伸试样	弯曲性能（a为钢板厚度）		
					弯曲角度/(°)	厚度/mm	弯曲压头半径
SGV410	≥225	410～490	≥21	1A号	180	≤25	0.5a
						>25～50	0.75a
			≥25	10号		>50～100	1.0a
						>100～200	1.25a
SGV450	≥245	450～540	≥19	1A号	180	≤25	0.75a
						>25～50	1.0a
			≥23	10号		>50～100	1.0a
						>100～200	1.25a
SGV480	≥265	480～590	≥17	1A号	180	≤25	1.0a
						>25～50	1.0a
			≥21	10号		>50～100	1.25a
						>100～200	1.5a

注：1. 屈服点或屈服强度为上屈服 R_{eH}。

2. 厚度小于等于8mm钢板，厚度每减少1mm或不足1mm，1A号试样的伸长率为本表伸长率值减去1。

3. 厚度大于20mm钢板，厚度每增加3mm或不足3mm，1A号试样的伸长率为本表伸长率值减去0.5%，但最多减去3%。

4. 厚度大于90mm钢板，厚度每增加12.5mm或不足12.5mm，10号试样的伸长率为本表伸长率值减去0.5%，但最多减去3%。

5. 厚度小于等于50mm钢板，采用1A号试样，厚度大于50mm钢板，采用10号试样。但厚度大于40mm钢板，也可以采用10号试样。

6. 拉伸试样取横向。试样号见JIS Z2241《金属材料拉伸试验方法》，1A号试样的标距尺寸为40mm×200mm；10号试样的标距尺寸为ϕ12.5mm×50mm。

7. 弯曲试样取横向。1号试样的宽度为20～50mm。

8. 当保证弯曲试验符合要求时，可以省略弯曲试验。但需方有规定时必须进行弯曲试验。

6　奥氏体晶粒度

钢板的奥氏体晶粒度应大于等于5级。当w(Alt)≥0.020%，或w(Als)≥0.015%时，奥氏体晶粒度试验可以不做。

JIS G3119：2007 锅炉和压力容器用锰钼钢和锰钼镍钢钢板（概要）

1　范围

该标准适用于厚度为 6～150mm 的中温、高温锅炉和压力容器用锰钼钢和锰钼镍钢热轧钢板。

2　尺寸、外形及允许偏差

2.1　厚度允许偏差见表 1。

表 1　厚度允许偏差

公称厚度/mm	公称宽度/mm					
	<1600	1600～<2000	2000～<2500	2500～<3150	3150～<4000	4000～<5000
6.0～<6.3	+0.75	+0.95	+0.95	+1.25	+1.25	—
6.3～<10.0	+0.85	+1.05	+1.05	+1.35	+1.35	+1.55
10.0～<16.0	+0.85	+1.05	+1.05	+1.35	+1.35	+1.75
16.0～<25.0	+1.05	+1.25	+1.25	+1.65	+1.65	+1.95
25.0～<40.0	+1.15	+1.35	+1.35	+1.75	+1.75	+2.15
40.0～<63.0	+1.35	+1.65	+1.65	+1.95	+1.95	+2.35
63.0～<100	+1.55	+1.95	+1.95	+2.35	+2.35	+2.75
100～≤150	+2.35	+2.75	+2.75	+3.15	+3.15	+3.55

注：1. 厚度负偏差为 0.25mm。
2. 宽度大于等于 5000mm 钢板的允许偏差，由供需双方协商决定。
3. 根据供需双方的协定，负偏差为 0 时，正偏差值为在该表的规定值上加上 0.25mm。

2.2　其他尺寸、外形及允许偏差

钢板的尺寸、形状及其允许偏差见 JIS G 3193《热轧钢板及钢带的形状、尺寸、重量及允许偏差》的规定。当没有特殊规定时，钢板的长度允许偏差和切边钢板的宽度允许偏差，按 JIS G 3193 的允许偏差 A 执行。

3　牌号及化学成分（见表 2、表 3）

表 2　牌号及化学成分

牌　号	厚度/mm	化学成分(熔炼分析)/%						
		C	Si	Mn	P	S	Ni	Mo
SBV1A	≤25	≤0.20	0.15～0.40	0.95～1.30	≤0.030	≤0.030	—	0.45～0.60
	>25～50	≤0.23						
	>50～150	≤0.25						
SBV1B	≤25	≤0.20	0.15～0.40	1.15～1.50	≤0.030	≤0.030	—	0.45～0.60
	>25～50	≤0.23						
	>50～150	≤0.25						

续表2

牌号	厚度/mm	化学成分(熔炼分析)/%						
		C	Si	Mn	P	S	Ni	Mo
SBV2	≤25	≤0.20	0.15~0.40	1.15~1.50	≤0.030	≤0.030	0.40~0.70	0.45~0.60
	>25~50	≤0.23						
	>50~150	≤0.25						
SBV3	≤25	≤0.20	0.15~0.40	1.15~1.50	≤0.030	≤0.030	0.70~1.00	0.45~0.60
	>25~50	≤0.23						
	>50~150	≤0.25						

表3 牌号及化学成分

牌号	化学成分(熔炼分析)/%					
	Cu	Ni	Cr	Nb	V	Ti
	不大于					
SBV1A	0.40	0.40	0.30	0.02	0.03	0.03
SBV1B	0.40	0.40	0.30	0.02	0.03	0.03
SBV2	0.40	—	0.30	0.02	0.03	0.03
SBV3	0.40	—	0.30	0.02	0.03	0.03

注：经供需双方协商，可规定 $w(Nb)\leqslant 0.05\%$、$w(V)\leqslant 0.10\%$、$w(Ti)\leqslant 0.05\%$。

4 交货状态

钢板以热轧、热处理（正火、去应力退火）状态交货。具体如下：

（1）厚度小于等于50mm的钢板，根据供需双方协议，可以是热轧状态，或是进行正火、消除应力退火状态，或是正火和消除应力退火中的任何一种热处理状态。

（2）厚度大于50mm的钢板，应进行正火或在热成型时进行可获得与正火同样效果的温度均匀的加热。当厚度大于等于100mm的钢板进行正火时，可进行为提高力学性能的加速冷却以及随后的回火处理，但回火温度应为595~705℃。

（3）经需方的同意，对厚度小于100mm的钢板进行正火时，可进行为提高钢材韧性的加速冷却，但正火后应进行595~705℃的回火。

（4）当需方进行第（2）条规定的热处理时，钢板的交货状态应是供需双方协议规定的轧制状态或是供方进行正火或消除应力退火的热处理状态。

5 力学性能及工艺性能（见表4）

表4 力学性能及工艺性能

牌号	屈服点或屈服强度 R_{eH} /MPa	抗拉强度 R_m /MPa	断后伸长率 /%	试样	弯曲性能（a 为钢板厚度）		
					弯曲角度/(°)	厚度/mm	弯曲压头半径
SBV1A	≥315	520~660	≥15 ≥19	1A号 10号	180	≤25	1.0a
						>25~50	1.25a
						>50~150	1.5a

续表4

牌　号	屈服点或屈服强度 R_{eH} /MPa	抗拉强度 R_m /MPa	断后伸长率 /%	试　样	弯曲性能（a 为钢板厚度）		
					弯曲角度/(°)	厚度/mm	弯曲压头半径
SBV1B	≥345	550～690	≥15 ≥18	1A 号 10 号	180	≤25	1.25a
						>25～50	1.5a
						>50～150	1.75a
SBV2	≥345	550～690	≥17 ≥20	1A 号 10 号	180	≤25	1.25a
						>25～50	1.5a
						>50～150	1.75a
SBV3	≥345	550～690	≥17 ≥20	1A 号 10 号	180	≤25	1.25a
						>25～50	1.5a
						>50～150	1.75a

注：1. 拉伸试样取横向。1A 号试样为 40mm×200mm，10 号试样为 ϕ12.5mm×50mm。

2. 弯曲试样取横向。10 号试样的宽度为 20～50mm。

3. 屈服点或屈服强度为上屈服 R_{eH}。

4. 厚度小于 8mm 的钢板，厚度每减少 1mm 或不足 1mm 时，其 1A 号试样的断后伸长率可降低 1%（绝对值）。厚度大于 90mm 的钢板，厚度每增加 12.5mm 或不足 12.5mm，其 10 号试样的断后伸长率可降低 0.5%（绝对值），但最多降低 3%（绝对值）。厚度为 6(不含)～20mm 的钢板的 1A 号试样的断后伸长率比表中值减少 3% 以内（绝对值）时，如果含断口在内的 50mm 标距的断后伸长率值大于等于 25%，作为合格，而不按表中值的规定。厚度小于等于 50mm 的钢板用 1A 号试样，厚度大于 50mm 的钢板用 10 号试样，但厚度大于 40mm 的钢板也可以用 10 号试样。

JIS G3124：2009 中、常温压力容器用高强度钢钢板（概要）

1 范围

该标准适用于厚度为6～150mm的中、常温锅炉和压力容器用高强度钢钢板。

2 尺寸、外形及允许偏差

2.1 厚度允许偏差见表1。

表1 厚度允许偏差

公称厚度/mm	公称宽度/mm					
	<1600	1600～<2000	2000～<2500	2500～<3150	3150～<4000	4000～<5000
6.00～<6.30	+0.75	+0.95	+0.95	+1.25	+1.25	—
6.30～<10.0	+0.85	+1.05	+1.05	+1.35	+1.35	+1.55
10.0～<16.0	+0.85	+1.05	+1.05	+1.35	+1.35	+1.75
16.0～<25.0	+1.05	+1.25	+1.25	+1.65	+1.65	+1.95
25.0～<40.0	+1.15	+1.35	+1.35	+1.75	+1.75	+2.15
40.0～<63.0	+1.35	+1.65	+1.65	+1.95	+1.95	+2.35
63.0～<100	+1.55	+1.95	+1.95	+2.35	+2.35	+2.75
100～<150	+2.35	+2.75	+2.75	+3.15	+3.15	+3.55

注：1. 厚度负偏差为0.25mm。根据供需双方的协定，负偏差为0时，正偏差值为在该表的规定值上加上0.25mm。
2. 宽度大于等于5000mm时的偏差由供需双方协商确定。

2.2 其他尺寸、外形及允许偏差

钢板的形状、尺寸及其允许偏差见JIS G 3193《热轧钢板及钢带的形状、尺寸、重量及允许偏差》的规定。当没有特殊规定时，钢板的长度允许偏差和切边钢板的宽度允许偏差按JIS G 3193的允许偏差A执行。

3 牌号及化学成分（见表2、表3）

表2 牌号及化学成分

牌 号	化学成分(熔炼分析)/%								
	C	Si	Mn	P	S	Cu	Mo	Nb	V
SEV245	≤0.20	0.15～0.60	0.80～1.60	≤0.030	≤0.030	≤0.40	≤0.35	≤0.05	≤0.10
SEV295	≤0.19	0.15～0.60	0.80～1.60	≤0.030	≤0.030	≤0.70	0.10～0.40	≤0.05	≤0.10
SEV345	≤0.19	0.15～0.60	0.80～1.70	≤0.030	≤0.030	≤0.70	0.15～0.50	≤0.05	≤0.10

注：根据要求，也可以单独或组合添加Ni、Cr等其他的合金元素。

表3　碳当量

牌　号	碳当量 Ceq/%	
	厚　度/mm	
	≤75	>75～150
SEV245	≤0.53	≤0.60
SEV295	≤0.56	≤0.61
SEV345	≤0.60	≤0.62

注：$Ceq = C + \frac{Mn}{6} + \frac{Si}{24} + \frac{Ni}{40} + \frac{Cr}{5} + \frac{Mo}{4} + \frac{V}{14}$。

4　交货状态

钢板以热轧、正火、正火加回火或低温退火状态交货。

5　力学及工艺性能

5.1　钢板的拉伸性能见表4。

表4　拉伸性能

牌　号	钢板厚度/mm	屈服点或屈服强度 R_{eH}/MPa	抗拉强度 R_m/MPa	断后伸长率/%	拉伸试样
SEV245	≤50	≥370	510～650	≥16	1A号
	>50～100	≥355		≥20	14A号
	>100～125	≥345	500～640		
	>125～150	≥335	490～630		
SEV295	≤50	≥420	540～690	≥15	1A号
	>50～100	≥400		≥19	14A号
	>100～125	≥390	530～680		
	>125～150	≥380	520～670		
SEV345	≤50	≥430	590～740	≥14	1A号
	>50～100	≥430		≥18	14A号
	>100～125	≥420	580～730		
	>125～150	≥410	570～720		

注：1. 适用于钢板的常温拉伸性能。

2. 拉伸试样取横向。1A号试样为40mm×200mm，14A号试样为标准比例试样。

3. 屈服点或屈服强度为上屈服 R_{eH}。

4. 厚度小于8mm钢板的1A号试样的断后伸长率，当厚度每减少1mm或不足1mm时，断后伸长率值可降低1%（绝对值）。厚度大于90mm钢板的14A号试样的断后伸长率，当厚度每增加12.5mm或不足12.5mm时，断后伸长率值可降低0.5%（绝对值），但最大降低3%（绝对值）。当厚度大于6mm小于20mm钢板的1A号试样的断后伸长率，不能满足该表的规定值，其值比该表规定值降低3%（绝对值）以内时，也可以测定含有断口在内的标点距离为50mm的断后伸长率值来判定合格与否。其值如为25%以上，为合格。厚度大于25mm的钢板，也可使用14A号试样；此时的断后伸长率规定值适用厚度大于50mm的钢板的值。

5.2　钢板的高温性能见表5。

表5　高温性能

牌　号	高温屈服强度 R_{eH}/MPa，不小于							
	试验温度/℃							
	100	150	200	250	300	350	375	400
SEV245	333	314	294	275	255	245	235	226
SEV295	382	363	343	324	304	294	284	275
SEV345	392	382	373	363	353	343	324	314

注：1. 拉伸试样取横向。采用JIS G0567《钢铁材料及耐热合金的高温拉力试验方法》的Ⅰ形试样或Ⅱ形试样。
2. 厚度为100（不含）~125mm时，表中值可降低10MPa，厚度为125（不含）~150mm时，表中值可降低20MPa。

5.3　钢板的弯曲性能见表6。

表6　弯曲性能

牌　号	弯曲角度/(°)	钢板厚度/mm	弯曲压头半径（a为钢板厚度）	试　样
SEV245	180	≤25	1.0a	1号
		>25≤50	1.25a	
		>50≤150	1.5a	
SEV295	180	≤25	1.25a	
		>25≤50	1.5a	
		>50≤150	1.75a	
SEV345	180	≤25	1.25a	
		>25≤50	1.5a	
		>50≤150	1.75a	

注：弯曲试样取横向。1号试样，其试样宽度为20~50mm。

5.4　钢板的冲击性能见表7、表8。

表7　标准尺寸试样的冲击性能

牌　号	试验温度/℃	夏比冲击吸收能量/J		试　样
		3个试样的平均值	单个试样的值	
SEV245	0	≥31	≥25	V型缺口横向
SEV295				
SEV345				

注：1. 根据供需双方协定，可用更低的温度代替试验温度。
2. 适用于厚度大于等于12mm的钢板。

表8　小尺寸试样冲击性能

试　样		钢板厚度和试样宽度之差≤3mm时	钢板厚度和试样宽度之差>3mm时
V型缺口（宽10mm）		1	—
小尺寸试样	V型缺口（宽7.5mm）	0.75	0.83
	V型缺口（宽5mm）	0.5	0.67

注：适用于厚度小于12mm的钢板。表中值为夏比冲击吸收能量的修正系数，用其乘以厚度大于等于12mm的钢板的夏比冲击吸收能量最小值，得到小尺寸试样的最小夏比冲击吸收能量最小值。

JIS G4109：2008 锅炉及压力容器用铬钼钢钢板（概要）

1 范围

该标准适用于厚度为6～300mm的从常温到高温使用的锅炉及压力容器用铬钼钢热轧钢板。

2 尺寸、外形及允许偏差

2.1 厚度允许偏差见表1。

表1 厚度允许偏差

公称厚度/mm	公称宽度/mm					
	<1600	1600～<2000	2000～<2500	2500～<3150	3150～<4000	4000～<5000
6.0～<6.3	+0.75	+0.95	+0.95	+1.25	+1.25	—
6.3～<10.0	+0.85	+1.05	+1.05	+1.35	+1.35	+1.55
10.0～<16.0	+0.85	+1.05	+1.05	+1.35	+1.35	+1.75
16.0～<25.0	+1.05	+1.25	+1.25	+1.65	+1.65	+1.95
25.0～<40.0	+1.15	+1.35	+1.35	+1.75	+1.75	+2.15
40.0～<63.0	+1.35	+1.65	+1.65	+1.95	+1.95	+2.35
63.0～<100	+1.55	+1.95	+1.95	+2.35	+2.35	+2.75
100～<160	+2.35	+2.75	+2.75	+3.15	+3.15	+3.55
160～<200	+2.95	+3.35	+3.35	+3.55	+3.55	+3.95
200～<250	+3.35	+3.55	+3.55	+3.75	+3.75	+4.15
250～<300	+3.75	+3.95	+3.95	+4.15	+4.15	+4.75
≥300	+3.95	+4.35	+4.35	+4.55	+4.55	+5.35

注：1. 厚度负偏差为0.25mm。根据供需双方的协定，负偏差为0时，正偏差值为在该表的规定值再加上0.25mm。

2. 宽度大于等于5000mm时的偏差由供需双方协商确定。

2.2 其他偏差

钢板的形状、尺寸及其允许偏差见JIS G 3193《热轧钢板及钢带的形状、尺寸、重量及允许偏差》的规定。当没有特殊规定时，钢板的长度允许偏差和切边钢板的宽度允许偏差，按JIS G 3193的允许偏差A执行。

3 牌号和化学成分（见表2、表3）

表2 牌号和化学成分

牌 号	化学成分(熔炼分析)/%						
	C	Si	Mn	P	S	Cr	Mo
SCMV1	≤0.21	≤0.40	0.55～0.80	≤0.030	≤0.030	0.50～0.80	0.45～0.60
SCMV2	≤0.17	≤0.40	0.40～0.65	≤0.030	≤0.030	0.80～1.15	0.45～0.60
SCMV3	≤0.17	0.50～0.80	0.40～0.65	≤0.030	≤0.030	1.00～1.50	0.45～0.65
SCMV4	≤0.17	≤0.50	0.30～0.60	≤0.030	≤0.030	2.00～2.50	0.90～1.10
SCMV5	≤0.17	≤0.50	0.30～0.60	≤0.030	≤0.030	2.75～3.25	0.90～1.10
SCMV6	≤0.15	≤0.50	0.30～0.60	≤0.030	≤0.030	4.00～6.00	0.45～0.65

注：为了获得规定的力学性能，厚度超过150mm钢板的化学成分也可由供需双方协商确定。

表 3　牌号和化学成分

牌　号	化学成分(熔炼分析)/%					
	Cu	Ni	Nb	V	Ti	B
	不大于					
SCMV1 SCMV2 SCMV3 SCMV4 SCMV5 SCMV6	0.40	0.40	0.02	0.03	0.03	0.003

注：1. 根据供需双方的协定，Cu、Ni 也可以超出该表的值。

2. 根据供需双方的协定，$w(Nb) \leqslant 0.05\%$、$w(V) \leqslant 0.10\%$、$w(Ti) \leqslant 0.05\%$。

4　交货状态

钢板以热轧、退火、正火加回火状态交货。

5　力学性能及工艺性能（见表 4、表 5）

表 4　力学性能及工艺性能

牌　号	屈服点或屈服强度 R_{eH}/MPa	抗拉强度 R_m /MPa	断后伸长率及断面收缩率				弯曲试验(a 为钢板厚度)				
			厚度 /mm	试样	断后伸长率 /%	断面收缩率 /%	弯曲角度 /(°)	弯曲压头半径 厚度/mm			
								≤25	>25~50	>50~100	>100
SCMV1-1	≥225	380~550	≤50	1A 号	≥18	—	180	0.75a	1.0a	1.0a	1.25a
			>40	10 号	≥22	—					
SCMV2-1	≥225	380~550	≤50	1A 号	≥18	—					
			>40	10 号	≥22	—					
SCMV3-1	≥235	410~590	≤50	1A 号	≥19	—					
			>40	10 号	≥22	—					
SCMV4-1	≥205	410~590	—	10 号	≥18	≥45		1.0a	1.25a	1.5a	1.75a
SCMV5-1	≥205	410~590	—	10 号	≥18	≥45					
SCMV6-1	≥205	410~590	—	10 号	≥18	≥45					

注：1. 拉伸试样取横向。1A 号试样为 40mm×200mm，10 号试样为 ϕ12.5mm×50mm。

2. 弯曲试样取横向。10 号试样的宽度为 20~50mm。

3. 屈服点或屈服强度为上屈服 R_{eH}。

4. SCMV1、SCMV2 及 SCMV3 的厚度小于 8mm 钢板的 1A 号试样的断后伸长率，当厚度每减少 1mm 或不足 1mm 时，断后伸长率值可降低 1%（绝对值）。SCMV1、SCMV2 及 SCMV3 的厚度小于 20mm 钢板的 1A 号试样的断后伸长率，不能满足该表的规定值时，其伸长率比该表规定值降低 3%（绝对值）以内时，也可以测定含有断口在内的标距为 50mm 的断后伸长率值来判定合格与否。其值如为 25% 以上，为合格。SCMV4、SCMV5 及 SCMV6 的钢板，因钢板厚度薄，不能采取 10 号试样，使用标距为平行部直径 4 倍的 10 号相似试样。另外，厚度小于等于 20mm 的钢板也可以用 1A 号试样。此时，为测定断后伸长率的标距为 50mm，测定包括断口部。采用 1A 号试样时的断面收缩率为从该表中断面收缩率值减去 5%（绝对值）。厚度大于 90mm 钢板的 10 号试样的断后伸长率，当厚度每增加 12.5mm 或不足 12.5mm 时，断后伸长率值可降低 0.5%（绝对值），但最多降低 3%（绝对值）。

表5 力学性能及工艺性能

<table>
<tr><th rowspan="4">牌 号</th><th rowspan="4">屈服点或屈服强度 R_{eH}/MPa</th><th rowspan="4">抗拉强度 R_m /MPa</th><th colspan="4">伸长率及断面收缩率</th><th colspan="5">弯曲性能(a为钢板厚度)</th></tr>
<tr><th rowspan="3">厚度 /mm</th><th rowspan="3">试样</th><th rowspan="3">断后伸长率 /%</th><th rowspan="3">断面收缩率 /%</th><th rowspan="3">弯曲角度 /(°)</th><th colspan="4">弯曲压头半径</th></tr>
<tr><th colspan="4">厚度/mm</th></tr>
<tr><th>≤25</th><th>>25~50</th><th>>50~100</th><th>>100</th></tr>
<tr><td rowspan="2">SCMV1-2</td><td rowspan="2">≥315</td><td rowspan="2">480~620</td><td>≤50</td><td>1A号</td><td>≥18</td><td>—</td><td rowspan="9">180</td><td rowspan="6">0.75a</td><td rowspan="6">1.0a</td><td rowspan="6">1.0a</td><td rowspan="6">1.25a</td></tr>
<tr><td>>40</td><td>10号</td><td>≥22</td><td>—</td></tr>
<tr><td rowspan="2">SCMV2-2</td><td rowspan="2">≥275</td><td rowspan="2">450~590</td><td>≤50</td><td>1A号</td><td>≥18</td><td>—</td></tr>
<tr><td>>50</td><td>10号</td><td>≥22</td><td>—</td></tr>
<tr><td rowspan="2">SCMV3-2</td><td rowspan="2">≥275</td><td rowspan="2">450~590</td><td>≤50</td><td>1A号</td><td>≥19</td><td>—</td></tr>
<tr><td>>40</td><td>10号</td><td>≥22</td><td>—</td></tr>
<tr><td>SCMV4-2</td><td>≥315</td><td>520~690</td><td>—</td><td>10号</td><td>≥18</td><td>≥45</td><td rowspan="3">1.0a</td><td rowspan="3">1.25a</td><td rowspan="3">1.5a</td><td rowspan="3">1.75a</td></tr>
<tr><td>SCMV5-2</td><td>≥315</td><td>520~690</td><td>—</td><td>10号</td><td>≥18</td><td>≥45</td></tr>
<tr><td>SCMV6-2</td><td>≥315</td><td>520~690</td><td>—</td><td>10号</td><td>≥18</td><td>≥45</td></tr>
</table>

注：1. 拉伸试样取横向。1A号试样为40mm×200mm，10号试样为ϕ12.5mm×50mm。

2. 弯曲试样取横向。10号试样的宽度为20~50mm。

3. 屈服点或屈服强度为上屈服R_{eH}。

4. SCMV1、SCMV2及SCMV3的厚度小于8mm钢板的1A号试样的断后伸长率，当厚度每减少1mm或不足1mm时，断后伸长率值可降低1%（绝对值）。当SCMV1、SCMV2及SCMV3的厚度小于20mm钢板的1A号试样的断后伸长率，不能满足该表的规定值，其伸长率比该表规定值降低3%（绝对值）以内时，也可以测定含有断口在内的标距为50mm的断后伸长率值来判定合格与否。其值如为25%以上，为合格。SC-MV4、SCMV5及SCMV6的钢板，因钢板厚度薄，不能采取10号试样，使用标距为平行部直径4倍的10号相似试样。另外，厚度小于等于20mm的钢板也可以用1A号试样。此时，为测定断后伸长率的标距为50mm，测定包括断口部。采用1A号试样时的断面收缩率为从该表中断面收缩率值减去5%（绝对值）。厚度大于90mm钢板的10号试样的断后伸长率，当厚度每增加12.5mm或不足12.5mm时，断后伸长率值可降低0.5%（绝对值），但最多降低3%（绝对值）。

JIS G4110：2008 高温压力容器用高强度铬钼钢及铬钼钒钢钢板（概要）

1　范围

该标准适用于厚度为6～300mm的高温使用的压力容器用高强度铬钼钢以及铬钼钒钢的热轧钢板。

2　尺寸、外形及允许偏差

2.1　厚度允许偏差见表1。

表1　厚度允许偏差

公称厚度/mm	公称宽度/mm					
	<1600	1600～<2000	2000～<2500	2500～<3150	3150～<4000	4000～<5000
6.0～<6.3	+0.75	+0.95	+0.95	+1.25	+1.25	—
6.3～<10.0	+0.85	+1.05	+1.05	+1.35	+1.35	+1.55
10.0～<16.0	+0.85	+1.05	+1.05	+1.35	+1.35	+1.75
16.0～<25.0	+1.05	+1.25	+1.25	+1.65	+1.65	+1.95
25.0～<40.0	+1.15	+1.35	+1.35	+1.75	+1.75	+2.15
40.0～<63.0	+1.35	+1.65	+1.65	+1.95	+1.95	+2.35
63.0～<100	+1.55	+1.95	+1.95	+2.35	+2.35	+2.75
100～<160	+2.35	+2.75	+2.75	+3.15	+3.15	+3.55
160～<200	+2.95	+3.35	+3.35	+3.55	+3.55	+3.95
200～<250	+3.35	+3.55	+3.55	+3.75	+3.75	+4.15
250～300	+3.75	+3.95	+3.95	+4.15	+4.15	+4.75

注：1. 厚度负偏差为0.25mm。根据供需双方的协定，负偏差为0时，正偏差值为在该表的规定值再加上0.25mm。

2. 宽度大于等于5000mm时的偏差由供需双方协商确定。

2.2　其他偏差

钢板的形状、尺寸及其允许偏差见JIS G 3193《热轧钢板及钢带的形状、尺寸、重量及允许偏差》的规定。当没有特殊规定时，钢板的长度允许偏差和切边钢板的宽度允许偏差，按JIS G 3193的允许偏差A执行。

3　牌号及化学成分（见表2）

表2　牌号及化学成分

牌　号	化学成分(熔炼分析)/%							
	C	Si	Mn	P	S	Cr	Mo	V
SCMQ4E	≤0.17	≤0.50	0.30～0.60	≤0.015	≤0.015	2.00～2.50	0.90～1.10	≤0.03
SCMQ4V		≤0.10			≤0.010	2.00～2.50		0.25～0.35
SCMQ5V		≤0.10			≤0.010	2.75～3.25		0.20～0.30

注：根据需要，也可以添加合金元素。SCMQ4E：w(Cu)≤0.40%、w(Ni)≤0.40%、w(Nb)≤0.02%。SCMQ4V及SCMQ5V：w(Cu)≤0.40%、w(Ni)≤0.40%、w(Nb)≤0.07%、w(Ti)≤0.035%、w(B)≤0.003%、w(Ca)≤0.015%、w(La+Ce)≤0.015%。

4　交货状态

钢板以热轧、淬火加回火、正火加回火等状态交货。

5　力学性能及工艺性能（见表3、表4）

表3　拉伸及弯曲性能

牌　号	屈服点或屈服强度 R_{eH} /MPa	抗拉强度 R_m /MPa	断后伸长率 /%	断面收缩率 /%	拉伸试样	弯曲性能（a 为钢板厚度）				
						弯曲角度 /(°)	弯曲压头半径			
							厚度/mm			
							≤25	>25~50	>50~150	>150
SCMQ4E	≥380	580~760	≤18	≤45	10号	180	1.25a	1.5a	1.75a	2.00a
SCMQ4V	≥415									
SCMQ5V	≥415									

注：1. 拉伸试样取横向。10号试样为 ϕ12.5mm×50mm。1A号试样为40mm×200mm。
2. 弯曲试样取横向。10号试样的宽度为20~50mm。
3. 屈服点或屈服强度为上屈服 R_{eH}。
4. 厚度超过90mm钢板的10号试样的断后伸长率，当厚度每增加12.5mm或不足12.5mm时，断后伸长率值可降低0.5%（绝对值），但最多降低3%（绝对值）。因钢板厚度薄，不能采取10号试样，使用标距为平行部直径4倍的10号相似试样。厚度小于等于20mm钢板也可以用1A号试样。此时，为测定断后伸长率的标距为50mm，测定包括断口部。使用1A号试样时的断面收缩率为从该表中断面收缩率的值减去5%（绝对值）。

表4　冲击性能

牌　号	试验温度/℃	夏比冲击吸收能量/J		试　样
		3个试样的平均值	单个试样的值	
SCMQ4E	-18	≥54	≥47	V型缺口试样横向方向
SCMQ4V				
SCMQ5V				

第五节　国际标准

ISO 9328-1：2011 压力设备结构用扁平钢材供货技术条件 第1部分：一般要求（概要）

1　范围

该标准适用于承压设备结构用钢板和钢带。

2　尺寸、外形及允许偏差

钢板和钢带的尺寸、外形及允许偏差见 ISO 7452《热轧结构钢板　尺寸和形状公差》。如果在询价和订货时协商确定，也可使用 EN 10029《厚度 3mm 或 3mm 以上热轧钢板的尺寸、形状和重量允许偏差》、ASTM A20/A20M《压力容器用钢板通用要求标准》、JIS G 3193《热轧钢板及钢带的形状、尺寸、重量及允许偏差》和其他国家的标准。

3　力学性能

在该系列标准相关部分中虽然规定了最小冲击吸收能量值，但厚度小于 6mm 的产品可不进行冲击试验。

对于厚度小于等于 15mm 的产品，可在询价和订货时协商确定 Z 向拉伸试验最小断面收缩率 Z15、Z25 或 Z35 中的一个重量级别。

当需方对冲击试验温度、最小冲击吸收能量值有特殊要求，或不要求冲击时，应在订货时协商。

4　表面质量

钢板的表面质量见 ISO 7788《钢　热轧钢板和宽扁钢板的表面光洁度》中的表面质量。需方如有其他要求，应在订货时协商。

5　内部质量

应在询价和订货时协商确定是否进行超声波检测及相关要求。

6　检验

订单要求的产品的符合性应根据该系列标准规定的检验来进行验证。

需方应指明检验证书类型，可以是符合 ISO 10474 要求的 3. 1. A、3. 1. B、3. 1. C、3. 2，或是符合 EN 10204 要求的 3. 1 或 3. 2 类型。

如果要求提供的检验证书的类型为 3. 1/3. 1A、3. 1C 或是 3. 2，则需方应告知供方执行检验和出具检验文件的机构或人的名称和地址。如果为 3. 2 型检验报告，则应商定由谁来出具证明书。

应进行的强制性试验和选择性试验及试验范围见表 1。

复验要求见 ISO 404《钢及钢产品　一般供货技术要求》。

表 1　试验及范围摘要

检验类型和试验		试验范围
强制性试验	熔炼分析	每炉 1 个
	室温拉伸试验	每批 1 个
	冲击试验	每批 1 个

续表 1

检验类型和试验			试验范围
强制性试验	尺寸检测		逐　件
	目视检查		逐　件
选择性试验	成品分析		每炉 1 件
	高温拉伸试验测定 $R_{p0.2}$	对 ISO 9328-2、ISO 9328-3 和 ISO 9328-6 的钢种	每炉 1 个
	垂直于产品表面的拉伸试验最小断面收缩率		每个试验单元 1 个
	内在质量的超声波探伤		逐　件

7　取样

7.1　取样批次

对于成品分析，每炉应取一个试样。

钢带和由钢带剪切的薄板的室温拉伸和冲击试验以每卷为一批。薄板或板的室温拉伸和冲击试验以每轧制板为一批。如果一个轧制板或卷被分成多个热处理批次进行淬火，那么以每个热处理批次为一批。

对于高温拉伸试验，以每炉为一批。

7.2　取样位置

取样和制样见 ISO 377《钢及钢产品　力学性能试验取样位置及试样制备》和 ISO 14284《钢和铁　化学成分检验的取样和制备》。

室温拉伸试验、冲击试验和高温拉伸试验应在实际产品宽度（见表 2）的 1/4 处取样。对于钢带，应在距离尾端足够远处取样。

按照 ISO 7778《规定了全厚度特性的钢板》的规定必须从板宽 1/2 处制取全厚度试样，除仲裁外，也可在实际产品宽度的 1/4 处取样。

表 2　取样位置

产　品	钢　种	薄板、板材的厚度/mm	每一轧制钢板供应的产品长度/m	取样位置
钢　板	非合金钢	≤50	—	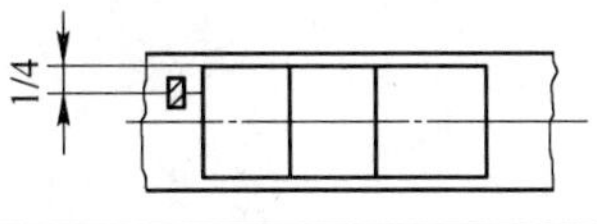 1/4
		>50	≤15	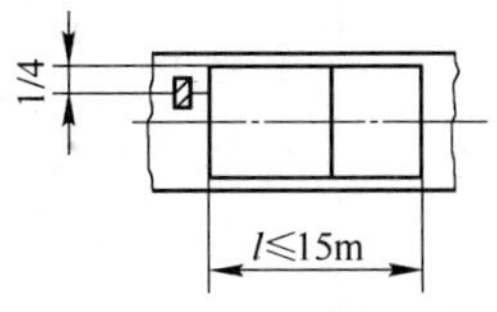 1/4；$l \leq 15$m
			>15	①；1/4；1/4；$l > 15$m 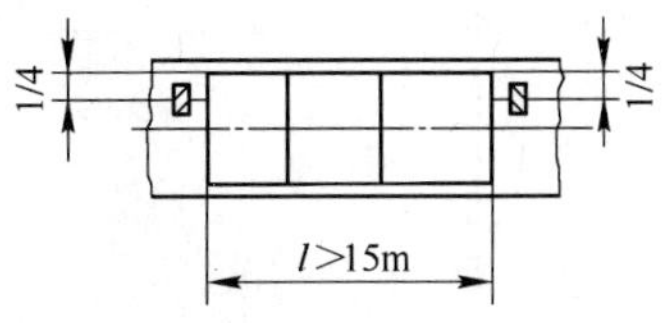

续表 2

产　品	钢　种	薄板、板材的厚度/mm	每一轧制钢板供应的产品长度/m	取样位置
钢　板	合金钢	—	≤15	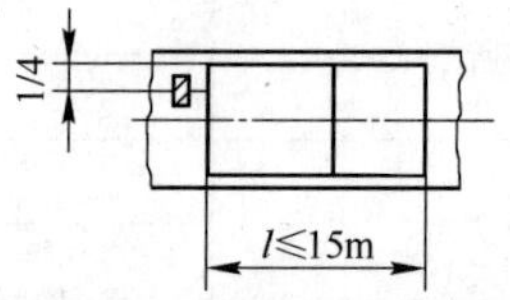 1/4；l≤15m
			>15	① 1/4；1/4；l>15m 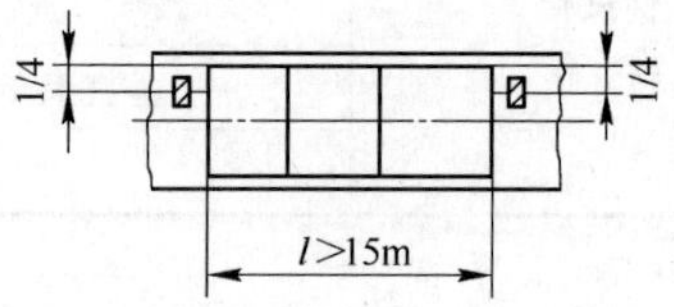
钢　带	没有区分	—	—	② 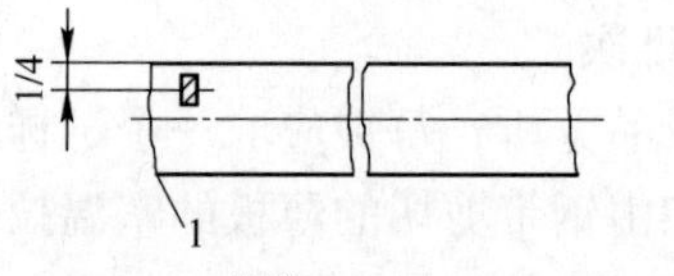 1/4；1；1—外端

① 试样也可以从产品的另一端制取。如果产品为连铸且如果这是在检验文件中提到的，则只需一个试样。

② 对于由钢带切成的钢板，卷的剩余部分，与钢板一样不进行淬火和回火。

8　制样

8.1　制样位置（见表 3）

表 3　在厚度方向的制样位置

试样类型	产品厚度/mm	试样纵轴方向与主轧制方向的关系	试样距轧制表面的距离/mm
拉　伸	≤25	—	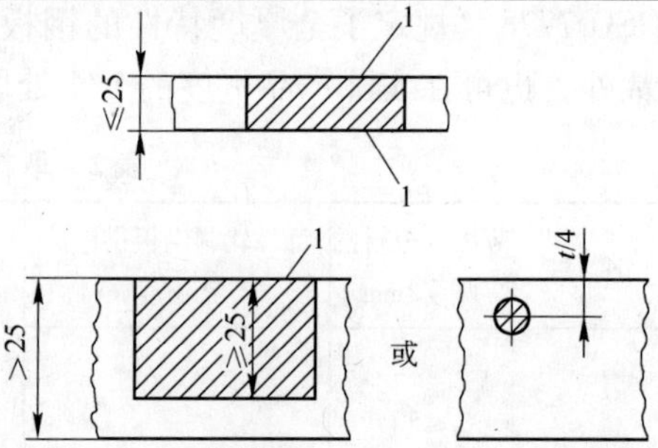 ≤25；1；1；>25；≥25；1；或；t/4；①；1—轧制面
	>25		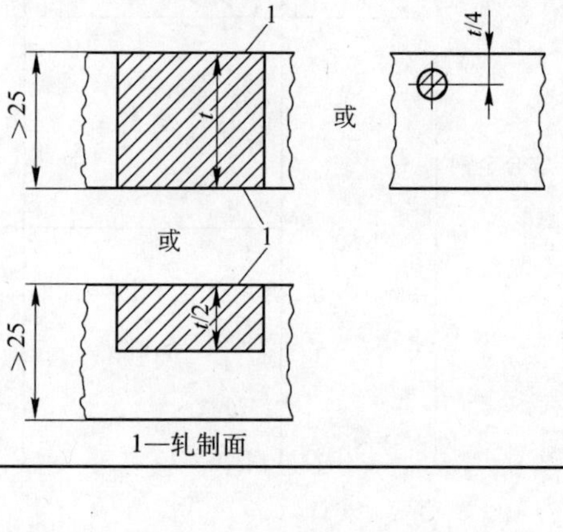 >25；1；t；1；或；t/4；②；或；1；>25；t/2；1—轧制面

续表 3

试样类型	产品厚度/mm	试样纵轴方向与主轧制方向的关系	试样距轧制表面的距离/mm
冲击③	>11④	横向或纵向	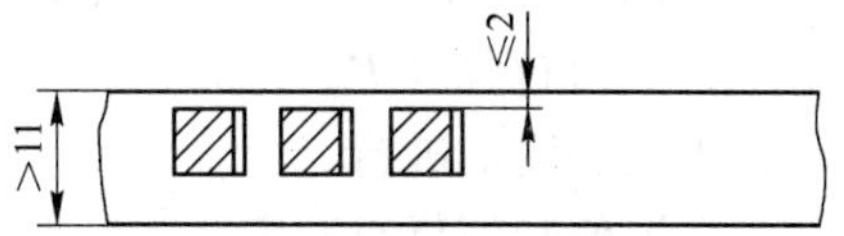 ≤2　>11　⑤

① 该系列标准 ISO 9328-2 至 ISO 9328-4 的产品。

② 该系列标准 ISO 9328-5 至 ISO 9328-6 的产品。

③ 缺口的纵向轴线通常垂直于产品的轧制面。

④ 对于产品厚度 $t \leqslant 11$mm 时的冲击试样，应采用辅助试样。

⑤ 当产品厚度 $t > 25$mm 时，冲击试样应取自厚度的 1/4 处。

8.2　拉伸试样

每批按照 ISO 6892-1《金属材料拉伸试验　第 1 部分：室温试验方法》的规定制备一个矩形拉伸试样，尽量使用圆形试样。

矩形试样应至少保留一个轧制面。但是，取自该系列标准 ISO 9328-2 至 ISO 9328-6 中厚度小于等于 25mm 的产品的拉伸试样通常保留两个轧制面。此外，该系列标准 ISO 9328-5 和 ISO 9328-6 中产品的矩形试样应提供全产品厚度或保留一个轧制面的半厚度试样。

圆形试样是允许的，但适用于该系列标准 ISO 9328-2 至 ISO 9328-6 中厚度大于 25mm（经订货时协商，也可为大于 20mm）的产品。试样直径至少为 10mm。

8.3　冲击试样

应根据 ISO 148-1《金属产品　夏比摆锤冲击试验　第 1 部分：试验方法》的规定，从样坯上制取标准 V 型缺口试样进行冲击试验，试样缺口应垂直于产品表面。

对于公称成品厚度 $t < 6$mm 的产品不制备冲击试样。$6\text{mm} \leqslant t \leqslant 11$mm 时，可由制造方选择如下宽度的替代试样：

（1）10mm；

（2）5mm 和 10mm 间能得到的最大宽度；

（3）7.5mm 或 5mm。

9　试验方法

9.1　化学分析

除非另外在询价和订货时协商，否则由制造方选择与产品分析相适应的物理或化学分析方法。当有争议时，分析应由双方认可的试验室完成，在这种情况下，使用的分析方法应协商确定，如果可能，参照相关的国际标准。

9.2　室温拉伸试验

室温拉伸试验应按照 ISO 6892-1《金属材料拉伸试验　第 1 部分：室温试验方法》的规定进行，通常采用标距长度为 $L_0 = 5.65\sqrt{S_0}$（S_0 为试样初始横截面积）的比例试样。试验可采用固定标距试样，但应按照 ISO 2566-1《钢伸长率的换算　第 1 部分：碳钢和低合金钢》的规定进行断后伸长率值换算。

屈服强度应测定上屈服强度 R_{eH}，当屈服现象不明显时，应测定塑性变形为 0.2% 时的应力，即 $R_{p0.2}$。

当存在争议并经允许时，拉伸试验可采用圆形试样。

9.3　高温拉伸试验

应按照 ISO 6892-2《金属材料　拉伸试验　第 2 部分：高温试验方法》的规定测定高温时的 $R_{p0.2}$、$R_{p1.0}$ 和抗拉强度 R_m。如果有要求，检验应在该系列标准 ISO 9328 相应部分的相关表格中给出的温度下进行。

试验温度应在询价和订货时商定。

除非有关产品的试验温度值在询价和订货时已经规定，否则应在 300℃ 的温度下进行试验。

9.4　冲击试验

V 型缺口冲击试验应按照 ISO 148-1《金属产品　夏比摆锤冲击试验　第 1 部分：试验方法》进行，应采用 ISO 9328 中相应部分的规定。

规定的冲击吸收能量值应按照试验方向确认，依照 ISO 9328 相应部分的规定。

当使用辅助试样时，ISO 9328 中相应部分给出的最小冲击吸收能量值应按试样的横截面积的比例而减小。厚度小于 6mm 的产品不进行冲击试验。

规定在 ISO 9328 相应部分中的最小冲击吸收能量值是三个试样的平均值。一个单值可以低于规定值，但不得低于该值的 70%。如果上述条件未能满足，另外一组三个试样应取自同一样坯并进行试验，试验结果应当满足如下要求：

（1）6 个试样的平均值应大于或等于规定最小值；

（2）6 个单值中低于规定最小值的不超过 2 个；

（3）6 个单值中低于规定最小值 70% 的不超过 1 个。

如果这些要求没有满足，该取样产品应当被拒收并在剩余试验单元中进行再验。

ISO 9328-2：2011 压力设备结构用扁平钢材供货技术条件 第2部分：规定高温性能的非合金和合金钢（概要）

1　范围

该标准适用于表1和表2中承压设备结构用合金、非合金钢板和钢带。

2　分类

非合金钢（按屈服强度分级）：P235GH、P265GH、P295GH、P355GH。

非合金钢（按抗拉强度分级）：PT410GH、PT450GH、PT480GH。

特殊合金钢：其他牌号。

3　尺寸、外形及允许偏差

钢板和钢带的尺寸、外形及允许偏差见ISO 9328-1《压力设备结构用扁平钢材供货技术条件　第1部分：一般要求》。

4　交货状态

钢板和钢带的交货状态见表4和表6。其中+AR为轧制（非热处理态），+N为正火，+NT为正火加回火，+QT为淬火加回火。

对于通常交货状态为+NT的厚规格产品，可以商定其交货状态为+QT，以提高强度和冲击吸收能量值。

表4中P235GH、P265GH、P295GH和P355GH可以由生产方决定，通过正火轧制来代替正火，并商定模拟正火状态下的试验及频率，以验证获得的性能仍能符合标准的要求。

经协商，表4中P235GH、P265GH、P295GH、P355GH和16Mo3也可以非热处理态交货，其他合金钢产品可以回火或正火态交货或者在双方商定时以非热处理态交货。

经协商，表6中PT410GH、PT450GH、PT480GH、19MnMo5-5和19MnMoNi5-5可按正火态（+N）、非热处理态（+AR）或淬火加回火（+QT）状态交货。

生产厂可以选择16Mo3以+NT状态供货。

5　化学成分

5.1　化学成分

钢板和钢带的化学成分（熔炼分析）见表1、表2。

除非为了改善浇铸，否则未经买方同意，不得在钢中添加表1或表2中未列出的元素。应采取一切适当措施防止炼钢过程中使用废钢和其他材料时带进对力学性能和工艺性能有害的元素。

表1 欧标牌号的化学成分

牌号	化学成分(熔炼分析)/%														
	C	Si	Mn	P	S	Alt	N	Cr	Cu①	Mo	Nb	Ni	Ti	V	其他
				不大于									不大于		
P235GH	≤0.16	≤0.35	0.60② ~1.20	0.025	0.010	≥0.020③	≤0.012③	≤0.30	≤0.30	≤0.08	≤0.020	≤0.30	0.30	≤0.02	—
P265GH	≤0.20	≤0.40	0.80 ~1.40	0.025	0.010	≥0.020③	≤0.012③	≤0.30	≤0.30	≤0.08	≤0.020	≤0.30	0.30	≤0.02	w(Cr + Cu + Mo + Ni) ≤0.70
P295GH	0.08 ~0.20	≤0.40	0.90 ~1.50	0.025	0.010	≥0.020③	≤0.012③	≤0.30	≤0.30	≤0.08	≤0.020	≤0.30	0.30	≤0.02	
P355GH	0.10 ~0.22	≤0.60	1.10 ~1.70	0.025	0.010	≥0.020③	≤0.012③	≤0.30	≤0.30	≤0.08	≤0.040	≤0.30	0.30	≤0.02	
16Mo3	0.12 ~0.20	≤0.35	0.40 ~0.90	0.025	0.010	④	≤0.012	≤0.30	≤0.30	0.25 ~ 0.35	—	≤0.30	—	—	—
18MnMo4-5	≤0.20	≤0.40	0.90 ~1.50	0.015	0.005	④	≤0.012	≤0.30	≤0.30	0.45 ~ 0.60	—	≤0.30	—	—	—
20MnMoNi4-5	0.15 ~0.23	≤0.40	1.00 ~1.50	0.020	0.010	④	≤0.012	≤0.20	≤0.20	0.45 ~ 0.60	—	0.40 ~ 0.80	—	≤0.02	—
15NiCuMoNb5-6-4	≤0.17	0.25 ~ 0.50	0.80 ~1.20	0.025	0.010	≥0.015	≤0.020	≤0.30	0.50 ~ 0.80	0.25 ~ 0.50	0.015 ~ 0.045	1.00 ~ 1.30	—	—	—
13CrMo4-5	0.08 ~0.18	≤0.35	0.40 ~1.00	0.025	0.010	④	≤0.012	0.70⑤ ~ 1.15	≤0.30	0.40 ~ 0.60	—	—	—	—	—
13CrMoSi5-5	≤0.17	0.50 ~ 0.80	0.40 ~0.65	0.015	0.005	④	≤0.012	1.00 ~ 1.50	≤0.30	0.45 ~ 0.65	—	≤0.30	—	—	—

续表 1

牌号	化学成分(熔炼分析)/%													
	C	Si	Mn	P	S	Alt	N	Cr	Cu①	Mo	Nb	Ni	Ti	V	其他
				不大于									不大于		
10CrMo9-10	0.08～0.14⑥	≤0.50	0.40～0.80	0.020	0.010	④	≤0.012	2.00～2.50	≤0.30	0.90～1.10	—	—	—	—	—
12CrMo9-10	0.10～0.15	≤0.30	0.30～0.80	0.015	0.010	0.010～0.040	≤0.012	2.00～2.50	≤0.25	0.90～1.10	—	≤0.30	—	—	—
X12CrMo5	0.10～0.15	≤0.50	0.30～0.60	0.020	0.005	④	≤0.012	4.00～6.00	≤0.30	0.45～0.65	—	≤0.30	—	—	—
13CrMoV9-10	0.11～0.15	≤0.10	0.30～0.60	0.015	0.005	④	—	2.00～2.50	≤0.20	0.90～1.10	≤0.07	≤0.25	0.03	0.25～0.35	w(B)≤0.002 w(Ca)≤0.015
12CrMoV12-10	0.10～0.15	≤0.15	0.30～0.60	0.015	0.005	④	≤0.012	2.75～3.25	≤0.25	0.90～1.10	≤0.07⑦	≤0.25	0.03⑦	0.20～0.30	w(B)≤0.003 w(Ca)≤0.015
X10CrMoVNb9-1	0.08～0.12	≤0.50	0.30～0.60	0.020	0.005	≤0.040⑧	0.030～0.070	8.00～9.50	≤0.30	0.85～1.05	0.06～0.10	≤0.30	⑧	0.18～0.25	—

① 经订货时协商，可规定较低的最大 Cu 含量或最大 Cu + Sn 含量，如 w(Cu) +6w(Sn)≤0.33%。如考虑到成型性，可仅规定最大 Cu 含量。

② 对厚度小于 6mm 的产品，可允许 Mn 含量低于规定值的 0.20%。

③ w(Al)/w(N)≥2。

④ 应测定 Al 含量，并在检验文件中注明。

⑤ 如果抗氢裂性能很重要，可在订货时协商 w(Cr)≥0.80%。

⑥ 对厚度大于 150mm 的产品，可在订货时协商 w(C)≤0.17%。

⑦ 可以添加 Ti + B 或 Nb + Ca。在添加 Ti + B 时，w(Ti)≥0.015%，w(B)≥0.001%；在添加 Nb + Ca 时，w(Nb)≥0.015%，w(Ca)≥0.0005%。

⑧ 经在订货时协商，可规定 w(Al)≤0.020%，w(Ti)≤0.01%，w(Zr)≤0.01%。

表 2　美标、日标牌号的化学成分

牌号	化学成分(熔炼分析)/%												
	C①	Si	Mn	P①	S①	Alt	Cr	Cu①	Mo	Nb	Ni	Ti	V	其他
	不大于			不大于				不大于		不大于		不大于		
PT410GH	0.20②	≤0.4035	0.40～1.40	0.025	0.025	≥0.020③	≤0.30	0.40	≤0.12	0.02	≤0.40	0.030	≤0.30	w(Cr+Cu+Mo+Ni)≤1.00
PT450GH	0.20②	≤0.40	0.60～1.60	0.025	0.025	≥0.020③	≤0.30	0.40	≤0.12	0.02	≤0.40	0.030	≤0.30	w(Cr+Cu+Mo+Ni)≤1.00
PT480GH	0.20②	≤0.55	0.60～1.60	0.025	0.025	≥0.020③	≤0.30	0.40	≤0.12	0.02	≤0.40	0.030	≤0.30	w(Cr+Cu+Mo+Ni)≤1.00
19MnMo4-5	0.25	≤0.40	0.95～1.30	0.025	0.025	—	≤0.30	0.40	0.45～0.60	0.02	≤0.40	0.030	≤0.30	—
19MnMo5-5	0.25	≤0.40	0.95～1.50	0.025	0.025	—	≤0.30	0.40	0.45～0.60	0.02	≤0.40	0.030	≤0.30	—
19MnMo6-5	0.25	≤0.40	1.15～1.50	0.025	0.025	—	≤0.30	0.40	0.45～0.60	0.02	≤0.40	0.030	≤0.30	—
19MnMoNi5-5	0.25	≤0.40	0.95～1.50	0.025	0.025	—	≤0.30	0.40	0.45～0.60	0.02	0.40～0.70	0.030	≤0.02	—
19MnMoNi6-5	0.25	≤0.40	1.15～1.50	0.025	0.025	—	≤0.20	0.40	0.45～0.60	0.02	0.40～0.70	0.030	≤0.02	—
14CrMo4-5+NT	0.17	≤0.40	0.40～0.65	0.025	0.025	—	0.80～1.15	0.40	0.45～0.60	0.02	≤0.40	0.030	≤0.30	—
14CrMoSi5-6+NT	0.17	0.50～0.80	0.40～0.65	0.025	0.025	—	1.00～1.50	0.40	0.45～0.60	0.02	≤0.40	0.030	≤0.30	—
13CrMo9-10+NT	0.17	≤0.50	0.30～0.60	0.025	0.025	—	2.00～2.50	0.40	0.90～1.10	0.02	≤0.40	0.030	≤0.30	—
14CrMo9-10	0.17	≤0.50	0.30～0.60	0.015	0.015	—	2.00～2.50	0.40	0.90～1.10	0.02	≤0.40	0.030	≤0.30	—
14CrMoV9-10	0.17	≤0.10	0.30～0.60	0.015	0.010	—	2.00～2.50	0.40	0.90～1.10	0.07	≤0.40	0.035	0.25～0.35	w(B)≤0.0032, w(Ca)≤0.015, w(REM)≤0.015④
13CrMoV12-10	0.17	≤0.15	0.30～0.60	0.015	0.010	—	2.75～3.25	0.40	0.90～1.10	0.07	≤0.40	0.035	0.25～0.30	w(B)≤0.0032, w(Ca)≤0.015, w(REM)≤0.015④
X9CrMoVNb9-1	0.08～0.12	≤0.50	0.30～0.60	0.020	0.010	≤0.40	8.00～9.50	0.40	0.85～1.05	0.06～0.10	≤0.40	0.030	0.18～0.25	—

① 最大值也适用于成品分析。

② 经订货时协商，PT410GH 中可 w(C)≤0.31%，PT450GH 中可 w(C)≤0.33%，PT480GH 中可 w(C)≤0.35%。

③ 熔炼分析时，应 w(Alt)≥0.02%，或 w(Als)≥0.015%。

④ REM 为稀土元素。

5.2　碳当量

如用户需求，并在订货时协商，可规定 P235GH、P265GH、P295GH、P355GH、PT410GH、PT450GH、PT480GH 的最大碳当量（CEV）。其计算公式如下：

$$CEV = C + \frac{Mn}{6} + \frac{Cr + Mo + V}{5} + \frac{Ni + Cu}{15}$$

5.3　成品分析的化学成分允许偏差

钢板和钢带成品分析的化学成分允许偏差见表3。

表3　成品分析的化学成分允许偏差

元　素	化学成分(质量分数)/%	成品分析允许偏差(质量分数)/%
C①	≤0.31	±0.02
Si	≤0.35	±0.05
	>0.35~1.00	±0.06
Mn	≤1.00	±0.05
	>0.11~1.70	±0.10
P①	≤0.015	+0.003
	>0.015~0.030	+0.005
S①	≤0.010	+0.003
Al	≥0.010	±0.005
B	≤0.003	±0.0005
Ca	0.015	+0.003
N	≤0.020	+0.002
	>0.020~0.070	±0.005
Cr	≤2.00	±0.05
	>2.00~10.00	±0.10
Cu	≤0.30	±0.05
	>0.30~0.80	±0.10
Mo	≤0.35	±0.03
	>0.35~1.10	+0.04
Nb	≤0.10	±0.01
Ni	≤0.30	+0.05
	>0.30~1.30	±0.10
Cr+Cu+Mo+Ni	≤1.00	+0.05
Ti	≤0.035	±0.01
V	≤0.05	±0.01
	>0.05~0.30	±0.03

① 对于表2中的美标牌号，表2中的最大值也适用于成品分析。

6　力学性能（见表4、表5和表6）

表4 欧标牌号的力学性能（横向试样）①

牌 号	一般交货条件	钢材厚度 t /mm	室温拉伸			下列温度(℃)下的冲击吸收能量 KV /J，最小值		
			屈服强度 R_{eH} /MPa，最小值	抗拉强度 R_m /MPa	断后伸长率 A /%，最小值	-20	0	+20
P235GH	+N	$t \leqslant 16$	235	360~480	24	27②	34②	40
		$16 < t \leqslant 40$	225					
		$40 < t \leqslant 60$	215					
		$60 < t \leqslant 100$	200					
		$100 < t \leqslant 150$	185	350~480				
		$150 < t \leqslant 250$	170	340~480				
P265GH	+N	$t \leqslant 16$	265	410~530	22	27②	34②	40
		$16 < t \leqslant 40$	255					
		$40 < t \leqslant 60$	245					
		$60 < t \leqslant 100$	215					
		$100 < t \leqslant 150$	200	400~530				
		$150 < t \leqslant 250$	185	390~530				
P295GH	+N	$t \leqslant 16$	295	460~580	21	27②	34②	40
		$16 < t \leqslant 40$	290					
		$40 < t \leqslant 60$	285					
		$60 < t \leqslant 100$	260					
		$100 < t \leqslant 150$	235	440~570				
		$150 < t \leqslant 250$	220	430~570				
P355GH	+N	$t \leqslant 16$	355	510~650	20	27②	34②	40
		$16 < t \leqslant 40$	345					
		$40 < t \leqslant 60$	335					
		$60 < t \leqslant 100$	315	490~630				
		$100 < t \leqslant 150$	295	480~630				
		$150 < t \leqslant 250$	280	470~630				
16Mo3	+N	$t \leqslant 16$	275	440~590	22	③	③	31②
		$16 < t \leqslant 40$	270					
		$40 < t \leqslant 60$	260					
		$60 < t \leqslant 100$	240	430~560				
		$100 < t \leqslant 150$	220	420~570				
		$150 < t \leqslant 250$	210	410~570				
18MnMo4-5	+NT	$t \leqslant 60$	345	510~650	20	27②	34②	40
		$60 < t \leqslant 150$	325					
	+QT	$150 < t \leqslant 250$	310	480~620				

续表4

牌　号	一般交货条件	钢材厚度 t /mm	室温拉伸			下列温度(℃)下的冲击吸收能量 KV /J，最小值		
			屈服强度 R_{eH} /MPa，最小值	抗拉强度 R_m /MPa	断后伸长率 A /%，最小值	-20	0	+20
20MnMoNi4-5	+QT	$t \leqslant 40$	470	590~750	18	27②	40	50
		$40 < t \leqslant 60$	460	590~730				
		$60 < t \leqslant 100$	450	570~710				
		$100 < t \leqslant 150$	440					
		$150 < t \leqslant 250$	400	560~700				
15NiCuMoNb5-6-4	+NT	$t \leqslant 40$	460	610~780	16	27②	34②	40
		$40 < t \leqslant 60$	440					
		$60 < t \leqslant 100$	430	600~760				
	+NT 或 +QT	$100 < t \leqslant 150$	420	590~740				
	+QT	$150 < t \leqslant 200$	410	580~740				
13CrMo4-5	+NT	$t \leqslant 16$	300	450~600	19	③	③	31②
		$16 < t \leqslant 60$	290					
		$60 < t \leqslant 100$	270	440~590			③	27②
	+NT 或 +QT	$100 < t \leqslant 150$	255	430~580				
	+QT	$150 < t \leqslant 250$	245	420~570				
13CrMoSi5-5	+NT	$t \leqslant 60$	310	510~690	20	③	27②	34②
		$60 < t \leqslant 100$	300	480~660				
	+QT	$t \leqslant 60$	400	510~690		27②	34②	40
		$60 < t \leqslant 100$	390	500~680				
		$100 < t \leqslant 250$	380	490~670				
10CrMo9-10	+NT	$t \leqslant 16$	310	480~630	18	③	③	31②
		$16 < t \leqslant 40$	300					
		$40 < t \leqslant 60$	290					
	+NT 或 +QT	$60 < t \leqslant 100$	280	470~620	17	③	③	27②
	+QT	$100 < t \leqslant 150$	260	460~610				
		$150 < t \leqslant 250$	250	450~600				
12CrMo9-10	+NT 或 +QT	$t \leqslant 250$	355	540~690	18	27②	40	70
X12CrMo5	+NT	$t \leqslant 60$	320	510~690	20	27②	34②	40
		$60 < t \leqslant 150$	300	480~660				
	+QT	$150 < t \leqslant 250$	300	450~630				
13CrMoV9-10	+NT	$t \leqslant 60$	455	600~780	18	27②	34②	40
		$60 < t \leqslant 150$	435	590~770				
	+QT	$150 < t \leqslant 250$	415	580~760				

续表4

牌　号	一般交货条件	钢材厚度 t /mm	室温拉伸			下列温度(℃)下的冲击吸收能量 KV /J，最小值		
			屈服强度 R_{eH} /MPa，最小值	抗拉强度 R_m /MPa	断后伸长率 A /%，最小值	-20	0	+20
12CrMoV12-10	+NT	$t \leqslant 60$	455	600～780	18	27②	34②	40
		$60 < t \leqslant 150$	435	590～770				
	+QT	$150 < t \leqslant 250$	415	580～760				
X10CrMoVNb9-1	+NT	$t \leqslant 60$	445	580～760	18	27②	34②	40
		$60 < t \leqslant 150$	435	550～730				
	+QT	$150 < t \leqslant 250$	435	520～700				

① 对于厚度大于250mm的产品（12CrMo9-10和15NiCuMoNb5-6-4除外），其值可以协商。

② 可在询价和订货时商定冲击吸收能量值为40J。

③ 可在询价和订货时协商确定一个值。

表5　高温下欧标牌号的0.2%屈服强度最小值①

牌　号	产品厚度 t② /mm	下列温度(℃)下的屈服强度 $R_{p0.2}$/MPa									
		50	100	150	200	250	300	350	400	450	500
P235GH③	$t \leqslant 16$	227	214	198	182	167	153	142	133	—	—
	$16 < t \leqslant 40$	218	205	190	174	160	147	136	128	—	—
	$40 < t \leqslant 60$	208	196	181	167	153	140	130	122	—	—
	$60 < t \leqslant 100$	193	182	169	155	142	130	121	114	—	—
	$100 < t \leqslant 150$	179	168	156	143	131	121	112	105	—	—
	$150 < t \leqslant 250$	164	155	143	132	121	111	103	97	—	—
P265GH③	$t \leqslant 16$	256	241	223	205	188	173	160	150	—	—
	$16 < t \leqslant 40$	247	232	215	197	181	166	154	145	—	—
	$40 < t \leqslant 60$	237	223	206	190	174	160	148	139	—	—
	$60 < t < 100$	208	196	181	167	153	140	130	122	—	—
	$100 < t \leqslant 150$	193	182	169	155	142	130	121	114	—	—
	$150 < t \leqslant 250$	179	168	156	143	131	121	112	105	—	—
P295GH③	$t \leqslant 16$	285	268	249	228	209	192	178	167	—	—
	$16 < t \leqslant 40$	280	264	244	225	206	189	175	165	—	—
	$40 < t \leqslant 60$	276	259	240	221	202	186	172	162	—	—
	$60 < t \leqslant 100$	251	237	219	201	184	170	157	148	—	—
	$100 < t \leqslant 150$	227	214	198	182	167	153	142	133	—	—
	$150 < t \leqslant 250$	213	200	185	170	156	144	133	125	—	—
P355GH③	$t \leqslant 16$	343	323	299	275	252	232	214	202	—	—
	$16 < t \leqslant 40$	334	314	291	267	245	225	208	196	—	—
	$40 < t \leqslant 60$	324	305	282	259	238	219	202	190	—	—

续表5

牌号	产品厚度 t[②] /mm	下列温度(℃)下的屈服强度 $R_{p0.2}$/MPa									
		50	100	150	200	250	300	350	400	450	500
P355GH[③]	$60<t\leqslant100$	305	287	265	244	224	206	190	179	—	—
	$100<t\leqslant150$	285	268	249	228	209	192	178	167	—	—
	$150<t\leqslant250$	271	255	236	217	199	183	169	159	—	—
16Mo3	$t<16$	273	264	250	233	213	194	175	159	147	141
	$16<t\leqslant40$	268	259	245	228	209	190	172	156	145	139
	$40<t\leqslant60$	258	250	236	220	202	183	165	150	139	134
	$60<t\leqslant100$	238	230	218	203	186	169	153	139	129	123
	$100<t\leqslant150$	218	211	200	186	171	155	140	127	118	113
	$150<t\leqslant250$	208	202	191	178	163	148	134	121	113	108
18MnMo4-5[④]	$t\leqslant60$	330	320	315	310	295	285	265	235	215	—
	$60<t\leqslant150$	320	310	305	300	285	275	255	225	205	—
	$150<t\leqslant250$	310	300	295	290	275	265	245	220	200	—
20MnMoNi4-5	$t\leqslant40$	460	448	439	432	424	415	402	384	—	—
	$40<t\leqslant60$	450	438	430	423	415	406	394	375	—	—
	$60<t\leqslant100$	441	429	420	413	406	398	385	367	—	—
	$100<t\leqslant150$	431	419	411	404	397	389	377	359	—	—
	$150<t\leqslant250$	392	381	374	367	361	353	342	327	—	—
15NiCuMoNb5-6-4	$t\leqslant40$	447	429	415	403	391	380	366	351	331	—
	$40<t\leqslant60$	427	410	397	385	374	363	350	335	317	—
	$60<t\leqslant100$	418	401	388	377	366	355	342	328	309	—
	$100<t\leqslant150$	408	392	379	368	357	347	335	320	302	—
	$150<t\leqslant200$	398	382	370	359	349	338	327	313	295	—
13CrMo4-5	$t\leqslant16$	294	285	269	252	234	216	200	186	175	164
	$16<t\leqslant60$	285	275	260	243	226	209	194	180	169	159
	$60<t\leqslant100$	265	256	242	227	210	195	180	168	157	148
	$100<t\leqslant150$	250	242	229	214	199	184	170	159	148	139
	$150<t\leqslant250$	235	223	215	211	199	184	170	159	148	139
13CrMoSi5-5+NT	$t\leqslant60$	299	283	268	255	244	233	223	218	206	—
	$60<t\leqslant100$	289	274	260	247	236	225	216	211	199	—
13CrMoSi5-5+QT	$60<t\leqslant100$	384	364	352	344	339	335	330	322	309	—
	$100<t\leqslant150$	375	355	343	335	330	327	322	314	301	—
	$150<t\leqslant250$	365	346	334	326	322	318	314	306	293	—
10CrMo9-10	$t\leqslant16$	288	266	254	248	243	236	225	212	197	185
	$16<t\leqslant40$	279	257	246	240	235	228	218	205	191	179
	$40<t\leqslant60$	270	249	238	232	227	221	211	198	185	173

续表 5

牌　号	产品厚度 t② /mm	下列温度(℃)下的屈服强度 $R_{p0.2}$/MPa									
		50	100	150	200	250	300	350	400	450	500
10CrMo9-10	60 < t≤100	260	240	230	224	220	213	204	191	178	167
	100 < t≤150	250	237	228	222	219	213	204	191	178	167
	150 < t≤250	240	227	219	213	210	208	204	191	178	167
12CrMo9-10	t≤250	341	323	311	303	298	295	292	287	279	—
X12CrMo5	t≤60	310	299	295	294	293	291	285	273	253	222
	60 < t≤250	290	281	277	275	275	273	267	256	237	208
13CrMoV9-10④	t≤60	410	395	380	375	370	365	362	360	350	—
	60 < t≤250	405	390	370	365	360	355	352	350	340	—
12CrMoV12-10④	t≤60	410	395	380	375	370	365	362	360	350	—
	60 < t≤250	405	390	370	365	360	355	352	350	340	—
X10CrMoVNb9-1	t≤60	432	415	401	392	385	379	373	364	349	324
	60 < t≤250	423	406	392	383	376	371	365	356	341	316

① 这些值对应相关的趋势曲线的较低值部分，此曲线根据 EN 10314《高温下钢的校验强度最小值的推导方法》绘制，大约有 98% 的置信界限（2s）。

② 对于厚度超过规定的最大厚度的产品，其高温下的 $R_{p0.2}$ 可协商。

③ 数值反映了正火试样最小值。

④ 根据 EN 10314《高温下钢的校验强度最小值的推导方法》不能确定 $R_{p0.2}$，至今仍认为其最小值段较分散。

表 6　美标、日标牌号的力学性能（横向试样）

牌　号	一般交货条件	钢材厚度 t /mm	室温拉伸①			冲击吸收能量 KV /J
			屈服强度 R_{eH} /MPa，最小值	抗拉强度 R_m /MPa	断后伸长率 A /%，最小值	
PT410GH	+ AR	6≤t≤50	225	410 ~ 550	21	⑨
	+ N	6≤t≤200				
PT450GH	+ AR	6≤t≤50	245	450 ~ 590	19	
	+ N	6≤t≤200				
PT480GH	+ AR	6≤t≤50	265	480 ~ 620	17	
	+ N	6≤t≤200				
19MnMo4-5	+ N，+ AR	6≤t≤50	315	520 ~ 660	17	
	+ N②	50≤t≤200				
19MnMo5-5	+ N，+ QT③，+ AR	6≤t≤50	345	550 ~ 690	17	
	+ N②，+ QT③	6≤t≤200				
19MnMo6-5	+ QT③	6≤t≤200	480	620 ~ 790	15	
19MnMoNi5-5	+ N，+ QT③，+ AR	6≤t≤50	345	550 ~ 690	17	
	+ N②，+ QT③	50≤t≤200				
19MnMoNi6-5	+ QT③	6≤t≤50	480	620 ~ 790	15	
		50≤t≤200				

续表 6

牌　号	一般交货条件	钢材厚度 t /mm	室温拉伸①			冲击吸收能量 KV /J
			屈服强度 R_{eH} /MPa，最小值	抗拉强度 R_m /MPa	断后伸长率 A /%，最小值	
14CrMo4-5 + NT1	+ NT④	6≤t≤200	225	380 ~ 550	20	⑨
14CrMo4-5 + NT2	+ NT④	6≤t≤200	275	450 ~ 590	20	
14CrMoSi5-6 + NT1	+ N④	6≤t≤200	235	410 ~ 590	20	
14CrMoSi5-6 + NT2	+ NT④	6≤t≤200	315	520 ~ 690	20	
13CrMo9-10 + NT1	+ NT④	6≤t≤300	205	410 ~ 590	17	
13CrMo9-10 + NT2	+ NT④	6≤t≤300	315	520 ~ 690	17	
14CrMo9-10	+ QT⑤ (+ NT⑥) ⑦	6≤t≤300	380	580 ~ 760	17	
14CrMoV9-10	+ NT⑥ (+ QT⑦) ⑦	6≤t≤300	415	580 ~ 760	17	
13CrMoV12-10	+ NT⑥ (+ QT⑦) ⑦	6≤t≤300	415	580 ~ 760	17	
X9CrMoVNb9-1	+ NT⑧	6≤t≤300	415	585 ~ 760	17	

① 牌号为 13CrMo9-10 + NT1、13CrMo9-10 + NT2、14CrMo9-10 和 13CrMoV12-10 的钢断面收缩率不能小于 45%。

② 厚度大于 100mm 的钢板的正火应包括加速冷却和随后在 595℃ 到 705℃ 的温度范围内的回火。

③ 钢板应进行淬火和回火，且应采用适当的温度进行，以保证产品达到规定的性能要求，回火温度不应低于 595℃。

④ 正火处理过程中，为达到规定的力学性能可使用液体淬火、吹风冷却或其他方法加快冷却速度。对于14CrMo4-5和14CrMoSi5-6 钢应采用的最低回火温度为 620℃，13CrMo9-10 钢应采用的最低回火温度为 650℃。

⑤ 最低回火温度应为 675℃。当购买方打算采用 675℃ 的回火温度时，应通知供方。在这种情况下，供方可在低于 675℃ 的温度下进行回火，但不能低于 625℃。

⑥ 最低回火温度应为 675℃。当购买方打算采用 675℃ 的回火温度时，应通知供方。在这种情况下，供方可在低于 675℃ 的温度下进行回火，但不能低于 625℃。

⑦ 经订货时协商，产品可以 + NT（14CrMo9-10）或 + QT（14CrMo9-10 和 13CrMoV12-10）态交货。

⑧ 最小回火温度应为 730℃。

⑨ 应在订货时协商冲击的最小冲击吸收能量值及相应的试验温度。

7　其他要求

7.1　抗氢致裂纹性能

碳钢和低合金钢暴露在含有 H_2S 的腐蚀环境中时可能对裂纹敏感。

抗氢致裂纹敏感性的试验方法应在订货时协商。

当抗氢致裂纹性能评估的试验参照 EN 10229《钢制品抗氢敏感裂纹（HIC）的评定方法》进行时，试验溶液 A（pH 值≈3）适用类别的判断标准见表 7，其中给出的值为三个单个试验结果的平均值。

表 7　HIC 试验使用类别（试验溶液 A）

类　别	裂纹长度率 CLR/%	裂纹厚度率 CTR/%	裂纹敏感率 CSR/%
Ⅰ	≤5	≤1，5	≤0，5
Ⅱ	≤10	≤3	≤1
Ⅲ	≤15	≤5	≤2

7.2 CrMo 钢的脆性

在约 400℃至 500℃的环境中，CrMo 钢有脆化倾向。其分步冷却试验方法应在订货时协商。试验方法应该考虑温度 T 和保温时间 t，推荐采用图 1 给出的试验方法。

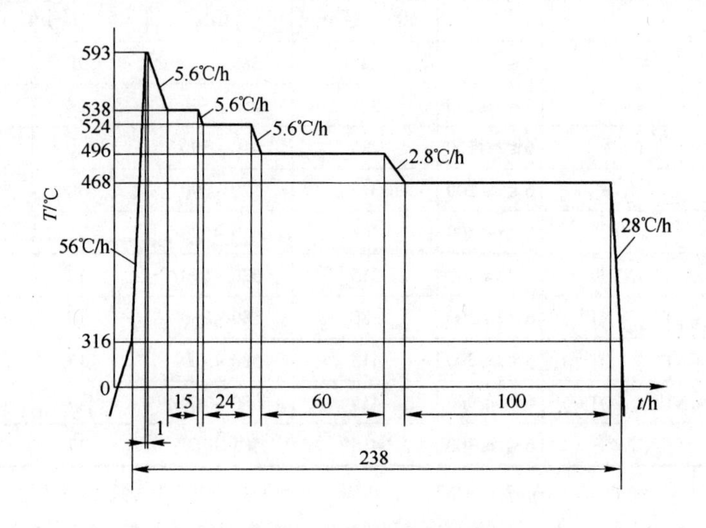

图 1 推荐使用的分步冷却试验程序

ISO 9328-3：2011 压力设备结构用扁平钢材供货技术条件 第3部分：焊接用细晶粒正火钢（概要）

1　范围

该标准适用于表1和表2中承压设备结构用细晶粒焊接正火钢板和钢带。

2　分类

2.1　根据钢质类型分为：

合金专用钢：P275NH、P275NL1、P355N、P355NH、P355NL1、P460NH、P460NL1、P460NL2、PT400N、PT400NH、PT400NL1、PT440N、PT440NH、PT440NL1、PT490N、PT490NH、PT520N、PT520NH。

非合金专用钢：P275NL2、P355NL2。

2.2　根据质量等级分为：

室温钢级：P…N、PT…N；

高温钢级：P…NH、PT…NH；

低温钢级：P…NL1、PT…NL1；

特别低温钢级：P…NL2。

3　尺寸、外形及允许偏差

钢板和钢带的尺寸、外形及允许偏差见ISO 9328-1《压力设备结构用扁平钢材供货技术条件　第1部分：一般要求》。

4　交货状态

钢板和钢带通常以正火状态（+N）交货。用户如有特殊要求，应在订货时协商。

最小屈服强度大于等于460MPa的钢，薄规格产品和在特殊情况下有必要采用延时冷却或回火工艺，并在检验文件中注明。

根据供方的选择，P275NH、P275NL1、P275NL2、P355N、P355NH、P355NL1以及P355NL2产品的正火方式可用正火轧制代替，并在订货时协商附加模拟正火后的性能检验方法。

经订货时协商，也可不以热处理状态交货，此时，应当在模拟正火状态进行规定的测试。

5　化学成分

5.1　化学成分

钢板和钢带化学成分（熔炼分析）见表1、表2。

除非为了改善浇铸，否则未经买方同意，不得在钢中添加表1或表2中未列出的元素。应采取一切适当措施防止炼钢过程中使用废钢和其他材料时带进对力学性能和工艺性能有害的元素。

5.2　碳当量

如用户需求，并在订货时协商，部分钢质可规定的最大碳当量（CEV）见表3、表4。其计算公式如下：

$$CEV = C + \frac{Mn}{6} + \frac{Cr + Mo + V}{5} + \frac{Ni + Cu}{15}$$

5.3　成品分析的化学成分允许偏差

钢板和钢带成品分析的化学成分允许偏差见表5。

表 1 欧标牌号的化学成分

牌号	化学成分(熔炼分析)/%														
	C	Si	Mn	P	S	Alt	N	Cr	Cu	Mo	Ni	Nb	Ti	V	Nb + Ti + V
	不大于					不小于	不大于								
P275NH	0.16	0.40	0.80① ~ 1.50	0.025	0.010	0.020②③	0.012	0.30④	0.30④	0.08④	0.05	0.05	0.03	0.05	0.05
P275NL1					0.008										
P275NL2				0.020	0.005										
P355N	0.18	0.50	1.10 ~ 1.70	0.025	0.010	0.020②③	0.012	0.30④	0.30④	0.08④	0.05	0.50	0.03	0.10	0.12
P355NH															
P355NL1					0.008										
P355NL2				0.020	0.005										
P460NH	0.20	0.60	1.10 ~ 1.70	0.025	0.010	0.020③	0.025	0.30	0.70⑤	0.10	0.05	0.80	0.03	0.20	0.22
P460NL1					0.008										
P460NL2				0.020	0.008										

① 对于厚度小于 6mm 的产品，允许 Mn 含量为 0.60% ~1.50%。

② 添加 Ti、Nb 和 V 固氮时，Alt 含量可低于其最小值。

③ 如果只有 Al 作为固氮元素时，应使 $w(\mathrm{Al})/w(\mathrm{N}) \geq 2$。

④ $w(\mathrm{Cr+Cu+Mo}) \leq 0.45\%$。

⑤ 如果 $w(\mathrm{Cu}) > 0.30\%$，则 Ni 至少应是钢质量分数的一半。

表2　美标牌号的化学成分

牌　号	化学成分(熔炼分析)/%													
	C	Si	Mn	P	S	Alt②	Cr①	Cu①	Mo①	Nb①	Ni①	Ti①	V①	其　他
	不大于					不小于	不大于							
PT400N PT400NH	0.18③	0.40	1.40	0.030	0.030	0.020	0.30	0.40	0.12	0.05	0.50	0.03	0.05	w(Cr+Cu+Mo+Ni)≤1.00①
PT400NL1	0.15	0.40	0.70~1.50	0.025	0.020	0.020	0.30	0.40	0.12	0.05	0.50	0.03	0.05	w(Cr+Cu+Mo+Ni)≤1.00①
PT440N PT440NH	0.18③	0.55	1.60	0.030	0.030	0.020	0.30	0.40	0.12	0.05	0.50	0.03	0.10	w(Cr+Cu+Mo+Ni)≤1.00①
PT440NL1	0.16	0.55	0.70~1.60	0.025	0.020	0.020	0.30	0.40	0.12	0.05	0.50	0.03	0.10	w(Cr+Cu+Mo+Ni)≤1.00①
PT490N PT490NH	0.18③	0.15~0.55	1.60	0.030	0.020	0.020	0.30	0.40	0.12	0.05	0.50	0.03	0.10	w(Cr+Cu+Mo+Ni)≤1.00①
PT520N PT520NH	0.20	0.15~0.55	1.60	0.030	0.020	0.020	0.30	0.40	0.12	0.05	0.80	0.03	0.10	w(Cr+Cu+Mo+Ni)≤1.00①

① 其他元素如Cr、Cu、Mo、Nb、Ni、Ti和V的最大含量应在订货时协商。
② 可分析w(Als)≥0.015%。添加Ti、Nb和V固氮时，Alt含量可以低于其最小值。
③ 经询单和订货协定，PT400NH的最大碳当量可增加至0.20%，PT440NH和PT490NH的最大碳当量可增加至0.24%。

表 3　欧标牌号的最大碳当量（CEV）

牌　号	以下产品厚度（mm）的 CEV 最大值/%		
	≤60	>60～100	>100～250
P275NH P275NL1 P275NL2	0.40	0.40	0.42
P355N P355NH P355NL1 P355NL2	0.43	0.45	0.45
P460NH P460NL1 P460NL2	0.53	—	

表 4　美标牌号的最大碳当量（CEV）

牌　号	以下产品厚度（mm）的 CEV 最大值/%		
	≤50	>50～100	>100～150
PT400N、PT400NH PT400NL1、PT440N PT440NH、PT440NL1	0.41	0.43	0.43
PT490N、PT490NH	0.43	0.45	0.45
PT520N、PT520NH	0.45	0.47	0.47

表 5　成品分析的化学成分允许偏差

元　素	化学成分/%	成品分析允许偏差/%
C①	≤0.20	+0.02
Si	≤0.60	+0.06
Mn	≤1.00	+0.05
	>1.00～1.70	+0.10
P①	≤0.030	+0.005
S①	≤0.010	+0.003
	>0.010～0.030	+0.005
Al	≥0.020	-0.005
N	≤0.025	+0.002
Cr	≤0.30	+0.05
Mo	≤0.12	+0.03
Cu	≤0.30	+0.05
	>0.30～0.70	+0.10
Nb	≤0.05	+0.01
Ni	≤0.80	+0.05
Ti	≤0.03	+0.01
V	≤0.20	+0.01

① 对于表 2 中的美标牌号，表 2 中的最大值也适用于成品分析。

6　力学性能

钢板和钢带的力学性能见表6～表10。

经订货时协商，表7规定的P…NH钢级的高温最小屈服强度 $R_{p0.2}$ 也适用于钢级P…NL1和P…NL2。

表6　欧标牌号的室温拉伸性能

牌　号	常规交货状态	产品厚度 t/mm	屈服强度 R_{eH}/MPa	抗拉强度 R_m/MPa	断后伸长率 A/%
P275NH P275NL1 P275NL2	+N	≤16	275	390～510	24
		>16～40	265		
		>40～60	255		
		>60～100	235	370～490	23
		>100～150	225	360～480	
		>150～250	215	350～470	
P355N P355NH P355NL1 P355NL2	+N	≤16	355	490～630	22
		>16～40	345		
		>40～60	335		
		>60～100	315	470～610	21
		>100～150	305	460～600	
		>150～250	295	450～590	
P460NH P460NL1 P460NL2	+N	≤16③	460	570～720①	17
		>16～40	445		
		>40～60	430		
		>60～100	400	540～710	
		>100～250	②	②	②

① 当厚度小于等于16mm时，允许的最大值为730MPa。

② 可在订货时协商。

③ 对于P460NH和P460NL1，厚度小于等于20mm的产品，可在订货时协商 R_{eH} 最小值以及 R_m 的范围为630～725MPa。

表7　欧标牌号高温①屈服强度 $R_{p0.2}$ 最小值

牌　号	产品厚度 t/mm	在以下实验温度(℃)下的最小屈服强度 $R_{p0.2}$/MPa							
		50	100	150	200	250	300	350	400
P275NH	≤16	266	250	232	213	195	179	166	156
	>16～40	256	241	223	205	188	173	160	150
	>40～60	247	232	215	197	181	166	154	145
	>60～100	227	214	198	182	167	153	142	133
	>100～150	218	205	190	174	160	147	136	128
	>150～250	208	196	181	167	153	140	130	122

续表 7

牌　号	产品厚度 t/mm	在以下实验温度(℃)下的最小屈服强度 $R_{p0.2}$/MPa							
		50	100	150	200	250	300	350	400
P355NH	≤16	343	323	299	275	252	232	214	202
	>16~40	334	314	291	267	245	225	208	196
	>40~60	324	305	282	259	238	219	202	190
	>60~100	305	287	265	244	224	206	190	179
	>100~150	295	277	257	236	216	199	184	173
	>150~250	285	268	249	228	209	192	178	167
P460NH	≤16	445	419	388	356	326	300	278	261
	>16~40	430	405	375	345	316	290	269	253
	>40~60	416	391	362	333	305	281	260	244
	>60~100	387	364	337	310	284	261	242	227
	>100~250	②	②	②	②	②	②	②	②

① 反映正火炉试样最小值的数值（例如：符合按照 EN 10314《高温下钢的校验强度最小值的推导方法》测定的趋势曲线的低段）的置信限度为 9%（2s）。

② 数值可以在询单和订货时协商确定。

表 8　欧标牌号正火状态最小冲击吸收能量

牌　号	产品厚度 t /mm	以下试验温度（℃）的最小冲击吸收能量 KV/J									
		横向试样					纵向试样①				
		-50	-40	-20	0	+20	-50	-40	-20	0	+20
P335N P…NH	≤250②	—	—	30③	40	50	—	—	45	65	75
P…NL1		—	27③	35③	50	60	30③	40	50	70	80
P…NL2		27③	30③	40	60	70	42	45	55	75	85

① 适用于厚度小于等于 40mm 的产品。

② 对于 P460NH、P460NL1 和 P460NL2 厚度小于等于 100mm。

③ 可在订货时协商最小冲击吸收能量为 40J。

表 9　美标牌号室温拉伸性能（横向试样）

牌　号	常规交货状态	产品厚度 t/mm	屈服强度 R_{eH}/MPa	抗拉强度 R_m/MPa	断后伸长率 A/%
PT400N PT400NH	+N	6~50	235	400~540	21
		>50~100	215		
		>100~150	195		
PT400NL1	+N	6~40	235	400~510	21
		>40~50	215		
PT440N PT440NH	+N	6~50	270	440~560	21
		>50~100	250		
		>100~150	230		

续表 9

牌　号	常规交货状态	产品厚度 t/mm	屈服强度 R_{eH}/MPa	抗拉强度 R_m/MPa	断后伸长率 A/%
PT440NL1	+N	6~38	325	440~560	19
PT490N PT490NH	+N	6~50	315	490~620	19
		>50~100	295		
		>100~150	275		
PT520N PT520NH	+N	6~50	355	520~640	18
		>50~100	335		
		>100~150	315		

表 10　美标牌号正火状态最小冲击吸收能量

牌　号	产品厚度 t/mm	以下试验温度的最小冲击吸收能量 KV/J	
		-40℃	0
PT…N PT…NH	6~150	—	47
P…NL1	6~150①	47	—

注：1. 订货时商定试样方向。

2. 其他实验温度和最小冲击吸收能量在订货时商定。

① 对于钢级 PT440NL1，产品厚度小于等于 38mm。

7　其他要求——抗氢致裂纹性能

碳钢和低合金钢暴露在含有 H_2S 的腐蚀环境中时可能对裂纹敏感。

抗氢致裂纹敏感性的试验方法应在订货时协商。

当抗氢致裂纹性能评估的试验参照 EN 10229《钢制品抗氢敏感裂纹（HIC）的评定方法》进行时，试验溶液 A（pH 值≈3）适用类别的判断标准见表 11，其中给出的值为三个单个试验结果的平均值。

表 11　HIC 试验使用类别（试验溶液 A）

相应类别	裂纹长度率 CLR/%	裂纹厚度率 CTR/%	裂纹敏感率 CSR/%
Ⅰ	≤5	≤1.5	≤0.5
Ⅱ	≤10	≤3	≤1
Ⅲ	≤15	≤5	≤2

ISO 9328-4：2011 压力设备结构用扁平钢材供货技术条件 第4部分：规定低温性能的镍合金钢（概要）

1　范围

该标准适用于表1和表2中承压设备结构用镍合金钢板和钢带。

2　分类

该标准中钢板和钢带均为特殊合金钢。

3　尺寸、外形及允许偏差

钢板和钢带的尺寸、外形及允许偏差见ISO 9328-1《压力设备结构用扁平钢材供货技术条件　第1部分：一般要求》。

4　交货状态

钢板和钢带通常以表4和表6中规定的状态交货。其中+N为正火，+NT为正火加回火，+QT为淬火加回火，+NT640、+QT640、+QT680分别为最小抗拉强度为640MPa或680MPa的热处理。

根据供方的选择，11MnNi5-3和13MnNi6-3的正火方式可用正火轧制代替，并在订货时协商附加模拟正火后的性能检验方法。

经订货时协商，14Ni9、13Ni14+NT和14Ni14可以热机械轧制（+M）状态交货。

经订货时协商,也可不以热处理状态交货,此时,应当在模拟正火状态下进行规定的测试。

5　化学成分

5.1　化学成分（熔炼分析）

钢板和钢带的化学成分（熔炼分析）见表1、表2。

除非为了改善浇铸，否则未经买方同意，不得在钢中添加表1或表2中未列出的元素。应采取一切适当措施防止炼钢过程中使用废钢和其他材料时带进对力学性能和工艺性能有害的元素。

5.2　碳当量

如用户需求，可在订货时协商最大碳当量（CEV）。其计算公式如下：

$$CEV = C + \frac{Mn}{6} + \frac{Cr + Mo + V}{5} + \frac{Ni + Cu}{15}$$

5.3　成品分析的化学成分允许偏差

钢板和钢带成品分析的化学成分允许偏差见表3。

表1　欧标牌号的化学成分

牌　号	化学成分(熔炼分析)/%							
	C	Si	Mn	P	S	Alt	Ni	其　他
	不大于			不大于		不小于		
11MnNi5-3	0.14	0.50	0.70~1.50	0.025	0.010	0.020	0.30[①]~0.80	$w(Nb) \leqslant 0.05$ $w(V) \leqslant 0.05$
13MnNi6-3	0.16	0.50	0.85~1.70	0.025	0.010	0.020	0.30[①]~0.80	$w(Nb) \leqslant 0.05$ $w(V) \leqslant 0.05$

续表1

牌　号	化学成分(熔炼分析)/%							
	C	Si	Mn	P	S	Alt	Ni	其　他
	不大于			不大于		不小于		
15MnNi6	0.18	0.35	0.80~1.50	0.025	0.010	—	1.30~1.70	w(V)≤0.05
12Ni14	0.15	0.35	0.30~0.80	0.020	0.005	—	3.25~3.75	w(V)≤0.05
X12Ni5	0.15	0.35	0.30~0.80	0.020	0.005	—	4.75~5.25	w(V)≤0.05
X8Ni9	0.10	0.35	0.30~0.80	0.020	0.005	—	8.50~10.00	w(Mo)≤0.10 w(V)≤0.05
X7Ni9	0.10	0.35	0.30~0.80	0.015	0.005	—	8.50~10.00	w(Mo)≤0.10 w(V)≤0.01

注：w(Cr+Cu+Mo)≤0.50%。

① 厚度小于40mm时，允许Ni为0.15%~0.80%。

表2　美标牌号的化学成分

牌　号	化学成分(熔炼分析)/%										
	C	Si	Mn	P	S	Cr	Cu	Mo	Nb	Ni	Ti	V
	不大于											
14Ni9	0.17	0.30	0.70	0.025	0.020	0.30	0.40	0.12	0.02	2.10~2.50	0.03	0.05
13Ni14+NT 13Ni14+QT	0.15	0.30	0.70	0.025	0.020	0.30	0.40	0.12	0.02	3.25~3.75	0.03	0.05
14Ni14	0.17	0.30	0.70	0.025	0.020	0.30	0.40	0.12	0.02	3.25~3.75	0.03	0.05
X9Ni5	0.13	0.30	0.70	0.025	0.020	0.30	0.40	0.12	0.02	4.75~6.00	0.03	0.05
X9Ni9+NT X9Ni9+QT	0.12	0.30	0.90	0.025	0.020	0.30	0.40	0.12	0.02	8.50~9.50	0.03	0.05

表3　成品分析的化学成分允许偏差

元　素	化学成分/%	成品分析允许偏差/%
C①	≤0.18	+0.02
Si	≤0.50	+0.05
Mn	≤1.00	+0.05
	>1.00~1.70	+0.10
P①	≤0.010	+0.003
	>0.010~0.020	+0.005
S①	≤0.010	+0.003
	>0.010~0.020	+0.005
Al	≥0.020	-0.005
Cr	≤0.30	+0.05
Cu	≤0.40	+0.05

续表 3

元　素	化学成分/%	成品分析允许偏差/%
Mo	≤0.12	+0.03
Nb	≤0.02	+0.01
Ni	≤0.85	+0.05
	>0.85~3.75	+0.07
	>3.75~10.00	+0.10
Ti	≤0.03	+0.01
V	≤0.05	+0.01

① 对于表 2 中的美标牌号，表 2 中的最大值也适用于成品分析。

6　力学性能

钢板和钢带的力学性能见表 4~表 7。热处理温度和冷却介质见表 8。

表 4　欧标牌号的室温拉伸性能

牌　号	常规交货状态	产品厚度 t/mm	屈服强度 R_{eH}/MPa	抗拉强度 R_m/MPa	断后伸长率 A/%
11MnNi5-3	+N（+NT）①	t≤30	285	420~530	24
		30<t≤50	275		
		50<t≤80	265		
13MnNi6-3	+N（+NT）①	t≤30	355	490~610	22
		30<t≤50	345		
		50<t≤80	335		
15NiMn6	+N +NT +QT	t≤30	355	490~640	22
		30<t≤50	345		
		50<t≤80	335		
12Ni14	+N +NT +QT	t≤30	355	490~640	22
		30<t≤50	345		
		50<t≤80	335		
X12Ni5	+N +NT +QT	t≤30	390	530~710	20
		30<t≤50	380		
X8Ni9+QT640①	+N +NT	t≤30	490	640~840	18
		30<t≤50	480		
X8Ni9+QT680①	+QT①	t≤30	585	680~820	18
		30<t≤50	575		
X7Ni9	+QT①	t≤30	585	680~820	18
		30<t≤50	575		

① 厚度小于 15mm 时，交货状态为+N 和+NT 也适用。

表5　欧标牌号的最小冲击吸收能量（V型试样）

牌　号	常规交货状态	产品厚度/mm	方向	以下试验温度(℃)的最小冲击吸收能量 KV/J											
				20	0	-20	-40	-50	-60	-80	-100	-120	-150	-170	-196
11MnNi5-3 13MnNi6-3	+N(+NT)	≤80	纵向	70	60	55	50	45	40	—	—	—	—	—	—
			横向	50	50	45	35①	30①	27①	—	—	—	—	—	—
15NiMn6	+N +NT +QT		纵向	65	65	65	60	50	50	40	—	—	—	—	—
			横向	50	50	45	40	35①	35①	27①	—	—	—	—	—
12Ni14	+N +NT +QT		纵向	65	60	55	55	50	50	45	40	—	—	—	—
			横向	50	50	45	35①	35①	35①	30①	27①	—	—	—	—
X12Ni5	+N +NT +QT	≤50	纵向	70	70	70	65	65	65	60	50	40②	—	—	—
			横向	60	60	55	45	45	45	40	30①	27①②	—	—	—
X8Ni9+NT640 X8Ni9+QT640	+N 和 +NT +QT		纵向	100	100	100	100	100	100	100	90	80	70	60	50
			横向	70	70	70	70	70	70	70	60	50	50	45	40
X8Ni9+QT680	+QT		纵向	120	120	120	120	120	120	120	110	100	90	80	70
			横向	100	100	100	100	100	100	100	90	80	70	60	50
X7Ni9	+QT		纵向	120	120	120	120	120	120	120	120	120	120	110	100
			横向	100	100	100	100	100	100	100	100	100	100	90	80

① 可以在询单和订货时协商最低冲击吸收能量为40J。

② 厚度小于等于25mm时，适用于-110℃，当厚度为25(不含)~30mm时，适用于-115℃。

表6　美标牌号的室温拉伸性能（横向试样）

牌　号	常规交货状态	产品厚度 t/mm	屈服强度 R_{eH}/MPa	抗拉强度 R_m/MPa	断后伸长率 A/%
14Ni9	+N，+NT	6≤t≤50	255	450~590	21
13Ni14+NT	+N，+NT	6≤t≤50	255	450~590	21
13Ni14+QT	+QT①	6≤t≤50	440	540~690	18
14Ni14	+N，+NT	6≤t≤50	275	480~620	19
X9Ni5	+QT①	6≤t≤50	590	690~830	18
X9Ni9+NT	+Nplus+NT①	6≤t≤50	520	690~830	18
X9Ni9+QT	+QT①	6≤t≤100	590	690~830	18

① 为了提高韧性的中间热处理过程，如有必要，可以在回火之前从奥氏体+铁素体双相冷却。

表7　美标牌号的最小冲击吸收能量（V型试样）

牌　号	常规交货状态	产品厚度 t/mm	以下试验温度（℃）的最小冲击吸收能量 KV/J				
			-196	-130	-110	-101	-70
14Ni9	+N，+NT	6≤t≤50					21
13Ni14+NT	+N，+NT	6≤t≤50				21	
13Ni14+QT	+QT①	6≤t≤50			27		
14Ni14	+N，+NT	6≤t≤50				21	
X9Ni5	QT①	6≤t≤50		41			
X9Ni9+NT②	+N，+QT①	6≤t≤50	34				
X9Ni9+QT②	+QT①	6≤t≤50	41				

注：试样方向可在订货时协商。

① 中间的热处理，为了提高韧性，如有必要，在回火之前，可以从奥氏体+铁素体双相冷却。

② 对于钢级X9Ni9，每个试样应在缺口对面有不小于0.381mm的横向膨胀。

表 8　热处理温度和冷却介质

牌　号	常规交货状态	奥氏体化热处理		回　火	
		温度/℃	冷却介质[1]	温度/℃	冷却介质[1]
11MnNi5-3	+N（+NT）	880~940	a	580~640	a
13MnNi6-3	+N（+NT）	880~940	a	580~640	a
15NiMn6	+N	850~900	a	—	—
	+NT	850~900	a	600~660	a 或 w
	+QT	850~900	w 或 o	600~660	a 或 w
12Ni14	+N	830~880	a	—	—
	+NT	830~880	a	600~660	a 或 w
	+QT	820~870	w 或 o	600~660	a 或 w
X12Ni5	+N	800~850	a	—	—
	+NT	800~850	a	580~660	a 或 w
	+QT	800~850	w 或 o	580~660	a 或 w
X8Ni9+NT640	+N 和 +NT	880~930 770~830	a	540~600	a 或 w
X8Ni9+QT640	+QT	880~940	w 或 o	540~600	a 或 w
X8Ni9+QT680	+QT[2]	770~830	w 或 o	540~600	a 或 w
X7Ni9	+QT[2]	770~830	w 或 o	540~600	a 或 w

① a 为空气，o 为油，w 为水。

② 厚度小于 15mm 时，交货状态为 +N 和 +NT 也适用。

ISO 9328-5：2011 压力设备结构用扁平钢材供货技术条件 第5部分：可焊接细晶粒热机械轧制钢材（概要）

1　范围

该标准适用于表1和表3中承压设备结构用可焊接细晶粒热机械轧制钢材。

2　分类

该标准中钢板和钢带均为特殊合金钢。

3　尺寸和允许偏差

钢板和钢带的尺寸和允许偏差见ISO 9328-1《压力设备结构用扁平钢材供货技术条件 第1部分：一般要求》。

4　交货状态

钢板和钢带以热机械轧制状态供货。

5　化学成分

5.1　化学成分（熔炼分析）

钢板和钢带的化学成分（熔炼分析）见表1、表3。

除非为了改善浇铸，否则未经买方同意，不得在钢中添加表1或表3中未列出的元素。应采取一切适当措施防止炼钢过程中使用废钢和其他材料时带进对力学性能和工艺性能有害的元素。

5.2　碳当量

如用户需求，经订货时协商的最大碳当量（CEV）可见表2、表4。其计算公式如下：

$$CEV = C + \frac{Mn}{6} + \frac{Cr + Mo + V}{5} + \frac{Ni + Cu}{15}$$

5.3　成品分析的化学成分允许偏差

钢板和钢带成品分析的化学成分允许偏差见表5。

表1　欧标牌号的化学成分

<table>
<tr><th rowspan="3">牌　号</th><th colspan="12">化学成分(熔炼分析)/%</th><th rowspan="3">其他</th></tr>
<tr><th>C</th><th>Si</th><th>Mn①</th><th>P</th><th>S</th><th>Alt②</th><th>N</th><th>Mo④</th><th>Nb⑤</th><th>Ni</th><th>Ti⑤</th><th>V⑤</th></tr>
<tr><th colspan="5">不大于</th><th>不小于</th><th colspan="6">不大于</th></tr>
<tr><td>P355M</td><td rowspan="3">0.14</td><td rowspan="3">0.50</td><td rowspan="3">1.60</td><td>0.025</td><td>0.010</td><td rowspan="6">0.020③</td><td rowspan="3">0.015</td><td rowspan="6">0.020</td><td rowspan="6">0.05⑥</td><td rowspan="6">0.50</td><td rowspan="6">0.05</td><td rowspan="6">0.10</td><td rowspan="6">④</td></tr>
<tr><td>P355ML1</td><td rowspan="2">0.020</td><td>0.008</td></tr>
<tr><td>P355ML2</td><td>0.005</td></tr>
<tr><td>P420M</td><td rowspan="3">0.16</td><td rowspan="3">0.50</td><td rowspan="3">1.70</td><td>0.025</td><td>0.010</td><td rowspan="3">0.020</td></tr>
<tr><td>P420ML1</td><td rowspan="2">0.020</td><td>0.008</td></tr>
<tr><td>P420ML2</td><td>0.005</td></tr>
</table>

续表 1

<table>
<tr><th rowspan="3">牌　号</th><th colspan="12">化学成分(熔炼分析)/%</th><th rowspan="3">其他</th></tr>
<tr><th>C</th><th>Si</th><th>Mn①</th><th>P</th><th>S</th><th>Alt②</th><th>N</th><th>Mo④</th><th>Nb⑤</th><th>Ni</th><th>Ti⑤</th><th>V⑤</th></tr>
<tr><th colspan="5">不大于</th><th>不小于</th><th colspan="6">不大于</th></tr>
<tr><td>P460M</td><td rowspan="3">0.16</td><td rowspan="3">0.60</td><td rowspan="3">1.70</td><td>0.025</td><td>0.010</td><td rowspan="3">0.020③</td><td rowspan="3">0.020</td><td rowspan="3">0.020</td><td rowspan="3">0.05⑥</td><td rowspan="3">0.50</td><td rowspan="3">0.05</td><td rowspan="3">0.10</td><td rowspan="3">④</td></tr>
<tr><td>P460ML1</td><td rowspan="2">0.020</td><td>0.008</td></tr>
<tr><td>P460ML2</td><td>0.005</td></tr>
</table>

① 在最大 C 含量基础上 C 每减少 0.01%，Mn 可以在最大值基础上增加 0.05%，但最多只能增加至 2.00%。

② 应测定铸坯的 Al 含量并在检验文件中给出。

③ 如果出现了足够的其他固氮元素，最小 Alt 不再适用。

④ $w(Cr + Cu + Mo) \leqslant 0.60\%$。

⑤ $w(V + Nb + Ti) \leqslant 0.15\%$。

⑥ 如果 C 含量被限定为小于等于 0.07%，则允许的最大 Nb 含量为 0.10%。在此情况下，在 -40℃或更低温度下，要特别注意防止经焊后热处理的热影响区出现问题。

表 2　欧标牌号的最大碳当量

<table>
<tr><th rowspan="2">牌　号</th><th colspan="3">以下产品厚度（mm）的最大碳当量 CEV/%</th></tr>
<tr><th>≤16</th><th>>16 ~ 40</th><th>>40 ~ 63</th></tr>
<tr><td>P355M、P355ML1、P355ML2</td><td>0.39</td><td>0.39</td><td>0.40</td></tr>
<tr><td>P420M、P420ML1、P420ML2</td><td>0.43</td><td>0.45</td><td>0.46</td></tr>
<tr><td>P460M、P460ML1、P460ML2</td><td>0.45</td><td>0.46</td><td>0.47</td></tr>
</table>

表 3　美国牌号的化学成分

<table>
<tr><th rowspan="3">牌　号</th><th colspan="13">化学成分(熔炼分析)/%</th></tr>
<tr><th>C</th><th>Si</th><th>Mn</th><th>P</th><th>S</th><th>Alt①</th><th>Cr</th><th>Cu</th><th>Mo</th><th>Nb</th><th>Ni</th><th>Ti</th><th>V</th></tr>
<tr><th colspan="13">不大于</th></tr>
<tr><td>PT440M</td><td>0.18</td><td>0.55</td><td>1.60</td><td>0.030</td><td>0.030</td><td>0.020</td><td>0.30</td><td>0.40</td><td>0.20</td><td>0.05</td><td>0.50</td><td>0.05</td><td>0.10</td></tr>
<tr><td>PT440ML1
PT440ML3</td><td>0.16</td><td>0.55</td><td>0.70 ~ 1.60</td><td>0.025</td><td>0.020</td><td>0.020</td><td>0.30</td><td>0.40</td><td>0.20</td><td>0.05</td><td>0.50</td><td>0.05</td><td>0.10</td></tr>
<tr><td>PT490M</td><td>0.18</td><td>0.55</td><td>1.60</td><td>0.030</td><td>0.030</td><td>0.020</td><td>0.30</td><td>0.40</td><td>0.20</td><td>0.05</td><td>0.50</td><td>0.05</td><td>0.10</td></tr>
<tr><td>PT490ML1
PT490ML3</td><td>0.16</td><td>0.55</td><td>0.70 ~ 1.60</td><td>0.025</td><td>0.020</td><td>0.020</td><td>0.30</td><td>0.40</td><td>0.20</td><td>0.05</td><td>0.50</td><td>0.05</td><td>0.10</td></tr>
<tr><td>PT520M</td><td>0.18</td><td>0.55</td><td>1.60</td><td>0.030</td><td>0.030</td><td>0.020</td><td>0.30</td><td>0.40</td><td>0.20</td><td>0.05</td><td>0.50</td><td>0.05</td><td>0.10</td></tr>
<tr><td>PT520ML1
PT520ML3</td><td>0.16</td><td>0.55</td><td>0.70 ~ 1.60</td><td>0.025</td><td>0.020</td><td>0.020</td><td>0.30</td><td>0.40</td><td>0.20</td><td>0.05</td><td>0.50</td><td>0.05</td><td>0.10</td></tr>
<tr><td>PT550M</td><td>0.18</td><td>0.55③</td><td>1.60</td><td>0.030</td><td>0.030</td><td>0.020</td><td>0.30</td><td>0.40</td><td>0.20</td><td>0.05</td><td>0.50</td><td>0.05</td><td>0.10</td></tr>
<tr><td>PT550ML1</td><td>0.18②</td><td>0.55</td><td>0.70 ~ 1.60</td><td>0.025</td><td>0.020</td><td>0.020</td><td>0.30</td><td>0.40</td><td>0.20</td><td>0.05</td><td>0.50</td><td>0.05</td><td>0.10</td></tr>
</table>

① 可以使得 $w(Alt) \geqslant 0.020\%$ 或 $w(Als) \geqslant 0.015\%$。经订货时协商，钢中加入 Nb，Ti、V 等固氮元素时，Alt 或 Als 可小于最小值。

② 经订货时协商，最大 C 含量可以增加至 0.20%。

③ 经订货时协商，最大 Si 含量可以增加至 0.75%。

表 4　美标牌号的最大碳当量

牌　号	以下产品厚度（mm）的最大碳当量 CEV/%		
	6~50	>50~100	>100~150
PT440M	0.37	0.40	0.42
PT440ML1 PT440ML3	0.37	—	—
PT490M	0.38	0.41	0.43
PT490ML1	0.38	0.41	—
PT490ML3	0.38	—	—
PT520M	0.40	0.42	0.44
PT520ML1	0.40	0.42	—
PT520ML3	0.40	—	—
PT520M	0.42	0.45	—
PT520ML1	0.42	0.45	—

表 5　成品分析的化学成分允许偏差

元　素	化学成分/%	成品分析允许偏差/%
C②	≤0.20	+0.02
Si	≤0.75	+0.06
Mn	≤1.70	+0.10
P②	≤0.030	+0.005
S②	≤0.010	+0.003
	>0.010~0.030	+0.005
Al	≥0.020	-0.005
N	≤0.020	+0.002
Mo	≤0.20	+0.03
Nb	≤0.05	+0.01
Ni	≤0.50	+0.05
Ti	≤0.05	+0.01
V	≤0.10	+0.01
Cr+Cu+Mo①	≤0.60	+0.10
V+Nb+Ti①	≤0.15	+0.03

① 仅适用于表 1 中欧标牌号。

② 对于表 2 中的美标牌号，表 2 中的最大值也适用于成品分析。

6　力学性能

钢板和钢带的力学性能见表 6~表 9。

表6 欧标牌号的室温拉伸性能

牌 号	以下产品厚度（mm）的最小屈服强度 R_{eH}/MPa			抗拉强度 R_m /MPa	最小断后伸长率 A /%
	≤16	>16~40	>40~63		
P355M	355		345	450~610	22
P355ML1					
P355ML2					
P420M	420	400	390	500~660	19
P420ML1					
P420ML2					
P460M	460	440	430	530~720	17
P460ML1					
P460ML2					

注：无明显屈服时采用 $R_{p0.2}$，否则采用 R_{eH}。

表7 欧标牌号的最小冲击吸收能量（V型试样）

牌 号	产品厚度 t/mm	以下试验温度（℃）的最小冲击吸收能量 KV/J				
		-50	-40	-20	0	+20
P…M	≤63	—	—	27①	40	60
P…ML1		—	27①	40	60	—
P…ML2		27①	40	60	80	—

① 可以在询单和订货时协商最小冲击吸收能量为40J。

表8 美标牌号的室温拉伸性能（横向试样）

牌 号	产品厚度 t/mm	最小屈服强度 R_{eH}/MPa	抗拉强度 R_m/MPa	最小断后伸长率 A/%
PT440M	6~50	270	440~560	20
	>50~100	250		
	>100~150	230		
PT440ML1 PT440ML3	6~38	325	440~560	19
PT490M	6~50	315	490~610	19
	>50~100	295		
	>100~150	275		
PT490ML1	6~65	345	490~620	19
	>65~100	310	460~590	
PT490ML3	6~38	365	490~610	17
PT520M	6~50	355	520~640	17
	>50~100	335		
	>100~150	315		
PT520ML1	6~50	385	520~640	17
	>50~100	365		

续表 8

牌　号	产品厚度 t/mm	最小屈服强度 R_{eH}/MPa	抗拉强度 R_m/MPa	最小断后伸长率 A/%
PT520ML3	6 ~ 38	410	520 ~ 640	16
PT550M	6 ~ 50	410	550 ~ 670	16
	>50 ~ 100	390		
PT550ML1	6 ~ 65	415	550 ~ 690	16
	>65 ~ 100	380	520 ~ 660	

注：无明显屈服时采用 $R_{p0.2}$，否则采用 R_{eH}。

表 9　美标牌号的最小冲击吸收能量（V 型试样）

牌　号	产品厚度 t/mm	以下试验温度（℃）的最小冲击吸收能量 KV/J		
		-60	-40	0
PT440M、PT490M、PT520M	6≤t≤150	—	—	47
PT550M	6≤t≤100			
PT440ML1	6≤t≤38	—	47	—
PT490ML1、PT520ML1、PT550ML1	6≤t≤100	—	47	—
PT440ML3、PT490ML3、PT520ML3	6≤t≤38	47	—	—

注：1. 试样方向可在订货时协商。

2. 其他试验温度及最小冲击吸收能量值可以在订货时协商。

ISO 9328-6：2011 压力设备结构用扁平钢材供货技术条件 第6部分：可焊接细晶粒淬火回火钢（概要）

1　范围

该标准适用于表1和表2中承压设备结构用可焊接细晶粒淬火回火钢。

2　分类

该标准中钢板和钢带均为特殊合金钢。

3　尺寸和允许偏差

钢板和钢带的尺寸和允许偏差见ISO 9328-1《压力设备结构用扁平钢材供货技术条件 第1部分：一般要求》。

4　交货状态

钢板和钢带以淬火和回火状态供货。

5　化学成分

5.1　化学成分（熔炼分析）

钢板和钢带的化学成分（熔炼分析）见表1、表2。

除非为了改善浇铸，否则未经买方同意，不得在钢中添加表1或表2中未列出的元素。应采取一切适当措施防止炼钢过程中使用废钢和其他材料时带进对力学性能和工艺性能有害的元素。

5.2　碳当量

如用户需求，并在订货时协商，部分钢质可规定最大碳当量（CEV），其计算公式如下：

$$CEV = C + \frac{Mn}{6} + \frac{Cr + Mo + V}{5} + \frac{Ni + Cu}{15}$$

5.3　成品分析的化学成分允许偏差

钢板和钢带成品分析的化学成分允许偏差见表3。

表1　欧标牌号的化学成分

牌　号	化学成分（熔炼分析）/%														
	C	Si	Mn	P	S	N	B	Cr	Mo	Cu	Nb①	Ni	Ti①	V①	Zr①
	不大于														
P355Q、P355QH	0.16	0.40	1.50	0.025	0.010	0.015	0.005	0.30	0.25	0.30	0.05	0.50	0.03	0.06	0.05
P355QL1				0.020	0.008										
P355QL2					0.005										
P460QL1、P460QH	0.18	0.50	1.70	0.025	0.010	0.015	0.005	0.50	0.50	0.30	0.05	1.00	0.03	0.08	0.05
P460QL1				0.020	0.008										
P460QL2					0.005										

续表 1

牌　号	化学成分(熔炼分析)/%														
	C	Si	Mn	P	S	N	B	Cr	Mo	Cu	Nb①	Ni	Ti①	V①	Zr①
	不大于														
P500Q、P500QH	0.18	0.60	1.70	0.025	0.010	0.015	0.005	1.00	0.70	0.30	0.05	1.50	0.05	0.08	0.15
P500QL1				0.020	0.008										
P500QL2					0.005										
P690Q、P690QH	0.20	0.80	1.70	0.025	0.010	0.015	0.005	1.50	0.70	0.30	0.06	2.50	0.05	0.12	0.15
P690QL1				0.020	0.008										
P690QL2					0.005										

注：1. 为了得到规定的力学性能，依据产品的厚度及炼钢工艺条件，生产厂可以根据订单中的要求加入一种或几种合金元素至其上限。每个生产厂应提供对化学成分的分析并在订单中进行确认。

2. 由于热成型的原因，应在订货及询价时协议处理最低 Cu 含量及最大 Sn 含量。

① 晶粒细化元素（包括 Als）含量应不小于 0.015%。w(Als)≤0.015% 即 w(Alt)≤0.018%。仲裁试验应测定 Als。

表 2　美标牌号的化学成分

牌　号	化学成分(熔炼分析)/%												
	C	Si	Mn	P	S	Alt	B	Cr	Cu	Mo	Nb	Ni	Ti	V
	不大于					不小于	不大于							
PT440QL2	0.16	0.55	0.70～1.60	0.025	0.020	0.020	0.005	0.30	0.40	0.25	0.05	0.50	0.03	0.06
PT490Q PT490QH	0.18	0.55	1.60	0.030	0.030	0.020	0.005	0.30	0.40	0.25	0.05	0.50	0.03	0.06
P490QL2	0.18	0.55	0.70～1.60	0.025	0.020	0.020	0.005	0.30	0.40	0.25	0.05	0.50	0.03	0.06
PT520Q PT520QH	0.18①	0.55	1.60	0.030	0.030	0.020	0.005	0.30	0.40	0.25	0.05	0.50	0.03	0.06
PT520QL2	0.18	0.55	0.70～1.60	0.025	0.020	0.020	0.005	0.30	0.40	0.25	0.05	0.50	0.03	0.06
PT550Q PT550QH	0.18	0.75	1.60	0.030	0.030	0.020	0.005	0.30	0.40	0.50	0.05	0.50	0.03	0.08
PT550QL2	0.18②	0.50	0.70～1.60	0.025	0.020	0.020	0.005	0.30	0.40	0.50	0.05	1.00	0.03	0.08
PT570Q PT570QH	0.18	0.75	1.60	0.030	0.030	0.020	0.005	0.30	0.40	0.50	0.05	1.00	0.03	0.08
PT610Q PT610QH	0.18	0.75	1.60	0.030	0.030	0.020	0.005	0.30	0.40	0.50	0.05	1.00	0.03	0.08

注：w(Als)≥0.015%，即 w(Alt)≥0.020%。

① 经订货时协商，最大 C 含量可以增加至 0.20%。

② 经订货时协商，最大 C 含量可以增加至 0.24%。

表3　成品分析的化学成分允许偏差

元　素	化学成分/%	成品分析允许偏差/%
C①	≤0.24	+0.02
Si	≤0.80	+0.05
Mn	≤1.70	+0.10
P①	≤0.030	+0.005
S①	≤0.010	+0.003
	>0.010～0.030	+0.005
Al	≤0.020	-0.005
B	≤0.005	+0.0005
N	≤0.020	+0.002
Cr	≤1.50	+0.10
Cu	≤0.40	+0.05
Mo	≤0.70	+0.04
Nb	≤0.06	+0.01
Ni	≤2.50	+0.10
Ti	≤0.05	+0.01
V	≤0.12	+0.01
Zr	≤0.15	+0.01

① 对于表2中的美标牌号，表2中的最大值也适用于成品分析。

6　力学性能

钢板和钢带的力学性能见表4～表8。

PT…QH钢的高温拉伸性能可在订货时协商。

表4　欧标牌号的室温拉伸性能

牌　号	以下产品厚度(mm)的最小屈服强度 R_{eH}/MPa			抗拉强度 R_m/MPa		最小断后伸长率 A /%
	≤50	>50～100	>100～150	≤100	>100～150	
P355Q、P355QH P355QL1、P355QL2	355	335	315	490～630	450～590	22
P460Q、P460QH， P460QL1、P460QL2	460	440	400	550～720	500～670	19
P500Q、P500QH， P500QL1、P500QL2	500	480	440	590～770	540～720	17
P690Q、P690QH， P690QL1、P690QL2	690	670	630	770～940	720～900	14

注：1. 无明显屈服时采用 $R_{p0.2}$，否则采用 R_{eH}。

2. 其他厚度规格的拉伸性能应在订货及询价时协商。

表5　欧标牌号的最小冲击吸收能量（横向V型试样）

钢质类型	产品厚度 t/mm	以下温度（℃）的最小冲击吸收能量 KV/J				
		-60	-40	-20	0	+20
P…Q，P…QH	≤150	—	—	27①	40	60
P…QL1		—	27①	40	60	—
P…QL2		27①	40	60	80	—

① 在订货及询价时，可以协商确定冲击吸收能量值为40J。

表6　欧标牌号高温屈服强度 $R_{p0.2}$ 最小值

牌　号	以下温度（℃）的最小屈服强度 $R_{p0.2}$/MPa					
	50	100	150	200	250	300
P355QH	340	310	285	260	235	215
P460QH	445	425	405	380	360	340
P500QH	490	470	450	420	400	380
P690QH	670	645	615	595	575	570

注：1. 对于特殊的温度，其值应在复验中确认（见ISO 9328-1《压力设备结构用扁平钢材供货技术条件　第1部分：一般要求》）。

2. 如果在订货及询价时达成了相关协议，这些值也适用于具有低温性能的P…QL钢。

3. 厚度为50(不含)~100mm时，屈服强度值可降低20MPa；厚度大于100mm时，屈服强度值可降低60MPa。

表7　美标牌号的室温拉伸性能（横向试样）

牌　号	产品厚度 t/mm	最小屈服强度 R_{eH}/MPa	抗拉强度 R_m/MPa	最小断后伸长率 A/%
PT440QL2	6≤t≤38	325	440~560	19
PT490Q、PT490QH	6≤t≤50	315	490~610	19
	50<t≤100	295		
	100<t≤150	275		
PT490QL2	6≤t≤38	365	490~610	17
PT520Q、PT520QH	6≤t≤50	355	520~640	17
	50<t≤100	335		
	100<t≤150	315		
PT520QL2	6≤t≤38	410	520~640	16
PT550Q、PT550QH	6≤t≤50	410	550~670	16
	50<t≤100	390		
	100<t≤150	370		
PT550QL2	6≤t≤65	415	550~690	16
	65<t≤100	380	520~660	
	100<t≤150	315	490~620	
PT570Q、PT570QH	6≤t≤50	450	570~700	16
	50<t≤100	430		
	100<t≤150	410		

续表 7

牌　号	产品厚度 t/mm	最小屈服强度 R_{eH}/MPa	抗拉强度 R_m/MPa	最小断后伸长率 A/%
PT610Q、PT610QH	6≤t≤50	490	610～740	16
	50＜t≤100	470		
	100＜t≤150	450		

注：无明显屈服时采用 $R_{p0.2}$，否则采用 R_{eH}。

表 8　美标牌号的最小冲击吸收能量（V 型试样）

钢　种	产品厚度 t/mm	以下温度（℃）的最小冲击吸收能量 KV/J		
		-60	-10	0
PT440QL2、PT490QL2、PT520QL2	6～38	47	—	—
PT490Q、PT490QH、PT520Q、PT520QH	6～150	—	—	47
PT550QL2	6～150	47	—	—
PT550Q、PT550QH、PT570Q、PT570QH、PT610Q、PT610QH	6～150	—	47	—

注：1. 订货时协商试样方向。

2. 其他试验温度及最小冲击吸收能量可在订货时协商。

第九章　桥梁钢

第九章　桥梁钢

第一节　中国标准

GB/T 714—2008 桥梁用结构钢（概要）

1　范围

该标准适用于厚度不大于100mm的桥梁用结构钢板、钢带和厚度不大于40mm的桥梁用结构型钢。

2　尺寸、外形及允许偏差

钢板及钢带的尺寸、外形及允许偏差见GB/T 709《热轧钢板和钢带的尺寸、外形、重量及允许偏差》。

3　牌号及化学成分（见表1、表2、表3）

表 1　钢的牌号及化学成分

牌　号	质量等级	化学成分(熔炼分析)/%													
		C	Si	Mn	P	S	Nb	V	Ti	Cr	Ni	Cu	Mo	B	N	Als
					不大于											不小于
Q235q	C	≤0.17	≤0.35	≤1.40	0.030	0.030	—	—	—	0.30	0.30	0.30	—	—	0.012	0.015
	D				0.025	0.025										
	E				0.020	0.010										
Q345q	C	≤0.20	≤0.55	0.90~1.70	0.030	0.025	0.06	0.08	0.03	0.80	0.50	0.55	0.20	—	0.012	0.015
	D	≤0.18			0.025	0.020										
	E				0.020	0.010										
Q370q	C	≤0.18	≤0.55	1.00~1.70	0.030	0.025	0.06	0.08	0.03	0.80	0.50	0.55	0.20	0.004	0.012	0.015
	D				0.025	0.020										
	E				0.020	0.010										
Q420q	C	≤0.18	≤0.55	1.00~1.70	0.030	0.025	0.06	0.08	0.03	0.80	0.70	0.55	0.35	0.004	0.012	0.015
	D				0.025	0.020										
	E				0.020	0.010										
Q460q	C	≤0.18	≤0.55	1.00~1.80	0.030	0.020	0.06	0.08	0.03	0.80	0.70	0.55	0.35	0.004	0.012	0.015
	D				0.025	0.015										
	E				0.020	0.010										

注：当细化晶粒元素组合加入时，$w(\mathrm{Nb+V+Ti}) \leqslant 0.12\%$。

表 2　钢的牌号及化学成分

牌　号	质量等级	化学成分(熔炼分析)/%													
		C	Si	Mn	P	S	Nb	V	Ti	Cr	Ni	Cu	Mo	B	N	Als
					不大于											不小于
Q500q	D	≤0.18	≤0.55	1.00~1.70	0.025	0.015	0.09	0.08	0.03	0.80	1.00	0.55	0.40	0.004	0.012	0.015
	E				0.020	0.010										
Q550q	D	≤0.18	≤0.55	1.00~1.70	0.025	0.015	0.09	0.08	0.03	0.80	1.00	0.55	0.40	0.004	0.012	0.015
	E				0.020	0.010										
Q620q	D	≤0.18	≤0.55	1.00~1.70	0.025	0.015	0.09	0.08	0.03	0.80	1.10	0.55	0.60	0.004	0.012	0.015
	E				0.020	0.010										
Q690q	D	≤0.18	≤0.55	1.00~1.70	0.025	0.015	0.09	0.08	0.03	0.80	1.10	0.55	0.60	0.004	0.012	0.015
	E				0.020	0.010										

注：1. 当细化晶粒元素组合加入时，$w(\mathrm{Nb+V+Ti}) \leqslant 0.12\%$。

2. 当 C 含量不大于 0.12% 时，Mn 含量上限可达到 2.00%。

表3　Z向性能

Z向性能级别	Z15	Z25	Z35
S/%	≤0.010	≤0.007	≤0.005

注：经供需双方协商，厚度大于15mm的保证厚度方向性能的各牌号钢板，其S元素含量见表3。

4　碳当量（CEV）及焊接裂纹敏感性指数（Pcm）

4.1　各牌号钢的碳当量（CEV）见表4。

4.2　碳当量应由熔炼分析成分，按 CEV = C + Mn/6 + (Cr + Mo + V)/5 + (Ni + Cu)/15 公式计算。

4.3　当各牌号钢的C含量不大于0.12%时，采用焊接裂纹敏感性指数（Pcm）代替碳当量来评估钢材的可焊性，Pcm应由熔炼分析成分，按 Pcm = C + Si/30 + Mn/20 + Cu/20 + Ni/60 + Cr/20 + Mo/15 + V/10 + 5B 公式计算，其值见表5的规定。

表4　各牌号钢的碳当量（CEV）

牌　号	交货状态	碳当量CEV/%	
		厚度≤50mm	50mm<厚度≤100mm
Q345q	热轧、控轧、正火/正火轧制	≤0.42	≤0.43
Q370q		≤0.43	≤0.44
Q420q		≤0.44	≤0.45
Q460q		≤0.46	≤0.50
Q345q	热机械轧制（TMCP）	≤0.38	≤0.40
Q370q		≤0.40	≤0.42
Q420q		≤0.44	≤0.46
Q460q		≤0.45	≤0.47
Q460q	淬火+回火 热机械轧制（TMCP） 热机械轧制（TMCP）+回火	≤0.46	≤0.48
Q500q		≤0.46	≤0.56
Q550q		—	—
Q620q		—	—
Q690q		—	—

表5　各牌号的碳当量（Pcm）

牌　号	Pcm/%	牌　号	Pcm/%
Q420q	≤0.20	Q550q	≤0.25
Q460q	≤0.23	Q620q	≤0.25
Q500q	≤0.23	Q690q	≤0.27

5　交货状态

钢板以热轧、控轧、正火/正火轧制、热机械轧制（TMCP）、淬火+回火或热机械轧制+回火（TMCP+T）状态交货。

6　力学性能及工艺性能

6.1　钢板的力学性能（见表6和表7）。

表 6　钢板的力学性能

牌　号	质量等级	拉 伸 试 验				V 型冲击试验	
		下屈服强度 R_{eL}/MPa		抗拉强度 R_m /MPa	断后伸长率 A /%	试验温度 /℃	冲击吸收能量 KV_2 /J
		厚度/mm					
		≤50	>50～100				
		不小于					不小于
Q235q	C	235	225	400	26	0	34
	D					-20	
	E					-40	
Q345q	C	345	335	490	20	0	47
	D					-20	
	E					-40	
Q370q	C	370	360	510	20	0	47
	D					-20	
	E					-40	
Q420q	C	420	410	540	19	0	47
	D					-20	
	E					-40	
Q460q	C	460	450	570	17	0	47
	D					-20	
	E					-40	

注：1. 当屈服不明显时，可测量 $R_{p0.2}$ 代替下屈服强度。
2. 钢板及钢带的拉伸试验取横向试样，冲击试验取纵向试样。
3. Q345q～Q420q 牌号的钢材，厚度不大于 16mm 时，断后伸长率提高 1%（绝对值）。

表 7　钢板的力学性能

牌　号	质量等级	拉 伸 试 验				V 型冲击试验	
		下屈服强度 R_{eL}/MPa		抗拉强度 R_m /MPa	断后伸长率 A /%	试验温度 /℃	冲击吸收能量 KV_2 /J
		厚度/mm					
		≤50	>50～100				
		不小于					不小于
Q500q	D	500	480	600	16	-20	47
	E					-40	
Q550q	D	550	530	660	16	-20	47
	E					-40	
Q620q	D	620	580	720	15	-20	47
	E					-40	
Q690q	D	690	650	770	14	-20	47
	E					-40	

注：1. 当屈服不明显时，可测量 $R_{p0.2}$ 代替下屈服强度。
2. 拉伸试验取横向试样，冲击试验取纵向试样。

6.2　Z 向钢厚度方向断面收缩率见表 8。3 个试样的平均值应不低于表 8 规定的平均值，仅允许其中一个试样的单值低于表 8 规定的平均值，但不得低于表 8 中相应级别的单个试样值。

表 8　Z 向钢的性能要求

Z 向钢断面收缩率 $Z/\%$	Z 向性能级别		
	Z15	Z25	Z35
3 个试样平均值	≥15	≥25	≥35
单个试样值	≥10	≥15	≥25

6.3　钢板的弯曲试验见表 9，弯曲试验后试样弯曲外表面无肉眼可见裂纹。当供方保证时，可不做弯曲试验。

表 9　弯曲性能

180°弯曲试验	
厚度≤16mm	厚度 >16mm
$d=2a$	$d=3a$

注：1. 钢板和钢带取横向试样。

2. d—弯心压头直径，a—试样厚度。

第二节　美国标准

ASTM A709/A709M-11 桥梁用结构钢（概要）

1　范围

该标准适用于桥梁结构用厚度不大于 100mm 的碳素钢和高强度低合金结构钢板。

2　尺寸、外形及允许偏差

钢板的尺寸、外形及允许偏差见 ASTM A6/A6M《结构用轧制棒材、钢板、型钢和钢板桩的一般要求》。

3　牌号及化学成分（见表 1 和表 2）

表 1　牌号及化学成分

<table>
<tr><th rowspan="2">牌 号</th><th rowspan="2">钢板厚度/mm</th><th colspan="13">化学成分（熔炼分析）/%</th></tr>
<tr><th>C</th><th>Si</th><th>Mn</th><th>P</th><th>S</th><th>Cu</th><th>Ni</th><th>Cr</th><th>V</th><th>Nb</th><th>N</th><th>Al</th><th>Mo</th></tr>
<tr><td rowspan="4">250①②</td><td>≤20</td><td rowspan="2">≤0.25</td><td rowspan="2">≤0.40</td><td>—</td><td rowspan="4">≤0.040</td><td rowspan="4">≤0.050</td><td rowspan="4">≥0.20②</td><td rowspan="4">—</td><td rowspan="4">—</td><td rowspan="4">—</td><td rowspan="4">—</td><td rowspan="4">—</td><td rowspan="4">—</td><td rowspan="4">—</td></tr>
<tr><td>>20～40</td><td>0.80～1.20</td></tr>
<tr><td>>40～65</td><td>≤0.26</td><td rowspan="2">0.15～0.40</td><td>0.80～1.20</td></tr>
<tr><td>>65～100</td><td>≤0.27</td><td>0.85～1.20</td></tr>
<tr><td rowspan="2">345③④</td><td>≤40</td><td rowspan="2">≤0.23</td><td>≤0.40</td><td rowspan="2">≤1.35③</td><td rowspan="2">≤0.040</td><td rowspan="2">≤0.050</td><td rowspan="2">—</td><td rowspan="2">—</td><td rowspan="2">—</td><td rowspan="2" colspan="3">微合金元素④</td><td rowspan="2">—</td><td rowspan="2">—</td></tr>
<tr><td>>40</td><td>0.15～0.40</td></tr>
<tr><td rowspan="2">345W⑤</td><td>A 类</td><td>≤0.19</td><td>0.30～0.65</td><td>0.80～1.25</td><td rowspan="2">≤0.040</td><td rowspan="2">≤0.050</td><td>0.25～0.40</td><td>≤0.40</td><td>0.40～0.65</td><td>0.02～0.10</td><td rowspan="2">—</td><td rowspan="2">—</td><td rowspan="2">—</td><td rowspan="2">—</td></tr>
<tr><td>B 类</td><td>≤0.20</td><td>0.15～0.50</td><td>0.75～1.35</td><td>0.20～0.40</td><td>≤0.50</td><td>0.40～0.70</td><td>0.01～0.10</td></tr>
<tr><td rowspan="2">HPS345W
HPS485W</td><td>≤65</td><td rowspan="2">≤0.11</td><td rowspan="2">0.30～0.50</td><td>1.10～1.35</td><td rowspan="2">≤0.020</td><td rowspan="2">≤0.006⑥</td><td rowspan="2">0.25～0.40</td><td rowspan="2">0.25～0.40</td><td rowspan="2">0.45～0.70</td><td rowspan="2">0.04～0.08</td><td rowspan="2">—</td><td rowspan="3">≤0.015</td><td rowspan="2">0.01～0.04</td><td rowspan="2">0.02～0.08</td></tr>
<tr><td>>65</td><td>1.10～1.50</td></tr>
<tr><td>HPS690W</td><td>—</td><td>≤0.08</td><td>0.15～0.35</td><td>0.95～1.50</td><td>≤0.015</td><td>≤0.006⑥</td><td>0.90～1.20</td><td>0.65～0.90</td><td>0.40～0.65</td><td>0.04～0.08</td><td>0.01～0.03</td><td>0.02～0.05</td><td>0.40～0.65</td></tr>
</table>

① 在标准规定的最大 C 含量以下，C 含量每减少 0.01%，Mn 含量可增加 0.06%，但最大不超过 1.35%。

② 当规定为含 Cu 钢时，Cu 的最低值为 0.20%。

③ 对厚度小于等于 10mm 的板材，其 Mn 含量最低值为 0.50%（产品分析则为 0.45%）；厚度大于 10mm 的板材，其 Mn 含量的最低值为 0.80%（产品分析则为 0.75%）。Mn 与 C 之比不应小于 2∶1。在标准规定的最大 C 含量以下，C 含量每减少 0.01%，Mn 含量允许增加 0.06%，但最大不能超过 1.60%。

④ 微合金元素的加入量应符合表 2 规定。

⑤ 在标准规定的最大 C 含量以下，C 含量每减少 0.01%，Mn 含量可增加 0.06%，但最大不能超过 1.50%。

⑥ 为控制硫化物形状，应进行钙处理。

表2　微合金元素加入量

类　型	微合金化元素	熔炼分析/%
1	Nb	0.005~0.05
2	V	0.01~0.15
3	Nb	0.005~0.05
	V	0.01~0.15
	Nb+V	0.02~0.15
5	Ti	0.006~0.04
	N	0.003~0.015
	V	≤0.06

4　交货状态

钢材以热轧、控轧、热机械轧制（TMCP）、调质状态交货。

5　力学及工艺性能（见表3）

表3　力学及工艺性能

牌　号	钢板厚度 t /mm	拉伸试验				冲击试验	
		屈服点或屈服强度 R_{eH} /MPa	抗拉强度 R_m /MPa	断后伸长率 A/%		试验温度 /℃	冲击吸收能量 KV_2 /J
				A_{200mm}	A_{50mm}		
250	≤100	≥250	400~550	≥20	≥23	21 4 -12	≥27
345	≤50	≥345	≥450	≥18	≥21		≥27
	>50~100						≥33
345W	≤50	≥345	≥485	≥18	≥21		≥27
	>50~100						≥33
HPS345W	≤100	≥345	≥485	≥18	≥21	-12	≥33
HPS485W	≤100	≥485	585~760	—	≥19	-23	≥38
HPS690W	≤65	≥690	760~895	—	≥18	-34	≥38
	>65~100	≥620	690~895	—	≥16	—	—

注：1. 屈服点取上屈服点 R_{eH}，当无明显屈服时，取屈服强度 $R_{p0.2}$ 或 $R_{t0.5}$。

2. 拉伸试验取横向试样，试样宽度为40mm。冲击试验取纵向试样。

第十章　耐候钢

第十章　耐 候 钢

第一节　中国标准

GB/T 4171—2008 耐候结构钢（概要）

1　范围

该标准适用于车辆、桥梁、集装箱、建筑、塔架和其他结构用具有耐大气腐蚀性能的热轧和冷轧的钢板、钢带和型钢。

2　尺寸、外形及允许偏差

热轧钢板和钢带的尺寸、外形及允许偏差见 GB/T 709《热轧钢板和钢带尺寸、外形、重量及允许偏差》；冷轧钢板和钢带的尺寸、外形及允许偏差见 GB/T 708《冷轧钢板和钢带尺寸、外形、重量及允许偏差》。

3　牌号及化学成分（见表1）

表1　化学成分

牌　号	化学成分(熔炼分析)/%							
	C	Si	Mn	P	S	Cu	Cr	Ni
Q265GNH	≤0.12	0.10～0.40	0.20～0.50	0.07～0.12	≤0.020	0.20～0.45	0.30～0.65	0.25～0.50
Q295GNH	≤0.12	0.10～0.40	0.20～0.50	0.07～0.12	≤0.020	0.25～0.45	0.30～0.65	0.25～0.50
Q310GNH	≤0.12	0.25～0.75	0.20～0.50	0.07～0.12	≤0.020	0.20～0.50	0.30～1.25	≤0.65
Q355GNH	≤0.12	0.20～0.75	≤1.00	0.07～0.15	≤0.020	0.25～0.55	0.30～1.25	≤0.65
Q235NH	≤0.13	0.10～0.40	0.20～0.60	≤0.030	≤0.030	0.25～0.55	0.40～0.80	≤0.65
Q295NH	≤0.15	0.10～0.50	0.30～1.00	≤0.030	≤0.030	0.25～0.55	0.40～0.80	≤0.65
Q355NH	≤0.16	≤0.50	0.50～1.50	≤0.030	≤0.030	0.25～0.55	0.40～0.80	≤0.65
Q415NH	≤0.12	≤0.65	≤1.10	≤0.025	≤0.030	0.20～0.55	0.30～1.25	0.12～0.65
Q460NH	≤0.12	≤0.65	≤1.50	≤0.025	≤0.030	0.20～0.55	0.30～1.25	0.12～0.65
Q500NH	≤0.12	≤0.65	≤2.0	≤0.025	≤0.030	0.20～0.55	0.30～1.25	0.12～0.65
Q550NH	≤0.16	≤0.65	≤2.0	≤0.025	≤0.030	0.20～0.55	0.30～1.25	0.12～0.65

注：1. 为了改善钢的性能，可以添加一种或一种以上的微量合金元素：$w(Nb)=0.015\%\sim0.060\%$，$w(V)=0.02\%\sim0.12\%$，$w(Ti)=0.02\%\sim0.10\%$，$w(Alt)\geqslant0.020\%$。当上述元素组合使用时，应至少保证其中一种元素的含量达到上述化学成分的下限规定。

2. 可以添加下列合金元素：$w(Mo)\leqslant0.30\%$，$w(Zr)\leqslant0.15\%$。

3. 对于 Q415NH 及以上牌号，$w(Nb+V+Ti)\leqslant0.22\%$。

4. 对于 Q415NH 及以上牌号，供需双方协商，$w(S)\leqslant0.008\%$。

5. 对于 Q265GNH、Q295GNH 和 Q415NH 及以上牌号，供需双方协商，Ni 含量的下限可不做要求。

6. 对于 Q235NH 牌号，供需双方协商，$w(C)\leqslant0.15\%$。

4　交货状态

热轧钢材以热轧、控轧或正火状态交货，牌号为Q460NH、Q500NH、Q550NH的钢材可以淬火加回火状态交货，冷轧钢材一般以退火状态交货。

5　力学性能及工艺性能（见表2和表3）

表2　力学性能及工艺性能

牌号	拉伸试验									180°弯曲试验弯曲压头直径		
	下屈服强度 R_{eL}/MPa，不小于				抗拉强度 R_m /MPa	断后伸长率 A/%，不小于						
	≤16	>16~40	>40~60	>60		≤16	>16~40	>40~60	>60	≤6	>6~16	>16
Q235NH	235	225	215	215	360~510	25	25	24	23	a	a	$2a$
Q295NH	295	285	275	255	430~560	24	24	23	22	a	$2a$	$3a$
Q295GNH	295	285	—	—	430~560	24	24	—	—	a	$2a$	$3a$
Q355NH	355	345	335	325	490~630	22	22	21	20	a	$2a$	$3a$
Q355GNH	355	345	—	—	490~630	22	22	—	—	a	$2a$	$3a$
Q415NH	415	405	395	—	520~680	22	22	20	—	a	$2a$	$3a$
Q460NH	460	450	440	—	570~730	20	20	19	—	a	$2a$	$3a$
Q500NH	500	490	480	—	600~760	18	16	15	—	a	$2a$	$3a$
Q550NH	550	540	530	—	620~780	16	16	15	—	a	$2a$	$3a$
Q265GNH	265	—	—	—	≥410	27	—	—	—	a	—	—
Q310GNH	310	—	—	—	≥450	26	—	—	—	a	—	—

注：1. a为钢材厚度。

2. 当屈服现象不明显时，可以采用 $R_{p0.2}$。

表3　冲击性能

质量等级	V型冲击试验		
	试样方向	温度/℃	冲击吸收能量 KV_2/J
A	纵向	—	—
B		+20	≥47
C		0	≥34
D		-20	≥34
E		-40	≥27

注：1. 冲击试样尺寸为10mm×10mm×55mm。

2. 对于质量等级E，经供需双方协商，平均冲击能量可以大于等于60J。

3. 经供需双方协商，高耐候钢可以不做冲击试验。

4. 冲击试验结果按三个试样的平均值计算，允许其中一个试样的冲击吸收能量小于规定值，但不得低于规定值的70%。

5. 厚度不小于6mm或直径不小于12mm的钢材应做冲击试验。对厚度为6~12mm（不含）的钢材做冲击试验时，应采用10mm×5mm×55mm或10mm×7.5mm×55mm的小尺寸试样，其试验结果应不小于表中规定值的50%或75%。应尽可能取较大尺寸的冲击试样。

6　其他要求

根据需方要求，经供需双方协商，并在合同中注明，可增加以下检验项目：

（1）晶粒度：钢材的晶粒度应不小于 7 级，晶粒度不均匀性应在三个相邻级别范围内。

（2）非金属夹杂物：钢材的非金属夹杂物应按 GB/T 10561 的 A 法进行检验，其结果见表 4。

表 4　非金属夹杂物

A	B	C	D	DS
≤2.5	≤2.0	≤2.5	≤2.0	≤2.0

第二节 美国标准

ASTM A588/A588M-10 屈服强度最低为50ksi（345MPa）、具有耐大气腐蚀性能的高强度低合金结构钢（概要）

1 范围

该标准适用于厚度小于等于200mm的高强度低合金钢型材、板材和棒材，可用于焊接、铆接和螺接的结构件，但主要用于焊接的桥梁和建筑物。其在大多数环境中比含铜或不含铜的碳钢具有更好的耐大气腐蚀性能。不适用于钢卷，但适用于来自钢卷的横切板。

2 尺寸、外形及允许偏差

钢板及钢带的尺寸、外形及允许偏差见ASTM A6/A6M《结构用轧制钢板、型钢、钢板桩和棒材的一般要求》。

3 牌号及化学成分（见表1）

表1 化学成分

元 素	化学成分(熔炼分析)/%		
	A 级	B 级	K 级
C	≤0.19	≤0.20	≤0.17
Mn	0.80~1.25	0.75~1.35	0.50~1.20
P	≤0.04	≤0.04	≤0.04
S	≤0.05	≤0.05	≤0.05
Si	0.30~0.65	0.15~0.50	0.25~0.50
Ni	≤0.40	≤0.50	≤0.40
Cr	0.40~0.65	0.40~0.70	0.40~0.70
Mo	—	—	≤0.10
Cu	0.25~0.40	0.20~0.40	0.30~0.50
V	0.02~0.10	0.01~0.10	—
Nb	—	—	0.005~0.05

注：1. 对于C含量，其百分比含量每降低0.01%，允许相应的Mn含量的上限增加0.06%，但最大可增至1.50%。

2. 对厚度小于13mm的板材，Nb含量的最低值不受限制。

4 交货状态

按ASTM A6/A6M的当前版本执行，与本标准冲突时，以本标准为准。

5 力学性能（见表2）

表2 拉伸性能

拉伸性能		钢 板		
		厚度/mm		
		≤100	>100~125	>125~200
抗拉强度 R_m/MPa		≥485	≥460	≥435
屈服点/MPa		≥345	≥315	≥290
断后伸长率/%	标距为200mm	≥18	—	—
	标距为50mm	≥21	≥21	≥21

注：1. 宽度大于等于600mm时，取横向试样，其他情况取纵向试样。

2. 花纹板不要求测定断后伸长率。

3. 对宽度大于600mm钢板，当厚度小于8mm和厚度大于90mm时，断后伸长率的降低值见表3。

4. 屈服点取上屈服点 R_{eH}，当无明显屈服时，取屈服强度 $R_{p0.2}$ 或 $R_{t0.5}$。

表 3　断后伸长率的降低值

公称厚度范围/mm	断后伸长率降低值/%
7.60 ~ 7.89	0.5
7.30 ~ 7.59	1.0
7.00 ~ 7.29	1.5
6.60 ~ 6.99	2.0
6.20 ~ 6.59	2.5
5.90 ~ 6.19	3.0
5.50 ~ 5.89	3.5
5.20 ~ 5.49	4.0
4.90 ~ 5.19	4.5
4.60 ~ 4.89	5.0
4.20 ~ 4.59	5.5
3.90 ~ 4.19	6.0
3.60 ~ 3.89	6.5
3.20 ~ 3.59	7.0
<3.20	7.5
90.00 ~ 102.49	0.5
102.50 ~ 114.99	1.0
115.00 ~ 127.49	1.5
127.50 ~ 139.99	2.0
140.00 ~ 152.49	2.5
≥152.50	3.0

ASTM A606/A606M-09a 改进耐大气腐蚀性的低合金高强度钢热轧和冷轧钢板和钢带（概要）

1　范围

该标准适用于结构用和其他各种用途的具有良好的耐大气腐蚀性能的高强度低合金钢热轧和冷轧薄板及钢带、定尺或板卷。

2　尺寸、外形及允许偏差

钢板和钢带的尺寸、外形及允许偏差见 ASTM A568/A568M《热轧和冷轧碳素钢和高强度低合金钢薄板的一般要求》和 ASTM A109/A109M《冷轧碳素钢带材》。

3　牌号及化学成分（见表1）

表1　牌号及化学成分

元　素	化学成分/%	
	熔炼分析	成品分析
C	≤0.22	≤0.26
Mn	≤1.25	≤1.30
S	≤0.04	≤0.06

注：1. 如熔炼分析最大 C 含量为 0.15%，则熔炼分析最大 Mn 含量可提高到 1.40%（成品分析最大 C 含量为 0.19%，最大 Mn 含量为 1.45%）。
2. 为保证拉伸性能，应加入适当的合金元素，并应报告。
3. 为保证钢的耐大气腐蚀性能，钢采用两种类型，一种为熔炼分析 Cu 含量大于等于 0.2%，另一种为基于熔炼分析的化学成分计算出的耐腐蚀指数大于等于 6.0（参见 ASTM G 101 低合金钢耐大气腐蚀性的评估指南）。

4　交货状态

热轧钢板以热轧状态交货，冷轧钢板以冷轧或冷轧加退火状态交货。对于热轧产品，经需方要求，也可热轧退火或热轧正火状态交货。

5　力学性能及工艺性能（见表2、表3 和表4）

表2　热轧钢材的拉伸性能

拉伸性能	交货状态	
	热　轧	热轧退火或正火
抗拉强度 R_m/MPa	≥480	≥450
屈服强度/MPa	≥340	≥310
标距为 50mm 的断后伸长率/%	≥22	≥22

注：对于板卷，只允许供方在板卷的端部进行检测。整个板卷的力学性能都应符合规定的最小值的要求。

表3　冷轧钢材的拉伸性能

拉伸性能	定尺和板卷
抗拉强度 R_m/MPa	≥450
屈服强度/MPa	≥310
标距为 50mm 的断后伸长率/%	≥22

注：厚度小于等于 1.1mm 时，断后伸长率为 20%。

表4　推荐的冷弯曲最小内部半径

类　别	冷弯曲的最小内部半径
热轧或冷轧	2.5t

注：1. t 为钢材厚度。

2. 推荐的内部半径应作为实际工厂操作中90°弯曲的最小值，参见 ASTM A568/A568M《热轧和冷轧碳素钢和高强度低合金钢薄板的一般要求》和 ASTM A749/A749M《热轧碳素钢和高强度低合金钢带的一般要求》。

第三节 日本标准

JIS G3114：2008 焊接结构用热轧耐候钢（概要）

1 范围

该标准适用于桥梁、建筑及其他结构件的考虑到焊接性的厚度小于等于200mm的热轧耐候钢材。

2 尺寸、外形及允许偏差

热轧钢板和钢带的尺寸、外形及允许偏差见JIS G 3193《热轧钢板及钢带的形状、尺寸、重量及其允许偏差》。切边钢板及钢带的宽度允许偏差及钢板的长度允许偏差，不特别指定时按JIS G 3193的允许偏差A执行。

3 牌号及化学成分

3.1 各牌号的化学成分见表1。

表1 牌号和化学成分

牌号	化学成分(熔炼分析)/%							
	C	Si	Mn	P	S	Cu	Cr	Ni
SMA400AW SMA400BW SMA400CW	≤0.18	0.15~0.65	≤1.25	≤0.035	≤0.035	0.30~0.50	0.45~0.75	0.05~0.30
SMA400AP SMA400BP SMA400CP	≤0.18	≤0.55	≤1.25	≤0.035	≤0.035	0.20~0.35	0.30~0.55	—
SMA490AW SMA490BW SMA490CW	≤0.18	0.15~0.65	≤1.40	≤0.035	≤0.035	0.30~0.50	0.45~0.75	0.05~0.30
SMA490AP SMA490BP SMA490CP	≤0.18	≤0.55	≤1.40	≤0.035	≤0.035	0.20~0.35	0.20~0.55	—
SMA570W	≤0.18	0.15~0.65	≤1.40	≤0.035	≤0.035	0.30~0.50	0.45~0.75	0.05~0.30
SMA570P	≤0.18	≤0.55	≤1.40	≤0.035	≤0.035	0.20~0.35	0.30~0.55	—

注：根据需要，可添加表1以外的合金元素。添加对耐候性有效的元素Mo、Nb、Ti、V时，这些元素的总量不得超过0.15%。

3.2 SMA570W及SMA570P的碳当量见表2，经供需双方协议，可用焊接裂纹敏感性指数Pcm代替碳当量，其值见表3。

表2 碳当量Ceq

钢材厚度/mm	≤50	>50~100
碳当量/%	≤0.44	≤0.47

注：1. $Ceq = C + \frac{Mn}{6} + \frac{Si}{24} + \frac{Ni}{40} + \frac{Cr}{5} + \frac{Mo}{4} + \frac{V}{14}$。

2. 碳当量的要求也适用于调质钢。

表 3　焊接裂纹敏感性指数 Pcm

钢材厚度/mm	≤50	>50~100
焊接裂纹敏感性指数/%	≤0.28	≤0.30

注：$Pcm = C + \frac{Si}{30} + \frac{Mn}{20} + \frac{Cu}{20} + \frac{Ni}{60} + \frac{Cr}{20} + \frac{Mo}{15} + \frac{V}{10} + 5B$。

3.3　经供需双方协商进行热机械轧制钢板的碳当量见表 4，经双方协商代替碳当量的焊接裂纹敏感性指数见表 5。

表 4　热机械轧制钢的碳当量 Ceq

牌　号		SMA490AW、SMA490BW、SMA490CW	SMA490AP、SMA490BP、SMA490CP
适用厚度/mm	≤50	≤0.41%	≤0.40%
	>50~100	≤0.43%	≤0.42%

注：1. $Ceq = C + \frac{Mn}{6} + \frac{Si}{24} + \frac{Ni}{40} + \frac{Cr}{5} + \frac{Mo}{4} + \frac{V}{14}$。

2. 厚度超过 100mm 钢板的碳当量由供需双方协商。

表 5　焊接裂纹敏感性系数

牌　号		SMA490AW、SMA490BW、SMA490CW	SMA490AP、SMA490BP、SMA490CP
适用厚度/mm	≤50	≤0.24%	≤0.24%
	>50~100	≤0.26%	≤0.26%

注：1. $Pcm = C + \frac{Si}{30} + \frac{Mn}{20} + \frac{Cu}{20} + \frac{Ni}{60} + \frac{Cr}{20} + \frac{Mo}{15} + \frac{V}{10} + 5B$。

2. 厚度超过 100mm 钢板的焊接裂纹敏感性指数由供需双方协商。

4　交货状态

钢板及钢带以热轧状态交货。根据需要也可进行正火、淬火 + 回火或回火处理。另外，所有种类的钢材，根据供需双方的协定，也可进行热机械轧制等适当的热处理。

5　力学性能（见表 6 和表 7）

表 6　拉伸性能

牌　号	屈服点或屈服强度/MPa						抗拉强度/MPa	断后伸长率		
	钢材厚度/mm							钢材及适用的试样		
	≤16	>16~40	>40~75	>75~100	>100~160	>160~200		厚度/mm	试样	断后伸长率/%
SMA400AW SMA400AP SMA400BW SMA400BP	≥245	≥235	≥215	≥215	≥205	≥195	400~540	≥5 >5~16 >16~50 >40	5 号 1A 号 1A 号 4 号	≥22 ≥17 ≥21 ≥23
SMA400CW SMA400CP	≥245	≥235	≥215	≥215	—	—				
SMA490AW SMA490AP SMA490BW SMA490BP	≥365	≥355	≥335	≥325	≥305	≥295	490~610	≥5 >5~16 >16~50 >40	5 号 1A 号 1A 号 4 号	≥19 ≥15 ≥19 ≥21
SMA490CW SMA490CP	≥365	≥355	≥335	≥325	—	—				

续表 6

牌 号	屈服点或屈服强度/MPa						抗拉强度/MPa	断后伸长率		
	钢材厚度/mm							钢材及适用的试样		
	≤16	>16~40	>40~75	>75~100	>100~160	>160~200		厚度/mm	试样	断后伸长率/%
SMA570W SMA5790P	≥460	≥450	≥430	≥420	—	—	570~720	≥16	5 号	≥19
								>16	5 号	≥26
								>20	4 号	≥20

注：1. 拉伸试验取横向试样。试样号见 JIS Z2241，1A 号试样的标距尺寸为 40mm×200mm；4 号试样的标距尺寸为 ϕ14mm×50mm；5 号试样的标距尺寸为 25mm×50mm。

2. 屈服点取上屈服 R_{eH}。

表 7 冲击性能

牌 号	试验温度/℃	夏比冲击吸收能量 KV_2/J	试样及试样采取方向
SMA400BW SMA400BP	0	≥27	V 型缺口
SMA400CW SMA400CP	0	≥47	
SMA490BW SMA490BP	0	≥27	
SMA490CW SMA490CP	0	≥47	
SMA570W SMA570P	-5	≥47	

注：1. 钢板厚度大于 12mm 时，进行冲击试验。冲击试验取纵向试样。

2. 需方也可以指定该表规定值以外的夏比冲击吸收能量。

3. 根据供需双方的协定，用比表中试验温度更低的温度进行试验时，也可置换其试验温度。

4. 根据供需双方的协定，可以进行横向方向的冲击试验，如果订货方认可，也可省略纵向方向试验。

JIS G7102：2000 结构用耐候钢热轧钢板及钢带（概要）

1　范围

该标准适用于具有耐大气腐蚀性能的厚度为 1.6～12.5mm 且宽度大于等于 600mm 的结构级热连轧钢板和钢带。

2　尺寸、外形及允许偏差

2.1　标准厚度允许偏差见表 1。

表 1　钢板和钢带的标准厚度允许偏差　(mm)

公称宽度	对于公称厚度的厚度允许偏差								
	≤2.0	>2.0～2.5	>2.5～3.0	>3.0～4.0	>4.0～5.0	>5.0～6.0	>6.0～8.0	>8.0～10.0	>10.0～12.5
>600～1200	±0.17	±0.18	±0.20	±0.22	±0.24	±0.26	±0.29	±0.32	±0.35
>1200～1500	±0.19	±0.21	±0.22	±0.24	±0.26	±0.28	±0.30	±0.33	±0.36
>1500～1800	±0.21	±0.23	±0.24	±0.26	±0.28	±0.29	±0.31	±0.34	±0.37
>1800	—	±0.25	±0.26	±0.27	±0.29	±0.31	±0.35	±0.41	±0.43

注：1. 表中的规定值不适用于带轧制边钢带未剪切的长度为 L 的端部。长度 L 按下式计算：L(mm)＝90/厚度(mm)。L 小于 20m(包括两端部在内)。

2. 厚度在距侧边 40mm 以上的位置进行测量。对于未剪切边的钢板和钢带，在距侧边小于 40mm 的位置测量厚度，剪切边的钢板和钢带在距侧边小于 25mm 的位置测量厚度。厚度测量及厚度允许偏差由供需双方协商确定。

2.2　严格的厚度允许偏差见表 2。

表 2　钢板和钢带的严格的厚度允许偏差　(mm)

公称宽度	对于公称厚度的厚度允许偏差								
>600～1200	≤2.0	>2.0～2.5	>2.5～3.0	>3.0～4.0	>4.0～5.0	>5.0～6.0	>6.0～8.0	>8.0～10.0	>10.0～12.5
>600～1200	±0.13	±0.14	±0.15	±0.17	±0.19	±0.21	±0.23	±0.26	±0.28
>1200～1500	±0.14	±0.15	±0.17	±0.18	±0.21	±0.22	±0.24	±0.26	±0.29
>1500～1800	±0.14	±0.17	±0.19	±0.21	±0.22	±0.23	±0.25	±0.27	±0.30
>1800	—	±0.20	±0.21	±0.22	±0.23	±0.25	±0.28	±0.32	±0.36

注：1. 表中的规定值不适用于带轧制边钢带未剪切的长度为 L 的端部。长度 L 按下式计算：L(mm)＝90/厚度(mm)。L 小于 20m（包括两端部在内）。

2. 厚度在距侧边 40mm 以上的位置进行测量。对于未剪切边的钢板和钢带，在距侧边小于 40mm 的位置测量厚度，剪切边的钢板和钢带在距侧边小于 25mm 的位置测量厚度。厚度测量及厚度允许偏差由供需双方协商确定。

3. 表中数据适用于 HSA235W1、HSA245W，包括除鳞钢材。HSA355W1、HSA355W2、HSA365W 的厚度偏差值在表中值基础上加 10%。

2.3　宽度允许偏差见表 3 和表 4。

表3 钢板和钢带的宽度允许偏差（带轧制边，包括除鳞钢材） （mm）

公称宽度	对于公称宽度的允许偏差
≤1200	+20 0
>1200~1500	+20 0
>1500	+25 0

注：表中的规定值不适用于带轧制边钢带未剪切的长度为 L 的端部。长度 L 按下式计算：L(mm) = 90/厚度(mm)。L 小于20m（包括两端部在内）。

表4 钢板和钢带的宽度允许偏差（切边，未精切，包括除鳞钢材） （mm）

公称宽度	对于公称宽度的允许偏差
≤1200	+3 0
>1200~1500	+5 0
>1500	+6 0

注：切边钢材的允许偏差适用于厚度小于等于10mm的钢材。厚度大于10mm的钢材的宽度正偏差，应在订货时协商确定。

2.4 长度允许偏差见表5。

表5 钢板长度的允许偏差（板边未精切，包括除鳞钢材） （mm）

公称长度	对于公称长度的允许偏差
≤2000	+10 0
<2000~8000	+长度的0.5%
>8000	+40 0

2.5 镰刀弯见表6。

表6 钢板和钢带镰刀弯的允许偏差（板边未精切，包括除鳞钢材） （mm）

形 状	最大允许偏差
钢 带	任意5000mm长度为25mm
钢 板	长度的0.5%

注：1. 镰刀弯指偏离侧边直线的最大距离。镰刀弯的测量用直尺对凹侧边进行（图1）。

2. 表中规定值不适用于带轧制边钢带两端7m以内未剪切部位。

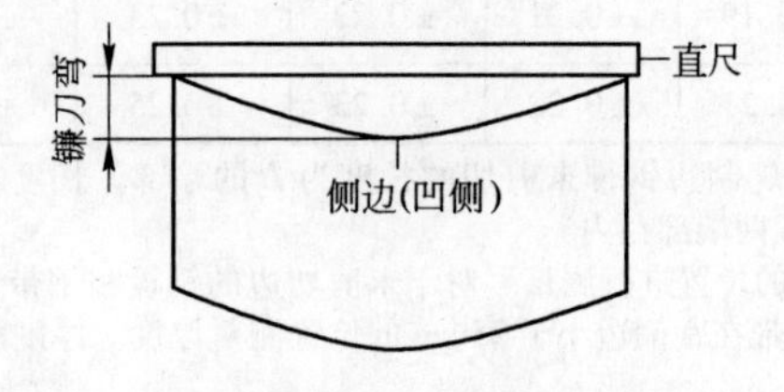

图1 镰刀弯的测定

2.6 脱方度见表7。

表7 钢板脱方度的允许偏差（板边未精切，包括除鳞钢材） （mm）

规 格	脱方度的允许偏差
全部厚度和全部长度	宽度的1%

注：脱方度是与钢板侧边成直角的连接钢板一角的直线与侧边偏离的最大值。脱方度的测量可按图2所示方法进行，也可以用钢板两条对角线长度差的1/2来测定。

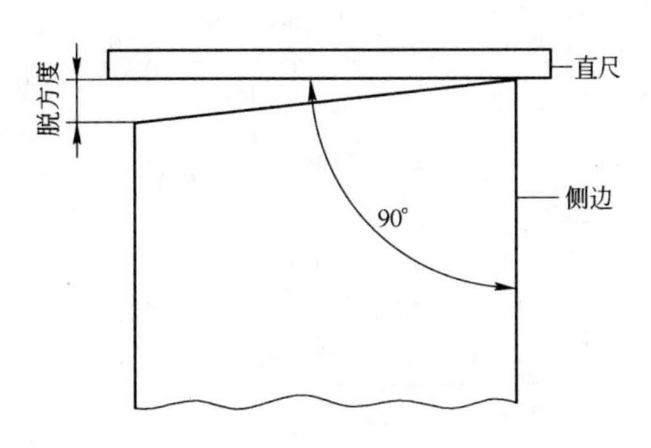

图2 脱方度的测定

2.7 精切钢板的脱方度、宽度和长度的允许偏差见表8。

表8 板边精切钢板的脱方度、宽度和长度的允许偏差（包括除鳞钢板） （mm）

公称长度	公称宽度	允许偏差
		厚度≤6
≤3000	≤1200	+2 0
	>1200	+3 0
>3000	全部宽度	+3 0

注：1. 参照图2。
2. 对板边精切钢板进行测量时，有时必须考虑大的温度变化。

2.8 不平度见表9。

表9 钢板的标准不平度 （mm）

厚 度	宽 度	不平度允许值
≤2	≤1200	21
	>1200～≤1500	25
	>1500	30
>2	≤1200	18
	>1200～≤1500	23
	>1500	28

注：1. 表中值适用于长度小于等于5000mm的钢板。长度大于5000mm钢板的不平度允许值，由供需双方协商确定。
2. 不平度是偏离水平面的最大偏差。将钢板在自重状态下置于水平的表面上，钢板的下表面与水平面之间的距离就是偏离水平面的最大偏差（见图3）。

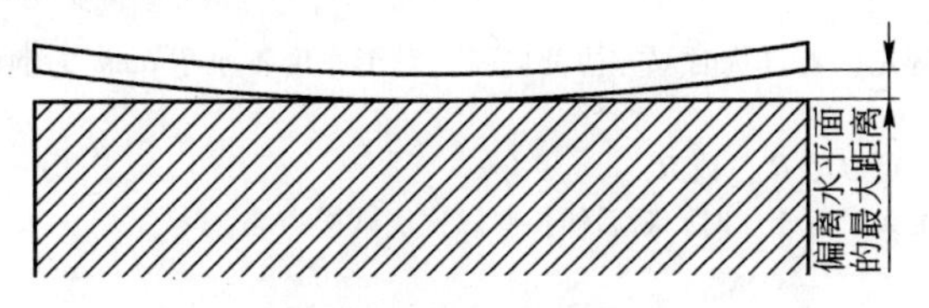

图3 不平度的测定

3　牌号及化学成分（见表10）

表10　化学成分

牌　号	等级	方法	化学成分(熔炼分析)/%									
			C	Mn	Si	P	S	Cu	Ni	Cr	Mo	Zr
HSA235W	B D	NE CS	≤0.13	0.20～0.60	0.100～0.40	≤0.040	≤0.035	0.25～0.55	≤0.65	0.40～0.80	—	—
HSA245W	B D	NE CS	≤0.18	≤1.25	0.15～0.65	≤0.035	≤0.035	0.30～0.50	0.05～0.30	0.45～0.75	①	①
HSA355W1	A D	NE CS	≤0.12	≤1.00	0.20～0.75	0.06～0.15	≤0.035	0.25～0.55	≤0.65	0.30～1.25	—	—
HSA355W2	C D	NE CS	≤0.16	0.50～1.50	≤0.50	≤0.035	≤0.035	0.25～0.55	≤0.65	0.40～0.80	≤0.30	≤0.15
HSA365W	B D	NE CS	≤0.18	≤1.40	0.15～0.65	≤0.035	≤0.035	0.30～0.50	0.05～0.30	0.45～0.75	①	①

注：1. 每个钢级可以有一种或几种微合金元素，如V、Ti、Nb等。
2. A类钢仅用于中等载荷条件。
3. B类钢用于可焊接结构和正常载荷条件。
4. C类钢用于载荷条件和结构设计要求耐脆性断裂的情况。
5. D类钢用于载荷条件和结构设计要求更高的耐脆性断裂的情况。
6. A、B、C等级为非沸腾钢（NE），D等级为铝镇静钢（CS）（全铝含量最小为0.020%）。

①对于HSA245W、HSA365W牌号，其Mo、Nb、Ti、V和Zr的总含量不超过0.15%。

4　交货状态

以热轧状态交货。

5　力学性能及工艺性能（见表11）

表11　力学性能

牌　号	等　级	屈服强度 R_e /MPa	抗拉强度 R_m /MPa		断后伸长率/%					
					A_{50mm}	A_{80mm}	A	A_{50mm}	A	A_{200mm}
			<3	≥3	<3		3～≤6		>6	
HSA 235W	B和D	≥235	360～510	340～470	≥20	≥18	≥24	≥22	≥24	≥17
HSA 245W	B和D	≥245	400～540		≥20	≥18	≥24	≥22	≥24	≥17
HSA 355W1	A和D	≥355	510～680	490～630	≥15	≥15	≥20	≥19	≥24	≥18
HSA 355W2	C和D	≥355	510～680	490～630	≥18	≥15	≥20	≥22	≥24	≥18
HSA 365W	B和D	≥365	490～610		≥15	≥12	≥17	≥19	≥21	≥15

注：1. 拉伸试样取横向试样。
2. 冲击试验通常不规定，若订货时双方协商同意，对于厚度不小于6mm的钢材可以做冲击试验。试样取纵向。
3. 当屈服不明显时，可以用 $R_{t0.5}$ 或 $R_{p0.2}$。
4. 有异议时，当厚度大于等于3时，断后伸长率以比例试样为准。

第四节　国际标准

ISO 5952：2011 改善耐大气腐蚀性结构用热连轧钢板（概要）

1　范围

该标准适用于具有耐大气腐蚀性能的厚度为 1.6 ~ 12.5mm 且宽度大于等于 600mm 的结构级热连轧钢板和钢带。

2　尺寸、外形及允许偏差

钢板及钢带的尺寸、外形及允许偏差见 ISO 16160《热连轧钢薄板产品　尺寸和形状公差》。

3　牌号及化学成分（见表 1）

表 1　牌号及化学成分

牌　号	等级	方法	化学成分（熔炼分析）/%									
			C	Mn	Si	P	S	Cu	Ni	Cr	Mo	Zr
HSA235W	B D	NE CS	≤0.13	0.20 ~ 0.60	0.100 ~ 0.40	≤0.040	≤0.035	0.25 ~ 0.55	≤0.65	0.40 ~ 0.80	—	—
HSA245W	B D	NE CS	≤0.18	≤1.25	0.15 ~ 0.65	≤0.035	≤0.035	0.30 ~ 0.50	0.05 ~ 0.30	0.45 ~ 0.75	①	①
HSA355W1	A D	NE CS	≤0.12	≤1.00	0.20 ~ 0.75	0.06 ~ 0.15	≤0.035	0.25 ~ 0.55	≤0.65	0.30 ~ 1.25	—	—
HSA355W2	C D	NE CS	≤0.16	0.50 ~ 1.50	≤0.50	≤0.035	≤0.035	0.25 ~ 0.55	≤0.65	0.40 ~ 0.80	≤0.30	≤0.15
HSA365W	B D	NE CS	≤0.18	≤1.40	0.15 ~ 0.65	≤0.035	≤0.035	0.30 ~ 0.50	0.05 ~ 0.30	0.45 ~ 0.75	①	①

注：1. NE 为非沸腾钢，CS 为铝镇静钢。

2. 每个钢级可以有一种或几种微合金元素，如 V、Ti、Nb 等。

3. A 类钢仅用于中等载荷条件。

4. B 类钢用于可焊接结构和正常载荷条件。

5. C 类钢用于载荷条件和结构设计要求耐脆性断裂的情况。

6. D 类钢用于载荷条件和结构设计要求更高的耐脆性断裂的情况。

7. A、B、C 等级为非沸腾钢，D 等级为铝镇静钢（全铝含量最小为 0.020%）。

①对于 HSA245W、HSA365W 牌号，其 Mo、Nb、Ti、V 和 Zr 的总含量不超过 0.15%。

4　交货状态

钢板及钢带以热轧状态交货。

5　力学性能及工艺性能（见表 2）

表2　力学性能

牌　号	等　级	屈服强度 R_e /MPa	抗拉强度 R_m /MPa		断后伸长率/%					
					A_{50mm}	A_{80mm}	A	A_{50mm}	A	A_{200mm}
			<3	≥3	<3		3~6		>6	
HSA235W	B和D	≥235	360~510	340~470	≥20	≥18	≥24	≥22	≥24	≥17
HSA245W	B和D	≥245	400~540		≥20	≥18	≥24	≥22	≥24	≥17
HSA355W1	A和D	≥355	510~680	490~630	≥15	≥15	≥20	≥19	≥24	≥18
HSA355W2	C和D	≥355	510~680	490~630	≥18	≥15	≥20	≥22	≥24	≥18
HSA365W	B和D	≥365	490~610		≥15	≥12	≥17	≥19	≥21	≥15

注：1. 拉伸试样取横向试样。

2. 冲击试验通常不规定，若订货时双方协商同意，对于C、D等级厚度不小于6mm的钢材可以做冲击试验。试样取纵向。

3. 当屈服不明显时，可以用 $R_{t0.5}$ 或 $R_{p0.2}$。

4. 有异议时，当厚度大于等于3mm时，断后伸长率以比例试样为准。

第十一章　搪瓷钢

第十一章　搪 瓷 钢

第一节　中国标准

GB/T 13790—2008 搪瓷用冷轧低碳钢板及钢带（概要）

1　范围

该标准适用于日用或工业等搪瓷行业用厚度为0.30～3.0mm，宽度大于等于600mm的冷轧低碳钢板和钢带，以下简称钢板及钢带。

2　尺寸、外形及允许偏差

钢板及钢带的尺寸、外形及允许偏差见GB/T 708《冷轧钢板和钢带的尺寸、外形、重量及允许偏差》。

3　化学成分（见表1）

表1　化学成分

牌　号	化学成分(熔炼分析)/%					
	C	Mn	P	S	Als	Ti
DC01EK②	≤0.08	≤0.60	≤0.045	≤0.045	≥0.015	—
DC03EK②	≤0.06	≤0.40	≤0.025	≤0.030	≥0.015	—①
DC05EK	≤0.008	≤0.25	≤0.020	≤0.050	≥0.010	≤0.3

注：1. Ti可被Nb等所取代，但C和N应完全被固定。

2. 可以用Alt替代Als，Alt的下限值比表中规定值增加0.005%。

3. 成品化学成分允许偏差应符合GB/T 222的规定。

①可添加B等元素。

②当w(C)≤0.008%时，Als的下限值可为0.010%。

4　交货状态

钢板及钢带以退火后平整状态交货。

钢板及钢带通常以涂油状态交货，涂油量可由供需双方协商。所涂油膜应能用碱水溶液去除，在通常的包装、运输、装卸和储存条件下，供方应保证自生产完成之日起6个月内不生锈。如需方要求不涂油供货，应在订货时协商。

5　力学性能（见表2）

表2 力学性能

牌 号	下屈服强度 R_{eL}/MPa，不大于	抗拉强度 R_m/MPa	断后伸长率 A_{80mm}/%，不小于	r_{90}，不小于	n_{90}，不小于
DC01EK	280	270~410	30	—	—
DC03EK	240	270~370	34	1.3	—
DC05EK	200	270~350	38	1.6	0.18

注：1. 无明显屈服时采用 $R_{p0.2}$，否则采用 R_{eL}。当厚度为0.50（不含）~0.70mm时，屈服强度上限值可以增加20MPa，当厚度小于等于0.50mm时，屈服强度上限值可增加40MPa。

2. 经供需双方协商同意，DC01EK和DC03EK屈服强度下限值可设定为140MPa，DC05EK可设定为120MPa。

3. 试样宽度 b 为20mm，试样方向为横向。

4. 当厚度为0.50（不含）~0.70mm时，断后伸长率最小值可以降低2%（绝对值），当厚度小于等于0.50mm时，断后伸长率最小值可以降低4%（绝对值）。

5. r_{90} 和 n_{90} 值的要求仅适用于厚度大于等于0.50mm的产品。当厚度大于2.0mm时，r_{90} 的值可以降低0.2。

6 拉伸应变痕

所有产品退火后，为了避免在后续过程中出现拉伸应变痕，制造厂通常要进行适度平整。但形成拉伸应变痕的趋势在平整一段时间后会重新出现，因此建议用户尽快使用。钢板及钢带拉伸应变痕的规定见表3。

表3 拉伸应变痕

牌 号	拉伸应变痕
DC01EK	室温储存条件下，钢板及钢带自生产完成之日起3个月内使用时不应出现拉伸应变痕
DC03EK	室温储存条件下，钢板及钢带自生产完成之日起6个月内使用时不应出现拉伸应变痕
DC05EK	室温储存条件下，使用时不应出现拉伸应变痕

7 抗搪瓷鳞爆性能（氢渗透性）

如需方有要求，经供需双方协议，钢板及钢带可进行抗搪瓷鳞爆性能（氢渗透性）试验，试验方法和试验结果判定由供需双方商定。

8 表面质量

钢板及钢带表面不应有结疤、裂纹、夹杂等对使用有害的缺陷，钢板及钢带不得有分层。

钢板及钢带各表面质量级别的特征如表4所述。

对于钢带，由于没有机会切除带缺陷部分，因此允许带缺陷交货，但有缺陷部分应不超过每卷总长度的6%。

表4 表面质量

级 别	代 号	特 征
较高级表面	FB	表面允许有少量不影响成型性及涂、镀附着力的缺陷，如轻微的划伤、压痕、麻点、辊印及氧化色等
高级表面	FC	产品两面中较好的一面无肉眼可见的明显缺陷，另一面至少应达到FB的要求

9 表面结构

表面结构为麻面（D）时，平均粗糙度 R_a 的目标值为大于0.6μm且小于等于1.9μm。表面结构为粗糙表面（R）时，平均粗糙度 R_a 的目标值为大于1.6μm。如需方对粗糙度有特殊要求，应在订货时协商。

第二节　日本标准

JIS G3133：2009 搪瓷用低碳钢板及钢带（概要）

1　范围

该标准适用于搪瓷用低碳钢板和钢带。

2　尺寸、外形及允许偏差

2.1　厚度允许偏差见表1。

表1　厚度允许偏差

厚度/mm	以下宽度（mm）的厚度允许偏差/mm			
	600 ~ <1000	1000 ~ <1250	1250 ~ <1600	≥1600
0.40 ~ <0.60	±0.05	±0.05	±0.06	—
0.60 ~ <0.80	±0.06	±0.06	±0.06	±0.07
0.80 ~ <1.00	±0.06	±0.07	±0.08	±0.09
1.00 ~ <1.25	±0.07	±0.08	±0.09	±0.11
1.25 ~ <1.60	±0.09	±0.10	±0.11	±0.13
1.60 ~ <2.00	±0.11	±0.12	±0.13	±0.15
2.00 ~ <2.50	±0.13	±0.14	±0.15	±0.17
2.50 ~ 2.80	±0.15	±0.16	±0.17	±0.20

注：厚度是在钢板和钢带距边部15mm以内任意点测量。

2.2　宽度允许偏差见表2。

表2　宽度允许偏差

宽度/mm	允许偏差/mm
<1250	+7 0
≥1250	+10 0

2.3　长度允许偏差见表3。

表3　长度允许偏差

长度/mm	允许偏差/mm
<2000	+10 0
2000 ~ <4000	+15 0
4000 ~ <6000	+20 0

2.4　不平度最大值见表4。

表4　不平度最大值　（mm）

宽　度	变形类别		
	翘曲、波浪	边部浪形	中间浪形
<1000	12	8	6
1000～<1250	15	9	8
1250～<1600	15	11	8
≥1600	20	13	9

注：1. 翘曲：指钢板整体呈翘曲的形状，分为沿轧制方向翘曲和垂直于轧制方向翘曲。
2. 波浪：沿钢板的轧制方向呈波浪形。
3. 边浪：钢板的边部（宽度方向端部）呈波浪形。
4. 中间浪：钢板的中部呈波浪形。
5. 钢带不平度的最大值按表4的规定。但不适用于翘曲。
6. 供方如能保证，可不进行测量。

2.5　镰刀弯见表5。

表5　镰刀弯最大值

宽度/mm	钢板		钢带
	长度<2000mm	长度≥2000mm	
≥600	2mm	在任意长度下，每2000mm为2mm	

注：供方如能保证，可不进行测量。

3　牌号及化学成分（见表6）

表6　牌号及化学成分

牌　号	化学成分(熔炼分析)/%			
	C	Mn	P	S
SPPC	≤0.008	≤0.50	≤0.040	≤0.040
SPPD	≤0.008	≤0.50	≤0.040	≤0.040
SPPE	≤0.008	≤0.50	≤0.040	≤0.040

注：1. 可以添加Ti、Nb、Zr、V、B等元素，添加这些元素时，应报告添加元素的含量。
2. 在炼钢工序进行脱C时，C取熔炼分析的值。但当订货方有要求时为成品分析的值。退火工序进行脱C处理时，C取成品分析的值。

4　力学性能（见表7、表8）

表7　拉伸性能

牌　号	屈服强度 R_{eH} /MPa	抗拉强度 R_m /MPa	以下厚度（mm）的断后伸长率 A/%				
			0.40～<0.60	0.60～<1.0	1.0～<1.6	1.6～<2.5	2.5～2.8
SPPC	—	≥270	≥34	≥36	≥37	≥38	≥39
SPPD	(≤240)①	≥270	≥36	≥38	≥39	≥40	≥41
SPPE	(≤220)①	≥270	≥38	≥40	≥41	≥42	≥43

注：1. 拉伸试样为JIS Z2201中的5号试样，试样标距尺寸为25mm×50mm，试样方向取纵向。
2. 无明显屈服时采用 $R_{p0.2}$，否则采用 R_{eH}。
3. 厚度小于0.60mm，订货方没有要求时可省略抗拉试验。
4. 当采用平均塑性应变比时，由供需双方协商确定。
① 屈服点或屈服强度带括号的上限值是参考值。可由供需双方协商确定。

表8 弯曲性能

牌 号	弯曲性	
	弯曲角度/(°)	内侧半径
SPPC	180	0
SPPD		
SPPE		

附　　录

附　　录

ASTM A6/A6M-10a 结构用轧制棒材、钢板、型钢和钢板桩的一般要求（节选）

1　范围

1.1　本标准是一组一般要求，适用于由 ASTM 发行的下面每个标准所包含的轧制棒材、钢板、型钢和钢板桩。在产品标准中另有规定的除外。

ASTM 标准	标准名称
A36/A36M	碳素结构钢
A131/A131M	船用结构钢
A242/A242M	低合金高强度结构钢
A283/A283M	低中抗拉结构钢板
A328/A328M	钢板桩
A514/A514M	焊接用高屈服强度淬火和回火合金钢板
A529/A529M	结构用高强度低合金碳锰钢
A572/A572M	低合金高强度铌钒钢
A573/A573M	改进韧性的碳素结构钢板
A588/A588M	最小屈服强度为 50ksi(345MPa)、厚度小于 4in[100mm]的高强度低合金结构钢
A633/A633M	正火的高强度低合金结构钢
A656/A656M	易成型的低合金高强度热轧结构钢板
A678/A678M	淬火加回火低合金高强度碳素结构钢板
A690/A690M	海洋环境用低合金高强度 H 型桩和板桩
A709/A709M	桥梁用碳素和低合金高强度结构型钢、钢板和棒钢及淬火加回火合金结构钢板
A710/A710M	时效硬化低碳镍-铜-铬-钼-铌合金结构钢板
A769/A769M	碳素和高强度电阻焊接型钢
A786/A786M	轧制网纹钢板
A808/A808M	改进缺口韧性的结构用低合金高强度碳素、锰、铌、钒钢
A827/A827M	锻造及类似用途的碳素钢钢板
A829/A829M	结构用合金钢钢板
A830/A830M	备有化学成分要求的结构用碳素钢板

A852/A852M　厚度小于4in[100mm]最小屈服强度为70ksi[485MPa]的淬火加回火低合金结构钢板

A857/A857M　轻型冷成型钢板桩

A871/A871M　耐大气腐蚀低合金高强度结构钢板

A913/A913M　淬火加自回火工艺生产的低合金高强度结构用型钢

A945/A945M　低碳且限制硫含量以改善焊接性、成型性和韧性的低合金高强度结构钢板

A950/A950M　热涂敷环氧树脂的H型钢桩和钢板桩

A992/A992M　建筑框架用结构型钢

A1026　建筑结构用合金结构型钢

A1043/A1043M 建筑结构用低屈强比结构钢

1.2　附录A1列出了SI（国际）单位的尺寸和质量的允许偏差。列出的值不是表A1.1～表A1.15（省略）的准确换算值，而是接近的或合理的值。当使用带“M”的标准号时，应与附录A1相符。

1.3　附录A2列出了型钢断面尺寸（省略）。

1.4　附录X1提供钢卷的资料作为结构产品的来源（省略）。

1.5　附录X2提供钢板和结构型钢抗拉性能变化的资料（省略）。

1.6　附录X3提供焊接性能的资料（省略）。

1.7　附录X4提供钢板冷弯的资料，包括建议的冷弯的最小内径（省略）。

1.8　本标准也包括一组适用于以上一些产品标准的补充要求。当买方要求附加测试或检验，而且只有在购货合同中有单独规定时，应提供这些要求。

1.9　如本标准的要求与具体的产品标准有任何矛盾，具体的产品标准的要求优先于本标准。

1.10　如附加要求没有否定本标准或适用的产品标准中的任何要求，在购货合同中规定且被买方所接受的附加要求是允许的。

1.11　为了确保符合本标准和适用的产品标准，数值应按E29的方法进行修约，精确到界限值最末一位。

2　引用标准（略）

3　术语

3.1　本标准规定术语的定义

3.1.1　钢板（非地板钢）——热轧扁钢，按厚度或重量（质量）和有代表性的宽度和长度订货，一般分类如下。

3.1.1.1　按厚度订货时：

（1）宽度大于200mm和厚度大于等于6mm；

（2）宽度大于1200mm和厚度大于等于4.5mm。

3.1.1.2　按重量[质量]订货时：

（1）宽度大于200mm和重量大于等于47.10kg/m²；

（2）宽度大于1200mm和重量大于等于35.32kg/m²。

3.1.1.3　详述——钢产品依据不同的生产商和制造商的设备和工艺能力，适用于不同厚

度、宽度和长度组合。基于尺寸（厚度、宽度和长度）的产品历史局限不考虑当前的生产和工艺能力。为了证明任一产品满足特殊的产品标准，要求进行所有相应和必需的试验且试验结果满足产品标准的要求。如果产品标准要求的必要检验没有进行，则认为该产品不符合标准。本标准包含通常适用的尺寸允许偏差，其他尺寸的偏差应符合供需双方达成的协议要求。

3.1.1.4　板坯、薄板坯、焊管坯，尽管在尺寸上属于这个范围，但它们不视为钢板。

3.1.1.5　成卷产品在被拆卷、平整或矫直、成型、切成定尺前，不属于本标准规定范围。如有要求，根据ASTM标准要求由生产方进行正确试验。

3.1.2　型钢（凸缘型钢）（省略）。

3.1.3　板桩（省略）。

3.1.4　条钢（省略）。

3.1.5　例外——对于表中尺寸允许偏差的厚度范围，只排除范围中较大的值。此时的范围为1500～1800（不含）mm。

3.1.6　沸腾钢——钢中包含足够的氧气，在凝固的过程中使一氧化碳连续逸出，使金属边缘无空隙。

3.1.7　半镇静钢——非完全脱氧钢含有足够的氧气，在凝固过程中可形成足够的一氧化碳来抵消凝固收缩。

3.1.8　压盖（脱氧）钢——用早期封顶操作限制其沸腾反应的钢。可在瓶口式锭模顶部用重的金属盖作机械封顶，或在敞口锭模钢液面上加入铝或硅铁作化学封顶。

3.1.9　镇静钢——用脱氧剂或真空处理方法进行脱氧，把氧气脱到凝固过程中氧气和二氧化碳之间不出现反应的程度。

3.1.10　轧制边——精轧平辊轧出的正常边。轧制边无确定的外线。轧制边钢板有两个未剪切边和两个剪切边。

3.1.11　万能轧机轧制边——精轧平辊和立辊轧出的正常边。万能轧机轧出的齐边中厚钢板，有时被命名为UM钢板，有两个万能轧制边和两个剪切边。

3.1.12　剪切边——剪切而形成的正常边。剪切边钢板所有的边都进行剪切。

3.1.13　气割边——边部采用气体火焰切割。

3.1.14　特殊气割边——经特殊处理的正常气割边，如预热、切割后热处理，或两种处理都进行，以便消除应力、避免热裂和降低切割边的硬度。在特殊情况下，特殊切割边也可以用来表示经机械加工的边。

3.1.15　异型钢板——当用来说明钢板的形状时，指的是矩形、圆形、半圆形以外的钢板。异型钢板可以倒圆或以四个或四个以上的直边供货。

3.1.16　正火钢——钢板在热处理工艺中被重新热处理到一个高于上临界温度的均匀温度，然后在空气中冷却到转变范围以下。

3.1.17　轧制的钢板——与试验位置和数量有关，指的是从板坯轧制出来的单个钢板或直接从钢锭轧制出来的单个板，不是指剪切后的单张钢板。

3.1.18　细化晶粒操作——是一种炼钢操作，目的是要生产出能够满足奥氏体晶粒度要求的镇静钢。

3.1.18.1　讨论——通常包括加入一种或多种奥氏体细化晶粒元素，具体加入量由生产方确定。奥氏体晶粒细化元素包括但不限于：铝、铌、钛、钒。

3.1.19　结构产品——热轧钢板、型钢、钢板桩或钢棒。

3.1.20　钢卷——卷形的热轧钢适于加工成最终的结构产品。

3.1.21　生产方——是采用热轧方法直接将钢锭、连铸坯、初轧坯轧制成结构产品或钢卷的组织机构，而对于由轧制的结构产品生产出来的结构产品，则是直接控制或负责完成结构产品的操作过程的组织机构。

3.1.21.1　讨论——这样的成型操作包括：平整、矫直、热成型或冷成型（如果有的话）、焊接（如果有）、切成定尺、试验、检验、状态、热处理（如果有）、包装、标志、贮存和质量证明书。

3.1.22　加工方——直接控制或负责由钢卷制成钢板的组织机构，包括：拆卷、平整或矫直、热成型或冷成型、焊接、切成定尺、试验、检验、状态、热处理、包装、标志、贮存和质量证明书。

3.1.22.1　讨论——加工工艺不需要由生产出热轧卷的厂家负责。如果一个厂家包括热轧和加工工艺，则厂家应将热轧操作定义为生产方，将加工操作定义为加工方。如果包括热轧和加工工艺的厂家超过一个，则将热轧厂定义为生产方，将加工操作的厂定义为加工方。

3.2　参考适用于本标准中附加内容的术语见 A941。

4　订货信息

4.1　订单应包括下列资料，以充分说明所需的材料。

4.1.1　ASTM 产品标准号和年号。

4.1.2　产品名称（钢板、型钢、棒钢、钢板桩）。

4.1.3　型钢代号或尺寸和厚度或直径。

4.1.4　钢级或分类号。

4.1.5　交货状态，除热轧。

4.1.6　数量［重量（质量）或件数］。

4.1.7　长度。

4.1.8　不允许由钢卷制成的结构钢产品和由轧制结构钢产品制成的单张定尺产品。

4.1.9　热处理，如果要求。

4.1.10　奥氏体细晶度试验，如果要求。

4.1.11　力学性能试验报告，如果要求。

4.1.12　特殊包装、标志和贮存及运输要求，如果要求。

4.1.13　补充要求，包括补充要求中的附加要求。

4.1.14　最终用途，如果有任何的特殊最终用途要求。

4.1.15　特殊要求，如果有。

4.1.16　补焊要求，如果有。

5　材料和制造

5.1　钢应采用平炉、转炉或电炉生产，允许随后采用在钢包冶金炉(LMF) 精炼或采用真空电弧重熔二次熔炼(VAR)或电渣重熔(ESR) 。

5.2　钢可以连铸或模铸。

5.2.1　连铸

5.2.1.1　当相同牌号的化学成分的几炉钢水是在一次中多炉连铸，浇次规定的连铸件的炉号可以保持不变，直到铸件中的所有钢来自下一炉为止。

5.2.1.2　当两个连浇钢水有不同的标称化学成分时，生产厂应该用一种能够有效地区分牌号的方法把过渡金属排出。

5.3　钢板是扁钢产品的单张定尺板或从带卷切成的钢板。

5.4　当炉次中的一部分被轧制成扁钢产品的单张钢板，而其余的被轧制成成卷产品时，每一部分要单独进行试验。

5.5　用带卷生产的钢板不应该包含焊接，除非经购买方事先批准。

6　热处理

6.1　当材料需要热处理时，除非在材料标准中另有说明，否则热处理可以由生产厂、加工厂或制造厂来完成。

注：当不要求热处理时，生产厂或加工厂可以根据自己的意愿来热处理材料，采用正火、去应力退火或正火后消除应力来满足相应的材料标准的要求。

6.2　当热处理不是由生产厂来完成时，订单中应说明。

6.2.1　当热处理不是由生产厂来完成时，钢板的验收应该对从全厚度中抽取的样品进行试验。如果热处理的温度没有被规定，生产厂或加工厂应在自己认为合适的温度下进行，试样热处理的程序应通知给需方。

6.3　当热处理是由生产厂或加工厂完成时，材料将按照标准中的规定进行热处理，如果不与材料标准发生冲突，需方可以规定应采用的热处理。

6.4　当正火是由制造厂来完成时，可通过热成型时均匀地加热来完成。钢板热成型的温度应不明显地超过正火温度。

6.5　经需方同意，为提高韧性，允许采用比在空气中更快的冷却速率，但钢板接着要进行回火，回火的范围为595～705℃。

7　化学分析

7.1　熔炼分析

7.1.1　化学分析取样和分析方法应符合ASTM A751的规定。

7.1.2　对每炉钢，熔炼分析应包括：C、Si、Mn、P、S、Ni、Cr、Cu、Mo、V、Nb成分的测定；和在相应的产品标准中规定或限制的其他元素；以及其他奥氏体细化晶粒元素，其成分应在每炉的奥氏体晶粒度试验时采用。

7.1.3　对于第一炉，除7.1.4规定外，熔炼分析应符合相应的产品标准中规定的熔炼分析成分要求。

7.1.4　当使用真空电弧重熔法或电渣重熔法时，一个重熔炉次被定义为从单个原始炉次重熔的所有钢锭。如果原始炉次的熔炼分析符合材料规范的熔炼分析要求，则重熔炉次的熔炼分析应由一个试样来确定，该试样取自原始炉次的一个重熔钢锭或一个重熔钢锭的产品。如果原始炉次的熔炼分析不符合材料规范的熔炼分析要求，则应从每一重熔钢锭的产品上取一个试样。

7.2　成品分析——对于每一个炉次，买方应有对有代表性的试样的分析意见，试样从成品上截取。化学分析的取样和分析方法应符合 ASTM A751 的规定。这样确定的成品分析应符合相应的材料规范要求，并应符合表 A 中给出的允许的成品分析偏差。如果规定了范围，则一个炉次中的任何元素的测量结果都不得高于和低于规定的范围。沸腾钢或半镇静钢的特点是化学成分均匀性不够，特别是碳、磷和硫分布不均匀。因此，对这些元素的限制是不适用的，除非明确指出这是不正确使用的。

7.3 仲裁分析——对于仲裁，应按 ASTM A751 的规定。

7.4 替代牌号——满足 ASTM A829 中表 1 的化学成分要求的合金钢牌号不应被用来替代碳钢牌号。

8 金相组织

8.1 当需要测定奥氏体晶粒度时，应按 ASTM E112 进行，并且被测试区域至少 70% 的晶粒应满足规定的晶粒度要求。

8.2 粗奥氏体晶粒度——当规定了粗奥氏体晶粒度时，每一个炉次应进行一次奥氏体晶粒度测定，奥氏体晶粒度应在 1~5 级。

8.3 细奥氏体晶粒度

8.3.1 当规定了细奥氏体晶粒度时，每一个炉次应进行一次奥氏体晶粒度测定，奥氏体晶粒度应大于等于 5，8.3.2 中允许的除外。

注：奥氏体晶粒度可以通过使用比第 8.3.2 中为不需做奥氏体晶粒度测定而需要的数值低的奥氏体晶粒细化元素含量来实现。

8.3.2 除非订单中规定了细奥氏体晶粒度测定，否则对于任何一个炉次（通过熔炼分析，表明该炉次满足下列各条中的一条或更多），都不需要进行奥氏体晶粒度测定。

8.3.2.1 总铝含量大于等于 0.020%。

8.3.2.2 酸溶铝含量大于等于 0.015%。

8.3.2.3 当奥氏体晶粒细化元素含量超过买方同意的最低值时，则免除奥氏体晶粒度测定。

8.3.2.4 当两种或更多种奥氏体晶粒细化元素的组合含量超过买方同意的适用最低值时，则免除奥氏体晶粒度测定。

9 质量

9.1 概述——材料应无有害的缺陷，并且应具有良好的表面精度。

注：除非另有规定，否则结构级钢是在轧制状态下供货的，并且由生产厂或加工厂进行目视检验。交货状态下的钢材可以存在无害的表面或内部缺陷，或同时存在这两种缺陷，并且结构钢材可能需要由买方进行修整，以改进外观或准备焊接、喷涂或其他进一步的操作。

更限制性的要求可以通过提出补充要求或通过供需双方的协商来确定。

在后续的制造中呈现出有害缺陷的结构钢材被认为是不符合钢材规范的。制造厂应知道裂纹可能是在制造过程中弯曲一个剪切的或气割的边缘时产生的，这不被认为是钢的缺陷，但是更确切地说是诱发冷变形或热影响区的因素。

第 9.2、9.3 和 9.4 条中的修整要求限制由制造厂或加工厂进行允许的修整。超出第 9.2、9.3 和 9.4 条中的限制的缺陷修整，可由除制造厂或加工厂之外的买卖双方来进行，具体由买方或卖方进行，由买方自由决定。

表 A　成品分析的允许偏差

元　素	上限或规定的最大值/%	允许的偏差/%	
		低于下限	高于上限
C	≤0.15 >0.15~0.40 >0.40~0.75 >0.75	0.02 0.03 0.04 0.04	0.03 0.04 0.05 0.06
Mn①	≤0.60 >0.60~0.90 >0.90~1.20 >1.20~1.35 >1.35~1.65 >1.65~1.95 >1.95	0.05 0.06 0.08 0.09 0.09 0.11 0.12	0.06 0.08 0.10 0.11 0.12 0.14 0.16
P	≤0.04 >0.04~0.15	… …	0.010 ②
S	≤0.06 >0.06	… ②	0.010 ②
Si	≤0.30 >0.30~0.40 >0.40~2.20	0.02 0.05 0.06	0.03 0.05 0.06
Ni	≤1.00 >1.00~2.00 >2.00~3.75 >3.75~5.30 >5.30	0.03 0.05 0.07 0.08 0.10	0.03 0.05 0.07 0.08 0.10
Cr	≤0.90 >0.90~2.00 >2.00~4.00	0.04 0.06 0.10	0.04 0.06 0.10
Mo	≤0.20 >0.20~0.40 >0.40~1.15	0.01 0.03 0.04	0.01 0.03 0.04
Cu	仅0.20min ≤1.00 >1.00~2.00	0.02 0.03 0.05	… 0.03 0.05
Ti	≤0.15	0.01③	0.01
V	≤0.10 >0.10~0.25 >0.25 仅规定最小值	0.01③ 0.02 0.02 0.01	0.01 0.02 0.03 …
B	任　意	②	②
Nb	≤0.10	0.01③	0.01
Zr	≤0.15	0.03	0.03
N	≤0.030	0.005	0.005

注：“…”表示没有要求。
① 条钢和条型钢锰含量的允许偏差为：≤(0.90±0.03)；>[(0.90~2.20)±0.06]。
② 成品分析不适用。
③ 如果范围的最小值是0.01%，则为0.005%。

9.2　钢板清理

9.2.1　由制造厂或加工厂进行的旨在去除钢板上下表面缺陷的打磨应限制被打磨区域修

整完好，没有轮廓突变，并且，(1) 对于按照每平方英尺或每平方米重量订货的钢板，打磨所造成的钢板厚度降低不大于公称厚度的 7%，但在任何情况下都不得大于 3mm；或 (2) 对于按厚度（单位：英寸或毫米）订货的钢板，打磨后的厚度不低于允许的最小厚度。

9.2.2 在通过铲、磨或电弧表面切割方法去除钢板上下表面缺陷以后，焊接金属的堆积应遵守下列限制条件：

9.2.2.1 铲、磨或电弧切割的面积应不超过被修整表面面积的 2%。

9.2.2.2 在去除缺陷以准备焊接之后，钢板任何位置上的厚度降低量应不大于钢板公称厚度的 30%（ASTM A131/A131M 限制钢板厚度的降低量最大为 20%）。

9.2.3 在制造厂或加工厂通过打磨、铲或电弧切割方法去除钢板边缘的有害缺陷以后，焊缝金属的堆积应限制，即：在焊接前，从钢板边缘向内测量的堆积深度不大于钢板的厚度或不大于 25mm，取两者中较小者。

9.3 结构型钢、棒型材和钢板桩的修整（省略）

9.4 棒材的清理（省略）

9.5 焊接修补

9.5.1 一般要求

9.5.1.1 通过焊接进行的修补应符合金属电弧保护焊（SMAW）、气体金属电弧焊（GMAW）、熔剂芯电弧焊（FCAW）或埋弧焊（SAW）工艺的焊接程序规范（WPS）。所使用的保护气体应是焊接质量等级的。

9.5.1.2 焊条和焊丝-熔剂组合应符合 AWS A5.1/A5.1M、A5.5/A5.5M、A5.17/A5.17M、A5.18/A5.18M、A5.20/A5.20M、A5.23/A5.23M、A5.28/A5.28M、A5.29/A5.29M 的要求，以这些规范中的适用规范为准。对于保护金属电弧焊（SMAW），应使用低氢焊条。

9.5.1.3 选择的焊条和焊丝-熔剂组合应使堆积的焊缝金属的抗拉强度（在任何需要的热处理之后）与被修补母材的规定抗拉强度一致。

9.5.1.4 在存储和使用期间，焊条和熔剂材料应是干燥的，并应进行保护，以防止水分的进入。

9.5.1.5 在进行焊接修补之前，应对焊接表面进行检验，以确认打算被去除的缺陷已完全被去除。待焊接表面和邻近焊缝的表面应是干燥的，并无氧化铁皮、熔渣、锈蚀、水分、油脂和其他阻碍正确焊接的外来物。

9.5.1.6 应按照 AWS D1.1/D1.1M 或 BPVC 第Ⅸ条的要求对焊机和焊工进行合格认证。对于全接合熔深坡口焊的鉴定，还应对焊机或焊工的焊接修补能力进行鉴定。

9.5.1.7 材料的焊接修补应符合焊接程序规范（WPS），该规范符合 AWS D1.1/ D1.1M 或 BPVC 第Ⅸ条的要求。见下列例外或说明：

(1) 应通过对一个全接合熔深坡口焊缝或一个表面坡口焊缝的测试来鉴定该焊接程序规范（WPS）。

(2) 表面坡口焊缝的几何形状不需要以非一般的形式进行描述。

(3) 在 AWS D1.1/D1.1M 中列出的全接合熔深坡口焊缝（WPS）是可以接受的。

(4) 如果这个材料的化学成分和力学性能与 AWS D1.1/D1.1M 中列出的一个预鉴定

的母材相类似，则在 AWS D1.1/D1.1M 的预先具有资格的母材-填充金属组合中未列出的任何材料，也可被认为是预先具有资格的。

（5）如果这个材料的化学成分和力学性能与 BPVC 第Ⅸ条中所列的一个带有 S 编号的材料相类似，则在 BPVC 第Ⅸ条中未列出的任何材料也可被认为是 BPVC 第Ⅸ条中的一个带有 S 编号的材料。

9.5.1.8　当在订单中有规定时，焊接程序规范（WPS）应包括通过摆锤 V 型切口试验进行的鉴定，该试验的试验位置、试验条件和验收标准满足订单中为焊接修补规定的要求。

9.5.1.9　当订单中有规定时，焊接程序规范（WPS）应在焊接修补之前得到买方的批准。

9.5.2　最低抗拉强度大于等于 690MPa 的材料——该材料的焊接修补应遵守下列附加要求：

9.5.2.1　当订单中有规定时，应从买方得到事先的焊接修补批准文件。

9.5.2.2　应使用磁粉方法或液体渗透方法对待焊接表面进行检验，以确认打算被去除的缺陷已完全被去除。当使用磁粉方法时，应对待修补区域的长度方向和垂直于长度方向对表面进行检验。

9.5.2.3　当在焊接后对修补焊缝进行热处理时，在焊条的选择上应特别留心，以避免热处理使得变脆的化学成分进入。

9.5.2.4　轧后在轧钢厂进行热处理的材料，其修补焊缝应在热处理之后进行检验；轧后不在轧钢厂进行热处理的材料，其修补焊缝应在焊接后不早于 48 小时进行检验。这样的检验应使用磁粉方法或液体渗透方法；当使用磁粉方法时，这样的检验应在修补区域的长度和垂直于长度方向进行。

9.5.2.5　应在成品零件上标记修补焊缝的位置。

9.5.3　焊接修补的质量——焊缝和邻近的热影响区应完好且无裂纹，焊补金属完全熔融到全部表面和边缘，没有咬边或焊瘤。在下一层焊补之前，前一焊层中的可见裂纹、气孔群、未熔合或咬边都应去除。焊接后，焊缝金属应至少从轧制表面突出 2mm，并且突出的金属应通过凿削、打磨或这两种方法的组合来去除，以使其与轧制表面平齐并有一个良好的表面。

9.5.4　焊接修补的检验——生产厂或加工厂应制定检验规范，对工件进行如下检验：

9.5.4.1　缺陷已完全去除。

9.5.4.2　上面所列的限定条件都未被超过。

9.5.4.3　所制定的焊接程序得到遵守。

9.5.4.4　焊补金属堆积质量合格，符合上述规定。

10　试验方法

10.1　所有的试验都应按照 ASTM A370 来进行。

10.2　屈服强度应通过 $R_{p0.2}$ 或 $R_{t0.5}$ 来测定，材料标准中另有规定时除外。

10.3　修约规则——为了确定与规范的符合性，抗拉强度和屈服强度的计算值应被修约到最接近的 5MPa，并且被修约到数字右侧中最接近的位数上，按照 ASTM E29 中给出的修约方法进行修约。

11　拉伸试验

11.1　试样状态——非热处理材料的试样应从代表交货状态下材料的样坯上截取。热处理材料的试样应从代表交货状态下材料的样坯上截取，或从来自于相同炉次并经过类似热处理的全厚度或全断面的单独的样坯上截取。

11.1.1 当钢板使用比在静止空气中更快的冷却速度从奥氏体温度开始进行热处理时，则除了本文中所列的其他要求以外，下列各条中的一条也将是适用的：

11.1.1.1 拉伸试样的标距长度应距任何热处理边缘至少是 $1T$（T 为钢板的厚度），并且距火焰切割表面或热影响区表面的距离至少是 12.5mm。

11.1.1.2 一个钢制缓冷垫（尺寸为 $1T \times 1T \times 3T$（至少为 $3T$））应通过局部深熔焊法接合到钢板边缘上，以在热处理前完全密封缓冷的侧边。

11.1.1.3 热处理时，应在邻近被取样的钢板边缘设置绝热或其他隔热板隔热。应证明拉伸试样的冷却速度既不高于也不大大地低于通过第 11.1.1.2 条中所述的方法得到的冷却速度。

11.1.1.4 当使用从钢板上截取的但单独热处理的样坯时，该样坯的尺寸应不小于 $3T \times 3T \times T$，并且从该样坯上截取的每一个拉伸试样都应满足第 11.1.1.1 的要求。

11.1.1.5 在单独的装置中进行的试样热处理应受到如下限制：(1) 钢板冷却速度已知；(2) 试样冷却速度控制装置可行；(3) 热处理方法预先得到需方的同意。

11.2 试样方向——对于宽度大于 600mm 的钢板，试样的截取应使其纵轴与钢板的最终轧制方向垂直。对于所有其他材料，试样的截取应使得其纵轴与最终轧制方向平行。

11.3 取样位置

11.3.1 钢板——试样应从钢板的一个角部截取。

11.3.2 （省略）

11.3.3 （省略）

11.3.4 （省略）

11.4 试验数量

11.4.1 由轧制状态的材料制造的产品——当适用时，对于每一个炉次和钢级，待试验的轧制状态下的最少试样数量应如下所述（当允许任何单个试验代表多个钢级时，则不包括在本条款内）：

11.4.1.1 如表 B 中给出的数量，或按以下规定。

11.4.1.2 所有轧制材料，取自一个炉次中厚度最小和最大的试样，此时的厚度指规定厚度。

表 B 由带卷制造并且以除消除内应力退火以外的热处理状态供货的材料以及轧制状态下的材料所需要的拉伸试样的最少数量

一炉钢生产钢板的厚度①范围	在厚度范围内若干轧件之间或若干轧制状态钢板之间的厚度差	所需要的拉伸试样的最少数量
<10mm	≤2mm	每炉次两个②试样，该试样是从厚度范围内任意厚度的不同轧制状态轧件或钢板上截取的
	>2mm	每炉次两个试样，其中一个试样是从厚度范围中的最小厚度上截取的，另一个试样是从厚度范围中的最大厚度上截取的

续表 B

一炉钢生产钢板的厚度①范围	在厚度范围内若干轧件之间或若干轧制状态钢板之间的厚度差	所需要的拉伸试样的最少数量
10～50mm	<10mm	每炉次两个试样，该试样是从厚度范围内任意厚度的不同的轧件或钢板上截取的
	≥10mm	每炉次两个试样，其中一个试样是从厚度范围中的最小厚度上截取的，另一个试样是从厚度范围中的最大厚度上截取的
>50mm	<25mm	每炉次两个试样，该试样是从厚度范围内任意厚度的不同的轧件或钢板上截取的
	≥25mm	每炉次两个试样，其中一个试样是从厚度范围中的最小厚度上截取的，另一个试样是从厚度范围中的最大厚度上截取的

①厚度是指规定厚度、直径或类似的尺寸，取这些特定材料的尺寸。

②如果仅有一个轧件或钢板被检验，则取一个试样。

11.4.2　由带卷制造的并且未经热处理或仅经消除内应力退火处理供货的材料。

11.4.2.1　除 11.4.4 允许之外，每一炉钢和每一个钢级被试验的钢卷的最少数量由表 C 给出，但当允许由一个钢卷代表多个钢级时除外。

表 C　拉伸试验所需钢卷的最少数目

同一炉次中各个带卷之间的厚度①差值	拉伸试验所需要的带卷的最少数量
<2mm	每炉次两个②带卷，该带卷具有该炉次中的任意厚度
≥2mm	每炉次两个带卷，其中一个带卷具有该炉次的最小厚度，另个带卷具有该炉次的最大厚度

注：有关每个带卷应截取的试样数量见第 11.4.2.2 条和 11.4.2.3 条。

①厚度指公称厚度。

②如果仅一个带卷被检验，则取一个带卷。

11.4.2.2　除 11.4.2.3 要求之外，应从每一个试验钢卷上取两个试样进行试验，第 1 个试样取自第一件合格钢板之前，第 2 个试样取自接近钢卷中心圈的位置。

11.4.2.3　如果在开卷时被开卷材料的数量未达到中心，则被开卷部分进行试验的第 2 个试样应从邻近于被开卷的最内部分的端部的一个位置上截取。对于对该卷逐次交货的钢板，应在邻近被开卷的最内部分的地方截取试样，直到从近似的中心处得到一个试样时为止。

11.4.3　由带卷制造的并且在除消除内应力退火以外的热处理状态下供货的材料——当适用时，对于每个炉次和钢级，待试验试样的最少数量应如下所示（允许任何单个试验代表多个钢级时除外）：

11.4.3.1　如表 B 中给出的数量，或按以下规定：

11.4.3.2　对于所有尺寸的轧制产品，取自一个炉次中厚度最小的试样和取自一个炉次中厚度最大的试样，此处厚度指规定厚度。

11.4.4　由钢卷制成的钢级，试样进行热处理（消除应力处理除外）——如果适用，对每一炉和每个钢级进行试验的试样的最小数量如下（允许由一个试验代表多个钢级时除外）：

11.4.4.1 按表B规定，或按以下规定：

11.4.4.2 从该炉次中取一个厚度最小的试样，此处厚度是指公称厚度。

11.5 试样的制备

11.5.1 钢板

11.5.1.1 厚度小于等于20mm的钢板，拉伸试样应取钢板的全厚度。宽度为40mm试样或宽度为12.5mm的试样，试样应符合ASTM A370的图3的要求。

11.5.1.2 厚度小于等于100 mm的钢板，试样的宽度可取40mm，试样的厚度可取钢板的全厚度，试样符合ASTM A370的图3的要求，但试验机应具有足够的能力。

11.5.1.3 厚度大于20mm的钢板（第11.5.1.2条中允许者除外），当试样直径为12.5mm时，拉伸试样应符合ASTM A370的图4的要求。该试样的轴线应位于钢板中心平面与钢板上下表面之间的中点处。

11.5.2 型钢（省略）

11.5.3 棒材（省略）

11.6 伸长率要求的调整

11.6.1 当使用矩形试样试验薄材时，因受试样几何形状的影响，当厚度小于8mm时，必须对规定的伸长率要求进行调整。具体为：

公称厚度范围/mm	伸长率减少/%
7.60~7.89	0.5
7.30~7.59	1.0
7.00~7.29	1.5
6.60~6.99	2.0
6.20~6.59	2.5
5.90~6.19	3.0
5.50~5.89	3.5
5.20~5.49	4.0
4.90~5.19	4.5
4.60~4.89	5.0
4.20~4.59	5.5
3.90~4.19	6.0
3.60~3.89	6.5
3.20~3.59	7.0
<3.20	7.5

11.6.2 当使用全断面角钢试样时，由于受试样几何形状的影响，结构角钢的要求伸长率应增加6%。

11.6.3 由于较厚钢板的固有伸长率较低，所以必须对要求伸长率进行调整。对于厚度大于90mm的钢板，每一个12.5mm的厚度增量，其50mm标距长度上的规定伸长率应减少

0.5 %，最大减少3.0 %。具体为：

公称厚度范围/mm	伸长率减少/%
90.00～102.49	0.5
102.50～114.99	1.0
115.00～127.49	1.5
127.50～139.99	2.0
140.00～152.49	2.5
≥152.50	3.0

11.6.4　在本规范中包括的许多材料标准中有关拉伸性能要求的表格规定了200mm和50mm标距长度下的伸长率。除非材料标准另有规定，否则这两种标距长度下的伸长率不需要同时测定，只需要在适合于所用试样的标距长度下测定伸长率。在选择了合适的标距后，另一个标距的伸长率要求则应认为不适用。

11.7　屈服强度的应用

11.7.1　当试样未呈现出一个清晰的屈服时，应测定屈服强度，并且用它来代替屈服点。

11.7.2　如果试样呈现出一个清晰的屈服时，制造厂或加工厂应有对用屈服强度代替屈服点这种做法的意见。

11.7.3　屈服强度应采用$R_{p0.2}$或$R_{t0.5}$。

11.8　产品拉伸试验——本规范未规定装运后材料拉伸试验的要求（见第15.1条）。因此，第11.1～第11.7条和第13章中的要求仅适用于发运前在制造厂进行的试验。

注：符合ASTM A6/A6M和适用的制造厂或加工厂材料规范，并不排除材料拉伸试验的结果超出规定范围的可能性。无论该轧件是轧制状态、控制轧制状态或是热处理状态，拉伸性能都会在同一炉次或同一轧件中发生变化。对于所试验的产品，按照ASTM A6/A6M规范的要求进行的拉伸试验并不保证同一炉次的所有材料都具有相同的拉伸性能。如果买方希望有比ASTM A6/A6M规范的试验程序提供更高的可信度，则应强加以附加的试验或要求，如“补充要求”S4。

11.8.1　附录X2提供有关钢板和结构型钢拉伸性能不稳定性的附加信息。

12　尺寸和重量［质量］的允许误差

12.1　轧制钢材的密度为7850kg/m^3。

12.2　钢板——允许的尺寸和重量［质量］偏差应不超过表1～15［附录A1，表A1.1～A1.15］中规定的极限。

12.3　型钢（省略）

12.4　钢板桩（省略）

12.5　棒材（省略）

13　复验

13.1　如果在任一试样上发现机械加工缺陷或产生裂痕，则制造厂或加工厂应对该试样的报废和用另一个试样来代替有自己的意见。

13.2　如果任一拉伸试样的伸长率小于规定值，并且根据试验前在试样上作的划痕，断裂的任一部位距50mm试样标距的中心大于20mm，或在200mm试样标距的中间一半部分以外，应允许复验。

13.3 13.3.1 中规定的除外，如果初始拉伸试样的试验结果未满足规定要求，但是误差与所要求的抗拉强度相差 14MPa 之内，与所要求的屈服强度或屈服点相差 7MPa 之内，与所要求的伸长率相差 2% 之内，则应允许用复验来代替失败的试验。用复验代替失败的试验时，新试样应从同一炉次的钢中随机选取。如果复验的结果满足规定的要求，则该炉次或批量应被批准。

13.3.1 对于如表 C 中所示进行试验的钢板，需要从每一个带卷上截取两个用于对一个炉次进行试验的试样，以满足所有的力学性能要求。如果两个试样中的任何一个试样未满足要求，则该卷不能证明原有的那炉钢合格；但是可以证明已通过验收试验的那部分板卷是合格的。

13.4 淬火加回火的钢板应满足适用的产品标准中规定的附加复验要求。

14 试验报告

14.1 对于所提供的每一个炉次，试验报告是需要的，报告下列内容：

14.1.1 适用产品的标准号，包括年份和牌号或钢级（如果适用）。

14.1.2 炉号、熔炼分析和公称规格。

注：如果 Cu、Cr、Ni、Mo 或 Si 的含量低于 0.02%，则该元素的熔炼分析可以被报告为“<0.02%”。如果 Nb 或 V 的含量低于 0.008%，则该元素的熔炼分析可以被报告为“<0.008%”。

14.1.3 对于如表 B 所示的材料，两个供证明发运货物合格使用的拉伸试验结果（见第 11.4 条），如果发运货物是由一个轧件或钢板组成，则仅需要报告一个拉伸试验结果。

14.1.3.1 在报告伸长率数值时，伸长率数值和原始标距长度都应报告。

14.1.4 对于适用的材料标准或订单要求其进行热处理的标准，所有的热处理参数，包括温度范围和在该温度范围停留的时间，供需双方商定用热处理程序代替实际温度和时间时除外。

14.1.4.1 用于软化热切割边缘的亚相变热处理不需要报告，但对于其规定的最低抗拉强度大于等于 655MPa 的材料，除非这样的亚相变热处理是在至少比最低回火温度低 40℃ 的温度下进行的，否则该亚相变热处理也需报告。

14.1.5 任何需要的奥氏体晶粒度试验结果。

14.1.6 适用的材料标准、适用的补充要求和订单所需要的任何其他试验结果。

14.2 进行试验的产品厚度不一定与各个订货的厚度相同，因为试验的是该炉熔液而不是每一订货的材料。按照 11.4 材料厚度规定而且交货中又包括该厚度所进行的试验，足以证明所交货材料是合格的。这些试验厚度可以在同一炉以前试验的和交货的厚度范围内，也可以不在此范围内。

14.3 对于由带卷制造的非热处理材料和仅进行消应力退火处理的材料，试验报告应注明“由带卷制造”字样。对于每个试验带卷，应报告两个试验结果，并且应报告每个试样在带卷中的位置。

14.4 对于由带卷制造的材料，应在试验报告上标出制造厂和加工厂。

14.5 当用全断面试样用于角钢合格检验时，应在试验报告上注明有关资料。

14.6 不需要在试验报告上签字；然而，报告应清楚地标明提交试验报告的组织名称。尽管缺少签字，提交试验报告的组织也应对试验报告的内容负责。

14.7 对于由非原始制造厂精加工的产品，产品的供货商也应向买方提供原始制造厂试验报告的一个复印件。

14.8　从电子表格打印的或在电子表格中使用的试验报告、检验合格证书或类似的文件，具有与从证明人的装置上打印的一个副本相同的效力，该电子表格来自一个电子数据交换（EDI）传输。EDI 传输的文件内容应满足适用的产品规范的要求并符合买方与供货商之间任何现有的 EDI 协议。尽管缺少签字，提交 EDI 传输的组织也应对试验报告的内容负责。

15　检验和试验

15.1　代表买方的检验人员可以在与进行买方联系工作的任何时候自由进入到制造厂的与所订购的产品有关的车间的所有部位。制造厂应为检验人员提供所有合理的设施，以便证明产品符合本标准要求或适用的产品标准和订单要求。所有的试验（成品分析除外）和检验都应于发运前在制造地进行，并且不应影响工厂的操作。

15.2　当钢板是由带卷切成时，第 15.1 的规定适用于加工厂而不是用于生产厂，并且加工地应代替制造地。当钢板是由带卷切成，并且加工厂与制造厂不是同一厂家时，代表买方的检验人员可以在与进行买方联系工作时，在任何时间自由进入到制造厂的与所订购的产品有关的车间的所有部位。

16　重新处理

16.1　如果热处理的产品未满足适用的产品标准的力学性能要求，则制造厂或加工厂应有自己对产品重新热处理的意见。如果再次提交检验时，所有的力学性能试验都应重新进行，并且应再次检验产品的表面缺陷。

17　拒收

17.1　按照适用的产品标准并根据产品分析所做出的拒收通知应报告给供货商，并且代表被拒收产品的试样应保存 2 周（从该拒收的通知之日算起）。当对试验结果不满意时，供货商应有自己对在上述时间做出索赔要求的意见。

17.2　买方应有自己对下列产品拒收的意见，即该产品在制造厂或加工厂的车间验收后又出现有害的缺陷，并且买方应将这种情况通知给制造厂或加工厂。

18　标志

18.1　需要的钢板标记

18.1.1　第 18.1.4.2 和第 18.6 中允许的除外，钢板应使用下列符号清楚地标记：ASTM 标准号（不需要年号）；“G ”或“MT”，如果适用（见第 18.1.2）；适用的牌号；炉号；规格和厚度及品名、牌号、制造厂的商标（对于由轧制状态产品制造的钢板）或加工厂的商标（对于由带卷制造的钢板）。

18.1.2　需要热处理但未进行热处理的钢板应由制造厂或加工厂在 ASTM 标准号之后用字母“G”（表示绿色）来标记。如果为了热处理而将钢板发运到一个受制造厂控制的组织，则不标志“G”。这样的钢板应已根据进行过热处理的试样进行了发运前的检验。需要热处理并已进行了热处理的钢板应由进行热处理的一方在 ASTM 标准号后面用字母“MT”（表示已热处理的材料）来标记。

18.1.3　第 18.1.4.2 和第 18.6 中允许的除外，所需要的钢板标记应是钢制模压涂漆标记或永久黏附的、不褪色的并耐大气的标签或标牌。保证在买方验收时所需要的所有标记都完整无缺和字迹清晰，是供货商的责任。

18.1.4　标记的位置

18.1.4.1　所需要的钢板标记应至少附在每一个成品钢板的一个位置上。

18.1.4.2　为了可靠地吊起厚度小于等于10mm的钢板（或用于桥梁建造的厚度小于等于8mm的钢板）的所有尺寸规格，和可靠地吊起宽度小于等于900mm的所有厚度的钢板，制造厂或加工厂应有自己对这样的标记是仅放到每一次被吊起钢板中的最顶部的钢板上还是把这样的标记贴到每一次被吊起钢板的标牌上的意见，另有规定者除外。

18.2　型钢（省略）

18.3　钢板桩（省略）

18.4　棒材（省略）

18.5　棒材的代码（省略）

18.6　切分的材料（省略）

19　发运前的包装、标记和装货（省略）

补 充 要 求

下列标准化的补充要求在买方需要时使用。凡是被认为适用于每一个材料规范的补充要求都被列入本规范。其他的试验可通过供需双方之间的协议进行。仅当在订单中有规定时才适用。在此种情况下，所规定的试验应在发货之前由生产厂或加工厂来做。

S1　真空处理

S1.1　钢应通过包括熔炼时真空脱气在内的工艺进行熔炼。除非与买方另外协商，否则选择适合的工艺是制造厂的责任。

S2　成品分析

S2.1　对于适用的材料标准规定或限制的元素，应进行成品分析，这些适用的材料标准用于适用牌号、等级和类型的钢。成品分析的试样应在邻近拉伸试样处截取或从拉伸试样上截取，或从一个样坯上截取，该样坯是在与取拉伸试样时相同的相对位置上截取的。

S3　力学试验样坯的模拟焊后热处理

S3.1　在试验前，以力学性能验收为目的而代表产品的试样应使用订单中规定的热处理参数（如温度范围、时间和冷却速度）在低于临界温度（A_{c3}）的温度下进行模拟焊后热处理。经过这样热处理的试样的试验结果应满足适用的产品规范的要求。

S4　附加拉伸试验

S4.1　应从每一个单元钢板上截取一个拉伸试样，这个单元钢板包括从一个板坯上轧制的或直接从钢锭轧制的钢板。例外的情况是，对于淬火加回火钢板，试样应是从每一个经过热处理的单元钢板上截取的。当在订单上要求这样的试验时，所得到的试验结果应在轧钢厂试验报告上报告。

S5　夏比V型切口冲击试验

S5.1　应按照规范ASTM A673/A673M进行摆锤-V型切口冲击试验。

S5.2　所使用的试验数量、试验温度和吸收能量要求应符合订单中的规定。

S6　落锤试验（用于厚度大于等于16mm的产品）

S6.1　落锤试验应按照E208进行。试样应代表处于最终热处理状态的材料。买方与制造厂或加工厂之间应就被试验产品的数量和最高无塑性转变（NDT）温度是否是强制性的或试验结果是否仅供参考而达成协议。

S8　超声波检验

S8.1　材料应按照订货单中规定的要求进行超声波检验。

S15　断面收缩率的测量

S15.1　在符合 ASTM A370 的直径为 12.5mm 的圆拉伸试样上测量的断面收缩率应不低于 40%。

S18　最大抗拉强度

S18.1　规定最低抗拉强度小于 485MPa 的钢，其实际抗拉强度与规定最小抗拉强度之差不应大于 205MPa。

S18.2　规定最低抗拉强度大于等于 485MPa 的钢，其实际抗拉强度与规定最小抗拉强度之差不应大于 170MPa。

S23　含铜钢（用于提高耐大气腐蚀性）

S23.1　在熔炼分析时铜的含量应至少是 0.20%，在成品分析时应至少是 0.18%。

S27　限制性的钢板不平度

S27.1　按照限制性不平度订购的轧制状态或正火状态交货的碳钢钢板，应符合相对于一个平面的允许偏差要求，该平面是在表 S27.2 中给出的，以两者中适用的一种为准。

S27.2　按照限制性不平度订购的轧制状态或正火状态交货的高强度低合金钢板，应符合相对于一个平面的允许偏差要求，该平面在表 S27.4 中给出，以两者中适用的一种为准。

S28　细晶粒处理

S28.1　钢应熔炼成细晶粒。

S29　细奥氏体晶粒度

S29.1　应满足细奥氏体晶粒度的要求（见第 8.1 和第 8.3）。

S31　用于可焊性的碳当量

S31.1　钢板和型钢应以买方规定的最大碳当量被提供这个数值应以熔炼分析为基础。所需要的化学分析以及碳当量应被报告。

S31.2　碳当量应使用下述公式来计算：

$$CE = C + Mn/6 + (Cr + Mo + V)/5 + (Ni + Cu)/15$$

S31.3　有关钢的可焊性的附加信息，见附录 3X（略）。

表 S27.2　按本标准的不平度订货的以轧制状态或正火状态交货的碳钢板不平度

技术条件规定的厚度/mm	不同技术条件规定宽度（mm）区间内不平度的允许偏差/mm					
	1200 ~ <1500	1500 ~ <1800	1800 ~ <2100	2100 ~ <2400	2400 ~ <2700	2700 ~ 3000
<6	12	16	17	19	20	22
6 ~ <10	9	12	14	16	17	19
10 ~ <12	8	8	9	11	12	14

续表 S27.2

技术条件规定的厚度/mm	不同技术条件规定宽度（mm）区间内不平度的允许偏差/mm					
	1200 ~ <1500	1500 ~ <1800	1800 ~ <2100	2100 ~ <2400	2400 ~ <2700	2700 ~ 3000
12 ~ <20	7	8	8	9	12	12
20 ~ <25	7	8	8	8	9	11
25 ~ 50	6	7	7	8	8	8

注：1. 沿长度方向相对于一个平面的允许偏差——规定的较长尺寸被认为是长度，对于长度小于等于3700mm的钢板，沿长度方向相对于一个平面的允许偏差应不超过规定宽度下的表列数值；对长度大于3700mm的钢板，在任何3700mm长度上相对于一个平面的允许偏差应不超过规定宽度下的表列数值。

2. 沿宽度方向相对于一个平面的允许偏差——对于给定的宽度，沿宽度方向相对于一个平面的允许偏差应不超过规定宽度下的表列数值。

3. 当较大的尺寸小于900mm时，沿任何方向相对于一个平面的允许偏差都应不超过规定宽度下的表列数值的75%，但不大于6mm。

4. 本表中给出的允许偏差适用于其最低规定抗拉强度不大于415MPa或类似化学成分或硬度的钢板。对于其最低规定抗拉强度大于415MPa或类似化学成分或硬度的钢板，其允许的偏差是本表中数值的1.5倍。

5. 本表和这些注释涵盖圆形钢板和异形钢板相对于一个平面的允许偏差，这些偏差与这些钢板的最大尺寸有关。

6. 波纹度的允许偏差不适用。

7. 测量不平度时，钢板必须放置到一个水平的平板上。

表 S27.4　按本标准不平度订货的轧制状态或正火状态交货的高强度低合金钢板不平度

技术条件规定的厚度/mm	不同技术条件规定宽度（mm）区间内不平度的允许偏差/mm					
	1200 ~ <1500	1500 ~ <1800	1800 ~ <2100	2100 ~ <2400	2400 ~ <2700	2700 ~ 3000
<6	17	24	25	28	30	33
6 ~ <10	14	17	22	24	25	28
10 ~ <12	12	12	14	16	19	20
12 ~ <20	11	11	12	14	16	17
20 ~ <25	11	11	12	12	14	16
25 ~ 50	9	10	11	12	12	12

注：1. 沿长度方向相对于一个平面的允许偏差——较大的尺寸被认为是长度，长度小于等于3700mm的钢板沿长度方向相对于一个平面的允许偏差应不超过规定宽度下的表列数值；对于长度大于3700mm的钢板，在任何3700mm长度上相对于一个平面的允许偏差应不超过规定宽度下的表列数值。

2. 沿宽度方向相对于一个平面的允许偏差——沿宽度方向相对于一个平面的允许偏差应不超过规定宽度下的表列数值。

3. 当较大的尺寸小于900mm时，沿任何方向相对于一个平面的允许偏差都应不超过10mm。当较大的尺寸为900 ~ 1800mm时，相对于一个平面的允许偏差应不超过规定宽度下的表列数值的75%，但不大于10mm。

4. 本表和这些注释涵盖圆形钢板和异形钢板相对于一个平面的允许偏差，这些偏差是与这些钢板的最大尺寸有关的。

5. 波纹度的允许偏差是不适用的。

6. 当测量不平度时，钢板必须放置到一个水平的平板上。

强制性信息

A1　国际单位制的尺寸和质量允许偏差

表 A1.1 ~ A1.15 中包含国际单位制的尺寸和质量允许偏差。

表 A1.1　碳钢、高强低合金和合金钢板的厚度允许偏差，当指定厚度时，厚度小于 300mm

规定厚度/mm	以下宽度的厚度允许正偏差/mm										
	≤1200	<1200 ~ >1500	1500 ~ <1800	1800 ~ <2100	2100 ~ <2400	2400 ~ <2700	2700 ~ <3000	3000 ~ <3300	3300 ~ <3600	3600 ~ <4200	≥4200
5.0	0.8	0.8	0.8	0.8	0.8	0.8	0.8	0.9	1.0	…	…
5.5	0.8	0.8	0.8	0.8	0.8	0.8	0.8	0.9	1.0	…	…
6.0	0.8	0.8	0.8	0.8	0.8	0.8	0.9	1.0	1.1	…	…
7.0	0.8	0.8	0.8	0.8	0.8	0.8	0.9	1.0	1.2	1.4	…
8.0	0.8	0.8	0.8	0.8	0.8	0.8	0.9	1.0	1.2	1.4	…
9.0	0.8	0.8	0.8	0.8	0.8	0.8	1.0	1.0	1.3	1.5	…
10.0	0.8	0.8	0.8	0.8	0.8	0.8	1.0	1.0	1.3	1.5	1.7
11.0	0.8	0.8	0.8	0.8	0.8	0.8	1.0	1.0	1.3	1.5	1.7
12.0	0.8	0.8	0.8	0.8	0.8	0.9	1.0	1.0	1.3	1.5	1.8
14.0	0.8	0.8	0.8	0.8	0.9	0.9	1.0	1.1	1.3	1.5	1.8
16.0	0.8	0.8	0.8	0.8	0.9	0.9	1.0	1.1	1.3	1.5	1.8
18.0	0.8	0.8	0.8	0.8	0.9	1.0	1.1	1.2	1.4	1.6	2.0
20.0	0.8	0.8	0.8	0.8	0.9	1.0	1.2	1.2	1.4	1.6	2.0
22.0	0.8	0.9	0.9	0.9	1.0	1.1	1.3	1.3	1.5	1.8	2.0
25.0	0.9	0.9	1.0	1.0	1.0	1.2	1.3	1.5	1.5	1.8	2.2
28.0	1.0	1.0	1.1	1.1	1.1	1.3	1.4	1.8	1.8	2.0	2.2
30.0	1.1	1.1	1.2	1.2	1.2	1.4	1.5	1.8	1.8	2.1	2.4
32.0	1.2	1.2	1.3	1.3	1.3	1.5	1.6	2.0	2.0	2.3	2.6
35.0	1.3	1.3	1.4	1.4	1.4	1.6	1.7	2.3	2.3	2.5	2.8
38.0	1.4	1.4	1.5	1.5	1.5	1.7	1.8	2.3	2.3	2.7	3.0
40.0	1.5	1.5	1.6	1.6	1.6	1.8	2.0	2.5	2.5	2.8	3.3
45.0	1.6	1.6	1.7	1.8	1.8	2.0	2.3	2.8	2.8	3.0	3.5
50.0	1.8	1.8	1.8	2.0	2.0	2.3	2.5	3.0	3.0	3.3	3.8
55.0	2.0	2.0	2.0	2.2	2.2	2.5	2.8	3.3	3.3	3.5	3.8
60.0	2.3	2.3	2.3	2.4	2.4	2.8	3.0	3.4	3.4	3.8	4.0
70.0	2.5	2.5	2.5	2.6	2.6	3.0	3.3	3.5	3.6	4.0	4.0
80.0	2.8	2.8	2.8	2.8	2.8	3.3	3.5	3.5	3.6	4.0	4.0
90.0	3.0	3.0	3.0	3.0	3.0	3.5	3.5	3.5	3.6	4.0	4.4
100.0	3.3	3.3	3.3	3.3	3.5	3.8	3.8	3.8	3.8	4.4	4.4

续表 A1.1

规定厚度/mm	以下宽度的厚度允许正偏差/mm										
	≤1200	<1200 ~ >1500	1500 ~ <1800	1800 ~ <2100	2100 ~ <2400	2400 ~ <2700	2700 ~ <3000	3000 ~ <3300	3300 ~ <3600	3600 ~ <4200	≥4200
110.0	3.5	3.5	3.5	3.5	3.5	3.8	3.8	3.8	3.8	4.4	4.4
120.0	3.8	3.8	3.8	3.8	3.8	3.8	3.8	3.8	3.8	4.8	4.8
130.0	4.0	4.0	4.0	4.0	4.0	4.0	4.0	4.0	4.0	5.2	5.2
140.0	4.3	4.3	4.3	4.3	4.3	4.3	4.3	4.3	4.3	5.6	5.6
150.0	4.5	4.5	4.5	4.5	4.5	4.5	4.5	4.5	4.5	5.6	5.6
160.0	4.8	4.8	4.8	4.8	4.8	4.8	4.8	4.8	4.8	5.6	5.6
180.0	5.4	5.4	5.4	5.4	5.4	5.4	5.4	5.4	5.4	6.3	6.3
200.0	5.8	5.8	6.0	6.0	6.0	6.0	6.0	6.0	6.0	7.0	7.0
250.0	7.5	7.5	7.5	7.5	7.5	7.5	7.5	7.5	7.5	7.5	7.5
300.0	7.5	7.5	9.0	9.0	9.0	9.0	9.0	9.0	9.0	9.0	9.0

注：1. 负偏差为 0.3mm。
2. 从距纵向边缘 10 ~ 20mm 处测量厚度。
3. 对于未列出的厚度，厚度的允许偏差采用下一档较厚的厚度偏差。
4. 不是在注 2 规定的位置，而是在其他任何位置测得的厚度，其正偏差应是表中值的 1.75 倍，修约精确到 0.1mm。
5. “…” 表示没有要求。

表 A1.2 按质量订货的重量小于等于 2983kg/m^2 的矩形剪切和万能轧制钢板的质量允许偏差（省略）。

表 A1.3 厚度小于等于 40mm 的剪切钢板的宽度和长度的允许偏差

厚度小于等于 65mm 的万能轧制钢板的长度允许偏差

技术条件规定尺寸/mm		不同厚度(mm)或等价单重(kg/m^2)钢板的宽度和长度的允许正偏差①							
长	宽	<10.5		10.5 ~ <16		16 ~ <25		25 ~ 50②	
		<78.50		78.50 ~ <125.6		125.6 ~ <19.2		196.2 ~ 392.5	
		宽	长	宽	长	宽	长	宽	长
<3000	<1500	10	13	11	16	13	19	16	25
	1500 ~ <2100	11	16	13	18	16	22	19	25
	2100 ~ <2700	13	19	16	22	19	25	25	29
	>2700	16	22	19	25	22	29	29	32
3000 ~ <6000	<1500	10	19	13	22	16	25	19	29
	1500 ~ <2100	13	19	16	22	19	25	22	32
	2100 ~ <2700	14	22	18	24	21	29	25	35
	>2700	16	25	19	29	22	32	29	35
6000 ~ <9000	<1500	10	25	13	29	16	32	19	38
	1500 ~ <2100	13	25	16	29	19	32	22	38
	2100 ~ <2700	14	25	18	32	22	35	25	38
	>2700	18	29	22	32	25	35	32	44
9000 ~ <12000	<1500	11	29	13	32	16	35	19	41
	1500 ~ <2100	13	32	16	35	19	38	22	41
	2100 ~ <2700	14	32	19	35	22	38	25	48
	>2700	19	35	22	38	25	41	32	48

续表 A1.3

技术条件规定尺寸/mm		不同厚度(mm)或等价单重(kg/m²)钢板的宽度和长度的允许正偏差①							
长	宽	<10.5		10.5 ~ <16		16 ~ <25		25 ~ 50②	
		<78.50		78.50 ~ <125.6		125.6 ~ <19.2		196.2 ~ 392.5	
		宽	长	宽	长	宽	长	宽	长
12000 ~ <15000	<1500	11	32	13	38	16	41	19	48
	1500 ~ <2100	13	35	16	38	19	41	22	48
	2100 ~ <2700	16	35	19	38	22	41	25	48
	>2700	19	38	22	41	25	44	32	48
15000 ~ <18000	<1500	13	44	16	48	19	48	22	57
	1500 ~ <2100	16	44	19	48	22	48	25	57
	2100 ~ <2700	16	44	19	48	22	48	29	57
	>2700	22	44	25	51	29	57	32	64
>18000	<1500	14	51	19	54	22	57	25	70
	1500 ~ <2100	19	51	22	54	25	57	29	70
	2100 ~ <2700	19	51	22	54	25	57	32	70
	>2700	25	51	29	60	32	64	35	76

①宽度和长度的允许负偏差为6mm。

②长度允许偏差同样适用于宽度达到300mm，厚度达到50 ~ 65mm的万能轧机钢板，厚度达到50mm的合金钢除外。

表 A1.4　在带钢轧机上制造的轧边碳钢和高强度低合金钢钢板的宽度允许偏差

（适用于由带卷剪切的钢板或按钢板切割定尺长度的钢板）

技术条件规定的宽度/mm	宽度允许正偏差/mm①
<360	11
360 ~ <430	13
430 ~ <480	14
480 ~ <530	16
530 ~ <610	17
610 ~ <660	21
660 ~ <710	24
710 ~ <890	29
890 ~ <1270	32
1270 ~ <1520	38
1520 ~ <1650	41
1650 ~ <1780	44
1780 ~ <2030	47
≥2030	51

①无负偏差。

表 A1. 5 厚度小于等于 380mm 的万能轧制钢板的宽度允许偏差

规定宽度/mm	宽度①允许正偏差(厚度单位为 mm,质量单位为 kg/m²)/mm					
	<10	10 ~ <16	16 ~ 25	25 ~ 50	50 ~ 250	>250 ~ 400
	<78. 50	78. 50 ~ <125. 6	125. 6 ~ <196. 2	196. 2 ~ 392. 5	>392. 5 ~ 1962	>1962 ~ 3140
>200 ~ <500	3	3	5	6	10	13
500 ~ <900	5	6	8	10	11	14
>900	8	10	11	13	14	16

①宽度的允许负偏差为 3mm。

表 A1. 6 厚度小于等于 25mm 的剪切圆钢板的直径允许偏差

技术条件规定直径/mm	不同厚度(mm)钢板的直径允许正偏差①/mm		
	<10	10 ~ <16	16 ~ 25
<800	6	10	13
800 ~ <2100	8	11	14
2100 ~ <2700	10	13	16
2700 ~ <3300	11	14	17
>3300	13	16	19

①无负偏差。

表 A1. 7 气割圆钢板的直径允许偏差（不适用于合金钢）

技术条件规定直径/mm	不同厚度（mm）钢板的直径允许正偏差①/mm					
	<25	25 ~ <50	50 ~ <100	100 ~ <150	150 ~ <200	200 ~ <400
<800	10	10	13	13	16	19
800 ~ <2100	10	13	13	16	19	22
2100 ~ <2700	13	14	16	19	22	25
2700 ~ <3300	13	14	17	22	25	29
>3300	16	19	22	25	29	32

①无负偏差。

表 A1. 8 当规定或需要气割时矩形钢板的宽度和长度允许偏差（仅适用于合金钢规范）

技术条件规定厚度/mm	宽度和长度允许正偏差/mm
<50	19
50 ~ <100	25
100 ~ <150	29
150 ~ <200	33
200 ~ <400	38

注：1. 一般轧制边钢板只通过气割进行定尺。

2. 如果技术条件有规定，这些允许偏差可以是全负偏差或为正负偏差。

表 A1.9　当规定或需要气割时矩形钢板的宽度和长度允许偏差（不适用于合金钢）

技术条件规定厚度/mm	宽度和长度的允许正偏差①/mm
<50	13
50 ~ <100	16
100 ~ <150	19
150 ~ <200	22
200 ~ 400	25

注：一般轧制边钢板只通过气割进行定尺。

①如果技术条件有规定，这些允许偏差可以是全负偏差或为正负偏差。

表 A1.10　气割圆形钢板的直径允许偏差（仅适用于合金钢）

给定直径/mm	不同厚度钢板的直径允许正偏差①/mm					
	<25	25 ~ <50	50 ~ <100	100 ~ <150	150 ~ <200	200 ~ 400
<800	13	13	19	19	25	25
800 ~ <2100	13	16	22	25	29	32
2100 ~ <2700	16	19	25	29	32	35
2700 ~ <3300	22	25	29	32	35	38

①无负偏差。

表 A1.11　碳钢、高强度低合金钢和合金钢万能轧制钢板以及高强度低合金钢和合金钢剪切或气割矩形钢板的允许镰刀弯①

技术条件规定宽度/mm	允许的镰刀弯/mm
≤750	长度(mm)/300
>750 ~ 1500	长度(mm)/250

①钢板的镰刀弯是沿长度水平方向的侧边弯曲，将钢板平放，在全长上测量。

表 A1.12　所有厚度下剪切钢板和气割矩形钢板的允许镰刀弯①（仅适用于合金钢）

允许镰刀弯(单位:mm) = 长度(mm)/500

①钢板的镰刀弯是沿长度水平方向的侧边弯曲，将钢板平放，在全长上测量。

表 A1.13　碳钢钢板的不平度

技术条件规定厚度/mm	不同宽度钢板的不平度①②/mm										
	<900	900 ~ <1200	1200 ~ <1500	1500 ~ <1800	1800 ~ <2100	2100 ~ <2400	2400 ~ <2700	2700 ~ <3000	3000 ~ <3600	3600 ~ <4200	>4200
<6	14	19	24	32	35	38	41	44	48	…	…
6 ~ <10	13	16	19	24	29	32	35	38	41	…	…
10 ~ <12	13	14	16	16	19	22	25	29	32	48	54
12 ~ <20	11	13	14	16	16	19	25	25	29	38	51
20 ~ <25	11	13	14	16	16	16	19	22	25	35	44
25 ~ <50	10	13	13	14	14	16	16	16	18	29	38

续表 A1.13

技术条件规定厚度/mm	不同宽度钢板的不平度①②/mm										
	<900	900 ~ <1200	1200 ~ <1500	1500 ~ <1800	1800 ~ <2100	2100 ~ <2400	2400 ~ <2700	2700 ~ <3000	3000 ~ <3600	3600 ~ <4200	>4200
50 ~ <100	8	10	11	13	13	13	13	14	16	22	29
100 ~ <150	10	11	13	13	14	14	16	19	22	22	25
150 ~ <200	11	13	13	16	18	19	22	22	25	25	25
200 ~ <250	13	13	16	18	19	21	22	24	25	25	25
250 ~ <300	13	13	16	18	19	21	22	24	25	25	25
300 ~400	16	19	21	22	24	25	25	25	25	25	…

注：1. 当较长尺寸低于900mm时，不平度不应超过6mm。当较长尺寸大于900mm小于1800mm时，不平度不应超过给定宽度的75%，但不小于6mm。

2. 这些允许偏差适用于给定的最小抗拉强度不超过415MPa或相应化学成分或硬度的钢板。对于给定的最小抗拉强度较高或相应的化学成分或硬度的钢板，表中的限值提高50%。

3. 以钢板的最大尺寸为基础，此表和这些注释涵盖了圆盘和异形板的不平度。

4. 表中“…”表示无要求。

5. 测量不平度时，钢板必须放置于水平的平板上。

①长度方向不平度：给定的较长尺寸为长度，对于长度小于或等于4000mm的较长钢板，长度方向的不平度不应超过给定宽度值。

②宽度方向的不平度：相对于平面，横穿宽度的不平度不应超过表中给定宽度值。

表 A1.14　以热轧状态或热处理状态交货的高强度低合金钢和合金钢钢板不平度

技术条件规定厚度/mm	不同宽度钢板的不平度①②/mm										
	<900	900 ~ <1200	1200 ~ <1500	1500 ~ <1800	1800 ~ <2100	2100 ~ <2400	2400 ~ <2700	2700 ~ <3000	3000 ~ <3600	3600 ~ <4200	>4200
<6	21	29	35	48	51	57	60	67	70	…	…
6 ~ <10	19	24	29	35	44	48	51	57	60	…	…
10 ~ <12	19	22	24	24	29	33	38	41	48	70	79
12 ~ <20	16	19	22	22	25	29	32	35	41	57	76
20 ~ <25	16	19	22	22	24	25	29	33	38	51	67
25 ~ <50	14	16	19	21	22	24	25	25	25	41	57
50 ~ <100	13	14	18	19	19	19	19	22	25	32	41
100 ~ <150	14	18	19	19	22	22	24	29	32	32	38
150 ~ <200	16	19	19	24	25	29	32	33	38	38	38
200 ~ <250	19	21	24	25	29	32	33	35	38	38	38
250 ~ <300	19	24	29	32	33	35	38	38	38	38	38
300 ~400	22	25	30	33	35	38	38	38	38	38	38

注：1. 当较大的尺寸小于900mm时，不平度应不超过10mm。当较大的尺寸为900 ~ 1800mm时，不平度应不超过规定宽度下的表列数值的75%。

2. 本表和这些注释涵盖圆形钢板和异形钢板的不平度，这些偏差是与这些钢板的最大尺寸有关的。

3. 表中“…”表示无要求。

4. 当测量不平度时，钢板必须放置到水平的平板上。

① 长度方向的不平度：给定的较长尺寸为长度，对于长度小于或等于4000mm的较长钢板，长度方向的不平度不应超过给定宽度值。

② 宽度方向的不平度：不应超过表中给定宽度值。

表 A1.15　钢板的波浪度

不平度(见表 A1.13 或 A1.14)/mm	在 4000mm 内波浪数是下列各数时的波浪度/mm						
	1	2	3	4	5	6	7
8	8	6	5	3	3	2	2
10	10	8	5	5	3	2	2
11	11	8	6	5	3	3	2
13	13	10	8	5	5	3	2
14	14	11	8	6	5	3	2
16	16	13	10	6	5	3	2
17	17	13	10	8	5	5	2
19	19	14	11	8	6	5	2
21	21	16	11	8	6	5	2
22	22	17	13	10	6	5	2
24	24	17	13	10	8	6	5
25	25	19	14	11	8	6	5
29	29	22	16	13	10	6	5
32	32	24	17	13	10	8	6
35	35	27	19	14	11	8	6
38	38	29	22	16	13	10	6
41	41	32	24	17	13	10	8
44	44	33	25	19	14	11	8
48	48	37	27	21	14	11	8
51	51	38	29	22	16	13	10
54	54	41	30	22	17	13	10
57	57	43	32	24	17	14	10
60	60	46	33	25	19	14	11
64	64	48	37	27	21	14	11
67	67	51	38	29	21	16	11
70	70	52	40	29	22	16	13
73	73	56	41	30	24	17	13
76	76	57	43	32	24	17	14
79	79	60	44	33	25	19	14

注：1. 当钢板放在水平面上时，钢板表面距平行于测量点处表面并在两个相邻波峰处接触钢板表面间最大偏差，以小于4000mm 长度的增量测量。波浪度的允许偏差是相对于平面（从表 A1.13 或表 A1.14 可得）允许偏差的函数。

2. 测量波浪度时，钢板必须放置于水平的平板上。

ASTM A568/A568M-09a 碳素钢、结构钢及高强度低合金钢热轧和冷轧薄板的一般要求（节选）

1　范围

1.1　本标准规定了薄钢板和钢带的一般要求。本标准适用于热轧和冷轧碳素钢、结构钢及高强度低合金钢（HSLA）的下列标准：A414/A414M、A424、A606、A659/A659M、A794、A1008/A1008M、A1011/A1011M 和 A1039/A1039M。

1.2　本标准不适用于较厚规格热轧碳素钢卷（ASTM A635/A635M）。

1.3　如果本标准的要求与具体的产品技术规范有任何矛盾，具体的产品标准的要求优先于本标准。

1.4　为了确保符合本标准以及适用的产品规范，数值应按照 E29 的方法进行修约，精确到界限值最末一位。

2　参考文件（略）

3　术语

3.1　本标准规定术语的定义

3.1.1　钢种

3.1.2　碳素钢——当对铝、铬、钴、铌、钼、镍、钛、钨、钒、锆，或为获得所要求的合金化效果而对添加的任何元素不作最低含量规定或要求时；当对铜规定的最低含量不超过 0.40% 时；或当对下列任何一种元素，规定的最大含量不超过：$w(\mathrm{Mn}) \leqslant 1.65\%$；$w(\mathrm{Si}) \leqslant 0.60\%$；$w(\mathrm{Cu}) \leqslant 0.60\%$ 时，将这种钢称为碳素钢。

3.1.2.1　讨论——在所有的碳素钢中，有时会发现钢材中不可避免地残留一些少量未规定或未要求的元素，如铜、镍、钼、铬等。这些元素被视为杂质元素，通常不用测定或报告。

3.1.3　高强度低合金钢——是一组高强度的特定钢种，在某些情况下可通过添加中等含量的一种或多种合金化元素以获得耐大气腐蚀性能或提高成型性。

3.1.4　产品种类

3.1.5　热轧薄板——在连续式轧机上将板坯热轧成规定厚度的产品，可按规定以板卷或切定尺的形式供货。

（1）热轧碳素钢板通常按以下规格分类：

板卷和定尺

宽度/mm	厚度/mm
全部宽度[①]	0.7 ~ <6.0

① 宽度小于 300mm 的热轧卷板和定尺板应为剪切边。宽度小于 300mm 带有轧制边的产品可认为是热轧钢带。

（2）高强度低合金热轧钢板通常按以下规格分类：

板卷和定尺

宽度/mm	厚度/mm
全部宽度①	0.8 ~ <6.0

注：本标准06a版本后宽度的修改导致厚度为4.5 ~6.0mm，宽度为1200mm的试样拉伸测试方法的变化。拉伸试样由横向改为纵向导致测试结果中性能值的变化，建议买方与供方探讨。

① 宽度小于300mm的热轧卷板和定尺板应为剪切边。宽度小于300mm带有轧制边的产品可认为是热轧钢带。

3.1.6 冷轧薄板——是用经过除鳞的热轧卷板再冷轧到规定厚度而制成的，一般在轧后要进行再结晶退火处理。如果薄板在冷轧之后不进行退火，那就是全硬质冷轧薄板，最低硬度值为84HRB，可用于对韧性和不平度不作要求的某些部件。

（1）碳素钢冷轧薄板通常按以下规格分类：

宽度/mm	厚度/mm
全宽①②	≤4.0

① 厚度小于等于4.0mm的冷轧板卷和用较宽的板卷切边而成（只切边）的定尺横切板，熔炼分析时，碳含量最大值为0.25%。

② 当无特殊边缘或表面质量（不同于无光泽的、商业品质光亮或光亮表面），或单一粗轧机轧制宽度或两者均小于600mm，并未规定或要求时，适用该规定。

（2）高强度低合金钢冷轧薄板通常按以下规格分类：

宽度/mm	厚度/mm
≤300①	0.5 ~2.0
>300②	≥0.5

① 厚度为0.5 ~2.0mm的冷轧板卷和用较宽的板卷切边而成（只切边）的定尺横切板，熔炼分析时，碳含量最大值为0.25%。

② 当无特殊边缘或表面质量（不同于无光泽的、商业品质光亮或光亮表面），或单一粗轧机轧制宽度或两者均小于600mm，并未规定或要求时，适用该规定。

3.1.6.1 讨论——根据不同生产厂家和加工企业的设备生产能力及加工能力，可以生产和加工不同厚度、宽度和长度的各类钢产品。根据产品规格（厚度、宽度、长度）进行产品记录的范围没考虑目前的生产和加工能力。检验任何一种特种产品技术规范中规定的产品合格与否都要求进行所有必要的试验，试验结果应符合该产品技术规范所规定的范围值。如果产品技术规范所要求的必要进行的试验无法实施，那么不能确认该产品是否符合相对应的技术规范要求。本标准所规定的通用要求中的技术规范规定了常规产品的允许偏差。其他规格产品的允许偏差则依据用户和生产厂家或加工企业之间协议确定。

3.1.7 复验，n——当首次试验没有符合产品技术规范所要求的相应的验收标准，而且不合格是属于第11节所规定的机械原因时，应在首次取样的钢材上再进行一个或多个附加试验。

3.1.8 重新取样，n——当在首次所取的试样上进行试验时，试验结果没能符合产品技术规范所要求的相应的验收标准，但如果可以达到在重新截取一个或多个试样前，存在问题的钢材有足够取样量的要求，那么可以再进行一个或多个附加试验。

3.1.9 炼钢厂（略）

3.1.10　热轧厂（略）

3.1.11　冷轧厂（略）

3.1.12　加工线（略）

3.2　本标准中使用的其他定义参考 A941 标准。

4　产品和生产

4.1　除非另有规定，否则热轧钢材应以热轧状态，而不是退火或酸洗状态交货。

4.2　用户在加工热轧薄板或热轧酸洗薄板过程中，薄板可能发生板卷断裂、拉伸应变痕和折纹。当这些情况影响使用时，应在订货时告知生产厂家，以便对钢板进行适当处理。

4.3　冷轧碳素钢板按 10.2、10.3 和表 1 的要求供货。

表 1　冷轧薄板分类对比

	暴露用途	非暴露用途
主要缺陷		
切定尺	轧钢废品	轧钢废品
板　卷	买方根据生产厂颁布的标准（规定）进行验收	买方根据生产厂颁布的标准（规定）进行验收
次要缺陷		
切定尺	钢厂拒收重复性的瑕疵，可以包括买方根据生产厂颁布的标准（规定）进行验收时的随机性缺陷	买方接受所有微小缺陷
板　卷	买方根据生产厂颁布的标准（规定）进行验收	买方接受所有微小缺陷
表面结构	除非另有规定，否则无光泽	买方接受所有表面结构标准
特种油	可规定	可不规定
厚度、宽度和长度偏差		
标　准	应符合	应符合
范　围	可规定	可不规定
不平度偏差		
标　准	应符合	应符合（平整轧制），但不保证——通常在两倍标准范围内（最终退火）
限定性脱方度	可规定	可不规定
板卷包装	买方根据生产厂颁布的标准（规定）进行验收	买方接受所有包装
板卷焊缝	买方根据生产厂颁布的标准（规定）进行验收	买方根据生产厂颁布的标准（规定）进行验收
外观检验	可规定	可不规定
特殊试验	可规定	可不规定

4.4　除非是全硬质薄板，否则冷轧板应在轧到成品厚度后进行退火处理。经过退火的冷轧板可以作为最终退火（极软的）钢板用于非暴露性部件。当冷轧板用于非暴露性部件，以及开卷时存在板卷断裂的危险时，则有必要对钢板做进一步的处理。在这种情况下，应向生产厂家咨询。退火之后，在成型时，冷轧薄板一般要进行轻微平整以保证板型，或进行较大压下量的平整轧制，以防止出现拉伸应变痕和表面折纹现象。硬化冷轧也能达到理想的表面不平度。

4.5　平整轧制

4.5.1　除非另有规定，否则用于暴露部件的冷轧薄板应进行平整轧制。一般规定以无应力状态装运交货。见附录 X1“冷轧碳素钢板时效处理对其深冲性和成型性的影响”（省略）。

4.5.2　非暴露用途冷轧薄板可规定以“最终退火”或“平整轧制”状态交货。“最终退火”通常可以不进行平整轧制，但在涂油或重新卷取时，可以以小压下量稍进行平整轧制。非暴露用途平整轧制钢材可以规定无应力或无折纹交货。如果要求规定具体的硬度范围或极限值，或规定表面结构，那么该钢材应被作为暴露性用途钢板。

注：经过冷轧平整的钢板易产生时效现象（见附录 X1）。除非规定了特殊镇静钢（无时效），否则应尽快对钢板进行加工以获得最佳性能，这符合用户利益。

5　化学成分

5.1　范围

5.1.1　化学成分应符合相应产品的标准。不过，如果碳素钢对其他成分也进行了规定，则应按照附录 X2（省略）进行准备。

5.1.2　如果材料用于焊接加工，必须注意化学成分的选择和力学性能，以保证焊接工艺的适应性，并考虑对性能变化的影响。

5.2　熔炼分析

5.2.1　生产厂应对每罐或每炉次钢水进行分析，以测定所采用的技术规范中规定或限定的各种元素百分比。

5.2.2　如果买方提出要求，则应根据所列举或所要求的元素进行每罐钢水或每炉次钢水的熔炼分析，并向买方或其代表报告测定结果。如果买方要求，炼钢厂、热轧厂、冷轧厂、加工厂不同的熔炼分析结果，需分别提供给买方。

5.3　产品检查或验证分析

5.3.1　非镇静钢（如压盖沸腾钢或沸腾钢）从工艺上讲不适合进行成品分析，因为其化学成分不均匀，所以不适用于表 2 中的偏差要求。只有当出现使用不当或对含铜钢规定了成分含量时，成品分析才适用于这些类型的钢。

5.3.2　对非镇静钢（如压盖沸腾钢或沸腾钢）之外的钢，成品分析可以由买方实施。化学分析不应大于表 2 所规定的含量范围。一罐钢水中任何元素的几次测定值都不应超过所规定范围的上限和下限。

5.4　成品分析的取样

5.4.1　为了通过成品分析充分地显示浇铸钢水的代表成分，一般的做法是尽可能选择能够代表钢种的试样，最少试样数量如下：小于等于 15 吨的批次取 3 个试样，大于 15 吨的批次取 6 个试样（见标准 ASTM E59）。

表2　成品分析偏差

元　素	规定元素含量的范围或最大值/%	偏差/%	
		低于下限	高于上限
C	≤0.15	0.02	0.03
	>0.15～0.40	0.03	0.04
	>0.40～0.80	0.03	0.05
	>0.80	0.03	0.06
Mn	≤0.60	0.03	0.03
	>0.60～1.15	0.04	0.04
	>1.15～1.65	0.05	0.05
P		—①	0.01
S		—①	0.01
Si	≤0.30	0.02	0.03
	>0.30～0.60	0.05	0.05
Cu		0.02	—①
Ni	≤1.00	—①	0.03
Cr	≤0.90	—①	0.04
Mo	≤0.20	—①	0.01
V	≤0.10	0.01②	0.01②
Nb	≤0.10	0.01②	0.01②
Ti	≤0.15	0.01①	0.01②
Al	≤0.10	0.03③	—①
N	≤0.030	0.005	0.005

① 表中"—"表示不作要求。

② 如果范围的最低值是0.01%，则下偏差为0.005%。

③ 如果范围的最低值是0.01%，则下偏差为0.005%；如果范围的最低值是0.02%，则下偏差为0.01%。

5.4.2　当要求对钢进行拉伸试验时，成品分析的试样可以穿透拉伸试样进行钻取或按照5.4.3中的规定取样。

5.4.3　当不要求对钢进行拉伸试验时，熔炼分析试样必须均匀分布在钢板上的不同部位，对钢板进行全厚度铣取或钻取熔炼分析试样，以便试样的熔炼分析具有代表性，即代表整个钢板或钢带的化学成分。将钢板朝两边折弯可能更方便取样，钻一次能取几个试样。应由买方进行某种加热处理的钢可以不提供正好代表原有化学成分的成分分析结果。因此，用户必须在接受钢材生产厂钢材时，从该钢材上截取碎屑进行分析。

5.5　试样制备——不得用水、油或其他润滑剂钻取试样或截取碎屑，而且试样不得含有铁皮、油脂、脏物或其他异物。在截取试样时不得过热到导致脱碳。碎屑必须混合好，碎屑太粗过不了10号筛，或者太细从30号筛上筛不下来，两种情况都达不到正确分析的目的。筛孔的目数应符合标准ASTM E11的规定。

5.6　试验方法——如果要求进行仲裁试验，并同意采用化学分析的结果来解决争端，进行仲裁试验的程序必须符合ASTM A751最新版本的要求，但生产厂家和买方另有协议的除外。

6　力学性能

6.1　试样数量、取样部位和取样方向等力学性能试验的要求应符合所采用的产品技术规范的规定。

6.2　除非所采用的产品技术规范另有规定，否则试样必须按照 ASTM A370 的规定制备。

6.3　力学性能试验应按照 ASTM A370 的规定进行。

6.4　如果有要求，弯曲试验应按照 ASTM E290 规定进行。

6.5　为了确定是否与产品技术规范相符，抗拉强度、屈服点或屈服强度均应按照 ASTM E29 所规定的修约方法，将测定的数值修约到 7MPa。规定的其他数值修约到限定范围所用的数字右侧的位数。

6.6　结构钢板通常采用冷弯加工制作。在加工车间，根据所规定的冷加工半径进行冷弯成型加工时，存在很多影响冷加工成型性能、相互关联的因素。这些因素包括厚度、强度等级、限定程度、与轧制方向的关系、化学成分和显微组织。每个相应的产品技术规范都在附件中给出了建议的最小冷弯内半径。这些半径应采用弯曲 90°时的最小值。弯曲时假定以“难弯曲方式”弯曲（弯曲轴与轧制方向平行）及有良好的车间冷成型操作条件。如有可能，将推荐采用较大半径或“容易弯曲方式”进行弯曲，以便提高性能。

6.7　加工者应知道，弯曲一个经剪切的或烧割过的边时可能会产生裂纹。这不能视为钢有问题，而应视为冷加工或热影响区域的作用所致。

7　交货的一般要求

7.1　本标准所规定的产品只以英寸/磅或公制十进制厚度单位进行生产，适用相对应的厚度偏差规定。

7.2　钢可采用铸锭或铸坯生产。当连铸钢的不同钢种连浇时，要求提供改变钢种的识别和区分标志。

8　尺寸、偏差和加工余量

8.1　本标准所规定的适用于产品的尺寸、偏差和加工余量在表 3 ~ 表 20［附件 A1，表 A1.1 ~ A1.17］中作了规定。相应的偏差表在每一个单独的技术规范中都应有识别标志。

8.2　距边部 10mm 处测量的合适的厚度公差表见本标准补充要求的 S1 部分。关于如何指定公差的说明见合适的产品规范。

8.3　不平度

8.3.1　表 13 和表 14 是热轧薄板的标准不平度，表 20 是冷轧薄板的标准不平度。

8.3.2　不平度测量方法应符合 ASTM A1030/A1030M 的规定。

8.3.3　两个可供选择的不平度测定方法采用国际单位制和百分比斜度。这两种可选方法在标准 ASTM A1030/A1030M 和附录 X5 中均有规定。

8.3.3.1　是采用国际单位制还是采用百分比斜度作为不平度标准由买方和生产厂家协商而定。

8.3.3.2　国际单位制和百分比斜度的计量方法以及拒收范围由买方和生产厂家协商而定。

9　表面精整和状态

9.1　热轧薄板的表面带有热轧操作产生的氧化物或铁皮。如果有冲压操作或焊接要求，氧化物或铁皮可以通过酸洗或喷砂清整来清除。热轧或热轧除鳞的薄板一般不用于表面很重要的暴露性部件。

9.1.1　热轧薄板可以在未经剪切的轧制边状态下，或按规定在切边的状态下供货。轧制边是热轧操作自然产生的边缘，没有任何特殊的形状处理，也可能带有某些边部缺陷，较常见的缺陷类型有边部裂纹、薄边（羽痕），由搬运和加工引起的坏边，以及超出订货宽度范围以外的缺陷。这些边部状态对要求用焊接进行轧制边连接是不利的。如果买方准备剪切或下料，那么在购买时应留出足够的加工宽度，以保证获得想要的钢板形状和尺寸。对此可以向生产厂家咨询。切边是指通过剪切、纵剪或对钢板轧制边进行切边所形成的正常边。

9.1.1.1　普通热轧轧制边板卷的头尾形状是不规则的，通常被认为是未切头板卷。如果买方拒收这种未切头板卷，应在订单中作出相应的规定。经处理的板卷，如经酸洗或喷砂清整，头尾应切成直边交货。

9.2　冷轧碳素薄板（暴露用途）用于表面十分重要的部位。这类钢板应对表面结构进行控制、对表面质量和不平度有特殊要求。通常由生产厂家进行处理，以消除拉伸应力和防止产生折纹。用户在加工之前应即刻进行辊压矫直，最大限度地降低因时效而引起的拉伸应变痕。

9.2.1　订货用于暴露性部件的碳素钢冷轧薄板可以以下表面结构交货。

9.2.1.1　毛面就是无光泽的表面结构，未进行磨光处理，是通过轧辊直接轧制生产的，采用机械或化学手段进行拉毛，并根据用途拉毛到不同的表面结构等级。经过这些表面处理之后，毛面就适合进行装饰性涂漆了。一般不建议进行抛光涂镀。

9.2.1.2　工业用抛光精整是介于毛面和光泽面之间的一种中间性质的表面结构抛光精整。经过某种表面精整处理的工业性抛光精整钢板适用于装饰性涂漆或某种涂镀。钢板如果在加工中变形，其表面可以进行拉毛处理，以达到某种程度要求，受拉毛影响的区域要求进行表面预加工，使其表面恢复到未变形时的表面状态。

9.2.1.3　光泽精整是一种通过磨辊滚压加工而产生平滑光亮面的精整，适用于经过用户进行特殊表面预加工后的装饰性涂漆或涂镀。光泽面在加工后可能失去光泽，因此要求对失去光泽部分进行表面预加工，以便使其适合进行抛光涂镀。

9.3　碳素冷轧板在用于非暴露性部件时，其表面缺陷的程度和多少不受限制，表面结构和力学性能方面的限定也不适用。如果订货时按照“最终退火”状态交货，那么产品可能存在板卷断裂、折纹和拉伸应变痕倾向。非暴露性用途的冷轧薄板可能比暴露性用途的冷轧薄板的表面缺陷多，这是因为该类钢板从其用途、加工工艺和检验标准而言，要求都不太严格。

9.4　除非另有规定，否则高强度低合金冷轧板以毛面交货。

9.5　除非另有规定，否则本标准所规定的冷轧产品以切边或矩形切边的形式交货。

9.6　涂油

9.6.1　普通热轧板通常以不涂油状态交货。如果有要求，必须规定涂油要求。

9.6.2　热轧酸洗或除鳞的钢板通常以涂油状态交货。如果产品不涂油，则必须对此加以规定，因为精整过的表面容易生锈。

9.6.3　本标准所规定的冷轧产品按规定可以以涂油或不涂油状态交货。

9.7　板卷或经切定尺产生的钢板可能存在表面缺陷，但该种缺陷可以由购买方通过对板材进行合理加工予以清除。

10　加工精度

10.1　切定尺板应具有加工精致的外观，并且对于所订购级别、类别及质量的产品，不得带有有害于成品零件性质或程度上的瑕疵。

10.2　板卷可能存在一些使其中一部分不能使用的异常缺陷，因为板卷的检验不能像切定尺那样可以使生产厂家有机会清除缺陷部分。

10.3　表面状态

10.3.1　暴露用途的冷轧板适用于外观要求很严格的地方，所以称之为暴露用途钢板。而非暴露用途或退火的冷轧板适用于外观要求不十分严格的地方，所以称之为非暴露用途钢板。

10.3.2　暴露用途的切定尺钢板不应包括严重缺陷（缩孔、疏松分层和重皮）和复现性细微缺陷。切定尺钢板可能存在随机的细微表面缺陷，该种缺陷可以由购买方通过对板材进行合理精整予以清除。这些缺陷如果在生产厂家规定的标准范围之内，买方应是可以接受的。

10.3.3　对于暴露性用途的板卷，清除掉 10.3.2 中所述的表面缺陷是不太可能的。但板卷可能存在买方能够接受的在生产厂家规定标准范围之内的缺陷。板卷比切定尺钢板的缺陷多，这是因为生产厂家不能像去除切定尺钢板的缺陷那样可以有机会清除板卷的缺陷部分。

10.3.4　非暴露性用途的切定尺钢板不应存在诸如缩孔、疏松分层和重皮等严重缺陷。但非暴露性用途的切定尺钢板可能比暴露用途切定尺钢板的缺陷多，这些缺陷主要包括凹坑、划痕、黏结条痕、边部线状裂纹、折印、横折、辊印以及其他表面缺陷。这些缺陷买方应无条件接受。

10.3.5　对于非暴露性用途的板卷，清除掉 10.3.4 中所述的表面缺陷是不太可能的。板卷通常存在不可修复的表面缺陷。但买方应接受细微缺陷在生产厂家规定标准范围之内的板卷。通常非暴露性用途板卷比暴露性用途板卷的表面缺陷多。

11　复验和判定

11.1　复验

11.1.1　除非产品技术规范规定禁止复验，否则在下列情况下应允许复验。

11.1.1.1　如果试样显示有加工缺陷或出现发裂，该试样必须作废，并用另一个试样代替。

11.1.1.2　如果任一拉伸试样的伸长率小于规定值，并且根据试验前在试样上做的刻痕，断裂的任一部位距 50mm 试样标距的中心大于 20mm，或在 200mm 试样标距的中间一半部分以外，应允许复验。

11.1.1.3　如果一个初始拉伸试样的试验结果不符合标准要求，并且是由错误的拉伸试验操作所造成的，则可以重新试验。

11.1.1.4　如果一个初始拉伸试样的试验结果不符合标准要求，而且该试验结果与 11.1.1.1 和 11.1.1.2 所述情况无关，且试验结果与要求的屈服强度相差 14MPa 以内，或与要求的抗拉强度相差 14MPa 以内，或与要求的伸长率相差 2% 以内，则允许重新做一次试验以代替不合格的试验结果。

11.1.2　重新试验的试样应从与第一个失效试样相邻的位置制取或从合格的该批材料上随机制取。

11.1.3　如果重新试验的结果满足规定的拉伸试验要求，并且该标准的其他要求也得到满足，那么该批材料合格。

11.2　试验不合要求材料的处理

11.2.1　当发现一批材料试验不合格，而且对该批材料重新取样是标准所允许的，那么在下列情况下允许按下述方法重新取样。

11.2.1.1　如果初始拉伸试验或重新试验试样的结果不符合标准要求，并且不合要求的试验结果与11.1所述的情况无关，那么应将该批材料分离，并重新取样以检验该批材料是否符合标准要求。

11.2.1.2　用于检验不符合要求的材料是否合格的重新取样，应是将不符合标准要求的材料剔出之后，在该批中重新取样。重新取样应与特殊的不符合标准的位置和该批的工艺过程相符。

11.2.1.3　最多允许重新取样两次。如果进行两次重新取样之后，材料仍不符合标准要求，则该批为不合格。

12　检查

12.1　当买方订单上规定在钢材从工厂发货之前应对钢进行验收检验和试验（成品分析除外）时，生产厂家应向买方的检验人员提供合理的设施，使其确信钢材正在按照技术规范进行生产和供货。买方进行的工厂检验不应干扰生产厂家的正常生产操作。

13　退货和复核

13.1　除非另有规定，否则买方任何退货的要求都应在接收产品后的合理时间内报告给生产厂家。

13.2　在买方工厂进行验收时，报告有缺陷的材料应放在一边，要妥善保管，标记准确。应尽快通知生产厂家以便进行核查。

13.3　应向生产厂家提供能够代表退货材料的试样。如果生产厂家对退货有异议，可要求进行复核。

14　试验报告和质量证明书

14.1　当购货合同或产品技术规范要求提供试验报告时，供货商应提供产品技术规范或购货合同所要求的全部试验结果的报告。

14.2　当购货合同要求提供质量证明书时，供货商应提供该产品已经按照产品技术规范的要求进行生产和试验的质量证明书。

14.3　试验报告或合格证上面不要求签字。但是文件上应清楚标明提交文件的机构。虽然没有签字，提交文件的机构应对文件的内容负责。

14.4　当要求提供试验报告时，产品生产厂家的试验报告原件的复印件应附有任何后续的试验报告。

14.5　根据电子数据互换（EDI）传输而进行打印或使用的产品试验报告、检验质量证明书或类似文件应视为与出具证明的工厂所打印的副本具有同等效力。EDI传输文件的内容必须符合现行的ASTM标准要求，符合买卖双方任何生效的EDI协议。虽然没有签字，但提交EDI传输材料的机构应对报告的内容负责。

15　产品标记

15.1　作为一项最低要求，产品上应标明生产厂家的名称、ASTM标准号、重量、买方的订货号以及产品的识别标记，这些内容应清晰地印在一捆钢板的顶部或粘贴在每个板卷或装运单元的标签上面。

15.2　如果合同或订单已作规定，对于由政府直接采购或直接发货给政府的产品，除了应符合合同或订单中对装运标记的要求外，还要符合军事机构 MIL-STD-129 标准和民用机构 Feb. Std. No. 123 标准的规定。

15.3　条形码作为一种补充标记方法是可以接受的。条形码应与汽车工业条例组织（AIAG）标准一致，该标准是由 AIAG 条形码项目组初级金属分组委员会制订的。

16　包装和包装标记

16.1　除非另有规定，否则钢板应按照标准 ASTM A700 进行包装和装运。

16.2　当订购的是板卷时，如果有要求，通常应规定最小内径或内径范围、最大外径及最大卷重。生产厂家能满足最大卷重的能力取决于各自的轧机设备。如果有要求，最小卷重由买方和生产厂家协商确定。

补充要求

当需方在订单或合同中指定时，下列补充要求才适用。

S1　厚度公差

S1.1　见表 S1.4～S1.6。

表 S1.4　热轧薄板（包括酸洗板在内的板卷、切定尺板）**的厚度偏差**

［只适用于碳素钢和结构钢——最小测量边距为 10mm（剪切边）和 20mm（轧制边）］

规定宽度/mm	厚度正偏差(无负偏差)①②/mm			
	规定的订货厚度/mm			
	≤2.0	>2.0～2.5	>2.5～<4.5	4.5～<6.0
≤600	0.30	0.30	0.35	0.40
>600～1200	0.30	0.35	0.40	0.45
>1200～1500	0.35	0.35	0.40	0.50
>1500～1800	0.35	0.40	0.40	0.56
>1800	0.35	0.40	0.40	0.60

注：1. 在沿宽度方向距离剪切边不低于10mm，距离轧制边不低于20mm 的任何位置测量厚度。本表不适用于未切头的带轧制边的板卷。

2. 用于测量厚度的千分尺应采用最小直径为 4.80mm 的测量砧和测量杆，测量砧的顶部应是平的或是最小曲率半径为 2.55mm 的圆形头，带尖形测量砧的千分尺不适用于厚度测量。

3. 本表被用来建立表 A1.1，通过将本表中的值乘以 0.75，并按 ASTM 规范修约到小数点后 2 位。

4. 宽度小于 25mm 时，在宽度中心测量厚度。

① 表头中给定的厚度范围不受订货厚度为正常厚度或最小厚度的限制。

② 如按最小厚度订货，公差值取正不取负。如按正常厚度订货，公差值按表中公差带取正负值。

表 S1.5 热轧薄板(高强度低合金钢)的厚度偏差

[包括酸洗板在内的板卷、切定尺板——最小测量边距为10mm(剪切边)和20mm(轧制边)]

规定宽度/mm	厚度正偏差(无负偏差)①/mm			
	规定的订货厚度②/mm			
	≤2.0	>2.0~2.5	>2.5~<4.5	4.5~<6.0
≤600	0.30	0.35	0.40	0.40
>600~1200	0.35	0.40	0.45	0.50
>1200~1500	0.35	0.40	0.50	0.50
>1500~1800	0.40	0.45	0.55	0.56
>1800~2000	0.40	0.45	0.60	0.60
>2000	…③	0.50	0.60	0.60③

注：1. 在沿宽度方向距离剪切边不低于10mm，距离轧制边不低于20mm的任何位置测量厚度。本表不适用于未切头的带轧制边的板卷。

2. 用于测量厚度的千分尺应采用最小直径为4.80mm的测量砧和测量杆，测量砧的顶部应是平的或是最小曲率半径为2.55mm的圆形头，带尖形测量砧的千分尺不适用于厚度测量。

3. 本表被用来建立表A1.2，通过将本表中的值乘以0.75，并按ASTM规范修约到小数点后2位。

4. 宽度小于25mm时，在宽度中心测量厚度。

① 表头中给定的厚度范围不受订货厚度为正常厚度或最小厚度的限制。

② 如按最小厚度订货，公差值取正不取负。如按正常厚度订货，公差值按表中公差带取正负值。

③ 表中"…"表示不作要求。

表 S1.6 冷轧薄板①厚度偏差(所有牌号)——最小测量边距为10mm

规定宽度/mm	规定的订货厚度②/mm				
	≤0.4	>0.4~1.0	>1.0~1.2	>1.2~2.5	>2.5~4.0
	厚度正偏差(无负偏差)③/mm				
≤1800	0.10	0.15	0.20	0.25	0.30
>1800~2000	…④	0.15	0.20	0.30	0.35
>2000	…④	0.30	0.30	0.35	0.40

注：1. 在沿宽度方向距离侧边不低于10mm的任何位置测量厚度。

2. 本表中宽度小于等于300mm的钢板适用于从较宽钢板上纵剪而成的宽度钢板。

3. 用于测量厚度的千分尺应采用最小直径为4.80mm的测量砧和测量杆，测量砧的顶部应是平的或是最小曲率半径为2.55mm的圆形头，带尖形测量砧的千分尺不适用于厚度测量。

4. 本表被用来建立表A1.12，通过将本表中的值乘以0.50，并按ASTM规范修约到小数点后2位。

5. 宽度小于25mm时，在宽度中心测量。

① 高强度低合金钢的最小厚度为0.55mm。

② 表头中给定的厚度范围不受订货厚度为正常厚度或最小厚度的限制。

③ 如按最小厚度订货，公差值取正不取负。如按正常厚度订货，公差值按表中公差带取正负值。

④ 表中"…"表示不作要求。

强制性资料

A1　国际单位制的尺寸和质量允许偏差

表 A1. 1 ~ A1. 17 列出的是采用国际单位制（SI）表示的尺寸和质量的允许偏差。

表 A1. 1　热轧薄板(包括酸洗板在内的板卷、切定尺板)**的厚度偏差范围**

[只适用于碳素钢和结构钢——最小测量边距为 15mm(剪切边)和 25mm(轧制边)]

规定宽度/mm	厚度正偏差(无负偏差)①/mm			
	规定的订货厚度②/mm			
	≤2. 0	>2. 0 ~ 2. 5	>2. 5 ~ <4. 5	4. 5 ~ <6. 0
≤600	0. 22	0. 22	0. 26	0. 30
>600 ~ 1200	0. 22	0. 26	0. 30	0. 34
>1200 ~ 1500	0. 26	0. 26	0. 30	0. 38
>1500 ~ 1800	0. 26	0. 30	0. 30	0. 42
>1800	0. 26	0. 30	0. 30	0. 45

注：1. 在沿宽度方向距离剪切边不低于 15mm，距离轧制边不低于 25mm 的任何位置测量厚度。本表不适用于未切头的带轧制边的板卷。

2. 用于测量厚度的千分尺应采用最小直径为 4. 80mm 的测量砧和测量杆，测量砧的顶部应是平的或是最小曲率半径为 2. 55mm 的圆形头，带尖形测量砧的千分尺不适用于厚度测量。

3. 宽度小于 50mm 时，在宽度中心测量厚度。

① 如按最小厚度订货，公差值取正不取负。如按正常厚度订货，公差值按表中公差带取正负值。

② 表头中给定的厚度范围不受订货厚度为正常厚度或最小厚度的限制。

表 A1. 2　热轧薄板(高强度低合金钢)**的厚度偏差范围**

[包括酸洗板在内的板卷、切定尺板——最小测量边距为 15mm(剪切边)和 25mm(轧制边)]

规定宽度/mm	厚度正偏差(无负偏差)①/mm			
	规定的订货厚度②/mm			
	≤2. 0	>2. 0 ~ 2. 5	>2. 5 ~ <4. 5	4. 5 ~ <6. 0
≤600	0. 22	0. 26	0. 30	0. 30
>600 ~ 1200	0. 26	0. 30	0. 34	0. 38
>1200 ~ 1500	0. 26	0. 30	0. 38	0. 38
>1500 ~ 1800	0. 30	0. 34	0. 41	0. 42
>1800 ~ 2000	0. 30	0. 34	0. 45	0. 45
>2000	…③	0. 38	0. 45	0. 45③

注：1. 在沿宽度方向距离剪切边不低于 15mm，距离轧制边不低于 25mm 的任何位置测量厚度。本表不适用于未切头的带轧制边的板卷。

2. 用于测量厚度的千分尺应采用最小直径为 4. 80mm 的测量砧和测量杆，测量砧的顶部应是平的或是最小曲率半径为 2. 55mm 的圆形头，带尖形测量砧的千分尺不适用于厚度测量。

3. 宽度小于 50mm 时，在宽度中心测量厚度。

① 如按最小厚度订货，公差值取正不取负。如按正常厚度订货，公差值按表中公差带取正负值。

② 表头中给定的厚度范围不受订货厚度为正常厚度或最小厚度的限制。

③ 表中“…”表示不作要求。

表 A1.3　带轧制边的热轧薄板的宽度偏差[①]（所有牌号）

（包括酸洗板在内的板卷、切定尺板）

规定宽度/mm	只有宽度正偏差/mm	
	碳素钢	高强度低合金钢
>300～600	16	16
>600～1200	26	28
>1200～1500	32	38
>1500～1800	35	45
>1800	48	50

① 上述偏差不适用于未切头的轧制边板卷。

表 A1.4　带剪切边的热轧和冷轧薄板的宽度偏差（所有牌号）

（包括酸洗板在内的、不重切的板卷和切定尺板）

规定宽度/mm	只有宽度正偏差/mm
≤600	3
>600～1200	5
>120～1500	6
>1500～1800	8
>1800	10

表 A1.5　热轧薄板的长度偏差（所有牌号）

（包括酸洗板在内的、不重切的切定尺板）

规定长度/mm	只有长度正偏差/mm	规定长度/mm	只有长度正偏差/mm
>300～600	6	>3000～4000	25
>600～900	8	>4000～5000	35
>900～1500	12	>5000～6000	40
>1500～3000	20	>6000	45

表 A1.6　从热轧薄板（包括酸洗）和冷轧薄板（宽度大于 300mm）上剪切下来的圆试件的直径偏差（所有牌号）

规定厚度[①]/mm	大于规定直径的正偏差(无负偏差)/mm		
	直径/mm		
	≤600	>600～1200	>1200
≤1.5	1.5	3.0	5.0
>1.5～2.5	2.5	4.0	5.5
>2.5	3.0	5.0	6.5

① 高强度低合金钢热轧薄板的最小厚度为 1.8mm。

表 A1.7　热轧薄板（包括酸洗板在内）和冷轧薄板的镰刀弯偏差①

（所有牌号）（不重切的切定尺板）

定尺长度/mm	镰刀弯①/mm	定尺长度/mm	镰刀弯①/mm
≤1200	4	>4300～4900	16
>1200～1800	5	>4900～5500	19
>1800～2400	6	>5500～6000	22
>2400～3000	8	>6000～9000	32
>3000～3700	10	>9000～12200	38
>3700～4300	13		

注：镰刀弯是指侧边与直线的最大偏离，用直尺在钢板的凹侧边进行测量。

① 板卷的镰刀弯是指在任意 6000mm 内偏差 25.0mm。

表 A1.8　热轧切边薄板（包括酸洗板）和冷轧薄板的脱方度偏差

（所有牌号）（不重切的切定尺板）

脱方度是指钢板端头边相对于与侧面成直角的直尺边的最大偏差。它也可以通过测量定尺长度的对角线之间的差值而获得。脱方度偏差是该差值的一半，所有厚度和所有规格的脱方度偏差均是宽度的比值，即 1.0mm /100mm 或用小数比值表示

表 A1.9　带剪切边的热轧薄板（包括酸洗板）和冷轧薄板的垂直度偏差范围

（所有牌号）（切定尺板）

当将定尺板规定为限定性矩形剪切时，其宽度和长度不得低于规定的尺寸。超宽和超长钢板、镰刀弯和脱方度的偏差均不得超过 1.6mm，这其中包括宽度小于等于 1200mm 和长度小于等于 3000mm 的钢板。对于较宽或较长的切定尺钢板，适用偏差是 3.2mm

表 A1.10　经平整轧制或酸洗的热轧定尺钢板①的不平度②

（所有牌号）

规定厚度/mm	规定宽度/mm	不平度偏差③/mm	
		规定最低屈服强度④/MPa	
		<310	310～340
>1.2～1.5	≤900	15	20
	>900～1500	20	30
	>1500	25	…⑤
>1.5～4.5	≤1500	15	20
	>1500～1800	20	30
	>1800	25	40
>4.5～<6.0	≤1500	15	20
	>1500～1800	20	30
	>1800	25	40

① 除非板卷被全部轧制，并充分平整，否则该表不适用于板卷。

② 当用户可进行充分平整操作时，该表也适用于买方从板卷上定尺横切而成的钢板。

③ 与水平表面的最大偏差。

④ 规定最低屈服强度大于 340MPa 的高强度低合金钢的偏差应协商确定。

⑤ 表中“…”表示不作要求。

表 A1.11　未经处理的热轧切定尺板①的不平度②（所有牌号）

规定厚度/mm	规定宽度/mm	不平度偏差③/mm 规定最低屈服强度④/MPa	
		<310	310～340
>1.2～1.5	≤900	45	60
	>900～1500	60	90
	>1500	75	…
>1.5～4.5	≤1500	45	60
	>1500～1800	60	90
	>1800	75	120
>4.5～<6.0	≤1500	45	60
	>1500～1800	60	90
	>1800	75	120

① 除非板卷被全部轧制，并充分平整，否则该表不适用于板卷。

② 当用户可进行充分平整操作时，该表也适用于买方从板卷上定尺横切而成的钢板。

③ 与水平表面的最大偏差。

④ 规定最低屈服强度大于340MPa的高强度低合金钢的偏差应协商确定。

表 A1.12　冷轧薄板①的厚度偏差（所有牌号）——最小测量边距为25mm

规定宽度/mm	规定的订货厚度②/mm				
	≤0.4	>0.4～1.0	>1.0～1.2	>1.2～2.5	>2.5～4.0
	厚度正偏差(无负偏差)③/mm				
≤1800	0.05	0.08	0.10	0.12	0.15
>1800～2000	…④	0.08	0.10	0.15	0.18
>2000	…④	0.15	0.15	0.18	0.20

注：1. 在沿宽度方向距离侧边不低于25mm的任何位置测量厚度。

2. 本表中宽度小于等于300mm的钢板适用于从较宽钢板上纵剪而成的宽度钢板。

3. 用于测量厚度的千分尺应采用最小直径为4.80mm的测量砧和测量杆，测量砧的顶部应是平的或是最小曲率半径为2.55mm的圆形头，带尖形测量砧的千分尺不适用于厚度测量。

4. 宽度小于50mm的产品的厚度偏差，在宽度方向中心点测量。

① 高强度低合金钢的最低厚度为0.55mm。

② 表头中给定的厚度范围不受订货厚度为正常厚度或最小厚度的限制。

③ 如按最小厚度订货，公差值取正不取负。如按正常厚度订货，公差值按表中公差带取正负值。

④ 表中"…"表示不作要求。

表 A1.13　冷轧薄板的长度偏差（所有牌号）

（不重切的、宽度大于300mm的切定尺板）

规定长度/mm	大于规定长度的偏差(无负偏差)/mm
>300～1500	6
>1500～3000	20
>3000～6000	35
>6000	45

表 A1.14　冷轧薄板的长度偏差（所有牌号）

（不重切的、宽度小于等于 300mm 的切定尺板）

规定长度/mm	大于规定长度的偏差（无负偏差）/mm
>600～1500	15
>1500～3000	20
>3000～6000	25

注：本表适用于由较宽的钢板纵剪而成的宽度钢板。

表 A1.15　冷轧薄板的宽度偏差（所有牌号）[①]

（不重切的、宽度小于等于 300mm 的板卷和切定尺板）

规定长度/mm	大于规定长度的偏差(无正、负偏差)/mm
>50～100	0.3
>100～200	0.4
>200～300	0.8

注：本表适用于由较宽的钢板纵剪而成的宽度钢板。

① 高强度低合金钢的厚度为 0.50mm。

表 A1.16　冷轧板卷的镰刀弯偏差（所有牌号）

（宽度小于等于 300mm，切定尺板）

宽度/mm	镰刀弯偏差/mm
≤300	在任意 2000mm 内偏差 5.0mm

注：1. 镰刀弯是侧边与直线的最大偏离，用直尺在钢板的凹侧边进行测量。

　　2. 本表适用于由较宽的钢板纵剪而成的宽度钢板。

表 A1.17　冷轧薄板的不平度偏差（所有牌号）

规定厚度/mm	规定宽度/mm	不平度偏差[①]/mm	
		规定最低屈服强度[②]/MPa	
		<310	310～340
>1.0	≤900	10	20
	>900～1500	15	30
	>1500	20	40
>1.0	≤900	8	20
	>900～1500	10	20
	>1500～1800	15	30
	>1800	20	40

注：1. 本表不适用于按全硬质订货，或极软钢订货的钢板。

　　2. 本表可适用于用户从板卷上剪切下来后，进行充分平整操作的定尺横切板。

　　3. 除非板卷全部经过轧制，并充分平整，否则本表不适用于板卷产品。

① 与水平平直面的最大偏差。

② 规定最低屈服强度超过 340MPa 的高强度低合金钢的偏差应协商确定。

ASTM A635/A635M-09b 碳素钢、结构钢、高强度低合金钢和改善成型性的高强度低合金钢热轧厚钢带的一般要求（节选）

1　范围

1.1　本标准包含了热轧厚钢带的一般要求。

1.2　本标准适用于标准 A414/A414M、A424/424M 和 A1018/A1018M。

1.3　可提供下列尺寸的板卷。

仅限于钢卷规格/in			仅限于钢卷规格/mm		
产　品	宽　度	厚　度	产　品	宽　度	厚　度
钢　带	>8~12	0.230~1.000	钢　带	>200~300	6.0~25
卷　板	全部宽度①		卷　板	全部宽度	

①宽度小于300mm 的热轧厚卷板必须有剪切边。宽度大于等于300mm 带有轧制边的热轧厚卷板可认为是热轧厚钢带。

1.4　如本标准的要求与具体的产品标准有任何矛盾，具体的产品标准的要求优先于本标准。

2　参考文件（略）

3　术语

3.1　本标准的术语

3.1.1　钢的种类

3.1.2　碳素钢——当对铝、铬、钴、铌、钼、钛、钨、钒、锆，或为获得所要求的合金化效果而添加任何元素不作最低含量规定或要求时；当对铜规定的最小含量不超过0.40%；或当下列的任何一种元素规定的最大含量不超过：$w(\mathrm{Mn}) \leqslant 1.65$；$w(\mathrm{Si}) \leqslant 0.60$；$w(\mathrm{Cu}) \leqslant 0.60$ 时，将这种钢称为碳素钢。

3.1.2.1　讨论——在所有的碳素钢中，有时会发现钢材中不可避免地残留一些少量未规定或未要求的某些元素，比如铜、镍、钼、铬等。这些元素被视为杂质元素，通常不用测定或报告。

3.1.3　高强度低合金钢——是一组高强度的特定钢种，在某些情况下可通过添加中等含量的一种或多种合金元素来获得耐大气腐蚀性或提高成型性。

3.2　产品类型

3.3　热轧薄板和钢带——是通过连轧机将板坯热轧成要求厚度的产品；但是薄板和带卷的产品分类是基于厚度和宽度的（见标准 ASTM A414/A414M、ASTM A424/424M 和 ASTM A1018/A1018M）。

3.4　钢制造商——直接进行或负责钢的冶炼和精炼，将钢转变为钢的半成品诸如通过传统或紧凑式的连铸机生产的板坯以及钢锭，将钢锭转变为板坯，负责进行检验、标志、装运、证明书等操作中的一项或几项的组织。

3.5　热卷制造商——直接进行或负责通过热轧将板坯轧制为钢卷、负责矫直、切定尺、检验、检查、冲裁、切分、酸洗、冷轧、热处理、涂层、包装、标识、装运和证明书等操作中的一项或几项的组织。

3.6　钢卷加工商——直接进行或负责钢卷加工过程涉及的操作诸如矫直、切定尺、检验、检查、冲裁、切分、酸洗、冷轧、热处理、涂层、包装、标识、装运和证明书。

3.6.1　讨论——不需要负责进行将板坯轧制成钢卷的操作。如果只有一个组织控制和/或负责热轧和热加工，则该组织被命名为热轧制造商。如果有多于1个的组织控制或直接负责热轧和热加工，那么控制或负责热轧的组织被命名为制造商，控制或负责加工过程的组织被命名为钢卷加工商。

3.7　标准中其他的术语定义参照ASTM A941。

4　材料和制造

4.1　熔炼——热轧厚板卷及带卷通常用沸腾钢、压盖钢及半镇静钢生产。

如果对晶粒度有要求，需以特殊镇静钢供货。

4.2　钢分为模铸及连铸，如果连铸不同钢种，则需要标识并分开过渡材料。

4.3　钢带为热轧状态。

5　化学成分

5.1　熔炼分析——生产商应做每炉次或每浇次的熔炼分析来测定化学成分是否符合标准要求。分析结果应来自每炉次或每浇次过程中合理采取的试样。

5.1.1　当钢材用于焊接结构时，必须选择合适的化学成分或力学性能，以保证适合焊接过程和焊接过程对性能的影响。

5.2　成品检查或验证分析

5.2.1　非镇静钢（如压盖沸腾钢或沸腾钢）从工艺上讲不适合进行成品分析，因为其化学成分不均匀，不适用表1中的偏差要求。只有当出现使用不当或对含铜钢规定了成分含量时，成品分析才适用这些类型的钢。

5.2.2　对非镇静钢（如压盖沸腾钢或沸腾钢）之外的钢，成品分析可以由买方进行。化学分析不应大于表1所规定的含量范围。一罐钢水中任何元素的几次测定值都不应超过所规定范围的上限和下限。

表1　成品分析偏差

元　素	规定元素的范围或最大值/%	允许的偏差/%	
		低于下限	高于上限
C	≤0.15	0.02	0.03
	>0.15~0.25	0.03	0.04
Mn	≤0.60	0.03	0.03
	>0.60~1.15	0.04	0.04
	>1.15~1.65	0.05	0.05
P	—	—	0.01

续表 1

元　素	规定元素的范围或最大值/%	允许的偏差/%	
		低于下限	高于上限
S	—	—	0.01
Si	≤0.30	0.02	0.03
	>0.30～0.60	0.05	0.05
Cu		0.02	—

5.2.3　成品分析的取样

5.2.3.1　为了通过成品分析充分地显示浇铸钢水的代表成分，一般的做法是尽可能选择能够代表钢种的试样，最少试样数量如下：小于等于 15 吨的批次取 3 个试样，大于 15 吨的批次取 6 个试样（见标准 ASTM E59）。

5.2.3.2　当要求对钢进行拉伸试验时，成品分析的试样可以通过穿透拉伸试样进行钻取或按照 5.2.3.3 中的规定取样。

5.2.3.3　当不要求对钢进行拉伸试验时，熔炼分析的试样必须均匀分布在钢板的不同部位，对钢板进行全厚度铣取或钻取来制备熔炼分析试样，以便试样具有代表性，即代表整个钢板或钢带的化学成分。将钢板朝两边折弯可能更方便取样，钻一次能取几个试样。应由买方进行某种加热处理的钢可以不提供正好代表原有化学成分的成品分析结果。因此，用户必须在接受钢材生产厂钢材时，从该钢材上截取碎屑进行分析。

5.3　试样制备——不得用水、油或其他润滑剂钻取试样或截取碎屑，而且试样不得含有铁皮、油脂、脏物或其他异物。在截取试样时不得过热到导致脱碳。碎屑必须混合好，碎屑太粗过不了 10 号筛，或者太细从 30 号筛上筛不下来，两种情况都达不到正确分析的目的。筛孔的目数应符合 ASTM E11 的规定。

5.4　试验方法——如果要求进行仲裁试验，并同意采用化学分析的结果来解决争端，进行仲裁试验的程序必须符合 ASTM A751 最新版本的要求，但生产厂家和买方另有协议的除外。

6　力学性能

6.1　力学性能要求、试样的数量、试验的位置以及试样的取向应符合适用的产品标准。

6.2　除非适用的产品标准中另有规定，否则试样必须按 ASTM A370 来制备。

6.3　力学性能试验应按 ASTM A370 规定进行。

6.4　为了确定是否与产品技术规范相符，抗拉强度、屈服点或屈服强度均应按照 ASTM E29 所规定的修约方法，将测定的数值修约到 7MPa。规定的其他数值修约到限定范围所用的数字右侧的位数。

7　尺寸和偏差

7.1　热轧和热轧酸洗板卷的尺寸偏差不能超过表 2～表 5 的规定；热轧和热轧酸洗带卷的尺寸允许偏差不能超过表 7～表 9 的规定（A1 中表 A1.1～表 A1.8）。

7.2　距边部10mm测量的合适的厚度公差表见本标准补充要求的S1部分。关于如何指定公差的说明见相关的产品规范。

8　表面质量及外观

8.1　钢应有良好的外观，并不应有本质的或能损伤冲压或加工成品部件的缺陷。

8.2　由于卷材检验时没有机会除去含有缺陷的部分，故卷材中可能含有某些不规则的、会使卷材的一部分不能使用的缺陷。

8.3　表面质量

8.3.1　除非另有规定，钢材交货时可不除去热轧的氧化物或铁皮。

8.3.2　当有要求时，可进行酸洗或喷丸处理。

8.4　涂油

8.4.1　除非另有规定，否则热轧产品不涂油，而热轧酸洗或喷丸的钢板应涂油。

8.4.2　当有要求时，热轧产品可以进行涂油，而热轧酸洗或喷丸处理的钢材可以不进行涂油。

8.5　边缘状态

8.5.1　轧制状态的钢材有轧制边。酸洗或喷丸的钢材应有剪切边；如果要求有轧制边，必须加以说明。

8.5.2　当有要求时，轧制状态的钢材可有剪切边。

9　复验和判定

9.1　复验

9.1.1　除非产品标准规定禁止复验，否则在下列情况下允许复验。

9.1.1.1　如果试样显示有加工缺陷或出现裂纹，该试样必须作废，并用另一个试样代替。

9.1.1.2　如果任一拉伸试样的伸长率小于规定值，并且根据试验前在试样上作的刻痕，断裂的任一部位距50mm试样标距的中心大于20mm，或在200mm试样标距的中间一半部分以外，应允许复验。

9.1.1.3　如果一个拉伸试样的试验结果不符合标准要求，并且是由错误的拉伸试验操作所造成的，则可以复验。

9.1.1.4　如果一个初始拉伸试样的试验结果不符合标准要求，而且该试验结果与9.1.1.1和9.1.1.2所述情况无关。但是试验结果与要求的屈服强度相差14MPa以内，或与要求的抗拉强度相差14MPa以内，或与要求的伸长率相差2%以内，则允许做一次重新试验以代替不合格的试验结果。

9.1.2　重新试验的试样应从第一个失效试验相邻的位置制取或从合格的该批材料上随机地制取。

9.1.3　如果重新试验的结果满足规定的拉伸试验要求，并且该标准的其他要求也得到满足，那么该批材料合格。

9.2　不合格产品的处理

9.2.1　当发现一批材料试验不合格，而且对该批材料重新取样是标准所允许的，那么在下列情况下允许按下述方法重新取样。

9.2.1.1　如果初始拉伸试验或重新试验试样的结果不符合标准要求，并且不合要求的试验结果与9.1所述的情况无关，那么应将该批材料分离，并重新取样以检验该批材料是否符合标准要求。

9.2.1.2 不合格产品的重新取样应包括挑出不符合标准的钢材和从本批次中重新取样。重新取样应适合于特定的没有符合标准的状况和该批的处理记录。

9.2.1.3 最多允许两次重新取样。如果进行两次重新取样之后，材料仍不符合标准要求，则该批为不合格。

10 检查

10.1 当买方订单上规定在钢材从工厂发货之前应对钢进行验收检验和试验（成品分析除外）时，生产厂家应向买方的检验人员提供合理的设施，使其确信钢材正在按照技术规范进行生产和供货。买方进行的工厂检验不应干扰生产厂家的正常生产操作。

11 退货和复核

11.1 在需方验收之后报告有缺陷的材料应另行堆放、妥善保管并正确标记。同时，应尽快通知制造商，以便着手进行核查。

11.2 代表拒收材料的试样应提供给制造商。如果制造商对拒收有异议，可要求进行复核。

12 试验报告和质量证明书

12.1 当订单或产品标准要求提供试验报告时，供货商应提供产品标准或订单所要求的全部试验结果的报告。

12.2 当订单要求提供质量证明书时，供货商应提供该产品已经按照产品标准的要求进行生产和试验的质量证明书。

12.3 试验报告或质量证明书上面不要求签字。但是，文件上应清楚标明提交文件的机构。虽然没有签字，提交文件的机构应对文件的内容负责。

12.4 当要求提供试验报告时，产品生产厂家的试验报告原件的复印件应附有任何后续的试验报告。

12.5 根据电子数据互换（EDI）传输而进行打印或使用的产品试验报告、检验质量证明书或类似文件应视为与出具证明的工厂所打印的副本一样具有同等效力。EDI 传输文件的内容必须符合现行的 ASTM 标准要求，符合买卖双方任何生效的 EDI 协议。虽然没有签字，但提交 EDI 传输材料的机构应对报告的内容负责。

13 产品标志

13.1 作为对产品的最低要求，产品应标有生产厂名称、ASTM 标准号、钢级、重量、订单号。产品标志应字迹清楚，一般标在标签上，附在每个钢卷或每一交货单元上。

13.2 如果合同或订单已作规定，对于由政府直接采购或直接发货给政府的产品，除了应符合合同或订单中对装运标记的要求外，还要符合军事机构 MIL-STD-129 标准和民用机构 Feb. Std. No. 123 标准的规定。

13.3 条形码作为一种补充标记方法是可以接受的。条形码应与汽车工业条例组织（AIAG）标准一致，该标准是由 AIAG 条形码项目组初级金属分组委员会制订的。

14 包装及包装标志

14.1 除非另有规定，否则钢板应按照标准 ASTM A700 进行包装和装运。

14.2 当订购的是板卷时，如果有要求，通常应规定最小内径或内径范围、最大外径及最大卷重。生产厂家能满足最大卷重的能力取决于各自的轧机设备。如果有要求，最小卷重由双方协商确定。

补充要求

当需方在订单或合同中指定要求时，下列补充要求才适用。

S1　厚度公差

见表 S1.3 ~ S1.4。

表 S1.3　按最小厚度订货的热轧宽钢带（碳钢和高强度低合金钢）**的厚度偏差**
——最小边距为 10mm（剪切边）**和 20mm**（轧制边）（仅适用于板卷）

规定宽度/mm	规定的订货厚度①/mm				
	厚度偏差（无负偏差）②/mm				
	6.0 ~ 8.0	>8.0 ~ 10.0	>10.0 ~ 12.5	>12.5 ~ 16.0	>16.0 ~ 25.0
≤600	0.56	0.60	0.64	0.70	0.76
>600 ~ 1200	0.60	0.64	0.70	0.76	0.80
>1200 ~ 1500	0.60	0.70	0.76	0.80	0.84
>1500 ~ 1800	0.64	0.76	0.80	0.90	0.96
>1800	0.72	0.80	0.90	0.96	1.00

注：1. 在沿宽度方向距离剪切边不低于10mm，距离轧制边不低于20mm的任何位置测量厚度。本表不适用于未切头的带轧制边的板卷。
2. 用于测量厚度的千分尺应采用最小直径4.80mm的测量砧和测量杆，测量砧的顶部应是平的或最小曲率半径为2.55mm的圆形头，带尖形测量砧的千分尺不适用于厚度测量。
3. 本表被用来建立表 A1.1，通过将本表中的值乘以0.75，并按 ASTM 规范修约到小数点后3位。
4. 宽度小于25mm时，在宽度中心测量厚度。

①表头中给定的厚度范围不受订货厚度为正常厚度或最小厚度的限制。
②如按最小厚度订货，公差值取正不取负。如按正常厚度订货，公差值按表中公差带取正负值。

表 S1.4　热轧窄钢带（碳素钢和高强度低合金钢）**的厚度偏差**
——最小边距为 10mm（仅适用于带卷）

规定宽度/mm	规定的订货厚度①/mm			
	厚度偏差（无负偏差）②/mm			
	6.0 ~ 8.0	>8.0 ~ 12.5	>12.5 ~ 16.0	>16.0 ~ 25.0
>200 ~ 300	0.40	0.50	0.55	0.60

注：1. 在距钢带边10mm处测量厚度。这些偏差不包括凸度，因此表 A1.6 的偏差是加于本表之上的。
2. 用于测量厚度的千分尺应采用最小直径4.80mm的测量砧和测量杆，测量砧的顶部应是平的或最小曲率半径为2.55mm的圆形头，带尖形测量砧的千分尺不适用于厚度测量。
3. 本表被用来建立表 A1.1，通过将本表中的值乘以0.75，并按 ASTM 规范修约到小数点后3位。

① 表头中给定的厚度范围不受订货厚度为正常厚度或最小厚度的限制。
② 如按最小厚度订货，公差值取正不取负。如按正常厚度订货，公差值按表中公差带取正负值。

强制性信息

A1　SI 单位制的尺寸和质量的允许偏差

表 A1. 1 ~ A1. 8 是国际单位制（SI）的尺寸和质量允许偏差。

表 A1. 1　按最小厚度订货的热轧宽钢带（碳钢和高强度低合金钢）的厚度偏差——最小边距为 15mm（剪切边）和 25mm（轧制边）（仅适用于板卷）

规定宽度/mm	规定的订货厚度①/mm				
	厚度偏差（无负偏差）②/mm				
	6. 0 ~ 8. 0	> 8. 0 ~ 10. 0	> 10. 0 ~ 12. 5	> 12. 5 ~ 16. 0	> 16. 0 ~ 25. 0
≤600	0. 42	0. 45	0. 48	0. 52	0. 57
> 600 ~ 1200	0. 45	0. 48	0. 52	0. 57	0. 60
> 1200 ~ 1500	0. 45	0. 52	0. 57	0. 60	0. 63
> 1500 ~ 1800	0. 48	0. 57	0. 60	0. 68	0. 72
> 1800	0. 54	0. 60	0. 68	0. 72	0. 75

注：1. 在沿钢板宽度方向距切边不小于 15mm 或距轧边不小于 25mm 的任意点处测量厚度。本表不适用于未切头尾的带轧边的板卷。

2. 用来测量厚度的千分尺应采用最小直径为 4. 80mm 的测量砧和测量杆，测量砧的顶部应是平的或是最小曲率半径为 2. 55mm 的圆形头，带尖形测量砧的千分尺不适用于厚度测量。

3. 宽度小于 50mm 时，在宽度中心测量厚度。

① 表头中给定的厚度范围不受订货厚度为正常厚度或最小厚度的限制。

② 如按最小厚度订货，公差值取正不取负。如按正常厚度订货，公差值按表中公差带取正负值。

表 A1. 2　带轧制边的宽钢带的宽度允许偏差（仅适用于板卷）

规定宽度/mm	宽度的正偏差（无负偏差）/mm
> 300 ~ 600	16
> 600 ~ 1200	28
> 1200 ~ 1500	38
> 1500 ~ 1800	45
> 1800	50

注：此表不适用于未切头尾的带轧制边的板卷。

表 A1. 3　带剪切边的宽钢带的宽度允许偏差（仅适用于板卷）

规定宽度/mm	宽度的正偏差（无负偏差）/mm
≤600	3
> 600 ~ 1200	5
> 1200 ~ 1500	6
> 1500 ~ 1800	8
> 1800	10

表 A1.4　宽钢带的镰刀弯（仅适用于板卷）

任意 6000mm 长，不超过 25mm

注：镰刀弯是指侧边与直线的偏差。把直尺放在凹侧边上，测量钢板凹侧边与直尺的最大距离。

表 A1.5　按最小厚度订货的热轧窄钢带(碳素钢和高强度低合金钢)**限制级厚度偏差**
（最小边距为 15mm(仅适用于带卷)）

规定宽度/mm	规定的订货厚度①/mm			
	厚度偏差（无负偏差）②/mm			
	6.0 ~ 8.0	>8.0 ~ 12.5	>12.5 ~ 16.0	>16.0 ~ 25.0
>200 ~ 300	0.30	0.38	0.41	0.45

注：1. 在距切边 15mm 处测量厚度。这些偏差不包括凸度，因此表 A1.6 的偏差是加于本表之上的。
2. 用来测量厚度的千分尺应采用最小直径为 4.80mm 的测量砧和测量杆，测量砧的顶部应是平的或是最小曲率半径为 2.55mm 的圆形头，带尖形测量砧的千分尺不适用于厚度测量。

① 表头中给定的厚度范围不受订货厚度为正常厚度或最小厚度的限制。

② 如按最小厚度订货，公差值取正不取负。如按正常厚度订货，公差值按表中公差带取正负值。

表 A1.6　窄钢带的凸度偏差（仅适用于带卷）

规定宽度/mm	给定宽度下的规定厚度的凸度偏差/mm
	>6.0 ~ 19
>200 ~ 300	0.05

注：按此表的值，钢带中心处的厚度可能大于距边 10.0mm 处的厚度。

表 A1.7　窄钢带的宽度偏差（仅适用于带卷）

规定宽度/mm	对于给定厚度下的规定宽度的偏差(正偏差和负偏差)/mm	
	轧制边和矩形边（所有厚度）	纵切边或横切边
>200 ~ 300	5	①

① 必须与生产厂家协商。

表 A1.8　窄钢带的镰刀弯（仅适用于带卷）

>200 ~ 300mm	在任意 2000mm 内为 5mm

注：镰刀弯是指侧边与直线的偏差。把 2000mm 长的直尺放在凹侧边上，测量钢板凹侧边与直尺的最大距离。

EN 10029：2010 厚度大于等于 3mm 的热轧钢板——形状及尺寸公差

1　范围

本标准规定了具有如下特性的热轧合金及非合金钢板的允许偏差要求，其特性为：

（1）公称厚度：3mm≤t≤400mm；

（2）公称宽度：w≥600mm。

宽度 w<600mm 的定尺板的允许偏差应在询价及订货时由生产厂家与买方达成协议。

本标准适用于但并不局限于下列标准中定义的钢级：

EN 10025-2 ~ EN 10025-6：2004 + A1：2009、EN 10028-2 ~ EN 10028-6、EN 10083-2、EN 10083-3、EN 10084、EN 10085、EN 10149-2、EN 10149-3、EN 10207 及 EN 10225（也可见附件 A）。本标准不适用于不锈钢。

本标准不包括圆形钢板、异型钢板、地板用网纹钢板或球扁钢及宽扁钢。

2　引用标准

EN 10079　钢铁产品的术语

EN 10163-1　热轧钢板、宽扁钢及型钢表面条件的供货要求　第 1 部分：一般要求

EN 10163-2　热轧钢板、宽扁钢及型钢表面条件的供货要求　第 2 部分：钢板及宽扁钢

3　术语和定义

下列术语及定义适用。

3.1　钢板

见 EN 10079。

4　订货方提供的信息

4.1　强制性信息

在订货及询价时，订货方要提供下列信息：

（1）供货重量；

（2）产品形式或名称（钢板）；

（3）本尺寸标准的编号（EN 10029）；

（4）以 mm 为单位的公称厚度；

（5）以 mm 为单位的公称宽度；

（6）以 mm 为单位的公称长度。

依据本标准，订货的钢板应按如下形式供货：

——除非另有说明，否则厚度公差按 A 级（见 6.1 表 1）；

——切边；

——一般镰刀弯及脱方度（见 7.1）；

——不平度公差，级别 N（见 7.2 表 4）。

如果订货方未提出 4.1 中（1）到（6）的信息，供货方要提醒订货方。

4.2　选择项

本标准规定了若干选择项并在下面列出。如果订货方没有表明要执行这些选择项，供货方要依据本标准最基本的规定（见4.1）：

（1）要求B、C或D级厚度公差，应在订单中明确（见条款5及6.1）；

（2）如果不要求切边钢板，订单中要包含字母NK（见6.2.2）；

（3）如果要求限定的镰刀弯及脱方度，订单中要包含字母G并定义要求的最大镰刀弯及脱方度（见7.1）；

（4）如果有特殊的不平度要求，订单中要包含字母S（见7.2.1及表5）；

（5）如果要求钢板的公称长度 $l \geq 20000$mm，要报告协议的长度公差（见6.3，表3）；

（6）对于未切边的钢板，要报告所选择并达成协议的厚度测量点（见8.2）。

4.3　名称

示例：EN 10025-2中规定的S235JR 20张钢板，依据本标准的公称厚度为25mm，厚度公差为B级，公称宽度为2000mm，公称长度为4500mm，切边，具有限定的镰刀弯及脱方度，具有特定的不平度公差：

20张 EN 10029-B-G-S

25×2000×4500

EN 10025-2-S235JR

5　供货形式

符合本标准的钢板供货形式为：

——厚度公差为A、B、C及D级（见6.1）；

——切边或未切边（NK）（见6.2.2）；

——一般或限定的镰刀弯及脱方度（G）（见7.1）；

——具有一般（N）或特殊（S）不平度（见7.2）。

6　尺寸公差

6.1　厚度

6.1.1　厚度公差在表1中给出。钢板可以以下列方式之一供货：

——A级：取决于公差厚度的厚度负偏差；

——B级：固定负偏差为0.3mm；

——C级：固定负偏差为0.0mm；

——D级：对称公差。

在订货及询价时，订货方要注明是否要求A、B、C或D级公差（见4.1及4.2）。如果没有注明，按A级供货。

6.1.2　对于表面缺陷的允许值及修复的要求见EN 10163-1及EN 10163-2。

6.2　宽度

6.2.1　切边钢板的宽度公差取决于钢板的厚度，在表2中给出。

6.2.2　未切边（NK）钢板的宽度公差应在订货及询价时由生产厂及订货方达成协议（见4.2，选择项（2））。

6.3　长度

长度公差在表3中给出。

7 形状公差

7.1 镰刀弯及脱方度

如果订单中对镰刀弯及脱方度做出了一般规定，镰刀弯及脱方度应允许钢板切成供货尺寸。

如果订单中对镰刀弯及脱方度做出了限定性规定，镰刀弯及脱方度的最大值应在订货及询价时达成协议（见4.2，选项（3））。

7.2 不平度

7.2.1 一般要求

表4给出了一般（N级）的不平度公差，表5给出了特殊（S级）的不平度公差。钢板应依据表4的一般要求供货，否则，只要在订单中有所规定，钢板应以特殊公差供货（见4.2，选项（4））。

不平度的偏差应通过测量钢板及平尺间的距离（测量方法见8.7）得到。如果波浪的长度（平尺与钢板接触点间的距离）小于等于1000mm，应使用长为1000mm的平尺。对于长度更大的波浪，应使用2000mm的平尺。不平度小于等于2mm的偏差可不作为波浪，可不必考虑。

注：错误的操作及存放可对产品的不平度产生不利影响。

在表4及表5，钢板类型定义如下：

——L型钢：产品的规定最小屈服强度 $R_e \leqslant 460$MPa，非淬火及淬火加回火产品；

——H型钢：产品的规定最小屈服强度 $R_e > 460$MPa，所有淬火及淬火加回火产品。

7.2.2 不平度的标准公差（N级）

浪形（平尺与钢板接触点之间的距离）小于1000mm时，不平度的偏差要满足下列要求：

当两个浪形接触点的距离在300mm到1000mm之间时，L型钢的最大不平度偏差为1%，H型钢的最大偏差为1.5%，但不超过表4中的值。

7.2.3 不平度的特殊公差（S级）

如果浪形（平尺与钢板接触点之间的距离）小于1000mm，不平度的偏差要满足下列要求：

当两个浪形接触点的距离在300mm到1000mm之间时，L型钢的最大不平度偏差为0.5%，H型钢的最大偏差为1%，但不超过表5中的值。

8 测量

8.1 一般要求

有争议时，应按8.2～8.7在环境温度下进行测量。

8.2 厚度

厚度的测量位置应为距钢板横向或纵向边部大于25mm的任意位置，但不包括局部研磨区域（见6.1.2）。

对于未切边钢板，测量点的位置应在订货及询价时达成协议（见4.2，选项（6））。

8.3 宽度

宽度应在垂直于钢板主轴的方向测量。

8.4 长度

钢板的长度为两个纵向边中长度较短者。

8.5　镰刀弯

镰刀弯值 q 为两纵边与直线接触的边部两端之间的最大值。其值在钢板的凹边上测量（如图 1 所示）。

8.6　脱方度

脱方度 u 为横边在纵边上的投影（见图 2）。

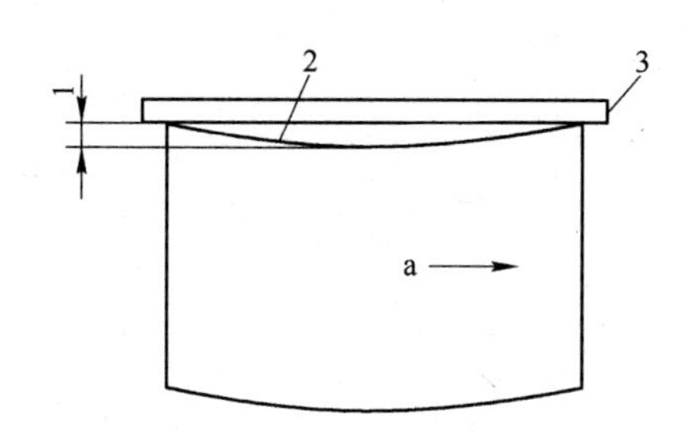

图 1　镰刀弯的测量

1—镰刀弯值 q；2—侧边（凹边）；3—平尺；a—轧制方向

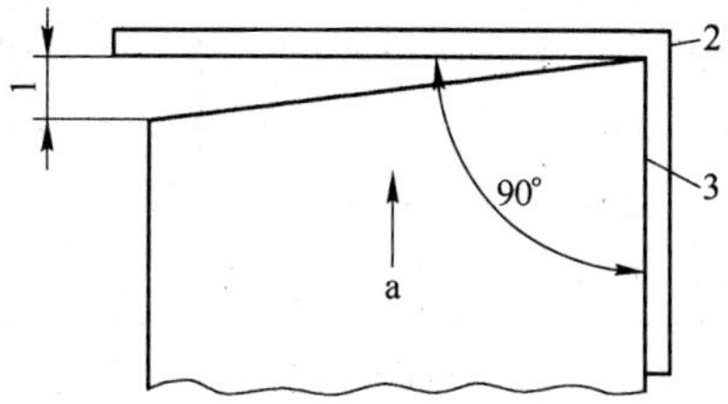

图 2　脱方度测量

1—脱方值 u；2—正方尺；3—侧边；a—轧制方向

8.7　不平度

测量不平度的钢板要放置在平直表面上。

通过测量钢板及 1000mm 或 2000mm 平尺（表 4 及表 5）之间的距离来测量不平度偏差，平尺可放置在任意方向。

仅考虑平尺及钢板接触点之间的部分。根据一般公差或特殊公差的适用性，偏差可从距纵向边部至少 25mm 及距钢板端部一定距离的点测量（见图 3）。

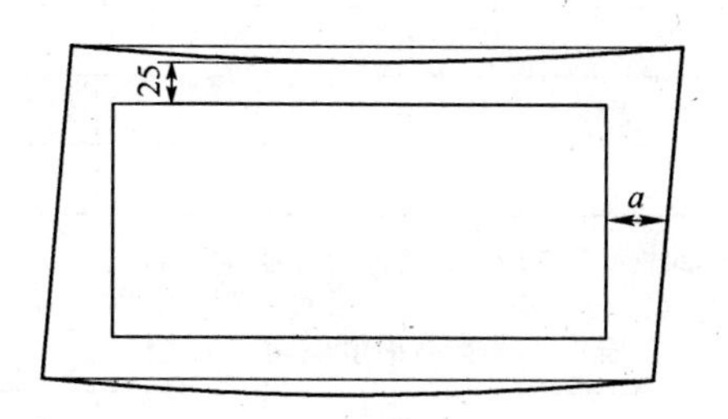

图 3　不平度测量（单位：mm）

（对于一般不平度公差，a = 200mm；对于特殊不平度公差，a = 100mm）

表 1　厚度公差　　(mm)

公称厚度	公称厚度的公差							
	A 级		B 级		C 级		D 级	
	下偏差	上偏差	下偏差	上偏差	下偏差	上偏差	下偏差	上偏差
3 ~ <5	-0.3	+0.7	-0.3	+0.7	0	+1.0	-0.5	+0.5
5 ~ <8	-0.4	+0.8	-0.3	+0.9	0	+1.2	-0.6	+0.6

续表 1

公称厚度	公称厚度的公差							
	A 级		B 级		C 级		D 级	
	下偏差	上偏差	下偏差	上偏差	下偏差	上偏差	下偏差	上偏差
8 ~ <15	-0.5	+0.9	-0.3	+1.1	0	+1.4	-0.7	+0.7
15 ~ <25	-0.6	+1.0	-0.3	+1.3	0	+1.6	-0.8	+0.8
25 ~ <40	-0.7	+1.3	-0.3	+1.7	0	+2.0	-1.0	+1.0
40 ~ <80	-0.9	+1.7	-0.3	+2.3	0	+2.6	-1.3	+1.3
80 ~ <150	-1.1	+2.1	-0.3	+2.9	0	+3.2	-1.6	+1.6
150 ~ <250	-1.2	+2.4	-0.3	+3.3	0	+3.6	-1.8	+1.8
250 ~ 400	-1.3	+3.5	-0.3	+4.5	0	+4.8	-2.4	+2.4

表 2　宽度公差　（mm）

公称厚度	公　差	
	下公差	上公差
<40	0	+20
40 ~ <150	0	+25
150 ~ 400	0	+30

表 3　长度公差　（mm）

公称厚度	公　差	
	下公差	上公差
<4000	0	+20
4000 ~ <6000	0	+30
6000 ~ <8000	0	+40
8000 ~ <10000	0	+50
10000 ~ <15000	0	+75
15000 ~ 20000①	0	+100

①公称长度大于 20000mm 的钢板的长度公差应在订货及询价时达成协议。

表 4　标准不平度偏差（N 级）　（mm）

公称厚度	L 类		H 类	
	测量长度			
	1000	2000	1000	2000
3 ~ <5	9	14	12	17
5 ~ <8	8	12	11	15
8 ~ <15	7	11	10	14
15 ~ <25	7	10	10	13
25 ~ <40	6	9	9	12
40 ~ <250	5	8	8	12
250 ~ 400	6	9	9	13

表 5　特殊不平度偏差（S 级）　　（mm）

公称厚度	L 类		H 类	
	测量长度			
	1000	2000	1000	2000
3 ~ <5	5	10	7	14
5 ~ <8	5	10	7	13
8 ~ <15	3	6	7	12
15 ~ <25	3	6	7	11
25 ~ <40	3	6	7	11
40 ~ <250	3	6	6	10
250 ~400	4	7	7	11

注：当波形小于等于 1000mm 时，使用 1000mm 的平尺测量长度。

EN 10051：1992 + A1：1997 非合金钢和合金钢无涂层连续热轧钢板及钢带尺寸及外形偏差（节选）

1　范围

本标准适用于最大宽度为 2200mm 的非合金及合金钢连续热轧无涂层的扁平材。

2　订货方提供的信息

2.1　强制性信息

在订货及询价时，订货方要提供下列信息：

（1）产品形式或名称（钢板/钢带）；

（2）本尺寸标准的编号（EN 10051）；

（3）以 mm 为单位的公称厚度和宽度；

（4）订购切边钢板/钢带时带有 GK；

（5）以 mm 为单位的公称长度；

（6）厚度大于 10mm 的产品的宽度偏差；

（7）D 种产品的不平度偏差；

（8）宽带钢和从宽带钢上纵剪的宽度小于 600mm 钢带的不平度偏差；

（9）从宽带钢上纵剪的宽度小于 600mm 的钢带的镰刀弯；

如果订货方未提出（6）到（9）的信息，供货方要提醒订货方。

2.2　选择项

（1）要求切边；

（2）钢卷交货时有焊缝；

（3）要求高温下有较小标准抗力的钢有较小不平度偏差；

（4）要求 B、C 种在高温下有高变形抗力的钢有较小不平度偏差；

（5）根据订货时的规定，当以钢板交货时，有一个合适的长、宽尺寸，形成一个完好的长方形以取代镰刀弯和切斜指标；

（6）冷轧用热轧钢带的最大凸度值和一卷内的厚度偏差；

（7）要求厚度和凸度更加严格的条件。

3　供货形式

3.1　根据询价和订货时的要求，提供轧边或切边的钢板及钢带。

3.2　未提供供货形式要求时，将提供轧边的钢板及钢带。

3.3　在询价和订货时应同意有可能有焊缝的钢带交货，并可同时确定焊缝的位置。

4　钢板的尺寸公差

4.1　厚度

根据 EN1011，表 1 给出了冷成型用低碳钢连续热轧钢板的厚度偏差。

表1　冷成型用低碳钢连续热轧钢板的厚度偏差

公称厚度/mm	以下公称宽度的厚度偏差/mm			
	≤1200	>1200~1500	>1500~1800	>1800
≤2.00	±0.13	±0.14	±0.16	—
>2.00~2.50	±0.14	±0.16	±0.17	±0.19
>2.50~3.00	±0.15	±0.17	±0.18	±0.20
>3.00~4.00	±0.17	±0.18	±0.20	±0.20
>4.00~5.00	±0.18	±0.20	±0.21	±0.21
>5.00~6.00	±0.20	±0.21	±0.22	±0.22
>6.00~8.00	±0.22	±0.23	±0.23	±0.26

表2给出了高温下标准变形抗力钢的厚度偏差（A类）。

表2　高温下标准变形抗力钢的厚度偏差

公称厚度/mm	以下公称宽度的厚度偏差/mm			
	≤1200	>1200~1500	>1500~1800	>1800
≤2.00	±0.17	±0.19	±0.21	—
>2.00~2.50	±0.18	±0.21	±0.23	±0.25
>2.50~3.00	±0.20	±0.22	±0.24	±0.26
>3.00~4.00	±0.22	±0.24	±0.26	±0.27
>4.00~5.00	±0.24	±0.26	±0.28	±0.29
>5.00~6.00	±0.26	±0.28	±0.29	±0.31
>6.00~8.00	±0.29	±0.30	±0.31	±0.35
>8.00~10.00	±0.32	±0.33	±0.34	±0.40
>10.00~12.50	±0.35	±0.36	±0.37	±0.43
>12.50~15.00	±0.37	±0.38	±0.40	±0.46
>15.00~25.00	±0.40	±0.42	±0.45	±0.50

对于高温下有高变形抗力的钢，表2中的值将按表3中规定的量增加。

——对于表3中的B类钢，表2中的值增加15%；

——对于表3中的C类钢，表2中的值增加30%；

——对于表3中的D类钢，表2中的值增加40%。

表3　高温下标准变形抗力钢的厚度偏差在表2基础上的增加值

B类(15%)增量		C类(30%)增量		D类(40%)增量	
牌　号	标　准	牌　号	标　准	牌　号	标　准
E295、E335、E360	EN10025	L360、L415、L445	EN10208	L480、L550	EN10208-2
S355	EN10025	A420、S460	EN10113-2，-3	S500、S550、S600、S650、S700	EN10149-2
S355	EN10155	S420、S460	EN10149-2，-3	S500、S550、S620、S690、S890、S960	EN10137-2
S355	EN10149-1~-3	P460	EN10028-2，-3	P500、P550、P620、P690	EN10028-6

续表 3

B 类(15%)增量		C 类(30%)增量		D 类(40%)增量	
牌　号	标　准	牌　号	标　准	牌　号	标　准
S355	EN10113-2，-3	S460	EN10137-2		
P295、P355	EN10028-2				
C35	EN10083-2	C53	EU86-70	CT70	EU96-79
C35E	EN10083-1	C55	EN10083-2	1CS75	EU132-79
C36	EU86-70	C55E	EN10083-1	CT80	EU96-79
C45	EN10083-2	1CS55	EU132-79	2CS85	EU132-79
C45E	EN10083-1	C60	EN10083-2	2CS100	EU132-79
C46	EU86-70	C60E	EN10083-1	CT105	EU96-79
C50	EN10083-2	1CS60	EU132-79	CT120	EU96-79
C50E	EN10083-1	1CS67	EU132-79		
16Mo3	EN10028-2	25CrMo4	EN10083-1	50CrMo4	EN10083-1
20MnB5	EN10083 －3	34CrMo4	EN10083-1	36CrNiMo4	EN10083-1
30MnB5	EN10083-3	41CrMo4	EU86-70	34CrNiMo6	EN10083-1
38MnB5	EN10083-3	42CrMo4	EN10083-1	30CrNiMo8	EN10083-1
28Mn6	EN10083-1	1CrN6-6	EN10084	51CrV4	EN10083-1
27MnCrB5-2	EN10083-3	20NiCrMo2-2	EN10084	全　部	EN85-70
33MnCrB5-6	EN10083-3	18NiCrMo7-6	EN10084	39CrMoV13	EN85-70
39MnCrB6-2	EN10083-3			31CrMo12	EN85-70
38Cr2	EN10083-1			34CrAlMo5	EN85-70
46Cr2	EN10083-1			41CrAlMo7	EN85-70
34Cr4	EN10083-1			全　部	EN85-70
41Cr4	EN10083-1			50CrV4	EN85-71
45Cr2	EU86-70			67SiCr5	EN132-79
38Cr4	EU86-70			50CrV4	EN132-79
16MnCr5	EN10084				
13CrMo4-5	EN10028-2				
10CrMo9-10	EN10028-2				

4.2 长度

表 4 给出了钢板的长度偏差。

表 4　钢板的长度偏差

公称长度/mm	长度偏差/mm	
	下偏差	上偏差
<2000	0	+10
2000 ~ <8000	0	+0.005 × 公称长度
≥8000	0	+40

4.3　宽度

表5给出了钢板的宽度偏差。

表5　钢板的宽度偏差

公称长度/mm	宽度偏差/mm			
	轧　边		切　边	
	下偏差	上偏差	下偏差	上偏差
≤1200	0	+20	0	+3
>1200~1500	0	+20	0	+5
>1500	0	+20	0	+6

注：切边钢板的偏差适用于公称厚度不大于10mm的产品，当公称厚度大于10mm时，应在询价或订货时协商上偏差值。

4.4　不平度

4.4.1　对于冷成型的连续热轧低碳钢板，或在高温下有标准变形抗力的钢种，不平度见表6的规定。

表6　低碳钢及高温下有标准变形抗力钢板的不平度

公称厚度/mm	公称宽度/mm	普通不平度/mm	限定不平度/mm
≤2.00	≤1200	18	9
	>1200~1500	20	10
	>1500	25	13
>2.00~25.00	≤1200	15	8
	>1200~1500	18	9
	>1500	23	12

4.4.2　对于有较高高温变形抗力的钢种，不平度见表7的规定。

表7　有较高高温变形抗力钢板的不平度

公称厚度/mm	公称宽度/mm	不平度/mm		
		B	C	D
≤25.00	≤1200	18	23	协　商
	>1200~1500	23	30	
	>1500	23	38	

4.5　切斜

切斜不超过钢板实际宽度的1%。

4.6　镰刀弯

当钢板的长度小于5000mm时，镰刀弯不超过钢板实际长度的0.5%。

当钢板的长度不小于5000mm时，宽度大于600mm，轧边钢板的镰刀弯不大于20mm，切边钢板的镰刀弯不大于15mm。

5　宽钢带及宽钢带纵切得到的带钢的尺寸公差

5.1　概述

对于不切头尾的钢带，不考核偏差的总长度为：

L(m) = 90/公称厚度(mm)，但最大不超过 20m。

5.2　厚度

同钢板。经供需双方协商，A 类钢用于冷轧时，表 8 给出了最大凸度值，表 9 给出了一卷钢带的厚度差。经供需双方协商，凸度值和纵向厚度差可更严格。

表 8　钢板的凸度值

公称宽度/mm	允许的凸度值/mm
≤1200	0 ~ 0.10
>1200 ~ 1500	0 ~ 0.13
>1500 ~ 1800	0 ~ 0.16
>1800 ~ 2200	0 ~ 0.20

注：由宽钢带纵剪的带钢允许的凸度值低于冷轧用钢带凸度值 20%。

表 9　钢板的纵向厚度偏差

公称厚度/mm	以下宽度的允许纵向厚度偏差/mm		
	≤1200	>1200 ~ 1500	>1500 ~ 2200
0.8 ~ 2.0	0.20	0.24	0.28
>2.0 ~ 3.0	0.22	0.27	0.33
>3.0 ~ 4.0	0.28	0.32	0.40
>4.0 ~ 8.0	0.28	0.32	0.40

5.3　宽度

同钢板。

5.4　不平度

经供需双方协商，确定钢带的不平度。

注：任何同意的要求时，都要考虑到用户现有的加工设备。

5.5　镰刀弯

对于宽度大于等于 600mm 的钢带，如是轧边的，在 5000mm 的任何长度上不能超过 20mm，如是切边的，则不能超过 15mm。

对于宽度小于 600mm 的由宽钢带纵剪得到的钢带的镰刀弯，应在订货时协商。

6　测量

6.1　厚度

对于轧边产品，应在距边部至少 40mm 的任何点上进行测量；对于切边产品，应在距边部至少 25mm 的任何点上进行测量。

应在产品的中心线和离轧边产品边部 40mm 的一个测量点上，及离切边产品边部 25mm 的一个测量点上，按厚度差测量凸度值。

应从距离纵向边不变的一条线上测量一个钢卷内的厚度差（离边的最小距离按上述规定）。

6.2　长度

沿钢板的较长边测量钢板的长度。

6.3　宽度

沿着垂直于产品纵向轴线的直线上测量宽度。

6.4　不平度

通过测量产品和放置产品的水平表面间的距离来测量不平度。

6.5　切斜

切斜是一条横向边和纵向边的正交投影。

6.6　镰刀弯

镰刀弯是以一个直边为基础测得的纵向边的最大偏差。

在边处测量镰刀弯。对于钢板，测量的基础是，当钢板长度小于5000mm时，按产品的长度测量；对于公称长度大于等于5000mm的钢带和钢板，测量长度为5000mm。可在边的任何地方测量，但不包括没切割的端部。

EN 10131：2006 冷成型用无涂层低碳钢及高屈服强度钢冷轧钢板尺寸和形状偏差

1　范围

本标准适用于冷轧无镀层和电镀锌或电镀锌-镍、厚度为 0.35 ~ 3mm 的低碳钢、高屈服强度钢板产品，可以钢板、宽钢带、纵切钢带或由纵切钢带或钢板制成的横切板供货。若订购 3mm 以上产品可在订货时协议。相关标准为 EN10130、EN10152、EN10271、EN10209、EN10268、prEN10336 以及 prEN10338。

本标准不适用于宽度小于 600mm 的冷轧钢带。也不适用于其他专用标准的冷轧钢板产品，例如：

——冷轧无取向电工钢板及钢带（EN10106）；

——以半成品状态交货的冷轧电镀非合金和合金钢板和钢带（EN 10341）；

——镀锡板和 ECSS（EN 10202）；

——无镀层板卷（EN 10205）；

——冷成型用冷轧无镀层非合金软钢窄钢带（EN 10139）。

2　引用标准

本标准参考了以下标准。对于注明日期的文件，只引用了该版本，对于未注明日期的文件，适用于最新版本（包括修改单）。

EN 10079：1992　钢产品术语

3　术语和定义

EN 10079：1992 中的术语和定义适用于本标准，并且包括下述定义。

3.1　公称厚度

镀层或非镀层产品的规定的厚度。

注：对于镀层产品，公称厚度包括基板和镀层。

4　标记

4.1　符合本标准的产品按下述次序进行标记：

（1）产品类别（薄板、宽带、纵切宽带、横切钢板）；

（2）本标准编号（EN 10131）；

（3）用 mm 表示的公称厚度；

（4）订购保证特殊厚度偏差产品时，以字母 S 标记；

（5）用 mm 表示的公称宽度；

（6）订购保证特殊宽度偏差产品时，以字母 S 标记；

（7）用 mm 表示的公称长度；

（8）订购保证特殊长度偏差产品时，以字母 S 标记（只适用于薄板和横切板）；

（9）订购保证特殊不平度偏差的钢板和横切板时，以字母 FS 标识；

（10）订购保证特殊镰刀弯偏差的纵切钢带时，以字母 CS 标识。

4.2　符合 4.1 的产品标记还要对所订的钢种（例如：按 EN 10130）进行补充。

例1：

符合本标准的钢带，公称厚度1.20mm，公称宽度1500mm，钢种为EN 10130规定的DC04-A-m，标记为：

宽钢带 EN 10131-1.20×1500

钢种 EN 10130-DC04-A-m

例2：

符合本标准的钢板，公称厚度0.80mm，要求特殊厚度偏差（S），公称宽度1200mm，要求特殊宽度偏差（S），公称长度2500mm，要求特殊不平度偏差，钢种为EN 10130规定的DC06B-g，标记为：

薄钢板 EN 10131-0.80S×1200S×2500 FS

钢种 EN 10130-DC06-B-g

5 供货条件

5.1 符合本标准的钢板可按以下状态供货：

（1）普通或特殊厚度偏差（见表1～表4）；

表1 规定最小屈服强度为 R_e <260MPa 钢级的厚度偏差 （mm）

公称厚度	给定公称宽度的普通厚度偏差①			给定公称宽度的特殊厚度偏差（S）①		
	≤1200	>1200～1500	>1500	≤1200	>1200～1500	>1500
0.35～0.40	±0.03	±0.04	±0.05	±0.020	±0.025	±0.030
>0.40～0.60	±0.03	±0.04	±0.05	±0.025	±0.030	±0.035
>0.60～0.80	±0.04	±0.05	±0.06	±0.030	±0.035	±0.040
>0.80～1.00	±0.05	±0.06	±0.07	±0.035	±0.040	±0.050
>1.00～1.20	±0.06	±0.07	±0.08	±0.040	±0.050	±0.060
>1.20～1.60	±0.08	±0.09	±0.10	±0.050	±0.060	±0.070
>1.60～2.00	±0.10	±0.11	±0.12	±0.060	±0.070	±0.080
>2.00～2.50	±0.12	±0.13	±0.14	±0.080	±0.090	±0.100
>2.50～3.00	±0.15	±0.15	±0.16	±0.100	±0.110	±0.120

① 宽钢带和纵切钢带在冷轧焊缝区总长10m内的厚度允许偏差可高出最大值50%，此高出值适用于所有厚度，只要订货时无其他协议，不仅适用于普通及特殊厚度允许偏差的负偏差，也适用于正偏差。

表 2 规定最小屈服强度为 260MPa≤R_e<340MPa 钢级的厚度偏差 (mm)

公称厚度	给定公称宽度的普通厚度偏差[①]			给定公称宽度的特殊厚度偏差（S）[①]		
	≤1200	>1200~1500	>1500	≤1200	>1200~1500	>1500
0.35~0.40	±0.04	±0.05	±0.06	±0.025	±0.030	±0.035
>0.40~0.60	±0.04	±0.05	±0.06	±0.030	±0.035	±0.040
>0.60~0.80	±0.05	±0.06	±0.07	±0.035	±0.040	±0.050
>0.80~1.00	±0.06	±0.07	±0.08	±0.040	±0.050	±0.060
>1.00~1.20	±0.07	±0.08	±0.10	±0.050	±0.060	±0.070
>1.20~1.60	±0.09	±0.11	±0.12	±0.060	±0.070	±0.080
>1.60~2.00	±0.12	±0.13	±0.14	±0.070	±0.080	±0.100
>2.00~2.50	±0.14	±0.15	±0.16	±0.100	±0.110	±0.120
>2.50~3.00	±0.17	±0.18	±0.18	±0.120	±0.130	±0.140

① 宽钢带和纵切钢带在冷轧焊缝区总长 10m 内的厚度允许偏差可高出最大值50%，此高出值适用于所有厚度，只要订货时无其他协议，不仅适用于普通及特殊厚度允许偏差的负偏差，也适用于正偏差。

表 3 规定最小屈服强度为 340MPa≤R_e<420MPa 钢级的厚度偏差 (mm)

公称厚度	给定公称宽度的普通厚度偏差[①]			给定公称宽度的特殊厚度偏差（S）[①]		
	≤1200	>1200~1500	>1500	≤1200	>1200~1500	>1500
0.35~0.40	±0.04	±0.05	±0.06	±0.030	±0.035	±0.040
>0.40~0.60	±0.05	±0.06	±0.07	±0.035	±0.040	±0.050
>0.60~0.80	±0.06	±0.07	±0.08	±0.040	±0.050	±0.060
>0.80~1.00	±0.07	±0.08	±0.10	±0.050	±0.060	±0.070
>1.00~1.20	±0.09	±0.10	±0.11	±0.060	±0.070	±0.080
>1.20~1.60	±0.11	±0.12	±0.14	±0.070	±0.080	±0.100
>1.60~2.00	±0.14	±0.15	±0.17	±0.080	±0.100	±0.110
>2.00~2.50	±0.16	±0.18	±0.19	±0.110	±0.120	±0.130
>2.50~3.00	±0.20	±0.20	±0.21	±0.130	±0.140	±0.150

① 宽钢带和纵切钢带在冷轧焊缝区总长 10m 内的厚度允许偏差可高出最大值的 50%，此高出值适用于所有厚度，只要订货时无其他协议，不仅适用于普通及特殊厚度允许偏差的负偏差，也适用于正偏差。

表 4 规定最小屈服强度为 R_e>420MPa 钢级的厚度偏差 (mm)

公称厚度	给定公称宽度的普通厚度偏差[①]			给定公称宽度的特殊厚度偏差（S）[①]		
	≤1200	>1200~1500	>1500	≤1200	>1200~1500	>1500
0.35~0.40	±0.05	±0.06	±0.07	±0.035	±0.040	±0.050
>0.40~0.60	±0.05	±0.07	±0.08	±0.040	±0.050	±0.060
>0.60~0.80	±0.06	±0.08	±0.10	±0.050	±0.060	±0.070
>0.80~1.00	±0.08	±0.10	±0.11	±0.060	±0.070	±0.080
>1.00~1.20	±0.10	±0.11	±0.13	±0.070	±0.080	±0.100
>1.20~1.60	±0.13	±0.14	±0.16	±0.080	±0.100	±0.110
>1.60~2.00	±0.16	±0.17	±0.19	±0.100	±0.110	±0.130
>2.00~2.50	±0.19	±0.20	±0.22	±0.130	±0.140	±0.160
>2.50~3.00	±0.22	±0.23	±0.24	±0.160	±0.170	±0.180

① 宽钢带和纵切钢带在冷轧焊缝区总长 10m 内的厚度允许偏差可高出最大值50%，此高出值适用于所有厚度，只要订货时无其他协议，不仅适用于普通及特殊厚度允许偏差的负偏差，也适用于正偏差。

（2）普通或特殊宽度偏差（见表5和表6）；

表5　钢板和宽钢带的宽度允许偏差　（mm）

公称宽度	普通允许偏差		特殊允许偏差（S）	
	负偏差	正偏差	负偏差	正偏差
≤1200	0	+4	0	+2
>1200～1500	0	+5	0	+2
>1500	0	+6	0	+3

表6　公称宽度小于600mm的纵切钢带的宽度允许偏差　（mm）

偏差等级	公称厚度 t	公称宽度							
		<125		125～<250		250～<400		400～<600	
		负偏差	正偏差	负偏差	正偏差	负偏差	正偏差	负偏差	正偏差
普　通	$t<0.6$	0	+0.4	0	+0.5	0	+0.7	0	+1.0
	$0.6\leqslant t<1.0$	0	+0.5	0	+0.6	0	+0.9	0	+1.2
	$1.0\leqslant t<2.0$	0	+0.6	0	+0.8	0	+1.1	0	+1.4
	$2.0\leqslant t<3.0$	0	+0.7	0	+1.0	0	+1.3	0	+1.6
特殊（S）	$t<0.6$	0	+0.2	0	+0.2	0	+0.3	0	+0.5
	$0.6\leqslant t<1.0$	0	+0.2	0	+0.3	0	+0.4	0	+0.6
	$1.0\leqslant t<2.0$	0	+0.3	0	+0.4	0	+0.5	0	+0.7
	$2.0\leqslant t<3.0$	0	+0.4	0	+0.5	0	+0.6	0	+0.8

（3）薄钢板和横切板普通或特殊长度偏差（见表7）；

表7　长度的允许偏差　（mm）

公称长度	长度允许偏差			
	普　通		特殊（S）	
	负偏差	正偏差	负偏差	正偏差
<2000	0	6	0	3
≥2000	0	长度的0.3%	0	长度的0.15%

（4）薄钢板和横切板普通或特殊不平度（见表8和表9）；

表8　规定最小屈服强度为 $R_e<260$MPa 钢级的不平度　（mm）

偏差等级	公称宽度	公称厚度		
		$t<0.7$	$0.7\leqslant t<1.2$	$t\geqslant1.2$
普　通	<600	7	6	5
	600～<1200	10	8	7
	1200～<1500	12	10	8
	≥1500	17	15	13
特殊（FS）	<600	4	3	2
	600～<1200	5	4	3
	1200～<1500	6	5	4
	≥1500	8	7	6
	<1500	长度大于200mm的边部浪形高度小于长度的1%		
	≥1500	长度大于200mm的边部浪形高度小于长度的1.5% 长度小于200mm的边部浪形高度小于等于2mm		

表 9　规定最小屈服强度为 260MPa ≤ R_e < 340MPa 钢级的不平度　　(mm)

偏差等级	公称宽度 w	公称厚度		
		t < 0.7	0.7 ≤ t < 1.2	t ≥ 1.2
普　通	600 ~ < 1200	13	10	8
	1200 ~ < 1500	15	13	11
	≥ 1500	20	19	17
特殊(FS)	600 ~ < 1200	8	6	5
	1200 ~ < 1500	9	8	6
	≥ 1500	12	10	9

(5) 宽度小于 600mm 的纵切钢带的普通或特殊镰刀弯（见第 11 节）。

5.2　如果订货时没有说明 5.1 所述供货状态，则产品以普通厚度、宽度和长度允许偏差以及普通不平度和镰刀弯供货。

6　厚度允许偏差

厚度在距边大于 40mm 的任何位置测量。

宽度小于等于 80mm 的纵切带卷或横切板，厚度测量位置是钢板中央轴线。

适用于产品全长的厚度偏差列于表 1 ~ 表 4。

可在订货时协议比特殊厚度允许偏差更为严格的允许偏差。

7　宽度偏差

7.1　总则

宽度在产品纵轴的垂直方向上测量。

在 7.2 规定了低碳钢和高屈服强度钢板和宽钢带的宽度偏差，7.3 规定了公称宽度小于 600mm 的纵切钢带的宽度允许偏差。

7.2　钢板和宽钢带

钢板和宽钢带的宽度偏差列于表 5。

7.3　公称宽度小于 600mm 的纵切钢带

公称宽度小于 600mm 的纵切钢带的偏差列于表 6。

8　长度偏差

长度的测量沿着薄钢板或横切板的一个长边进行。

表 7 列出了适用于本标准的所有产品的长度偏差。

9　不平度

9.1　总则

不平度是钢板与放置钢板的水平面之间允许的最大距离。

浪形的测量仅适于薄钢板的边部。

不平度只适用于钢板，对于订购不经平整的钢板，只保证普通级不平度。若要求比特殊级更严格的不平度，可在订货时协商决定。

9.2　指定最小屈服强度为 R_e < 260MPa 的钢级

表 8 适用于该钢级的不平度。

如果需方订购符合表 8 中特殊偏差的钢板，在发生异议的情况下需另外检验任意大于

200mm 的边部浪形的高度：

——若公称宽度小于 1500mm 时，浪形的高度应小于长度的 1%；

——公称宽度大于等于 1500mm 时，浪形的高度应小于长度的 1.5%；

如果边部浪形的长度小于 200mm，则需要证明最大浪形高度小于等于 2mm。

9.3　指定最小屈服强度为 260MPa ≤ R_e < 340MPa 的钢级

表 9 列出了该钢级的不平度。

宽度小于 600mm 的不平度可在订货时协商。

9.4　指定最小屈服强度为 R_e ≥ 340MPa 的钢级

该钢级的不平度可在订货时协商。

10　脱方度（切斜）

脱方度（u）是钢板横边在长边上的正投影（见图 1）。

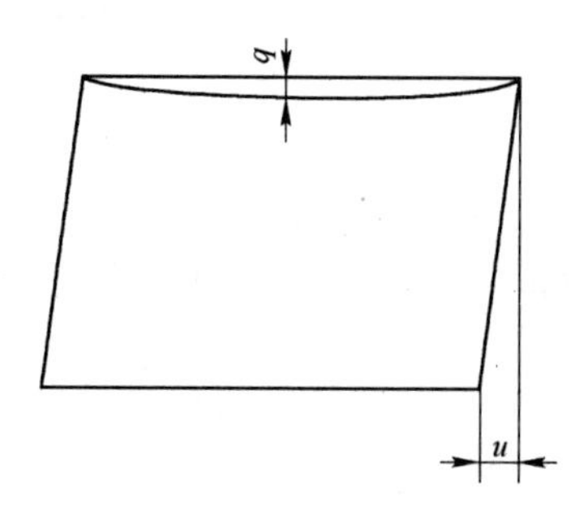

图 1　脱方度（u）和镰刀弯（q）

脱方度不得大于钢板实际宽度的 1%。

11　镰刀弯

镰刀弯（q）是长边与紧靠的直尺之间的最大距离（见图 1）。

镰刀弯在凹边上测量，测量的位置是在侧边上任意 2m 的距离。对于钢板和长度不足 2m 的横切板，测量的长度应等于其实际长度。

镰刀弯在 2m 的长度上最大为 5mm，长度小于 2m 时，镰刀弯偏差为实际长度的 0.25%。

公称宽度小于 600mm 的纵切钢带，可要求 2m 长度上最大为 2mm 的特殊镰刀弯（CS）。该特殊镰刀弯不适用于高屈服强度钢的纵切钢带。

12　订货形状

订货时可协商保证所供钢板满足订货提出的规整矩形的形状要求，以替代脱方度和镰刀弯的规定，并且可将长度和宽度要求同时加到订货要求上。

JIS G3193：2008 热轧钢板及钢带的形状、尺寸、重量及其允许偏差

1　范围

本标准规定了热轧的钢板（包括从钢带上切下的切板）及钢带的外观、形状及其允许偏差，以及尺寸、重量及其允许偏差。但不适用于扁钢。

对于本标准的使用，在各个产品标准中都有规定。

2　引用标准

在本标准中引用了下列标准，构成本标准规定的一部分。该引用标准适用最新版本（包括补充本）。

JIS Z 8401　数值的修约方法

3　尺寸表示方法

钢板及钢带的尺寸表示方法如下：

（1）钢板的尺寸用毫米（mm）表示厚度、宽度和长度；

（2）钢带的尺寸用毫米（mm）表示厚度和宽度。

4　标准尺寸

标准尺寸规定如下：

（1）钢板及钢带的标准厚度按表1的规定。

表1　标准厚度①　（mm）

1.2	1.4	1.6	1.8	2.0	2.3	2.5	(2..6)	2.8	(2.9)	3.2
3.6	4.0	4.5	5.0	5.6	6.0	6.3	7.0	8.0	9.0	10.0
11.0	12.0	12.7	13.0	14.0	15.0	16.0	(17.0)	18.0	19.0	20.0
22.0	25.0	25.4	28.0	(30.0)	32.0	36.0	38.0	40.0	45.0	50.0

注：钢带及从钢带上剪切下来的切板适用厚度小于等于12.7mm。

① 最好采用不带括号的标准厚度。

（2）钢板及钢带的标准宽度按表2的规定。

表2　标准宽度　（mm）

600	630	670	710	750	800	850	900	914	950
1000	1060	1100	1120	1180	1200	1219	1250	1300	1320
1400	1500	1524	1600	1700	1800	1829	1900	2000	2100
2134	2438	2500	2600	2800	3000	3048			

注：钢带及从钢带切下的切板适用宽度小于等于2000mm。钢板（从钢带切下的切板除外）适用宽度为914mm、1219mm和大于等于1400mm。

（3）钢板的标准长度按表3的规定。

表3　钢板的标准长度　（mm）

1829	2438	3048	6000	6096	7000	8000	9000	9144
10000	12000	12192						

注：不适用于从钢带切下的切板。

5　形状及尺寸允许偏差

钢板和钢带的形状及尺寸允许偏差按下列规定，但不适用于钢带两端的非正常部分：

（1）钢板及钢带的厚度允许偏差按表4和表5的规定。经供需双方协商也可用表6替代表5。

表4　厚度允许偏差（厚度小于4mm）　（mm）

厚　度	宽　度		
	<1600	1600～<2000	2000～2300
<1.25	±0.16	—	—
1.25～<1.60	±0.18	—	—
1.60～<2.00	±0.19	±0.23	—
2.00～<2.50	±0.20	±0.25	—
2.50～<3.15	±0.22	±0.29	±0.29
3.15～<4.00	±0.24	±0.34	±0.34

注：由供需双方协商，上述允许偏差也可限制正偏差或负偏差。但这时的总允许偏差范围应等于表4的总允许偏差范围。

表5　厚度允许偏差（厚度大于等于4mm）　（mm）

厚度①②	宽　度③					
	<1600	1600～<2000	2000～<2500	2500～<3150	3150～<4000	4000～<5000
4.00～<5.00	±0.45	±0.55	±0.55	±0.65	—	—
5.00～<6.30	±0.50	±0.60	±0.60	±0.75	±0.75	±0.85
6.30～<10.0	±0.55	±0.65	±0.65	±0.80	±0.80	±0.90
10.0～<16.0	±0.55	±0.65	±0.65	±0.80	±0.80	±1.00
16.0～<25.0	±0.65	±0.75	±0.75	±0.95	±0.95	±1.10
25.0～<40.0	±0.70	±0.80	±0.80	±1.00	±1.00	±1.20
40.0～<63.0	±0.80	±0.95	±0.95	±1.10	±1.10	±1.30
63.0～<100	±0.90	±1.10	±1.10	±1.30	±1.30	±1.50
100～<160	±1.30	±1.50	±1.50	±1.70	±1.70	±1.90
160～<200	±1.60	±1.80	±1.80	±1.90	±1.90	±2.10
200～<250	±1.80	±1.90	±1.90	±2.00	±2.00	±2.20
250～<300	±2.00	±2.10	±2.10	±2.20	±2.20	±2.50
300～350	±2.10	±2.30	±2.30	±2.40	±2.40	±2.80

注：由供需双方协商，表5的允许偏差也可限制正偏差或负偏差。但这时的总偏差范围应等于表5的总偏差范围。

① 厚度大于等于40mm时，可由供需双方协商放宽正偏差。

② 厚度大于350mm的厚度允许偏差，由供需双方协商决定。

③ 宽度大于等于5000mm时的厚度允许偏差，由供需双方协商决定。

表6　厚度允许偏差（厚度大于等于4mm）　　（mm）

厚　度	宽　度											
	<1600						1600～<2000					
	A　级		B　级		C　级		A　级		B　级		C　级	
	下限	上限	下限	上限	下限	上限	下限	上限	下限	上限	下限	上限
4.00～<5.00	−0.30	+0.60	−0.30	+0.60	0	+0.90	−0.35	+0.75	−0.30	+0.80	0	+1.10
5.00～<6.30	−0.35	+0.65	−0.30	+0.70	0	+1.00	−0.40	+0.80	−0.30	+0.90	0	+1.20
6.30～<10.0	−0.35	+0.75	−0.30	+0.80	0	+1.10	−0.45	+0.85	−0.30	+1.00	0	+1.30
10.0～<16.0	−0.35	+0.75	−0.30	+0.80	0	+1.10	−0.45	+0.85	−0.30	+1.00	0	+1.30
16.0～<25.0	−0.45	+0.85	−0.30	+1.00	0	+1.30	−0.50	+1.00	−0.30	+1.20	0	+1.50
25.0～<40.0	−0.45	+0.95	−0.30	+1.10	0	+1.40	−0.55	+1.05	−0.30	+1.30	0	+1.60
40.0～<63.0	−0.55	+1.05	−0.30	+1.30	0	+1.60	−0.65	+1.25	−0.30	+1.60	0	+1.90
63.0～<100	−0.60	+1.20	−0.30	+1.50	0	+1.80	−0.70	+1.50	−0.30	+1.90	0	+2.20
100～<160	−0.90	+1.70	−0.30	+2.30	0	+2.60	−1.00	+2.00	−0.30	+2.70	0	+3.00
160～<200	−1.00	+2.20	−0.30	+2.90	0	+3.20	−1.20	+2.40	−0.30	+3.30	0	+3.60
200～<250	−1.20	+2.40	−0.30	+3.30	0	+3.60	−1.30	+2.50	−0.30	+3.50	0	+3.80
250～<300	−1.30	+2.70	−0.30	+3.70	0	+4.00	−1.40	+2.80	−0.30	+3.90	0	+4.20
300～350	−1.40	+2.80	−0.30	+3.90	0	+4.20	−1.50	+3.10	−0.30	+4.30	0	+4.60

厚　度	宽　度											
	2000～<2500						2500～<3150					
	A　级		B　级		C　级		A　级		B　级		C　级	
	下限	上限	下限	上限	下限	上限	下限	上限	下限	上限	下限	上限
4.00～<5.00	−0.35	+0.75	−0.30	+0.80	0	+1.10	−0.45	+0.85	−0.30	+1.00	0	+1.30
5.00～<6.30	−0.40	+0.80	−0.30	+0.90	0	+1.20	−0.50	+1.00	−0.30	+1.20	0	+1.50
6.30～<10.0	−0.45	+0.85	−0.30	+1.00	0	+1.30	−0.55	+1.05	−0.30	+1.30	0	+1.60
10.0～<16.0	−0.45	+0.85	−0.30	+1.00	0	+1.30	−0.55	+1.05	−0.30	+1.30	0	+1.60
16.0～<25.0	−0.50	+1.00	−0.30	+1.20	0	+1.50	−0.65	+1.25	−0.30	+1.60	0	+1.90
25.0～<40.0	−0.55	+1.05	−0.30	+1.30	0	+1.60	−0.70	+1.30	−0.30	+1.70	0	+2.00
40.0～<63.0	−0.65	+1.25	−0.30	+1.60	0	+1.90	−0.70	+1.50	−0.30	+1.90	0	+2.20
63.0～<100	−0.70	+1.50	−0.30	+1.90	0	+2.20	−0.90	+1.70	−0.30	+2.30	0	+2.60
100～<160	−1.00	+2.00	−0.30	+2.70	0	+3.00	−1.10	+2.30	−0.30	+3.10	0	+3.40
160～<200	−1.20	+2.40	−0.30	+3.30	0	+3.60	−1.30	+2.50	−0.30	+3.50	0	+3.80
200～<250	−1.30	+2.50	−0.30	+3.50	0	+3.80	−1.30	+2.70	−0.30	+3.70	0	+4.00
250～<300	−1.40	+2.80	−0.30	+3.90	0	+4.20	−1.50	+2.90	−0.30	+4.10	0	+4.40
300～350	−1.50	+3.10	−0.30	+4.30	0	+4.60	−1.60	+3.20	−0.30	+4.50	0	+4.80

续表 6

厚　度	宽　度											
	3150 ~ <4000						4000 ~ <5000					
	A　级		B　级		C　级		A　级		B　级		C　级	
	下限	上限	下限	上限	下限	上限	下限	上限	下限	上限	下限	上限
4.00 ~ <5.00	—	—	—	—	—	—	—	—	—	—	—	—
5.00 ~ <6.30	-0.50	+1.00	-0.30	+1.20	0	+1.50	-0.55	+1.15	-0.30	+1.40	0	+1.70
6.30 ~ <10.0	-0.55	+1.05	-0.30	+1.30	0	+1.60	-0.60	+1.20	-0.30	+1.50	0	+1.80
10.0 ~ <16.0	-0.55	+1.05	-0.30	+1.30	0	+1.60	-0.70	+1.30	-0.30	+1.70	0	+2.00
16.0 ~ <25.0	-0.65	+1.25	-0.30	+1.60	0	+1.90	-0.70	+1.50	-0.30	+1.90	0	+2.20
25.0 ~ <40.0	-0.70	+1.30	-0.30	+1.70	0	+2.00	-0.80	+1.60	-0.30	+2.10	0	+2.40
40.0 ~ <63.0	-0.70	+1.50	-0.30	+1.90	0	+2.20	-0.90	+1.70	-0.30	+2.30	0	+2.60
63.0 ~ <100	-0.90	+1.70	-0.30	+2.30	0	+2.60	-1.00	+2.00	-0.30	+2.70	0	+3.00
100 ~ <160	-1.10	+2.30	-0.30	+3.10	0	+3.40	-1.30	+2.50	-0.30	+3.50	0	+3.80
160 ~ <200	-1.30	+2.50	-0.30	+3.50	0	+3.80	-1.40	+2.80	-0.30	+3.90	0	+4.20
200 ~ <250	-1.30	+2.70	-0.30	+3.70	0	+4.00	-1.50	+2.90	-0.30	+4.10	0	+4.40
250 ~ <300	-1.50	+2.90	-0.30	+4.10	0	+4.40	-1.70	+3.30	-0.30	+4.70	0	+5.00
300 ~ 350	-1.60	+3.20	-0.30	+4.50	0	+4.80	-1.90	+3.70	-0.30	+5.30	0	+5.60

注：在产品标准有规定时，B 级偏差的下限值也可用 -0.25mm 代替 -0.30mm。这时上限值加 0.05mm。

不切边钢带及从钢带上切下的切板，厚度测定位置应在距其边缘大于等于 25mm 内侧的任意部位；切边的钢带及从钢带上切下的切板，厚度测定位置应在距其边缘大于等于 15mm 内侧的任意位置。

不切边的钢板，厚度测定位置在宽度剪切预定线内侧的任意位置；切边的钢板，应在距其边缘大于等于 15mm 内侧的任意位置。

（2）钢板及钢带的宽度允许偏差，按表 7 的规定。

表 7　宽度允许偏差　　（mm）

宽度	厚　度	允许偏差						
		轧制边		切　边				
		钢　板	钢带及从钢带上切下的切板	A 用通常的剪切方法切下的钢板		B 再剪切或精密剪切的钢板		C 窄条钢板
				+	−	+	−	
<160	<3.15	—	±2	5	0	2.0	0	±0.3
	3.15 ~ <6.00			5		3.0		±0.5
	6.00 ~ <20.0			10		4.0		—
	≥20.0		—	10		—		
160 ~ <250	<3.15	—	±2	5	0	2.0	0	±0.4
	3.15 ~ <6.00			5		3.0		±0.5
	6.00 ~ <20.0			10		4.0		—
	≥20.0		—	15		—		

续表 7

宽度	厚 度	允许偏差						
		轧制边		切 边				
		钢 板	钢带及从钢带上切下的切板	A 用通常的剪切方法切下的钢板		B 再剪切或精密剪切的钢板		C 窄条钢板
				+	−	+	−	
250 ~ <400	<3.15	+不规定 0	±5	5	0	2.0	0	±0.5
	3.15 ~ <6.00			5		3.0		±0.5
	6.00 ~ <20.0			10		4.0		—
	≥20.0		—	15		—		
400 ~ <630	<3.15	+不规定 0	+20 0	10	0	3.0	0	±0.5
	3.15 ~ <6.00			10		3.0		±0.5
	6.00 ~ <20.0			10		5.0		—
	≥20.0		—	15		—		
630 ~ <1000	<3.15	+不规定 0	+25 0	10	0	4.0	0	—
	3.15 ~ <6.00			10		4.0		
	6.00 ~ <20.0			10		6.0		
	≥20.0			15		—		
1000 ~ <1250	<3.15	+不规定 0	+30 0	10	0	4.0	0	—
	3.15 ~ <6.00			10		4.0		
	6.00 ~ <20.0			15		6.0		
	≥20.0			15		—		
1250 ~ <1600	<3.15	+不规定 0	+35 0	10	0	4.0	0	—
	3.15 ~ <6.00			10		4.0		
	6.00 ~ <20.0			15		6.0		
	≥20.0			15		—		
1600 ~ <2000	<3.15	+不规定 0	+40 0	10	0	4.0	0	—
	3.15 ~ <6.00			10		4.0		
	6.00 ~ <20.0			20		6.0		
	≥20.0			20		—		
2000 ~ <3000	<3.15	+不规定 0	+40 0	10	0	4.0	0	—
	3.15 ~ <6.00			10		4.0		
	6.00 ~ <20.0			20		6.0		
	≥20.0			20		—		
≥3000	<3.15	+不规定 0	—	10	0	4.0	0	—
	3.15 ~ <6.00			10		4.0		
	6.00 ~ <20.0			25		6.0		
	≥20.0			25		—		

注：宽度小于 400mm 的不切边钢带及从钢带上切下的钢板的允许偏差，负偏差也可为 0。这时的正偏差为表 7 数值的 2 倍。宽度允许偏差也可由供需双方协商，取表 7 以外的值。

（3）钢板的长度允许偏差按表 8 和表 9 的规定。

表 8　钢板的长度允许偏差 A　（mm）

长　度	允许偏差①②	长　度	允许偏差①②
600 ~ <4000	+20 0	10000 ~ <15000	+75 0
4000 ~ <6000	+30 0	15000 ~ <20000	+100 0
6000 ~ <8000	+40 0	≥20000	+0.5% 0
8000 ~ <10000	+50 0		

①根据供需双方协商，偏差可以在与表 8 规定的允许偏差相同的范围内向负偏差移动。但协商的允许偏差上限值不能小于零。
②正偏差也可由供需双方协商。

表 9　钢板的长度允许偏差 B（再剪切或精密剪切）　（mm）

长　度	厚　度	允许偏差①
<6300	<6.00	+5 0
	≥6.00	+10 0
≥6300	<6.00	+10 0
	≥6.00	+15 0

注：允许偏差 B 不适用于厚度大于等于 20mm 的钢板。
①根据供需双方协商，偏差可以在与表 9 规定的允许偏差相同的范围内向负偏差移动。但协商的允许偏差上限值不能小于零。

（4）钢板镰刀弯的最大值应小于等于钢板长度的 0.2%。钢板镰刀弯测定范围按图 1 所示。但宽度小于 250mm 钢板的镰刀弯按表 10 的规定。

另外，不适用于不切边的钢板。

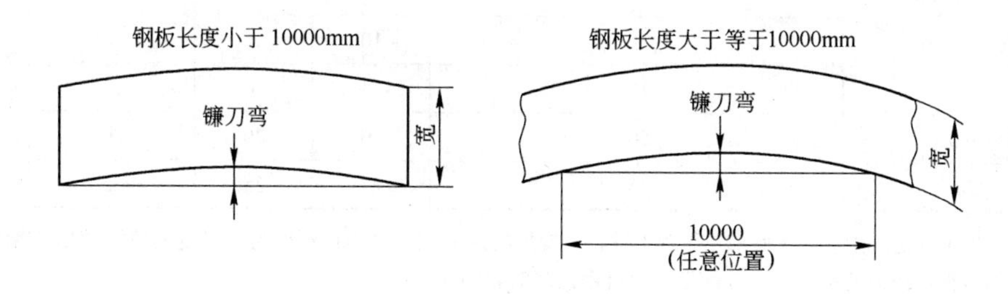

图 1　钢板的镰刀弯

表 10　钢板及钢带的镰刀弯　（mm）

宽　度	最 大 值
<250	每任意长度 2000 为 8
≥250	每任意长度 2000 为 5

（5）钢带镰刀弯的最大值按表10的规定，钢带镰刀弯的测定按图2。当订货方有要求时，才对钢带镰刀弯进行测定。

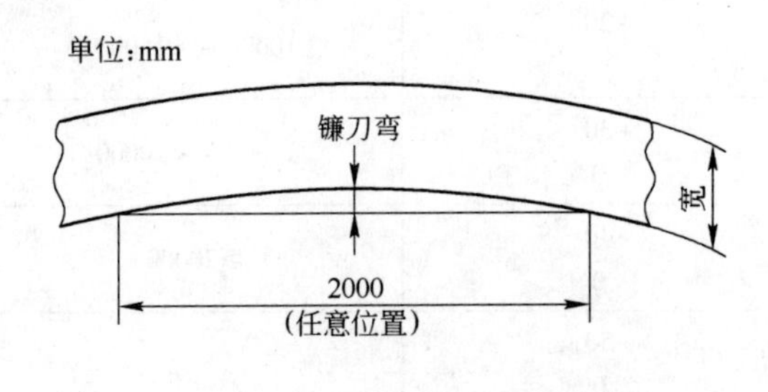

图2　钢带的镰刀弯

（6）钢板不平度的最大值按表11的规定，也可由供需双方协商，采用附录A中的不平度。

表11　钢板不平度的最大值①　　　　（mm）

<table>
<tr><th rowspan="4">厚 度</th><th colspan="7">测定长度②</th></tr>
<tr><th colspan="4">2000</th><th colspan="3">4000</th></tr>
<tr><th colspan="4">板 宽</th><th colspan="3">板 宽</th></tr>
<tr><th><1250</th><th>1250 ~ <1600</th><th>1600 ~ <2000</th><th>≥2000</th><th><2000</th><th>2000 ~ <3000</th><th>≥3000</th></tr>
<tr><td><1.60</td><td>18</td><td>20</td><td>—</td><td>—</td><td>—</td><td>—</td><td>—</td></tr>
<tr><td>1.60 ~ <3.15</td><td>16</td><td>18</td><td>20</td><td>—</td><td>—</td><td>—</td><td>—</td></tr>
<tr><td>3.15 ~ <4.00</td><td colspan="3">16</td><td>—</td><td>—</td><td>—</td><td>—</td></tr>
<tr><td>4.00 ~ <5.00</td><td colspan="3">14</td><td>24</td><td>26</td><td>③</td><td>③</td></tr>
<tr><td>5.00 ~ <8.00</td><td colspan="3">13</td><td>21</td><td>22</td><td>28</td><td>③</td></tr>
<tr><td>8.00 ~ <15.0</td><td colspan="3">12</td><td>16</td><td>12</td><td>16</td><td>24</td></tr>
<tr><td>15.0 ~ <25.0</td><td colspan="3">12</td><td>16</td><td>12</td><td>16</td><td>22</td></tr>
<tr><td>25.0 ~ <40.0</td><td colspan="3">9</td><td>13</td><td>9</td><td>13</td><td>19</td></tr>
<tr><td>40.0 ~ <80.0</td><td colspan="3">8</td><td>11</td><td>8</td><td>11</td><td>16</td></tr>
<tr><td>80.0 ~ <150</td><td colspan="3">8</td><td>10</td><td>8</td><td>10</td><td>15</td></tr>
<tr><td>150 ~ <250</td><td colspan="3">10</td><td>15</td><td>10</td><td>15</td><td>20</td></tr>
<tr><td>250 ~ <350</td><td colspan="3">20</td><td>20</td><td>20</td><td>20</td><td>20</td></tr>
<tr><td>≥350</td><td colspan="3">25</td><td>25</td><td>25</td><td>25</td><td>25</td></tr>
</table>

注：不平度的测定一般如图3所示在平台上进行，变形的最大值减去钢板厚度为不平度的值，适用于钢板的上侧表面。但不切边的钢板（带耳钢板）也可由供需双方协商确定。

① 没有特别规定时，拉伸试验的屈服点或屈服强度的标准下限值大于等于460MPa的钢板，和相当于该强度的化学成分或硬度的钢板，以及进行淬火回火钢板的不平度的最大值应为表11中数值的1.5倍。

② 表11适用任意2000mm长度，钢板长度小于2000mm时，适用全长。波形间距大于2000mm的钢板，适用其波形间距的长度。但波形间距大于4000mm的钢板，适用任意4000mm长度。

③ 由供需双方协商确定。

（7）由切边钢带剪切下的切板的脱方度用图4中$(A/W)\times 100(\%)$表示，不能超过1.0%。A为实测值；W为公称宽度。

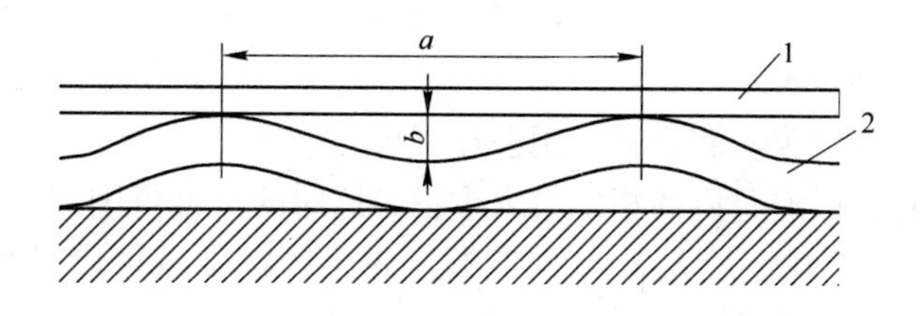

图 3　不平度的测定

1—直尺或水平尺；2—钢板；a—波形间距；b—不平度

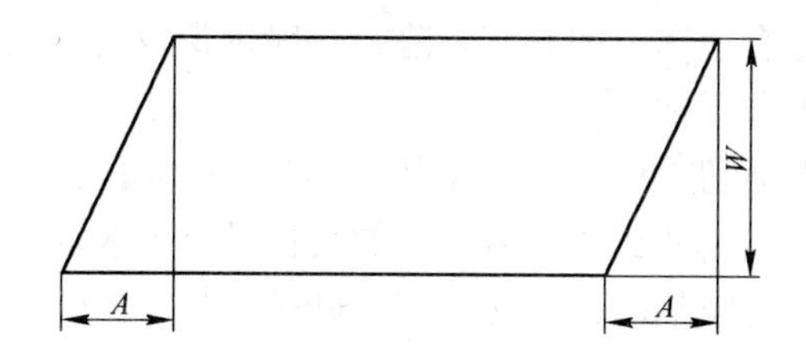

图 4　切板的脱方度

6　重量

6.1　钢板的重量

钢板的重量按下列规定：

（1）钢板的重量通常是以理论重量计，用公斤（kg）表示。

（2）钢板重量的计算方法按表 12 的规定，这时的尺寸使用公称尺寸。但采用表 6 的厚度允许偏差时，由供需双方协商代替公称厚度，也可将允许偏差的上限值和下限值的平均值加上公称厚度。

表 12　重量的计算方法

<table>
<tr><th colspan="2">计 算 顺 序</th><th>计 算 方 法</th><th>结果的位数</th></tr>
<tr><td colspan="2">基本重量/kg·(mm·m^2)$^{-1}$</td><td>7.85(厚度 1mm,面积 1m^2 的重量)</td><td>—</td></tr>
<tr><td colspan="2">单位重量/kg·m^{-2}</td><td>基本重量[kg/(mm·m^2)]×板厚(mm)</td><td>修约到 4 位有效数字的数值</td></tr>
<tr><td colspan="2">钢板面积/m^2</td><td>宽(m)×长(m)</td><td>修约到 4 位有效数字的数值</td></tr>
<tr><td colspan="2">一张的重量/kg</td><td>单位重量(kg/m^2)×面积(m^2)</td><td>修约到 3 位有效数字的数值,但超过 1000kg 的修约到 kg 的整数值</td></tr>
<tr><td>不打捆
(或不捆包)</td><td>总重量/kg</td><td>1 张的重量(kg)×同一尺寸的张数</td><td>修约到 kg 的整数值</td></tr>
<tr><td rowspan="2">打捆（或捆包）①</td><td>1 捆的重量/kg</td><td>1 张的重量（kg）×同一尺寸的 1 捆内的张数</td><td>修约到 kg 的整数值</td></tr>
<tr><td>总重量，kg</td><td>各捆重量之和</td><td>kg 的整数值</td></tr>
</table>

注：数值的修约方法按 JIS Z 8401 标准 A 的规定。

① 打捆(或捆包)时的总重量,也可用 1 张的重量(kg)×同一尺寸的总张数来计算。

6.2　钢带的重量

钢带的重量按下列规定：

（1）钢带的重量通常为实测重量，用公斤（kg）表示。

（2）钢带的重量一般通过协商指定最大重量，这时的重量范围应是：全部交货钢带件数75%的重量应不小于规定最大重量的70%。剩余的钢带也可以是规定重量的30%～70%（不含70%）的短尺钢带。

7　外观

钢板及钢带的外观按下列规定：

（1）钢板及钢带不能有使用上的有害缺陷。一般钢带没有机会去除经检查带有缺陷的部分，所以也可包括若干非正常部分。

（2）钢带及从钢带上剪切下的切板，使用上有害的表面缺陷一般指的是单侧的缺陷。单侧的面是指钢带的外表面，从钢带上剪切下的切板是指上表面。

（3）钢板表面存在有害缺陷时，供方最好用砂轮或焊接方法去除缺陷或进行修补，但此时的条件应按下列规定：

1）砂轮研磨

① 钢板研磨后的厚度必须在厚度允许范围内。

② 钢板研磨的部分必须清理加工，和轧制面的边界必须光滑。

2）焊接修补

① 在焊接前，应用錾平或砂轮等适宜的方法完全去除钢板的有害缺陷，去除部分的深度小于等于钢板公称厚度的20%，单面修补面积合计应小于等于钢板单侧面积的2%。

② 焊接修补必须采用适合于钢材种类的方法。

③ 钢板的焊接部位不能有咬边或重叠。堆焊高度距轧制面至少大于等于1.5mm，然后将它用錾平或砂轮研磨等方法去除，焊接部位必须和轧制面同一高度。

④ 进行热处理后的钢板，对焊接修补后的钢板本体必须进行热处理。

附录 A（规范性）

钢板的不平度

本附录对应国际标准 ISO 7452 的钢板不平度，适用供需双方协商确定。

A.1　适用范围

本附录规定了热轧钢板的不平度。

A.2　不平度

钢板的不平度按下列规定；

（1）钢板的不平度的最大值按表 A.1 或表 A.2 的规定。

（2）L 型适用于屈服点或屈服强度的下限规定值小于等于 460MPa 的钢板，但不适用于淬火回火钢板。

（3）H 型适用于屈服点或屈服强度的下限规定值大于 460MPa 或淬火回火的钢板。

表 A.1　钢板不平度的最大值（测定长度为 1000mm 或 2000mm）　　（mm）

厚　度	测定长度			
	L 型		H 型	
	1000	2000	1000	2000
4.00～<5.00	9	14	12	17
5.00～<8.00	8	12	11	15
8.00～<15.0	7	10	10	14
15.0～<25.0	7	10	10	13
25.0～<40.0	6	9	9	12
40.0～350	5	8	8	11

表 A.2　钢板不平度的最大值（测定长度为 1000mm 或 2000mm）　　（mm）

厚　度	L　型				H　型	
	宽　度					
	≥2750		<2750			
	测定长度		测定长度		测定长度	
	1000	2000	1000	2000	1000	2000
3.00～<8.00	4	8	5	10	由供需双方协商	
8.00～<250	3	6	3	6		
250～350	由供需双方协商					

冶金工业出版社部分图书推荐

书　名	作　者	定价(元)
铌微合金化高性能结构钢	中信微合金化技术中心	88.00
汽车用铌微合金化钢板	中信微合金化技术中心	85.00
如何用铌改善钢的性能——含铌钢生产技术	付俊岩	39.00
现代含铌不锈钢	孟繁茂	45.00
铌·高温应用	金永元	49.00
带钢连续热镀锌	李九岭	86.00
带钢连续热镀锌生产问答	李九岭	48.00
常用金属材料的耐腐蚀性能	蔡元兴	29.00
气相防锈材料及技术	黄红军	29.00
金属材料学	齐锦刚	36.00
金属表面处理与防护技术	黄红军	36.00
有色金属特种功能粉体材料制备技术及应用	朱晓云	45.00
锌的腐蚀与电化学	章小鸽	59.00
金属材料力学性能	那顺桑	29.00
高炉生产知识问答(第2版)	王筱留	35.00
铁矿石机械取样系统工艺及设备	贺存君	29.00
高纯金属材料	郭学益	69.00
电阻率测试理论与实践	孙以材	32.00
铝、镁合金标准样品制备技术及其应用	朱学纯	80.00
原铝及其合金的熔铸生产问答	向凌霄	48.00
特种金属材料及其加工技术	李静媛	36.00
无机非金属材料研究方法	张　颖	35.00
金属学与热处理	陈惠芬	39.00
金属塑性成形原理	徐　春	28.00
金属压力加工工艺学	柳谋渊	46.00
冶金热工基础	朱光俊	30.00
采矿学(第2版)(含光盘)	王　青	58.00
现代采矿手册（上）	王运敏	290.00
铝合金材料应用与开发	刘静安	48.00
现代铌钽冶金	郭青蔚	128.00
冶金资源综合利用	张朝晖	46.00
金属固态相变教程（第2版）	刘宗昌	30.00
铬白口铸铁及其生产技术	郝石坚	49.00
重有色金属冶金	宋兴诚	43.00
金属材料及热处理	于　晗	26.00
材料现代测试技术	廖晓玲	45.00
轧钢厂设计原理	阳　辉	46.00
金属热处理生产技术	张文莉	35.00